T0224749

Unterrichtskonzeptionen für den Physikunterricht

Thomas Wilhelm · Horst Schecker · Martin Hopf
(Hrsg.)

Unterrichts-konzeptionen für den Physikunterricht

Ein Lehrbuch für Studium, Referendariat und Unterrichtspraxis

Autorinnen und Autoren: Thomas Wilhelm, Horst Schecker, Martin Hopf, Roland Berger, Jan-Philipp Burde, Claudia Haagen-Schützenhöfer, Dietmar Höttecke, Peter Labudde, Rainer Müller, Erich Starauschek

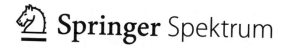 Springer Spektrum

Hrsg.
Thomas Wilhelm
Institut für Didaktik der Physik
Goethe-Universität
Frankfurt am Main, Hessen, Deutschland

Martin Hopf
Österreichisches Kompetenzzentrum für
Didaktik der Physik
Universität Wien
Wien, Österreich

Horst Schecker
Institut für Didaktik der
Naturwissenschaften, Abteilung
Physikdidaktik
Universität Bremen
Bremen, Deutschland

ISBN 978-3-662-63052-5   ISBN 978-3-662-63053-2   (eBook)
https://doi.org/10.1007/978-3-662-63053-2

Die Deutsche Nationalbibliothek verzeichnet diese Publikation in der Deutschen Nationalbibliografie; detaillierte bibliografische Daten sind im Internet über ▶ http://dnb.d-nb.de abrufbar.

Grafische Gestaltung: Ein Großteil der Abbildungen wurde erstellt bzw. reproduziert von Sarah Zloklikovits (Wien)

Planung/Lektorat: Lisa Edelhäuser
Springer Spektrum ist ein Imprint der eingetragenen Gesellschaft Springer-Verlag GmbH, DE und ist ein Teil von Springer Nature.
Die Anschrift der Gesellschaft ist: Heidelberger Platz 3, 14197 Berlin, Germany

Vorwort

Dieses Buch stellt konkrete Konzeptionen vor, wie man die Inhalte des Physikunterrichts gestalten kann. Ein bestimmter Themenbereich der Physik lässt sich im Physikunterricht nämlich sehr unterschiedlich unterrichten. Abgesehen von unterrichtsmethodischen Entscheidungen können unterschiedliche Sachstrukturen verwendet werden. Mit Sachstruktur ist gemeint, welche physikalischen Konzepte und Phänomene im Zentrum stehen, in welcher Reihenfolge die Unterthemen behandelt werden, wo die Schwerpunkte gesetzt werden, was weggelassen wird, welche Elementarisierungen gewählt werden, wie etwas erklärt wird und wie es visualisiert wird. So kann man z. B. die geometrische Optik entweder von Phänomenen und Wahrnehmungen her strukturieren (▶ Abschn. 2.4) oder das Sender-Strahlungs-Empfänger-Modell als durchgehende Grundstruktur in den Mittelpunkt stellen (▶ Abschn. 2.3). Die komplexe Sachstruktur der Wissenschaft Physik – und auch hier gibt es unterschiedliche fachliche Zugänge zu bestimmten Themengebieten – muss für den Physikunterricht aufgearbeitet, d. h. vereinfacht und in kleine Sinneinheiten zerlegt werden, die dann zu einer eventuell ganz anderen Sachstruktur für den Unterricht wieder zusammengesetzt werden. Dieser Vorgang wird Elementarisierung genannt. Berücksichtigt man die Lernvoraussetzungen der Schülerinnen und Schüler für die Elementarisierung ebenso wie die wissenschaftliche Sachstruktur, spricht man von einer didaktischen Rekonstruktion des Themenbereichs. Die Erkenntnis, dass Schülerinnen und Schüler schon mit vielen Vorstellungen in den Physikunterricht kommen und diese durch den Unterricht häufig nur wenig verändert werden, also die grundlegenden Begriffe und Zusammenhänge oft nicht verstanden werden, führte zu neuen Elementarisierungen. In der Physikdidaktik wurden neue Sachstrukturen entwickelt, um Schülervorstellungen hin zu physikalischen Vorstellungen zu verändern. Beispielsweise führte die Erkenntnis, dass eine Erweiterung der eindimensionalen Kinematik auf zweidimensionale Bewegungen im Unterricht meist nicht gelingt, weil alle Größen als Skalare wahrgenommen und dann nicht mehr zu gerichteten Größen umgelernt werden, zur Entwicklung von Konzeptionen, die von Beginn an bei der Kinematik zweidimensionale Bewegungen betrachten (▶ Abschn. 3.3).

Letztlich sind es die Ziele, die darüber entscheiden, welche Aspekte eines Themas wie ausführlich unterrichtet werden und welche gar nicht. Unterrichtsziele sind aber nicht strikt aus übergeordneten Prinzipien herleitbar und an sich weder falsch noch richtig; Ziele sind normative Setzungen und verändern sich im Laufe der Zeit. So haben fachmethodische Ziele (Verständnis naturwissenschaftlicher Verfahren der Erkenntnisgewinnung, ▶ Kap. 15) neben den weiterhin im Vordergrund stehenden fachinhaltlichen Zielen an Bedeutung gewonnen. Wir stellen in diesem Buch vorrangig Unterrichtskonzeptionen zu fachinhaltlichen Themenbereichen des Physikunterrichts vor (Kap. 2 bis 12), gehen aber auch auf inhaltsübergreifende Gestaltungsmerkmale ein (Kap. 13 bis 15).

Unter „Unterrichtskonzeption" verstehen wir ein explizites Programm, einen an Leitideen entwickelten Entwurf für die sachstrukturelle oder fachmethodische Gestaltung der Inhalte des Physikunterrichts. Die zugrunde liegende Leitidee muss im Detail ausgearbeitet sein. Die Kap. 2 bis 12 sind auf fachlich-inhaltlich klar eingegrenzte Themengebiete bezogen (z. B. elektrische Stromkreise in ▶ Kap. 8 oder Quantenphysik in ▶ Kap. 11), zu denen ausgewählte Unterrichtskonzeptionen vorgestellt werden. In den Kapiteln 13 bis 15 sind die Unterrichtskonzeptionen als grundlegende Elemente der Unterrichtsgestaltung zu verstehen (z. B. Nature of Science in ▶ Kapiteln 13), zu denen inhaltlich konkretisierte und mit Materialien hinterlegte Unterrichtsbeispiele vorgestellt werden.

In dieses Buch wurden solche Unterrichtskonzeptionen aufgenommen, die sich vom traditionellen Unterricht unterscheiden und die dennoch bereits in der Schulpraxis erprobt sind. Zu allen Konzeptionen gibt es Unterrichtsmaterialien in Büchern, Zeitschriften oder im World Wide Web[1], sodass interessierte Lehrkräfte sich diese beschaffen und danach unterrichten können. Einige ältere Publikationen sowie Unterrichtsmaterialien, die schwer zugänglich sind, haben wir auf einem Server mit ▶ *Materialien zum Buch* zusammengestellt.[2]

Viele der Unterrichtskonzeptionen wurden systematisch empirisch untersucht, bei anderen steht dies noch aus. Wenn es empirische Daten zur Lernwirksamkeit gibt, gehen die Kapitelautoren darauf kurz ein. Manche der Unterrichtskonzeptionen haben sich längst verbreitet und sind in heutige Schulbücher eingeflossen. *Warum* das Schulbuch dann aber gerade so vorgeht, ist der Lehrkraft nicht immer klar. Dieses Buch erläutert die Entstehungs- und Begründungszusammenhänge. Andere vorgestellte Unterrichtskonzeptionen sind weniger bekannt, aber es wert, bekannt zu werden.

Immer wieder fällt in den Kapiteln der Begriff „traditioneller Unterricht". Streng genommen gibt es diesen nicht. Es gibt unterschiedliche Lehrpläne, unterschiedliche Schulbücher und jede Lehrkraft unterrichtet anders. Dennoch kann man feststellen, dass der Physikunterricht, wie er meistens gehalten wird oder wurde, gewissen Ideen folgt und gewisse Sachstrukturen vorrangig aufweist. Dies wird am Anfang der Kapitel jeweils zu beschreiben versucht, obwohl es in der Regel keine wissenschaftliche Untersuchung dazu gibt. Die Autoren und Herausgeber nutzen dafür z. B. ihre Erfahrungen aus Gesprächen mit Lehrkräften in gemeinsamen Entwicklungsprojekten, bei Unterrichtshospitationen und auf Lehrerfortbildungen.

Lehrpläne geben die zu unterrichtenden Themen mehr oder weniger detailliert vor. Dennoch bleibt der Lehrkraft in der Regel die Entscheidungsfreiheit, nach welcher Sachstruktur sie das Thema unterrichtet. Die Autorinnen und Autoren wollen aufzeigen, dass es dabei auch andere Wege als die traditionell beschrittenen gibt. Außerdem wollen sie deutlich machen, welche Ideen und Ziele hinter welchen Konzeptionen stehen. Nicht zuletzt soll damit auch ein Beitrag zur Wiederbelebung der fachdidaktischen Diskussion über die curricular-inhaltliche Gestaltung des Physikunterrichts geleistet werden.

---

1 Alle Links wurden im September 2020 überprüft.
2 ▶ https://aeccp.univie.ac.at/lehrer-innen/unterrichtskonzeptionen

Die Leser und Leserinnen des Buches sollen am Ende
- Unterrichtskonzeptionen in wichtigen Gebieten der Physik kennen,
- wissen, was die jeweiligen Grundideen, Ziele und Elementarisierungen sind,
- wissen, wo man Unterrichtsmaterialien zu verschiedenen Unterrichtskonzeptionen findet,
- die eigenen Vorstellungen, wie man ein Thema unterrichten sollte, durchdacht – und vielleicht auch überdacht – haben.

Jedes Kapitel endet mit Übungsaufgaben, die zum Nachdenken über das Gelesene anregen sollen. Musterlösungen finden sich in einem eigenen Kapitel am Ende des Buches.

Thomas Wilhelm
Horst Schecker
Martin Hopf

Inhaltsverzeichnis

Autorenverzeichnis

Dr. Roland Berger

ist Professor für Didaktik der Physik an der Universität Osnabrück. Nach dem Physikstudium und dem Referendariat unterrichtete er einige Jahre an einem Gymnasium in Bayern. Er promovierte und habilitierte an der LMU München bzw. der Universität Kassel zum kontextorientierten und kooperativen Physikunterricht. Seine Forschungsinteressen liegen im Bereich der Entwicklung von Unterrichtskonzepten und deren Evaluation.

Dr. Jan-Philipp Burde

ist Juniorprofessor an der Eberhard Karls Universität Tübingen. Nach einem Lehramtsstudium mit den Fächern Physik und Englisch absolvierte er die zweite Phase der Lehrerbildung in Großbritannien. Im Anschluss promovierte er an der Goethe-Universität Frankfurt am Main über die Entwicklung und Evaluation einer Unterrichtskonzeption zu einfachen Stromkreisen auf Basis des Elektronengasmodells. Seine hierzu angefertigte Dissertation wurde von der Gesellschaft für Didaktik der Chemie und Physik mit dem GDCP-Nachwuchspreis 2018 ausgezeichnet. Zu seinen Arbeitsgebieten zählen die fachdidaktische Entwicklungsforschung und der Einsatz digitaler Medien im Physikunterricht. Im Rahmen einer Senior-Fellowship der Deutschen Telekom Stiftung forscht er aktuell daran, wie die Elektrizitätslehre nicht nur verständlicher, sondern auch interessanter unterrichtet werden kann.

Dr. Claudia Haagen-Schützenhöfer

ist Professorin am Institut für Physik der Karl-Franzens-Universität Graz, wo sie den Fachbereich für Physikdidaktik und das Fachdidaktikzentrum Physik leitet. 2000 promovierte sie in Erziehungswissenschaften über den Einfluss fremdsprachenintegrierten Physikunterrichts auf fachliches Lernen. Nach achtjähriger Unterrichtstätigkeit an Gymnasien als Lehrkraft für Physik, Englisch und Projektmanagement erfolgte ein Wechsel an die Universität Wien, wo sie sich 2016 zu Lehr- und Lernprozessen im Anfangsoptikunterricht habilitierte. Aktuelle Arbeitsbereiche sind fachspezifische Lehr- und Lernprozesse und Konzeptwechselstrategien, physikdidaktische Entwicklungsforschung sowie Professionalisierungsprozesse von Physiklehrkräften.

Dr. Dietmar Höttecke

ist Professor für Didaktik der Physik in der Fakultät für Erziehungswissenschaft der Universität Hamburg. Nach einem Lehramtsstudium mit den Fächern Physik und Deutsch promovierte er am Fachbereich Physik der Universität Oldenburg mit einem Thema zwischen Wissenschaftsgeschichte und Physikdidaktik. Seine Interessens- und Forschungsschwerpunkte liegen auf dem Lernen von Physik durch ihre Geschichte, den Themen *Nature of Science* und Bildung für nachhaltige Entwicklung sowie der Rolle der Sprache beim Physiklernen. Er war über ein Jahrzehnt Mitherausgeber der Zeitschrift „Unterricht Physik" und hat in jüngerer Zeit das Lehrbuch „Pädagogik der Naturwissenschaften" mit herausgegeben.

Dr. Martin Hopf

ist Professor für Didaktik der Physik an der Universität Wien und leitet dort auch das Österreichische Kompetenzzentrum für Didaktik der Physik. Er hat Lehramt für Mathematik und Physik studiert und einige Jahre als Lehrer gearbeitet. Er promovierte an der LMU München über problemorientierte Schülerexperimente. Seine Arbeitsgebiete sind fachdidaktische Entwicklungsforschung und Kompetenzorientierung im Physikunterricht. Er ist Mitherausgeber der Zeitschrift „Plus Lucis", des Lehrbuchs „Physikdidaktik kompakt" und des bei Springer Spektrum erschienenen Lehrbuchs „Schülervorstellungen im Physikunterricht". Über viele Jahre hat er sich auch für die Zeitschrift „Praxis der Naturwissenschaften – Physik in der Schule" engagiert.

Dr. Peter Labudde

ist emeritierter Professor der Pädagogischen Hochschule und der Universität Basel. Nach dem Physik- und Lehramtsstudium in Würzburg und Bern promovierte er 1980 in Laserphysik. Die folgenden acht Jahre unterrichtete er vollamtlich Physik, Chemie und Mathematik in Samedan und Bern. 1988 bis 2008 war er in der Leitung der pädagogisch-didaktischen Ausbildung von Gymnasiallehrkräften an der Universität Bern engagiert; 1999 habilitierte er mit dem Thema „Konstruktivismus im Physikunterricht der SII". 2008 bis 2017 hatte er eine Forschungsprofessur für Naturwissenschafts- und Technikdidaktik in Basel. Seine Arbeitsschwerpunkte sind fächerübergreifender Unterricht, Lehr-Lern-Prozesse, Unterrichtsentwicklung, Kompetenzmodelle und Bildungsstandards, Large-Scale-Assessments sowie Entwicklung von Unterrichtsmaterialien.

Dr. Rainer Müller

ist Professor für Physik und ihre Didaktik an der TU Braunschweig. Nach dem Physikstudium erfolgte 1994 die Promotion in Theoretischer Physik. Seit 1995 beschäftigt er sich mit der Vermittlung der Quantenphysik in der Schule. Im Rahmen seiner Habilitation zu diesem Thema (2003) sind das Unterrichtskonzept und die Internetplattform *milq* entstanden (Münchener Unterrichtskonzept zur Quantenphysik). Er ist Autor physikalischer Lehrbücher (Mechanik, Thermodynamik) und Herausgeber von Schulbuchreihen (Kuhn Physik, Dorn-Bader).

Dr. Horst Schecker

ist Professor für Didaktik der Physik an der Universität Bremen. 1985 promovierte er über Schülervorstellungen zur Newton'schen Dynamik. 1995 erfolgte die Habilitation mit Arbeiten zur systemdynamischen Modellbildung im Physikunterricht. Seine Arbeitsgebiete sind die Modellierung und Messung der Kompetenzen von Schülern und Lehrkräften sowie die Umsetzung der Bildungsstandards für den Physikunterricht. Von 2005 bis 2011 war er Vorsitzender der Gesellschaft für Didaktik der Chemie und Physik (GDCP). Er ist Mitherausgeber der bei Springer Spektrum erschienenen Lehrbücher „Methoden in der naturwissenschaftsdidaktischen Forschung", „Theorien in der naturwissenschaftsdidaktischen Forschung" und „Schülervorstellungen im Physikunterricht".

Dr. Erich Starauschek

ist Professor für Physik und ihre Didaktik an der Pädagogischen Hochschule Ludwigsburg. Er studierte an den Universitäten Karlsruhe, Hamburg und Wien Physik, Mathematik und Erziehungswissenschaft. Erich Starauschek ist Diplom-Physiker und Lehrer für die Sekundarstufen I und II. Nach seinem Referendariat arbeitete er an der Universität Karlsruhe und an einem Gymnasium. Er promovierte 2001 in Kiel bei Prof. Dr. R. Duit mit der Evaluation des Karlsruher Physikkurses. In seiner Zeit als Postdoc an der Universität Potsdam entwickelte und untersuchte er Elemente von Lehr-Lern-Arrangements zum Physiklernen, insbesondere die Lernwirkungen von Bildtexten für Schülerinnen und Schüler. Aktuell steht eine professionsorientierte Physiklehramtsausbildung im Fokus seines Forschungsinteresses, die auf einer Synthese und Weiterentwicklung des kumulativen Lehrens und Lernens beruht.

Dr. Thomas Wilhelm

ist Professor für Didaktik der Physik an der Goethe-Universität Frankfurt am Main im Institut für Didaktik der Physik. Er war zunächst Gymnasiallehrer und promovierte 2005 über die Konzeption und Evaluation eines Kinematik-/Dynamik-Lehrgangs zur Veränderung von Schülervorstellungen. 2011 erfolgte die Habilitation mit Arbeiten zur Videoanalyse von Bewegungen. Seine Arbeitsgebiete sind der Einsatz neuer digitaler Medien im Physikunterricht und die Erforschung der Wirksamkeit unterschiedlicher unterrichtlicher Sachstrukturen. Er war Mitherausgeber der Zeitschrift „Praxis der Naturwissenschaften – Physik in der Schule" und ist Mitherausgeber der Zeitschrift „Plus Lucis". Außerdem ist er Herausgeber des im Friedrich-Verlag erschienenen Lehrbuchs „Stolpersteine überwinden im Physikunterricht. Anregungen für fachgerechte Elementarisierungen" und Mitherausgeber des bei Springer Spektrum erschienenen Lehrbuchs „Schülervorstellungen im Physikunterricht".

Entwicklung von Unterrichtskonzeptionen

Horst Schecker und Martin Hopf

Inhaltsverzeichnis

© Springer-Verlag GmbH Deutschland, ein Teil von Springer Nature 2021
T. Wilhelm, H. Schecker, M. Hopf (Hrsg.), *Unterrichtskonzeptionen für den Physikunterricht*,
https://doi.org/10.1007/978-3-662-63053-2_1

1

1.1 Fachdidaktische Einordnung

Unter einer Unterrichtskonzeption wird in diesem Buch ein Lehrprogramm für konkrete Themen des Physikunterrichts verstanden, dem eine gestalterische Leitidee zugrunde liegt und das mit Materialien (z. B. Lehrerhandreichungen, Experimenten, Schülerarbeitsmaterialien etc.) hinterlegt ist (vgl. Vorwort). Die Leitideen der aufgenommenen Unterrichtskonzeptionen treten zum überwiegenden Teil (Kap. 2 bis 12) hervor in besonderen fachlich-fachdidaktischen Darstellungen physikalischer Sachstrukturen, von der geometrischen Optik bis zur Quantenphysik. Damit soll auch ein Beitrag zur Wiederbelebung der fachdidaktischen Diskussion über die *curriculare Gestaltung* des Physikunterrichts geleistet werden.[1] Die Kap. 13 bis 15 behandeln themenübergreifende Unterrichtskonzeptionen.

Das vorliegende Kapitel beschreibt die Entwicklungszusammenhänge, aus denen Unterrichtskonzeptionen hervorgehen. Zunächst gehen wir auf die Rolle von Schulbuchwerken ein (▶ Abschn. 1.2). Über ihre Mitautorenschaft nehmen hier insbesondere Fachdidaktiker und Fachdidaktikerinnen aus der zweiten Phase der Lehrerausbildung und engagierte Lehrkräfte Einfluss auf die konzeptionelle Entwicklung des Physikunterrichts. In den 1950er- bis 1980er-Jahren gingen von curricularen Großprojekten, die oft von Universitätsphysikern initiiert wurden, innovative Unterrichtskonzeptionen aus, die noch heute nachwirken (▶ Abschn. 1.3). Mit der Einrichtung physikdidaktischer Professuren – an deutschen Universitäten ab den 1970er-Jahren – entstanden Arbeitsgruppen, in denen Unterrichtsentwicklung und Forschung miteinander verzahnt wurden (▶ Abschn. 1.4).

Um in der Praxis wirksam werden zu können, sollten Unterrichtskonzeptionen curricular valide sein, d. h. zu den curricularen Rahmenbedingungen passen. Diese Passung kann nach den recht unterschiedlichen Bedeutungen diskutiert werden, in denen der Begriff „Curriculum" verwendet wird:

A. Curriculum als *Lehrplan* (je nach Bundesland und Lehrplanphilosophie auch Rahmenplan, Bildungsplan, Kerncurriculum genannt), d. h. als Ordnungsmittel der Bildungsadministration für die Ziele, Inhalte und Grundlagen der Unterrichtsgestaltung. Aktuelle deutsche Lehrpläne machen zumeist keine engen Vorgaben, nach welcher inhaltlichen Konzeption bestimmte Unterrichtsthemen behandelt werden sollen. Dadurch ergeben sich Möglichkeiten, neue Ansätze zu erproben. Für die Lehrplankompatibilität neuer Unterrichtskonzeptionen ist vor allem danach zu fragen, ob genügend Unterrichtszeit zur Verfügung steht und ob zentrale Prüfungen durch die dort zu erwartenden Aufgaben bestimmte Konzeptionen bevorzugen bzw. andere ausschließen.

---

1   Ogborn (2014, S. 45): „Let me encourage you not to forget questions *what* to teach, both to update the content of the curriculum and to improve the ways the traditional topics are presented." (Hervorhebung im Original; Ogborn war Direktor des Nuffield Advanced Physics Project).

B. Curriculum als *Stoffverteilungsplan*. Ein Stoffverteilungsplan ist die Minimalform eines schulinternen Curriculums. Fachkonferenzen können im Rahmen schuleigener Arbeitspläne konzeptionelle Entscheidungen für bestimmte Themenbereiche treffen, um die innerschulische Kohärenz des Physikunterrichts zu sichern. In welchem Maße konkrete inhaltliche Festlegungen tatsächlich getroffen und im Fachkollegium eingehalten werden, ist wenig erforscht.[2] Damit besteht einerseits Spielraum für das Erproben neuer Konzeptionen, aber auch die Gefahr des Nebeneinanders unterschiedlicher Herangehensweisen in derselben Schule.

C. Curriculum als *Gesamtkonzeption für einen Bildungsgang* (z. B. Naturwissenschaften an Gesamtschulen), die neben einer zielgruppenbezogenen Sachstruktur auch Medien und Hinweise für die methodische Gestaltung des Lehrens und Lernens beinhaltet, bis hin zu Tests auf Zielerreichung. Dies ist ein im angelsächsischen Bereich verbreitetes Curriculumverständnis. Vollständig ausgearbeitete Konzeptionen werden dort als Orientierung und Unterstützung für die Unterrichtsgestaltung zumeist positiv bewertet. In Deutschland fühlen sich Lehrkräfte durch geschlossene Curricula teilweise eher eingeengt, was zu Widerständen führen kann.[3] Die Entwickler des IPN-Curriculums Physik (▶ Abschn. 1.3) sind daher in der überarbeiteten Fassung ihrer Gesamtkonzeption von zu engen Vorgaben wieder abgegangen.

Wenn man „Bildungsgang" durch „Themenbereich" ersetzt, kommen viele der in diesem Buch vorgestellten Unterrichtskonzeptionen der Idee eines Gesamtpakets nach Punkt C. nahe. Durch die begrenzte thematische Breite der Konzeptionen wird potenziellen Widerständen gegen zu umfassende Vorgaben entgegengewirkt. Gleichzeitig besteht die Gefahr, dass Konzeptionen an Wirksamkeit verlieren, wenn Lehrkräfte nur bestimmte Elemente auswählen und in ihren herkömmlichen Unterricht integrieren, ohne die didaktische Grundidee der neuen Konzeption umzusetzen. Nach unseren Erfahrungen empfiehlt es sich nicht, lediglich Einzelaspekte aus Konzeptionen isoliert aufzugreifen. In der Regel sind die Konzeptionen in sich konsistent aufgebaut, bis hin zu detaillierten Entscheidungen, z. B. über die zu verwendende Fachsprache. Die Vermengung von Elementen aus unterschiedlichen Konzeptionen führt daher eher zur Verwirrung der Lernenden. Wir empfehlen stattdessen, eine Konzeption möglichst vollständig umzusetzen – zumindest in einem ersten Durchlauf. Auch wenn vielleicht manche Aspekte einer Unterrichtskonzeption zunächst sehr ungewöhnlich oder zu einfach erscheinen mögen, sind solche Teile normalerweise aus gutem Grund genau in dieser Form als Teil der Konzeption vorgesehen. Sie können nicht zur Zeitersparnis weggelassen oder gekürzt werden. Ein konkretes Beispiel: Man könnte in

---

2   Schecker et al. (2004).
3   Das gilt zumindest in den „alten" und hier den nördlichen Bundesländern. In der ehemaligen DDR gab es eine geschlossene Bildungsgangkonzeption mit klaren Vorgaben und darauf abgestimmten Unterrichtsmaterialien.

1

der Sender-Strahlungs-Empfänger-Konzeption zur Optik (▶ Abschn. 2.3) auf die Idee kommen, die Lochkamera schon zu Beginn der Unterrichtsreihe anstelle des Modellauges einzusetzen. Die empirische Forschung hat aber gezeigt, dass Schülerinnen und Schüler die Lochkamera bei einem zu frühen Einsatz nicht als Analogie für das menschliche Auge akzeptieren.

1.2 Unterrichtskonzeptionen in Schulbüchern

Schulbuchwerke haben eine große Bedeutung für die Weiterentwicklung des Physikunterrichts. Merzyn bezeichnet das als ihre „Erneuerungsfunktion". Etwa die Hälfte der bundesrepublikanischen Lehrkräfte gab in seiner Studie an, das eingeführte Schulbuch „oft" oder „sehr oft" für ihre Unterrichtsvorbereitung zu nutzen.[4] An zwei Beispielen aus unterschiedlichen Epochen soll schlaglichtartig gezeigt werden, welche konzeptionellen Impulse von Schulbüchern ausgehen können.

■ **Grimsehl: Schülerübungen und Physik für Mädchen**

Die Schulbücher des von Ernst Grimsehl begründeten Lehrwerks erschienen von 1910 bis 1986.[5] Konzeptionell bedeutsam und neu war in den ersten Ausgaben die Aufnahme von Schülerversuchen („Schülerübungen") in das Schulbuch. Darin kam Grimsehls didaktische Grundüberzeugung zum Ausdruck, dass Demonstrations- und Schülerexperimente im Unterricht eine zentrale Stellung haben sollen.[6] Für Schülerübungen entwickelte er eigene Gerätesätze mit einfach konstruierten Materialien, z. B. für die Optik und Elektrizitätslehre, die in ausreichender Zahl beschafft werden konnten, um ein Experimentieren „in gleicher Front" zu ermöglichen. Zusammen mit den Arbeiten von Hahn (1908) wurde ein wesentlicher Beitrag zur Integration von Schülerübungen in den Physikunterricht geleistet.

Der zweite konzeptionelle Impuls betraf den Physikunterricht für Mädchen. Es gab vom „Grimsehl" bis 1943 parallele Stränge mit Büchern für Jungen und für Mädchen mit je nach Ausgabe unterschiedlichem Differenzierungsgrad. Das Mädchenbuch der Unterstufe in der Ausgabe von 1927 war anwendungsbezogen auf Physik im Alltag der Frau nach deren damaligem gesellschaftlichem Bild als Hausfrau und Mutter abgestimmt, während die Darstellungen im Jungenbuch theoretisch vertiefter ausfielen.[7] In heutiger Begrifflichkeit kann man die Ausgabe für Mädchen als *kontextorientiert* bezeichnen.

---

4   Merzyn (1994, 87 ff.); die zentralen Befunde dieser Studie zur Nutzung von Schulbüchern durch Lehrkräfte wurden von Härtig, Kauertz und Fischer (2012) repliziert.
5   alle Angaben zum Schulbuchwerk von Grimsehl nach Brüning (1993).
6   Rösch (1994).
7   Brüning (1993, S. 147 f.).

- **Dorn/Bader: Zeigerformalismus**

Das Schulbuchwerk Dorn/Bader erscheint seit 1957 als eines der Standardwerke für den Physikunterricht an Gymnasien. Eine Beschreibung von Interferenzphänomenen in der Optik mit rotierenden Zeigern findet man in Dorn/Bader-Ausgaben ab den 1980er-Jahren.[8] Als erstes Schulbuch griff es diese auf Feynmans Quantenelektrodynamik zurückgehende Beschreibung auf. Im Dorn/Bader wurde dazu auch die Nutzung von Computerprogrammen für die Berechnung von Interferenzmustern dargestellt. Sowohl der Zeigerformalismus als auch der Einsatz von Simulationsprogrammen waren derzeit innovative Unterrichtskonzeptionen für den Physikunterricht, die Bader über sein Schulbuch, Lehrerhandreichungen, Zeitschriftenaufsätze[9] und Vorträge auf Lehrerfortbildungsveranstaltungen verbreitete. Der Ansatz wurde aufgegriffen und zur Entwicklung von Unterrichtskonzeptionen verwendet, die im vorliegenden Buch in den Kapiteln zu Wellen (▶ Abschn. 10.7) und zur Quantenphysik (▶ Abschn. 11.7) dargestellt sind.

1.3 Internationale Curriculumprojekte

Mitte der 1950er-Jahre startete zunächst in den USA und etwas später auch in Europa eine Reihe von Großprojekten für die Entwicklung neuer naturwissenschaftlicher Curricula als Gesamtkonzeptionen für bestimmte Bildungsgänge. Anstoß war der sogenannte Sputnik-Schock: Der Sowjetunion war es 1957 gelungen, vor den USA einen Satelliten in eine Erdumlaufbahn zu schicken. Die USA sahen darin die Gefahr einer technologischen Unterlegenheit gegenüber der UdSSR. Zur Förderung naturwissenschaftlich-technischer Fächer flossen hohe Beträge in die universitäre und schulische Ausbildung, einschließlich der Curriculumentwicklung. Durch eine neue Gestaltung des Unterrichts sollten das Interesse an Naturwissenschaft und Technik erhöht sowie die fachlichen Vorkenntnisse für den Übergang in ein Studium verbessert werden. Viele seinerzeit neu entwickelte inhaltliche Darstellungen und Experimente sind nach wie vor für den Unterricht bedeutsam. Einzelne Elemente werden noch heute verwendet[10]. Drei wichtige Curriculumgroßprojekte aus den USA und Deutschland werden im Folgenden vorgestellt. Darüber hinaus zu nennen ist das britische Nuffield Science Project, aus dem Curricula für die Primarstufe bis zur voruniversitären Physik hervorgegangen sind, die sich besonders an leistungsstarke Schülerinnen und Schüler wenden und großen Einfluss auf das entdeckende Lernen in den Naturwissenschaften hatten.[11]

---

8 Bader und Dorn (1986, S. 234 f.).
9 z. B. Bader (1994).
10 Nach wie vor wird z. B. der Film „Frames of References" gerne im Physikunterricht eingesetzt (▶ https://archive.org/details/frames_of_reference).
11 Für eine umfassendere Darstellung älterer und neuerer Curriculumentwicklungsprojekte siehe Mbonyiryivuze und Kanamugire (2018). Dort wird auch das in diesem Kapitel nicht dargestellte Nuffield Advanced Science Curriculum aufgegriffen; s. a. Lunetta (1982); kurzer Überblick in Häußler (1973).

1

▪ Physical Science Study Committee

Das Physical Science Study Committee (PSSC) erarbeitete von 1956 bis in die 1970er-Jahre eine umfassende Neukonzeption für den Physikunterricht in der Sekundarstufe II (Highschool, College). Der Kurs wurde vorrangig von Universitätsphysikern konzipiert und geschrieben.[12] Eine große Zahl von Physiklehrkräften war in die Arbeiten einbezogen. Haber-Schaim (2006), einer der Protagonisten des PSSC, nennt in seinem Rückblick auf die PSSC-Entwicklung als einen Unterschied zu damals etablierten Lehrwerken, dass Darstellungen von Experimenten und Ergebnisdiagramme in Schulbüchern bis dahin nicht üblich gewesen seien. Das PSSC legte großen Wert auf Schülerexperimente, für die viele neuartige preisgünstige Materialien entstanden. Es wurden außerdem neue Demonstrationsexperimente entwickelt und mit hohem Aufwand Lehrfilme produziert.

Die Kursmaterialien umfassen Bücher (Lehrbücher für Highschool und College, Anleitungen für Schüleraktivitäten, Lehrerhandbuch), neue Experimentiermaterialien und etwa 50 Lehrfilme.[13] Die Darstellung der Physik orientiert sich an Basiskonzepten wie Welle oder Erhaltung. Zentrales Konzept ist die Energie. Die physikalischen Grundideen und die Wege zu physikalischen Erkenntnissen bilden den fachsystematischen Leitfaden. Moderne Themen der Physik wurden gestärkt, einige traditionelle, wie die Wechselstromlehre, wurden gestrichen. Schülerexperimente sind in den Kurs gezielt integriert. Der Mathematisierungsgrad ist sehr begrenzt. Die Seiten der Lehrbücher sind durch umfangreiche Textabschnitte, Fotos, Skizzen und Diagramme geprägt – nicht, wie bis dahin üblich, durch Faktenauflistungen und Formeln. Hier lag schon rein äußerlich ein großer Unterschied zu konventionellen Schulbüchern und zum Physikunterricht der damaligen Zeit, in dem die Schülerinnen und Schüler Physikunterricht als Rezeption von Fakten gewohnt waren. Im PSSC-Kurs steht dagegen das eigenständige Arbeiten der Schülerinnen und Schüler im Vordergrund. Das Lehrerhandbuch warnt: „Students who are habituated to an authoritative approach to science will be rudely shocked."[14] Das Handbuch bietet zu allen Lehrbuchkapiteln umfangreiche fachliche Unterstützung, Hinweise zu Schüler- und Demonstrationsexperimenten, Musterlösungen der Aufgaben sowie Vorschläge zum zeitlichen Umfang der Behandlung.

Erste Unterrichtserprobungen fanden Ende der 1950er-Jahre statt. Die kommerzielle Ausgabe des Lehrbuchs erschien 1960.[15] Der zunächst für ein Schuljahr konzipierte Kurs wurde im weiteren Verlauf mehrfach überarbeitet und thematisch erweitert (Advanced Topic Supplement). Es entstand eine Ausgabe für Eingangssemester an Colleges. Die Implementation des PSSC-Kurses wurde durch umfangreiche Lehrerfortbildungen unterstützt. Mitte der 1960er-Jahre war der

---

12 Initiator war Jerrold Zacharias vom Massachusetts Institute of Technology (MIT).
13 Viele PSSC-Filme sind auf YouTube abrufbar.
14 Physical Science Study Committee (1960b, S. iv).
15 Physical Science Study Committee (1960a).

Kurs in den USA weit verbreitet.[16] Die siebte (und letzte) überarbeitete Ausgabe des Lehrbuchs erschien 1990.[17] 1973 wurde eine deutsche Fassung des College-Lehrbuchs veröffentlicht.[18]

- **Harvard Project Physics**

Die Konzeption des Kurses „Harvard Project Physics" (HPP) beruht auf Arbeiten des Physikers und Wissenschaftshistorikers Gerald Holton, der 1952 das Lehrbuch „Introduction to Concepts and Theories in Physical Science" geschrieben hatte.[19] Der HPP ist die Umsetzung der wissenschaftshistorischen und ideengeschichtlichen Arbeiten Holtons für den Physikunterricht an der Schule.[20] Die Arbeiten begannen 1963. Nach umfangreichen Praxiserprobungen erschien die erste Ausgabe der Kursmaterialien 1970. Eine deutsche Ausgabe existiert nicht. In den 1970er- bis 1990er-Jahren wurde der HPP an vielen amerikanischen Highschools verwendet. Anders als beim PSSC gab es zum HPP keine grundlegenden Neubearbeitungen.[21]

Während die PSSC-Konzeption fachsystematisch geprägt ist, stellt der HPP die Physik als eine historisch-kulturgeschichtliche Unternehmung dar.[22] Häußler (1973) zeigt anhand quantitativer Analysen der vorgesehenen Unterrichtsaktivitäten im Bereich der Atomphysik, dass beim HPP der Kompetenzbereich Erkenntnisgewinnung im Vordergrund steht, während beim PSSC der Bereich Sachkompetenz dominiert, wenn man die Kategorien der heutigen Bildungsstandards[23] heranzieht. Die sechs Einheiten des Kurses heißen „Konzepte der Bewegungslehre", „Himmelsmechanik", „Der Triumph der Mechanik", „Licht und Elektromagnetismus", „Modelle des Atoms" und „Der Kern" (Übers. d. Verf.). Neben einem Lehrbuch, einem Schülerhandbuch und detaillierten Lehrerhandreichungen[24] wurden zahlreiche Zusatzmaterialien veröffentlicht, u. a. Textsammlungen (Reader) zu jeder Einheit. Ebenso wie beim PSSC wurden Experimentiermaterialien und Lehrfilme entwickelt. Der ideengeschichtliche Ansatz wird z. B. darin deutlich, dass der Himmelsmechanik eine eigene Einheit gewidmet wird. Der Reader zu dieser Einheit enthält 26 Texte, von Kopernikus bis zu Auszügen aus einem Science-Fiction-Roman[25]. Ideengeschichtlich besonders bedeutsame Entwicklungsschritte, wie Galileis Arbeiten zur Kinematik oder Faradays Untersuchungen zur Elektrizität,

---

16 Haber-Schaim (2006, S. 7).
17 Physical Science Study Committee (1990).
18 Grehn et al. (1973).
19 Holton (1952); in einer überarbeiteten Ausgabe erschienen als „Thematic Origins of Scientific Thoughts. Kepler to Einstein" (Holton 1988); in deutscher Übersetzung Holton (1984).
20 Holton (2003).
21 Unter dem Titel „Understanding Physics" erschien 2002 ein vom HPP inspiriertes Lehrbuch für Physik als Nebenfach (Cassidy et al. 2002).
22 letzte überarbeitete Ausgabe von Rutherford, Holton und Watson (1981b).
23 KMK. Ständige Konferenz der Kultusminister der Länder in der Bundesrepublik Deutschland (2020).
24 Das „Resource Book" hat 564 Seiten (Rutherford et al. 1981a).
25 Harvard Project Physics (1968).

1

werden im Lehrbuch ausführlich dargestellt und in historische und gesellschaftliche Zusammenhänge eingeordnet.

HPP legt großen Wert auf Schüleraktivitäten. Das Schülerhandbuch beschreibt zu jeder Einheit des Kurses Experimente und weitere Aktivitäten, um sich die Thematik eigenständig zu erschließen. Dazu kommen jeweils Hinweise zum Umgang mit den produzierten Lehrfilmen.[26] Die HPP-Materialien sind online zugänglich.[27]

■ **IPN-Curriculum Physik**

Nachdem in den USA und Großbritannien (Nuffield Physics für die Sekundarstufen I und II) die Curriculumentwicklung in Großprojekten ihre Dynamik entfaltet hatte, kam es auch in Deutschland zu Initiativen für eine grundlegende Neugestaltung der naturwissenschaftlichen Curricula vor dem Hintergrund der Bildungsanforderungen einer modernen Industriegesellschaft. 1965 wurde das Institut für die Pädagogik der Naturwissenschaften (IPN) an der Universität Kiel als deutsches Zentralinstitut für die Didaktiken der Naturwissenschaften gegründet.[28] Hauptaufgabe des IPN war bis Mitte der 1980er-Jahre die Curriculumentwicklung für die Fächer Physik, Biologie und Chemie.

Grundlage der Entwicklung des IPN-Curriculums Physik für die Klassenstufen 5 bis 10 waren eine kritische Rezeption der angelsächsischen Projekte und theoretische Überlegungen zu den Zielen des naturwissenschaftlichen Unterrichts.[29] Zentrale Entwicklungsleitlinie und innovatives Element des IPN-Curriculums Physik war der Lebenswelt- und Anwendungsbezug der Inhalte des Physikunterrichts (Umweltorientierung).[30] Die Materialien zu Themen wie Energiegewinnung durch Atomkraftwerke (Kernphysik, Kl. 9/10) oder Schwingungen-Schall-Lärm (Akustik, Kl. 7/8) greifen neben physikalischen und technischen auch gesellschaftlich-politische Aspekte auf, z. B. die Frage, an wen man sich wenden kann, wenn man sich durch Lärm beeinträchtigt fühlt. Die Schülerinnen und Schüler sollen u. a. mit mobilen Schallpegelmessern Messungen in ihrem persönlichen Umfeld durchführen.[31]

Weitere Leitlinien lagen – wie in den angelsächsischen Curricula – in der Betonung von Schülerexperimenten für die Erarbeitung des Stoffes. Auch für das IPN-Curriculum Physik wurden speziell abgestimmte Gerätesätze entwickelt und vertrieben. Im Hinblick auf die Fachsystematik orientiert sich das IPN-Curriculum an zentralen physikalischen Konzepten[32]: Energie, Steuerung und Regelung, Wellen und Schwingungen, Teilchensysteme, Teilchen, Felder, elektrischer Strom. Die Konzepte werden in Form eines Spiralcurriculums themen- und klassenstufenübergreifend wiederholt aufgegriffen.

---

26 Holton et al. (1979).
27 ► https://archive.org/details/projectphysicscollection
28 inzwischen „Leibniz-Institut für die Pädagogik der Naturwissenschaften und Mathematik" (IPN).
29 z. B. Häußler und Lauterbach (1976).
30 z. B. Niedderer und Aufschnaiter (2012).
31 Niedderer et al. (1981).
32 Hier liegt ein Ursprung der Idee der Basiskonzepte in den heutigen Bildungsstandards.

Die ersten Unterrichtseinheiten des IPN-Curriculums wurden 1970 veröffentlicht. 1985 waren 17 Einheiten für die Klassenstufen 5/6 (bzw. Orientierungsstufe), 7/8 und 9/10 fertiggestellt, erprobt und evaluiert. Die Konzeption für die Behandlung des Stromkreises als System wird in ▶ Abschn. 8.4.1 vorgestellt. Das IPN-Curriculum nennt präzise operationalisierte Lernziele. Zu den Einheiten gehört jeweils lernzielbezogenes Testmaterial. In der Erprobungsfassung des Curriculums für die Klassenstufen 5 bis 8 waren die Vorgaben für die Durchführung der Einheiten und den Umgang mit den Materialien für Lehrkräfte und Schüler nach der Philosophie eines geschlossenen Curriculums sehr detailliert formuliert. Dies war als Hilfestellung gemeint, wurde von den Lehrkräften jedoch teilweise als Einengung ihrer Gestaltungsmöglichkeiten empfunden.[33] Diese Engführung wurde in einer Neubearbeitung des Curriculums zurückgenommen. Besonders die Einheiten für die Klassenstufen 9 und 10 wurden als offenes curriculares Angebot formuliert.

Die Einheiten des IPN-Curriculums Physik wurden 1974 bis 1985 vom Klett-Verlag veröffentlicht.[34] Im Unterschied zum PSSC-Kurs gab es zum IPN-Curriculum kein eigenes Schulbuch, sondern lediglich Schülerarbeitshefte mit fachlichen Erläuterungen und Lehrerhandreichungen zu den jeweiligen Einheiten. Das war für die Verbreitung im Unterricht hinderlich.[35] In den 1990er-Jahren schrieben Physikdidaktiker des IPN, die an der Entwicklung des IPN-Curriculums beteiligt waren, das Lehrwerk „Physik. Um die Welt zu begreifen"[36], das sich jedoch am Schulbuchmarkt nicht durchsetzen konnte, u. a. aufgrund von Problemen in den Schulbuchgenehmigungsverfahren der Bundesländer. Man erkennt an diesem Beispiel das Spannungsfeld zwischen innovativen Unterrichtskonzeptionen und Lehrplankonformität. Die Lehrerhandbücher, Schülerhefte und Testmaterialien zu den Einheiten des IPN-Curriculums geben auch heute noch inhaltliche und gestalterische Anregungen für den Physikunterricht.

1.4 Entwicklungsforschung an Universitäten

Die große Mehrzahl der im vorliegenden Buch vorgestellten Konzeptionen wurde dezentral in physikdidaktischen Instituten und Arbeitsgruppen entwickelt, die ab den 1970er-Jahren an Universitäten entstanden. Es gibt unterschiedliche Herangehensweisen an die Entwicklung von Unterrichtskonzeptionen, von denen wir im Folgenden vier vorstellen: *Design-based Research* mit Zyklen von problembezogener Entwicklung und empirischer Wirkungsforschung; Projekte, die sich auf (neue) Darstellungen physikalischer *Sachstrukturen* konzentrieren; Vorhaben, die von Beginn an stark mit der *Unterrichtspraxis* verbunden sind, und fachdidaktische *Grundlagenforschung*. Wir veranschaulichen diese vier Entstehungszusammenhänge

---

33 Duit et al. (1976, S. 85 ff.).
34 Institut für die Pädagogik der Naturwissenschaften (2006).
35 Bleichroth et al, (1999, S. 411).
36 Nierholz et al. (1993).

beispielhaft durch Verweise auf Unterrichtskonzeptionen. In der Praxis von Forschung und Entwicklung überlappen die Herangehensweisen. Daher ist auch die
Zuordnung von Konzeptionen zu bestimmten Entstehungszusammenhängen nicht
immer trennscharf.

■ **Design-based Research**

Design-based Research (DBR) hat zum Ziel, konkrete Probleme aus der Unterrichtspraxis in einem inhaltlich darauf abgestimmten Zyklus von theoriebasierter Entwicklung (Design), Erprobung, systematischer Evaluation und Theorie(weiter)ent-
wicklung (Research) zu lösen.[37] DBR-Projekte erstrecken sich oftmals über lange
Zeiträume mit mehr als zwei Zyklen von konzeptioneller Entwicklung, Erprobung
und Wirkungsforschung. In der von Walter Jung Anfang der 1970er-Jahre aufge-
bauten Arbeitsgruppe an der Universität Frankfurt wurde die physikdidaktische
Entwicklung von Unterrichtskonzeptionen auf eine lerntheoretische Basis gestellt
und eng mit empirischer Forschung zu Schülervorstellungen (Anknüpfungsmöglich-
keiten, typische Lernhindernisse) und zu Lernwirkungen verbunden.[38] In Jungs Arbeitsgruppe wurden Schülervorstellungen zur geometrischen Optik erforscht sowie
eine darauf basierende Unterrichtskonzeption entwickelt, in der Praxis erprobt und
ihre Lernwirkungen empirisch untersucht (▶ Abschn. 2.3). Nach dieser Strategie
entstanden weitere Unterrichtskonzeptionen für die Mechanik (▶ Abschn. 3.3 und
▶ Abschn. 4.4), die Energielehre (▶ Abschn. 6.5), Stromkreise (▶ Abschn. 8.5) und
die Quantenphysik (▶ Abschn. 11.5 u. ▶ Abschn. 11.6). Aktuelle Arbeiten an der
Universität Frankfurt widmen sich einer Konzeption für den elektrischen Stromkreis nach dem Elektronengasmodell (▶ Abschn. 8.6). Aus der Physikdidaktik in
Osnabrück ist der anschauliche Zugang zur Induktion mit dem Feldlinienkonzept
zu nennen (▶ Abschn. 10.6). An der Universität Würzburg wurden von den 1980er-
bis 2000er-Jahren in vielen Zyklen Unterrichtskonzeptionen zur Mechanik entwickelt, die mithilfe des Computers das Verständnis von Kinematik (▶ Abschn. 3.4)
und Dynamik (▶ Abschn. 4.5) fördern. In Bremen lief im etwa gleichen Zeitraum
ein DBR-Projekt zur Quanten-Atom-Physik (▶ Abschn. 11.4).

Arbeiten nach dem Modell der Didaktischen Rekonstruktion[39] stimmen mit
Design-based Projekten in vielen Elementen überein, insbesondere darin, dass
die Lernervoraussetzungen bei der Unterrichtsentwicklung als wesentlicher Faktor einbezogen sind. In der Didaktischen Rekonstruktion haben Lernerzugänge
die gleiche Bedeutung wie die physikalische Sachstruktur; es gilt hier kein Primat
fachlicher Konventionen. Die didaktische Struktur des Unterrichts soll aus der
gegenseitigen Erschließung von Lernerperspektive und Fachperspektive eigenständig neu formuliert, d. h. didaktisch rekonstruiert werden. Eine Rekonstruktion der Chaostheorie wird in ▶ Abschn. 12.4 vorgestellt.

---

37 Näheres zu Design-based Research in Wilhelm und Hopf (2014).
38 Ein Mitglied der Arbeitsgruppe war Hartmut Wiesner, der diesen Ansatz später an der LMU
    München weitergeführt hat. Zurzeit arbeiten u. a. Thomas Wilhelm (Frankfurt) und Martin
    Hopf (Wien) nach dem Design-Ansatz.
39 Kattmann et al. (1997).

■ **Perspektive Sachstruktur**

Die Frage, ob vorliegende unterrichtliche Darstellungen physikalischer Sachstrukturen (noch) angemessen sind, stellt sich nicht nur vor dem Hintergrund neuer Erkenntnisse über Lernervoraussetzungen oder der Verfügbarkeit neuer Medien, sondern immer wieder auch aus innerphysikalischen Überlegungen heraus. Dazu kommt die Elementarisierung neuer Entwicklungen in der Physik für den Unterricht.

Ein klassisches Beispiel für ein universitäres Curriculumentwicklungsprojekt unter primär sachstrukturellen Gesichtspunkten ist der an der Universität Karlsruhe entstandene Karlsruher Physikkurs (KPK), aus dem in diesem Buch Unterrichtskonzeptionen für die Dynamik (▶ Abschn. 4.3), die Wärmelehre (▶ Abschn. 6.4) und elektrische Stromkreise (▶ Abschn. 8.3.1) vorgestellt werden. Leitlinie des KPK ist die Verwendung einer konsistenten neuartigen fachlichen Begrifflichkeit über alle Themengebiete der Physik hinweg (▶ Abschn. 6.4). Empirische Studien zu Lernwirkungen wurden nur in begrenztem Maße durchgeführt. Die in ▶ Abschn. 6.3 vorgestellten Osnabrücker Arbeiten zur Energieentwertung und Entropie haben ebenfalls einen fachlichen Fokus. Die Vorschläge für eine unterrichtliche Umsetzung sind eher als Ausblicke einzuschätzen. Bei der Unterrichtskonzeption für eine Optik mit Lichtwegen (Universitäten Kassel, Berlin und Frankfurt; ▶ Abschn. 2.5) spielen die fachliche Anschlussfähigkeit der Abschnitte des Unterrichtsgangs und das kumulative fachliche Lernen vom Fermat-Prinzip in der Mittelstufe bis zur Zeigeroptik der Oberstufe (der Zeigerformalismus wird in ▶ Abschn. 10.7 dargestellt) eine zentrale Rolle.[40] Weiter zu nennen sind die beiden fachlich unterschiedlichen Konzeptionen zur Behandlung des Fliegens (▶ Abschn. 7.5), die Darstellung der modernen Teilchenphysik (▶ Abschn. 12.3.2) oder der Lehrgang zur Behandlung des Ferro-, Dia- und Paramagnetismus (▶ Abschn. 9.5). Die Bremer Konzeptionen für eine konsequent vektorielle Kinematik (▶ Abschn. 3.5) und zur Nutzung systemdynamischer Konzepte für die Beschreibung physikalischer Grundstrukturen (▶ Abschn. 5.3) fokussieren auf neue sachstrukturelle Darstellungen. Auch die Berliner Arbeiten zur phänomenologischen Optik (▶ Abschn. 2.4) können der Perspektive Sachstruktur zugeordnet werden, wenn man beeindruckende und überraschende Phänomene der Optik als deren eigentliche „Sache" ansieht.

■ **Perspektive Unterrichtspraxis**

Bei einigen der im vorliegenden Buch vorgestellten Konzeptionen gingen die Arbeiten von Lehrkräften aus, um unmittelbare unterrichtliche Problemlagen aufzugreifen. Die Konzeptionen für fächerübergreifenden Unterricht in der gymnasialen Oberstufe in ▶ Abschn. 14.4 beruhen auf solchen Initiativen. Die universitäre Fachdidaktik kooperierte in einer begleitenden und beratenden Funktion; Lehrkräfte bleiben in solchen Projekten die zentralen Akteure. Ein ähnlich angelegtes Kooperationsprojekt zwischen Lehrkräften und Fachdidaktik führte zu einer

---

40 Schön et al. (2003).

1

Konzeption für die Vermittlung experimenteller Fähigkeiten (▶ Abschn. 15.7.2). Die Konzeption für eine integrierte naturwissenschaftliche Grundbildung (▶ Abschn. 14.5.3) entstand in einem Entwicklungsverbund von Gesamtschullehrkräften mit Fachdidaktikern aus Landesinstituten und dem IPN (Kiel).

In der unterrichtspraktischen Entwicklungsperspektive wird die Bewährung einer Konzeption primär an den Rückmeldungen aus dem Unterricht gemessen. An die Stelle empirischer Wirkungsforschung treten Erfahrungsberichte von Lehrkräften und punktuelle Evaluationen. An der Pädagogischen Hochschule Weingarten entstanden in dieser Perspektive fachdidaktisch fundierte Konzeptionen für die Behandlung des elektrischen Stromkreises mit Schwerpunkt der elektrischen Leistung (▶ Abschn. 8.4.2) und zum Energiekonzept (▶ Abschn. 6.6), die erfolgreich erprobt wurden, ohne jedoch die Lernwirkungen in kontrollierten wissenschaftlichen Studien zu untersuchen.

▪ **Perspektive Grundlagenforschung**

Den Gegenpol zu unterrichtspraktisch motivierten Entwicklungsvorhaben bilden Projekte der fachdidaktischen Grundlagenforschung. Physikdidaktische Grundlagenprojekte befassen sich z. B. mit der Erforschung und Modellierung physikalischer Kompetenzen. Im Rahmen oder im Nachgang solcher Projekte können auch Unterrichtskonzeptionen entstehen. Ausgangspunkt sind oftmals Unterrichtsszenarien, die zum Zwecke der Erhebung empirischer Daten für Forschungsfragen eingesetzt wurden. Beispiele sind die Konzeptionen für eine auf Aufgabenkarten beruhende Behandlung der Elektrostatik (▶ Abschn. 10.3), für die Förderung des Modellverständnisses (▶ Abschn. 15.4), das Unterrichten der Variablenkontrolle (▶ Abschn. 15.7.1) oder die Förderung der Fähigkeiten von Schülerinnen und Schülern, physikalische Sachverhalte adressatengemäß zu erklären (▶ Abschn. 15.6.3). Der Unterrichtsgang für die explizite Reflexion erkenntnis- und wissenschaftstheoretischer Fragen am Beispiel der Elektrostatik (▶ Abschn. 13.5) entstand in einem Forschungsprojekt zum Vergleich der Wirksamkeiten einer forschend-entdeckenden und einer historisch-nachvollziehenden Vorgehensweise im Unterricht.

1.5 Fazit

Unterrichtslehrwerke bleiben für die Implementation neuer Unterrichtskonzeptionen bedeutsam (▶ Abschn. 1.2). Es dauert allerdings oftmals sehr lange, bis selbst gut evaluierte neue Ansätze ihren Niederschlag in Schulbüchern finden. Nach Studium und Referendariat begegnen ausgebildeten Lehrkräften neue Konzeptionen eher in Unterrichtszeitschriften und auf Lehrerfortbildungen.

Impulse für den Physikunterricht aus internationalen Curriculumentwicklungsprojekten (▶ Abschn. 1.3) fanden curricular im angelsächsischen Bereich einen größeren Niederschlag als in Deutschland. In den 1980er-Jahren ebbte die Welle der zentralisierten Großprojekte ab. Ähnlich groß angelegte

Entwicklungsprojekte gibt es zurzeit nicht.[41] Die Implementierung der neuen Konzeptionen im Unterricht hatte nach anfänglichen Erfolgen nicht die erwartete Breite erreicht[42] und die empirischen Begleituntersuchungen zeigten, dass das Verständnis der Physik sich nicht im erhofften Maße verbesserte. Grundideen der PSSC-, HPP- und IPN-Curricula sind jedoch in nachfolgende Lehrpläne, Schulbücher und Unterrichtskonzeptionen eingegangen und haben aktuelle Bildungsstandards und Lehrpläne beeinflusst. Man denke z. B. an die Korrespondenzen zwischen dem Kompetenzbereich Bewertung in den deutschen Bildungsstandards und dem Leitsatz des Umweltbezugs im IPN-Curriculum. Auch die Darstellung des physikalischen Erkenntnisfortschritts als kreativer kultureller Prozess (insbes. beim HPP) und das Verständnis des Physiklernens als eigenaktive Auseinandersetzung mit naturwissenschaftlichen Sachverhalten (PSSC; Nuffield Physics ab 1962) fanden Eingang in den Unterricht. Die Idee des *inquiry learning* (eigenaktives Lernen, Schülerexperimente) wurde durch den PSSC- und den HPP-Kurs vorangebracht.

Man kann die frühen Curriculumentwicklungsprojekte als *angebotsorientiert* charakterisieren. Diese Seite des Lehr-Lern-Prozesses (Lehrtexte, Arbeitsanleitungen, Experimente, Filme) wurde zweifelsohne deutlich verbessert. Haber-Schaim (2006, S. 9) führt in einem Rückblick auf das PSSC-Projekt jedoch an, dass die Lernvoraussetzungen der Schülerinnen und Schüler, d. h. ihre aus dem Alltag mitgebrachten Vorstellungen zu physikalischen Konzepten, bei der Kursentwicklung zu wenig berücksichtigt worden seien. Die *Adressatenorientierung* rückte erst mit dem IPN-Curriculum stärker ins Bewusstsein. Am IPN wurde begleitend zur Curriculumentwicklung ein Forschungsprogramm zur Verarbeitung der Lernangebote durch Schülerinnen und Schüler gestartet.[43] Solche Arbeiten leiteten ab den 1970er-Jahren von den großen zentralen Curriculumprojekten zur Schülervorstellungsforschung als Arbeitsschwerpunkt der internationalen Naturwissenschaftsdidaktik über.[44] Die Entwicklung von Unterrichtskonzeptionen wurde dezentraler und kleinteiliger. Die universitäre Fachdidaktik gewann an Bedeutung. Durch Professuren und Institute stehen inzwischen über die Konzeptions*entwicklung* hinaus Kapazitäten für eine systematische *Evaluation* der Wirksamkeit neuer Ansätze zur Verfügung. Der physikdidaktische Erkenntnisstand über themenbezogene Lernvoraussetzungen und Lernhemmnisse ermöglicht die Einbeziehung der Schülerperspektive in die Konzeptionsentwicklung.

Im weiteren Verlauf dieses Buches werden Konzeptionen vorgestellt, bei deren Entwicklung die fachsystematische und die Unterrichtsperspektive sowie das Verhältnis von Entwicklungs- und Begleitforschungsanteilen jeweils unterschiedlich austariert waren. Besonders belastbare Unterrichtskonzeptionen ergeben sich

---

41 Mbonyiryivuze und Kanamugire (2018) diskutieren neben einem Rückblick auf die 1950er- bis 1970er-Jahre auch spätere Projekte, wie etwa das Workshop Physics Project (s. dazu Laws 1997).

42 Duit et al. (1976, S. 112); das IPN-Curriculum wurde hauptsächlich an den neu gegründeten Gesamtschulen verwendet (Duit et al. 1976, S. 84 f.).

43 z. B. Niedderer (1972) zum Verständnis einfacher elektrischer Stromkreise; Dahncke (1972) zum Verständnis der Energieerhaltung oder Duit (1972) im Bereich der Wärmelehre.

44 Schecker et al. (2018).

1

aus Design-based-Research-Projekten mit langen Laufzeiten[45] und dadurch vielen Zyklen. Viele der in solch großen Projekten entwickelten Leitideen finden sich inzwischen auch in den Lehrplänen wieder. So haben Bayern und Österreich das Kraftstoß-Konzept (▶ Abschn. 4.4) in der Sekundarstufe I verankert; in Niedersachsen wird der Zeigerformalismus (▶ Abschn. 10.7 und 11.7) explizit im Kerncurriculum vorgeschlagen.

Literatur

Bader, F. (1994). Optik und Quantenphysik nach Feynmans QED. *Physik in der Schule* (7–8), 250–257.

Bader, F., & Dorn, F. (Hrsg.). (1986). *Dorn/Bader. Physik-Oberstufe. Gesamtband 12/13*. Hannover: Schroedel.

Bleichroth, W., Dahncke, H., Jung, W., Merzyn, G., & Weltner, K. (1999). *Fachdidaktik Physik* (2. Aufl.). Köln: Aulis.

Brüning, H.-G. (1993). *Ernst Grimsehls Lehrbücher der Physik in Geschichte und Gegenwart*. Hildesheim: Franzbecker.

Cassidy, D., Holton, G., & Rutherford, J. (2002). *Understanding Physics*. New York: Springer.

Dahncke, H. (1972). *Teilaspekte der Energieerhaltung: Eine empirische Untersuchung einiger Voraussetzungen für den Unterricht über das Prinzip von der Erhaltung der Energie bei 10- bis 15-jährigen Kindern*. Dissertation, Universität Kiel.

Duit, R. (1972). *Über langzeitliches Behalten von Verhaltensdispositionen in einem physikalischen Spiralcurriculum: Eine empirische Untersuchung bei einer Unterrichtseinheit über „Ausdehnung bei Erwärmung und Temperaturmessungen" im 6. Schuljahr unter Benutzung des lernpsychologischen Ansatzes von Gagné und eines stochastischen Ansatzes zur Beschreibung des Testverhaltens*. Dissertation, Universität Kiel.

Duit, R., Riquarts, K., & Westphal, W. (1976). *Wirkungen eines Curriculum. Eine Studie über die Verwendung des IPN-Curriculum Physik in der Schulpraxis, in der Lehrplanarbeit und in anderen Bereichen*. Weinheim: Beltz.

Grehn, J., Harbeck, G., & Wessels, P. (1973). *PSSC Physik. Deutsche Fassung*. Braunschweig: Vieweg.

Haber-Schaim, U. (2006). *PSSC PHYSICS: A personal perspective*: American Association of Physics Teachers. ▶ http://www.aapt.org/Publications/upload/Haber-Schaim4068.pdf.

Hahn, H. (1908). *Handbuch für physikalische Schülerübungen*. Berlin: Julius Springer.

Härtig, H., Kauertz, A., & Fischer, H. E. (2012). Das Schulbuch im Physikunterricht. Nutzung von Schulbüchern zur Unterrichtsvorbereitung in Physik. *Der mathematische und naturwissenschaftliche Unterricht, 65*(4), 197–200.

Harvard Project Physics. (1968). *Projekt Physics Reader 2, Motion in the Heavens*. New York: Holt, Rinehart and Winston. ▶ https://files.eric.ed.gov/fulltext/ED071887.pdf

Häußler, P. (1973). Vergleichende Analyse ausgewählter Oberstufencurricula für Physik. *Der Physikunterricht* (3), 72–96.

Häußler, P., & Lauterbach, R. (1976). *Ziele naturwissenschaftlichen Unterrichts: zur Begründung inhaltlicher Entscheidungen*. Weinheim: Beltz.

Holton, G. (1952). *Introduction to concepts and theories in physical science* (1. Aufl.). Cambridge, MA: Addison-Wesley.

Holton, G. (1984). *Themata – Zur Ideengeschichte der Physik*. Braunschweig: Vieweg.

Holton, G. (1988). *Thematic Origins of Scientific Thought. Kepler to Einstein* (revised edition). Cambridge, MA: Harvard University Press.

Holton, G. (2003). The Project Physics Course, Then and Now. *Science & Education 12*, 779–786.

---

45 Die in ▶ Abschn. 3.3 vorgestellte Konzeption für die Kinematik beruht auf einem bis in die 1970er-Jahre zurückgehenden Forschungs- und Entwicklungszyklus.

Holton, G., Rutherford, F. J., & Watson, F. G. (1979). *Project physics. Handbook*. New York: Holt, Rinehart and Winston.

Institut für die Pädagogik der Naturwissenschaften (Hrsg.) (2006). *IPN-Curriculum Physik. Unterrichtseinheiten für die Jahrgangsstufen 5 bis 10*. Kiel: Leibniz-Institut für die Pädagogik der Naturwissenschaften (auf CD-ROM). (Die Materialien sind auf Anfrage beim IPN erhältlich und sollen dort über einen Open-Educational-Resources-Server verfügbar gemacht werden.)

Kattmann, U., Duit, R., Gropengießer, H., & Komorek, M. (1997). Das Modell der Didaktischen Rekonstruktion – Ein Rahmen für naturwissenschaftsdidaktische Forschung und Entwicklung. *Zeitschrift für Didaktik der Naturwissenschaften, 3*, 3–18.

KMK. Ständige Konferenz der Kultusminister der Länder in der Bundesrepublik Deutschland (Hrsg.) (2020). *Bildungsstandards im Fach Physik für die Allgemeine Hochschulreife (Beschluss der Kultusministerkonferenz vom 18.06.2020)*. Berlin: Sekretariat der Kultusministerkonferenz. ▶ https://www.kmk.org/fileadmin/Dateien/veroeffentlichungen_beschluesse/2020/2020_06_18-BildungsstandardsAHR_Physik.pdf

Laws, P. W. (1997). Millikan Lecture 1996: Promoting active learning based on physics education research in introductory physics courses. *American Journal of Physics, 65*(1), 14–21. ▶ https://doi.org/10.1119/1.18496.

Lunetta, V. N. (1982). *Issues in physics education in historical and contemporary perspective*. (Technical Report #24). University of Iowa: Science Education Center. ▶ https://files.eric.ed.gov/fulltext/ED216857.pdf

Mbonyiryivuze, A., & Kanamugire, C. (2018). Reforms in science curricula in last six decades: Special reference to physics. *African Journal of Educational Studies in Mathematics and Sciences, 14*, 153–165.

Merzyn, G. (1994). *Physikschulbücher, Physiklehrer und Physikunterricht – Beiträge auf der Grundlage einer Befragung westdeutscher Physiklehrer*. Kiel: IPN.

Niedderer, H. (1972). *Sachstruktur und Schülerfähigkeiten beim einfachen elektrischen Stromkreis*. Dissertation, Universität Kiel.

Niedderer, H., & Aufschnaiter, S. v. (2012). Curriculum development and related research yesterday and today – the example of the IPN Curriculum Physics. In S. Mikelkis-Seifert, U. Ringelband, & M. Brückmann (Hrsg.), *Four decades of research in science education – from curriculum development to quality improvement* (S. 13–28). Münster: Waxmann.

Niedderer, H., Stender, W., Hoppe, U., Steinfeldt, R., Wieczorek, K., Burgheim, M., . . . Habermann, D. (1981). *IPN-Curriculum Physik. Schwingungen – Schall – Lärm. Schülerheft*. Stuttgart: Klett.

Nierholz, K., Duit, R., Häussler, P., Lauterbach, R., Mikelskis, H., & Westphal, W. (1993). *Physik. Um die Welt zu begreifen. Ein Lehrbuch für die Sekundarstufe I*. Kiel: Diesterweg/Institut für die Pädagogik der Naturwissenschaften.

Ogborn, J. (2014). Curriculum Development In Physics: Not Quite So Fast! In M. F. Tasar (Hrsg.), *Proceedings of the World Conference on Physics Education 2012* (S. 39–48). Ankara: Gazi Üniversitesi, Pegem Akademi.

Physical Science Study Committee. (1960a). *Physics* (1. Aufl.). Boston: D. C. Heath.

Physical Science Study Committee. (1960b). *Teacher's Resource Book and Guide*. Boston: Raytheon Education.

Physical Science Study Committee. (1990). *Physics* (7. Aufl.). Dubuque, Iowa: Kendall/Hunt.

Rösch, P. (1994). Ernst Grimsehl – Lehrer, Physiker, Techniker. Zum 80. Todestag von Ernst Heinrich Grimsehl am 30. Oktober 1994. *Der mathematische und naturwissenschaftliche Unterricht, 47*(8), 489–491.

Rutherford, F. J., Holton, G., & Watson, F. G. (1981a). *Project Physics. Resource Book*. New York: Holt, Rinehart and Winston.

Rutherford, F. J., Holton, G., & Watson, F. G. (1981b). *Project Physics. Text*. New York: Holt, Rinehart and Winston.

Schecker, H., Bethge, T., & Schottmayer, M. (2004). Schulinterne Curriculumentwicklung. Modell, Struktur und Entwicklungsprozess. In B. Brackhahn, R. Brockmeyer, T. Bethge, & A. Hornsteiner (Hrsg.), *Standards und Kompetenzen und Evaluation* (S. 61–101). München: Luchterhand.

Schecker, H., Wilhelm, T., Hopf, M., & Duit, R. (Hrsg.). (2018). *Schülervorstellungen und Physikunterricht*. Berlin: Springer.

Schön, L., Erb, R., Weber, T., Werner, J., Grebe-Ellis, J., & Guderian, P. (2003). *Optik in Mittel- und Oberstufe*. Humboldt-Universität zu Berlin: Didaktik der Physk. ▶ http://didaktik.physik.hu-berlin.de/material/forschung/optik/download/veroeffentlichungen/veroeffentlichungen_didaktik-hu.pdf

Wilhelm, T., & Hopf, M. (2014). Design-Forschung. In D. Krüger, I. Parchmann, & H. Schecker (Hrsg.), *Methoden in der naturwissenschaftsdidaktischen Forschung* (S. 31–42). Berlin: Springer.

1

Unterrichtskonzeptionen zur Geometrischen Optik

Claudia Haagen-Schützenhöfer und Thomas Wilhelm

Inhaltsverzeichnis

© Springer-Verlag GmbH Deutschland, ein Teil von Springer Nature 2021
T. Wilhelm, H. Schecker, M. Hopf (Hrsg.), *Unterrichtskonzeptionen für den Physikunterricht*,
https://doi.org/10.1007/978-3-662-63053-2_2

2.1 Fachliche Einordnung

■ Inhalt der Optik

Optik wird häufig als die *Lehre vom Licht* bezeichnet. Die wörtliche Übersetzung des altgriechischen „optikós" bedeutet allerdings *zum Sehen gehörend*. Der Aspekt des *Sehens* wird in der wissenschaftlichen Sachstruktur der Physik heutzutage kaum noch berücksichtigt. Für das Lernen von elementarer geometrischer Optik ist er aber von enormer Relevanz, wie sich in diesem Kapitel zeigen wird.

Als Teilbereich der Physik beschäftigt sich die Optik mit der Entstehung, den Eigenschaften und der Ausbreitung von Licht sowie mit Phänomenen, die durch Wechselwirkungen von Licht und Materie entstehen. In der Physik wird Licht typischerweise als der für den Menschen sichtbare Teil des elektromagnetischen Spektrums definiert (■ Abb. 2.1). Alltagssprachlich finden sich auch Ausweitungen dieser Definition auf die im elektromagnetischen Spektrum direkt angrenzenden Bereiche, das „Infrarotlicht" oder das „ultraviolette Licht". Diese beiden Teilbereiche des Spektrums sind für den Menschen nicht durch das visuelle System wahrnehmbar, für manche andere Lebewesen allerdings schon. Als Teil des elektromagnetischen Spektrums unterliegt Licht den gleichen physikalischen Gesetzmäßigkeiten wie alle anderen elektromagnetischen Strahlungsarten.

Innerhalb der klassischen Optik werden häufig die geometrische Optik und die Wellenoptik voneinander abgegrenzt. Diese Einteilung der Optik in Teilbereiche spiegelt auch die historische Entwicklung der Optik bzw. verschiedene Modellbetrachtungen des Lichtes wider. Die Wellenoptik wird zur Beschreibung von Phänomenen herangezogen, bei denen Licht mit Systemen interagiert, deren Abmessungen im Wellenlängenbereich sichtbarer Strahlung liegen. In solchen Fällen sind die Welleneigenschaften des Lichtes für sein Verhalten ausschlaggebend. Die Eigenschaften von Licht als elektromagnetische Welle lassen sich mit den

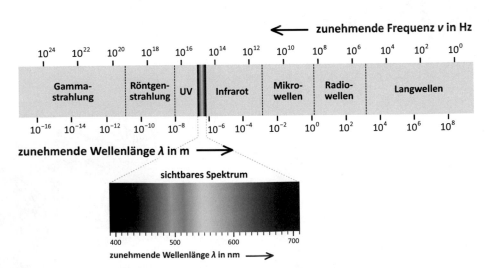

■ Abb. 2.1   Elektromagnetisches Spektrum mit der Hervorhebung des für Menschen sichtbaren Strahlungsbereichs, der typischerweise als (sichtbares) *Licht* bezeichnet wird

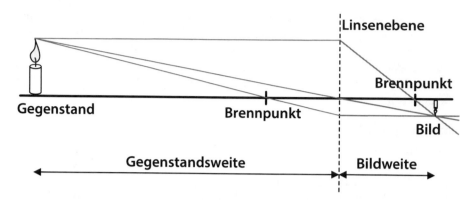

Linsenebene

Brennpunkt

Gegenstand

Brennpunkt

Bild

Gegenstandsweite

Bildweite

◻ Abb. 2.2 Konstruktionsstrahlen zur Konstruktion eines Bildpunkts an einer Sammellinse

Maxwellgleichungen beschreiben.[1] Wenn die Wellenlänge des Lichtes klein ist im Vergleich zu den Abmessungen der optischen Elemente einer Versuchsanordnung, kann man zur Beschreibung optischer Phänomene in guter Näherung die geometrische Optik (Strahlenoptik) verwenden. Bei dieser Näherung geht man davon aus, dass Beugungs- und Interferenzerscheinungen nicht relevant sind.

Eine selbstleuchtende oder beleuchtete Oberfläche können wir uns als eine große Anzahl von punktförmigen Lichtquellen (Leuchtpunkten) vorstellen, die kontinuierlich sich überlagernde Kugelwellen aussenden. Dieser Vorgang wird im Bild der geometrischen Optik mittels Strahlen angenähert. Diese Strahlen verlaufen in Ausbreitungsrichtung des Lichtes. Sie weisen in Richtung des Energieflusses, der durch den Poyntingvektor ($\vec{S}$) gegeben ist.

$$\vec{S} = \frac{1}{\mu_0} \vec{E} \times \vec{B}$$

($\vec{S}$: Poyntingvektor, $\vec{E}$: elektrische Feldstärke, $\vec{B}$: magnetische Flussdichte)

Lichtstrahlen als Lichtbündel bzw. Lichtkegel mit einem gedanklich auf null Grad geschrumpften Öffnungswinkel sind eine Modellvorstellung und beschreiben die Lichtausbreitung. Die Verwendung des Lichtstrahlenmodells in der geometrischen Optik weist noch einen weiteren Reduktionsschritt auf: Ein Leuchtpunkt kann als Ausgangspunkt unzähliger derartiger „Lichtstrahlen" gedacht werden. Für Darstellungen und Konstruktionen in der geometrischen Optik wird meist mit einer kleinen, speziellen Auswahl von Strahlen (◻ Abb. 2.2) gearbeitet, wobei diese Konstruktionsstrahlen an der Mittelebene einer Linse (Linsenebene) ihre Richtung ändern und nicht an der Grenzfläche der Linse.

In der modernen Optik, der Quantenoptik, kommen die nicht-klassischen Eigenschaften des Lichtes in der gymnasialen Oberstufe in einer quantenmechanischen

---

1   Mehr zu elektromagnetischen Wellen und den Maxwellgleichungen findet man im ▶ Kap. 10.

2

Betrachtungsweise zum Tragen (▶ Abschn. 11.2; z. B. Photoeffekt). So lernen Schüler und Schülerinnen im Laufe der Schulzeit in der Regel drei Modelle zur Beschreibung von Licht kennen: In der Sekundarstufe I, meist im Anfangsunterricht, wird Licht mit dem Modell des Lichtstrahls beschrieben. In der Sekundarstufe II wird Licht zunächst mit dem Modell der Welle und später mit dem Modell Quant, also dem Photon beschrieben.

■ **Mögliche Elementarisierungen**

Traditioneller Anfangsoptikunterricht (▶ Abschn. 2.2) vermittelt grundlegende optische Phänomene auf Basis geometrischer Gesetzmäßigkeiten durch strahlengeometrische Konstruktionen. Licht wird als sich allseitig ausbreitende Lichtstrahlen eingeführt, meist ohne den Modellcharakter dieser Darstellung zu thematisieren. Der Verlauf dieser Lichtstrahlen wird auf Basis geometrischer Konstruktionen und physikalischer Gesetzmäßigkeiten (Reflexionsgesetz, Brechungsgesetz) analysiert, um verschiedene Abbildungsphänomene wie Schatten, Bildentstehung durch (ebene) Spiegel oder Bildentstehung durch Linsen zu erklären. Farberscheinungen werden häufig durch Farbmischregeln der subtraktiven bzw. additiven Farbmischung verdeutlicht.

Die Frankfurt/Grazer-Konzeption für die Sekundarstufe I (▶ Abschn. 2.3) stellt die Lichtausbreitung als kontinuierlichen Strömungsvorgang auf Basis eines Sender-Strahlungs-Empfänger-Konzepts in das Zentrum des Anfangsoptikunterrichts. Optische Phänomene werden ausgehend von subjektiven Wahrnehmungen der Lernenden durch die Nachverfolgung von Lichtwegen vom Lichtsender bis zum Empfänger erschlossen. Auf die Formalisierung durch strahlengeometrische Konstruktionen wird dabei anfänglich verzichtet, Lichtstrahlen werden erst im weiteren Unterrichtsverlauf als ein Modell zur Betrachtung von Lichtausbreitung eingeführt. Die Interaktion von Licht und Materie wird durch Streuprozesse elementarisiert. Abbildungsvorgänge werden durch ein Leuchtfleck-zu-Bildfleck-Abbildungsschema konzeptualisiert.

Die phänomenologische Optik (▶ Abschn. 2.4) verzichtet gänzlich auf Modelle und bietet einen Zugang zur Anfangsoptik, der bei der unmittelbaren Beobachtung von optischen Phänomenen ansetzt. Beobachtungen zentraler Experimente und deren „vorurteilsfreie" Beschreibung binden Lernende in den Erkenntnisprozess über Grundbegriffe und -konzepte der Optik direkt mit ein. Auf Lichtstrahlen wird verzichtet. Stattdessen wird die Blickrichtung thematisiert, in der Objekte wahrgenommen werde. Eine Unterscheidung zwischen Tastwelt bzw. Tastweg und Sehwelt bzw. Sehweg wird eingeführt.

Das Lichtwegkonzept für die Sekundarstufe I (▶ Abschn. 2.5) baut auf den Ideen der modellfreien Anfangsoptik auf. Wie dort werden keine Erklärungen darüber gegeben, was Licht *ist*. Ausgehend von konkreten Experimenten werden Ausbreitungserscheinungen anhand von Lichtwegen analysiert. Im Vordergrund steht die Entdeckung von Gesetzmäßigkeiten, die erklären, warum sich manche Lichtwege von anderen unterscheiden. Das Fermat'sche Prinzip wird als ein solches Erklärungsprinzip Schritt für Schritt erarbeitet; zunächst wird es als Ausbreitung entlang kürzestmöglicher Wegstrecken eingeführt und dann als Ausbreitung entlang der zeitlich kürzesten Laufwege weiterentwickelt.

◨ Tab. 2.1 gibt einen Überblick über die hier angesprochenen Konzeptionen.

◻ Tab. 2.1 Übersicht über die vorgestellten Unterrichtskonzeptionen

	Traditioneller Unterricht (▶ Abschn. 2.2)	Sender-Strahlungs-Empfänger-Konzeption (▶ Abschn. 2.3)	Phänomenologische Optik (▶ Abschn. 2.4)	Lichtwegkonzept (▶ Abschn. 2.5)
Ziel	Konstruktion von Bildern mit Algorithmen	optische Phänomene in das objektive System physikalischer Betrachtungsweisen einordnen und erklären	Erkenntnisse durch unmittelbare Beobachtung von optischen Phänomenen entwickeln	Beobachtete Lichtwege mit dem Fermatprinzip erklären
Repräsentation von Lichtausbreitung	Lichtstrahlen	Lichtkegel	Blickwege	Lichtwege
Lichtwege	Lichtwege werden kaum betrachtet	konsequente Betrachtung des Lichtwegs vom Gegenstand durch das optische System bis zum Auge	Lichtweg wird über den Blickweg gefunden	Weg mit kürzester optischer Weglänge
zentrale Erklärung	Lichtstrahlen, Konstruktionsstrahlen	Sender-Strahlungs-Empfänger-Konzept, Lichtbündel	durch die eigene Wahrnehmung	Fermat'sches Prinzip
wichtige Themen	Unterscheidung primäre und sekundäre Lichtquellen, Reflexionsgesetz, Brechung, Abbildung an Linsen, optische Geräte, Hauptstrahlenkonstruktion	Sehprozess, Streuung, Spiegelbilder, Brechung, Abbildung an Linsen	Schatten, Spiegelwelt, optische Hebung	Reflexion, Brechung, optische Abbildung
Schatten	Definitionen verschiedener Schattenarten	Erklärung mittels Lichtstrahlen	Erklärung mit „Prinzip Ameise"	am Schatten wird gezeigt, dass sich Licht längs des kürzesten Weges ausbreitet

(Fortsetzung)

◻ Tab. 2.1 (Fortsetzung)

	Traditioneller Unterricht (▶ Abschn. 2.2)	Sender-Strahlungs-Empfänger-Konzeption (▶ Abschn. 2.3)	Phänomenologische Optik (▶ Abschn. 2.4)	Lichtwegkonzept (▶ Abschn. 2.5)
Behandlung des Spiegels	anhand des Reflexionsgesetzes	genaue Betrachtung der Eigenschaften des Spiegelbilds	Prinzip Ameise und Merkmale der Spiegelwelt	anhand des Fermatprinzips
Reflexionsgesetz	zentrale Stellung beim Spiegel für die Erklärung virtueller Bilder	Bildort wird durch Reflexion von Lichtbündeln konstruiert; Reflexionsgesetz erst im Anschluss	zentral sind Aussagen über die Spiegelwelt	Lichtweg zwischen Kerze und Beobachter als kürzestmöglicher Lichtweg über den Spiegel
Behandlung der Brechung	Lichtstrahlen werden gebrochen	Lichtstrahlen werden gebrochen	optische Hebung von Gegenständen	der Lichtweg mit kürzester optischer Weglänge ist geknickt
Bildentstehung an Linsen	Bildkonstruktionen mit ausgezeichneten Strahlen	Leuchtfleck-zu-Bildfleck-Abbildungsschema	Betrachtung der Schusterkugel	Fermatprinzip: alle Wege zwischen Gegenstandspunkt und Bildpunkt haben gleiche optische Weglängen

2.2 Traditioneller Unterricht

- **Inhaltsbereiche und typische sachstrukturelle Abfolge**

Den einen traditionellen Optikunterricht gibt es nicht. Für bestimmte sachstrukturelle Aspekte und Herangehensweisen an die Vermittlung von elementaren Konzepten zeigen sich allerdings gewisse Muster im deutschsprachigen Raum und darüber hinaus, die in weiterer Folge als „traditioneller Optikunterricht" zusammengefasst werden können.

Traditioneller Optikunterricht der Sekundarstufe I beschränkt sich typischerweise auf den Bereich der geometrischen Optik. Auch Farberscheinungen werden z. T. ohne Einführung des Wellenmodells behandelt. Zentrales Vermittlungselement des Optikunterrichts der Sekundarstufe I sind strahlenoptische Betrachtungsweisen der Lichtausbreitung sowie Konstruktionen von Abbildungsvorgängen im Zusammenhang mit unterschiedlichen einfachen optischen Geräten (Spiegel, Linsen).

Klassische Inhaltsbereiche der (geometrischen) Optik werden in traditionellem Unterricht der Sekundarstufe I meist in ähnlicher Reihenfolge unterrichtet, wie sie sich auch in Fachbüchern der Physik finden. Die Unterscheidung in künstliche und natürliche Lichtquellen und daran anschließend die allseitige, geradlinige Ausbreitung von Licht sowie die Lichtgeschwindigkeit stehen üblicherweise am Beginn des Unterrichts der Sekundarstufe I. Parallelitäten zwischen künstlichen und natürlichen oder primären und sekundären Lichtquellen wie die kontinuierliche Abstrahlung von Licht bleiben im Hintergrund oder unerwähnt. In der Regel wird von Beginn an eine Näherung durch Lichtstrahlen verwendet, häufig ohne deren Modellcharakter bzw. ihre Grenzen zu thematisieren. Grundlegende Fragen der Sichtbarkeit von Gegenständen in Bezug auf die menschliche Wahrnehmung werden nur selten aufgegriffen.

Nach einer Einführung, die diese Themenbereiche umfasst, werden oft als erster Schwerpunkt Schattenphänomene thematisiert. Mit einer phänomenologischen Betrachtung dieses Themas – jedoch noch ohne Strahlengänge – sind Lernende häufig bereits aus der Primarstufe vertraut. Definitionen verschiedener Schattenarten (Schlagschatten, Kernschatten, Übergangsschatten) werden dabei betont. Anwendungskontexte zum Thema Schatten sind traditionellerweise Finsternisse und Mondphasen (Selbstschatten[2]).

Als nächstes wird häufig das Reflexionsgesetz am ebenen Spiegel thematisiert. In diesem Zusammenhang erfolgt die Einführung des Konzepts der diffusen Reflexion. Als Anwendungskontext für „regelmäßige" Reflexion werden manchmal auch der Hohl- und der Wölbspiegel durchgenommen und strahlenkonstruktiv bearbeitet.

---

2 Von Selbstschatten, Eigenschatten oder Körperschatten spricht man, wenn ihn der Körper auf sich selbst durch sich selbst verursacht; dies sind also Schattenflächen auf dem schattenverursachenden Körper. Der Begriff legt die Vorstellung nahe, dass ein Objekt Schatten aktiv produziert, anstatt die Vorstellung zu unterstützen, dass der Schattenraum hinter dem Objekt durch das Abblocken des Lichtes durch das Objekt entsteht.

Die Lichtbrechung am Übergang unterschiedlicher Medien stellt neben der Reflexion den zweiten Schwerpunkt des traditionellen Optikunterrichts dar. Neben der Totalreflexion wird die Bildentstehung durch Linsen bearbeitet und weiterführend werden optische Geräte wie Lupe, Fernrohr, Mikroskop, Diaprojektor, Fotoapparat oder das menschliche Auge behandelt. Im Kontext der Bildentstehung durch Linsen wird zum Teil auch die Linsengleichung eingeführt und zur Berechnung verschiedener Abbildungsgrößen herangezogen. Sehfehler des menschlichen Auges und deren Korrektur mittels Kontaktlinsen und Brillen werden an dieser Stelle oft thematisiert. Strahlengeometrische Konstruktionen stehen auch bei diesem Themenkomplex vielfach im Fokus.

Farbenlehre oder Farbphänomene wurden lange Zeit hindurch bzw. werden teilweise immer noch im Anschluss an Themenbereiche der klassischen geometrischen Optik unterrichtet. Der Zugang ist hier meist rein qualitativ. Charakteristische Eigenschaften von sichtbarer Strahlung, die für Farbphänomene verantwortlich sind, werden ausgespart. Traditionellerweise steht die Zerlegbarkeit weißen Lichtes am Anfang dieser Thematik. Davon ausgehend wird zwischen zwei Arten der Farbmischung unterschieden, der additiven und der subtraktiven. Der inhaltliche Schwerpunkt liegt dabei meist auf der Vermittlung von Farbmischungsregeln. Dies trifft auch auf den Bereich der Körperfarben zu. Zugrunde liegende Prozesse wie die selektive Absorption und Re-Emission verschiedener Lichtfarben (Licht verschiedener Wellenlängen) an farbig erscheinenden Objekten stehen eher im Hintergrund.

- **Ausbreitung des Lichtes und Lichtgeschwindigkeit**

Die allseitige und geradlinige Ausbreitung des Lichtes wie auch dessen hohe Ausbreitungsgeschwindigkeit stehen thematisch traditionellerweise am Beginn des Optikunterrichts in der Sekundarstufe I. Der Prozess der Lichtausbreitung wird in weiterer Folge im Zusammenhang mit anderen Themen des traditionellen Optikunterrichts nicht mehr aufgegriffen. Eine durchgängige systematische Betrachtung der zugrunde liegenden Vorgänge, vor allem durch die Analyse der relevanten Lichtwege von einer Lichtquelle über die Interaktion mit den jeweiligen optischen Systemen bis ins Auge des Betrachters, bleibt oft aus. Die zentrale fachliche Grundidee der allseitigen, geradlinigen Ausbreitung wird in Abbildungen üblicherweise ausschließlich durch Lichtstrahlen mit einer Vorzugsrichtung (◻ Abb. 2.3) repräsentiert.

- **Strahlengeometrische Konstruktionen**

Traditioneller Optikunterricht der Sekundarstufe I zeichnet sich durch seinen Schwerpunkt auf strahlengeometrischen Konstruktionen aus. Lichtstrahlen werden zur Betrachtung und Erklärung aller Teilthemenbereiche genutzt. Die Arbeit mit dem Strahlenmodell stellt immer eine Auswahl auch im Sinne einer Reduktion von unendlich vielen möglichen Lichtstrahlen dar. Dieser Auswahlprozess bzw. dieser Reduktionsschritt werden in traditionellem Unterricht jedoch kaum

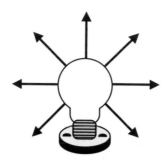

◨ Abb. 2.3 Reduzierte Darstellung der allseitigen, geradlinigen Lichtausbreitung. Von jedem Punkt einer ausgedehnten Lichtquelle geht nur ein Strahl in eine Richtung aus. Erst die Summe aller Strahlen von verschiedenen Punkten der Lichtquelle deutet eine allseitige Lichtausbreitung an (Haagen-Schützenhöfer und Hopf 2018)

expliziert bzw. in seinen Konsequenzen für die Betrachtung optischer Vorgänge thematisiert. Zumeist rücken durch diesen Auswahlprozess *ausgezeichnete Strahlen* ins Zentrum, nämlich der Brennpunktstrahl, der Parallelstrahl und der Mittelpunktstrahl. Diese *Konstruktionsstrahlen* (◨ Abb. 2.4) sind jedoch nicht in jedem Fall auch *abbildende Strahlen* (◨ Abb. 2.4 links), was vom Größenverhältnis und der räumlichen Anordnung des abzubildenden Gegenstands und der Linse abhängig ist. Aufgaben zur Bildentstehung stellen für Lernende eine große Hürde dar, wenn Parallel- oder Brennpunktstrahlen der abzubildenden Gegenstände nicht durch die Linse verlaufen, z. B. aufgrund der Größenverhältnisse von Gegenstand und Linse (◨ Abb. 2.4 links), oder wenn der Gegenstand nicht direkt auf der optischen Achse positioniert ist. Schwer bewältigbar sind derartige Aufgabenstellungen für Schülerinnen und Schüler, wenn strahlengeometrische Konstruktionen als Routine zur Bestimmung des Bildorts herangezogen werden, ohne diese mit den dahinterliegenden physikalischen Vorgängen und Konzepten verbinden zu können.

Des Weiteren wird im traditionellen Unterricht die Rolle des Beobachters bzw. der Beobachterin in diesem System selten thematisiert.

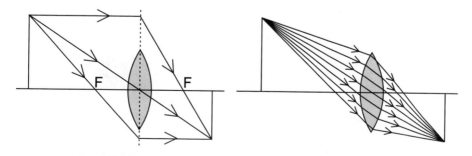

◨ Abb. 2.4 Abbildungsvorgang dargestellt mit unterschiedlicher Strahlenauswahl; links: Konstruktionsstrahlen, rechts: abbildende Strahlen

2

▪ Spiegelung und Reflexion

Der ebene Spiegel als ein aus dem Alltag vertrauter Gegenstand dient häufig sowohl zur Einführung des Reflexionsgesetzes als auch zur Einführung virtueller Bilder. Ähnlich wie schon bei der Bildentstehung mit Linsen besprochen, werden vorwiegend strahlengeometrische Konstruktionen zur Bearbeitung dieses Themas herangezogen. Dies führt häufig dazu, dass die Konzepte des virtuellen Spiegelbilds und der Reflexion unverknüpft nebeneinander stehen bleiben. Die Lage des virtuellen Spiegelbilds wird geometrisch bestimmt, ein Bezug zur Bildentstehung im Sinne von im Bildpunkt konvergierenden Lichtstrahlen eines Objektpunkts wird meist nicht hergestellt. Das fördert Schülervorstellungen wie jene, dass das Spiegelbild auf der Spiegeloberfläche liegt oder dass es unabhängig davon eine weitere Eigenschaft des Spiegels ist, Licht einfach nur zurückzuwerfen. Eine zusätzliche Herausforderung im Optikunterricht zum Thema Bildentstehung am ebenen Spiegel liegt in sprachlich tief verwurzelten Alltagswendungen, dass ein Bild „spiegelverkehrt" sei und „links und rechts" vertauscht werde. Dieses Alltagswissen wird häufig noch bekräftigt, wenn zu früh oder ausschließlich mit Spiegelbildern von links-rechts-symmetrischen Gegenständen (z. B. aufrechten Pfeilen oder Kerzen und dergleichen) oder der eigenen Person gearbeitet wird.

▪ Körperfarben und geometrische Optik

Farbphänomene sind in manchen Lehrplänen im deutschsprachigen Raum fester Bestandteil des Optikunterrichts der Sekundarstufe I, der hier als geometrische Optik angelegt ist. In anderen Lehrplänen wird wiederum lediglich ein Fokus auf die Zusammensetzung weißen Lichtes gelegt. Insgesamt stellen fehlende Grundlagen der Wellenlehre in beiden Fällen eine Herausforderung im Vermittlungsprozess dar.

Die Zerlegung von weißem Licht in seine Spektralfarben steht mit klassischen Prismen-Experimenten meist am Anfang des Themas Farbphänomene. Dementsprechend liefert die Zusammenführung der Spektralfarben wieder weißes Licht. Sonnenlicht und andere Varianten von Licht, das wir als weiß bezeichnen, werden dabei in Lernunterlagen vielfach als gelb dargestellt (◘ Abb. 2.5).

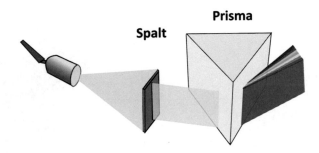

◘ **Abb. 2.5**   Hinderliche Darstellung von weißem Licht als gelb, was Verständnisprobleme bei der spektralen Zerlegung von Sonnenlicht bzw. weißem Licht verursacht und somit das Verständnis von Körperfarben erschwert

Ausgehend von der Idee der Spektralzerlegung in sieben Grundfarben erfolgt meist ein rascher Übergang zum RGB-Farbschema, der wenig expliziert wird. Irritierend ist für Lernende einerseits, dass nun weniger Grundfarben ausreichen, um weiß zu erzeugen, und andererseits, dass z. B. die Spektralfarbe gelb aus rot und grün mischbar ist.

Häufig wird der Themenkomplex Farbphänomene auf phänomenologischer Ebene in Kombination mit der Vermittlung von Mischregeln für additive und subtraktive Farbmischung vermittelt.

- **Empirische Ergebnisse**

Traditioneller Optikunterricht als eine Gesamtunterrichtskonzeption ist vorwiegend im Kontrast zu alternativen Unterrichtskonzeptionen erforscht. Zudem gibt es viele Forschungsergebnisse im deutschsprachigen Raum, aber auch international, die das Verständnis von Lernenden in einzelnen Teilbereichen der Anfangsoptik beschreiben.

Im deutschsprachigen Raum wurden von Jung und Wiesner zahlreiche qualitative Untersuchungen (Interviewserien, aber auch Akzeptanzbefragungen) durchgeführt, um Alltagsvorstellungen und Lernschwierigkeiten in Kombination mit traditionellem Unterricht zu identifizieren.[3] Aus diesen Untersuchungen und neueren Forschungen[4] liegen eine Reihe von qualitativen Ergebnissen zu einzelnen Teilbereichen des Anfangsoptikunterrichts vor, die die oben thematisierten Schwierigkeiten charakterisieren.

Herdt (1990) führte zu allen curriculumsrelevanten Teilaspekten von traditionellem Optikunterricht der Sekundarstufe I eine empirische Untersuchung mit 246 Schülerinnen und Schülern aus der 7. Jahrgangsstufe durch, von denen 132 konventionellen Optikunterricht durchliefen. Die quantitativen Ergebnisse zeigen deutlich, dass selbst nach dem Optikunterricht der Sekundarstufe I in vielen der oben beschriebenen Teilbereiche konzeptuelle Schwierigkeiten auftreten. Nach dem Optikunterricht erreichten die konventionell unterrichteten Schülerinnen und Schüler bei den 20 zu lösenden Aufgaben des Konzepttests einen durchschnittlichen Punktewert von nur 9,7 Punkten (Streuung 5,9 Punkte) der maximal erreichbaren 40 Punkte. Besondere Defizite zeichnen sich bei Aufgaben ab, zu deren Lösung konzeptuelle, qualitative Vorstellungen erforderlich sind. Dies sind beispielsweise Aufgaben zum Sehvorgang und zur Vorstellung der kontinuierlichen Lichtströmung (Strahlung), ebenso wie Aufgaben zum Punkt-zu-Punkt-Abbildungsschema und Aufgaben zur Dispersion am Prisma. Auch beim Lösen geometrischer Konstruktionsaufgaben zeigen sich Defizite, allerdings nicht in dieser Intensität.

In neuerer Zeit wurde eine ähnliche Untersuchung mit österreichischen Schülerinnen und Schülern ($N = 396$) der 8. Jahrgangsstufe durchgeführt, bei der das

---

3   Jung (1981); Jung (1982); Wiesner (1986, 1992); Wiesner und Claus (2007).
4   Haagen-Schützenhöfer (2016).

Verständnis von vergleichbaren zentralen Konzepten abgefragt wurde.[5] Bei Aufgabenstellungen zum physikalischen Sehvorgang, zum kontinuierlichen Strömungsvorgang von Licht und zu Streuung, Bildentstehung und Körperfarben verzeichneten traditionell unterrichtete Lernende ein geringes konzeptuelles Verständnis. Rein geometrische Aufgabenstellungen, wie zur geradlinigen Ausbreitung von Licht oder zur Entstehung von Schatten, wurden hingegen signifikant häufiger gelöst.

2.3 Sender-Strahlungs-Empfänger-Konzeption für die Sekundarstufe I

■ **Die Grundideen der Konzeption**

Das Sender-Strahlungs-Empfänger-Konzept wurde in Frankfurt in der Gruppe um Jung und Wiesner mit der Zielsetzung entwickelt, Lernende dabei zu unterstützen, subjektiv wahrgenommene optische Phänomene in das objektive System physikalischer Betrachtungsweisen einzuordnen und dadurch erklären zu können. Das Konzept wurde basierend auf einer Vielzahl von Schülerinterviews und vor allem Lernprozessstudien im Rahmen von Akzeptanzbefragungen in mehreren Entwicklungsphasen erarbeitet.[6] Im Fokus steht ein Sender-Strahlungs-Empfänger-Konzept und damit verbunden das systematische Verfolgen von Lichtwegen vom Lichtsender bis in das Auge des Empfängers, der das jeweilige optische Phänomen wahrnimmt. Dieser Zugang soll Lernende dabei unterstützen, die subjektiv wahrgenommenen optischen Phänomene mit den zugrunde liegenden physikalischen Vorgängen in Verbindung zu bringen, die im Modell der geometrischen Strahlenoptik konzeptualisiert werden.

Ziel ist es, dass Schülerinnen und Schüler von Anfang an eine systematische Herangehensweise im Sinne des Verfolgens der Lichtwege zur Analyse optischer Phänomene entwickeln. Dementsprechend steht am Beginn die Einführung des Sender-Strahlungs-Empfänger-Konzepts; alle weiteren Teilthemen der Anfangsoptik werden dann mit diesem Konzept verknüpft und erschlossen. Die Betrachtung und Analyse optischer Phänomene mithilfe strahlengeometrischer Konstruktionen, die im traditionellen Unterricht dominiert, rückt zunächst in den Hintergrund. Diese Darstellungsweise wird erst nach der Untersuchung der jeweiligen Erscheinung und der Ermittlung des Lichtwegs als finaler Schritt eingeführt. Anhand der strahlengeometrischen Konstruktion von ausgewählten Bildpunkten wird schließlich der Zusammenhang zwischen subjektiver Wahrnehmung und Konstruktion verdeutlicht. Somit findet durchgehend eine systematische Verbindung von subjektiver Wahrnehmung, physikalischen Vorgängen und deren strahlengeometrischer Darstellung statt.

---

5   Haagen-Schützenhöfer (2016).
6   Jung (1981); Jung (1982); Wiesner (1995); in Akzeptanzbefragungen werden Schülerinnen und Schülern physikalische Erklärungsansätze unter der Fragestellung vorgelegt, ob und wie sie ihnen beim Verständnis helfen.

Eine Überarbeitung und Weiterentwicklung der Frankfurter Konzeption liegt als eine Adaption an curriculare Gegebenheiten des Anfangsoptikunterrichts in Österreich vor und wird in weiterer Folge Frankfurt/Grazer-Konzeption genannt.[7] Gleichzeitig wurden aktuellere Forschungsergebnisse integriert, vor allem wurde der Zugang zum Thema Körperfarben neu gestaltet. Außerdem wurde im Rahmen dieser Studien erstmalig ein schulbuchartiger Textvorschlag entwickelt.

- **Sender-Strahlungs-Empfänger-Konzept und Ausbreitung des Lichtes**

Zur Verankerung dieses Konzepts ist das physikalische Verständnis des Sehvorgangs von zentraler Bedeutung. Er steht daher am Beginn der Unterrichtsreihe, die für diese Konzeption ausgearbeitet wurde. Die Kernaussage lautet, dass Licht vom Gegenstand ins Auge des Beobachters gelangen muss, damit der Gegenstand visuell wahrgenommen werden kann. Physiologische Prozesse werden zunächst ausgeblendet. Als Einstiegsbeispiel dienen das menschliche Auge und in weiterer Folge auch jenes von Kopffüßern, eine Tiergruppe, die zu den Weichtieren gehört und nur im Meer vorkommt. Dieser Einstieg stellt gleichermaßen kontextuelle Bezüge zur Biologie, was typischerweise Schülerinteressen anspricht, wie auch zur Lebenswelt der Lernenden her, in der visuelle Reize den Hauptanteil der Wahrnehmung unserer Umwelt ausmachen.

Als erster Abstraktions- und Systematisierungsschritt werden schließlich ein Kugelaugenmodell und später die Lochkamera eingeführt. Beide dienen u. a. zur Verdeutlichung der Idee, dass Lichteinfall eine notwendige Voraussetzung für visuelle Wahrnehmung ist. In der Weiterentwicklung des Lehrgangs[8] wird diese Funktion der Lochkamera als Nachweisgerät für Lichteinfall expliziert und zusätzlich mit dem Slogan „von nichts kommt nichts" verknüpft. Dieser Slogan zieht sich in weiterer Folge durch alle Teilkapitel der weiterentwickelten Konzeption. Dadurch sollen bei Lernenden kognitive Anker gesetzt werden, die das Zurückfallen in alte Denkschemata hemmen, wie etwa „Sehen geht auch ohne Licht."[9]

Der Zugang über Lichtwege beinhaltet auch die Notwendigkeit, das Strömungsverhalten von Licht nicht nur einleitend zu thematisieren, sondern kontinuierlich in verschiedenen Kontexten in der Wahrnehmung der Lernenden zu aktualisieren. Diese dynamische Betrachtung soll der Vorstellung von Licht als *stationärer* Substanz entgegenwirken.

Mit der Einführung des Sender-Strahlungs-Empfänger-Konzepts werden Lichtquellen eingehend thematisiert. Der Fokus der Frankfurt/Grazer-Konzeption liegt auf dem Sendeprozess, also der kontinuierlichen Abstrahlung von Licht, die als Gemeinsamkeit von primären und sekundären Lichtquellen herausgestrichen wird (◖ Abb. 2.6). Grundsätzlich fällt Lernenden die Vorstellung schwer, dass sekundäre Lichtquellen Licht abstrahlen können. Dies ist auch aus dem traditionellen Unterricht bekannt. In der Frankfurt/Grazer-Konzeption wird dieser Lernschwierigkeit dadurch begegnet, dass die Beobachtung von primären

---

7   Haagen-Schützenhöfer (2016).
8   Haagen-Schützenhöfer (2015), Haagen-Schützenhöfer (2016).
9   Haagen-Schützenhöfer und Hopf (2018, S. 96).

2

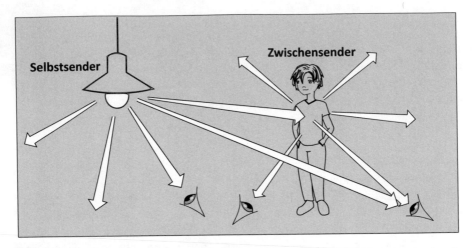

�‖ Abb. 2.6 Das Sender-Strahlungs-Empfänger-Konzept für primäre und sekundäre Lichtquellen (Selbstsender und Zwischensender) (nach Wiesner et al. 1995)

und sekundären Lichtquellen mit der Lochkamera, die zuvor als Nachweisgerät für Lichtempfang eingeführt wurde, zu ähnlichen Wahrnehmungen führt. Damit wird die Gleichheit der Abstrahlungseigenschaften beider Lichtquellen visualisiert und hervorgehoben.

Der Begriff der Lichtquelle, im Sinne des Ursprungs von Licht, wird im Konzept bewusst vermieden und durch die Begriffe Selbstsender (primäre Lichtquellen) und Zwischensender (sekundäre Lichtquellen) ersetzt. Dieses Begriffspaar wird unter dem Begriff Sender subsumiert.

■ **Beschreibung der Interaktion von Licht und Materie durch Streuung**

Bei der Erarbeitung des Sehvorgangs bei Zwischensendern steht der Mechanismus der Lichtabstrahlung bei nicht-selbstleuchtenden Gegenständen im Zentrum. Für die Lichtabstrahlung bei vorheriger Beleuchtung wird der Begriff der Streuung anstatt jener der Reflexion bzw. diffusen Reflexion – beides findet sich traditionellerweise in Schulbüchern – eingeführt. Unter Streuung wird in diesem Zusammenhang „die Abstrahlung (eines Teiles) des auf eine Gegenstandsoberfläche auftreffenden Lichtes in alle möglichen Richtungen"[10] verstanden (◘ Abb. 2.7). Die Reflexion, also die überwiegende Abstrahlung in eine Vorzugsrichtung, ist demnach als Spezialfall der Streuung zu sehen, der bei zunehmender Regelmäßigkeit der Oberflächenstruktur des streuenden Gegenstands eintritt.

Die Einführung eines derartigen Streuungskonzepts erlaubt die Erklärung vielfältiger Phänomene: die generelle Sichtbarkeit von Gegenständen aus verschiedenen Beobachtungspositionen; die Beobachtbarkeit eines Lichtkegels in der Nacht bzw. bei Dämmerungserscheinungen (Streuung von Licht an Teilchen der Atmosphäre); die Bildentstehung an Spiegeln durch den Spezialfall der Streuung mit Vorzugsrichtung (Reflexion) und das Zustandekommen von Körperfarben.

---

10   Wiesner, Engelhardt und Herdt (1995, S. 17).

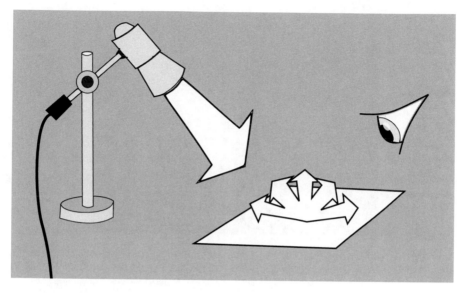

◘ Abb. 2.7   Streuung von Licht an einem Blatt Papier

In diesem Zusammenhang bietet das Konzept der Streuung den Vorteil, dass es von Beginn an als teilweise Wiederabstrahlung (Re-Emission) von Licht nach der Interaktion mit Materie eingeführt wird. Dies hilft, die für Lernende mit Reflexion im klassischen Optikunterricht verbundene Ping-Pong-Analogie zu umgehen und von vornherein Prozesse an den Oberflächen der Gegenstände, auf die Licht trifft, einzuführen.

Im ursprünglichen Lehrgang von Wiesner werden Streuungsphänomene eingangs nur in Zusammenhang mit dem physikalischen Sehvorgang thematisiert, anschließend werden die kontinuierliche Ausbreitung von Licht sowie Schatten und Finsternisse aufgegriffen. In der Weiterentwicklung des Lehrgangs wird an die Einführung von Streuung unmittelbar das Thema der Körperfarben angeschlossen. Lernende wollen wissen, warum nun Gegenstände in bestimmten, unterschiedlichen Farben wahrgenommen werden. Diesem Bedürfnis wird nachgekommen, indem Körperfarben sehr früh in der Unterrichtskonzeption als Folge der selektiven Absorption und Re-Emission durch Streuung eingeführt werden.

- **Farberscheinungen**

Nachdem Streuung und deren selektiver Absorptions- und Re-Emissionsmechanismus eingeführt worden sind, liegt beim Thema Farberscheinungen der Fokus auf der Idee der spektralen Zusammensetzung von Licht. Im Gegensatz zur Frankfurter Konzeption wird in der Frankfurt/Grazer-Konzeption nicht mit der spektralen Zerlegung von weißem Licht begonnen, sondern mit der elementaren Idee, dass farbiges Licht zu neuen Lichtfarben gemischt werden kann. Erst danach wird die Umkehrung, nämlich die spektrale Zerlegung weißen Lichtes, thematisiert. Des Weiteren wird in diesem Kontext ein Nachweisexperiment für weißes Licht eingeführt (◘ Abb. 2.8). Dieses wird genutzt, um weißes Licht vor allem von gelbem Licht zu unterscheiden.

2

◘ **Abb. 2.8** Nachweisexperiment für weißes Licht: Mit einer weißen und einer gelben Lichtquelle wird auf einen per Definition weißen Körper (weißes Papier ISO11475:2004) geleuchtet. Weißes Licht erzeugt einen weißen Streufleck, gelbes Licht einen gelben Streufleck. Weißes Licht und gelbes Licht sind demnach nicht das Gleiche

■ **Lichtausbreitung durch Lichtbündel**

Die Frankfurt/Grazer-Konzeption legt großen Wert darauf, dass die subjektiven, individuellen Erfahrungen der Lernenden in den Lernprozess miteinbezogen werden bzw. dessen Ausgangspunkt sind. Dementsprechend wird auch bei Darstellungsformen darauf geachtet, an individuelle Beobachtungen anzuknüpfen. Für die Lichtausbreitung wird deshalb nicht bereits am Beginn das Modell des Lichtstrahls eingeführt, sondern der in der Lebenswelt der Schülerinnen und Schüler beobachtbare Lichtkegel. Dieser wird durch kegelförmig auseinanderlaufende Pfeile visualisiert. Im Gegensatz zu Lichtstrahlen, die durch gerade Linien dargestellt werden, enthält dieser Darstellungsmodus gleichzeitig eine Richtungsangabe der Lichtströmung. Dadurch wird u. a. der Blickrichtungsvorstellung vorgebeugt. In einem weiteren Abstraktionsschritt werden Lichtbündel dann nur noch durch ihre Randstrahlen repräsentiert und schließlich wird das Modell des Lichtstrahls eingeführt (◘ Abb. 2.9). Dabei wird mit dem Begriff Lichtbündel jedes Licht bezeichnet, das sich in ein bestimmtes Raumgebiet ausbreitet, ob es sich nun divergierend, konvergierend oder parallel ausbreitet.

■ **Leuchtfleck-zu-Bildfleck-Abbildungsschema**

Beim Vorgang der Bildentstehung wird ein Leuchtfleck-zu-Bildfleck-Abbildungsschema verwendet. Die dahinterliegende Elementarisierung fasst einen Gegenstand als eine Vielzahl diskreter Leuchtflecke auf, die jeweils allseitig divergierende Lichtbündel abstrahlen. Der Abbildungsvorgang liefert zu jedem dieser Leuchtflecke einen eindeutig zugeordneten Bildfleck (◘ Abb. 2.10). Dieses Abbildungsschema wird phänomenologisch über die Lochkamera eingeführt und in weiterer Folge mit Sammellinsen gefestigt. Hierzu wird die Lochkamera zur Linsenkamera erweitert und als Entfernungsmesser kalibriert. Während bei

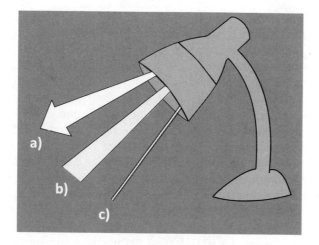

□ **Abb. 2.9** Schrittweise Abstraktion der Darstellung der Lichtausbreitung: a) Lichtbündel mit ange- deuteter Ausbreitungsrichtung, b) Randstrahlen eines Lichtbündels, c) Lichtstrahl

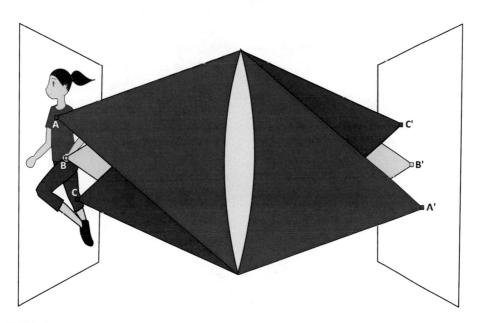

□ **Abb. 2.10** Leuchtfleck-zu-Bildfleck-Abbildungsschema (nach Wiesner et al. 1996)

der Lochkamera die Größe der Blendenöffnung für das Zustandekommen einer scharfen Abbildung thematisiert wird, wird bei Sammellinsen die bündelnde Wir- kung besprochen, durch die divergierende Lichtkegel fokussiert werden.

▪ **Virtuelle Bilder**
Abbildungen mit dem ebenen Spiegel werden in der Frankfurt/Grazer-Konzeption nach der Einführung des Leuchtfleck-zu-Bildfleck-Abbildungsschemas behandelt.

Vor der Vermittlung der Mechanismen, die für das Zustandekommen von Spiegelbildern verantwortlich sind, werden aber die Eigenschaften von Spiegelbildern untersucht.

Auf der Phänomenebene werden zuerst Spiegelbilder von asymmetrischen Gegenständen betrachtet und durch die Verfolgung des Lichtwegs vom Objekt bis
zum Beobachter analysiert. Hierbei wird herausgestrichen, dass das Licht dem
Reflexionsgesetz folgend vom Gegenstand zum Spiegel und in weiterer Folge zum
Beobachter strömt. Das Auge kann die auf diesem Weg eintreffenden Lichtstrahlen allerdings nicht bis zum Ursprung, also bis zum Gegenstand, zurückführen,
sondern nimmt den Gegenstand in der Richtung wahr, aus der das Licht eintrifft.
Dabei ist die Erkenntnis essenziell, dass das Auge den vorherigen Verlauf des
Lichtwegs aus den eintreffenden Lichtbündeln bzw. Lichtstrahlen nicht rekonstruieren kann (□ Abb. 2.11). Der „Knick" in Lichtwegen z. B. infolge von Reflexion wird nicht wahrgenommen, dementsprechend wird das Bild eines Gegenstands immer in Richtung des einfallenden Lichtes gesehen. Im visuellen System
werden daher die einfallenden Lichtstrahlen entlang der Einfallsrichtung verlängert. Dabei wird ein Punkt ermittelt, in dem das einfallende Lichtbündel konver-
giert. Dieser Punkt wird als Bildpunkt wahrgenommen, auch wenn von ihm nicht
tatsächlich Licht ausgeht. Beim ebenen Spiegel liegt ein Bildpunkt gleich weit hinter der Spiegelebene, wie der Gegenstand davor ist.

■ **Empirische Ergebnisse**

Es liegen Vergleichsstudien zwischen den Leistungen von Schülerinnen und
Schülern vor, die traditionell oder nach der Frankfurter Konzeption bzw. deren Weiterentwicklung, der Frankfurt/Grazer-Konzeption, unterrichtet wurden. Diese Untersuchungen wurden in Deutschland Ende der 1980er-Jahre

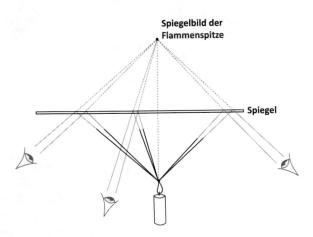

□ **Abb. 2.11**   Virtuelle Bildentstehung dargestellt durch Lichtkegel bzw. deren Randstrahlen. Hier
wird deutlich: Ein Strahl allein genügt nicht, um die Lage des virtuellen Bildes zu bestimmen; ein
Lichtbündel genügt dagegen (nach Wiesner et al. 1995)

von Herdt[11] und in Österreich in der ersten Hälfte der 2010er-Jahre von Haagen-Schützenhöfer[12] durchgeführt.

In Herdts Untersuchung wurden sechs Versuchsklassen mit acht vergleichbaren Kontrollklassen der 7. Jahrgangsstufe verglichen. Im Abschlusstest zeigte die Versuchsgruppe signifikant bessere Ergebnisse als die Kontrollgruppe. So erreichten die nach der Frankfurter Konzeption unterrichteten Schüler und Schülerinnen ($N = 114$) im Durchschnitt 24,8 von 40 Punkten (Streuung 7,9 Punkte) im Nachtest im Vergleich zu 9,7 Punkten (Streuung 5,9 Punkte) in der traditionellen Vergleichsgruppe ($N = 132$). Ein Vergleich auf Klassenebene zeigt zudem, dass die schlechteste Versuchsklasse besser abschnitt als die beste Kontrollklasse. Lernende, die mit der Frankfurter Konzeption unterrichtet wurden, schnitten nicht nur erwartungskonform bei den Inhaltsbereichen Streuung und Sehvorgang wesentlich besser ab als die Gleichaltrigen in der Kontrollgruppe, sondern waren diesen auch in den Konstruktionsaufgaben überlegen.

Ähnliche Ergebnisse liefert die Evaluation der Frankfurt/Grazer-Konzeption mit österreichischen Schülerinnen und Schülern ($N = 125$) der 8. Jahrgangsstufe. Der Vergleich der Abschlusstestergebnisse mit traditionell unterrichteten Lernenden ($N = 393$) zeigt wiederum ein signifikant besseres Abschneiden der Versuchsgruppe. Eine Analyse auf Aufgabenebene zeigte, dass die Versuchsgruppe der Kontrollgruppe in allen Einzelaufgaben überlegen war.

- **Unterrichtsmaterialien**

Wiesner, H., Engelhardt, P. und Herdt, D. (1995). *Unterricht Physik, Optik I: Lichtquellen, Reflexion. Unterricht Physik: Vol. 1.* Köln: Aulis Verlag Deubner & Co.

Wiesner, H., Engelhardt, P. und Herdt, D. (1996). *Unterricht Physik, Optik II: Brechung, Linsen. Unterricht Physik: Vol. 2.* Köln: Aulis Verlag Deubner & Co.

Wiesner, H., Herdt, D. und Engelhardt, P. (2003). *Unterricht Physik, Optik III/1. Optische Geräte* (3/1). Köln: Aulis.

Schmidt-Roedenbeck, C., Müller, R., Wiesner, H., Herdt, D. und Engelhardt, P. (2005). *Unterricht Physik, Optik III/2. Wölb- und Hohlspiegel, Spiegelteleskop, Auge, Farben* (3/2). Köln: Aulis.

Diese vier Hefte zur Anfangsoptik sind im Aulis-Verlag in der Reihe „Unterricht Physik" erschienen. Die Zielgruppe dieser Hefte sind Lehrkräfte.

Hagen-Schützenhöfer, C., Fehringer, I. und Rottensteiner, J. (2017): *Optik für die Sekundarstufe I,* AECC Physik, Universität Wien, & FDZ Physik, Universität Graz. Die für die Jahrgangsstufe 8 in Österreich weiterentwickelte Konzeption besteht aus Schülermaterialien, die bereits auf mehreren Ebenen untersucht und erprobt

---

11 Herdt (1990).
12 Haagen-Schützenhöfer (2016).

wurden. Diese ausführlichen Unterrichtsmaterialien sind in den ▶ *Materialien zum Buch*[13] zugänglich.

2.4 Verzicht auf Modelle – phänomenologische Optik

■ **Grundlegende Idee und Herangehensweise**

Ab Mitte der 1980er-Jahre wurde ausgehend von der Gesamthochschule Kassel und weiterführend an der Humboldt-Universität zu Berlin eine dreiteilige Gesamtkonzeption zur Optik der Sekundarstufe entwickelt. Der erste Teil bearbeitet schwerpunktmäßig den Anfangsoptikunterricht mit einem phänomenologischen Zugang, der im zweiten Teil mit dem Fermatprinzip aufgegriffen wird (▶ Abschn. 2.5). In der Sekundarstufe II wird basierend auf den ersten beiden Teilen der Zeigerformalismus von Feynman erarbeitet (▶ Abschn. 10.7) und dann für eine quantenphysikalische Betrachtungsweise herangezogen (▶ Abschn. 11.7).

Der vorliegende Abschnitt setzt sich mit dem ersten Teilbereich, der phänomenologischen Optik, auseinander. Im Zentrum dieses Zugangs stehen „das Sehen der Dinge"[14] und die Beschreibung „vorurteilsfrei" beobachteter Phänomene[15], woraus schließlich die Grundbegriffe und Konzepte der Optik entwickelt werden. Priorität hat in diesem Zugang das Verstehen der zugrunde liegenden physikalischen Vorgänge bzw. Zusammenhänge – im Gegensatz zum Faktenwissen. Ebenso sollen physikalische Erkenntnisse durch unmittelbare Beobachtung von optischen Phänomenen und ausgehend von subjektiven Empfindungen der Lernenden entwickelt werden. Zur Einführung in einzelne Themen wird einleitend meist ein beeindruckendes Experiment gezeigt, das Fragen aufwirft, die in weiterer Folge bearbeitet werden.

Charakteristisch für diesen Zugang ist, dass keine frühe Modellbildung erfolgt und beispielsweise im Gegensatz zum traditionellen Anfangsoptikunterricht darauf verzichtet wird, „hypothetische bzw. prinzipiell unbeobachtbare Größen zur Begründung optischer Sachverhalte heranzuziehen".[16] Auf Lichtstrahlen wird anfänglich verzichtet, der Weg des Lichtes wird anhand von Schattengrenzen verfolgt. Stattdessen wird die Blickrichtung eingeführt, in der Objekte wahrgenommen werden. Daher wird diese Konzeption auch als modellfreie Optik bezeichnet. Dieses einführende Konzept ist für die Jahrgangsstufen 7 und 8 konzipiert und erstreckt sich über ungefähr 20 Unterrichtsstunden.

■ **Licht und Schatten**

Der Einstieg in die Optik erfolgt für die Lernenden über die Erfahrung absoluter Dunkelheit und Ruhe – die Lernenden werden dazu angehalten, nicht zu

---

13 ▶ https://aeccp.univie.ac.at/lehrer-innen/unterrichtskonzeptionen
14 Weber und Schön (2001).
15 Guderian (2007, S. 57).
16 Guderian (2007, S. 57).

sprechen und keine anderen Geräusche zu machen. Das Klassenzimmer wird zu diesem Zweck gegen Lichteinfall abgedichtet. Die Umsetzung ist meist mit einem relativ hohen Aufwand verbunden; die völlig lichtdichte Ausgestaltung von Räumen im Schulgebäude erscheint de facto nicht machbar. Inwieweit es umsetzbar ist, dass Schülerinnen und Schüler dieser Altersstufe in nahezu völliger Dunkelheit völlig ruhig sind, ist zudem sehr von der jeweiligen Klasse abhängig.

Dieses Einstiegsszenario soll ins Bewusstsein rufen, dass Menschen als „Sehtiere" ihre Umwelt hauptsächlich über visuelle Sinnesreize wahrnehmen. Zudem soll ein Gefühl des Verlusts der räumlichen Wahrnehmung erzeugt werden. Andererseits soll auch die weit verbreitete Vorstellung, dass wir in absoluter Dunkelheit sehen können, sobald sich die Augen an die Dunkelheit gewöhnt haben, enttäuscht werden.[17]

Vorbereitete zwei- bzw. dreidimensionale geometrische Körper werden anschließend langsam ausgeleuchtet. Die Lernenden sollen dabei beobachten und erkennen, dass Helligkeit allein für eine dreidimensionale Wahrnehmung nicht reicht, sondern durch Körperschatten Kontraste entstehen, die uns eine räumliche Ausdehnung erst wahrnehmen lassen.[18] Ausgehend von diesem Anker lassen sich Schatten im Alltag der Lernenden als Ausgangspunkt für weitere Betrachtungen z. B. von Mondphasen heranziehen.

Ausgehend von diesen individuellen und subjektiven Erfahrungen wird das „Prinzip Ameise" eingeführt, um den Lernenden ein Werkzeug an die Hand zu geben, das sie systematisch zum Erkenntnisgewinn nutzen können. Beim „Prinzip Ameise" (◨ Abb. 2.12) begeben sich die Lernenden gedanklich an den Ort der Bildentstehung. Von dort aus versuchen sie, die beobachtete Erscheinung aus ihrer subjektiven Perspektive zu beschreiben. Sie versetzen sich quasi in die Rolle einer Ameise, die entlang der Projektionswand krabbelt und Hell-dunkel-Muster wahrnimmt. Schülerinnen und Schüler sollen im konkreten Fall erkennen, dass der Schatten jener Raumbereich ist, von dem aus die Lichtquelle entweder gar nicht oder nur teilweise (im Falle von Halbschatten) gesehen werden kann. In diesem Zusammenhang wird auch das immer wiederkehrende Handlungsschema nach dem Motto „Hell ist es, von wo aus ich Helles sehen kann" eingeführt.[19]

Dieses Prinzip der Beobachtung wird im Weiteren genutzt, um verschiedene Schattenerscheinungen wie „weiße Schatten" und Schatten verschiedener Lichtquellen (z. B. Ringlampe) und verschiedener „Schattengeber" zu betrachten und zu beschreiben. Diese phänomenologische Auseinandersetzung soll schließlich zur Erkenntnis führen, dass nicht der Schatten, sondern die Helligkeit auf der Projektionsfläche die Form der Lampe wiedergibt. Daraus lässt sich ein Prinzip der Bildentstehung ableiten und auf die Lochkamera beziehen. Das Lochkamerabild ist demnach das Schattenbild eines Objekts, welches als Lampe einer bestimmten Form konzeptualisiert wird.

---

17 Es gibt allerdings Hinweise aus der fachdidaktischen Literatur, dass die Konfrontation mit Dunkelheit nicht zur Entkräftung dieser Vorstellung führt (Harvard-Smithsonian Center for Astrophysics 1997).
18 Guderian (2007, S. 60).
19 Maier (1986) zitiert nach Guderian (2007, S. 6).

2

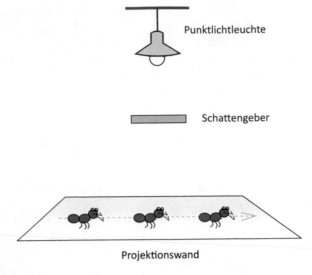

Punktlichtleuchte

Schattengeber

Projektionswand

🔾 **Abb. 2.12**   Prinzip Ameise: optische Phänomene werden aus der Perspektive einer Ameise, die sich entlang der Projektionswand bewegt, beschrieben (nach Guderian, o. J.)

■ **Die Spiegelwelt**

Spiegelbilder und deren Zustandekommen werden durch das Konzept der Spiegelwelt anstatt mit dem Reflexionsgesetz eingeführt. Die methodische Herangehensweise erfolgt analog zum Thema Schatten über ein Experiment, im Konkreten ein Doppelschattenexperiment, das bei den Schülerinnen und Schülern Überraschung und Verwirrung auslösen soll. Eine Hand, die zwischen einen auf dem Tisch liegenden Spiegel und eine darauf gerichtete Lampe gehalten wird (🔾 Abb. 2.13), führt zu zwei Schatten an der Zimmerdecke. Zur Erklärung wird als Alternative zum Reflexionsgesetz das Konstrukt der Spiegelwelt eingeführt. Das Fenster zu dieser Spiegelwelt, die im Gegensatz zur realen Welt nur eine „Sehwelt" aber keine „Tastwelt" darstellt, ist der Spiegel.

Mit dem „Prinzip Ameise" wird das Doppelschattenphänomen geklärt. Im Doppelschattenexperiment verdecken sowohl die Hand über dem Spiegel (Realwelt) als auch die Hand „im Spiegel" (Spiegelwelt) die Lampe, welche ebenfalls in beiden Welten vorkommt. Die Hand in der Realwelt und die zugehörige Hand in der Spiegelwelt haben somit jeweils einen Schatten. Daher resultiert der Doppelschatten an der Zimmerdecke.

Die Auseinandersetzung mit weiteren Spiegelbildern führt schließlich von der Analyse des Doppelschattenphänomens (🔾 Abb. 2.14a) zum 1. Spiegelgesetz (🔾 Abb. 2.14b): „Das Spiegelbild erscheint so weit hinter dem Spiegel, wie der wirkliche Gegenstand vor dem Spiegel ist. Sie stehen einander senkrecht gegenüber."[20]

---

20   Schön et al. (2003, S. 29).

■ **Abb. 2.13**   Doppelschattenexperiment (nach Schön et al. 2003)

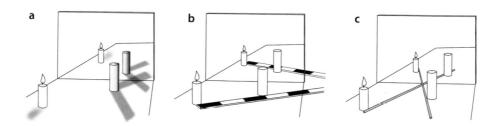

■ **Abb. 2.14**   Kerze und Säule in Realwelt und in Spiegelwelt. Variante a) mit Doppelschatten, Variante b) zur Ableitung des 1. Spiegelgesetzes und Variante c) zur Ableitung des 2. Spiegelgesetzes (nach Schön et al. 2003)

Die Beobachtungen einer weiteren Variation dieses Versuchs, bei der ein Zollstock so abgeknickt wird, dass er von der realen Welt gerade in die Spiegelwelt verläuft, führt zum 2. Spiegelgesetz (■ Abb. 2.14c): „Das Lot auf die Spiegelfläche halbiert den Winkel zwischen einfallendem und reflektiertem Lichtbündel."[21]

Für die Altersgruppe von Schülerinnen und Schüler, die bereits mit Winkeln vertraut sind, kann daraus das klassische Reflexionsgesetz abgeleitet werden.

---

21 Schön et al. (2003, S. 30).

Weitere Beobachtungen führen anschließend zum 3. Spiegelgesetz: „Der Spiegel vertauscht vorne und hinten"[22].

2

- **Die optische Hebung**

Den Abschluss des Anfangsunterrichts bildet die Brechung. Dabei handelt es sich allerdings um eine Begrifflichkeit der klassischen Strahlenoptik (Lichtstrahlen werden gebrochen), die in der modellfreien Optik vermieden wird. Die optische Brechung wird ohne Zuhilfenahme von Lichtstrahlen als optische Hebung konzeptualisiert und anhand von „geknickten Stäben" in optisch durchsichtigen Materialien phänomenologisch eingeführt. Je nach Art des durchsichtigen Stoffes ist die optische Hebung unterschiedlich groß. Die Unterscheidung zwischen „Tastwelt" und „Sehwelt" wird auch in diesem Zusammenhang weitergeführt. Es wird zwischen dem Tastweg als Weg von der Grenzfläche bis zum beobachteten Gegenstand und dem wahrgenommenen Weg als Sehweg (◻ Abb. 2.15) unterschieden. Beide Wege sind proportional zueinander, wobei der Sehweg eine Verkürzung um einen charakteristischen Faktor bezogen auf den Tastweg darstellt. Diese Proportionalitätskonstante, die klassischerweise als Brechzahl bezeichnet wird, heißt in diesem Konzept „Hebungszahl".

In weiterer Folge werden Beobachtungen der optischen Hebung mit einem und zwei geöffneten Augen verglichen. Hierbei werden schließlich zwei Phänomene unterschieden: Während in beiden Beobachtungsvarianten eine Hebung auftritt, erscheint das angehobene Objekt bei zweiäugigem Sehen zudem noch näher am Beobachter.

- **Linsen**

Am Ende des Unterrichtsgangs wird noch das Thema der optischen Abbildung durch Linsen gestreift. Auch hier wird wieder vom Phänomen ausgegangen, nämlich von Abbildungseigenschaften der sogenannten Schusterkugel. Eine Schusterkugel, auch unter der Bezeichnung Schusterlampe bekannt, ist ein kugelförmiger Glaskolben, der mit Wasser gefüllt ist. Sie wurde überwiegend von Handwerkern vor der Verfügbarkeit elektrischer Beleuchtung eingesetzt, um das Licht von Öl- oder Gaslampen zu fokussieren.

- **Empirische Ergebnisse**

Zur modellfreien bzw. phänomenologischen Optik als Gesamtkonzept liegen keine empirischen Befunde vor, die Aussagen über die generelle Wirksamkeit zulassen. Ein Erfahrungsbericht über die Umsetzung der ersten Einheiten dieser Konzeption[23] ist in *Naturwissenschaften im Unterricht – Physik* veröffentlicht.

- **Unterrichtsmaterialien**

Guderian, P. (o. J.). Vom Sehen zur Optik – unsere Anfangsoptik, ▶ http://didaktik.physik.hu-berlin.de/material/PbPU_Anfangsoptik.html.

---

22 Guderian (2007, S. 67).
23 Heinzerling (1995, S. 129 ff.)

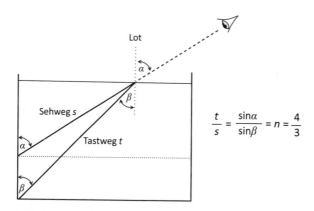

$$\frac{t}{s} = \frac{\sin\alpha}{\sin\beta} = n = \frac{4}{3}$$

☐ **Abb. 2.15** Sehweg und Tastweg sind proportional zueinander. Die Proportionalitätskonstante wird Hebungszahl genannt und entspricht der Brechzahl in der klassischen geometrischen Optik (nach Guderian 2007)

Es handelt sich hierbei um durchgängige Unterrichtsmaterialien zur Anfangsoptik nach der phänomenologischen Optik.

Schön, L., Erb, R., Weber, T., Werner, J., Grebe-Ellis, J. und Guderian, P. (2003). Optik: Optik in Mittel- und Oberstufe. Abschnitt I, Didaktik der Physik, Humboldt Universität, Berlin.
Die Publikation ist in den ► *Materialien zum Buch* zugänglich. Der Abschnitt I gibt eine Übersicht über einen Lehrgang gemäß der phänomenologischen Optik und zeigt einzelne Unterrichtsbeispiele.

Grebe-Ellis, J. (2020). Von der gehobenen Münze zur Vermessung der optischen Hebung. Anregungen für exploratives Experimentieren, *Unterricht Physik, 31*(175), 16–23.
Vorgestellt wird eine explorative Erschließung der optischen Hebung mithilfe verschiedener Experimente.

2.5 Optik mit Lichtwegen

▪ Grundideen

Das Lichtwegkonzept wurde für die Jahrgangsstufen 7 bis 10 konzipiert und baut auf den Ideen der modellfreien bzw. phänomenologischen Optik aus dem Anfangsunterricht spiralcurriculumsartig auf (► Abschn. 2.4). Im traditionellen Unterricht bekommen Schüler und Schülerinnen je nach Jahrgangsstufe den Eindruck, Licht bestehe aus Lichtstrahlen, sei eine Welle oder bestehe aus Teilchen namens Photonen, ohne dass ihnen deutlich wird, dass es sich dabei jeweils nur um Modelle handelt. Analog zur phänomenologischen Optik bleiben im Lichtwegkonzept Erklärungen dazu, was Licht *ist,* ausgespart und es wird nur über

2

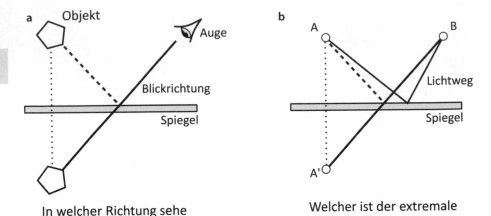

In welcher Richtung sehe
ich das Objekt?

Welcher ist der extremale
(kürzeste) Weg von A nach B?

□ **Abb. 2.16** a) Zugang über die Blickrichtung (den Blickweg) in der Anfangsoptik (modellfreien Optik) (▶ Abschn. 2.4) im Gegensatz zu (b) Zugang über den Lichtweg und das Fermatprinzip in der Sekundarstufe I (nach Guderian 2007)

den Lichtweg geredet. Auf Lichtstrahlen im konventionellen Sinne wird entsprechend nicht zurückgegriffen. Man könnte auch sagen: Mit dem Fermatprinzip werden wie mit dem Zeigermodell (▶ Abschn. 10.7) bewusst Modelle verwendet, die leicht als solche zu erkennen sind.

Im Zentrum des Unterrichts für die Sekundarstufe I steht das Fermatprinzip als übergeordnetes Prinzip, das die subjektiven Beobachtungen der Anfangsoptik systematisch zusammenfasst und erklärt. Hierzu wird das Konzept des Lichtwegs eingeführt, das an den Blickweg bzw. die Blickrichtung aus dem Anfangsunterricht anknüpft (□ Abb. 2.16). Dabei wird eine Verbindung zwischen dem beobachteten Gegenstand und dem Beobachter hergestellt. Durch das Betrachten von Lichtwegen werden Gesetzmäßigkeiten entwickelt, die erklären, warum sich manche Lichtwege von anderen unterscheiden. Im Gegensatz zur Anfangsoptik werden also nun Erklärungen dafür gegeben, welchen Lichtweg das Licht wählt.

Wie schon in der phänomenologischen Optik wird beim Lernen mit dem Lichtwegkonzept von Erfahrbarem und Beobachtbarem ausgegangen. Nach der Thematisierung der geradlinigen Ausbreitung von Licht wird das Fermatprinzip eingeführt und anhand der Bildentstehung durch Reflexion am ebenen Spiegel verdeutlicht. Anschließend wird analog zur Anfangsoptik die optische Hebung behandelt. Hinzu kommt schließlich die Brechung mit der Konstruktion von Bildern bei Linsenabbildungen.

■ **Geradlinige Ausbreitung**

Bezüglich der geradlinigen Ausbreitung von Licht wird in dieser Konzeption auf Erfahrungen mit Schattengrenzen im phänomenologischen Anfangsunterricht zurückgegriffen. Als zentrale Idee soll verdeutlicht werden, dass die Ausbreitung des Lichtes als „geradlinig" beschrieben werden kann.

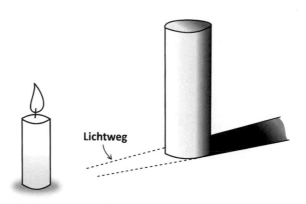

◘ Abb. 2.17 Der Lichtweg wird als der Weg entlang der Schattengrenzen definiert, aber auch als Weg des Lichtes in der Verlängerung dieser Schattengrenzen (nach Schön et al. 2003)

Ausgehend von der Schattenprojektion eines zylinderförmigen Objekts auf eine horizontale Fläche werden die Lichtbündelgrenzen betrachtet und als Lichtwege eingeführt (◘ Abb. 2.17). Über die grafische Verlängerung von Schattengrenzen wird der Lichtweg auch über den Schattenbereich hinaus definiert. Zur objektiven Überprüfung der Geradlinigkeit kann ein gespannter Faden dienen. Unter der Betrachtungsweise, dass ein gespannter Faden die kürzeste Verbindung zwischen zwei Punkten darstellt, kann sein Verlauf unter diesen Bedingungen als gerade bezeichnet werden. Diese Beobachtungen führen zu einem übergeordneten Prinzip, das den Kern des Lichtwegkonzepts der Sekundarstufe I darstellt: „Das Licht breitet sich längs des kürzesten Weges zwischen zwei Punkten aus."[24]

- **Reflexion**

Nach dieser ersten Formulierung des Fermatprinzips im Zusammenhang mit der Ausbreitung von Licht werden weitere Phänomene mithilfe dieses Orientierungsrahmens untersucht. Der Abbildungsprozess am ebenen Spiegel wird anhand des Blickwegs und Lichtwegs zwischen einer Kerze, ihres Bildes und einer beobachtenden Person analysiert (◘ Abb. 2.18).

Bezugnehmend auf das erste Spiegelgesetz der phänomenologischen Anfangsoptik (▶ Abschn. 2.4) wird argumentiert, dass der Lichtweg zwischen Kerze und Beobachter der kürzestmögliche über den Spiegel, also in der Tastwelt, ist. Dieser ist gleich lang wie der Blickweg, welcher eine Gerade ist, also der kürzeste Weg unter Einschluss der Spiegelwelt. Aus dem Fermatprinzip und aus geometrischen Überlegungen lässt sich schließlich das Reflexionsgesetz ableiten.

- **Brechung**

Die Vorgehensweise eines Spiralcurriculums, bei dem die im Anfangsunterricht entwickelten Konzepte später wieder aufgegriffen und weiterentwickelt werden, wird auch beim Thema „Brechung" umgesetzt, das zuvor als „optische Hebung"

---

24 Schön et al. (2003, S. 65).

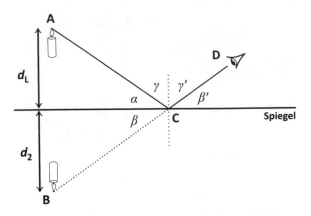

□ Abb. 2.18 Herleitung des Reflexionsgesetzes über Blickweg (B–C–D), Lichtweg (A–C–D) und Fermatprinzip (nach Schön et al. 2003)

thematisiert wurde (▶ Abschn. 2.4). In der Anfangsoptik wurde an der Grenzfläche Luft–Wasser herausgearbeitet, dass der geradlinige Sehweg um einen materialspezifischen Faktor (Hebungszahl) im Vergleich zum Tastweg verkürzt ist. Bezogen auf das im Lichtwegkonzept eingeführte Fermatprinzip ergibt sich nun eine Problemstellung. Der „geknickte" Lichtweg ist nämlich nicht wie im Vorfeld abgeleitet der geometrisch kürzeste. In weiterer Folge wird erarbeitet und durch Messungen mit einem handelsüblichen Laser-Entfernungsmessgerät verdeutlicht, dass dies auf unterschiedliche Laufzeiten von Licht in unterschiedlichen Materialien zurückzuführen ist.

Von diesen Betrachtungen ausgehend wird geschlossen, dass die Lichtgeschwindigkeit in Wasser niedriger sein muss als in Luft. Mit dieser Erkenntnis wird schließlich das Fermatprinzip erweitert: Breitet sich das Licht durch verschiedene Medien aus, muss seine Geschwindigkeit unterschiedlich groß sein. Somit kann die Irritation, dass der „geknickte" Lichtweg nicht der geometrisch kürzeste ist, durch eine Modifikation der zuvor eingeführten Version des Fermatprinzips aufgelöst werden: „Breitet sich das Licht durch verschiedene Medien aus, muss seine Geschwindigkeit berücksichtigt werden. Das Licht breitet sich längs des Weges mit der kürzesten Laufzeit aus."[25] Zwei Lichtwege haben dann die gleiche „optische Weglänge", wenn das Licht auf diesem Lichtweg gleich lang braucht.

■ **Optische Abbildung**
Den Abschluss der Lichtwegkonzeption bildet die Behandlung optischer Abbildungen. Die Weglängen der optischen Lichtwege werden vom Objekt durch das abbildende optische Bauteil bis zum Beobachter betrachtet. Dabei wird festgestellt, dass viele Lichtwege die gleiche optische Weglänge aufweisen. Diese Beobachtung kann auf verschiedene Weisen objektiviert werden, z. B. mithilfe eines

---

25 Schön et al. (2003, S. 68).

Laser-Entfernungsmessgeräts bei der Abbildung eines Objekts durch eine Sammellinse oder bei der Abbildung am gebogenen Spiegel mithilfe eines fest gespannten Fadens. Beides führt zu folgender Erkenntnis: „Bei einer optischen Abbildung gibt es zwischen dem Gegenstandspunkt und dem Bildpunkt unendlich viele Lichtwege mit der gleichen optischen Weglänge."[26]

- **Empirische Ergebnisse**

Weber[27] hat eine vergleichende Untersuchung von zwei Unterrichtsgängen zur Optik durchgeführt. In der 10. Jahrgangsstufe beim Unterricht zur geometrischen Optik wurden in der Untersuchungsgruppe (3 Klassen, 63 Schüler und Schülerinnen) ca. 25 h nach dem Lichtwegkonzept unterrichtet, in dessen Mittelpunkt das Fermatprinzip steht, während die Kontrollgruppe (3 Klassen, 68 Schüler und Schülerinnen) einen traditionellen Unterricht bekam. Beteiligt waren vier Lehrkräfte an zwei Schulen. Circa acht bis zwölf Monate später in der 11. Jahrgangsstufe beim Unterricht zur Interferenzoptik wurden in der Untersuchungsgruppe ca. 5 Stunden mit der Zeigeroptik[28] durchgeführt, während die Kontrollgruppe einen traditionellen Unterricht zur Wellenoptik erhielt. Untersucht wurde dann, ob der vertikal vernetzte Unterricht in der Untersuchungsgruppe das Interesse und Selbstkonzept fördert, die Schüler und Schülerinnen häufiger auf altes Wissen zurückgreifen und neues Wissen besser integrieren.

Als Aufgaben zu Schülervorstellungen und als qualitative Aufgaben wurden wenige ausgewählte Aufgaben von Herdt eingesetzt, um das Vorwissen aus dem Anfangsunterricht zu erheben. Es wurde mithilfe von Interviews gezeigt, dass die in der Lichtwegkonzeption verwendeten Begriffe von den Schülern und Schülerinnen der Ebene der Modellvorstellungen zugeordnet wurden, d. h. nicht als Realvorstellungen angesehen wurden. Von den Schülern und Schülerinnen angefertigte Begriffsnetze in beiden Gruppen zeigten keine qualitativen Unterschiede, aber die Begriffsnetze in der Untersuchungsgruppe waren besser strukturiert. In der 11. Jahrgangsstufe wurden bei den Begriffsnetzen in der Untersuchungsgruppe mehr Rückbezüge zur Optik der 10. Jahrgangsstufe hergestellt, in der Kontrollgruppe dagegen mehr Rückbezüge zur mechanischen Wellenlehre. Das Interesse und das Selbstkonzept entwickelten sich in beiden Gruppen über die gesamte Laufzeit hinweg nicht positiv. In der Kontrollgruppe ist ein Interessensrückgang festzustellen, der so nicht in der Untersuchungsgruppe vorliegt; aber es ist denkbar, dass dies an den verschiedenen Lehrkräften und nicht an den Unterrichtskonzeptionen lag.

- **Unterrichtsmaterialien**

Schön, L., Erb, R., Weber, T., Werner, J., Grebe-Ellis, J. und Guderian, P. (2003). *Optik: Optik in Mittel- und Oberstufe.* Didaktik der Physik, Humboldt Universität, Berlin.

---

26 Guderian (2007, S. 83).
27 Weber (2003).
28 ▶ Abschn. 10.7 behandelt den Zeigerformalismus.

2

Die Publikation ist in den ▶ *Materialien zum Buch* zugänglich. Der Abschnitt II gibt eine Übersicht über einen Lehrgang gemäß dem Lichtwegkonzept und zeigt einzelne Unterrichtsbeispiele.

2.6 Fazit

Die wesentlichen Unterschiede zwischen traditionellem Anfangsoptikunterricht (▶ Abschn. 2.2) und den in diesem Kapitel vorgestellten Unterrichtskonzeptionen liegen in der Art und Weise, wie Licht bzw. dessen Ausbreitungsprozess thematisiert und dargestellt werden. Auch die Hochschulphysik sagt nicht, was Licht *ist*. Aber sie weiß, welches Modell für die Beschreibung welcher Situation geeignet ist. Während im traditionellen Physikunterricht kaum zwischen Erfahrungswelt und Modellwelt unterschieden wird, wird in der Physikdidaktik darauf Wert gelegt, dies bewusst zu trennen und auch über Modelle zu sprechen (▶ Abschn. 15.4). Eine offene Frage ist, ab wann das sinnvoll ist bzw. ob man anfangs auf Modelle verzichten soll (▶ Abschn. 2.4).

Empirische Untersuchungen zeigen, dass es dem traditionellen Unterricht (▶ Abschn. 2.2) nur schwer gelingt, die wesentlichen Konzepte des Anfangsoptikunterrichts so zu vermitteln, dass Schülerinnen und Schüler über ein stabiles konzeptuelles Verständnis verfügen. Als ein Grund dafür gilt die frühe Abstraktion: Licht wird typischerweise von Anfang an als Strahlen eingeführt, also als Lichtbündel mit verschwindendem Durchmesser, und durch Geraden dargestellt. Das Verstehen optischer Phänomene wird überwiegend auf strahlengeometrischen Konstruktionen aufgebaut. Der Modellcharakter dieser Darstellung und damit auch die Limitationen bleiben häufig ausgespart.

Das Sender-Strahlungs-Empfänger-Konzept zeigt empirisch eine große Wirkung auf das konzeptuelle Verständnis elementarer Grundideen der Anfangsoptik. Die Frankfurt/Grazer-Konzeption (▶ Abschn. 2.3) setzt einen Schwerpunkt in der konzeptuellen Betrachtungsweise optischer Phänomene. Individuelle Wahrnehmungen bilden den Ausgangspunkt für die Entwicklung elementarer Konzepte (z. B. Sender-Strahlungs-Empfänger-Konzept, Streukonzept, Licht, Leuchtfleck-zu-Bildfleck-Abbildungsschema), welche wiederum systematisch auf individuelle Wahrnehmungen angewendet werden. Strahlengeometrische Konstruktionen werden sukzessive eingeführt. Der Unterrichtsgang beruht auf den Erkenntnissen der fachdidaktischen Forschung über Schülervorstellungen in der Optik, ohne diese im Unterricht direkt anzusprechen. Möchte man mit Schülerinnen und Schülern Grundkonzepte der Anfangsoptik erarbeiten, die es erlauben, subjektive Wahrnehmungen aus physikalischer Sicht systematisch zu analysieren, dann empfiehlt sich die Frankfurt/Grazer-Konzeption.

Möchte man den Schwerpunkt des Anfangsoptikunterrichts auf das Erleben, Beobachten und Erfahren optischer Phänomene legen und dabei auf eine vorzeitige Prägung durch Modellannahmen sowie auf formal-konstruktive Herangehensweisen verzichten, so bietet sich die phänomenologische Optik (▶ Abschn. 2.4) an. Anzumerken ist, dass dieser Zugang zur Optik, der über beeindruckende und zum Staunen anregende Experimente konzipiert ist, zu vielen Lehrplänen für den Anfangsunterricht als Gesamtes nicht konform ist. Daher bietet sich eine Integration einzelner Teilthemen in den Regelunterricht an. Empirische Befunde zur generellen Wirksamkeit des Konzepts liegen zum aktuellen Zeitpunkt nicht vor. Es gibt aber Hinweise aus der fachdidaktischen Forschung, dass manche Annahmen dieser Unterrichtskonzeption, wie z. B. dass die Konfrontation mit Dunkelheit ausreicht, um eine physikalisch angemessene Sehvorstellung zu vermitteln, nicht ohne Weiteres zu halten sind.[29]

Die Lichtwegkonzeption (▶ Abschn. 2.5) baut spiralcurriculumsartig auf der phänomenologischen Optik des Anfangsunterrichts auf. Wie schon in dieser modellfreien Optik bleiben auch in der Lichtwegkonzeption Modelle dafür, was Licht *ist,* ausgespart. Lichtwege stehen im Zentrum der Betrachtungen und führen zum Fermat'schen Prinzip, dessen Modellhaftigkeit gut erkennbar ist. Auf klassische strahlengeometrische Konstruktionen wird anfänglich verzichtet. Die im Lichtwegkonzept verwendeten Begrifflichkeiten weichen teilweise von traditionell verwendeten Fachbegriffen ab. Empirische Befunde zur Entwicklung des konzeptuellen Verständnisses der Schülerinnen und Schüler durch die Instruktion mit dem Lichtwegkonzept liegen nicht direkt vor. Eine Studie zeigt allerdings, dass Lernende die mit diesem Unterrichtskonzept eingeführten Begriffe konsequent der Ebene der Modellvorstellungen und nicht der Realvorstellungen zuordnen.

2.7 Übungen

- **Übung 2.1**

Rosa und Miran stehen vor dem Spiegel. Wo sieht Miran das Spiegelbild von Rosa?

Wie erfolgt die Bestimmung des Bildorts im traditionellen Unterricht (▶ Abschn. 2.2), in der Frankfurt/Grazer-Konzeption (▶ Abschn. 2.3), in der phänomenologischen Optik (▶ Abschn. 2.4) und in der Lichtwegkonzeption (▶ Abschn. 2.5)?

---

29 Harvard-Smithsonian Center for Astrophysics (1997).

2

- **Übung 2.2**

Wie wird die Bildentstehung mit Linsen im traditionellen Unterricht (▶ Abschn. 2.2), in der Frankfurt/Grazer-Konzeption (▶ Abschn. 2.3) und in der Lichtwegkonzeption (▶ Abschn. 2.5) elementarisiert?

- **Übung 2.3**

Je nach Konzeptionen fällt den Schülerinnen und Schülern vermutlich das Verstehen bestimmter Themen der Anfangsoptik leichter bzw. schwerer. Welches Phänomen wird bei welcher Konzeption am leichtesten verstanden? Ordnen Sie die Phänomene a) Hauptstrahlenkonstruktion, b) blauer Himmel, c) Sichtbarkeit im Straßenverkehr und d) Doppelschatten den drei Konzeptionen traditioneller Unterricht (▶ Abschn. 2.2), Frankfurt/Grazer-Konzeption (▶ Abschn. 2.3) und phänomenologischer Optik (▶ Abschn. 2.4) zu.

Literatur

Grebe-Ellis, J. (2020). Von der gehobenen Münze zur Vermessung der optischen Hebung. Anregungen Für Exploratives Experimentieren. *Unterricht Physik, 31*(175), 16–23.

Guderian, P. (o. J.). *Vom Sehen zur Optik – unsere Anfangsoptik.* ▶ http://didaktik.physik.hu-berlin.de/material/PbPU_Anfangsoptik.html.

Guderian, P. (2007). *Wirksamkeitsanalyse außerschulischer Lernorte: Der Einfluss mehrmaliger Besuche eines Schülerlabors auf die Entwicklung des Interesses an Physik.* Diss., Humbold Universität Berlin.

Haagen-Schützenhöfer, C. (2015). Einführungsunterricht Optik. *Praxis der Naturwissenschaften – Physik, 64*(5), 5–13.

Haagen-Schützenhöfer, C. (2016). *Lehr- und Lernprozesse im Anfangsoptikunterricht der Sekundarstufe I.* Kumulative Habilitationsschrift, Universität, Wien. ▶ https://static.uni-graz.at/fileadmin/nawi-institute/Physik/Physikdidaktik/Mitarbeiter/Habil_Haagen.pdf.

Hagen-Schützenhöfer, C., Fehringer, I., & Rottensteiner, J. (2017): Optik für die Sekundarstufe I, AECC Physik, Universität Wien, & FDZ Physik, Universität Graz (▶ *Materialien zum Buch*).

Haagen-Schützenhöfer, C., & Hopf, M. (2018). Schülervorstellungen zur geometrischen Optik. In H. Schecker, T. Wilhelm, M. Hopf, & R. Duit (Hrsg.), *Schülervorstellungen und Physikunterricht* (S. 89–114). Berlin: Springer.

Harvard-Smithsonian Center for Astrophysics. (1997). *Can We Believe Our Eyes?* ISBN 1-57680-064-4. ▶ https://learner.org/series/minds-of-our-own/1-can-we-believe-our-eyes.

Heinzerling, H. (1995). Vom Sehen zur Optik. Ein Erfahrungsbericht der ersten Einheiten. *Naturwissenschaften im Unterricht – Physik, 29,* 129–133.

Hecht, E., & Lippert, K. (2018). *Optik* (7., überarb. und erw. Aufl.). Berlin: de Gruyter.

Herdt, D. (1990). *Einführung in die elementare Optik. Vergleichende Untersuchung eines neuen Lehrgangs.* Essen: Westarp-Wissenschaftsverlag.

Jung, W. (1981). Erhebungen zu Schülervorstellungen in der Optik (Sekundarstufe I). *physica didactica, 8,* 137–153.

Jung, W. (1982). Fallstudien Zur Optik. *physica didactica, 9,* 199–220.

Maier, G. (1986). *Optik der Bilder.* Dürnau: Verlag der Kooperative Dürnau.

Schmidt-Roedenbeck, C., Müller, R., Wiesner, H., Herdt, D., & Engelhardt, P. (2005). *Unterricht Physik, Opitk III/2. Wölb- und Hohlspiegel, Spiegelteleskop, Auge, Farben (3/2).* Köln: Aulis.

Schön, L., Erb, R., Weber, T., Werner, J., Grebe-Ellis, J. & Guderian, P. (2003). Optik: Optik in Mittel- und Oberstufe. *Didaktik der Physik,* Humboldt Universität, Berlin. ▶ http://didaktik.physik.hu-berlin.de/material/forschung/optik/download/veroeffentlichungen/veroeffentlichungen_didaktik-hu.pdf (▶ *Materialien zum Buch*).

Weber, T. (2003). *Kumulatives Lernen im Physikunterricht. Eine vergleichende Untersuchung in Unterrichtsgängen zur geometrischen Optik.* Diss., Studien zum Physiklernen, Band 29, Berlin: Logos-Verlag.

Weber, T., & Schön, L. (2001). Fachdidaktische Forschungen am Beispiel eines Curriculums zur Optik. In H. Bayrhuber (Hrsg.), *Lehr- und Lernforschung in den Fachdidaktiken.* Innsbruck: Studienverlag.

Wiesner, H. (1986). Schülervorstellungen und Lernschwierigkeiten im Bereich der Optik. *Naturwissenschaften im Unterricht - Physik/Chemie,* 34(13), 25–29. Und in R. Müller, R. Wodzinski, & M. Hopf (Hrsg.) (2007), *Schülervorstellungen in der Physik* (2. Aufl., S. 155–159). Köln: Aulis.

Wiesner, H. (1992). Verbesserung des Lernerfolgs im Unterricht über Optik (I): Schülervorstellungen und Lernschwierigkeiten. *Physik in der Schule* 30, 286–290. Und in R. Müller, R. Wodzinski, & M. Hopf (Hrsg.) (2007), *Schülervorstellungen in der Physik* (2. Aufl., S. 160–164). Köln: Aulis.

Wiesner, H., & Claus, J. (2007). Vorstellungen zu Schatten und Licht bei Schülern der Primarstufe. In R. Müller, R. Wodzinski, & M. Hopf (Hrg.), *Schülervorstellungen in der Physik* (2. Aufl., S. 66–70). Köln: Aulis.

Wiesner, H., Engelhardt, P., & Herdt, D. (1995). *Unterricht Physik, Optik I: Lichtquellen, Reflexion* (Unterricht Physik: Vol. 1). Köln: Aulis Verlag Deubner & Co.

Wiesner, H., Engelhardt, P., & Herdt, D. (1996). *Unterricht Physik, Optik II: Brechung, Linsen* (Unterricht Physik: Vol. 2). Köln: Aulis Verlag Deubner & Co.

Wiesner, H., Herdt, D., & Engelhardt, P. (2003). *Unterricht Physik, Optik III/1. Optische Geräte (3/1)* (Unterricht Physik: Vol. 3/1). Köln: Aulis.

Wiesner, H. (1995). Physikunterricht – an Schülervorstellungen und Lernschwierigkeiten orientiert. *Unterrichtswissenschaft, 23*(2), 127–145.

Unterrichtskonzeptionen zur Kinematik

Thomas Wilhelm

Inhaltsverzeichnis

3.1 Fachliche Einordnung

■ Abgrenzung der Kinematik

Die Kinematik ist ein Teilgebiet der klassischen Mechanik und beschreibt die Bewegung eines Körpers mithilfe der Größen Zeit, Ort, Geschwindigkeit und Beschleunigung, aber ohne dabei Kräfte oder Massen zu berücksichtigen. In der Physik wird zwischen den beiden Teilgebieten Kinematik und Dynamik klar unterschieden. In der Kinematik geht es nur darum, *wie* sich ein Körper bewegt, nicht *warum* er sich bewegt oder *warum* sich die Bewegung ändert. Die Wirkung von Kräften auf die Bewegung eines Körpers ist Gegenstand der Dynamik. Die Statik wird in der Physik als Spezialfall der Dynamik angesehen, bei der ein Körper unter Kräftegleichgewicht in Ruhe bleibt.[1] Verwirrend kann sein, dass die Technische Mechanik als Ingenieurswissenschaft eine andere Einteilung vornimmt. Dort wird die Technische Mechanik meist in die drei Gebiete Statik, Festigkeitslehre und Dynamik eingeteilt, wobei die Dynamik dann aus den beiden Teilgebieten Kinematik (Beschreibung der Bewegung ohne Berücksichtigung von Kräften) und Kinetik (Änderung der Bewegung durch Kräfte) besteht.

Um Bewegungen beschreiben zu können, braucht man ein Bezugssystem, d. h. einen Referenzpunkt, genannt Bezugspunkt, und zusätzlich ausgezeichnete Richtungen durch ein Koordinatensystem. Mithilfe dieses Bezugssystems kann ein Ort als ein Punkt im gewählten Bezugssystem angegeben werden. In der Physik ist es üblich, den Ortsvektor $\vec{r}$ im dreidimensionalen Fall mit den Komponenten x, y und z anzugeben: $\vec{r} = (x, y, z)$. Dabei handelt es sich um eine zeitabhängige Vektorfunktion $\vec{r}(t)$. Alle Punkte, die ein Körper durchläuft, bilden zusammen eine Kurve, die sogenannte Trajektorie oder Bahnkurve. Die Weglänge s ist die Länge der Bahnkurve von einem Ort zu einem anderen und damit immer eine positive Zahl:

$$s := \int\limits_{Startort}^{Zielort} ds \quad \text{und} \quad s = \left| \vec{v} \right|_{mittel} \cdot \Delta t$$

Die Geschwindigkeit $\vec{v}(t) = (v_x, v_y, v_z)$ ist die zeitliche Ableitung des Ortsvektors $\vec{r}(t)$ und die Beschleunigung $\vec{a}(t) = (a_x, a_y, a_z)$ die zeitliche Ableitung des Geschwindigkeitsvektors.

Die Kinematik betrachtet insbesondere einige spezielle Bewegungen. Das sind die geradlinig gleichförmige Bewegung ($\vec{v} = konstant$), die gleichmäßig beschleunigte Bewegung ($\vec{a} = konstant$) und die gleichförmige Kreisbewegung ($\left| \vec{v} \right| = konstant, \left| \vec{a} \right| = konstant$) (■ Abb. 3.1).

---

1   Die Statik stellt also zwei Bedingungen: Kräftegleichgewicht und Ruhe. Kräftegleichgewicht allein bedeutet noch nicht Ruhe.

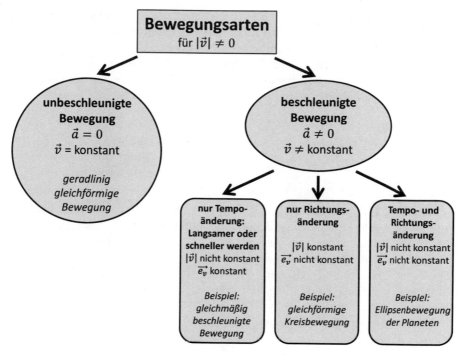

Bewegungsarten
für $|\vec{v}| \neq 0$

unbeschleunigte
Bewegung
$\vec{a} = 0$
$\vec{v}$ = konstant

geradlinig
gleichförmige
Bewegung

beschleunigte
Bewegung
$\vec{a} \neq 0$
$\vec{v} \neq$ konstant

nur Tempo-
änderung:
Langsamer oder
schneller werden
$|\vec{v}|$ nicht konstant
$\vec{e_v}$ konstant

Beispiel:
gleichmäßig
beschleunigte
Bewegung

nur Richtungs-
änderung

$|\vec{v}|$ konstant
$\vec{e_v}$ nicht konstant

Beispiel:
gleichförmige
Kreisbewegung

Tempo- und
Richtungs-
änderung
$|\vec{v}|$ nicht konstant
$\vec{e_v}$ nicht konstant

Beispiel:
Ellipsenbewegung
der Planeten

☐ **Abb. 3.1** Eine mögliche Klassifikation von Bewegungen in verschiedene Bewegungsarten, wobei $\vec{e}_v$ den Einheitsvektor der Geschwindigkeit darstellt, der die Bewegungsrichtung angibt (nach Wilhelm (2017))

▪ **Mögliche Elementarisierungen**

Um die Geschwindigkeit als zeitliche Ableitung des Ortsvektors zu erhalten, muss ein Vektor komponentenweise abgeleitet werden:

$$\vec{v} = \dot{\vec{r}} = \lim_{\Delta t \to 0} \frac{\Delta \vec{r}}{\Delta t} = \begin{pmatrix} \lim_{\Delta t \to 0} \frac{\Delta x}{\Delta t} \\ \lim_{\Delta t \to 0} \frac{\Delta y}{\Delta t} \\ \lim_{\Delta t \to 0} \frac{\Delta z}{\Delta t} \end{pmatrix} = \begin{pmatrix} \dot{x} \\ \dot{y} \\ \dot{z} \end{pmatrix}.$$

Analog ist die Beschleunigung die zeitliche Ableitung des Geschwindigkeitsvektors bzw. die zweite zeitliche Ableitung des Ortsvektors:

$$\vec{a} = \dot{\vec{v}} = \ddot{\vec{r}} = \begin{pmatrix} \ddot{x} \\ \ddot{y} \\ \ddot{z} \end{pmatrix}.$$

Dies ist eine sehr abstrakte und komplexe Aussage[2] mit höchster Allgemeinheit, sodass sich Schülerinnen und Schüler darunter in der Regel gar nichts vorstellen

2 Bleichroth et al. (1999, S. 114).

können. Die Gleichungen sind mathematisch anspruchsvoll, weil sie Ableitungen bzw. eine infinitesimale Darstellung enthalten, was die Schülerinnen und Schüler in der Regel nicht aus dem Mathematikunterricht kennen, wenn im Physikunterricht kinematische Größen behandelt werden. Zudem werden im Schulmathematikunterricht nur Funktionen behandelt, die reelle Zahlen aufeinander abbilden, wobei die Variable immer x heißt:

$$f : \mathbb{R} \to \mathbb{R}, \quad x \to y = f(x).$$

Hier handelt es sich aber um die Ableitung einer vektorwertigen Funktion und die Variable heißt t:

$$f : \mathbb{R} \to \mathbb{R}^3, \quad t \to \vec{r} = f(t).$$

Physikalisch steckt hinter dem Grenzübergang des Differenzenquotienten der komponentenweise Übergang vom Durchschnittswert zum Momentanwert, was auch physikalisch anspruchsvoll ist. Tatsächlich werden die Werte in der Praxis oft aus kleinen Messintervallen gewonnen. Schülerinnen und Schülern fällt der gedankliche Übergang von Größen, die sich auf ein – wenn auch sehr kleines – Zeitintervall beziehen, zu Größen, die sich auf einen Zeitpunkt beziehen, sehr schwer.

Für den Physikunterricht muss daher elementarisiert werden, d. h., die wesentlichen konzeptuellen Aspekte müssen herausgestellt und der Formalismus muss vereinfacht werden. Dem traditionellen Unterricht (▶ Abschn. 3.2) liegt die Entscheidung zugrunde, den Grenzübergang zu den Momentanwerten hervorzuheben und auf den Richtungsaspekt weitgehend zu verzichten. Daraus folgt die Reduktion auf eine Dimension:

$$v = \lim_{\Delta t \to 0} \frac{\Delta s}{\Delta t}.$$

Die Frankfurt/Münchner Konzeption (▶ Abschn. 3.3), die Würzburger Konzeption (▶ Abschn. 3.4) und die Bremer Konzeption (▶ Abschn. 3.5) verzichten dagegen auf die Grenzübergänge, indem sie immer kleine Intervalle betrachten, und reduzieren auf *zwei* Dimensionen (◻ Tab. 3.1a). Damit wird betont, dass es sich bei Ort, Geschwindigkeit und Beschleunigung immer um gerichtete und nicht um skalare Größen handelt.

Im traditionellen Anfangsunterricht wird zumeist neben dem Richtungsaspekt auch der Grenzübergang weggelassen, sodass die Geschwindigkeit als $v = \frac{\Delta s}{\Delta t}$ definiert wird. Unter der meist stillschweigenden Annahme, dass zum Zeitpunkt null der zurückgelegte Weg null ist, wird sogar auf den Differenzcharakter verzichtet und stark vereinfacht nur $v = \frac{s}{t}$ geschrieben. Solche Entscheidungen tragen zu problematischen Schülervorstellungen über Begriffe der Kinematik bei.[3]

---

3   Schecker und Wilhelm (2018, S. 65 ff.).

● Tab. 3.1 Übersicht über die vorgestellten Unterrichtskonzeptionen

	Traditioneller Unterricht (▶ Abschn. 3.2)	Zweidimensional von Beginn an in der Sek. I (▶ Abschn. 3.3)	Computergestützte Bewegungsanalyse in der Sek. II (▶ Abschn. 3.4)	Konsequent vektorielle Darstellung in der Sek. II (▶ Abschn. 3.5)
Elementarisierung	es werden nur geradlinige Bewegungen betrachtet; Ausgangspunkt ist der Abstand von einem Bezugspunkt	es werden zweidimensionale Bewegungen betrachtet; Veränderungen werden in Zeitintervallen, nicht zu Zeitpunkten betrachtet; die Zusatzgeschwindigkeit $\Delta \vec{v}$ ist eine Elementarisierung der Beschleunigung	es werden zweidimensionale Bewegungen betrachtet; Veränderungen werden in Zeitintervallen, nicht zu Zeitpunkten betrachtet	es werden zweidimensionale Bewegungen betrachtet; Veränderungen werden in Zeitintervallen, nicht zu Zeitpunkten betrachtet
wichtiges Thema	Unterscheidung Momentan- und Durchschnittsgeschwindigkeit	Unterscheidung Tempo und Geschwindigkeit; Behandlung der Zusatzgeschwindigkeit	Unterscheidung Schnelligkeit und Geschwindigkeit; Behandlung der Richtung der Beschleunigung	Unterscheidung Ort, Ortsverschiebung und Weg, sowie Unterscheidung Geschwindigkeit und Tempo
zentrales Experiment	Wagen auf Fahrbahn	senkrechter Stoß	allgemeine zweidimensionale Bewegung	Bewegungen von Fahrzeugen in der Ebene
Definition der Geschwindigkeit	Geschwindigkeit ist der Grenzwert für Δt gegen Null des Quotienten aus Wegstrecke und Zeitintervall: $v = \lim_{\Delta t \to 0} \frac{s(t+\Delta t)-s(t)}{\Delta t}$	Geschwindigkeit = Tempo + Richtung Tempo = zurückgelegte Strecke dividiert durch benötigte Zeit: $v = \frac{\Delta s}{\Delta t}$.	Geschwindigkeit ist der Quotient aus Ortsänderungsvektor $\Delta \vec{x}$ und benötigtem Zeitintervall Δt: $\vec{v} = \frac{\Delta \vec{x}}{\Delta t}$	Geschwindigkeit ist das Verhältnis von Ortsverschiebung $\Delta \vec{r}$ und benötigtem Zeitintervall Δt: $\vec{v} = \frac{\Delta \vec{r}(\Delta t)}{\Delta t}$.
zentrale Bewegung	geradlinige Bewegung eines Wagens	senkrechter Stoß auf eine rollende Kugel	allgemeine gebogene Bahnkurve der PC-Maus auf dem Tisch	geradlinige Bewegung eines Wagens in einem dreiachsigen Koordinatensystem
zentrale Größen	Weg, Geschwindigkeit, Beschleunigung	Tempo, Richtung, Geschwindigkeit, Zusatzgeschwindigkeit	Ort, Geschwindigkeit, Beschleunigung	Ort, Ortsverschiebung, Weg, Geschwindigkeit, Tempo
zentrale Darstellungen	Liniendiagramme und Gleichungen	Stroboskopbilder und Geschwindigkeitspfeile	Orts-, Geschwindigkeits- und Beschleunigungspfeile	Gleichungen mit Spaltenvektoren mit drei Komponenten

3

3.2 Traditioneller Unterricht

- **Reihenfolge**

Bis in die 1980er-Jahre war man der Meinung, dass Kinematik und Dynamik abstrakte, schwierige Themen sind, deren Behandlung erst in der Sekundarstufe II des Gymnasiums möglich ist. So behandelte man in der Sekundarstufe I nur die Statik. Die Sekundarstufe II begann mit der Kinematik, der dann die Dynamik folgte. Wiesner und Wodzinski haben darauf hingewiesen, dass bei einem Beginn mit der Statik die Schülerinnen und Schüler ein falsches Kraftkonzept erwerben, das beim Verstehen der Dynamik hinderlich ist.[4] So spielt heute die Statik im Physikunterricht keine große Rolle mehr und wird zum Teil erst nach der Dynamik behandelt. Kinematik und Dynamik werden heute bereits deutlich früher, d. h. in der Sekundarstufe I (z. B. Jahrgang 7/8), unterrichtet und in der Sekundarstufe II nochmals aufgenommen. Die traditionelle Reichenfolge – erst Kinematik, dann Dynamik – ist aber geblieben und die Kinematik nimmt oftmals einen großen Raum vor der Dynamik ein. Dies ist insofern verständlich, weil es für das Verständnis der Newton'schen Dynamik eine Voraussetzung ist, die Größen Geschwindigkeit und Beschleunigung verstanden zu haben.

Zu bedenken ist aber, dass Schülerinnen und Schüler wenig Interesse an einer reinen Beschreibung von Bewegungen haben, ohne dass dabei auf die Ursachen eingegangen wird. Es interessiert sie viel mehr, *warum* die Bewegung so stattfindet. Beispielsweise werden als Bewegungen mit konstanter Beschleunigung in der Kinematik gerne der freie Fall und der senkrechte Wurf genommen, da das praktisch die einzigen realen Bewegungen mit konstanter Beschleunigung sind. Dabei erscheint es schon sehr künstlich, die Erdanziehungskraft als Ursache auszuklammern. Warum ohne Luftreibung alle Körper mit der gleichen Beschleunigung fallen, ist ohne Kräfte nicht erklärbar und kann allenfalls experimentell gezeigt werden. Schülerinnen und Schüler interessiert es jedoch, wie es mit der Luftreibung aussieht, z. B. beim Fallschirmspringen. Hier werden die Lernenden dann auf die Dynamik vertröstet.

- **Nur geradlinige Bewegungen**

Das wesentliche Merkmal des „traditionellen" Kinematikunterrichts, in dem dieser sich von allen anderen in diesem Kapitel dargestellten Unterrichtskonzeptionen unterscheidet, ist die Beschränkung auf geradlinige Bewegungen. Dahinter steht das alte didaktische Prinzip „vom Einfachen zum Schwierigen" oder „vom Besonderen zum Allgemeinen". Die kinematischen Größen werden an eindimensionalen Bewegungen eingeführt und solche Bewegungen ausführlich behandelt. Erst später wird anhand des waagrechten Wurfes und der Kreisbewegung kurz eine Erweiterung auf zweidimensionale Bewegungen versucht. Dieses alte didaktische Prinzip kann man aber kritisch sehen, da an den einfachen Spezialfällen manches falsch gelernt oder falsch verinnerlicht wird, sodass später

---

4   Wiesner (1994a); Wodzinski (1996).

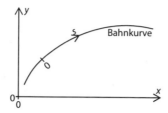

◘ Abb. 3.2 Ort im zweidimensionalen Bezugssystem und eindimensionaler Abstand längs einer Bahnkurve

eine Erweiterung schwierig ist. Es könnte also durchaus einfacher sein, mit dem komplexeren allgemeinen Fall anzufangen und erst später auf den einfachen Spezialfall zu reduzieren.

Es sind verschiedene Gründe dafür denkbar, die Kinematik nur eindimensional zu behandeln.[5] Ein erster Grund ist, dass man das schon immer so gemacht hat bzw. die Orientierung am historischen Vorbild. Schon Aristoteles, Galilei und Atwood betrachteten geradlinige Bewegungen und Newton formulierte ein Kraftkonzept ausgehend vom linearen Trägheitsprinzip.

Ein zweiter Grund kann das Superpositionsprinzip sein, auch Unabhängigkeitsprinzip genannt. Solange Kräfte nur linear vom Ort oder der Geschwindigkeit abhängen, kann man jede Komponente der Bewegung einzeln ohne Berücksichtigung der anderen berechnen; die gesamte Bewegung ist dann einfach die ungestörte Überlagerung der Bewegungen in die einzelnen Koordinatenrichtungen. Wirkt aber auf einen Köper eine Luftreibungskraft (proportional zu v^2), gilt das schon nicht mehr.[6] Wirkt eine Luftreibungskraft in einer Bewegungskomponente, führt das auch zum Abbremsen der anderen beiden Bewegungskomponenten.

Ein dritter Grund ist, dass man mit einem Trick auch mehrdimensionale Bewegungen auf eindimensionale Bewegungen reduzieren kann. Man betrachtet nur den Abstand s längs der (im Allgemeinen dreidimensionalen) Bahnkurve (◘ Abb. 3.2), ausgehend von einem Startpunkt. Die Richtung der Koordinatenachse ändert sich quasi mit dem Ort des Körpers (mitwandernde Einheitsvektoren, sogenanntes „begleitendes Dreibein"). Die zeitliche Abstandsänderung ist nun eine Zahl und wird „Geschwindigkeit" genannt. Ihr Betrag entspricht auch dem Betrag des Geschwindigkeitsvektors und ihr Vorzeichen gibt an, ob sich der Körper auf der Bahnkurve „vorwärts" oder „rückwärts" bewegt. Die zeitliche Änderung dieser Zahl ist wiederum eine Zahl und wird nun „Beschleunigung" genannt. Ihr Betrag entspricht dem Betrag der tangentialen Beschleunigungskomponente und ihr Vorzeichen gibt an, ob die tangentiale Beschleunigung „vorwärts" oder „rückwärts" gerichtet ist. Auch bei den Kräften werden nur die tangentialen Anteile berücksichtigt, sodass $a = F/m$ gilt. Alle Bewegungen sind nun

5   Wilhelm (2018b, S. 27).
6   Wilhelm (2018b, S. 28).

quasi auf eine eindimensionale Bewegung zurückgeführt und alle Größen sind Zahlen statt Vektoren.[7]

Behandelt man wirklich geradlinige, also eindimensionale Bewegungen oder mehrdimensionale mit obigem Trick, kann man Folgendes trotzdem korrekt vermitteln: Eine Bewegung wird genau dann *schneller,* wenn Geschwindigkeit und Beschleunigung das *gleiche* Vorzeichen (die *gleiche* Richtung) haben. Und eine Bewegung wird genau dann *langsamer,* wenn Geschwindigkeit und Beschleunigung das *entgegengesetzte* Vorzeichen (die *entgegengesetzte* Richtung) haben. Was aber bei diesem Vorgehen kaum gelingen kann, ist die Vermittlung, dass für eine Richtungsänderung eine Kraft nötig ist und es entsprechend eine radiale Beschleunigungskomponente gibt. Insbesondere kann man nicht kinematisch zeigen, dass eine Bewegung genau dann eine gleichmäßige Kreisbewegung ist, wenn Geschwindigkeit und Beschleunigung senkrecht zueinander sind. Damit wird man der Newton'schen Mechanik nicht gerecht, deren Hauptaussage es ist, dass bei konstanter Masse jede (resultierende) Kraft eine Geschwindigkeitsänderung bewirkt und für jede Geschwindigkeitsänderung eine (resultierende) Kraft erforderlich ist, wobei eine Geschwindigkeitsänderung sowohl eine Änderung des Geschwindigkeitsbetrags als auch der Geschwindigkeitsrichtung sein kann. Die Vereinfachung geht also zu Lasten der Anschlussfähigkeit.

Ein weiteres Problem ergibt sich dadurch, dass im traditionellen Unterricht fast nur Bewegungen in positive Koordinatenrichtung betrachtet werden und Bewegungen in negative Koordinatenrichtung fast nicht vorkommen. Damit wird Geschwindigkeit auf eine positive skalare Größe (Betragsgröße) reduziert, die sich nicht mehr vom Geschwindigkeitsbetrag unterscheidet und die man auch Tempo oder Schnelligkeit nennen kann. Außerdem bedeutet nun eine positive Beschleunigung immer ein Schnellerwerden und eine negative Beschleunigung immer ein Langsamerwerden, was aber nur für Bewegungen in positive Koordinatenrichtung richtig ist.

- **Graphen und Gleichungen**

Für den Physikunterricht ist es typisch, die physikalischen Aussagen auf verschiedene Weisen darzustellen, also verschiedene Repräsentationsformen zu verwenden. Ein Sachverhalt, wie ein Ablauf oder ein Zusammenhang, wird experimentell handelnd (enaktiv) behandelt, mithilfe von Bildern (ikonisch) dargestellt, mit Worten (sprachlich) beschrieben und in der Regel auch mathematisch formuliert, denn die Physik verwendet als quantitative Wissenschaft neben qualitativen und halbquantitativen Beschreibungen insbesondere quantitative Beschreibungen. Vor allem in der Kinematik spielen traditionell Zeitgraphen und das Rechnen mit Bewegungsfunktionen eine sehr große Rolle.

Die Fähigkeit zum Interpretieren von Graphen ist ein wichtiges Ziel des Physikunterrichts. Studien zeigen aber, dass dies für Schülerinnen und Schüler sehr

---

[7]   Wilhelm (2018a, S. 7).

schwer ist und viele hiermit auch am Ende der Schulzeit noch große Probleme haben, sodass dies umfangreich geübt werden muss. Es ist jedoch problematisch, wenn die neu zu erlernenden Sachverhalte mit Graphen dargestellt werden, deren Interpretation selbst erst noch gelernt werden muss. Geschwindigkeit und Beschleunigung werden im traditionellen Unterricht gerne als Steigung eines Weg-(besser: Orts-) bzw. Geschwindigkeitsgraphen eingeführt. Bevor also der Umgang mit Graphen gelernt wird, muss sichergestellt sein, dass die Größen qualitativ verstanden sind.

Die Kinematik eignet sich auch, um zu zeigen, wie viel man mit wenigen Gleichungen vorausberechnen kann. Immer wieder wurde jedoch gerade in der Kinematik auf eine Überbetonung von Rechen- und Einsetzaufgaben hingewiesen[8] und dargelegt, dass die Vorstellung, dass es in der Physik vor allem auf Formelkenntnis und Rechenfertigkeit ankommt, sehr verbreitet ist und auf einer häufig anzutreffenden Schwerpunktsetzung im Unterricht beruht.[9] Solche „Einsetzaufgaben" sind für das begriffliche Verständnis kinematischer Größen wenig hilfreich, da die Lernenden nur Rechenroutinen durchführen; Häußler und Lind nennen diese Gegeben-gesucht-Strategie die „Rückwärtssuche"[10]. Die *Physik* wird mit dem Rechnen von Übungsaufgaben kaum verstanden und dies leistet auch keinen Beitrag zur Änderung von Vorstellungen. Als Folge der TIMS-Studie wurde viel über eine neue Aufgabenkultur diskutiert.[11] Dabei wurde betont, dass der Schwerpunkt im Physikunterricht auf dem qualitativen Verstehen liegen sollte und nicht auf dem Auswendiglernen von Fakten und Formeln.[12] Seitdem haben sich die Aufgaben im Physikunterricht verändert und eine „neue Aufgabenkultur" ist eingezogen.

▪ **Ableitungen**

Bei der Behandlung der Kinematik kennen die Schülerinnen und Schüler in der Regel noch nicht die Ableitung und das Integral. Bei der Vertiefung der Kinematik in der Sekundarstufe II wird die Ableitung aber im selben Schuljahr im Mathematikunterricht eingeführt. Oft möchte der Physikunterricht dies schon vorbereiten, sodass die Steigung im Weg- und Geschwindigkeitsdiagramm intensiv betrachtet wird. In der Regel wird deshalb die Momentangeschwindigkeit thematisiert.[13] Die Schülerinnen und Schüler sollen sehen, wie man durch ständige Verkleinerung des Zeitintervalls zwischen zwei Messungen von der Durchschnittsgeschwindigkeit des betrachteten Zeitintervalls zur Momentangeschwindigkeit eines Zeitpunkts kommt. Im t-s-Diagramm einer geradlinigen beschleunigten Bewegung (s wiederum verstanden als Abstand vom Startpunkt) werden

8   z. B. Dittmann, Näpfel und Schneider (1988).
9   Schecker (1985, S. 199).
10 Häußler und Lind (2000, S. 3).
11 z. B. im Deutschen Verein zur Förderung des mathematisch-naturwissenschaftlichen Unterrichts (MNU, 2001, S. XI–XIV) oder in den bundesweiten BLK-Programmen „Sinus" bzw. „Sinus-Transfer" (Bund-Länder-Kommission, 1997, S. 32–33). Wilhelm (2016, S. 15).
12 Schecker und Klieme (2001).
13 Wilhelm (2016, S. 15).

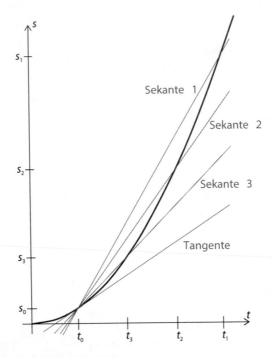

◘ Abb. 3.3   Momentangeschwindigkeit als Grenzfall der Durchschnittsgeschwindigkeit

die Durchschnittsgeschwindigkeit als Sekante und die Momentangeschwindigkeit als Tangente dargestellt (◘ Abb. 3.3). Die vorweggenommene Einführung von Strukturen der Infinitesimalrechnung im Mechanikunterricht wird zudem durch das Kurssystem in der Einführungsphase der gymnasialen Oberstufe schwieriger, insbesondere wenn der Physik- und der Mathematikunterricht nicht in der Hand der gleichen Lehrkraft liegen.

- **Unterrichtsergebnisse**

Zu Beginn der Sekundarstufe II, im Jahr vor der zweijährigen Qualifikationsphase (Jahrgangsstufe 10 im G8 oder Jahrgangsstufe 11 im G9), wird in vielen Bundesländern im Großteil des Schuljahrs die Mechanik behandelt. Verschiedene Studien zeigen, dass Schülerinnen und Schüler auch nach diesem Unterricht noch Schwierigkeiten mit Grapheninterpretationen haben. Mit zunehmender Komplexität der Größen (vom Ort über die Geschwindigkeit zur Beschleunigung) nehmen die Schwierigkeiten zu, wobei Bewegungen nach links größere Probleme als Bewegungen nach rechts machen.[14] Hier interessiert aber insbesondere, inwieweit es dem traditionellen Unterricht gelingt, ein qualitatives Verständnis für die kinematischen Größen zu erzeugen, insbesondere für die Beschleunigung als die schwierigste Größe. 2016 wurde in einer Studie mit 346 Schülerinnen

---

14   z. B. Heuer und Wilhelm (1997).

und Schülern aus 20 Klassen an 13 hessischen Gymnasien deren Verständnis der Beschleunigung untersucht.[15] Verbindliche Unterrichtsinhalte sind in diesem Schuljahr gemäß dem Lehrplan die geradlinige und die kreisförmige Bewegung mit gleichförmiger und beschleunigter Bewegung sowie der senkrechte und der waagerechte Wurf.

Bei einer gleichförmigen Kreisbewegung haben nur 4 % der Schüler die Beschleunigungsrichtung korrekt angegeben. 28 % gaben eine Beschleunigung von null an, was der tangentialen Beschleunigung entspricht, und 37 % gaben einfach die Richtung der Geschwindigkeit an. Auch beim senkrechten Münzwurf konnten nur 2 % für alle drei Phasen – aufwärts, höchster Punkt, abwärts – die Beschleunigungsrichtung richtig angeben. Die Aufgaben, bei denen aus einem t-v-Diagramm das Vorzeichen der Beschleunigung abzulesen ist, beantworteten je nach Aufgabe 70 % bis 90 % korrekt. Wurden jedoch unterschiedliche geradlinige Bewegungen beschrieben (Bewegung nach rechts oder links, mit konstanter Geschwindigkeit oder gleichmäßig immer schneller oder gleichmäßig immer langsamer) und sollten die Schülerinnen und Schüler dabei den passenden Zeit-Beschleunigungs-Graphen zuordnen, wurde dies nur von 3 % bis 15 % richtig gelöst. Am häufigsten wurde so geantwortet, als wären die vorgegebenen Graphen Zeit-Geschwindigkeits-Diagramme.

Auch nach dem traditionellen Oberstufenunterricht wird also „Beschleunigung" häufig mit „Geschwindigkeit" gleichgesetzt oder als Änderung des Geschwindigkeitsbetrags angesehen. Insbesondere bei Aufgaben mit einer Änderung der Bewegungsrichtung wird die Beschleunigung sehr selten richtig angegeben.

3.3 Zweidimensional von Beginn an in der Sekundarstufe I

■ **Ziel: Verständnis des Kraftbegriffs**

Die Frankfurt/Münchener-Konzeption für die Sekundarstufe I ist das Ergebnis einer langen Reihe verschiedener Unterrichtskonzepte und empirischer Studien, die jeweils eine Weiterentwicklung der immer gleichen Grundideen sind. Sie wurde von der dritten Jahrgangsstufe bis in die Oberstufe eingesetzt, waren aber vor allem für die Sekundarstufe I gedacht. Von Ende der 1960er-Jahre bis ca. 1985 liefen diese Studien unter Leitung von Jung[16], ab 1985 unter Leitung von Wiesner[17] und ab 2007 unter Leitung von Hopf, Wilhelm und Wiesner[18]. Als Zentrum der Newton'schen Mechanik wird das zweite Newton'sche Axiom angesehen, also der Zusammenhang zwischen Krafteinwirkung und Geschwindigkeitsänderung, wobei hier alle Geschwindigkeitsänderungen beachtet werden, insbesondere auch die Richtungsänderung. Ziel ist, dass die Schülerinnen und Schüler bereits früh diese

---

15 Wilhelm und Gemici (2017).
16 z. B. Jung, Reul und Schwedes (1977); Jung (1980).
17 z. B.: Wiesner (1992, 1993, 1994a, 1994b); Wodzinski und Wiesner (1994a, 1994b, 1994c); Hopf et al. (2008).
18 Waltner et al. (2010); Tobias (2010); Wilhelm et al. (2012); Wiesner et al. (2016).

grundlegende Idee qualitativ verstehen. Deshalb wird diese Konzeption auch erst im Kapitel Dynamik (▶ Abschn. 4.4) ausführlich besprochen und hier nur auf ihren Umgang mit der Kinematik eingegangen.

Da das Ziel in dieser Konzeption im qualitativen Verständnis der grundlegenden Ideen der Mechanik liegt, ist es auch wichtig, einige kinematische Größen zu verstehen. Diese werden deshalb systematisch eingeführt und geübt. Die quantitative Behandlung der Kinematik mit Graphen, Bewegungsfunktionen und Rechenaufgaben ist hingegen noch kein Ziel und wird in der Sekundarstufe I nicht behandelt. Sieht man nur dies als Kinematik an, dann wird diese quasi ausgelassen und es man beginnt gleich mit der Dynamik. Im Folgenden wird die Konzeption für die Sekundarstufe I (Klassenstufen 7/8) vorgestellt.

▪ Beschreibung von Bewegungen

Um die Bewegung eines Gegenstands zu beschreiben, muss zu bestimmten Zeitpunkten festgestellt werden, wo sich der Gegenstand befindet. Als Einstiegsbeispiel dient die Flugroute des Weißstorchs Max, der kurz nach seiner Geburt mit einem kleinen Sender ausgestattet wurde. Gezeigt werden in einer Karte die Orte an einigen Tagen. Dabei wird diskutiert, dass die Bewegung umso genauer beschrieben ist, je näher die Zeitpunkte der Ortsmessung zusammenliegen und umso präziser Ort und Zeit bestimmt werden.

Als Möglichkeit der Ortsbestimmung bei einer Bewegung werden sogenannte Stroboskopbilder (◘ Abb. 3.4) vorgestellt, bei denen die Einzelbilder immer in gleichen Zeitabständen aufgenommen werden. Die Schüler und Schülerinnen sollen dabei verstehen, dass eine gleiche Zeitdauer zwischen zwei Aufnahmen sinnvoll für eine Analyse der Bewegung ist. Aus entsprechenden Bildern kann man bereits einiges über die Bewegung herauslesen. Schülerinnen und Schüler können

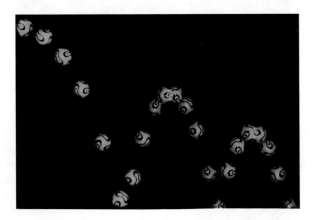

◘ **Abb. 3.4**   Stroboskopbild eines springenden Fußballs (mit freundlicher Genehmigung von © C. Waltner)

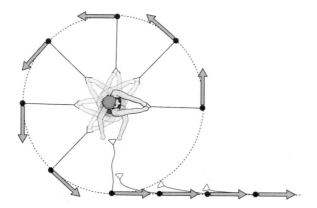

◘ Abb. 3.5 Geschwindigkeitspfeile beim Hammerwurf

solche Bilder selbst aus Videos mit einer Folie auf dem Bildschirm oder mithilfe der Videoanalysesoftware „measure dynamics"[19], der Stroboskopsoftware „Live Video Strobe"[20] oder der App „MotionShot"[21] erstellen.

■ **Einführung der Geschwindigkeit**

Die Geschwindigkeit wird von Anfang an als gerichtete Größe anhand von zweidimensionalen Bewegungen eingeführt. In einem ersten Schritt wird den Schülerinnen und Schülern bewusstgemacht, dass sie zur genauen Beschreibung einer Bewegung sowohl das Tempo als auch die Richtung angeben müssen. Dazu eignet sich beispielsweise ein Spiel, bei dem eine Person mit verbundenen Augen ein ferngesteuertes Auto auf einer vorgegebenen Bahn lenkt und dabei von einer weiteren Person die entsprechenden Anweisungen erhält.

Schließlich wird das Tempo als zurückgelegte Strecke pro benötigte Zeit eingeführt (bei Jung auch Schnelligkeit genannt). Dann wird die Richtung der Bewegung thematisiert und schließlich fasst man Tempo und Richtung zu einer Größe zusammen, der Geschwindigkeit. Die Geschwindigkeit wird dabei immer ikonisch als ein Pfeil dargestellt, dessen Richtung die Bewegungsrichtung und dessen Länge das Tempo angibt (◘ Abb. 3.5). Anhand von Aufgaben wird der Unterschied zwischen den Begriffen Geschwindigkeit und Tempo eingeübt. Bereits an dieser Stelle wird mit den Schülerinnen und Schülern diskutiert, dass sich die Geschwindigkeit bei einer Kreisbewegung ständig ändert (◘ Abb. 3.5).

■ **Zusatzgeschwindigkeit statt Beschleunigung**

Eine zentrale Entscheidung liegt darin, die Größe Beschleunigung nicht zu behandeln. Stattdessen wird die Geschwindigkeitsänderung $\Delta \vec{v}$ in einem Zeitintervall Δt betrachtet und ebenso ikonisch als Pfeil repräsentiert. Es wird sowohl

---

19 Michel und Wilhelm (2008); Benz und Wilhelm (2008).
20 Wilhelm und Suleder (2015).
21 Ivanjek, Hopf und Wilhelm (2019).

darauf verzichtet, die Größe $\Delta\vec{v}$ durch die vergangene Zeit Δt zu dividieren, als auch eine Betrachtung für einen Zeit*punkt* anzustellen. Da die Geschwindigkeitsänderung die gleiche Richtung wie die Durchschnittsbeschleunigung im Zeitintervall Δt hat und zu ihr bei festem Δt proportional ist, kann sie als Elementarisierung der Beschleunigung angesehen werden. Aus didaktischen Gründen wird nicht von der Geschwindigkeits*änderung* gesprochen, da diese als Differenz zwischen der Geschwindigkeit am Anfang und am Ende des Zeitintervalls anzusehen ist, sondern die Größe wird *Zusatz*geschwindigkeit genannt. Es ist die Geschwindigkeit, die zur Anfangsgeschwindigkeit $\vec{v}_{\text{Anfang}}$ dazuaddiert werden muss, um die Endgeschwindigkeit $\vec{v}_{\text{Ende}}$ zu erhalten: $\vec{v}_{\text{Ende}} = \vec{v}_{\text{Anfang}} + \Delta\vec{v}$. Hintergrund ist, dass die Addition zweier Vektorpfeile als einfaches Aneinanderhängen einfacher ist als die Differenz zweier Vektorpfeile und von der Dynamik her gedacht wird, da die Zusatzgeschwindigkeit diejenige Geschwindigkeit ist, die durch eine Einwirkung in dem Zeitintervall Δt dazukommt. Die Autorinnen und Autoren empfehlen außerdem, von der Verwendung der Vektorsubtraktion abzusehen.

Als Einstieg wird eine Übung beim Fußball verwendet, wobei der Ball erst aus der Ruhe und dann aus dem Rollen auf das Tor geschossen wird. Ein parallel zum Tor rollender Ball wird senkrecht zur ursprünglichen Bewegungsrichtung angekickt (◘ Abb. 3.6). In einem Versuch im Klassenzimmer eignet sich dafür eine schwere Kugel, die durch ein Holz senkrecht zur Anfangsbewegung mit der Hand gestoßen wird. Für die Schülerinnen und Schüler ist es verblüffend, dass die Kugel sich nicht in Stoßrichtung weiterbewegt und damit das Tor verfehlt. Dies wird so interpretiert, dass die Anfangsgeschwindigkeit bleibt, aber zusätzlich eine Geschwindigkeit in der Stoßrichtung dazukommt, was eine neue Endgeschwindigkeit ergibt.

Anschließend wird geübt, wie man aus bekannter Anfangs- und Zusatzgeschwindigkeit die Endgeschwindigkeit konstruiert, indem man die Zusatzgeschwindigkeit an die Spitze der Anfangsgeschwindigkeit anhängt (◘ Abb. 3.7). Des Weiteren wird geübt, wie man bei bekannter Anfangs- und Endgeschwindigkeit die Zusatzgeschwindigkeit konstruiert (◘ Abb. 3.7).

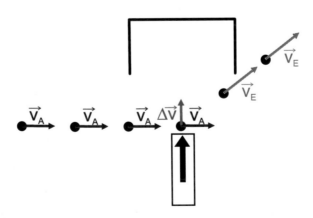

◘ **Abb. 3.6**   Zusatzgeschwindigkeit $\Delta\vec{v}$ beim senkrechten Stoß auf einen rollenden Ball

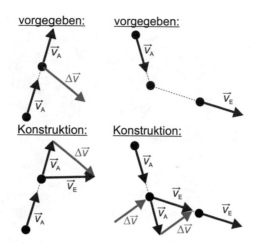

⬛ Abb. 3.7 Konstruktion von $\Delta\,\vec{v}$ in der Frankfurt/Münchener-Konzeption

- **Reduktion auf geradlinige Bewegungen**

Schließlich wird dieses Vorgehen auf den Sonderfall eindimensionaler Bewegungen angewandt. Dabei wird u. a. deutlich: Wenn eine Zusatzgeschwindigkeit in Richtung der Anfangsgeschwindigkeit dazukommt, ist das Tempo danach größer. Kommt eine Zusatzgeschwindigkeit gegen die Richtung der Anfangsgeschwindigkeit dazu, ist das Tempo danach kleiner.

- **Verwendung von Videoanalysesoftware**

Den Studien bis 2007 ist gemeinsam, dass sie abgesehen von Stroboskopbildern keine Messmöglichkeiten für zweidimensionale Bewegungen hatten. Stroboskopbilder waren aber nicht so einfach zu erstellen und wurden deshalb zum Teil gezeichnet. Unter anderem aus diesem Grunde wurden meist Bewegungen betrachtet, die außerhalb einer kurzen Einwirkung in Form eines Stoßes abschnittsweise geradlinig waren. Erst in der Studie, die ab dem Jahr 2008 in der 7. Jahrgangsstufe des bayerischen Gymnasiums stattfand, wurden auch Bahnkurven mit ständiger Krümmung betrachtet. Mithilfe der Videoanalysesoftware „measure dynamics" konnten solche Bewegungen gefilmt und daraus Stroboskopbilder für den Unterricht erzeugt werden.[22] Außerdem war es möglich, in das Video an mehreren Stellen den Geschwindigkeitspfeil oder die drei Pfeile Anfangsgeschwindigkeit, Zusatzgeschwindigkeit und Endgeschwindigkeit einzublenden (⬛ Abb. 3.8).

- **Empirische Ergebnisse**

Eine Studie von Jung et al. (1977) in Frankfurt in den Jahrgangsstufen 3 bis 6 zeigte bereits in den 1970er-Jahren, dass mit dem inzwischen vollständig

---

22 Michel und Wilhelm (2008); Benz und Wilhelm (2008); Wilhelm (2011).

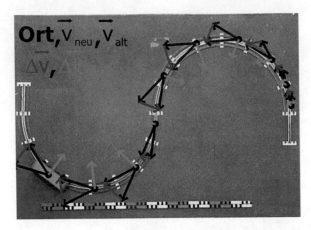

◘ Abb. 3.8 An verschiedenen Orten zeigt die Videoanalysesoftware, wie sich aus der Geschwindigkeit (blau) des vorhergehenden Zeitintervalls und der Geschwindigkeit (rot) des nächsten Zeitintervalls die Zusatzgeschwindigkeit (dunkelgrün) ergibt, die von einem Intervall zum nächsten dazukam (hellgrün verschoben)

ausgearbeiteten Grundansatz bereits bei jungen Schülerinnen und Schülern ein verblüffend hoher Lernerfolg möglich ist, insbesondere bezüglich der Größen Schnelligkeit, (gerichtete) Geschwindigkeit und Zusatzgeschwindigkeit. Besonders interessant war, dass die Dritt- und Viertklässler signifikant besser als die Fünft- und Sechstklässler abschnitten.

Bei der Studie von Hopf, Wilhelm, Wiesner, Tobias und Waltner in Bayern in der Jahrgangsstufe 7 ergaben die Schülerinterviews, dass die Beschreibung von Bewegungen durch den vektoriellen Geschwindigkeitsbegriff mit den Aspekten Tempo und Richtung den Lernenden keine Schwierigkeit bereitet.[23] Der Geschwindigkeitspfeil kann mit den Aspekten Länge und Richtung angewendet werden. Die Schülerinnen und Schüler wissen, dass die Anfangs- sowie die Zusatzgeschwindigkeit zur Endgeschwindigkeit beitragen. Auf einer quantitativen Ebene sind die Konstruktionen von Zusatz- und Endgeschwindigkeit etwa durch die Hälfte der Lernenden anwendbar. Auch zwei Testitems zur Zusatzgeschwindigkeit konnten gut gelöst werden. Zwei Items zur Beschleunigung konnten wie auch im traditionellen Unterricht nicht gelöst werden.

In einer Konsolidierungsstudie in Bochum wurde diese Konzeption mit einer Konzeption verglichen, die einige Elementarisierungen übernimmt und andere gemäß dem traditionellen Unterricht wählt. Bis zur Drucklegung dieses Buches lagen erste Ergebnisse vor, die nicht zwischen Kinematik und Dynamik trennen.[24] Bei der parallelisierten Stichprobe ergibt sich ein höchst signifikanter Unterschied im Lernerfolg zugunsten der Frankfurt/Münchener-Konzeption, wobei dieser

23 Jetzinger et al. (2010); Tobias (2010); Wilhelm et al. (2012).
24 Seiter, Krabbe und Wilhelm (2020).

Unterschied durch besondere Lernwirkungen bei schwachen Schülerinnen und Schülern zustande kommt.

- **Unterrichtsmaterialien**

Hopf, M., Wilhelm, T., Waltner, C., Tobias, V. und Wiesner, H. (o. J.). *Einführung in die Mechanik,* ▶ http://www.thomas-wilhelm.net/Mechanikbuch_Druckversion.pdf. Es handelt sich um ein Schulbuch im Format DIN A5, das für nicht-kommerzielle Zwecke frei vervielfältigt werden darf.

Wiesner, H., Wilhelm, T., Waltner, C., Tobias, V., Rachel, A. und Hopf, M. (2016). *Kraft und Geschwindigkeitsänderung. Neuer fachdidaktischer Zugang zur Mechanik* (Sek. 1), Hallbergmoos: Aulis-Verlag.

Wilhelm, T., Wiesner, H., Hopf, M. und Rachel, A. (2013). *Mechanik II: Dynamik, Erhaltungssätze, Kinematik.* Reihe Unterricht Physik, Band 6, Hallbergmoos: Aulis-Verlag.

Es handelt sich um zwei Lehrerhandbücher mit detailliert ausgearbeiteten Unterrichtsvorschlägen zur gesamten Mechanik der Sckundarstufe I. Auf den beiliegenden DVDs befindet sich sehr umfangreiches Unterrichtsmaterial mit kopierfertigen Arbeitsblättern (Word- und pdf-Format), Lösungen, Videos und „measure dynamics"-Projekten.

Weitere Unterrichtsmaterialien befinden sich auf den Webseiten ▶ http://www.thomas-wilhelm.net/2dd.htm.

3.4 Computergestützte Bewegungsanalyse in der Sekundarstufe II

- **Beginn mit zweidimensionalen Bewegungen über die PC-Maus**

Die an der Universität Würzburg entwickelte Konzeption ging von dem Ansatz aus, Bewegungen computergestützt (mit der Software PAKMA unter Windows 95 bis Windows XP) zu erfassen und daraus die verschiedenen kinematischen Größen zu errechnen und am Bildschirm in Echtzeit darzustellen.[25] Geradlinige Bewegungen wurden erfasst, indem ein Faden über eine Achse einer Kugelmaus geführt wurde. Zweidimensionale Bewegungen der PC-Maus auf dem Tisch wurden mit Vektorpfeilen am Bildschirm visualisiert. Wilhelm (2005) hat damit in den Jahren 2000 bis 2005 eine Unterrichtskonzeption für die Sekundarstufe II (11. Jahrgangsstufe) entwickelt, erprobt, von vielen Lehrern durchführen lassen

---

25 Reusch et al. (2000a, 2000b).

und evaluiert.[26] In dieser Konzeption wird wie üblich zuerst die Kinematik behandelt und danach die Dynamik. Begonnen wird mit allgemeinen zweidimensionalen Bewegungen, um daran die kinematischen Größen einzuführen. Erst nachdem ein qualitatives Verständnis gefestigt ist, wird dies auf eindimensionale Bewegungen spezialisiert.

3

- **Ort und Geschwindigkeit als vektorielle Größen**

Den Schülerinnen und Schülern wird verdeutlicht, dass die Übertragung der Tachometeranzeige nicht ausreicht, um zu wissen, wohin ein Fahrzeug gefahren ist, da die Richtungsangabe fehlt. Zur Beschreibung einer Bewegung braucht es ein Bezugssystem, d. h. ein fester Bezugspunkt und ein Koordinatensystem. Die Erfassung einer Bewegung auf den Tisch in x- und y-Richtung ist mit einer Computermaus möglich, solange diese immer gerade, z. B. senkrecht zur Tischkante, gehalten wird. Entsprechend der Bewegung der Maus erhält man mit geeigneter Software auf dem Bildschirm eine Bahnkurve.[27] An die Bahnkurve werden in festen Zeitabständen Δt Zeit-Ort-Marken oder Ortsvektoren $\vec{x}$ vom Bezugspunkt zu den Marken gezeichnet (❏ Abb. 3.9, grüne Pfeile). Hier wird deutlich, dass „Ort" einen Punkt im Bezugssystem meint, während „Weglänge" für die Länge der Bahnkurve steht.

Die Änderung des Ortes in einem Zeitintervall Δt wird dann mit einem zusätzlichen Ortsänderungsvektor $\Delta \vec{x}$ visualisiert, der die durchschnittliche Bewegungsrichtung angibt und dessen Länge von der Schnelligkeit abhängt (❏ Abb. 3.9, lila Pfeile). Es gilt: $\vec{x}_{alt} + \Delta \vec{x} = \vec{x}_{neu}$ oder $\Delta \vec{x} = \vec{x}_{neu} - \vec{x}_{alt}$. Je länger der Ortsänderungsvektor ist, desto schneller ist die Bewegung. Außerdem gibt der Ortsänderungsvektor die durchschnittliche Bewegungsrichtung in dem Intervall an. Allerdings hängt die Länge des Ortsänderungsvektors auch vom gewählten Zeitintervall ab, was unschön ist. Ähnlich wie beim Kilopreis im Supermarkt in €/kg, bildet man den Proportionalitätsfaktor: Dividiert man den Ortsänderungsvektor durch das Zeitintervall, erhält man den Vektor der Durchschnittsgeschwindigkeit $\vec{v} = \frac{\Delta \vec{x}}{\Delta t}$, dessen Länge die durchschnittliche Schnelligkeit in diesem Intervall und dessen Richtung die Bewegungsrichtung angibt. Auch er wird ikonisch als Pfeil an die Bahnkurve gezeichnet. Einen Vektor für die Momentangeschwindigkeit erhält man näherungsweise für kleine Δt. Bei einer eindimensionalen Bewegung kann der Geschwindigkeitsvektor nur zwei Richtungen haben, da er nur in positive oder negative Richtung des Koordinatensystems zeigen kann, was nun mit einem Vorzeichen vor dem Zahlenwert deutlich gemacht wird.

- **Beschleunigung als Geschwindigkeitsänderung**

Bei der Einführung der Beschleunigung wird wieder von einer allgemeinen zweidimensionalen Bewegung ausgegangen und die Betrachtung läuft analog zur

---

26 Wilhelm und Heuer (2002a, 2002b, 2004); Wilhelm (2005); Wilhelm (2008).
27 Wilhelm (2006).

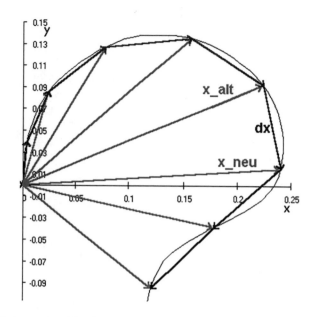

◘ Abb. 3.9 Bahnkurve einer Mausbewegung (schwarz); Ortsvektoren alle 0,25 s (grün) und Ortsänderungsvektoren (lila)

Einführung des Geschwindigkeitsvektors: Die Änderung des Geschwindigkeitsvektors in einem Zeitintervall Δt wird nun mit einem zusätzlichen Geschwindigkeitsänderungsvektor $\Delta \vec{v}$ deutlich gemacht, der angibt, was an Geschwindigkeit „dazukam" (◘ Abb. 3.10, rote Pfeile). Es gilt also: $\vec{v}_{\text{alt}} + \Delta \vec{v} = \vec{v}_{\text{neu}}$ oder $\Delta \vec{v} = \vec{v}_{\text{neu}} - \vec{v}_{\text{alt}}$.

Dividiert man den Geschwindigkeitsänderungsvektor durch das Zeitintervall Δt, erhält man einen Vektor, der unabhängig von Δt etwas über die Änderung des Geschwindigkeitsvektors aussagt. Das Ergebnis ist der Vektor der Durchschnittsbeschleunigung $\vec{a} - \frac{\Delta \vec{v}}{\Delta t}$, der wiederum als Pfeil an die Bahnkurve eingezeichnet wird (◘ Abb. 3.11, rote Pfeile). Einen Vektor für die Momentanbeschleunigung erhält man näherungsweise für kleine Δt.

Betrachtet man dann später als Spezialfall eine eindimensionale Bewegung, stellt man fest, dass die Vektoren $\vec{v}$ und $\vec{a}$ genau dann die gleiche Richtung haben, wenn die Bewegung schneller wird, und genau dann entgegengesetzt gerichtet sind, wenn die Bewegung langsamer wird. Ist bei eindimensionalen Bewegungen ein Koordinatensystem gegeben, ergibt sich daraus, dass $\vec{v}$ und $\vec{a}$ genau dann das gleiche Vorzeichen haben, wenn die Bewegung schneller wird, und verschiedene Vorzeichen haben, wenn die Bewegung langsamer wird. Gezeigt wurde das mit einer kontinuierlichen Messung der Bewegung eines Wagens auf einer Fahrbahn, die hin- und hergekippt wurde, sodass der Wagen hin- und herfuhr (◘ Abb. 3.12).

Des Weiteren stellt man fest, dass dann, wenn $\vec{v}$ und $\vec{a}$ immer senkrecht zueinander sind, die Bewegung auf einem Kreis mit konstanter Schnelligkeit

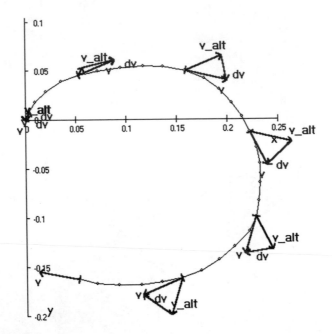

◘ Abb. 3.10 Entstehung des Geschwindigkeitsänderungsvektors (rot). Zeichnet man den Geschwindigkeitsvektor in die Mitte des entsprechenden Intervalls, zeigt er ins Kreisinnere

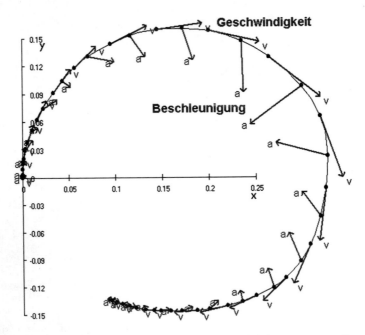

◘ Abb. 3.11 Geschwindigkeit (blau) und Beschleunigung (rot) bei einer Bewegung, die erst schneller
und dann langsamer wird

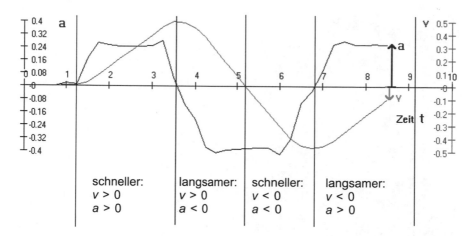

□ Abb. 3.12   Geschwindigkeit (blau) und Beschleunigung (rot) bei einer Bewegung, die erst schneller und dann langsamer wird

stattfindet. Bei beliebigen Bewegungen zeigen $\vec{v}$ und $\vec{a}$ weder in gleiche noch in entgegengesetzte Richtung noch sind sie senkrecht zueinander (□ Abb. 3.11). Jedoch kann man den Beschleunigungsvektor $\vec{a}$ in einen senkrechten Anteil (Normalbeschleunigung) und einen tangentialen (Tangentialbeschleunigung) zerlegen und es ist schnell klar, dass der senkrechte Anteil für die Richtungsänderung und somit die Kurvenfahrt verantwortlich ist, während der tangentiale Anteil die Änderung der Schnelligkeit bewirkt.

Wichtig ist, dass der Geschwindigkeitsänderungsvektor $\Delta \vec{v}$ schon die Richtung des Beschleunigungsvektors enthält. Für viele konkrete Aufgaben bedeutet das, dass es bei der Ermittlung der Beschleunigungsrichtung genügt, sich zu überlegen, wie die Geschwindigkeitsänderung $\Delta \vec{v}$ aussieht.

In dem Unterrichtsgang wird also von Anfang an das Allgemeingültige in den Vordergrund gestellt und behandelt. Erst nach der Festigung der qualitativen Begriffe werden die Bewegungsfunktionen für den Spezialfall einer geradlinigen Bewegung mit konstanter Geschwindigkeit bzw. mit konstanter Beschleunigung behandelt und einige quantitative Aufgaben dazu gelöst. Schon aus Zeitgründen wird das Rechnen mit den entsprechenden Bewegungsfunktionen nicht in den Vordergrund gestellt. Dagegen werden die Definitionsgleichungen $\vec{v} = \frac{\Delta \vec{x}}{\Delta t}$ und $\vec{a} = \frac{\Delta \vec{v}}{\Delta t}$ betont, die bei herkömmlichem Vorgehen nur wenig Beachtung finden. Außerdem wird, wenn möglich, die Ortsänderung als Fläche unter dem t-v-Graphen berechnet.

■ **Softwarevarianten**

Da die ursprünglich verwendete Software PAKMA unter modernen Betriebssystemen nicht mehr lauffähig ist und die Darstellung der Mausbewegung in Echtzeit damit nicht mehr möglich ist, wurde von Wilhelm die Videoanalysesoftware

3

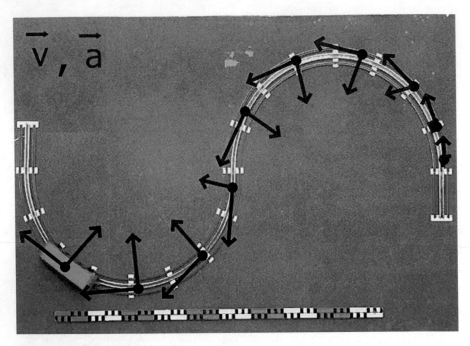

◼ Abb. 3.13 Geschwindigkeitsvektoren (blau) und Beschleunigungsvektoren (rot) bei einer Fahrt einer Lego-Eisenbahn (Auswertung eines Bewegungsvideos mit der Software „measure dynamics")

„measure dynamics" als Ersatz vorgeschlagen.[28] Die Erstellung eines digitalen Videos einer zweidimensionalen Bewegung stellt heute kein Problem mehr dar. Zwar können die Pfeile für die kinematischen Größen nicht in Echtzeit während der Bewegung eingezeichnet werden, aber sehr zügig nach dem Filmen eines Videos: Stroboskopbilder werden auf Knopfdruck aus dem Video erstellt, das bewegte Objekt kann automatisch im Video erfasst werden und Geschwindigkeits- und Beschleunigungspfeile lassen sich auf Knopfdruck in das Video einblenden (◼ Abb. 3.13). Alle Darstellungen können nach Wunsch einfach zu- und abgeschaltet werden und Darstellungen früherer Zeitpunkte bleiben auf Wunsch sichtbar. Da alle Einstellungen mit allen Darstellungen und Daten als ein „Projekt" abgespeichert werden, können Lehrkräfte ohne Vorarbeiten ein solches Projekt unmittelbar im Unterricht zeigen. Und schließlich kann das Video auch mit den Pfeilen als Video exportiert werden und so ohne die Originalsoftware gezeigt werden.

■ **Empirische Ergebnisse**
Während der Evaluation haben insgesamt 13 Lehrkräfte in 17 Klassen nach dieser Konzeption unterrichtet. Es wurden verschiedene Tests eingesetzt und mit Ergebnissen aus herkömmlich unterrichteten Klassen verglichen. In der

---

28 Michel und Wilhelm (2008); Benz und Wilhelm (2008); Wilhelm (2011).

Erprobungsgruppe wurde viel Wert auf das Verständnis der kinematischen Größen gelegt und es wurden ausführlich zweidimensionale Bewegungen behandelt, während im herkömmlichen Unterricht intensiver eindimensionale Bewegungen mit Grapheninterpretation behandelt und geübt wurden.

Bei Aufgaben, bei denen nach der Richtung der Beschleunigung gefragt wurde, gab es sehr große und hoch signifikante Unterschiede. So zeichneten beim senkrechten Münzwurf mit Richtungsumkehr 42 % ($N=151$) die Beschleunigungspfeile sowohl beim Aufsteigen, am höchsten Punkt und beim Fallen richtig ein (39 % bei einer Aufgabe zum Vorzeichen der Beschleunigung in den drei Phasen) gegenüber 9 % in der Kontrollgruppe (7 % beim Vorzeichen). Bei Aufgaben zu Kurvenfahrten ergaben sich ebenso sehr große und höchst signifikante Unterschiede. Beispielsweise wurde bei der gleichmäßigen Kreisbewegung noch acht Monate nach Behandlung des Themas die Richtung der Beschleunigung von 86 % der Schülerinnen und Schüler ($N=35$) richtig angegeben, während das im traditionellen Unterricht direkt nach Behandlung der Kreisbewegung nur 12 % konnten ($N=217$).

Bei Aufgaben, in denen zu einer beschriebenen Bewegung der passende Zeit-Geschwindigkeits-Graph oder Zeit-Beschleunigungs-Graph zu wählen ist, ist kein signifikanter Unterschied zu traditionell unterrichteten Schülerinnen und Schülern nachweisbar ($N=211$). Dass in dieser Konzeption eindimensionale Bewegungen weniger als im herkömmlichen Unterricht behandelt wurden und stattdessen das Verständnis für die Größen an zweidimensionalen Bewegungen geschult wurde, wirkte sich offenbar nicht negativ auf das Lösen dieser Aufgaben zu eindimensionalen Bewegungen aus.

In den nach dieser Unterrichtskonzeption unterrichteten Klassen haben also mehr Schülerinnen und Schüler ein physikalisch angemessenes Beschleunigungskonzept und eine Vorstellung von der Richtung der Beschleunigung erreicht. Dieser Vorteil nützt ihnen aber wenig, wenn es um Grapheninterpretationen bei eindimensionalen Bewegungen geht.

▪ Unterrichtsmaterialien

Wilhelm, T. (2005): *Konzeption und Evaluation eines Kinematik/Dynamik-Lehrgangs zur Veränderung von Schülervorstellungen mit Hilfe dynamisch ikonischer Repräsentationen und graphischer Modellbildung (Diss.)*, Studien zum Physik- und Chemielernen, Band 46, Logos-Verlag, Berlin.

Das Buch enthält eine CD mit sehr umfangreichen Unterrichtsmaterialien: Detaillierte Unterrichtsbeschreibungen, Arbeitsblätter, Messprogramme, Simulationen, Videos. Die Messprogramme brauchen einen Windows-XP-Rechner, die Simulationen laufen jedoch auch im Windows-XP-Modus von Windows 7/8/10 64-Bit.

3.5 Konsequent vektorielle Darstellung in der Sekundarstufe II

- **Vermeidung inkonsistenter Vereinfachungen**

In einer Schulbuchanalyse zeigt Amenda (2017) auf, dass die Darstellungen in der Kinematik in vielen Physik-Schulbüchern für die Sekundarstufe II aus physikalischer und mathematischer Sicht inkonsistent sind und viele Reduktionsentscheidungen im Hinblick auf das Verständnis der Kinematik problematisch sind. Vektorielle Größen werden wie Skalare behandelt und insbesondere wird der Begriff „Weg" inkonsistent verwendet, wobei die vektorielle, dreidimensionale Größe Ort und die stets positive, skalare Größe Weg vermischt werden. Diese Entscheidungen und Elementarisierungen basieren laut Amenda auf den Annahmen, dass mit einer Reduktion der Mathematik eine Steigerung der Anschaulichkeit verbunden ist und die notwendigen mathematischen Werkzeuge nicht zur Verfügung stehen.

Amenda (2017) entwickelte in Bremen eine Unterrichtskonzeption zur Einführung der kinematischen Grundgrößen Ort, Ortsverschiebung, Weg, Geschwindigkeit und Tempo sowie zur Behandlung der gleichförmigen Bewegung. Die Konzeption ist für den Beginn der Mechanik in der Sekundarstufe II gedacht. Die vektoriellen Größen werden dabei als Spaltenvektoren mit drei Komponenten dargestellt, auch wenn die z-Komponente in allen Beispielen konstant null ist. Dem liegt die Überzeugung zugrunde, dass die notwendigen Elemente der Vektorrechnung, die bis dahin den Schülerinnen und Schülern nicht bekannt sind, integrativ behandelt werden können.

- **Differenzierung zwischen Ort und Weg**

Zunächst wird deutlich gemacht, dass der Ort eines Körpers durch seinen Ortsvektor $\vec{r}(t)$ bezüglich eines Koordinatensystems angegeben wird und eine Funktion der Zeit ist: $\vec{r}(t) = \begin{pmatrix} x(t) \\ y(t) \\ z(t) \end{pmatrix}$. Der Abstand des Ortes vom Koordinatenursprung lässt sich mit dem Satz des Pythagoras berechnen: $|\vec{r}| = \sqrt{x^2 + y^2 + z^2}$. Die Ortsänderung in einem Zeitintervall Δt wird als Ortsverschiebung

$$\Delta\vec{r}(\Delta t) = \begin{pmatrix} \Delta x(\Delta t) \\ \Delta y(\Delta t) \\ \Delta z(\Delta t) \end{pmatrix} = \begin{pmatrix} x(t_2) - x(t_1) \\ y(t_2) - y(t_1) \\ z(t_2) - z(t_1) \end{pmatrix}$$ bezeichnet und das tatsächlich zu-

rückgelegte Wegelement wird mit $\Delta s(\Delta t)$ benannt. Die Ortsverschiebung ist die direkte Verbindung zwischen zwei Orten (in ◨ Abb. 3.14 dünner gezeichnet), während das tatsächlich zurückgelegte Wegelement länger sein kann (in ◨ Abb. 3.14 dicker gezeichnet).

Um den Gesamtweg eines Körpers auf einer nicht geradlinigen Bahnkurve zu ermitteln, wird dieser in kleine Wegelemente zerlegt, die sich näherungsweise durch die kleinen Ortsverschiebungen berechnen lassen:

$$\Delta s(\Delta t) \geq \left| \Delta\vec{r}(\Delta t) \right| = \sqrt{(\Delta x)^2 + (\Delta y)^2 + (\Delta z)^2}.$$

Der Gesamtweg ist dann die Summe aller Wegelemente.

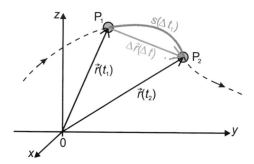

■ **Abb. 3.14** Einführung der Begriffe Ort $\vec{r}(t)$ (schwarz), Ortsverschiebung $\Delta\vec{r}(\Delta t)$ (grau) und Wegelement $\Delta s(\Delta t)$ (grau, gebogen) (nach Amenda 2017)

■ **Geschwindigkeit aus der Ortsverschiebung**

Die Durchschnittsgeschwindigkeit eines Zeitintervalls wird als das Verhältnis von Ortsverschiebung und dazu benötigtem Zeitintervall Δt eingeführt:

$$\vec{v}(\Delta t) = \frac{\Delta\vec{r}(\Delta t)}{\Delta t} = \begin{pmatrix} \dfrac{\Delta x}{\Delta t} \\ \dfrac{\Delta y}{\Delta t} \\ \dfrac{\Delta z}{\Delta t} \end{pmatrix} = \begin{pmatrix} \bar{v}_x(\Delta t) \\ \bar{v}_y(\Delta t) \\ \bar{v}_z(\Delta t) \end{pmatrix}.$$

Die Momentangeschwindigkeit ergibt sich für sehr kleine Zeitintervalle. Schließlich wird das Durchschnittstempo $u(t)$ als das Verhältnis von Wegelement und Zeitintervall festgelegt: $\bar{u}(t_{\text{ges}}) = \frac{s_{\text{ges}}}{t_{\text{ges}}}$. Die Durchschnittsbeschleunigung eines Zeitintervalls wird äquivalent aus der Geschwindigkeitsänderung gewonnen und die Momentanbeschleunigung erhält man für sehr kleine Zcitintervalle. ■ Abb. 3.15 zeigt, wie eine konkrete Bewegung beschrieben wird.

■ **Empirische Ergebnisse**

In einer Vergleichsstudie von Amenda (2017) in einer Fachoberschule über vier Unterrichtsstunden wurden zwei Zugänge verglichen: Einmal wurden der Weg und die Geschwindigkeit als vorzeichenbehaftete skalare Größe behandelt und einmal wurden der Ort und die Geschwindigkeit im vektoriellen Sinne unterrichtet, wobei jeweils eine geradlinige Bewegung betrachtet wird. Dabei gab es bei den Testaufgaben keine signifikanten Unterschiede, was man so interpretieren kann, dass der anspruchsvollere vektorielle Ansatz zu gleich guten Ergebnissen führt. In einer weiteren Laborstudie sowie in einer Feldstudie mit anderen Lehrkräften an einer weiteren Fachoberschule wurde das Kinematikkonzept mit der Darstellung der Größen als Spaltenvektoren getestet und es zeigten sich signifikante Lernzuwächse, insbesondere bei den Lernzielen zur vektoriellen Geschwindigkeit. Die Beschleunigung bzw. beschleunigte Bewegungen waren jeweils kein Teil der Untersuchung.

Amenda (2017) kommt zu dem Schluss, dass eine Entmathematisierung der Kinematik, welche die vektoriellen Größen der Kinematik wie skalare Größen behandelt, nicht notwendig ist. Ein konsequent vektorieller Ansatz kann

Gleichförmige Bewegung in x-und y-Richtung

Ein PKW bewegt sich mit konstanter Geschwindigkeit ($|\vec{v}(t)| =$ const. und $\vec{e}_v(t) =$ const.) in Richtung der positiven x-Achse und der negativen y-Achse mit: $\vec{r}_0 = (-12, 8, 0)$ m und $\vec{v}_0 = (14, -7, 0)$ m/s.

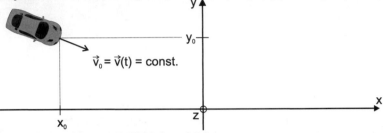

Allgemeine und spezielle Funktionsgleichungen

Allgemeine Gleichungen	Spezielle Gleichungen für dieses Beispiel
$\vec{r}(t) = \begin{pmatrix} v_{0x} \cdot t + x_0 \\ v_{0y} \cdot t + y_0 \\ z_0 \end{pmatrix}$	$\vec{r}(t) = \begin{pmatrix} 14\,\frac{m}{s} \cdot t - 12\,m \\ -7\,\frac{m}{s} \cdot t + 8\,m \\ 0 \end{pmatrix}$
$\vec{v}(t) = \begin{pmatrix} v_{0x} \\ v_{0y} \\ 0 \end{pmatrix} = const.$	$\vec{v}(t) = \begin{pmatrix} 14 \\ -7 \\ 0 \end{pmatrix} \frac{m}{s} = const.$
$\vec{a}(t) = \begin{pmatrix} 0 \\ 0 \\ 0 \end{pmatrix} = const.$	$\vec{a}(t) = \begin{pmatrix} 0 \\ 0 \\ 0 \end{pmatrix} = const.$

◻ **Abb. 3.15**   Beispiel von *Amenda* zu einer gleichförmigen Bewegung (nach Amenda 2017)

lernwirksam unterrichtet werden und führt zu mindestens gleich guten Ergebnissen wie der übliche skalare Schulbuchansatz.

- **Unterrichtsmaterialien**
  Amenda, T.: *Elemente der Kinematik – Die Website zum Buch,* ▶ https://www.elementederkinematik.de.
Auf dieser Webseite findet man unter dem Punkt „Unterrichtskonzeptionen" ein Skript für Schülerinnen und Schüler zur Kinematik in der Sekundarstufe II. Außerdem findet man einen Hinweis auf ein passendes Lehrbuch „Elemente der Kinematik: Zwischen Oberstufe und Grundstudium" sowie einige Zusatzmaterialien.

3.6 Fazit

Ein wesentlicher Unterschied zwischen dem traditionellen Unterricht (▶ Abschn. 3.2) und den drei in diesem Kapitel vorgestellten Unterrichtskonzeptionen liegt darin, dass der traditionelle Unterricht als Vereinfachung über lange Unterrichtsabschnitte nur geradlinige Bewegungen betrachtet (oder mehrdimensionale Bewegungen auf eindimensionale Bewegungen zurückführt, indem nur der

Abstand s längs der Bahnkurve betrachtet wird), während die anderen drei Unterrichtskonzeptionen von Anfang an zweidimensionale Bewegungen betrachten und damit den vektoriellen Charakter der Größen betonen. Diese Vereinfachung im traditionellen Unterricht führt in der Dynamik zu Problemen. Beispielsweise ist den Schülerinnen und Schülern dann nicht klar, dass eine gleichmäßige Kreisbewegung eine ständige Geschwindigkeitsänderung bzw. Beschleunigung bedeutet und deshalb dazu eine Kraft nötig ist. Wird die Kinematik an zweidimensionalen Bewegungen erarbeitet, erscheint das Thema zunächst schwieriger. Die empirischen Ergebnisse weisen jedoch darauf hin, dass dies tatsächlich nicht der Fall ist, sondern die Schülerinnen und Schüler damit mehr verstehen und sogar bei der Grapheninterpretation geradliniger Bewegungen nicht schlechter abschneiden.

Ein anderer Unterschied besteht in den verwendeten Repräsentationen für die physikalischen Größen, wie Stroboskopbildern, Pfeilen, Liniendiagrammen, Gleichungen und Vektorgleichungen. Sie können zwar prinzipiell alle nebeneinander verwendet werden, die Schwerpunkte werden aber in den verschiedenen Herangehensweisen unterschiedlich gesetzt. Beispielsweise ist der traditionelle Unterricht schnell bei den Liniendiagrammen, während die anderen Konzeptionen anfangs stark mit Pfeilen arbeiten. Selbstverständlich ist es ein wichtiges Ziel des Physikunterrichts, das Interpretieren von Graphen zu lernen, und die Kinematik bietet sich dafür durchaus an. Allerdings fällt vielen Schülerinnen und Schülern das Verständnis von Graphen schwer. Daher sollten insbesondere neu zu erlernende Sachverhalte anfangs nicht mit Graphen dargestellt werden. So wäre es auch im traditionellen Unterricht möglich, zunächst mit Pfeilen zu arbeiten.

Die Frankfurt/München-Konzeption für die Sekundarstufe I (▶ Abschn. 3.3), die Würzburger Konzeption für die Sekundarstufe II (▶ Abschn. 3.4) und die Bremer Konzeption für die Sekundarstufe II (▶ Abschn. 3.5) sind keine konkurrierenden Unterrichtskonzeptionen, sondern lassen sich gut miteinander vereinbaren. Die Frankfurt/Münchener-Konzeption ist für eine erste Einführung in die Kinematik im Anfangsunterricht gedacht, während die anderen beiden Unterrichtskonzeptionen für die Sekundarstufe II entwickelt wurden und gut auf der Konzeption aus der Sekundarstufe I aufbauen können. Im weiterführenden Unterricht kann man durchaus zunächst computergestützte Bewegungsanalysen mit Pfeildarstellungen durchführen und dann die Ergebnisse mit Spaltenvektoren beschreiben.

3.7 Übungen

- **Übung 3.1**

Welches sind die verwendeten kinematischen Größen im traditionellen Unterricht (▶ Abschn. 3.2), in der Frankfurt/Münchener-Konzeption (▶ Abschn. 3.3), in der Würzburger Konzeption (▶ Abschn. 3.4) und in der Bremer Konzeption (▶ Abschn. 3.5)?

■ **Übung 3.2**

Ein Körper bewegt sich auf einer Bahnkurve in der Ebene und wird dabei gleichmäßig schneller. Wie wird diese Bewegung im traditionellen Unterricht, in der Frankfurt/Münchener-Konzeption (▶ Abschn. 3.3), in der Würzburger Konzeption (▶ Abschn. 3.4) und in der Bremer Konzeption (▶ Abschn. 3.5) beschrieben und dargestellt?

■ **Übung 3.3**

Ein Körper bewegt sich geradlinig nach links und wird dabei gleichmäßig langsamer. Wie wird die Geschwindigkeitsänderung im traditionellen Unterricht (▶ Abschn. 3.2), in der Frankfurt/Münchener-Konzeption (▶ Abschn. 3.3), in der Würzburger Konzeption (▶ Abschn. 3.4) und in der Bremer Konzeption (▶ Abschn. 3.5) angegeben?

Literatur

Amenda, T. (2017). *Bedeutung fachlicher Elementarisierungen für das Verständnis der Kinematik.* Diss., Studien zum Physik- und Chemielernen, Band 230. Berlin: Logos-Verlag.

Benz, M., & Wilhelm, T. (2008). measure Dynamics – Ein Quantensprung in der digitalen Videoanalyse. In V. Nordmeier & H. Grötzebauch (Hrsg.), *Didaktik der Physik – Berlin 2008.* Berlin: Lehmanns Media. ▶ http://www.thomas-wilhelm.net/veroeffentlichung/mD_Beitrag.pdf.

Bleichroth, W., Dahncke, H., Jung, W., Kuhn, W., Merzyn, G., & Weltner, K. (1999). *Fachdidaktik Physik* (2. überarbeitete und erweiterte Aufl.). Köln: Aulis Verlag Deubner & Co KG.

Bund-Länder-Kommission für Bildungsplanung und Forschungsförderung. (1997). Gutachten zur Vorbereitung des Programms „Steigerung der Effizienz des mathematisch-naturwissenschaftlichen Unterrichts". *Materialien zur Bildungsplanung und zur Forschungsförderung,* Heft 60, Bonn, 1–39. ▶ http://www.blk-bonn.de/papers/heft60.pdf.

Dittmann, H., Näpfel, H., & Schneider, W. B. (1988). Die zerrechnete Physik. In W. Kuhn (Hrsg.), *Didaktik der Physik, Vorträge Physikertagung 1988 Gießen* (Deutsche Physikalische Gesellschaft (DPG), Fachausschuß Didaktik der Physik), (S. 389–394). Gießen. Ebenso in W. B. Schneider (Hrsg.) (1989). *Wege in der Physikdidaktik – Sammlung aktueller Beiträge aus der Forschung,* Palm und Erlangen: Enke-Verlag. Und in *Physik und Didaktik, 18*(4), 1990, 287–292.

Häußler, P., & Lind, G. (2000). „Aufgabenkultur" – Was ist das? *Praxis der Naturwissenschaften – Physik in der Schule, 49*(4), 2–10.

Heuer, D., & Wilhelm, T. (1997). Aristoteles siegt immer noch über Newton. Unzulängliches Dynamikverstehen in Klasse 11. *Der mathematische und naturwissenschaftliche Unterricht, 50*(5), 280–285.

Hopf, M., Wilhelm, T., Waltner, C., Tobias, V., & Wiesner, H. (o. J.). *Einführung in die Mechanik.* ▶ http://www.thomas-wilhelm.net/Mechanikbuch_Druckversion.pdf.

Hopf, M., Sen, A. I., Waltner, C., & Wiesner, H. (2008). Dynamischer Zugang zur Mechanik. In V. Nordmeier & H. Grötzebauch (Hrsg.), *Didaktik der Physik – Berlin 2008.* Berlin: Lehmanns Media.

Ivanjek, L., Hopf, M., & Wilhelm, T. (2019). Smarte Physik. Motion Shot friert Bewegungen ein. *Physik in unserer Zeit, 50*(1), 44–45.

Jetzinger, F., Tobias, V., Waltner, C., & Wiesner, H. (2010). Dynamischer Mechanikunterricht – Ergebnisse einer qualitativen Interviewstudie. In V. Nordmeier (Hrsg.), *PhyDid-B – Didaktik der Physik – Beiträge zur DPG-Frühjahrstagung.* ▶ http://phydid.physik.fu-berlin.de/index.php/phydid-b/article/view/147/191.

Jung, W. (1980). *Mechanik für die Sekundarstufe I.* Frankfurt a. M.: Diesterweg.

Jung, W., Reul, H., & Schwedes, H. (1977). *Untersuchungen zur Einführung in die Mechanik in den Klassen 3–6.* Frankfurt a. M.: Verlag Moritz Diesterweg.

Michel, C., & Wilhelm, T. (2008). Lehrvideos mit dynamisch ikonischen Repräsentationen zu zweidimensionalen Bewegungen. In V. Nordmeier & H. Grötzebauch (Hrsg.), *Didaktik der Physik – Berlin 2008.* Berlin: Lehmanns Media.

MNU. (2001). Physikunterricht und naturwissenschaftliche Bildung – aktuelle Anforderungen. Empfehlungen zur Gestaltung von Lehrplänen bzw. Richtlinien für den Physikunterricht. *Der mathematische und naturwissenschaftliche Unterricht, 54*(3), I–XVI.

Reusch, W., Gößwein, O., Kahmann, C., & Heuer, D. (2000a). Computerunterstützte Schülerversuche zur Mechanik mit der Computermaus als Low-Cost-Bewegungssensor. *Physik in der Schule, 38*(4), 269–273.

Reusch, W., Gößwein, O., Kahmann, C., & Heuer, D. (2000b). Mechanikversuche mit der PC-Maus – Ein präziser Low-Cost-Bewegungssensor. *Praxis der Naturwissenschaften – Physik, 49*(6), 5–8.

Schecker, H. (1985). *Das Schülervorverständnis zur Mechanik. Eine Untersuchung in der Sekundarstufe II unter Einbeziehung historischer und wissenschaftlicher Aspekte.* Diss., Universität Bremen.

Schecker, H., & Klieme, E. (2001). Mehr Denken, weniger Rechnen. Konsequenzen aus der Internationalen Vergleichsstudie TIMSS für den Physikunterricht. *Physikalische Blätter, 57*(7/8), 113–116.

Schecker, H., & Wilhelm, T. (2018). Schülervorstellungen in der Mechanik. In H. Schecker, T. Wilhelm, M. Hopf, & R. Duit (Hrsg.), *Schülervorstellungen und Physikunterricht* (S. 63–68). Berlin: Springer.

Seiter, M., Krabbe, H., & Wilhelm, T. (2020). Vergleich von Zugängen zur Mechanik in der Sekundarstufe I. *PhyDid-B – Didaktik der Physik – DPG-Frühjahrstagung,* 271–280. ► http://www.phydid.de/index.php/phydid-b/article/view/1053.

Tobias, V. (2010). *Newton'sche Mechanik im Anfangsunterricht. Die Wirksamkeit einer Einführung über zweidimensionale Dynamik auf das Lehren und Lernen (Diss.),* Studien zum Physik- und Chemielernen, Band 105. Berlin: Logos-Verlag.

Waltner, C., Tobias, V., Wiesner, H., Hopf, M., & Wilhelm, T. (2010). Ein Unterrichtskonzept zur Einführung in die Dynamik in der Mittelstufe. *Praxis der Naturwissenschaften – Physik in der Schule, 59*(7), 9–22.

Wiesner, H. (1992). Unterrichtsversuche zur Einführung in die Newtonsche Mechanik. In H. Wiesner (Hrsg.), *Verbesserung des Lernerfolgs durch Untersuchungen von Lernschwierigkeiten im Physikunterricht* (S. 261–272). Habilitationsschrift, Universität Frankfurt am Main.

Wiesner, H. (1993). *Verbesserung des Lernerfolgs durch Untersuchungen von Lernschwierigkeiten im Physikunterricht.* Habilitationsschrift, Universität Frankfurt am Main.

Wiesner, H. (1994a). Zum Einführungsunterricht in die Mechanik: Statisch oder dynamisch? Fachmethodische Überlegungen und Unterrichtsversuche zur Reduzierung von Lernschwierigkeiten. *Naturwissenschaften im Unterricht Physik, 22,* 16–23.

Wiesner, H. (1994b). Verbesserung des Lernerfolgs im Unterricht über Mechanik: Schülervorstellungen, Lernschwierigkeiten und fachdidaktische Folgerungen. *Physik in der Schule, 32,* 122–126.

Wiesner, H., Wilhelm, T., Waltner, C., Tobias, V., Rachel, A., & Hopf, M. (2016). *Kraft und Geschwindigkeitsänderung. Neuer fachdidaktischer Zugang zur Mechanik (Sek. 1),* Hallbergmoos: Aulis-Verlag in der Stark Verlagsgesellschaft.

Wilhelm, T. (2005). *Konzeption und Evaluation eines Kinematik/Dynamik-Lehrgangs zur Veränderung von Schülervorstellungen mit Hilfe dynamisch ikonischer Repräsentationen und graphischer Modellbildung (Diss.),* Studien zum Physik- und Chemielernen, Band 46, Logos-Verlag, Berlin. Auch veröffentlicht bei: Würzburg, Universität, online, URN: urn:nbn:de:bvb:20-opus-39554. ► https://opus.bibliothek.uni-wuerzburg.de/frontdoor/index/index/docId/3310.

Wilhelm, T. (2006). Zweidimensionale Bewegungen – Vergleich von vier verschiedenen Möglichkeiten der Messwerterfassung und Evaluationsergebnisse eines Unterrichtseinsatzes. In V. Nordmeier & A. Oberländer (Hrsg.), *Didaktik der Physik – Kassel 2006.* Berlin: Lehmanns Media – LOB.de. ► http://www.thomas-wilhelm.net/veroeffentlichung/2dim.pdf.

Wilhelm, T. (2008). Mechanik – zweidimensional und multicodal. In V. Nordmeier & H. Grötzebauch (Hrsg.), *Didaktik der Physik – Berlin 2008.* Berlin: Lehmanns Media. ► http://www.thomas-wilhelm.net/veroeffentlichung/multicodal.pdf.

Wilhelm, T. (2011). *Möglichkeiten der Videoanalyse*. Habilitationsschrift, Universität Würzburg, unveröffentlicht.

Wilhelm, T. (2016). Moment mal ... (23): Durchschnitts- und Momentangeschwindigkeit? *Praxis der Naturwissenschaften – Physik in der Schule, 65*(2), 2016, 42–43. Und in T. Wilhelm (Hrsg.) (2018). *Stolpersteine überwinden im Physikunterricht. Anregungen für fachgerechte Elementarisierungen* (S. 15–17). Seelze: Aulis/Friedrich.

Wilhelm, T. (2017). Moment mal ... (32): Welche Bewegungsarten gibt es? *Praxis der Naturwissenschaften – Physik in der Schule, 66*(1), 40–41. Und in T. Wilhelm (Hrsg.) (2018). *Stolpersteine überwinden im Physikunterricht. Anregungen für fachgerechte Elementarisierungen* (S. 24–26). Seelze: Aulis/Friedrich.

Wilhelm, T. (2018a). Was ist eine gute Elementarisierung? In T. Wilhelm (Hrsg.), *Stolpersteine überwinden im Physikunterricht. Anregungen für fachgerechte Elementarisierungen* (S. 6–8). Seelze: Aulis/Friedrich.

Wilhelm, T. (2018b). Sind die Bewegungskomponenten unabhängig voneinander? In T. Wilhelm (Hrsg.), *Stolpersteine überwinden im Physikunterricht. Anregungen für fachgerechte Elementarisierungen* (S. 27–30). Seelze: Aulis/Friedrich.

Wilhelm, T., & Gemici, J. (2017). Beschleunigungsverständnis in der Oberstufe. *PhyDid B – Didaktik der Physik – Frühjahrstagung Dresden.* ► http://phydid.physik.fu-berlin.de/index.php/phydid-b/article/view/751/903.

Wilhelm, T., & Heuer, D. (2002a). Fehlvorstellungen in der Kinematik vermeiden – durch Beginn mit der zweidimensionalen Bewegung. *Praxis der Naturwissenschaften Physik in der Schule, 51*(7), 29–34.

Wilhelm, T., & Heuer, D. (2002b). Interesse fördern, Fehlvorstellungen abbauen – dynamisch ikonische Repräsentationen in der Dynamik. *Praxis der Naturwissenschaften – Physik in der Schule, 51*(8), 2–11.

Wilhelm, T., & Heuer, D. (2004). Experimente zum dritten Newtonschen Gesetz zur Veränderung von Schülervorstellungen. *Praxis der Naturwissenschaften – Physik in der Schule, 53*(3), 17–22.

Wilhelm, T., Tobias, V., Waltner, C., Hopf, M., & Wiesner, H. (2012). Einfluss der Sachstruktur auf das Lernen Newtonscher Mechanik. In H. Bayrhuber, U. Harms, B. Muszynski, B. Ralle, M. Rothgangel, L.-H. Schön, H. Vollmer, & H.-G. Weigand (Hrsg.), *Formate Fachdidaktischer Forschung. Empirische Projekte – historische Analysen – theoretische Grundlegungen, Fachdidaktische Forschungen* (Bd. 2, S. 237–258). Münster: Waxmann.

Wilhelm, T., & Suleder, M. (2015). Stroboskopbilder mit „Live Video Strobe". *Plus Lucis 1–2/2015*, 14–18. ► https://www.pluslucis.org/ZeitschriftenArchiv/2015-1_PL.pdf.

Wilhelm, T., Wiesner, H., Hopf, M., & Rachel, A. (2013). *Mechanik II: Dynamik, Erhaltungssätze, Kinematik* (Reihe Unterricht Physik, Band 6). Hallbergmoos: Aulis-Verlag in der Stark Verlagsgesellschaft.

Wodzinski, R. (1996). *Untersuchungen von Lernprozessen beim Lernen Newtonscher Dynamik im Anfangsunterricht.* Diss., Münster: Lit-Verlag.

Wodzinski, R., & Wiesner, H. (1994a). Einführung in die Mechanik über die Dynamik: Beschreibung von Bewegungen und Geschwindigkeitsänderungen. *Physik in der Schule, 32*, 164–168.

Wodzinski, R., & Wiesner, H. (1994b). Einführung in die Mechanik über die Dynamik: Zusatzbewegung und Newtonsche Bewegungsgleichung. *Physik in der Schule, 32*, 202–207.

Wodzinski, R., & Wiesner, H. (1994c). Einführung in die Mechanik über die Dynamik: Die Newtonsche Bewegungsgleichung in Anwendungen und Beispielen. *Physik in der Schule, 32*, 331–335.

Unterrichtskonzeptionen zur Dynamik

Thomas Wilhelm und Martin Hopf

Inhaltsverzeichnis

© Springer-Verlag GmbH Deutschland, ein Teil von Springer Nature 2021
T. Wilhelm, H. Schecker, M. Hopf (Hrsg.), *Unterrichtskonzeptionen für den Physikunterricht*,
https://doi.org/10.1007/978-3-662-63053-2_4

4.1 Fachliche Einordnung

- **Inhalt der Dynamik**

Unter Dynamik wird in der Physik die Beschreibung der Bewegungen und Bewegungsänderung von Körpern in Abhängigkeit von auf sie einwirkenden Kräften verstanden. Die Statik, die den Spezialfall des Kräftegleichgewichts bei ruhenden Körpern behandelt, soll in diesem Kapitel nicht betrachtet werden. Eine wesentliche Leistung der Newton'schen Mechanik besteht darin, sich – im Unterschied zur Mechanik starrer Körper – alle Körper idealisiert so vorzustellen, als sei ihre gesamte Masse im Schwerpunkt vereinigt ("Massenpunkte"), d. h. als Körper ohne Ausdehnung, die sich an einem geometrischen Punkt befinden.[1] Da sich ein punktförmiger Körper nicht verformen und nicht rotieren kann, muss man dies in dieser Theorie auch nicht weiter beachten. Man beschränkt sich also zunächst auf die Dynamik von Massenpunkten und damit auf Translationsbewegungen. Die Kinematik und Dynamik von Rotationsbewegungen ausgedehnter Körper wird im Physikunterricht in der Regel nicht behandelt (lediglich Drehmomenten-Gleichgewichte). Greifen an einem ausgedehnten Körper zwei gegengleiche Kräfte an unterschiedlichen Punkten, aber auf gleicher Wirkungslinie an, kommt es zu einer Verformung und man befindet sich im Themengebiet der Statik.[2]

Die Dynamik wird auch als die Lehre von den Kräften bezeichnet. Unser heutiges Verständnis von „Kraft" basiert auf den Newton'schen Axiomen.[3] Das 2. Newton'sche Axiom, auch „Newton'sche Bewegungsgleichung" oder „Grundgesetz der Mechanik" genannt, wird in der Hochschule meist als Definition der Größe „Kraft" angesehen. Laut Müller (2018) hat es den Doppelcharakter von Definition und empirischer Aussage. (Zum Beispiel enthält es die empirische Aussage, dass bei konstanter Kraft die Beschleunigung indirekt proportional zur Masse des Körpers ist, und es definiert die Kraft durch ihre beschleunigende Wirkung.) Modern formuliert heißt es: Die zeitliche Änderung des Impulses $\vec{p} = m \cdot \vec{v}$ eines Körpers ergibt sich aus der Summe aller von außen an dem Körper angreifender Kräfte: $\frac{d}{dt} \vec{p} = \sum \vec{F}$. Das 1. Newton'sche Axiom, auch Trägheitssatz oder Beharrungsprinzip genannt, hat demnach nur noch die Aufgabe, ein Inertialsystem zu finden, in dem dann das zweite Axiom gilt; es ist also heute eine Umschreibung der Definition von Inertialsystemen.[4] Modern formuliert heißt es: „Jeder Körper behält seinen Impuls bei, wenn die Summe aller von außen an ihm angreifender Kräfte null ist."[5] Das dritte Axiom, auch Wechselwirkungsgesetz genannt, besagt: „Wenn ein Körper 1 auf einen Körper 2 mit

---

1 Wilhelm (2016).
2 Wilhelm und Wenzel (2016).
3 Historische Überlegungen sind zu finden bei Kuhn (2001), Dijksterhuis (1983), Wilhelm (2005a, S. 106 ff.) und Müller (2018).
4 Einen Überblick über mögliche Interpretationen des ersten Newton'schen Gesetzes gibt Stegmüller (1970, S. 118–129).
5 Man findet auch die Formulierung „Jeder Körper behält seinen Impuls bei, wenn keine Kraft auf ihn wirkt." Sie ist für das Verständnis ungeeignet, weil darin nicht deutlich wird, dass es sich dabei um die resultierende Kraft handelt.

der Kraft $\vec{F}_{1\to2}$ wirkt, so wirkt gleichzeitig der Körper 2 auf den Körper 1 mit einer Kraft $\vec{F}_{2\to1}$, die den gleichen Betrag, aber die entgegengesetzte Richtung hat." Die beiden Kräfte greifen also am jeweiligen Wechselwirkungspartner (und damit an verschiedenen Punkten) an.

Eine Kernaussage für den Physikunterricht lautet: Wirkt auf einen Körper konstanter Masse eine einzige Kraft oder ist die Summe aller angreifenden Kräfte (die resultierende Kraft) ungleich null, führt das zu einer Geschwindigkeitsänderung. Demnach gibt es drei mögliche Wirkungen einer Kraft: Die Bewegung des Körpers wird schneller oder langsamer und sie kann außerdem ihre Richtung ändern.

Das 2. Newton'sche Axiom kann sowohl in differenzieller als auch gleichwertig in integraler Form formuliert werden. In der differenziellen Form gilt für die resultierende Kraft $\frac{d}{dt}\vec{p} = \vec{F}$ (und ist die Masse konstant, sogar $\frac{d}{dt}\vec{v} = \frac{1}{m}\vec{F}$). In der integralen Form gilt für die resultierende Kraft $\Delta\vec{p} = \int \vec{F}\,dt$ (bzw. bei konstanter Masse $\Delta\vec{v} = \frac{1}{m}\int \vec{F}\,dt$).

Es wurde viel diskutiert, ob das 2. Newton'sche Axiom eine Definition ist, die festlegt, was man unter „Kraft" zu verstehen hat, oder ein Gesetz, das man empirisch überprüfen kann.[6] Daraus folgt die Frage, als was es im Unterricht präsentiert werden soll. Die heutige Hochschul-Auffassung des 2. Newton'schen Axioms wird „nominalistisch" genannt.[7] Demnach definiert es, was „Kraft" ist – zunächst ohne Bezug zu irgendwelchen Naturphänomenen. In der Schule werden Kräfte dagegen oft wie bei Newton selbst als Realitäten angesehen, die nicht definiert werden müssen. Eine wissenschaftstheoretische Untersuchung von Stegmüller (1970, S. 110–138) geht der Frage nach, ob es sich bei den drei Axiomen um Tatsachenbehauptungen, d. h. Gesetze, oder um Festsetzungen, d. h. Definitionen, handelt. Stegmüller kommt dabei zu dem Ergebnis, dass in allen wichtigeren und interessanteren Theorien die Rollen von Festsetzungen/Definitionen und Annahmen/Gesetzen weitgehend vertauschbar sind und deshalb diese Frage überhaupt nicht eindeutig beantwortet werden kann. Ein Gesetz in einer Theorie kann demnach als Definition gedeutet werden, wenn dafür andere Definitionen eine empirische Deutung als Gesetz bekommen. Wir verzichten deshalb in diesem Kapitel auf eine durchgehend einheitliche Verwendung eines der beiden Begriffe „Newton'sches Axiom" und „Newton'sches Gesetz" und verweisen auf die von Müller (2018) ausgeführte Komplexität.

- **Mögliche Elementarisierungen**

In der Forschergemeinschaft zu Newtons Zeit war „Kraft" noch ein unpräziser Sammelbegriff, der Aspekte umfasste, die wir heute nach Kraft, Energie und Impuls differenzieren. Newton fokussierte auf einen bestimmten Aspekt daraus.[8]

---

6   Z. B. Bader (1979).
7   Dijksterhuis (1983, S. 530).
8   Dijksterhuis (1983, S. 520 f.).

Sein Kraftbegriff beruht auf seinem Entschluss, alle Bewegungsänderungen auf das Wirken von Kräften zurückzuführen. „Kraft" wird von ihm als mathematische Relationsgröße dem Prozess der Einwirkung bzw. Wechselwirkung zwischen Körpern zugeordnet, aber nicht als physikalische Erhaltungs- bzw. Austauschgröße den Körpern selbst; „Kraft" ist also keine Fähigkeit zur Einwirkung. Dieses Newton'sche Konzept wurde zwar von der zeitgenössischen Forschergemeinschaft als *mathematischer* Formalismus anerkannt, aber die Suche nach einem adäquaten *physikalischen* Kraftbegriff ging weiter.[9] Erst durch die Quantifizierung des Energiebegriffs und die Bestimmung des mechanischen Wärmeäquivalents in der Mitte des 19. Jahrhunderts kam es zu einer klaren Trennung zwischen den Begriffen „Kraft" und „Energie". Der abstrakte mathematische Relationsbegriff Newtons ist schließlich zum physikalischen Kraftbegriff geworden, während die Suche nach der „physikalischen Kraft" zum Energiebegriff führte.[10]

Auch in der Alltagssprache und in den Schülervorstellungen ist „Kraft" ein nicht scharf definierter Sammel- oder Clusterbegriff, für den es verschiedene Namen wie Energie, Kraft, Schwung, Wucht oder Stärke gibt.[11] Während sich Kraft in der Physik auf den Prozess der Wechselwirkung zwischen Körpern bezieht, geht es in der Schülervorstellung eher um die Voraussetzung zur Wechselwirkung; „Kraft" ist hier eine Art Wirkungsfähigkeit. Am ehesten überlappt das Kraftverständnis der Schülerinnen und Schüler mit dem physikalischen Begriff der kinetischen Energie.

So ist es auch nicht verwunderlich, dass Schülerinnen und Schüler Kraft mit Geschwindigkeit in Verbindung bringen anstatt mit der Beschleunigung. Für den Physikunterricht stellt sich die Frage, wie man es erreicht, dass die Lernenden mit „Kraft" die Bewegungsänderung anstatt die Bewegung selbst verknüpfen. Es gibt dafür Unterrichtskonzeptionen mit unterschiedlichen Ansätzen.

Der traditionelle Physikunterricht (▶ Abschn. 4.2) beschränkt sich zunächst weitgehend auf einfache Situationen. Es werden Körper konstanter Masse betrachtet, die sich nur geradlinig bewegen und auf die nur konstante Kräfte einwirken, wobei diese nur in oder gegen die Bewegungsrichtung ausgeübt werden. Durch die Beschränkung auf geradlinige Bewegungen ist keine vektorielle Betrachtung nötig und die Richtung von Kraft und Beschleunigung zeigt sich allein im Vorzeichen.

Der Karlsruher Physikkurs benutzt in vielen Gebieten der Physik mengenartige Größen und deren Ströme (▶ Abschn. 4.3). In der Mechanik, in der zunächst auch nur eindimensionale Bewegungen betrachtet werden, ist diese Größe der Impuls, der an die umgangssprachlichen Begriffe „Schwung" oder „Wucht" anknüpft. Wird ein Körper schneller oder langsamer, so wird dies mit dem Zu- oder Abfließen von Impuls beschrieben. Man spricht daher von einem Impulsstrom

---

9   Schecker (1985, S. 468).
10 Schecker (1987, S. 473).
11 Schecker und Wilhelm (2018).

in oder aus dem Körper und führt eine „Impulsstromstärke" ein.[12] Der Begriff „Kraft" wird anfangs vermieden und erst am Ende eingeführt. Die Newton'schen Axiome werden als verschiedene Formulierungen der Impulserhaltung betrachtet. Da Impulserhaltung vorausgesetzt wird, ist keine Behandlung der Newton'schen Axiome nötig.

In der Frankfurt/Münchener-Konzeption für die Sekundarstufe I wird der Stoß als paradigmatisches Phänomen für Wechselwirkungen angesehen und die Kraft dementsprechend über Stöße eingeführt (▶ Abschn. 4.4). Das Schlüsselexperiment ist hier der Stoß auf eine rollende Kugel senkrecht zu deren Bewegungsrichtung. Dabei sehen die Schülerinnen und Schüler, dass eine Einwirkung durch einen Stoß zwar dazu führt, dass eine Geschwindigkeitsänderung in Stoßrichtung erfolgt, also eine Zusatzgeschwindigkeit dazukommt, aber die Bewegung nach dem Stoß nicht in Stoßrichtung erfolgt.

Die Würzburger Konzeption für die Sekundarstufe II geht schließlich davon aus, dass Schülerinnen und Schüler im traditionellen Unterricht zu wenige Erfahrungen mit dem physikalischen Konzept Kraft sammeln können (▶ Abschn. 4.5). Eine computerbasierte Messwerterfassung mit Auswertung in Echtzeit erlaubt es, viele Vorgänge zu betrachten, auch mit mehreren und nicht-konstanten Kräften. Damit die Zusammenhänge sofort erfasst werden können, werden die Messdaten nicht als Liniengraphen, sondern als Animation mit dynamischen Vektorpfeilen dargestellt.

In ◼ Tab. 4.1 sind die angesprochenen Konzepte im Überblick zu finden.

4.2 Traditioneller Unterricht

- **Einführung der Kraft in der Sekundarstufe I**

Wie bereits in ▶ Abschn. 3.2 erläutert, wurde im deutschsprachigen Raum die Dynamik lange Zeit nur in der Sekundarstufe II behandelt. Der Begriff „Kraft" wurde dennoch in der Sekundarstufe I im Rahmen der Statik eingeführt, in der Regel über die Dehnung einer Feder. Wiesner und Wodzinski betonen, dass bei einer Einführung der Kraft über die Statik die Schülerinnen und Schüler ein falsches Kraftkonzept erwerben, das später beim Verstehen der Dynamik hinderlich ist.[13] Heute spielt die Statik im Physikunterricht keine große Rolle mehr und die Dynamik wird schon in der Sekundarstufe I (z. B. Jahrgang 8) unterrichtet und in der Sekundarstufe II nochmals vertiefend behandelt.

Die Größe „Kraft" wird in der Sekundarstufe I heute über ihre verschiedenen Wirkungen eingeführt. Als Wirkungen einer Kraft werden sowohl die Änderung einer Bewegung, d. h. der dynamische Aspekt, als auch das Verformen eines Körpers, d. h. der statische Aspekt, angegeben. Ein typischer Merksatz in einem Schulbuch könnte lauten: „Wenn auf einen Körper eine Kraft ausgeübt wird, ändert dieser Körper seine Bewegung oder er wird verformt." Zum ersten Aspekt

---

12 Diesen Zugang hat diSessa (1980) unabhängig und parallel vorgeschlagen.
13 Wiesner (1994a); Wodzinski (1996).

4

● Tab. 4.1 Übersicht über die vorgestellten Unterrichtskonzeptionen

	Traditioneller Unterricht (▶ Abschn. 4.2)	Impulsströme (▶ Abschn. 4.3)	Kraftstoß-Konzept in der Sek. I (▶ Abschn. 4.4)	Computergestützte Analyse in der Sek. II (▶ Abschn. 4.5)
Grundidee	Beschränkung auf einfache Situationen: konstante Kraft und geradlinige Bewegungen	Betrachten des Fließens von Impuls in oder aus einem Körper bei geradlinigen Bewegungen	Stöße als Paradigma für eine Wechselwirkung, Betrachtung bei zweidimensionalen Bewegungen	mehr Erfahrungen durch computerbasierte Messwerterfassung und Darstellung der Größen in Animationen
erste Einführung der Kraft	es wird an Alltagsbedeutungen wie Muskelkraft angeknüpft; es werden Wirkungen wie Bewegungsänderung und Verformung gezeigt	für die Größe F wird zuerst der Name „Impulsstromstärke", erst später auch der Name „Kraft" verwendet	es wird zunächst nur von „Einwirkung" gesprochen und der Begriff „Kraft" erst später eingeführt, wobei nur Bewegungsänderung betrachtet werden	es wird davon ausgegangen, dass „Kraft" schon in der Sek. I eingeführt wurde; es werden nur Bewegungsänderung betrachtet
Stellenwert und Name des 1. Newton'schen Axioms	der „Trägheitssatz" wird als Erstes unterrichtet	der Impuls wird aus dem Alltag als Wucht oder Schwung übernommen und die Impulserhaltung an Experimenten gezeigt	das „Beharrungsprinzip" folgt als Spezialfall aus dem 2. Newton'schen Gesetz	das „1. Newton'sche Gesetz" folgt als Spezialfall aus dem 2. Newton'schen Gesetz
Zentrales Experiment für das 2. Newton'sche Axiom	an einem Wagen auf der Luftkissenfahrbahn ist über eine Umlenkrolle ein Gewichtsstück angehängt, dass den Wagen schneller werden lässt	ein Luftkissengleiter stößt auf einen anderen	auf eine rollende Kugel wird ein Stoß senkrecht zur Bewegungsrichtung ausgeübt	auf einen Wagen auf der kippbaren Luftkissenfahrbahn können unterschiedliche Kräfte einwirken

(Fortsetzung)

▫ Tab. 4.1 (Fortsetzung)

	Traditioneller Unterricht (▶ Abschn. 4.2)	Impulsströme (▶ Abschn. 4.3)	Kraftstoß-Konzept in der Sek. I (▶ Abschn. 4.4)	Computergestützte Analyse in der Sek. II (▶ Abschn. 4.5)
Formulierung des 2. Newton'schen Axioms	$F = m \cdot a$ (differenzielle Form für geradlinige Bewegungen)	$F = \frac{p}{t}$ nur in der Sek. II: $\vec{F} = \frac{\Delta \vec{p}}{\Delta t}$ (differenzielle Form)	$\vec{F} \cdot \Delta t = m \cdot \Delta \vec{v}$ (integrale Form, angewandt auf zweidimensionale Bewegungen)	$\vec{a} = \Sigma \vec{F}/m_{ges}$ (differenzielle Form vektoriell)
Stellenwert des 2. Newton'schen Axioms	es ist ein Gesetz, das experimentell nachgewiesen wird	alle Aussagen werden als Theorie vorgestellt; sie im Experiment zu bestätigen, kostet zu viel Unterrichtszeit	es ist eine Festlegung, die plausibel gemacht wird	es wird erst experimentell nachgewiesen, um dann später zu erklären, dass es eigentlich die Definition der Kraft ist
zentrale Größe	resultierende Kraft F	Impulsstromstärke $\vec{F}$	einwirkende Kraft $\vec{F}$	Summe der angreifenden Kräfte (= Gesamtkraft) $\Sigma \vec{F}$
zentrale Darstellungen	Graphen	statische Bilder mit Pfeilen	statische Bilder mit Pfeilen	Animationen mit Pfeilen

werden Vorgänge gezeigt, bei denen durch die Einwirkung auf einen Körper dieser schneller oder langsamer wird und/oder seine Richtung ändert. Zum zweiten Aspekt werden in Schulbüchern recht unterschiedliche Verformungen genannt, wie die eines PKWs beim Autounfall oder die eines Gummiballs, aber auch bei Expandern, Bogen, Federn oder Bäumen im Wind. Dass es bei der Verformung ruhender Körper, wie der Dehnung einer Schraubenfeder, zwei gegengleiche Kräfte braucht, die an verschiedenen Stellen des ausgedehnten Körpers angreifen, wird dabei nicht erwähnt.[14]

In diesem Zusammenhang werden oft die drei „Bestimmungsstücke" der Kraft genannt: Angriffspunkt, Richtung und Kraft. Dabei wird allerdings Folgendes übersehen: Solange nur die Translationsbewegung betrachtet wird, spielt der Angriffspunkt keine Rolle, die Translationsbeschleunigung ergibt sich aus der Summe aller irgendwo angreifender Kräfte.[15] Auch bei einem ausgedehnten Körper, auf den mehrere Kräfte an verschiedenen Stellen in verschiedene Richtung einwirken, gilt für den Schwerpunkt immer das 2. Newton'sche Gesetz – und zwar unabhängig davon, ob zusätzlich Rotationen[16] oder Verformungen auftreten oder nicht. Zur Ermittlung der Translationsbewegung kann man so tun, als ob alle Kräfte im Schwerpunkt angreifen oder als ob der Körper ein Massenpunkt ist. Der Angriffspunkt muss also nicht betrachtet werden.

Häufig wird bei der Einführung der Kraft auch versucht, am Alltagsverständnis anzuknüpfen. So wird gerne die „Muskelkraft" erwähnt. Dies ist aber als problematisch einzuschätzen, da dann Kraft eher mit Wirkungsfähigkeit, also mit der Voraussetzung für eine Wechselwirkung, anstatt mit der Wechselwirkung selbst assoziiert wird.

- **Newton'sche Gesetze**

Bei der Behandlung der Newton'schen Gesetze wird häufig mit dem 1. Newton'schen Gesetz begonnen, das traditionellerweise als „Trägheitssatz" bezeichnet wird. Dabei wird nicht beachtet, dass dieser Name falsche Assoziationen hervorrufen kann. Ein „träger Mensch" möchte nämlich zur Ruhe kommen und seine Bewegung nicht beibehalten. Bei manchen Experimenten, die in der Literatur zum Trägheitssatz vorgeschlagen werden, kann zudem der falsche Eindruck gewonnen werden, Trägheit trete nur bei schnellen Bewegungen[17] und bei großen Kräften auf.[18]

Fachlich falsch ist es, wenn Trägheit in dem Sinne verwendet wird, dass sich ein Körper einer Bewegungsänderung widersetzt. Tatsächlich führt schon eine sehr kleine resultierende Kraft zu einer Geschwindigkeitsänderung. Dass ein Körper beim Einwirken einer Kraft nicht sofort ein großes Tempo hat, sondern dieses erst mit der Zeit zunimmt, ist die Aussage des 2. Newton'schen Gesetzes. Fachlich

---

14 Wilhelm und Wenzel (2016).
15 Eine didaktische Diskussion findet sich in Wilhelm (2016).
16 In Wilhelm, Reusch und Hopf (2016) wird dies an einem verblüffenden Beispiel vorgerechnet.
17 Wilhelm (2013a).
18 Wilhelm (2013b).

völlig falsch wird es, wenn Trägheit als eine Eigenschaft oder physikalische Größe des Körpers präsentiert wird und von unterschiedlich großer Trägheit bzw. Beharrungsvermögen gesprochen wird. Trägheit ist keine physikalische Größe. Relevant ist hier die physikalische Größe der (trägen) Masse, wie sie im 2. Newton'schen Axiom steht.

Bei der Behandlung des 2. Newton'schen Gesetzes beschränkt man sich im Unterricht meistens auf einfache Bewegungen. Umfangreich und intensiv werden nur geradlinige Bewegungen behandelt. Erst in der Sekundarstufe II werden im weiteren Unterrichtsverlauf dann auch der waagrechte Wurf und die Kreisbewegung kurz thematisiert. Zudem sind bei allen in der Dynamik betrachteten Vorgängen alle wirkenden Kräfte stets konstant. Da davon ausgegangen wird, dass die Kraft und die Beschleunigung schon eingeführt wurden, wird die Proportionalität zwischen einer angreifenden Kraft und der sich ergebenden Beschleunigung als experimentell nachweisbares Gesetz behandelt. In einem Standardversuch hängt man zu diesem Zweck an einem Wagen auf einer reibungsarmen Fahrbahn über einen Faden und über eine Umlenkrolle verschiedene Gewichtsstücke, die eine Zugkraft auf den Wagen ausüben, und berechnet aus der Zeit-Weg- oder Zeit-Geschwindigkeits-Messung die Beschleunigung. Gegebenenfalls wird auch die Masse (Wagen plus Gewichtsstück) variiert. Das 2. Newton'sche Gesetz wird dann in der Form $F = m \cdot a$ formuliert. Greifen an einem Körper mehrere Kräfte an, dann wird die Summe dieser angreifenden Kräfte die „resultierende Kraft" genannt. Früher wurde auch der Begriff „beschleunigende Kraft" verwendet, was missverständlich ist. Es ist zwar richtig, dass nur die resultierende Kraft beschleunigt und man nicht aus Teilkräften Teilbeschleunigungen folgern darf, die addiert werden. Dennoch führt jede Teilkraft, wenn sie allein vorkommt, natürlich auch zu einer Beschleunigung.

- **Empirische Ergebnisse**

Wilhelm hat eine überarbeitete Variante einer Vorversion des FMCE-Tests von Thornton und Sokoloff[19] zum Verständnis von Kraft und Bewegung von zehn Klassen mit 188 Schülerinnen und Schülern bayerischer Gymnasien bearbeiten lassen, nachdem diese in der 11. Jahrgangsstufe ein ganzes Schuljahr lang Mechanik behandelt hatten.[20] In einigen Aufgaben wurde eine geradlinige Bewegung nach rechts oder links beschrieben, die eine konstante Geschwindigkeit hat oder gleichmäßig schneller oder langsamer wird, wobei explizit angegeben war, dass dies einer konstanten Beschleunigung entspricht. Die Schülerinnen und Schüler mussten entsprechend der Newton'schen Vorstellung auswählen, dass keine Kraft benötigt wird oder eine konstante Kraft nach rechts oder links. Die meisten gaben eine Kraft an, die wie die Geschwindigkeit konstant bleibt bzw. zu- oder abnimmt („aristotelische Vorstellung": Kraft ist proportional zur Geschwindigkeit). Wa-

---

19 Thornton und Sokoloff (1997).
20 Wilhelm (1994); Heuer und Wilhelm (1997); Wilhelm (2005a).

ren die Antwortmöglichkeiten als Sätze formuliert[21], haben je nach Aufgabe 16 % bis 49 % richtig geantwortet und 42 % bis 58 % aristotelisch. Waren als Antwortmöglichkeiten Kraftgraphen gegeben, haben nur 14 % bis 27 % richtig geantwortet und um die 70 % aristotelisch. Beim senkrechten Münzwurf und einem Spielzeugauto, das eine Rampe hoch- und wieder runterrollt, haben je nur ca. 10 % für die drei Phasen – hoch, höchster Punkt und runter – die Kraft richtig angegeben, während 73 % bzw. 80 % eine aristotelische Antwort gaben und dies auch entsprechend schriftlich begründeten.

4   Der FCI-Test[22] ist seit den 1990er-Jahren der international am häufigsten verwendete Verständnistest zur Kinematik und Dynamik und besteht aus qualitativen Denkaufgaben zur Newton'schen Mechanik, die ein Verständnis physikalischer Grundbegriffe ermitteln.[23] Im Schuljahr 2003/2004 haben 13 traditionell unterrichtete 11. Klassen (meist naturwissenschaftlicher Schulzweig) aus bayerischen Gymnasien am Schuljahresanfang und im letzten Schuljahresdrittel die erste Version des Tests als Vor- und Nachtest durchgeführt.[24] Die 258 Schülerinnen und Schüler, die an beiden Tests teilnahmen, haben im Vortest durchschnittlich 28 % richtig gelöst und am Schuljahresende 41 %. Das bedeutet, dass von dem maximal möglichen Zugewinn von 72 Prozentpunkten nur 18 % realisiert wurde. Nur etwa ein Sechstel der Schülerinnen und Schüler erreichten im Nachtest ein angemessenes Verständnis des Newton'schen Kraftbegriffs.

Hartmann fand, dass Schülerinnen und Schüler der 11. Jahrgangsstufe von Bremer Physik-Leistungskursen, die sie zu dynamischen Fragestellungen interviewte, mehrere (meist zwei) und fachlich konkurrierende Erklärungen erzeugten, wenn man ihnen genug Zeit ließ.[25] Über 70 % der Schülerinnen und Schüler gaben bei qualitativen Aufgaben zum Kraftverständnis mehrere Erklärungen ab, und zwar sowohl vor als auch nach dem Unterricht. Der Anteil der physikalisch korrekten Erklärungselemente in den Interviews stieg dabei durch den Unterricht in der 11. Jahrgangsstufe nur von 32 % vor dem Unterricht auf 47 % direkt nach dem Dynamikunterricht.

Zusammenfassend kann man feststellen, dass es dem traditionellen Physikunterricht bei den meisten Schülerinnen und Schülern nicht gelingt, die Grundideen der Newton'schen Dynamik, d. h. die Ideen der drei Newton'schen Gesetze, so zu vermitteln, dass sie bei qualitativen Aufgaben auf dieses Wissen zurückgreifen. Stattdessen antwortet die Mehrheit auch nach dem Unterricht noch gemäß den Schülervorstellungen, die sie bereits vorher hatten.

---

21 Diese Aufgabe findet sich auch in Schecker und Wilhelm (2018, Übung 4.2, S. 85–86).
22 Hestenes, Wells und Swackhamer 1992; Gerdes und Schecker 1999.
23 Der FCI ist verfügbar unter ▶ http://modeling.asu.edu/R&E/Research.html, wobei man sich für einen Download vorher registrieren muss. Auf Anfrage stellt H. Schecker eine eigene Übersetzung des FCI zur Verfügung.
24 Wilhelm (2005a); Wilhelm (2005b).
25 Hartmann (2004).

4.3 Impulsströme

- **Die Grundideen des Karlsruher Physikkurses**

Der Karlsruher Physikkurs, kurz KPK, ist ein Vorschlag zur Neustrukturierung des Physikunterrichts in Schule und Hochschule, der an der Universität Karlsruhe insbesondere von Friedrich Herrmann ausgearbeitet wurde.[26] Fachlicher Initiator war der theoretische Physiker Gottfried Falk, auf ihn gehen die ersten Arbeiten für die Hochschule zurück. Zentrale Ideen und Konzepte zur Entropie und zum chemischen Potenzial hat Georg Job beigetragen. Zunächst gab es nur Entwicklungen für Universitätsvorlesungen, später dann auch für den Schulunterricht. Die Konzeption für den Physikunterricht wurde in den Jahren 1988 bis 1992 an etwa 20 Schulen in Baden-Württemberg erprobt. Seit 1994 kann der Karlsruher Physikkurs dank einer Sonderklausel im Bildungsplan an Gymnasien in Baden-Württemberg eingesetzt werden. Im Jahr 2004 erfolgte in Baden-Württemberg die Zulassung der KPK-Lehrbücher für die Sekundarstufe I. Durch eine im Jahr 2013 von der Deutschen Physikalischen Gesellschaft initiierte Diskussion über den Karlsruher Physikkurs stieg dessen Bekanntheitsgrad. In diesem Abschnitt werden die fachlichen Grundlagen des KPK themenübergreifend erläutert und dann die Konzeption für die Mechanik vorgestellt. Der ▶ Abschn. 6.4 widmet sich den Themen Energie und Wärme gemäß KPK und ▶ Abschn. 8.3.1 der Behandlung des elektrischen Stromkreises.

Ein ursprüngliches Motiv für eine fachliche Neustrukturierung ergab sich aus Sicht der KPK-Entwickler aus der Beobachtung, dass das physikalische Wissen und der mögliche Lehrstoff immer weiter wachsen, die Lehr- oder Unterrichtszeit aber gleich bleibt oder kürzer wird. Um diese Zwickmühle aufzulösen, wurde eine grundlegende Neuordnung der Inhalte als aussichtsreich erachtet. Durch die Nutzung von Analogien, die auf ähnlichen mathematischen Strukturen von verschiedenen Teilgebieten der Physik ruhen, sollte eine Verringerung der Lehr- oder Unterrichtszeit erreicht werden, um z. B. Platz für Datentechnik oder quantenphysikalische Themen zu schaffen. Die analogen Strukturen sollen aber auch Lehr-Lern-Prozesse vereinfachen und verkürzen. Diese im Kern ökonomischen Argumente finden ihre Fortsetzung in der Kritik der historischen Entwicklung physikalischer Begriffe.

Die Physik und damit auch der Kanon des traditionellen Physikunterrichts sind das Ergebnis eines langen Entwicklungsprozesses. Die Autoren des Karlsruher Physikkurses weisen darauf hin, dass die historische Entwicklung der Physik auch physikalische Begriffe hervorgebracht hat, die z. B. an lokalisierte Probleme angepasst sind und dort immer noch eine Rolle spielen, sich aber sonst ganz oder teilweise überlebt haben, weil tragfähigere und klarere Begriffe entstanden sind. Ein traditionelles Curriculum führe in der Lehre also zu Umwegen, komplizierten physikalischen Konzepten und Sprechweisen, die Lernenden das Verstehen er-

---

26 Dieser Beschreibung der Grundideen liegen die Unterrichtshilfen für Lehrkräfte zugrunde, die enthalten sind in: Herrmann, F. (Hrsg.). *Der Karlsruher Physikkurs*, Aufl. 2014, ▶ http://www.physikdidaktik.uni-karlsruhe.de/kpk_material.html.

schweren. Mit dem Karlsruher Physikkurs sollen diese als „historischen Altlasten" bezeichneten Themen zumindest im Physikunterricht der Schule vermieden werden (Herrmann spricht sogar von „entsorgt werden").[27]

In der Physik und Chemie, dort insbesondere bei den physikalisch-chemischen Aspekten, spielen intensive und extensive physikalische Größen eine zentrale Rolle, auch wenn diese in den traditionellen Darstellungen nicht zwingend sichtbar sind. Die allgemeine Thermodynamik als Theorie der Beschreibung der möglichen Zustände abstrakter physikalischer Systeme baut auf ihnen auf. Die intensiven und extensiven Größen sowie die mathematischen Strukturen der allgemeinen Thermodynamik sind für den Karlsruher Physikkurs von Bedeutung. Vereinfacht gesagt: Intensive physikalische Größen ändern sich nicht, wenn zwei Systeme vereinigt werden. So bleiben z. B. die Temperatur oder der Druck gleich, wenn die Behälter zweier Gase gleichen Drucks und gleicher Temperatur verbunden werden. Eine extensive Größe ändert sich additiv, wenn zwei Systeme zusammengesetzt werden, z. B. Masse, Stoffmenge, Volumen, elektrische Ladung, Impuls, Energie.

Der Karlsruher Physikkurs wählt für seine Struktur eine Klasse physikalischer Größen aus, die er mengenartige Größen nennt. Zu ihnen gehören die meisten extensiven Größen. Sie erlauben es, sich eine leichte Anschauung zu bilden: Man darf sie sich wie eine Art Stoff oder ein Fluidum vorstellen. Man spricht darüber also erst einmal so, wie man im Alltag über Wasser, Sand oder Luft spricht. Mathematisch lässt sich eine mengenartige Größe X präziser fassen. Sie erfüllt die Kontinuitätsgleichung $\frac{dX}{dt} = I_X + \sum X$, die sich auf ein definiertes Raumgebiet mit einem Volumen V bezieht. Dabei ist dX/dt die zeitliche Änderung des Wertes von X innerhalb dieses Raumgebiets, I_X ist die Stromstärke von X durch die Oberfläche dieses Gebiets und $\sum X$ ist ein Maß für die Erzeugung bzw. Vernichtung von X im Raumgebiet. Die zeitliche Änderung einer mengenartigen Größe kann also zwei Ursachen haben: einen Zu- oder Abfluss, genannt Strom, und die Erzeugung oder Vernichtung. Gilt $\frac{dX}{dt} = I_X$, also $\sum X = 0$, so ist X eine Erhaltungsgröße, sie kann nicht erzeugt oder vernichtet werden, wie die elektrische Ladung oder die Energie. Die mengenartige Größe X kann sowohl ein Skalar sein (z. B. Masse, Energie) als auch ein Vektor (z. B. Impuls, Drehimpuls). Aus der Kontinuitätsgleichung ergeben sich vier Merkmale: Der Wert der mengenartigen Größe X bezieht sich immer auf ein Raumgebiet; zu jeder Größe X gibt es eine „Stromstärke" I_X; mengenartige Größen sind additiv, d. h., wenn zwei Systeme A und B mit „X-Inhalten" X_A und, X_B durch Veränderung des Raumgebiets zu einem System zusammengefügt werden (Analoges gilt bei Systemtrennungen), hat dieses den Wert $X_{ges} = X_A + X_B$; die Stromstärken sind additiv, d. h., fließen z. B. zwei Ströme mit den Stromstärken I_{X1} und I_{X2} in ein Gebiet hinein, so fließt insgesamt ein Strom der Stärke $I_{X1} + I_{X2}$.

Die allgemeine Thermodynamik zeigt einen Zusammenhang zwischen der Energie und den extensiven Größen. Bei jeder Energieänderung in einem Raumgebiet ändert auch mindestens eine andere extensive Größe $(\vec{p}, Q, n, \ldots)$ ihren

---

27   Herrmann und Job (2002); Herrmann und Job (2012).

◻ Tab. 4.2 Die wichtigsten Größen im KPK

	extensive Größe	Stromstärke	intensive Größe
Mechanik	Impuls $\vec{p}$	Impulsstromstärke oder Kraft $\vec{F}$	Geschwindigkeit $\vec{v}$
Elektrizitätslehre (Abschn. 8.3.1)	elektrische Ladung Q	elektrische Stromstärke I_Q	elektrisches Potenzial φ
Wärmelehre (Abschn. 6.4)	Entropie S	Entropiestromstärke I_S	Temperatur T
Chemie	Stoffmenge n	Stoffstromstärke I_n	chemisches Potenzial μ

Wert, d. h., fließt Energie in oder aus einem System, so fließt auch mindestens der Strom einer extensiven Größe. Die extensiven Größen werden daher im Karlsruher Physikkurs „Energieträger" genannt. Die allgemeine Thermodynamik zeigt auch, dass zu jeder extensiven Größe eine intensive Größe gehört. Die zugehörige intensive Größe ($\vec{v}$, φ, μ, …) kann als Maß dienen, wie stark sich die Energie im Raumgebiet ändert – also wie groß der Energiestrom ist, der mit dem Strom der extensiven Größe durch die Fläche des Raumgebiets fließt. Die zugehörige intensive Größe wird im Karlsruher Physikkurs als Maß für die „Beladung" des Trägers mit Energie angesehen. ◻ Tab. 4.2 zeigt eine Zuordnung der wichtigsten Größen zu verschiedenen Teilgebieten der Physik und Chemie. Diese Zuordnung bildet die Grundlage der Analogie zwischen den Teilbereichen der Physik und erlaubt eine Abbildung von physikalischen Größen, Relationen, Vorgängen, Erscheinungen und Geräten aufeinander.

Die intensiven Größen haben noch eine weitere Funktion: Der Karlsruher Physikkurs benutzt die Konzepte Strom, Antrieb und Widerstand. Dieses Bild wird anhand von Wasserströmen in Rohren entwickelt und dann in Teilbereiche der Physik übertragen. Physikalisch stammt dieses Konzept aus der Elektrizitätslehre. Wenn I_X einen von null verschiedenen Wert hat, wird von einem „Strom" gesprochen. Der „Strom" fließt im Fall des Wasserstroms in einem Rohr von einer Stelle hohen zu einer Stelle niedrigen Drucks. Wir stellen uns vor, dass sich diese Druckwerte nicht ändern. Dann wird die Druckdifferenz Δp als „Antrieb" des Wasserstroms bezeichnet. Eine Differenz (bzw. ein Gradient) der intensiven Größe verursacht einen Strom der extensiven Größe. Die Werte der intensiven Größe sagen uns, in welche Richtung die extensive Größe und damit auch die Energie fließen. Kann ein „Strom" trotz eines Antriebs nicht fließen, weil ein „Etwas" ihn verhindert, wird dieses „Widerstand" genannt. In der Regel sind „Strömungsprozesse" irreversibel. In den Widerständen wird dann in der Sprechweise des Karlsruher Kurses Entropie erzeugt.

■ **Mechanik im Karlsruher Physikkurs**

Im Karlsruher Physikkurs [28] werden wie im traditionellen Unterricht anfangs nur geradlinige Bewegungen betrachtet. Erst später kommen zweidimensionale Bewegungen hinzu. Die zentrale Größe ist der Impuls. Die Geschwindigkeit wird als aus dem Alltag bekannt vorausgesetzt, ebenso die Beschleunigung; erst später wird der Tachometer als Messgerät für die momentane Geschwindigkeit genannt und für konstante Geschwindigkeiten die Gleichung $v = \frac{s}{t}$ eingeführt.

Zunächst wird den Schülerinnen und Schülern mitgeteilt, dass der Bewegungszustand eines Körpers durch die beiden Größen Geschwindigkeit und Impuls charakterisiert werden kann, wobei der Impuls als etwas dargestellt wird, was im Körper enthalten ist und umgangssprachlich „Schwung" oder „Wucht" genannt wird. Dies kann an einfachen Beispielen aus dem Alltag qualitativ diskutiert oder auch eingeführt werden. Für den Impuls wird die Einheit Huygens, kurz Hy, eingeführt; ein Körper mit der Masse 1 kg und einer Geschwindigkeit von 1 m/s enthält 1 Hy. Möglichst reibungsfreie Stoßversuche zeigen, dass der Impuls von einem Körper auf einen anderen Körper übergehen kann. Gibt es Reibung, genannt „schlechte Lagerung", sodass ein Fahrzeug zum Stillstand kommt, sagt man, dass der Impuls in die Erde abfließt. Bei reibungsfreier Bewegung, d. h. bei „guter Lagerung", wird der Körper nicht langsamer, der Impuls bleibt im Körper. Dabei ist festgelegt, dass der Impuls eines Körpers positiv ist, wenn sich der Körper nach rechts bewegt, und negativ, wenn sich der Körper nach links bewegt. Im Folgenden wird dann jeweils analysiert, wie positiver (d. h. nach rechts gerichteter) Impuls in einen oder aus einem Körper fließt. Dass negativer (d. h. nach links gerichteter) Impuls fließt, ist dagegen in der Anfangseinheit nicht vorgesehen.

Dann geht es um die Frage, woher der Impuls kommt, wenn ein Körper, der sich nach rechts bewegt, immer schneller wird. Zieht eine Person an einem Wagen (◨ Abb. 4.1) oder wird ein Auto schneller, so kommt der Impuls von der Erde. Die ziehende Person oder der Motor des Autos werden als Impulspumpen bezeichnet. Damit Impuls von einem Körper zu einem anderen fließen kann, müssen die Körper durch einen Impulsleiter verbunden sein. Dies können z. B. feste Körper oder auch Magnetfelder sein. Seile können den Impuls nur in eine Richtung leiten. Luft leitet den Impuls nicht oder nur sehr schlecht. Räder oder Kufen, bei denen die Reibung gering ist, verhindern, dass Impuls aus dem Körper fließt; sie dienen der Impulsisolation.

Aber auch in der Luft oder einem Gas kann Impuls stecken. Dies zeigt sich bei der Luftreibung und dem Raketenantrieb. Fährt ein Auto mit konstanter Geschwindigkeit (◨ Abb. 4.2), liegt ein Fließgleichgewicht vor, denn es wird genauso viel Impuls in das Auto hineingepumpt, wie durch die Reibung in die Luft abfließt. Von selbst fließt der Impuls bei Situationen im Alltag von einem Körper mit hoher zu einem Körper mit niedriger Geschwindigkeit. Eine Impulspumpe ist nötig, um den Impuls in entgegengesetzter Richtung zu befördern.

---

28 Dieser Beschreibung der Mechanik-Unterrichtskonzeption liegen die Schülerbücher zugrunde, die enthalten sind in: Herrmann, F. (Hrsg.). Der *Karlsruher Physikkurs*, Auflage 2014, ► http://www.physikdidaktik.uni-karlsruhe.de/kpk_material.html.

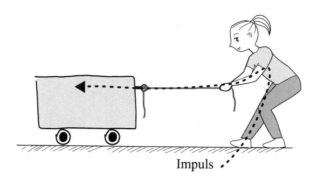

◘ Abb. 4.1 Während die Person an dem Wagen zieht, nimmt dessen Impuls zu, weil Impuls aus der Erde über die Person (Impulspumpe) und das Seil (Impulsleiter) auf den Wagen fließt (nach Herrmann 2014)

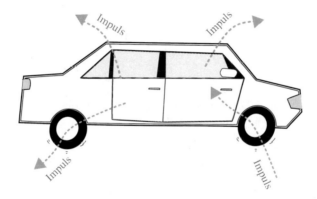

◘ Abb. 4.2 Ein Auto mit konstanter Geschwindigkeit befindet sich in einem Fließgleichgewicht: Der Impuls, den der Motor in das Auto pumpt, fließt wegen der Reibung in die Umgebung ab (nach Herrmann 2014)

Für eine Stange, eine Feder oder ein Seil zeigt sich: Fließt ein Impulsstrom mit positivem Impuls von rechts nach links, so werden die Stange, die Feder oder das Seil gestreckt. Man sagt: Sie stehen unter Zugspannung. Fließt positiver Impuls von links nach rechts, bedeutet dies eine Druckspannung, die zu einer Verkürzung des verbindenden Gegenstands führt. Auf die Biegespannung wird nur in der Sekundarstufe II eingegangen.

Eine überraschende Konsequenz des fließenden Impulses ergibt sich bei der Anwendung auf statische Situationen: Eine Person zieht mit einem Seil an einer Kiste, die fest auf dem Boden verankert ist, und pumpt so Impuls aus der Erde über das Seil in die Kiste. Im Boden, den man sich etwas elastisch denken kann, fließt ein Impulsstrom nach rechts. Der Impuls fließt sozusagen „im Kreis herum", also in einem geschlossenen Stromkreis (◘ Abb. 4.3). Das bedeutet, dass es einen Strom ohne Antrieb gibt. Ein Teil jedes Impulsstromkreises steht unter Druckspannung, ein anderer unter Zugspannung (◘ Abb. 4.4). Dies gilt für alle

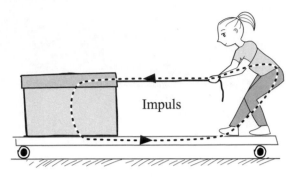

◘ Abb. 4.3 Beim Ziehen an der Kiste fließt ein Impulsstrom „im Kreis herum" (nach Herrmann 2014)

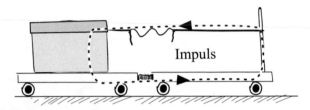

◘ Abb. 4.4 Der Impuls fließt ohne Antrieb. Ein Teil jedes Impulsstromkreises steht unter Drucksspannung, ein anderer unter Zugspannung (nach Herrmann 2014)

statischen Situationen, in denen permanent Impulse im Kreis herumfließen, obwohl kein Körper Impuls hat.

Die Längenänderung eines Impulsleiters kann zur Messung der Impulsstromstärke genutzt werden, z. B. mit einer Spiralfeder, die sich umso mehr verlängert, je stärker der Impulsstrom ist, der durch sie hindurchfließt. Die Impulsstromstärke $F = $ Impuls/Zeit gibt an, wie viel Impuls in einer Zeiteinheit durch eine Fläche hindurchfließt. Die Maßeinheit ist Hy/s, abgekürzt Newton (N). An dieser Stelle wird erwähnt, dass die Impulsstromstärke auch als „Kraft" bezeichnet wird, dann aber etwas anders formuliert werden muss: Im Impulsstrommodell heißt es, dass eine Person über ein Seil Impuls von der Erde in den Wagen pumpt, im Kraftmodell, dass auf den Wagen eine Kraft wirkt, wodurch der Impuls zunimmt. Die Newton'schen Axiome sind nach Auffassung des Karlsruher Physikkurses verschiedene Formulierungen der Impulserhaltung. Da Impulserhaltung implizit vorausgesetzt wird, ist keine explizite Behandlung der Newton'schen Axiome vorgesehen. Im Zusammenhang mit der Kraft oder der Impulsstromstärke werden das Hooke'sche Gesetz und eine Reihe von Alltagssituationen, z. B. die Wirkung eines Sicherheitsgurts besprochen. Anschließend wird der Zusammenhang des Impulses mit Geschwindigkeit und Masse, $p = m \cdot v$, eingeführt. Danach werden mit Impulsströmen das Schwerefeld, der freie Fall mit und ohne Reibung und die Schwerelosigkeit erklärt sowie der Impuls als Energieträger ausgearbeitet.

In der Sekundarstufe II werden als Erstes auch Situationen mit x-Impuls und y-Impuls betrachtet, d. h., die bisherige Betrachtung findet bei zwei Komponen-

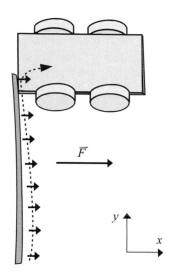

❑ Abb. 4.5 x-Impuls fließt in y-Richtung, während der Impulsstrom $\vec{F}$ nach rechts gerichtet ist (nach Herrmann 2014).

ten statt. Hier ist zu beachten, dass die Richtung des Impulsstroms (= die Richtung des transportierten Impulses) nichts mit der Flussrichtung (= der Richtung des Weges) zu tun hat. So fließt in ❑ Abb. 4.5 in der Stange der x-Impuls von unten nach oben, während die Richtung des Impulsstroms von links nach rechts weist. In einem Seil kann allerdings nur Impuls fließen, dessen Vektorpfeil parallel zum Seil liegt; der Impuls fließt dabei immer entgegen der Richtung des Impulsstroms. Räder leiten keinen Längsimpuls, sondern nur Querimpuls.

Im Schülerbuch für die Sekundarstufe I gibt es später sogar ein Kapitel zum Impuls als Vektor, in dem die Richtung des Impulses durch eine Winkelangabe bezüglich der x-Achse angegeben wird. Hier wird deutlich, dass der gleiche Vorgang auf zwei Arten beschrieben werden kann: Wird ein Körper nach rechts schneller, kann man sagen, es fließt 0°-Impuls von der Erde auf den Körper auf; genauso kann man sagen, es fließt 180°-Impuls vom Körper auf die Erde ab.

- **Heftige Diskussionen über den Karlsruher Physikkurs**
Wie bei kaum einer anderen Unterrichtskonzeption hat der Karlsruher Physikkurs immer wieder heftige physikdidaktische Diskussionen erzeugt – vor allem über die Mechanikkonzeption.[29] Insbesondere wurden dem Kurs fachliche Fehler vorgeworfen; die Autoren dieses Abschnitts denken, dass diese Vorwürfe auf Fehlinterpretationen des KPK beruhen. Eine fachlich begründete alternative Elementarisierung für den Physikunterricht ist kein fachlicher Fehler – auch wenn sie

---

29 Die Debatte um den KPK kann hier nicht ausführlich wiedergegeben werden, siehe dazu z. B.: Hartwich und Starauschek (1998); Starauschek (2002); Herzog (2007); Herrmann et al. (2008); Will (2009); Strunk und Rincke (2015).

von der gewohnten Beschreibung deutlich abweicht. Die gleiche Physik kann eben ganz unterschiedlich beschrieben werden (was immer wieder erfolgt).

Dennoch muss über neue Konzeptionen diskutiert werden. Aus didaktischer Sicht wurde kritisiert, dass die strenge Orientierung an der mathematischen Struktur der Physik, die die verwendeten Analogien erlaubt, eben auch bedeute, dass andere wichtige Aspekte außen vor bleiben. Der Karlsruher Physikkurs würde die Vorerfahrungen der Schülerinnen und Schüler nicht einbeziehen und den Schülerinnen und Schülern werde zu viel mitgeteilt. Auch die historische Entwicklung der Physik werde nicht thematisiert. Physik sei – anders als die Mathematik – keine axiomatische Wissenschaft und keine abgeschlossene Theorie, als die sie aber im KPK dargestellt wird. Damit werde die Arbeitsweise der Wissenschaft Physik letztlich falsch dargestellt. Zudem sei fraglich, ob analoge Strukturen in den verschiedenen Teilgebieten der Physik für Schüler und Schülerinnen lernförderlich sind.

Andere Kritiker stören sich daran, dass das 2. Newton'sche Axiom nach ihrer Wahrnehmung als Trivialität dargestellt wird. Letztlich besage es im Karlsruher Physikkurs: Der Impuls ändert sich, weil Impuls fließt. Damit werde es aber nach ihrer Auffassung zur Tautologie. Kritisiert wurde des Weiteren, dass der Impuls kein quasi-materieller Stoff sei, als der er erscheine, sondern eine abstrakte Vorstellung. So bestehe die Gefahr der Verwechslung des Modells mit der Realität. Ebenso wurde das Argument der fehlenden Anschlussfähigkeit vorgebracht, dass also bei einem Schulwechsel oder dem Wechsel an eine Universität ein beschwerliches Umlernen nötig werde. Letzteres Argument hat sich in der Praxis aber nicht als ernstes Problem erwiesen.

Die Darstellung der Statik im KPK wird z. T. als unanschaulich und abstrakt empfunden; es sei hier kontraintuitiv, wenn von einem permanenten Impulsstrom gesprochen wird, obwohl alles in Ruhe bleibt. Zu kritisieren ist, dass wie im traditionellen Unterricht die physikalischen Größen erst spät als Vektorgrößen behandelt werden und alle Inhalte an geradlinigen Bewegungen erarbeitet werden. So besteht die Gefahr, dass der Richtungscharakter von Impuls und Impulsstromstärke nicht verinnerlicht wird. Schwierig wird es bei Bewegungen nach links. Bei einem Wagen, der aus der Ruhe durch Schieben nach links beschleunigt und schneller wird, lautet im KPK die korrekte Beschreibung – zumindest am Anfang des Unterrichtsgangs –, dass der Impuls vom Wagen über die Person auf die Erde abfließt, obwohl der Wagen schneller wird. Da der Impuls hier negativ ist (= nach links gerichtet) und negativer wird (d. h. er nimmt ab), ist das konsequent (positiver, d. h. nach rechts gerichteter Impuls fließt ab). Erst viel später wird deutlich, dass man auch sagen kann, dass ein 180°-Impuls, also negativer Impuls, von der Person auf den Körper geflossen ist, was intuitiver ist.

Schaut man sich dieses Beispiel am Anfang des Unterrichtsgangs von der anderen Straßenseite an, ist der Impuls positiv (= nach rechts gerichtet) und wird größer; nun fließt Impuls über die Person von der Erde auf das Auto auf.[30] Der Impuls fließt also einmal ab und einmal auf – nur weil wir die Straßenseite ge-

---

30 Wilhelm (2015).

wechselt haben. Das Problem entsteht dadurch, dass beim Karlsruher Physikkurs die Richtung des Koordinatensystems immer nach rechts festgelegt wird und anfangs immer positive Impulse zu- oder abfließen. Dies ist jedoch kein spezielles Problem des KPK. Vielmehr kann eine Änderung des Koordinatensystems, wie es hier beim Wechsel der Straßenseite geschieht, immer die verwendeten Größen mehr oder weniger drastisch und manchmal auch wenig intuitiv verändern. Alternativ könnte man es – im Gegensatz zum KPK – aber auch so formulieren, dass Impulse immer nur zufließen, wobei diese nach rechts oder links gerichtet sein können.

- **Empirische Ergebnisse**

Die einzige vorliegende größere empirische Wirkungsstudie zum Karlsruher Physikkurs über die Jahrgangsstufen 8, 9 und 10 wurde von Starauschek (2001) durchgeführt[31], wobei als ein Erfolgskriterium die Veränderung von Schülervorstellungen gewählt wurde. Die Mechanik wurde in Jahrgangsstufe 8 unterrichtet. Die Teilgruppen für den repräsentativen Vergleich der Lernwirkungen bestanden aus 180 Schüler und Schülerinnen aus neun Klassen, die nach dem Karlsruher Physikkurs unterrichtet wurden, und 120 Schüler und Schülerinnen aus sechs Klassen, die traditionell unterrichtet wurden.

Die Testitems zeigen, dass die Lernergebnisse der Schüler und Schülerinnen, die nach dem Karlsruher Physikkurs unterrichtet werden, in der Mechanik den Ergebnissen der traditionell unterrichteten Schüler ähneln: Beiden Konzeptionen gelingt es nur bei einem kleinen Teil der Schüler und Schülerinnen, die Alltagsvorstellungen zur Dynamik hin zu physikalischen Vorstellungen zu verändern. Dabei gibt es jedoch Unterschiede zwischen den Geschlechtern, denn die Jungen profitieren mehr von den Konzepten des Karlsruher Kurses. Die Mädchen zeigen zum Teil noch schlechtere Ergebnisse als traditionell unterrichtete Schülerinnen. Starauschek (2001, S. 162) fasst die Ergebnisse zur Mechanik folgendermaßen zusammen: „Gemessen an den Behauptungen, durch die Veränderung der Sachstruktur und der Fachsprache die Alltagsvorstellungen zur mechanischen Dynamik in großem Umfang zu physikalischen Vorstellungen zu entwickeln, hält der Karlsruher Kurs (in der Mechanik, d. V.) nicht, was er verspricht."

Positiv konnte festgestellt werden, dass das fachspezifische Selbstkonzept der Mädchen, die in der Mittelstufe des Gymnasiums komplett nach dem Karlsruher Physikurst unterrichtet wurden, besser ist als das von traditionell unterrichteten Mädchen. Das bedeutet, diese Mädchen haben ein größeres Vertrauen in ihre eigene Leistungsfähigkeit entwickelt. Außerdem ist der Physikunterricht bei Schülern und Schülerinnen der 8. und 9. Jahrgangsstufe, die nach dem Karlsruher Physikkurs unterrichtet wurden, auch etwas weniger unbeliebt, wobei es aber am Ende der 10. Jahrgangsstufe keinen Unterschied mehr gibt. Das KPK-Schulbuch wird von den Schülerinnen und Schülern positiv bewertet: Sie benutzen es und empfinden es als verständlich.

---

31 Kleinere Studien sind von Kesidou und Duit (1991) und von Opitz (2000) aufgelegt worden.

- **Unterrichtsmaterialien**

Herrmann, F. (Hrsg.): *Der Karlsruher Physikkurs,* Auflage 2014, ▶ http://www. physikdidaktik.uni-karlsruhe.de/kpk_material.html, lizenziert unter einer Creative-Commons-Lizenz (Namensnennung – nicht-kommerziell – keine Bearbeitung 3.0 Deutschland).

Im Aulis-Verlag sind drei Bücher für die Sekundarstufe I und fünf Bücher für die Sekundarstufe II mit jeweils noch einem Lehrkräftebuch als Unterrichtshilfe erschienen, die mittlerweile ausverkauft sind. Sie sind aber als pdf-Dateien unter obigem Link als zweispaltig gesetzte Version erhältlich. Außerdem werden dort pdf-Dateien der gleichen Bücher in einem neuen Layout für den Tablet-Computer angeboten, die auf Seitenumbrüche verzichten. Bei Amazon ist auch eine Kindle-Version erhältlich.

4.4 Kraftstoß-Konzept in der Sekundarstufe I

- **Grundlegende Entscheidungen zur Vermittlung des Kraftbegriffs**

Wie im ▶ Abschn. 3.3 dargelegt, basiert die Frankfurt/Münchener-Konzeption für die Sekundarstufe I auf einer langen Reihe konzeptioneller Entwicklungsarbeiten und empirischer Studien (▶ Abschn. 1.4). Bereits von Ende der 1960er-Jahre bis ca. 1985 wurde unter Leitung von Jung[32] das Stoßratenkonzept entwickelt; ab 1985 wurde daraus unter Leitung von Wiesner[33] das Kraftstoß-Konzept. Ab 2007 wurde es unter Leitung von Hopf, Wilhelm und Wiesner[34] weiterentwickelt und empirisch untersucht.

Das Hauptziel dieser Konzeption liegt darin, den Schülerinnen und Schülern zu vermitteln, dass eine Einwirkung auf einen Körper zu einer Änderung von dessen Geschwindigkeit führt. Dabei wird im Rahmen einer Anknüpfungsstrategie versucht, Unterrichtssequenzen zu konstruieren, die auf solchen Schülervorstellungen aufbauen, die nicht (oder nur wenig) mit der physikalischen Betrachtungsweise kollidieren. Gleichzeitig wird versucht zu vermeiden, lernhinderliche Vorstellungen bei den Schülerinnen und Schülern zu aktivieren oder zu erzeugen.

Eine Rahmenvorstellung, an die diese Mechanikkonzeption anknüpft, lautet „von nichts kommt nichts"; sie wird hier in der Form „ohne Einwirkung keine Änderung" aufgegriffen. Als prototypisch für eine Krafteinwirkung wird ein Stoß angesehen. Schülerinnen und Schüler akzeptieren Stöße als Krafteinwirkung und haben dazu keine gravierenden Fehlvorstellungen. Ausgehend von Stößen kann das gesamte Newton'sche Kraftkonzept aufgebaut werden. Dazu werden nicht nur kurzzeitige Stöße verwendet, sondern auch länger andauernde Einwirkungen.

---

32 Z. B. Jung, Reul und Schwedes (1977); Jung (1980).
33 Z. B. Wiesner (1992, 1993, 1994a, 1994b); Wodzinski und Wiesner (1994a, 1994b, 1994c); Hopf et al. (2008).
34 Waltner et al. (2010); Wiesner et al. (2010); Tobias (2010); Wilhelm et al. (2012); Wilhelm et al. (2013); Wiesner et al. (2016).

Eine weitere Entscheidung liegt darin, keine Betrachtung zu Zeit*punkten* durchzuführen. (Dies würde zu einer differenziellen Betrachtung führen, für die die Momentanbeschleunigung gebraucht würde.) Stattdessen werden nur Einwirkungen in Zeitintervallen betrachtet, was zu integralen Betrachtungen führt. Dann genügt es, die Geschwindigkeit am Anfang und am Ende des Zeitintervalls zu vergleichen (▶ Abschn. 3.3).

- **Die Newton'sche Bewegungsgleichung**

Ein Schlüsselexperiment ist der senkrechte Stoß auf eine rollende Kugel (◘ Abb. 4.6). Auf eine Kugel, die von links nach rechts rollt, wird ein Stoß senkrecht zur Bewegungsrichtung ausgeübt. Dadurch erhält die Kugel zusätzlich zur ursprünglichen Geschwindigkeit eine Geschwindigkeitsänderung in Stoßrichtung, die „Zusatzgeschwindigkeit" genannt wird (▶ Abschn. 3.3). Manche Schülerinnen und Schüler erwarten vor der Versuchsdurchführung, dass die Kugel nach dem Stoß eine Geschwindigkeit in Stoßrichtung hat. Danach wird aber leicht akzeptiert, dass die Anfangsgeschwindigkeit erhalten bleibt und in Stoßrichtung eine Zusatzgeschwindigkeit dazukommt. Man kann es auch so sehen, dass die Schülervorstellung, dass sich bei einer Krafteinwirkung immer eine Geschwindigkeit in Kraftrichtung ergibt, umgedeutet wird in die Aussage, dass sich bei einer Einwirkung immer eine *Zusatz*geschwindigkeit in Einwirkungsrichtung ergibt. Wichtig ist bei diesem Schlüsselexperiment, dass der Körper bereits vor der Einwirkung eine Geschwindigkeit hat und der Stoß senkrecht dazu erfolgt; die zweite, parallel rollende Kugel wird nur zum Vergleich genutzt (◘ Abb. 4.6 oben).

Erst nach Betrachtung von verschiedenen Einwirkungen wird erläutert, dass die „Einwirkungsstärke" und die „Einwirkungsrichtung" in der Physik zu einer Größe zusammengefasst werden und dass dafür der Begriff „Kraft" verwendet wird.

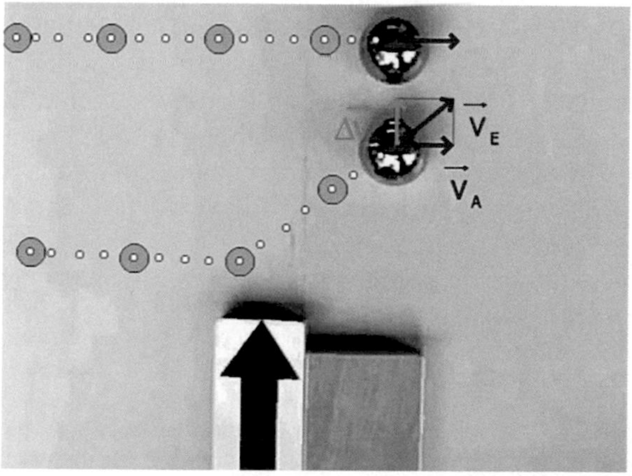

◘ **Abb. 4.6** Das Schlüsselexperiment: senkrechter Stoß auf eine rollende Kugel (mit freundlicher Genehmigung von © T. Wilhelm und C. Waltner)

4

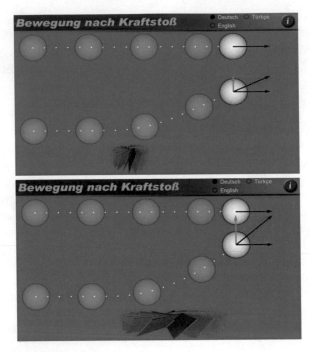

■ **Abb. 4.7** Unterschiedliche Einwirkungsdauern bewirken unterschiedliche Zusatzgeschwindigkeiten (grüner Pfeil)

Danach werden drei verschiedene Je-desto-Beziehungen aufgestellt. Hierzu eignen sich verschiedene qualitative Experimente, einfache Plausibilitätsüberlegungen oder eine Simulation [35] des senkrechten Stoßes.

1. Sofort einsichtig ist: Je größer die *Einwirkungsstärke* einer Kraft ist, die auf einen Körper ausgeübt wird, desto größer ist das Tempo der Zusatzgeschwindigkeit, die der Körper erhält. Ein stärkerer Stoß, ein stärkerer Magnet oder ein „stärkerer" Motor führen zu einer Zusatzgeschwindigkeit mit größerem Betrag.
2. Ebenso verständlich ist: Je länger die *Einwirkungsdauer* einer Kraft ist, die auf einen Gegenstand ausgeübt wird, desto größer ist das Tempo der Zusatzgeschwindigkeit. Im Experiment oder in der Simulation kann unterschiedliche lange auf die Kugel mit einem Föhn oder Ventilator (■ Abb. 4.7) geblasen werden.
3. Einleuchtend ist ferner: Je größer die *Masse* eines Gegenstands ist, auf den eine Kraft ausgeübt wird, desto geringer ist das Tempo der Zusatzgeschwin-

---

35 Die Windows-Simulation mit dem grünen Hintergrund wurde von Alexander Rachel erstellt. Sie ist unter ▶ http://www.thomas-wilhelm.net/simu_stoss.zip downloadbar. Eine neue HTML5-Simulation für jeden Browser wurde von Thomas Weatherby erstellt und ist startbar unter www.thomas-wilhelm.net/stoss.html. Eine entsprechende Version für Android-Tablets gibt es unter ▶ https://play.google.com/store/apps/details?id=com.IDPFrankfurt.CollSim und eine Version für iPads und iPhones unter ▶ https://apps.apple.com/app/id1536603525.

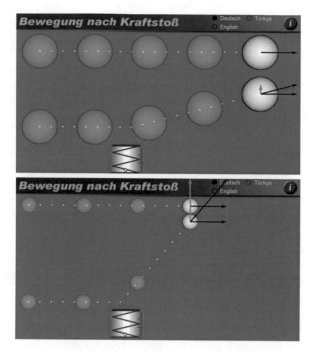

◘ Abb. 4.8 Unterschiedliche Massen führen zu unterschiedlichen Zusatzgeschwindigkeiten (grüner Pfeil)

digkeit, die der Körper erhält. Mit Kugeln oder Bällen von sehr unterschiedlicher Masse kann dies mit wenig Aufwand gezeigt werden (◘ Abb. 4.8).

Die Newton'sche Bewegungsgleichung wird nun in der Form $\vec{F} \cdot \Delta t = m \cdot \Delta \vec{v}$ mitgeteilt, die zu den drei obigen Je-desto-Beziehungen passt. Es handelt sich dabei um eine elementarisierte integrale Form des 2. Newton'schen Axioms, die auf zweidimensionale Bewegungen angewandt wird. Damit wird an dieser Stelle eigentlich die neue physikalische Größe „Kraft" definiert. Das Vorgehen, eine physikalische Größe durch eine formale Definition festzulegen, muss nicht, kann aber mit den Schülerinnen und Schülern als eine Methode in den Naturwissenschaften diskutiert werden.

Dieser Zusammenhang $\vec{F} \cdot \Delta t = m \cdot \Delta \vec{v}$ wird dann in vielen verschiedenen Anwendungsaufgaben qualitativ angewandt und verständlich gemacht. Dadurch erweist sich die Zweckmäßigkeit dieser Definition. Beispiele aus dem Alltag sind verschiedene Arten, als Torwart einen Fußball abzuwehren, ein Auto beim Anfahren oder eine Kurvenfahrt. Bei der Knautschzone eines Autos, bei Fahrradhelmen, bei der Elastizität von Kletterseilen und beim In-die-Knie-Gehen beim Abgang vom Reck wird durch eine Verlängerung der Einwirkungsdauer die (mittlere) Kraft verkleinert. Es ist also mithilfe der Gleichung $\vec{F} \cdot \Delta t = m \cdot \Delta \vec{v}$ möglich, komplexe Bewegungen des Alltags ohne Verwendung der Beschleunigung zu diskutieren. Stillschweigend wird dabei vereinfachend angenommen, dass die Kraft während der gesamten Einwirkungszeit konstant ist. Tatsächlich geht es aber um die mittlere Kraft während der gesamten Einwirkungszeit.

■ Spezialfall Beharrungsprinzip und Wechselwirkungsprinzip

Das 1. Newton'sche Gesetz folgt anschließend als ein Spezialfall und wird „Beharrungsprinzip" genannt. Aus der Newton'schen Bewegungsgleichung $\vec{F} \cdot \Delta t = m \cdot \Delta \vec{v}$ wird geschlossen: Wenn auf einen Körper keine Kraft ausgeübt wird, die Kraft also null ist, dann erhält er auch keine Zusatzgeschwindigkeit, seine Geschwindigkeit ändert sich also nicht. Situationen in einer anfahrenden oder anhaltenden Straßenbahn können im Experiment nachgespielt und diskutiert werden.

Ein Lastwagen, der eine Kurve gefahren ist, hat eine Zusatzgeschwindigkeit erhalten (■ Abb. 4.9). Deshalb kann man folgern, dass auf ihn eine Kraft eingewirkt hat. Liegt auf der Ladefläche aber ein ungesichertes Paket, auf das während der Kurvenfahrt keine Kraft ausgeübt wird, dann erhält es auch keine Zusatzgeschwindigkeit und bewegt sich mit konstanter Geschwindigkeit geradeaus weiter (■ Abb. 4.9).

Stößt ein Spielzeugauto auf ein anderes oder stößt ein Luftkissenpuck auf einen anderen – als Modell für das Eisstockschießen – (■ Abb. 4.10), dann ändert sich bei beiden Körpern die Geschwindigkeit. Da beide Körper eine Zusatzgeschwindigkeit erhalten, wirkt auf beide eine Kraft, dies führt zum Wechselwirkungsprinzip. Auch hier werden viele Anwendungsbeispiele qualitativ besprochen, wie z. B. der Rückstoß bei einer Kanone, der Frontalzusammenstoß zweier Fahrzeuge und insbesondere Fortbewegungen. Dazu gehören das Starten eines Hundertmeterläufers aus dem Startblock, das Fahren im Ruderboot, der Steigflug eines Hubschraubers, das Anfahren eines Autos oder das Abheben einer Rakete.

■ Mehrere Kräfte

Schließlich werden auch noch Situationen behandelt, in denen mehrere Kräfte auf einen Körper einwirken. Hier wird deutlich gemacht, dass man alle Kräfte finden muss, die auf den Körper ausgeübt werden, und man deren Kraftpfeile dann aneinanderhängt. Der Pfeil der resultierenden Kraft ergibt sich dann aus der Verbindung des Pfeilfußes des ersten Kraftpfeils mit der Pfeilspitze des letzten Kraftpfeils. So kann man so tun, als ob alle Kraftpfeile durch den Pfeil der resultierenden Kraft ersetzt werden, denn die resultierende Kraft liefert die Zusatzgeschwindigkeit, die der Körper bekommt.

Ein Spezialfall ist das Kräftegleichgewicht, bei dem die resultierende Kraft null ist und es deshalb trotz des Wirkens von Kräften keine Zusatzgeschwindigkeit ergibt. Beispiele sind die Obstschale auf dem Tisch, ein Fallschirmspringer vor dem Öffnen das Fallschirms (■ Abb. 4.11) oder das Fahrradfahren mit konstan-

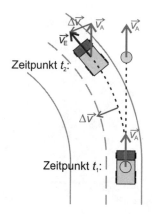

◻ Abb. 4.9 Ein LKW erhält in einer Kurve eine Zusatzgeschwindigkeit $\Delta\vec{v}$, während seine Ladung (gelb) aufgrund einer fehlenden Kraft ihre konstante Geschwindigkeit behält

◻ Abb. 4.10 Eisstockschießen im Modellversuch mit zwei Luftkissenpucks auf dem Boden

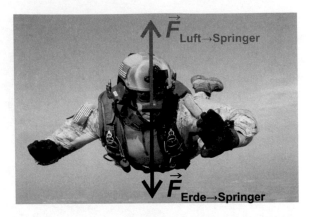

□ **Abb. 4.11**   Ein Fallschirmspringer befindet sich vor dem Öffnen des Fallschirms im Kräftegleichgewicht

tem Tempo. Klar unterschieden werden müssen das Wechselwirkungsprinzip, das Aussagen über Kräfte macht, die an *unterschiedlichen* Körpern angreifen, und das Kräftegleichgewicht, das Aussagen über Kräfte macht, die am *selben* Körper angreifen.

■ **Empirische Ergebnisse**

In der Studie von Hopf, Wilhelm, Tobias, Waltner und Wiesner in der Jahrgangsstufe 7 haben zunächst insgesamt 13 Lehrkräfte in 18 Klassen (475 Schülerinnen und Schüler) nach der traditionellen Konzeption unterrichtet (Kontrollgruppe).[36] Die gleichen 13 Lehrkräfte haben dann im folgenden Schuljahr in 16 Klassen (452 Schülerinnen und Schüler) nach der zweidimensional-dynamischen Konzeption unterrichtet (Treatmentgruppe). Werden nur die Schülerinnen und Schüler berücksichtigt, die zu allen Erhebungszeitpunkten anwesend waren, ergibt sich ein Stichprobenumfang von $N = 349$ in der Kontrollgruppe und $N = 311$ in der Treatmentgruppe.

Zur Überprüfung des fachlichen Verständnisses wurden 13 Aufgaben zu den Kernthemen des Mechanikunterrichts eingesetzt, wobei diese Themen sowohl im Unterricht der Treatmentgruppe als auch der Kontrollgruppe behandelt worden waren. Im Nachtest und einem verzögerten Nachtest ergaben sich höchst signifikante ($p < 0,001$) Unterschiede zwischen der Kontroll- und der Treatmentgruppe mit einer mittleren bis großen Effektstärke ($d = 0,72$). Während z. B. im Nachtest in der Kontrollgruppe durchschnittlich 4,3 der 13 Aufgaben richtig gelöst wurden, waren dies in der Treatmentgruppe 5,7 Aufgaben.[37]

Vergleich man die Ergebnisse aufgeschlüsselt nach Geschlechtern, zeigt sich, dass insbesondere die weniger interessierten Mädchen beim traditionellen Un-

---

36 Tobias (2010); Spatz et al. (2018).
37 Tobias (2010); Spatz et al. (2018).

terricht weniger lernerfolgreich sind, während sie bei der zweidimensional-dynamischen Unterrichtskonzeption mit den Jungen gleichziehen. Betrachtet man die einzelnen Lehrkräfte, sieht man, dass fast alle Lehrkräfte mit der neuen Konzeption einen besseren Lernerfolg bei ihren Schülerinnen und Schüler erreichten.

Außerdem gab es bei der Selbstwirksamkeitserwartung (Vertrauen in die eigene Leistungsfähigkeit) nach dem Unterricht einen kleinen signifikanten Effekt. Dies kommt vor allem durch Aufgaben, die die Selbstwirksamkeitserwartung beim Erklären und Vorhersagen betreffen, wobei sich die Schülerinnen und Schüler der Treatmentgruppe hier als kompetenter erlebt haben.

In einer Konsolidierungsstudie wurde diese Konzeption mit einer Konzeption verglichen, die einige Elementarisierungen übernimmt und andere gemäß dem traditionellen Unterricht wählt. Bis zur Drucklegung dieses Buches lagen erste Ergebnisse vor, die nicht zwischen Kinematik und Dynamik trennen.[38] Bei der parallelisierten Stichprobe ergibt sich ein höchst signifikanter Unterschied im Lernerfolg zugunsten der Frankfurt/Münchener-Konzeption, wobei dieser Unterschied nur durch die schwachen Schülerinnen und Schüler zustande kommt.

■ **Unterrichtsmaterialien**

Hopf, M., Wilhelm, T., Waltner, C., Tobias, V. und Wiesner, H. (o. J.). *Einführung in die Mechanik,* ▶ http://www.thomas-wilhelm.net/Mechanikbuch_Druckversion.pdf.
Es handelt sich um ein Schulbuch im Format DIN A5, das für nicht-kommerzielle Zwecke frei vervielfältigt werden darf.

Wiesner, H., Wilhelm, T., Waltner, C., Tobias, V., Rachel, A. und Hopf, M. (2016). *Kraft und Geschwindigkeitsänderung. Neuer fachdidaktischer Zugang zur Mechanik* (Sek. I), Aulis-Verlag.
Wilhelm, T., Wiesner, H., Hopf, M. und Rachel, A. (2013). *Mechanik II: Dynamik, Erhaltungssätze, Kinematik.* Reihe Unterricht Physik, Band 6, Aulis-Verlag.
Es handelt sich um zwei Lehrerhandbücher mit detailliert ausgearbeiteten Unterrichtsvorschlägen zur gesamten Mechanik der Sekundarstufe I. Auf den beiliegenden DVDs befindet sich umfangreiches Unterrichtsmaterialteil mit kopierfertigen Arbeitsblättern (Word- und pdf-Format), Lösungen, Videos und „measure dynamics"-Projekten.

Weitere Unterrichtsmaterialien befinden sich auf den Webseiten ▶ http://www.thomas-wilhelm.net/2dd.htm.

---

38 Seiter, Krabbe und Wilhelm (2020).

4.5 Computergestützte Analyse in der Sekundarstufe II

- **Grundideen der computergestützten Analyse**

Experimente im Physikunterricht helfen, physikalische Konzepte zu erschließen, zu verdeutlichen und anzuwenden. Dabei können Schülerinnen und Schüler die Tragfähigkeit und die Reichweite von Konzepten und Gesetzmäßigkeiten sehen, ein angemessenes mentales Modell entwickeln und so inadäquate Vorstellungen ändern. Um viele Experimente quantitativ durchzuführen, ist es wichtig, das Messen, Auswerten und Zeichnen durch den Einsatz des Computers zu automatisieren. So können Messergebnisse von Versuchsvarianten in Echtzeit dargestellt werden. Da sich Schüler mit dem Lesen und Interpretieren von Graphen schwertun, ist es hilfreich, noch andere Darstellungsformen anzubieten. Dazu gehören Animationen und dynamisch ikonische Repräsentationen, wie Linien, Flächen, Säulen und Pfeile, die sich entsprechend den Messwerten verändern.

Dafür wurden unter dem Namen „PAKMA" an der Universität Würzburg eine Reihe von Hard- und Softwareprogrammen entwickelt: In den 1980er-Jahren für den Homecomputer Commodore C64[39], Ende der 1980er-Jahre für den „Amiga"-Computer[40] und ab 1991 für Windows[41] und schließlich als betriebssystemunabhängiges Java-Programm JPAKMA[42].

Auf der Basis dieser Möglichkeiten hat Wilhelm (1994) ein Unterrichtskonzept für die Dynamik geradliniger Bewegungen für die Sekundarstufe II vorgeschlagen und im Unterricht getestet.[43] Grundideen waren die Nutzung verschiedener Darstellungen, die Betonung des Gesprächs mit den Schülern, welche die Ergebnisse beschreiben bzw. vorhersagen sollten, und die Nutzung von Versuchen, bei denen variable Kräfte, mehrere Kräfte gleichzeitig sowie Reibungskräfte wirken. Diese Dynamik-Konzeption wurde von verschiedenen Autoren um eine Konzeption zur eindimensionalen Kinematik ergänzt und mehrfach in einzelnen Klassen getestet.[44] Wilhelm (2005a) wiederum hat diese Dynamik-Konzeption mit einer zweidimensionalen Kinematik (▶ Abschn. 3.4) in den Jahren 2000 bis 2005 von vielen Lehrkräften durchführen lassen und evaluiert.[45] Im Sinne von Design-based Research (▶ Abschn. 1.4) sollten die vielfältigen Erkenntnisse der didaktischen Forschung zum Mechaniklernen und zu den bestehenden Schülervorstellungen genutzt werden, also verschiedene Ansätze und Ideen verbunden werden. Vor allem sollte die Darstellung physikalischer Größen und von physikalischen Strukturzusammenhängen mithilfe dynamisch ikonischer Repräsentationen genutzt werden.

---

39 Heuer (1988).
40 Heuer (1992b).
41 Heuer (1996).
42 Schönberger and Heuer (2002); Gößwein, Heuer und Suleder (2002); Gößwein, Heuer und Suleder (2003).
43 Wilhelm (1994, S. 147–188).
44 Jäger (1996); Koller (1997); Blaschke (1999).
45 Wilhelm und Heuer (2002a, 2002b, 2004); Wilhelm (2005a); Wilhelm (2008).

- **Behandlung des zweiten Newton'schen Gesetzes**

Diese Unterrichtskonzeption für die Sekundarstufe II geht davon aus, dass die Kraft bereits in der Sekundarstufe I eingeführt wurde und die Kinematik einschließlich der Beschleunigung schon behandelt wurde. Wie intensiv in der Sekundarstufe I die statischen und dynamischen Aspekte des Kraftbegriffs thematisiert wurden, ist dabei nicht relevant. Die Dynamik beginnt mit der Erarbeitung des Zusammenhangs zwischen Kraft und Beschleunigung anhand von Experimenten. Um zu zeigen, dass das 2. Newton'sche Gesetz auch bei veränderlichen Kräften, mehreren Kräften und in Anwesenheit von Reibung gilt, wird mit eindimensionalen Bewegungen begonnen und später auf zweidimensionale erweitert. Dass das 2. Newton'sche Gesetz eigentlich die Definition der Kraft ist, wird erst später erläutert. Das 1. Newton'sche Gesetz wird ebenfalls erst später als Spezialfall des 2. Newton'schen Gesetzes thematisiert.

Wie im traditionellen Unterricht wird mit dem Versuch begonnen, bei dem an einem Faden hängende Gewichtsstücke über eine Umlenkrolle an einem Gleiter auf einer Luftkissenfahrbahn ziehen. Es wird gezeigt, dass bei konstanter Gesamtmasse die Beschleunigung direkt proportional zur jeweiligen konstanten Zugkraft ist und bei konstanter Zugkraft die Beschleunigung umgekehrt proportional zur jeweiligen Gesamtmasse. Allerdings wird nicht nur die Tempozunahme nach rechts bis zum Ende der Fahrbahn betrachtet, sondern es ist zusätzlich am Ende der Fahrbahn eine weiche Feder angebracht, die den Gleiter nach links zurückstößt. Bei dieser langsamer werdenden Rückwärtsbewegung mit negativer Geschwindigkeit und am Umkehrpunkt gibt es wie vorher eine positive Beschleunigung, die proportional zur Zugkraft ist. So ergibt sich eine längere Messzeit. Außerdem kann der Einfluss der noch vorhandenen Reibung eliminiert werden, indem bei der Beschleunigung zwischen Hin- und Rückbewegung gemittelt wird. Weil Lernende in einer Gleichung auch einen Ursache-Wirkungs-Zusammenhang sehen, wird das Ergebnis in der Form $\vec{a} = \vec{F}/m$ festgehalten, da sich aus wirkender Kraft und bewegter Masse eine Beschleunigung ergibt. Die übliche Formulierung $F = m \cdot a$ verführt Schülerinnen und Schüler anzunehmen, dass Masse und die Beschleunigung eine Kraft „ergeben" würden.

Um zu verdeutlichen, dass die Gleichung nicht nur für konstante Kräfte oder nur im Mittel gilt, sondern in jedem Augenblick, wird im nächsten Versuch die Kraft während des Versuchsablaufs kontinuierlich verändert. Dazu dient die Hangabtriebskraft auf einer kippbaren Luftkissenfahrbahn. Die Kraft kann über die Fahrbahnneigung leicht variiert und gemessen werden. Dafür wird in jedem Moment die Strecke, um die ein Fahrbahnende gegenüber der Horizontalen angehoben bzw. abgesenkt wird, mit einem Präzisionslaufrad bestimmt (◗ Abb. 4.12).[46]

Während des Bewegungsablaufs sehen die Schülerinnen und Schüler in einer Animation parallel zum Versuch, wie die Luftkissenbahn gekippt wird und sich der Gleiter bewegt (◗ Abb. 4.13). Geschwindigkeit, Beschleunigung sowie die wirkende Hangabtriebskraft werden als Pfeile an den Gleiter angezeichnet und

---

46 Wilhelm (1994, S. 157 ff.).

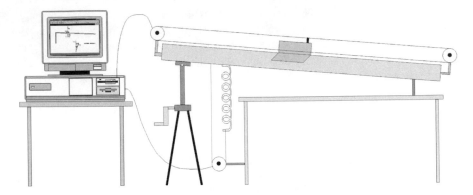

◘ Abb. 4.12   Versuchsaufbau für Versuche zum 2. Newton'schen Gesetz

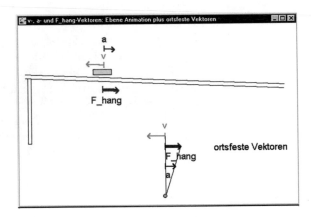

◘ Abb. 4.13   Ein Momentbild während des Versuchsablaufs mit veränderlicher Hangabtriebskraft

auch ortsfest gezeigt. Bei der zweiten Darstellung sieht man, dass die Endpunkte der parallelen Pfeile $\vec{F}$ und $\vec{a}$ stets auf einem Strahl liegen, der sich um seinen Ursprung dreht. Das bedeutet, dass $\vec{a} \sim \vec{F}$ gilt, und zwar unabhängig von der momentanen Geschwindigkeit $\vec{v}$.

Werden bloß die typischen Beschleunigungsversuche mit nur einer Zugkraft durchgeführt, reduziert sich die Aussage des 2. Newton'schen Gesetzes in der Vorstellung der Lernenden auf das Wirken einer Kraft. Der Versuch mit der Hangabtriebskraft wird dann aber so erweitert, dass man die Wirkung mehrerer äußerer Kräfte auf den Luftkissengleiter zeigen kann. Eine Kraft, die zusätzlich zur variablen Hangabtriebskraft wirkt, kann die Schubkraft sein, die ein auf dem Gleiter befestigter Propeller ausübt (◘ Abb. 4.14).

Die dabei auftretenden Beschleunigungen sind nicht mehr proportional zur Hangabtriebskraft $\vec{F}_{\text{Hang}}$ (◘ Abb. 4.15, oben), aber auch nicht zur Summe der Beträge der beiden Kräfte $\vec{F}_{\text{Hang}}$ und $\vec{F}_{\text{Zusatz}}$. Wird die Animation mit den aufgenommenen Versuchsdaten schrittweise reproduziert, kann jeweils überlegt wer-

◘ Abb. 4.14 Luftkissengleiter mit aufgesetztem Propeller

Zuerst Darstellung ohne Zusatzkraft:

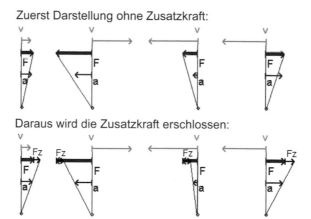

Daraus wird die Zusatzkraft erschlossen:

◘ Abb. 4.15 Vier Zeitpunkte während des Versuchsablaufs; erst ohne, dann mit Darstellung der zusätzlichen Propellerkraft (*F*z ist die Zusatzkraft)

den, wie die zusätzliche Kraft berücksichtigt werden muss. Wird diese fehlende Kraft $\vec{F}_{\text{Zusatz}}$ als Pfeil dynamisch mit in das Vektordiagramm eingezeichnet, wird die Proportionalität $\vec{a} \sim (\vec{F}_{\text{Hang}} + \vec{F}_{\text{Zusatz}})$ direkt sichtbar (◨ Abb. 4.15, unten).

Begriffe wie „resultierende Kraft", „Ersatzkraft" oder „beschleunigende Kraft" werden in dieser Unterrichtskonzeption vermieden, damit die Schülerinnen und Schüler diese nicht für eine weitere, mit der Hangabtriebskraft vergleichbare Kraft halten. Stattdessen wird von der „Gesamtkraft" oder der „Summe der Kräfte" gesprochen und das 2. Newton'sche Gesetz in der Form $\vec{a} = \sum \vec{F}/m$ geschrieben.

Ergibt sich einmal mit den bekannten Kräften keine Proportionalität zwischen $\sum \vec{F}$ und $\vec{a}$, so wird argumentiert, dass mindestens eine Kraft übersehen wurde, die dann gesucht werden muss. Die Eigenschaften der fehlenden Kraft können aus den Messwerten ermittelt werden, anschließend kann ihre Ursache identifiziert werden. Dazu wird an einem Gleiter auf der den Schülern abgewandten Seite ein weicher Federstahlbügel mit Schaumstoffpolster so angebracht, dass dieser die Gleitschiene leicht berührt und damit auf den Gleiter eine kleine Gleitreibungskraft $\vec{F}_{\text{Reib}}$ wirkt, deren Betrag recht konstant ist.[47] Die Schülerinnen und Schüler müssen dann mithilfe der Pfeildarstellung herausfinden, welche Eigenschaften die zusätzliche Kraft hat. Durch wiederholte Reproduktion des Versuchsablaufs am Bildschirm wird erkannt, dass die unbekannte Kraft einen in etwa konstanten Wert hat, aber mehrfach ihre Richtung ändert (◨ Abb. 4.16, Mitte). Schließlich wird erkannt, dass sich die Kraftrichtung mit der Bewegungsrichtung umkehrt und die Kraft immer gegen die Bewegungsrichtung gerichtet ist. Dass eine Gleitreibungskraft mit einem Richtungswechsel auch ihre Richtung ändert, ist für die Schülerinnen und Schüler neu, denn in der Sekundarstufe I wird oftmals falsch vermittelt, dass die Reibungskraft unabhängig von der Geschwindigkeit (statt von der Schnelligkeit) ist.

Um deutlich zu machen, dass alle bewegten Massen berücksichtigt werden müssen, wird noch die Atwood'sche Fallmaschine behandelt. Die geschwindigkeitsabhängige Luftreibung wird anhand von Bahrdt'schen Fallkegeln[48] thematisiert. Versuchssituationen mit geschwindigkeitsabhängigen Reibungskräften sind für das Verständnis der Newton'schen Dynamik wichtig, da diese für die Schülervorstellung verantwortlich sind, dass die Geschwindigkeit $\vec{v}$ eines Körpers proportional zur wirkenden äußeren Kraft ist.

■ Erstes und drittes Newton'sches Gesetz

Das 1. Newton'sche Gesetz wird nur als Spezialfall des 2. Newton'schen Gesetzes unterrichtet und es wird bewusst nicht „Trägheitssatz" genannt, da dieser Begriff missverständlich ist – „träge" Menschen werden langsamer. Dabei werden kaum Situationen behandelt, in denen die Ruhe beibehalten wird, sondern vor allem Vorgänge, in denen eine nicht-verschwindende Geschwindigkeit gleich bleibt.

---

47 Wilhelm (1994, S. 166 ff.).
48 Wilhelm (2000).

Zuerst Darstellung ohne Zusatzkraft:

Daraus wird die Zusatzkraft erschlossen:

Zeitgraphen der Zusatzkraft und der Geschwindigkeit:

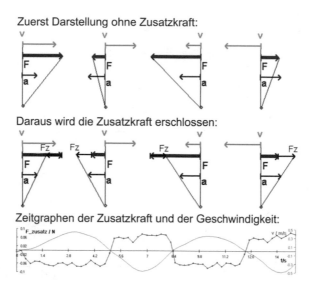

◘ **Abb. 4.16** Vier Zeitpunkte des Versuchsablaufs, erst ohne, dann mit Darstellung der zusätzlichen Gleitreibungskraft (Fz ist die Zusatzkraft)

Beim 3. Newton'schen Gesetz werden u. a. verschiedene Bewegungen gemessen: Bei zwei mit einem Faden verbundenen Wagen wickelt ein Wagen mit einem Motor den Faden auf, zwei Wagen stoßen aufeinander, zwei Wagen sind mit einer langen weichen Spiralfeder verbunden und stoßen sich durch eine kurze Blattfeder ab. Insbesondere werden unterschiedlich schwere Wagen betrachtet. So wird erkannt, dass die Erfahrung richtig ist, dass man bei verschiedenen Massen verschiedene Wirkungen sieht. Es wird nämlich sichtbar, dass die Beschleunigungen unterschiedlich, die Kräfte aber gleich sind (◘ Abb. 4.17).

▪ **Hard- und Software**

Alle Experimente dieser Unterrichtskonzeption wurden mit der Software PAKMA unter Windows 98 und spezieller PAKMA-Hardware durchgeführt.[49] Alternativ war es auch möglich, in PAKMA mit dem Sensor-Cassy von Leybold Didactic zu messen. Kostengünstiger waren quantitative Versuche zur eindimensionalen Kinematik und Dynamik mit einer PC-Kugel-Maus als Messgerät.[50] Mittlerweile ist PAKMA nicht mehr kompatibel zu aktuellen Windows-Versionen und die Hardware wird nicht mehr produziert.

Viele aktuelle computerbasierte Messwerterfassungssysteme erlauben aber genauso die Messung einer geradlinigen Bewegung in Echtzeit. Die Lehrmittelfirma PASCO bietet einen Rollwagen „Smart Cart drahtlos" an, der einen Kraftsensor für eine Zugkraft und einen Beschleunigungssensor im Wagen sowie einen Sensor in den Rädern für Positions- und Geschwindigkeitsmessung integriert hat und seine Daten drahtlos per Bluetooth sendet. Außerdem wird ein aufsteckba-

49 Heuer (1992a).
50 Reusch et al. (2000a, b).

4

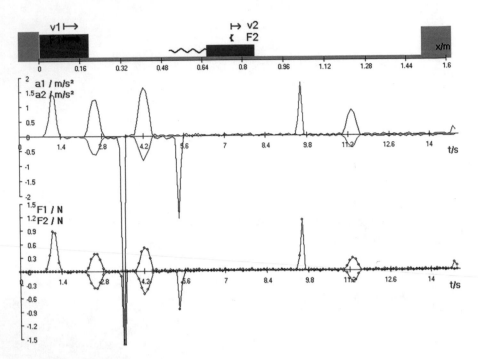

☐ **Abb. 4.17** Ein Luftkissengleiter (rot) und ein zweiter mit halber Masse (blau) stoßen auf der Luftkissenfahrbahn miteinander und mit der Bande, wobei neben der Animation die gemessene Beschleunigung und die wirkende Kraft im Zeitverlauf angegeben werden

rer Propeller angeboten, dessen Kraftwirkung genau festgelegt und gesteuert werden kann.

Abgespeicherte Messwerte können in aktuellen Messwerterfassungsprogrammen als Graphen im Ganzen angezeigt werden, aber sie können nicht in der Originalgeschwindigkeit reproduziert werden. Außerdem gibt es aktuell keine Software, die den Versuchsablauf in Echtzeit in einer Animation auf dem Bildschirm wiedergeben kann und die physikalischen Größen dynamisch als Pfeile darstellt, denn es werden stets nur Graphen angezeigt.

▪ **Empirische Ergebnisse**

Während einer Evaluation haben 12 Lehrkräfte in 16 Klassen nach der vorgestellten Konzeption unterrichtet.[51] Es wurden verschiedene Tests eingesetzt und mit Ergebnissen aus herkömmlich unterrichteten Klassen verglichen.

In zehn Klassen mit 211 Schülern und Schülerinnen wurde eine überarbeitete Variante des FMCE-Tests von Thornton und Sokoloff[52] als Vor- und Nachtest eingesetzt[53] (▶ Abschn. 4.2). Waren die Antwortmöglichkeiten als Sätze for-

51 Wilhelm (2005a).
52 Thornton und Sokoloff (1997).
53 Wilhelm (2005a).

muliert[54], wurden durchschnittlich 39 % der sieben Aufgaben richtig beantwortet, während das nach dem traditionellen Unterricht nur 32 % waren (kleine Effektstärke, $d = 0{,}20$). Waren als Antwortmöglichkeiten Kraftgraphen gegeben, wurden 34 % von sieben Aufgaben richtig geantwortet – im Vergleich zu 21 % in der Kontrollgruppe (mittlerer Effekt, $d = 0{,}34$).

Am FCI-Test[55] (▶ Abschn. 4.2) nahmen 138 Schüler und Schülerinnen aus sieben Klassen am Vor- und Nachtest teil.[56] Beim Nachtest wurden in der Treatmentgruppe 53 % richtige Antworten erreicht im Gegensatz zu 41 % im traditionellen Unterricht (hohe Effektstärke, $d = 0{,}77$). Die Schwelle von mindestens 59 % erreichten 42 % der Lernenden in der Treatmentgruppe im Gegensatz zu 16 % in der Kontrollgruppe.

Da Treatment- und Kontrollgruppe nicht von den gleichen Lehrkräften an den gleichen Schulen unterrichtet wurden, kann ein Lehrereffekt nicht ausgeschlossen werden. Dennoch erscheint es so, dass die Schüler und Schülerinnen von dieser Unterrichtskonzeption profitiert haben.

- **Unterrichtsmaterialien**

  Wilhelm, T. (2005): *Konzeption und Evaluation eines Kinematik/Dynamik-Lehrgangs zur Veränderung von Schülervorstellungen mit Hilfe dynamisch ikonischer Repräsentationen und graphischer Modellbildung,* Studien zum Physik- und Chemielernen, Band 46, Logos-Verlag, Berlin.

  Das Buch enthält eine CD mit umfangreichen Unterrichtsmaterialien: Detaillierte Unterrichtsbeschreibungen, Arbeitsblätter, Messprogramme, Simulationen, Videos. Die Messprogramme brauchen im Prinzip einen Windows-XP-Rechner, die Simulationen laufen jedoch auch im Windows-XP-Modus von Windows 7/8/10 64-Bit.

4.6 Fazit

Aufgrund der vorhandenen Alltagsvorstellungen ist es sehr schwer zu erreichen, dass Schülerinnen und Schüler „Kraft" mit der Bewegungsänderung anstatt mit der Bewegung selbst verknüpfen, d. h. mit der Beschleunigung anstatt mit der Geschwindigkeit. Dem traditionellen Unterricht (▶ Abschn. 4.2) gelingt dies nicht in zufriedenstellendem Maße.

Der Karlsruher Physikkurs (▶ Abschn. 4.3) ist eine physikdidaktische Konzeption, die den gesamten Physikunterricht anhand weniger zentraler Ideen neu konstruieren will. Wie eine vorliegende Studie zeigt, führt er in der Dynamik nicht zu mehr Verständnis als der traditionelle Unterricht, allerdings auch nicht zu weniger. Bei einer Abwägung, entweder nach dem Karlsruher Physikkurs oder traditionell zu unterrichten, liegt es nahe, eine Entscheidung für die gesamte Se-

---

54 Diese Aufgabe findet sich auch in Schecker und Wilhelm (2018) als Übung 4.2, S. 85–86.
55 Hestenes, Wells und Swackhamer (1992); Gerdes und Schecker (1999).
56 Wilhelm (2005a, b).

4

kundarstufe I zu treffen. Nur dann lässt sich die fachliche Konsistenz des Gesamtansatzes nutzen. Eine isolierte Behandlung der Dynamik nach dem KPK erscheint nicht sinnvoll.

Das Kraftstoß-Konzept für die Sekundarstufe I (▶ Abschn. 4.4) hat in mehreren Studien gezeigt, dass damit bereits bei jüngeren Schülerinnen und Schülern ein solides Verständnis erreicht werden kann. Hier ist es aber Voraussetzung, dass schon die kinematischen Begriffe entsprechend der Frankfurt/Münchener-Konzeption für die Sekundarstufe I (▶ Abschn. 3.3) eingeführt werden. Zu bedenken ist außerdem, dass die Konzeption zugunsten des Begriffs der Zusatzgeschwindigkeit auf die Einführung der Beschleunigung verzichtet, die aber in einigen Lehrplänen vorgeschrieben ist.

Die Würzburger Konzeption für die Sekundarstufe II (▶ Abschn. 4.5) konnte ebenfalls eine große Wirkung nachweisen. Die computergestützte Analyse vieler, auch komplexerer Experimente bedarf jedoch eines geeigneten Messwerterfassungssystems und bedeutet einigen Vorbereitungsaufwand. Zudem ist zu bedenken, dass Kraft und Beschleunigung nur bei geradlinigen Bewegungen und bei Kreisbewegungen gut gleichzeitig zu messen sind, jedoch kaum bei beliebigen zweidimensionalen Bewegungen.

4.7 Übungen

- **Übung 4.1**

Ein Körper bewegt sich geradlinig nach rechts; er wird dabei zunächst 3 s lang gleichmäßig schneller und bewegt sich dann mit konstanter Geschwindigkeit weiter. Erläutern Sie, wie die Bewegung im traditionellen Unterricht (▶ Abschn. 4.2), im Karlsruher Physikkurs (▶ Abschn. 4.3), in der Frankfurt/Münchener-Konzeption (▶ Abschn. 4.4) und in der Würzburger Konzeption (▶ Abschn. 4.5) beschrieben wird.

- **Übung 4.2**

Ein Körper der Masse $m = 10$ kg bewegt sich geradlinig nach rechts mit $v = 2$ m/s; er wird 3 s lang gleichmäßig schneller, weil eine Kraft von 20 N auf ihn einwirkt. Geben Sie an, wie der Endzustand im traditionellen Unterricht (▶ Abschn. 4.2), im Karlsruher Physikkurs (▶ Abschn. 4.3), in der Frankfurt/Münchener-Konzeption (▶ Abschn. 4.4) und in der Würzburger Konzeption (▶ Abschn. 4.5) berechnet wird.

- **Übung 4.3**

Ein Fallschirmspringer fällt mit geöffnetem Fallschirm mit konstanter Geschwindigkeit nach unten. Erläutern Sie, wie die Bewegung im traditionellen Unterricht (▶ Abschn. 4.2), im Karlsruher Physikkurs (▶ Abschn. 4.3), in der Frankfurt/Münchener-Konzeption (▶ Abschn. 4.4) und in der Würzburger Konzeption (▶ Abschn. 4.5) beschrieben wird.

Literatur

Bader, F. (1979). Lässt sich die Kraft als abgeleitete Größe definieren? *Der Physikunterricht, 13*(1), 58–69.

Blaschke, K. (1999). *Dynamik-Lernen mit multimedial experimentell unterstütztem Werkstatt (ME-W)-Unterricht – Konzepte, Umsetzung, Evaluierung.* Diss., Universität Würzburg.

Dijksterhuis, E. J. (1983). *Die Mechanisierung des Weltbildes.* Berlin: Springer-Verlag.

diSessa, A. (1980). Momentum flow as an alternative perspective in elementary mechanics. *American Journal of Physics, 48*(5), 365–369.

Gerdes, J., & Schecker, H. (1999). Der Force Concept Inventory. *Der mathematische und naturwissenschaftliche Unterricht, 52,* 283–288.

Gößwein, O., Heuer, D., & Suleder, M. (2002). Modellbildung und Präsentation mit JPAKMA. In V. Nordmeier (Hrsg.), *Didaktik der Physik. Beiträge zur Frühjahrstagung der DPG Leipzig 2002.* Berlin: Lehmanns

Gößwein, O., Heuer, D., & Suleder, M. (2003). Multimediale Lernmodule zur Physik. *Praxis der Naturwissenschaften – Physik in der Schule, 52*(3), 16–21.

Hartmann, S. (2004). *Erklärungsvielfalt, Studien zum Physiklernen* (Bd. 37). Berlin: Logos-Verlag.

Hartwich, K., & Starauschek, E. (1998). *MNU-Symposium Karlsruher Physikkurs. Pro und Contra.* ▶ http://www.physikdidaktik.uni-karlsruhe.de/download/mnu_publ_kpk_mnu_1998.pdf.

Herrmann, F. (Hrsg.). (2014). *Der Karlsruher Physikkurs,* Auflage 2014. ▶ http://www.physikdidaktik. uni-karlsruhe.de/kpk_material.html.

Herrmann, F., & Job, G. (2002). *Altlasten der Physik.* Köln: Aulis Verlag Deubner.

Herrmann, F., & Job, G. (2012). *Altlasten der Physik 2.* ▶ http://www.physikdidaktik.uni-karlsruhe.de/ Parkordner/altlast/Altlasten%20der%20Physik,%20Band%202.pdf.

Herrmann, F., Tofahrn, W., Brünning, A., Starauschek, E., Jungermann, A., & Pohlig, M. (2008). Diskussion und Kritik zu: Der Karlsruher Physikkurs – Anspruch und Widersprüche eines didaktischen Konzepts (W. HERZOG in MNU 60 (2007) Nr. 8, 500–504). *Der mathematische und naturwissenschaftliche Unterricht, 61*(3). Neuss: Verlag Klaus Seeberger, 173–182.

Herzog, W. (2007). Der Karlsruher Physikkurs – Anspruch und Widersprüche eines didaktischen Konzepts. *Der mathematische und naturwissenschaftliche Unterricht, 60*(8), 102–115.

Hestenes, D., Wells, M., & Swackhamer, G. (1992). Force concept inventory. *The Physics Teacher, 30,* 141–158.

Heuer, D. (1988). Computer-Versuchs-Analyse, Messen und Analysieren von Versuchsabläufe mit der Programmierumgebung PAKMA. In W. Kuhn (Hrsg.), *Didaktik der Physik, Vorträge Physikertagung 1988 Gießen* (S. 304–309). Gießen: Deutsche Physikalische Gesellschaft (DPG), Fachausschuss Didaktik der Physik.

Heuer, D. (1992a). Bewegungen „haargenau" messen mit Sonarmeter oder Laufrad. *Praxis der Naturwissenschaften – Physik, 41*(4), 4–8.

Heuer, D. (1992b). Offene Programmierumgebung zum Messen, Analysieren und Modellieren. Ein Werkzeug, physikalische Kompetenz zu fördern. *Physik in der Schule, 30*(10), 352–357.

Heuer, D. (1996). Konzepte für Systemsoftware zum Physikverstehen. *Praxis der Naturwissenschaften – Physik, 45*(4), 2–11.

Heuer, D., & Wilhelm, T. (1997). Aristoteles siegt immer noch über Newton. Unzulängliches Dynamikverstehen in Klasse 11. *Der mathematische und naturwissenschaftliche Unterricht, 50*(5), 280–285.

Hopf, M., Sen, A. I., Waltner, C., & Wiesner, H. (2008). Dynamischer Zugang zur Mechanik. In V. Nordmeier & H. Grötzebauch (Hrsg.), *Didaktik der Physik – Berlin 2008.* Berlin: Lehmanns Media.

Hopf, M., Wilhelm, T., Waltner, C., Tobias, V., & Wiesner, H. (o. J.). *Einführung in die Mechanik.* ▶ http://www.thomas-wilhelm.net/Mechanikbuch_Druckversion.pdf.

Jäger, R. (1996). *Konzept eines rechnerunterstützten Dynamikunterrichts zur Bildung adäquater mentaler Modelle.* Schriftliche Hausarbeit für die erste Staatsprüfung für das Lehramt am Gymnasium, Universität Würzburg, unveröffentlicht.

Jung, W. (1980). *Mechanik für die Sekundarstufe I.* Frankfurt a. M.: Diesterweg.

Jung, W., Reul, H., & Schwedes, H. (1977). *Untersuchungen zur Einführung in die Mechanik in den Klassen 3–6.* Frankfurt a. M.: Verlag Moritz Diesterweg.

Kesidou, S., & Duit, R. (1991). Wärme, Energie, Irreversibilität – Schülervorstellungen im herkömmlichen Unterricht und im Karlsruher Ansatz. *physica didactica, 18*(2/3), 57–75.

Koller, M. (1997). *Empirische Erhebung zu einem rechnergestützten Dynamikunterricht.* Schriftliche Hausarbeit für die erste Staatsprüfung für das Lehramt am Gymnasium, Universität Würzburg, unveröffentlicht.

Kuhn, W. (2001). *Ideengeschichte der Physik. Eine Analyse der Entwicklung der Physik im historischen Kontext.* Braunschweig: Vieweg.

Müller, R. (2018). Die Grundbegriffe der newtonschen Mechanik. *Plus Lucis, 2*(2018), 4–12.

Opitz, R. (2000). Welche Rolle spielt die Fachsprache bei der Lösung physikalischer Fragestellungen? *CD zur Frühjahrstagung des Fachverbandes Didaktik der Physik in der DPG Dresden 2000.*

Reusch, W., Gößwein, O., Kahmann, C., & Heuer, D. (2000a). Computerunterstützte Schülerversuche zur Mechanik mit der Computermaus als Low-Cost-Bewegungssensor. *Physik in der Schule, 38*(4), 269–273.

Reusch, W., Gößwein, O., Kahmann, C., & Heuer, D. (2000b). Mechanikversuche mit der PC-Maus – Ein präziser Low-Cost-Bewegungssensor. *Praxis der Naturwissenschaften – Physik, 49*(6), 5–8.

Schecker, H. (1985). *Das Schülervorverständnis zur Mechanik, Eine Untersuchung in der Sekundarstufe II unter Einbeziehung historischer und wissenschaftlicher Aspekte.* Diss., Universität Bremen.

Schecker, H. (1987). Zur Universalität des Kraftbegriffs aus historischer Sicht und aus Schülersicht. In W. Kuhn (Hrsg.), *Didaktik der Physik, Vorträge Physikertagung 1987 Berlin* (S. 469–474). Gießen: Deutsche Physikalische Gesellschaft (DPG), Fachausschuß Didaktik der Physik.

Schecker, H., & Wilhelm, T. (2018). Schülervorstellungen in der Mechanik. In H. Schecker, T. Wilhelm, M. Hopf, & R. Duit (Hrsg.), *Schülervorstellungen und Physikunterricht* (S. 63–88). Berlin: Springer.

Schönberger, S., & Heuer, D. (2002). JPAKMA – plattformunabhängige Modellbildung. In V. Nordmeier (Hrsg.), *Didaktik der Physik. Beiträge zur Frühjahrstagung der DPG Leipzig 2002.* Berlin: Lehmanns

Seiter, M., Krabbe, H., & Wilhelm, T. (2020). Vergleich von Zugängen zur Mechanik in der Sekundarstufe I. *PhyDid-B – Didaktik der Physik – DPG-Frühjahrstagung,* 271–280. ► http://www.phydid. de/index.php/phydid-b/article/view/1053.

Spatz, V., Hopf, M., Wilhelm, T., Waltner, C., & Wiesner, H. (2018). Eine Einführung in die Mechanik über die zweidimensionale Dynamik. Die Wirksamkeit des Design-Based Research Ansatzes. *Zeitschrift für Didaktik der Naturwissenschaften, 24*(1), 1–12. ► https://rdcu.be/RwyO.

Starauschek, E. (2001). *Physikunterricht nach dem Karlsruher Physikkurs. Ergebnisse einer Evaluationsstudie.* Studien zum Physiklernen, Band 20. Berlin: Logos-Verlag.

Starauschek, E. (2002). Die Debatte um den Karlsruher Physikkurs. *Der mathematische und naturwissenschaftliche Unterricht, 55*(6), 370–374.

Stegmüller, W. (1970). *Probleme und Resultate der Wissenschaftstheorie und Analytischen Philosophie, Band II. Theorie und Erfahrung. Studienausgabe, Teil A: Erfahrung, Festsetzung, Hypothese und Einfachheit in der wissenschaftlichen Begriffs- und Theorienbildung.* New York: Springer-Verlag.

Strunk, C., & Rincke, K. (2015). *Zum Gutachten der Deutschen Physikalischen Gesellschaft über den Karlsruher Physikkurs.* Universität Regensburg: Experimentelle und Angewandte Physik/Didaktik der Physik. ► http://nbn-resolving.de/urn:nbn:de:bvb:355-epub-300368.

Thornton, R. K., & Sokoloff, D. (1997). Assessing student learning of Newton's laws: The force and motion conceptual evaluation and the evaluation of active learning laboratory and lecture curricula. *American Journal of Physics, 66*(4), 338–352.

Tobias, V. (2010). *Newton'sche Mechanik im Anfangsunterricht. Die Wirksamkeit einer Einführung über zweidimensionale Dynamik auf das Lehren und Lernen* (Studien zum Physik- und Chemielernen, Band 105). Berlin: Logos-Verlag.

Waltner, C., Tobias, V., Wiesner, H., Hopf, M., & Wilhelm, T. (2010). Ein Unterrichtskonzept zur Einführung in die Dynamik in der Mittelstufe. *Praxis der Naturwissenschaften – Physik in der Schule, 59*(7), 9–22.

Wiesner, H. (1992). Unterrichtsversuche zur Einführung in die Newtonsche Mechanik. In H. Wiesner (1993). *Verbesserung des Lernerfolgs durch Untersuchungen von Lernschwierigkeiten im Physikunterricht* (S. 261–272). Frankfurt a. M.

Wiesner, H. (1993). *Verbesserung des Lernerfolgs durch Untersuchungen von Lernschwierigkeiten im Physikunterricht.* Habilitationsschrift, Universität Frankfurt/M.

Wiesner, H. (1994a). Zum Einführungsunterricht in die Mechanik: Statisch oder dynamisch? Fachmethodische Überlegungen und Unterrichtsversuche zur Reduzierung von Lernschwierigkeiten. *Naturwissenschaften im Unterricht Physik, 22,* 16–23.

Wiesner, H. (1994b). Verbesserung des Lernerfolgs im Unterricht über Mechanik: Schülervorstellungen, Lernschwierigkeiten und fachdidaktische Folgerungen. *Physik in der Schule, 32,* 122–126.

Wiesner, H., Tobias, V., Waltner, C., Hopf, M., Wilhelm, T., & Sen, A. (2010). Dynamik in den Mechanikunterricht. In V. Nordmeier, A. Oberländer, & H. Grötzebauch (Hrsg.), *Didaktik der Physik – Hannover 2010.* Berlin: Lehmanns.

Wiesner, H., Wilhelm, T., Waltner, C., Tobias, V., Rachel, A., & Hopf, M. (2016). *Kraft und Geschwindigkeitsänderung. Neuer fachdidaktischer Zugang zur Mechanik* (Sek. 1). Aulis-Verlag.

Wilhelm, T. (1994). *Lernen der Dynamik geradliniger Bewegungen – Empirische Erhebungen und Vorschlag für ein neues Unterrichtskonzept.* Schriftliche Hausarbeit für die erste Staatsprüfung für das Lehramt am Gymnasium, Universität Würzburg, unveröffentlicht.

Wilhelm, T. (2000). Der alte Fallkegel – modern behandelt. *Praxis der Naturwissenschaften – Physik, 49*(7), 28–31.

Wilhelm, T. (2005a). *Konzeption und Evaluation eines Kinematik/Dynamik-Lehrgangs zur Veränderung von Schülervorstellungen mit Hilfe dynamisch ikonischer Repräsentationen und graphischer Modellbildung.* Diss., Studien zum Physik- und Chemielernen, Band 46, Berlin: Logos-Verlag. Und veröffentlicht bei: Würzburg, Universität. URN: urn:nbn:de:bvb:20-opus-39554, URL: ▶ https://opus. bibliothek.uni-wuerzburg.de/frontdoor/index/index/docId/3310.

Wilhelm, T. (2005b). Verständnis der newtonschen Mechanik bei bayerischen Elftklässlern – Ergebnisse beim Test „Force Concept Inventory" in herkömmlichen Klassen und im Würzburger Kinematik-/Dynamikunterricht. *Physik und Didaktik in Schule und Hochschule, 2*(4), 47–56.

Wilhelm, T. (2008). Mechanik – zweidimensional und multicodal. In V. Nordmeier & H. Grötzebauch (Hrsg.), *Didaktik der Physik – Berlin 2008.* Berlin: Lehmanns Media. ▶ http://www.thomas-wilhelm.net/veroeffentlichung/multicodal.pdf.

Wilhelm, T. (2013a). Moment mal … (1): Trägheit nur bei schnellen Bewegungen? *Praxis der Naturwissenschaften – Physik in der Schule, 62*(4), 38–40. Und in Wilhelm, T. (Hrsg.). (2018). *Stolpersteine überwinden im Physikunterricht. Anregungen für fachgerechte Elementarisierungen* (S. 26-38). Seelze: Aulis/Friedrich.

Wilhelm, T. (2013b). Moment mal … (3): Trägheit nur bei großen Kräften? *Praxis der Naturwissenschaften – Physik in der Schule, 62*(6), 46–48. Und in Wilhelm, T. (Hrsg.). (2018). *Stolpersteine überwinden im Physikunterricht. Anregungen für fachgerechte Elementarisierungen* (S. 39-41). Seelze: Aulis/Friedrich.

Wilhelm, T. (2016). Moment mal … (27): Was sind die Bestimmungsstücke einer Kraft? *Praxis der Naturwissenschaften – Physik in der Schule, 65*(5), 2016, 42–43. Und in Wilhelm, T. (Hrsg.). (2018). *Stolpersteine überwinden im Physikunterricht. Anregungen für fachgerechte Elementarisierungen* (S. 34-35). Seelze: Aulis/Friedrich.

Wilhelm, T., & Heuer, D. (2002a). Fehlvorstellungen in der Kinematik vermeiden – durch Beginn mit der zweidimensionalen Bewegung. *Praxis der Naturwissenschaften – Physik in der Schule, 51*(7), 29–34.

Wilhelm, T., & Heuer, D. (2002b). Interesse fördern, Fehlvorstellungen abbauen – dynamisch ikonische Repräsentationen in der Dynamik. *Praxis der Naturwissenschaften – Physik in der Schule, 51*(8), 2–11.

Wilhelm, T., & Heuer, D. (2004). Experimente zum dritten Newtonschen Gesetz zur Veränderung von Schülervorstellungen. *Praxis der Naturwissenschaften – Physik in der Schule, 53*(3), 17–22.

Wilhelm, T., Reusch, W., & Hopf, M. (2016). Woher kommt die Energie beim Stoß? *Praxis der Naturwissenschaften – Physik in der Schule, 65*(5), 5–6.

Wilhelm, T., Tobias, V., Waltner, C, Hopf, M., & Wiesner, H. (2012). Einfluss der Sachstruktur auf das Lernen Newtonscher Mechanik. In H. Bayrhuber, U. Harms, B. Muszynski, B. Ralle, M. Rotgangel, L.-H. Schön, H. Vollmer & H.-G. Weigand, H.-G. (Hrsg.). *Formate Fachdidaktischer For-schung. Empirische Projekte – historische Analysen – theoretische Grundlegungen, Fachdidaktische Forschungen*, Band 2 (S. 237-258). Münster/New York/München/Berlin: Waxmann.

Wilhelm, T. (2015). Wie fließt der Impuls? *Praxis der Naturwissenschaften – Physik in der Schule*, *64*(1), 19–20.

Wilhelm, T., & Wenzel, M. (2016). Moment mal … (30): EINE Kraft kann verformen? *Praxis der Naturwissenschaften – Physik in der Schule* 65, Nr.7, 45–49. Und in Wilhelm, T. (Hrsg.) (2018). *Stolpersteine überwinden im Physikunterricht. Anregungen für fachgerechte Elementarisierungen* (S. 42-47). Seelze: Aulis/Friedrich.

Wilhelm, T., Wiesner, H., Hopf, M., & Rachel, A. (2013). *Mechanik II: Dynamik, Erhaltungssätze, Kinematik*. Reihe Unterricht Physik, Band 6. Hallbergmoos: Aulis-Verlag.

Will, K. (2009). Mögliche Vor- und Nachteile des Karlsruher Physikkurses. Eine Diskussionsgrundlage. *Der mathematische und naturwissenschaftliche Unterricht* 62/2. Neuss: Verlag Klaus Seeberger, 102-115.

Wodzinski, R. (1996). *Untersuchungen von Lernprozessen beim Lernen Newtonscher Dynamik im Anfangsunterricht*. Münster: Lit.

Wodzinski, R., & Wiesner, H. (1994a). Einführung in die Mechanik über die Dynamik: Beschreibung von Bewegungen und Geschwindigkeitsänderungen. *Physik in der Schule, 32*, 164–168.

Wodzinski, R., & Wiesner, H. (1994b). Einführung in die Mechanik über die Dynamik: Zusatzbewegung und Newtonsche Bewegungsgleichung. *Physik in der Schule, 32*, 202–207.

Wodzinski, R., & Wiesner, H. (1994c). Einführung in die Mechanik über die Dynamik: Die Newtonsche Bewegungsgleichung in Anwendungen und Beispielen. *Physik in der Schule, 32*, 331–335.

Unterrichtskonzeptionen zur Numerischen Physik

Thomas Wilhelm und Horst Schecker

Inhaltsverzeichnis

© Springer-Verlag GmbH Deutschland, ein Teil von Springer Nature 2021
T. Wilhelm, H. Schecker, M. Hopf (Hrsg.), *Unterrichtskonzeptionen für den Physikunterricht*,
https://doi.org/10.1007/978-3-662-63053-2_5

5.1 Fachliche Einordnung

- **Numerische Physik**

Es ist ein wesentliches Kennzeichen der Wissenschaft Physik, dass sie Modelle erstellt. Insbesondere die theoretische Physik benutzt zur Modellierung und damit zur Beschreibung physikalischer Systeme die Sprache der Mathematik. Solche Modelle bestehen in der Regel aus umfangreichen mathematischen Gleichungssystemen, die das Verhalten der untersuchten Systeme beschreiben. Deshalb spricht man auch von „mathematischen Modellen", obwohl die *Physik* modelliert wird. So werden aus bekannten Größen neue berechnet und Ergebnisse experimenteller Messungen vorhergesagt. Ziel ist es, die Ergebnisse der mathematischen Modelle mit den Beobachtungen und Messungen bei Experimenten zur Passung zu bringen. Die Berechnung der Modelle am Computer wird auch Simulation genannt.

Mittlerweile gibt es ein Teilgebiet der Physik, das sich speziell mit dieser Methode beschäftigt: Computational Physics (Computerphysik oder Computergestützte Physik). Darin werden algorithmische Verfahren verwendet, um physikalische Probleme beschreibende Gleichungssysteme mithilfe von Computern näherungsweise zu berechnen. Verwendet werden dabei die Verfahren der numerischen Mathematik, auch Numerik genannt, und solche aus der theoretischen Physik. Numerische Verfahren braucht man insbesondere, wenn es bei einem Problem keine explizite Lösung gibt. Die Systeme und Vorgänge in der Physik lassen sich in der Regel mit Differenzialgleichungen beschreiben. Aber deren Lösung lässt sich zumeist nicht mit einer expliziten, geschlossenen Gleichung angeben – abgesehen von sehr wenigen idealisierten Systemen, die zwar im Physikunterricht im Vordergrund stehen, in der Forschung aber kaum (noch) von Interesse sind.

Die Inhalte und Methoden der theoretischen Physik sowie die Inhalte der Computational Physics kommen in der Schulphysik praktisch nicht vor. Das Erstellen eines mathematischen Modells am Computer ist eine Ausnahme, die am ehesten im Mechanikunterricht der Oberstufe anzutreffen ist und dort oft „mathematische Modellierung" oder „mathematische Modellbildung" genannt wird. Einige Lehrpläne schreiben numerische Berechnungen mit dem Computer verbindlich vor, andere nennen sie als Option. Dabei geht es immer darum, dass die Klasse oder die einzelne Schülerin oder der Schüler selbst die Zusammenhänge zwischen den relevanten physikalischen Größen angibt – z. B. für die Vorhersage eines Bewegungsvorgangs mit Reibungskräften – und die Software daraus anschließend den Ablauf durch numerische Integration berechnet, also einen Simulationslauf erstellt.

Allen Unterrichtskonzeptionen, die auf mathematische Modellbildung setzen, ist gemeinsam, dass auch authentische bzw. komplizierte Phänomene aus der Alltagswelt numerisch behandelt werden sollen, z. B. mechanische Bewegungen, deren Modellgleichungen mit der Schulmathematik sonst nicht lösbar sind. Dabei sind die Lernenden von der Berechnung weitgehend befreit und können sich auf die Physik konzentrieren. Damit können die Schülerinnen und Schüler erfahren, dass das physikalische Wissen für die reale Welt anwendbar ist und die Tragfähigkeit physikalischer Konzepte erkennen.

Diese Herangehensweise ist nicht zu verwechseln mit der Nutzung fertiger Simulationsprogramme (Apps), bei denen sowohl das Modell (z. B. Kräfte und 2. Newton'sches Gesetz) als auch die Situation (z. B. schiefe Ebene) und damit die Berechnung vorgegeben sind, sodass nur noch Parameter (z. B. Winkel) variiert werden können, wobei das für die Berechnung verwendete Modell meist nicht eingesehen werden kann. Einen anderen Ansatz verfolgen virtuelle Welten bzw. Simulationsbaukästen (wie Interactive Physics[1], Yenka oder Algodoo[2]). Hier sind die physikalischen Modelle für viele Themengebiete umfassend und universell in der Software kodiert, Nutzende können jedoch die simulierte Situation durch Auswahl, Konfiguration und die Eigenschaften der beteiligten Objekte (wie Federn, optische Linsen oder elektrische Widerständen) relativ frei gestalten. Auch hier kommt man weitgehend ohne grundlegende theoretische Überlegungen und die Eingabe mathematischer Gleichungen aus, wenn man eine Simulation durchführen möchte. Dazu werden die Schülerinnen und Schüler erst bei der eigenständigen Modellformulierung mithilfe numerischer Herangehensweisen angeregt.

Es gibt nur ein numerisches Verfahren, das bereits in der Schule behandelt werden kann, aber trotzdem schon für viele physikalische Situationen ausreicht: das Euler'sche Polygonzugverfahren.[3] Es ist im deutschsprachigen Raum unter dem Begriff „Methode der kleinen Schritte" bekannt. Dabei wird davon ausgegangen, dass die Größe, die numerisch integriert werden soll, in einem kleinen Zeitintervall (annähernd) konstant ist. So wird die Geschwindigkeitsänderung Δv als $a \cdot \Delta t$ berechnet (◙ Abb. 5.1 oben), wobei die Beschleunigung a während Δt als konstant angesehen wird, und die Ortsänderung Δx ergibt sich aus $v \cdot \Delta t$, wobei dann die Geschwindigkeit v während Δt als konstant angesehen wird. Das klassische Euler-Verfahren greift dabei immer auf die Werte des vorausgehenden Zeitschritts zurück: $v_{neu} := v_{alt} + a_{alt} \cdot \Delta t$; $x_{neu} := x_{alt} + v_{alt} \cdot \Delta t$ (◙ Abb. 5.1). Dies führt jedoch insbesondere bei periodischen Vorgängen sehr schnell zu fehlerhaften Berechnungen[4]. Um dies zu vermeiden, wird meist eine pragmatisch verbesserte Variante verwendet, bei der einmal ein Wert aus dem neuen Zeitintervall verwendet wird: $v_{neu} := v_{alt} + a_{neu} \cdot \Delta t$; $x_{neu} := x_{alt} + v_{alt} \cdot \Delta t$ oder $v_{neu} := v_{alt} + a_{alt} \cdot \Delta t$; $x_{neu} := x_{alt} + v_{neu} \cdot \Delta t$.

1 Wolter (1998).
2 Zang und Wilhelm (2013).
3 Ein noch besseres Verfahren ist das Heun-Verfahren, bei dem im Gegensatz zum Euler-Verfahren die Näherung nicht über ein Rechteck, sondern über ein Trapez erfolgt. Nicht mehr in der Schule erklärbar sind die verschiedenen Runge-Kutta-Verfahren. Das klassische Runge-Kutta-Verfahren ermittelt in jedem Schritt vier Hilfssteigungen und ist damit schon sehr kompliziert. Solche Näherungsverfahren können in der Schule nur als Black Box verwendet werden.
4 Beispiel: Hat man Kräfte, die eine Schwingung mit konstanter Amplitude erzeugen, berechnet das klassische Euler-Verfahren eine Schwingung mit zunehmender Amplitude, was physikalisch unsinnig ist.

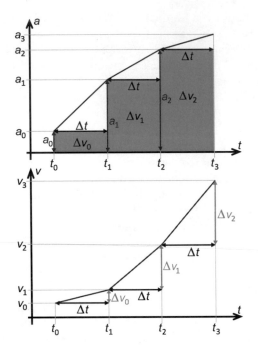

◘ Abb. 5.1   Grundidee des Eulerverfahrens; oben: Berechnung von Δv über Rechteckflächen; unten: $v_{neu} := v_{alt} + \Delta v$

Die mathematische Modellbildung wird meist in der fortgeschrittenen Mechanik zu Beginn der Sekundarstufe II oder am Ende der Sekundarstufe I eingesetzt. Interessante Beispiele liegen vor, wenn eine geschwindigkeitsabhängige Luftreibungskraft beteiligt ist, z. B. beim Fallkegel[5], Fallschirmspringer, Meteor[6], Regentropfen oder einem mit konstanter Motorleistung anfahrenden Auto. Eine ortsabhängige Kraft spielt eine Rolle, wenn ein Wagen auf eine Feder auffährt, ein Springer auf ein Trampolin[7] springt und bei allen Schwingungen.

■ **Ziele und Herangehensweisen**

Sofern der traditionelle Unterricht numerische Verfahren überhaupt verwendet, nutzt er eine Programmiersprache oder eine Tabellenkalkulation und es ist ihm besonders wichtig, die Grundidee der Methode der kleinen Schritte bzw. des Eulerverfahrens zu vermitteln, also das schrittweise Lösen der Gleichungen für viele kleine Zeitschritte (► Abschn. 5.2). Damit werden fächerübergreifend auch Inhalte aus der Informatik vermittelt.

Alle anderen Konzeptionen wollen die Schüler und Schülerinnen nicht nur vom expliziten Lösen von Gleichungen entlasten, sondern auch von der Nume-

---

5   Wilhelm (2000).
6   Schecker und Bethge (1991).
7   Lück und Wilhelm (2011).

rik. Man konzentriert sich auf die Physik und es ist kein Ziel mehr, das numerische Verfahren im Detail zu verstehen oder zu beherrschen. Hier werden dann speziell für die Lehre entwickelte Modellbildungsprogramme verwendet. Wird zur Eingabe eine grafische Oberfläche genutzt, auf der eine Analogie mit Flussdiagrammen verwendet wird (▶ Abschn. 5.3), dann wird qualitativ deutlich, welche Größe aus welcher berechnet wird, aber nicht mehr das schrittweise Berechnen. Die visuelle Darstellung dieses Netzes von Größen kann dagegen lernförderlich für das Erkennen der grundlegenden physikalischen Zusammenhänge sein.

Fast alle Modellbildungsprogramme geben die Ergebnisse als Werte aus, die in Tabellen oder Graphen dargestellt werden. Lernende tun sich aber schwer, Graphen schnell und richtig zu interpretieren. So ist es für sie schwierig, schnell zu erkennen, ob ein Modell fehlerhaft ist, was wiederum eigentlich die Voraussetzung dafür ist, es an die realen Sachverhalte anzupassen. Bei einer Modellbildung mit Animationen (▶ Abschn. 5.4) ist das Interpretieren von Graphen nicht nötig, da man eine Animation beobachten kann und somit schneller sieht, ob das Modell noch korrigiert oder ergänzt werden muss.

Neuere Konzeptionen gehen davon aus, dass die Programmierung, die Erstellung einer Tabelle, die grafische Eingabe und die Erstellung der Animationen jeweils eine lange Einarbeitungszeit brauchen und damit viel Unterrichtszeit, da die Schüler und Schülerinnen den Umgang mit der Software erst lernen müssen. Dem werden Programme entgegengesetzt, die weniger Schritte erfordern und leichter zu bedienen sind (▶ Abschn. 5.5). Insbesondere müssen dort nur noch die Kräfte angegeben werden und man muss sich nicht darum kümmern, wie die Software aus der Beschleunigung die Geschwindigkeit und daraus den Ort berechnet.[8]

Es gibt mittlerweile neben Programmiersprachen und Tabellenkalkulationsprogrammen, die man für die Modellbildung nutzen kann, verschiedene dedizierte Modellbildungsprogramme.[9] Nach der Art der Eingabe kann man zwischen gleichungsorientierten Programmen und Programmen mit einer grafischen Oberfläche unterscheiden. Nach der Art der Ausgabe unterscheidet man zwischen Programmen, die das Simulationsergebnis nur in Diagrammen und/oder Tabellen ausgeben und Programmen, die zusätzlich auch Animationen ausgeben.

Die ◘ Tab. 5.1 stellt die angesprochenen Konzepte im Überblick vor.

---

8   Bei der Software Lagrange werden die Energien angegeben und die Software berechnet daraus Ort und Geschwindigkeit (Lück und Wilhelm 2011).

9   Wilhelm und Trefzger (2010).

◻ Tab. 5.1 Übersicht über die vorgestellten Unterrichtskonzeptionen

	Traditionelle Methode der kleinen Schritte mit Programmiersprachen oder Tabellenkalkulation (▶ Abschn. 5.2)	Systemdynamik mit grafischer Oberfläche (▶ Abschn. 5.3)	Modellbildung mit Animationen (▶ Abschn. 5.4)	Modellbildung mit zentralen Gleichungen (▶ Abschn. 5.5)
grundlegende Idee	die Berechnung erfolgt in Zeitschritten; Iterationen werden hervorgehoben	Diskussion und flexible Änderung der physikalischen Annahmen anhand ihrer grafischen Repräsentation	Animationen geben eine schnelle Rückmeldung, um Fehler zu erkennen und das Modell zu verbessern	einfache Bedienung und Eingabe nur der Kräfte; der direkte Vergleich mit Messdaten lässt Fehler erkennen, um das Modell zu verbessern
wichtiges Ziel	Verständnis für das Rechenverfahren, das aus einzelnen Schritten besteht	Konzentration auf physikalische Grundmodelle; Verständnis für die gegenseitige Abhängigkeiten der Größen	Verständnis für die gegenseitigen Abhängigkeiten der Größen und schnelle Modellkorrektur	Verständnis, wie die Kräfte die Bewegung bestimmen, und schnelle Modellanpassung
Eingabe	Gleichungen als Programmcode oder in Tabellen	grafische Symbole für alle Modellelemente	je nach Software unterschiedlich	nur Gleichungen für die Kräfte
Ausgabe	Tabellen und Graphen	Graphen und Tabellen	Animationen und Graphen	Graphen
verwendetes numerisches Verfahren	nur Eulerverfahren (klassisches und verbessertes)	verschiedene Verfahren zur Auswahl	verschiedene Verfahren möglich	verschiedene Verfahren möglich
vorgeschlagene Software	Fortran, Basic, Comal, Pascal, Python bzw. Excel, Calc	STELLA, Dynasys, Powersim, Coach, Moebius	VisEdit/PAKMA, JPAKMA, Modellus, VPython, Easy Java Simulations	Tracker, Newton-II, Fluxion

5

5.2 Traditioneller Unterricht: Programmiersprachen und Tabellenkalkulation

- **Die Anfänge mit Programmiersprachen**

Bereits in den 1970er-Jahren wurden Computer in den universitären Einführungs-veranstaltungen genutzt, um damit mechanische Vorgänge zu berechnen.[10] In den 1980er-Jahren entstand der erste Kurs, der sich mit dem Einsatz von Programmiersprachen zur computergestützten Modellbildung beschäftigte. Das „Maryland University Project in Physics and Educational Technology (M.U.P.P.E.T.)" verwendete erste Personalcomputer, um reale physikalische Systeme mit der Programmiersprache Pascal zu modellieren, mit dem Ziel, den Studenten diese „power tools" der Physik zu vermitteln.[11] Der Commodore 64 war dann der erste Computer, der in den 1980er-Jahren im Physikunterricht der Sekundarschulen in größerem Maße eingesetzt wurde. Lehrkräfte verwendeten ihn zur Berechnung von Bewegungen auf der Basis bestimmter mechanischer Kräfte mithilfe der Programmiersprache Basic.

Zur Modellierung wurde also jeweils eine imperative Programmiersprache verwendet, auch prozedurale Programmiersprache genannt, bei der der Quellcode bestimmt, was in welcher Reihenfolge und wie berechnet wird. Die gebräuchlichen Programmiersprachen waren anfangs Basic, Comal und Pascal. Diese zeilenorientierten Programme bestanden im Wesentlichen aus einer Schleife, deren Durchlaufen jeweils einem Zeitschritt Δt entspricht. Verwendet wird dabei nur das einfache Eulerverfahren, das als „Methode der kleinen Schritte" bezeichnet wurde. Da die Schulen anfangs mit Computern noch nicht gut ausgestattet waren, wurde oftmals nur mit einem einzigen Gerät gearbeitet, d. h. die Lehrkraft hat alle Eingaben vorgenommen und die Ergebnisse demonstriert.

Bald wurden auch andere Programme wie Dynamos für das Betriebssystem MS-DOS entwickelt, bei denen Gleichungen einzugeben waren. Ein anderer zeitgenössischer Ansatz war die Programmierung von Taschenrechnern zur numerischen Lösung der (Differenzial-)Bewegungsgleichungen physikalischer Systeme.[12]

- **Vorgehen im Unterricht**

Bei jeder mathematischen Modellbildung – unabhängig von der Software bzw. der Konzeption – wird ein bestimmter Vorgang im Unterricht beobachtet, in Erinnerung gerufen oder im Experiment untersucht. Daran anschließend werden Vermutungen über die zur Beschreibung des Vorgangs heranzuziehenden Größen gemacht und Hypothesen aufgestellt, zwischen welchen Größen welche Beziehungen bestehen. Insbesondere wird gefragt, welche Kräfte auf den betrachteten Körper einwirken und wovon diese abhängen. Dann werden Konstanten festgelegt und (komponentenweise) Gleichungen für die einzelnen Kräfte und die resul-

---

10 Bork (1978).
11 MacDonald, Redish und Wilson (1988).
12 Eisberg (1978).

tierende Kraft F_{res} als deren Summe eingegeben. Zusätzlich enthält jede Schleife des Programms folgende Schritte:

$$a = F_{\text{res}}/m,$$

$$\Delta v = a \cdot \Delta t; v = v + \Delta v,$$

$$\Delta x = v \cdot \Delta t; x = x + \Delta x,$$

$$t = t + \Delta t.$$

Ort und Geschwindigkeit werden durch Addition der einzelnen Änderungen ausgehend von einem Startwert ermittelt.

Bei dieser Modellierung braucht man selbst bei sehr komplexen Phänomenen nur wenige Grundbegriffe und Grundgleichungen der Mechanik. Im sonstigen Physikunterricht stehen dagegen meist Lösungsfunktionen, d. h. spezielle Gleichungen im Mittelpunkt; bei der Behandlung gleichförmig beschleunigter Bewegungen z. B. die Bewegungsfunktionen $x = x_0 + v_0 \cdot t + \frac{1}{2}a \cdot t^2$ und $v = v_0 + a \cdot t$. Die Einschränkung auf diese Bewegungsfunktionen hat oft rein mathematische Gründe, nämlich dass man sich auf geschlossene Lösungen beschränken will. Bei der numerischen Berechnung stehen dagegen die grundlegenden Definitionen wie $v = \Delta x/\Delta t$ und $a = \Delta v/\Delta t$ und fundamentale Gesetze wie $a = F_{\text{res}}/m$ im Zentrum. „Eine große Anzahl von Phänomenen soll durch eine kleine Anzahl allgemeingültiger Gesetze und Regeln ('power tools') erklärt werden."[13]

Um diese Modellierung mit einer Programmiersprache zu erstellen, ist es sinnvoll, dass die Schülerinnen und Schüler die verwendete Programmiersprache nicht nur kennen, sondern gut beherrschen. Sonst ist es alternativ nur möglich, dass die Lehrkraft an einem Computer alles eingibt und die Schülerinnen und Schüler dabei zusehen.

- **Tabellenkalkulation**

Da die meisten Schüler und Schülerinnen keine Programmiersprache beherrschen, wurde bald zu Tabellenkalkulationsprogrammen gewechselt, wie Excel oder Calc. Mit dem Fokus auf Algorithmen werden damit ähnliche Ziele verfolgt wie beim Einsatz von Programmiersprachen. Mit VisiCalc erschien 1979 eine erste Tabellenkalkulation auf dem Apple II[14] und bereits 1984 wurden Tabellenkalkulationen im Bildungsbereich eingesetzt[15]. Tabellenkalkulationsprogramme sind meist leicht zugänglich, weit verbreitet und sollten den Lernenden in Ansätzen aus der informationstechnischen Grundbildung bekannt sein. Damit wird die Erwartung verbunden, dass mehr Zeit für die Physik zur Verfügung steht, weil weniger für die Bedienung der Software gebraucht wird.[16]

---

13 Bethge (1992).
14 Baker und Sugden (2003).
15 Arganbright (1984).
16 Laws (1991).

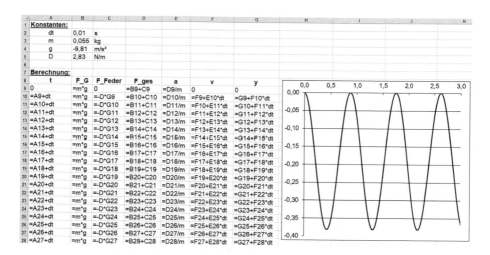

◘ Abb. 5.2 Die Schwingung eines Federpendels in Excel modelliert; oben: gewählte Konstanten: links unten: zugrunde liegende Formeln; rechts: Diagramm mit den berechneten Werten

Mit einem leeren Tabellenblatt zu beginnen, auf dem man alle Gleichungen, Wertetabellen und Graphen erstellen muss, kann schnell überfordernd sein. Besser ist es, bereits ein vorgefertigtes Tabellenblatt zur Verfügung zu stellen. Im oberen Teil werden alle Konstanten und Parameter festgelegt (◘ Abb. 5.2). Darunter kommt dann die eigentliche Berechnungstabelle, wobei die Kopfzeilen schon vorgegeben sein können.

Jede Zeile in der Tabelle entspricht einem Zeitschritt. In der ersten Spalte steht die Zeit. In den nächsten Spalten werden die Kräfte und die resultierende Gesamtkraft berechnet und in den weiteren Spalten die Beschleunigung, die Geschwindigkeit und der Ort (◘ Abb. 5.2). Jede Größe wird aus den anderen Größen der Zeile oder der vorherigen Zeile berechnet. In der ersten Zeile stehen die Anfangswerte. Bei mehrdimensionalen Bewegungen werden die Berechnungen für die x-, y- oder z-Komponenten in getrennten Spalten vorgenommen. Nachdem man die zweite Zeile ausgefüllt hat, kann man diese in weitere Zeilen kopieren, sodass sie analog berechnet werden.[17] Wie viele Zeilen zu ergänzen sind, muss man anhand des vorgesehenen Simulationszeitraums selbst überlegen. Das Verfahren mit den einzelnen Zeilen verdeutlicht den iterativen Charakter der numerischen Berechnung. Die Rechenergebnisse müssen dann noch grafisch dargestellt werden.

Wenn Schüler und Schülerinnen die Tabelle selbst ausfüllen müssen, setzt das eine gute Kenntnis der Software voraus, da die Bedienung doch teilweise ziemlich anspruchsvoll ist. Insbesondere der Unterschied zwischen relativem und absolutem Zellbezug sollte vertraut sein. Problematischer ist, dass man eine Tabelle vol-

---

17 Zu beachten ist: Soll in jeder Zeile auf die gleiche Zelle einer Konstanten, z. B. die Zelle B3, zugegriffen werden (absoluter Zellbezug), muss in Excel der Bezug mit einem Dollarzeichen eingegeben werden, z. B. B3.

ler Zahlen erhält, ohne die Gleichungen zu sehen, was sowohl das Auffinden von Fehlern als auch die Modifikation der Berechnung erschwert. Man sollte daher die Formelansicht aktivieren[18] (◘ Abb. 5.2 unten).

Da die Formeln üblicherweise aus Zellbezügen bestehen, sind sie schwer zu lesen. Hilfreich ist hier die Festlegung von Größensymbolen.[19] Bei Excel gibt es dazu im Menü „Formeln" den Button „Namen definieren", mit dem ein Name auf den Wert einer Zelle gesetzt werden kann, z. B. m für den Wert der Masse.[20] Dies ist insbesondere bei den Konstanten sinnvoll. Beim Eingeben von Formeln kann man dann diese Namen anstelle von Zellbezügen nutzen, sodass die Formeln verständlicher werden. Die Definition von Namen ist hilfreich, wenn eine Lehrkraft zuvor das Tabellenblatt vorbereitet, aber ungeeignet, wenn Schülerinnen und Schüler alles selbst erstellen sollen.

Trotzdem bleibt die Eingabe kompliziert und umständlich und die Gleichungen sind nicht übersichtlich zu sehen. So besteht die Gefahr, dass die physikalischen Zusammenhänge nicht deutlich werden. Bei Bewegungen in zwei Dimensionen werden die Modelle schnell undurchsichtig. Leicht wird zu viel Zeit mit der Bedienung des Programms verbracht. Einsichtig ist es, wenn in jeder Zeile nur auf die Werte der vorhergehenden Zeile zugegriffen wird (klassisches Eulerverfahren), was aber zu großen Fehlern führen kann. Verwendet man ein verbessertes Eulerverfahren, ist schwer zu vermitteln, wann und warum man auf die Werte der gleichen Zeile und wann man auf die Werte der vorhergehenden Zeile zugreift. Aufwändige Verfahren wie Runge-Kutta sind mit vertretbarem Aufwand nicht umzusetzen.

■ **Empirische Ergebnisse**

Das M.U.P.P.E.T.-Projekt war eine Studie zur Lehrplanreform in der einführenden Physik an Universitäten und Colleges, was teilweise mit der Oberstufenmechanik vergleichbar ist. Durch die Einbeziehung der Modellbildung mit der Programmiersprache Pascal in den späten 1980er-Jahren konnten Redish und Wilson[21] den Studienplan so verändern, dass Modellierungsfähigkeiten zu einem früheren Zeitpunkt gefördert wurden. Dies führte zu einer signifikanten Steigerung ertragreicher Forschungsprojekte der Studierenden.

Burke und Atherton entwarfen einen projektbasierten Universitätskurs in Computerphysik, der Mathematica und Python verwendete.[22] Sie stellten fest, dass sich ihre Studierenden bei der Durchführung dieser Projekte während des Semesters drastisch verbesserten und bewerteten die Lehrveranstaltung als sehr gut.

Benacka hat den motivierenden Effekt der Modellbildung untersucht.[23] Jugendliche aus Highschools modellierten ein Mechanikproblem, das normalerweise nicht

---

18 In Excel findet man dafür in der Menüleiste einen Button unter dem Reiter „Formeln".
19 Ludwig und Wilhelm (2013).
20 Bei Calc heiß der entsprechende Button „benannte Bereiche" im Menü „Tabelle".
21 Redish und Wilson (1993).
22 Burke und Atherton (2017).
23 Benacka (2015a, 2015b); Benacka (2016).

im Unterricht vorkommt, mit Excel. 97 % der Teilnehmenden fanden den Unterricht sehr interessant.

Empirische Studien zu den Lernwirkungen der mathematischen Modellbildung mit einer Programmiersprache oder einer Tabellenkalkulation liegen jedoch jeweils nicht vor. Erfahrungen vieler Lehrkräfte zeigen aber, dass es sehr viel Unterrichtszeit bedarf, bis die Lernenden eine Modellbildung mit einer Tabellenkalkulation selbst hinbekommen.

- **Unterrichtsmaterialien**

  ▶ https://www.leifiphysik.de/uebergreifend/allgemeines-und-hilfsmittel/ausblick/methode-der-kleinen-schritte

  Die Webseite erklärt ausführlich, wie man mit dem Programm Excel eine mathematische Modellbildung durchführt. Vorgeführt wird dies an einer konstanten Beschleunigung. Weitere Beispiele werden aber nicht vorgestellt.

  Misner, C. W. und Cooney, P. J. (1991). *Spreadsheet Physics.* Reading, MA: Addison-Wesley.
  Dieses englischsprachige Standardwerk enthält eine umfangreiche Zusammenstellung von physikalischen Anwendungen der Tabellenkalkulation.

5.3 Systemdynamik mit grafischer Oberfläche

- **Motivation**

Physikalische Zusammenhänge werden im Unterricht verbal und in Gleichungsform repräsentiert, z. B.:

- „Die resultierende Kraft ergibt sich aus der Summe der Einzelkräfte", $\vec{F}_{res} = \sum \vec{F}_i$
- „Die Kraftwirkung führt zu einer Änderung des Impulses", $\Delta \vec{p} = \vec{F} \cdot \Delta t$

Die physikdidaktische Motivation der systemdynamischen Modellierung mit grafischer Oberfläche besteht darin, solche physikalischen Aussagen in Form von Begriffsnetzen zu visualisieren (◨ Abb. 5.3) und dadurch die begriffliche Struk-

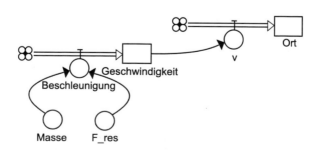

◨ **Abb. 5.3**   Grafische Grundstruktur für Modelle in der Newton'schen Dynamik

tur der Physik zusätzlich zu verbalen Definitionen und Größengleichungen zu veranschaulichen. Oftmals konzentrieren sich Schülerinnen und Schüler in ihrem Verständnis des Physiklernens auf *Formeln,* ohne den damit ausgedrückten qualitativen Zusammenhang auch qualitativ zu verstehen. Sie suchen nach einer passenden Gleichung, statt sich über das physikalische Beschreibungsmodell Gedanken zu machen. Der Einsatz von Modellbildungssystemen stellt das Modell gegenüber dem Lösen eines Gleichungssystems in den Vordergrund. Durch Entlastung von mathematischen Anforderungen für das Finden der geschlossenen Lösung eines physikalischen Problems ergeben sich – wie bei allen Konzeptionen, die auf numerischen Verfahren beruhen – mehr Möglichkeiten für die Exploration unterschiedlicher Modellannahmen, z. B. unterschiedlicher Ansätze für den Zusammenhang zwischen der Geschwindigkeit eines Körpers und auftretenden Reibungskräften. Die Lernenden können auch komplexe physikalische Zusammenhänge auf der grafischen Ebene formulieren, um sie dann zu überprüfen, ohne dabei an mathematischen Anforderungen zu scheitern; sie experimentieren mit physikalischen Ideen.

Neue Anforderungen ergeben sich für die Schülerinnen und Schüler daraus, dass sie die Sprache der Systemdynamik erlernen müssen, um ihre Modelle zu formulieren. Im Physikunterricht sollte man die Systemdynamik allerdings nur in dem Maße selbst zum Thema machen, wie das zum Verständnis physikalischer Begriffe und Systeme beiträgt. Zentral ist das Verständnis des Begriffs *Änderungsrate,* der gleichzeitig den begrifflichen Kern physikalischer Größen wie Beschleunigung (als Änderungsrate der Geschwindigkeit) oder der Kraft (als Änderungsrate des Impulses) betont.

▪ **Vorgehen**

Bei der systemdynamischen Modellierung stellt man im Unterricht am Beginn ausführlich halbquantitative Überlegungen an:

– Welche physikalischen Größen sind für das Problem relevant?
– Zwischen welchen Größen gibt es Wirkungszusammenhänge?

Im zweiten Schritt werden die Größen und Zusammenhänge kategorisiert und auf dem Bildschirm grafisch repräsentiert (❏ Abb. 5.3).

Die Modellbildungssoftware stellt grafische Bausteine zur Verfügung, deren Symbolik aus der Systemdynamik stammt:

– Größen, die unmittelbar auf andere Modellgrößen einwirken (funktionaler Zusammenhang), werden als Kreise symbolisiert[24]. Sie heißen *Einflussgrößen.* Dazu zählen auch die Konstanten. Die Einwirkung wird durch einen schlanken Pfeil gekennzeichnet.
Beispiel: Aus der angreifenden resultierenden Kraft und der Masse (Einflussgrößen) ergibt sich die Beschleunigung.

---

24 Die grafische Repräsentation der Modellbausteine bezieht sich auf die Programme STELLA und Dynasys. In den Programmen Modus, Moebius oder Coach werden teilweise andere Symbole verwendet.

— Eine Größe, die nicht direkt den Wert einer anderen Größe bestimmt, sondern nur dessen *Änderung* in einem bestimmten Zeitschritt Δt, heißt *Änderungsrate*. Sie wird als eine Art Ventil an einem Doppelpfeil symbolisiert.
Beispiel: Die Beschleunigung (Änderungsrate) bewirkt in einem Zeitschritt eine Geschwindigkeitsänderung und damit eine neue Geschwindigkeit.[25]

— Eine Modellgröße, die sich unter der Wirkung einer Änderungsrate schrittweise zeitlich verändert, wird als Rechteck auf dem Bildschirm dargestellt. Solche *Zustandsgrößen* beschreiben den momentanen Zustand des physikalischen Systems als Ergebnis seiner zeitlichen Entwicklung.
Beispiel: Die jeweils vorliegende Geschwindigkeit v bewirkt ihrerseits (als Änderungsrate) eine Ortsverschiebung und damit einen neuen Ort (Zustandsgröße).

Es gibt für jedes physikalische Themengebiet charakteristische grafische Grundmodelle. ◘ Abb. 5.3 zeigt die Grundstruktur für die Newton'sche Mechanik. Alles Weitere sind Spezifikationen für den jeweils betrachteten Vorgang. In der Mechanik lautet die zentrale Frage: Welche Einzelkräfte treten auf und wie hängen sie gegebenenfalls mit anderen Größen zusammen? Das Modell in ◘ Abb. 5.4 beschreibt die vertikale Schwingung eines Federpendels. Hier hängt die Rückstellkraft F_{Feder} vom Ort y, d. h. der Auslenkung aus der Ruhelage der unbelasteten Feder, und der Federkonstanten D ab. Die Gewichtskraft ergibt sich aus der Masse des Pendelkörpers und dem Ortsfaktor g.

Die im grafischen Modell ausgedrückten physikalischen Annahmen sollen im Unterricht eingehend besprochen werden. Erst im dritten Schritt erfolgt die explizite Formulierung der funktionalen Zusammenhänge für die Einflussgrößen und Änderungsraten in Gleichungsform. Für die Eingaben öffnet sich jeweils ein Dialogfenster. Wenn der Lernende vergisst, einen der auf der grafischen Ebene modellierten Zusammenhänge (Pfeile) bei diesen Festlegungen zu berücksichtigen, erhält er einen automatischen Hinweis. Die grafische Repräsentation eines Zusammenhangs zwischen einer Änderungsrate und einer Zustandsgröße wird von der Software automatisch in eine entsprechende Differenzengleichung umgesetzt. Für jede Zustandsgröße wird ein Anfangswert festgelegt.

Ausgehend von der Formulierung der grundlegenden physikalischen Aussagen auf der grafischen Oberfläche baut sich schrittweise auf einer darunterliegenden Ebene der Software ein numerisches Modell des betrachteten physikalischen Vorgangs auf. Das Modell kann man in einem Gleichungsfenster aufrufen (◘ Abb. 5.4, unten rechts). Mit diesem Modell wird der Vorgang simuliert. Das numerische Verfahren – Euler oder Runge-Kutta – ist in der Software implementiert und kann per Mausklick ausgewählt werden. Das Simulationsergebnis wird in Diagrammen und Tabellen ausgegeben. Ob das Modell zu einer sinnvollen Vorhersage führt, muss durch einen Vergleich mit Messdaten, Literaturdaten oder durch Plausibilitätsbetrachtungen überprüft werden (z. B. sollte ein Schwingungsvorgang sich ohne äußeren Antrieb nicht aufschaukeln).

---

25 Ebenso kann man die Kraft als Änderungsrate wählen, die pro Zeitschritt den Impuls ändert.

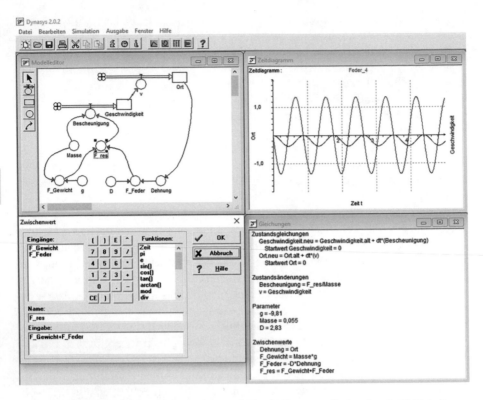

■ **Abb. 5.4** Schwingung eines Federpendels, modelliert in Dynasys; alle Angaben in SI-Einheiten

Schecker[26] beschreibt einen Unterrichtsgang in der Mechanik, der in einem Oberstufenkurs Mechanik über fünf Monate erprobt wurde. Am Beginn wurde in der Kinematik die Struktur $a \rightarrow \Delta v \rightarrow v \rightarrow \Delta s \rightarrow s$ erarbeitet, zunächst an der gleichförmigen Bewegung (Radfahrer-Verfolgungsrennen) und dann der gleichmäßig beschleunigten Bewegung (Fahrgast versucht anfahrenden Bus zu erreichen). Die Modellvorhersagen wurden anhand der ebenfalls behandelten geschlossenen Lösungen überprüft (als vertrauensbildende Maßnahme). Als Bewegung in der Ebene mit Doppelung der kinematischen Struktur wurde das Unabhängigkeitsprinzip modelliert. Das erste Thema, bei dem zum Gesichtspunkt der Visualisierung kinematischer Grundstrukturen die Behandlung komplexerer Themen hinzukam, war der optimale Abwurfwinkel beim Kugelstoßen. Da die Abwurf- oberhalb der Auftreffhöhe liegt, ergibt die Simulation bei Variation der Eingangsparameter einen Winkel kleiner als 45 Grad. Im Dynamikabschnitt der Unterrichtseinheit wurde das 2. Newton'sche Axiom (F_{res}, m) $\rightarrow a$ ergänzt und für Bewegungen mit Reibungskräften (Fallschirmspringen, Meteorit in der Erdatmosphäre) sowie den Startvorgang einer Rakete (variable

---

26 Schecker (1998, 190 ff.).

Masse) genutzt. In ca. 15 % der Unterrichtszeit kam die Modellbildungssoftware (STELLA) zum Einsatz. Bis zum Thema Fallschirmspringen wurde die Konzeption in weiteren Kursen eingesetzt (mit Gruppenarbeit am Computer).[27]

- **Software**

Es gibt eine große Anzahl von Modellbildungsprogrammen, die sich trotz gleicher, auf die Systemdynamik[28] zurückgehender Programmphilosophie dennoch in den Benutzungsoberflächen und den Symbolen für die Modellbausteine unterscheiden. Der Umfang verfügbarer Optionen für die Modellkonstruktion und die Simulation überschreitet bei einigen Programmen inzwischen bei Weitem das für den Einsatz im (Physik-)Unterricht sinnvolle Maß. Prototyp für grafikorientierte Software ist das Programm STELLA[29], das sich in den Anfangsjahren aufgrund einer schlanken Benutzungsoberfläche und der Konzentration auf wesentliche Funktionen sehr gut für den Unterricht eignete. Inzwischen ist es recht komplex geworden. Ein weiteres Programm für den kommerziellen Einsatz ist Powersim.[30] Dynasys[31] ist als Schulsoftware der Ursprungsversion von STELLA nachempfunden. Für die Schule relevant ist außerdem noch das Softwarepaket CMA Coach[32]. Es enthält neben grafikorientierter Modellbildung auch Module für die Messwerterfassung oder die Analyse von Bewegungsvideos. Als Online-Tool ist Insight Maker[33] betriebssystemunabhängig und kostenfrei nutzbar.

- **Empirische Ergebnisse**

Neben unterrichtspraktischen Erprobungen der Konzeption[34] liegen Ergebnisse aus Forschungsstudien vor. In einer Studie[35] wurden zwei Leistungskurse der gymnasialen Oberstufe im Halbjahr 11/1 in Mechanik nach dem Konzept unterrichtet. Die Kurslehrer waren mit der Unterrichtskonzeption aus vorhergehenden Schuljahren vertraut. Als Vergleichsgruppe dienten zwei parallele Leistungskurse. Mit den vier beteiligten Lehrern wurden die Unterrichtsinhalte und -ziele im Halbjahr Mechanik abgesprochen, um einen vergleichbaren Zeitaufwand für die Behandlung von Kinematik und Newton'schen Axiomen sicherzustellen und

---

27 Schecker und Gerdes (1998).
28 Forrester (1972); Arndt (2017).
29 für Windows und macOS; ► http://www.iseesystems.com/store/education.aspx; es gibt eine freie online-Version mit sehr beschränktem Modellumfang.
30 Für Windows; ► http://www.powersim.com/main/products-services/modeling-tools/express/; als Powersim Studio 10 Express mit eingeschränktem Modellumfang frei nutzbar.
31 Für Windows; ► http://www.hupfeld-software.de/dokuwiki/doku.php/dynasys; Freeware; Dynasys wurde in den letzten Jahren nur noch sporadisch weiterentwickelt; Version 2.02 läuft unter Windows 10.
32 Für Windows und macOS; ► http://cma-coach-6-lite.software.informer.com; Coach 6 liegt dem Schulbuch Impulse Physik (Klett-Verlag) auf CD-ROM bei.
33 Kontoeröffnung über insightmaker.com; zur Modellierung mit Insight Maker siehe Schecker (2017).
34 Niederer, Schecker und Bethge (1991).
35 Schecker et al. (1999).

die zentralen Experimente abzugleichen. In den Versuchskursen standen Computer für Gruppenarbeit mit dem Modellbildungssystem STELLA zur Verfügung.

Das Verständnis der Newton'schen Mechanik wurde vor und nach der Unterrichtsreihe u. a. mit dem Force Concept Inventory Test (FCI)[36] sowie mit Interviews über experimentelle Phänomene (z. B. den Fall von Papierkegeln) gemessen. Die Datenauswertungen zeigten im Gruppenvergleich keine eindeutigen Ergebnisse. Bei der Gesamtpunktzahl im FCI schnitt die Kontrollgruppe signifikant, aber nur geringfügig besser ab. Betrachtet man eine Teilskala mit den für den Zusammenhang zwischen Kraft und Bewegung relevanten Items, dann hatte die Versuchsgruppe leichte, nicht signifikante Vorteile. Ein konsequent Newton'sches Denken entwickelten gruppenunabhängig nur wenige Schülerinnen und Schüler. Klare Vorteile für die Versuchsgruppe zeigten sich bei der in den Interviews erhobenen Fähigkeit zur halb-quantitativen Beschreibung von Bewegungen unter dem Einfluss mechanischer Kräfte (Vorhersage eines $v(t)$-Diagramms). Es erfolgte jedoch kein Transfer auf Bewegungen mit nicht-mechanischen Kräften. Auch weitere Studien zur Arbeit mit Modellbildungssystemen im physikalischen Praktikum[37] ergaben, dass Lernende erfolgreicher dazu angeregt wurden, sich über grundlegende physikalische Zusammenhänge auszutauschen, als das bei der Durchführung von Experimenten der Fall war, dass jedoch die Wirkungen auf das fachliche Verständnis hinter den Erwartungen zurückblieben. Der Forschungsstand wird in Weber und Wilhelm (2020c) detailliert beschrieben.

- **Unterrichtsmaterialien**

Schecker, H. (1998). *Physik – Modellieren: Grafikorientierte Modellbildungssysteme im Physikunterricht,* Klett-Verlag. (▶ *Materialien zum Buch*[38]).
Das Buch beschreibt die didaktische Konzeption des Einsatzes grafikorientierter Modellbildung und enthält Modelle für die Mechanik (u. a. Reibungskräfte, Schwingungen), Bewegungen in Feldern (elektrisch, magnetisch, Gravitation), die Elektrodynamik (Kondensator bis Schwingkreis) und den radioaktiven Zerfall. Die Modelle wurden mit STELLA konstruiert und können ebenso mit anderen Programmen realisiert werden.

Goldkuhle, P. (1993). *Modellbildung und Simulation im Physikunterricht. Einsatzmöglichkeiten computergestützter Modellbildungssysteme.* Soest: Landesinstitut für Schule und Weiterbildung, Soester Verlagskontor.
Goldkuhle erläutert die fachdidaktischen Grundlagen der grafikorientierten Modellbildung und stellt eine umfangreiche Modellsammlung vor. Gearbeitet wird mit MODUS (für MS-DOS). Ein Transfer der Modellformulierungen nach Dynasys, STELLA oder Coach erfordert wenig Aufwand.

---

36 Gerdes und Schecker (1999).
37 Hucke (1999); Sander, Schecker und Niedderer (2001).
38 ▶ https://aeccp.univie.ac.at/lehrer-innen/unterrichtskonzeptionen

▶ https://www.hupfeld-software.de/dokuwiki/doku.php/dynasys
Auf dieser Website des Dynasys-Entwicklers Hupfeld können Materialien zur Simulation dynamischer Systeme und Modellbeispiele für die Physik heruntergeladen werden.

Fuchs, H. U. et al. (2005). *Physik: Ein systemdynamischer Zugang für die Sekundarstufe II* (2. Aufl.). Bern: h.e.p.-Verlag.

Arndt, H. (Hrg.) (2017). *Systemisches Denken im Fachunterricht.* Erlangen: FAU University Press. ▶ https://opus4.kobv.de/opus4-fau/frontdoor/index/index/docId/8609.

Wer sich über die Physik hinaus für den allgemeinen Ansatz der systemdynamischen Modellierung interessiert und Beispiele aus Disziplinen wie Technik, Wirtschaftswissenschaften oder Ökologie sucht, findet hier Anregungen für den Unterricht.

5.4 Modellbildung mit Animationen

- **Motivation**

Wenn ein Modell erstellt ist und der Ablauf vom Computer berechnet wurde, ist das Modell zu bewerten. Es ist zu beurteilen, ob der Modellablauf der Realität entspricht, z. B. einem beobachteten Phänomen oder einer Messung, oder ob der Modellablauf einer vorher erstellten theoretischen Vorhersage entspricht. Entspricht der Ablauf nicht der Realität, ist zu klären, wo im Modell Fehler gemacht wurden oder wie das Modell zu ergänzen ist. Entspricht der Ablauf nicht den eigenen Vorstellungen, ist zu klären, ob die Vorstellungen richtig waren und warum man andere Ergebnisse erwartet.

Bei den bisher dargestellten Unterrichtskonzeptionen geschieht diese Bewertung des Ergebnisses anhand von Liniengraphen. Schülerinnen und Schüler finden es aber schwierig, Graphen zu interpretieren, was die Modellbewertung und -überarbeitung erheblich erschweren kann. Hier ist es hilfreich, wenn die Ergebnisse einer Berechnung nicht nur in Form eines Graphen dargestellt werden, sondern auch als Animation ablaufen.

- **Software**

Das erste Softwareprogramm, das eine Modellbildung mit Animationen ermöglichte, war in den 1990er-Jahren PAKMA für den Amiga bzw. PAKMA für Windows.[39] Hier musste die Berechnung wie in einer Programmiersprache zeilenorientiert eingegeben werden (▶ Abschn. 5.2). Ende der 1990er-Jahre folgte das Zusatzmodul VisEdit[40], mit dem die Eingabe auf einer grafischen Oberfläche möglich war (▶ Abschn. 5.3). Später folgte JPAKMA[41] als betriebssystemunabhängiges

---

39 Heuer (1996). Das Programm ist unter heutigen Betriebssystemen nicht mehr lauffähig.
40 Reusch, Gößwein und Heuer (2000).
41 Schönberger und Heuer (2002).

5

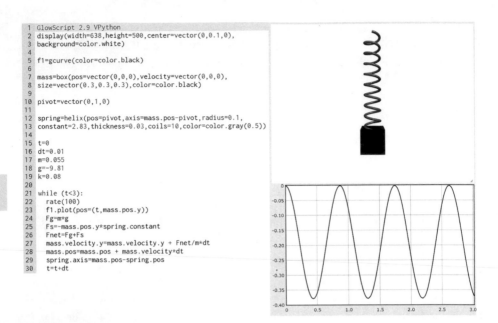

```
 1  GlowScript 2.9 VPython
 2  display(width=638,height=500,center=vector(0,0.1,0),
 3  background=color.white)
 4
 5  f1=gcurve(color=color.black)
 6
 7  mass=box(pos=vector(0,0,0),velocity=vector(0,0,0),
 8  size=vector(0.3,0.3,0.3),color=color.black)
 9
10  pivot=vector(0,1,0)
11
12  spring=helix(pos=pivot,axis=mass.pos-pivot,radius=0.1,
13  constant=2.83,thickness=0.03,coils=10,color=color.gray(0.5))
14
15  t=0
16  dt=0.01
17  m=0.055
18  g=-9.81
19  k=0.08
20
21  while (t<3):
22      rate(100)
23      f1.plot(pos=(t,mass.pos.y))
24      Fg=m*g
25      Fs=-mass.pos.y*spring.constant
26      Fnet=Fg+Fs
27      mass.velocity.y=mass.velocity.y + Fnet/m*dt
28      mass.pos=mass.pos + mass.velocity*dt
29      spring.axis=mass.pos-spring.pos
30      t=t+dt
```

◘ **Abb. 5.5** Die Schwingung eines Federpendels in VPython modelliert; links: Programmcode; rechts: ausgegebene 3D-Animation und Diagramm (mit freundlicher Genehmigung von © J. Weber und Th. Wilhelm)

Programm. Messwerterfassungen mit PAKMA in der Kinematik werden in ▶ Abschn. 3.4 gezeigt und in der Dynamik in ▶ Abschn. 4.5.

Modellus bzw. die aktuelle Nachfolgeversion Modellus X[42] ist ein neueres, kostenfreies Programm, das neben Graphen und Tabellen auch Animationen ausgeben kann. Die Eingabe geschieht mit Gleichungen – entweder indem man Differenzialgleichungen eingibt oder indem man Gleichungen wie beim Eulerverfahren mit Zeitschritten eingibt (Differenzengleichungen).

VPython[43] wurde entwickelt, um dem Benutzer die einfache Erstellung von 3D-Objekten und Animationen zu ermöglichen. Weltweit gesehen scheint heute an Universitäten VPython das meistgenutzte Programm für numerische Berechnungen bzw. mathematische Modellbildung zu sein. Ein Grund dafür ist, dass auf diese Weise Programmierkenntnisse in der Programmiersprache Python vermittelt werden können und man zusätzlich eine Ausgabe mit 3D-Animationen hat. Die Eingabe ist bei VPython ähnlich wie bei Programmiersprachen (▶ Abschn. 5.2). Die 3D-Animationen werden ebenso mit einem Textcode erzeugt (◘ Abb. 5.5).

---

42 Downloadbar unter ▶ https://modellus-x.software.informer.com/.
43 Scherer, Dubois und Sherwood (2000); Chabay und Sherwood (2008); Caballero et al. (2014), ▶ https://vpython.org/.

Schließlich kann auch Easy JavaScript Simulations[44] für die mathematische Modellbildung mit Animationen genutzt werden[45], obwohl es eigentlich nicht dafür gedacht ist, dass Schülerinnen und Schüler damit modellieren. Die Software ist vorrangig für die Erstellung wissenschaftlicher Simulationen ohne großen Programmieraufwand gedacht und die erstellte Simulation liegt dann in Java oder JavaScript vor.

- **Vorgehen**

Eine Modellbildung mit Animationen erweitert das Spektrum der Werkzeuge für die Beschreibung und numerische Simulation von Bewegungsvorgängen und erfordert kein grundlegend anderes Vorgehen im Unterricht als bei der Nutzung anderer Programmkategorien. Wie in den anderen Unterrichtskonzeptionen zu numerischen Verfahren müssen sich die Lernenden auch bei der Modellbildung mit Animationen zuerst Gedanken über die relevanten Größen und deren Zusammenhänge machen und ein mathematisches Modell erstellen. Wenn entsprechende Fähigkeiten geschult werden sollen, z. B. bei Studierenden mit VPython, muss dann auch die Animation erstellt werden, indem Objekte vorgegeben werden und festgelegt wird, wie sie sich in x- bzw. y-Richtung entsprechend einer vorher definierten Größe bewegen. Da die Erstellung des Modells und zusätzlich der Animation zeitaufwändig ist und die Animationserstellung von der Physik ablenkt, ist es für den Physikunterricht sinnvoller, die Animation vorzugeben.

Bei vorgegebener Animation können die Lernenden sofort nach Fertigstellung ihres Modells die Bewegung des Objekts beobachten, dies mit dem erwarteten Verhalten vergleichen und gegebenenfalls das Modell abändern. Zudem kann betrachtet werden, wie das Verändern einzelner Größen die Bewegung des Objekts beeinflusst, wozu Schieberegler für verschiedene Parameter hilfreich sind.

- **Empirische Ergebnisse**

Wilhelm hat Modellbildung mit Animationen (mit VisEdit/PAKMA) in einer Studie in der gymnasialen Oberstufe eingesetzt.[46] Er beobachtete, dass Schülerinnen und Schüler bei Kräften oft das falsche Vorzeichen und damit die falsche Richtung angeben bzw. sie nur den Betrag ohne Vorzeichen angeben. Beim Ablauf wird das an der Animation sofort deutlich, sodass die Animation sehr hilfreich für die Fehlersuche ist. Beispielsweise ist ein Fallkegel nach oben statt nach unten gefallen oder ein Wagen die schiefe Ebene hinaufgefahren. Eine Feder am Ende der schiefen Ebene beschleunigte einen Wagen weiter in Fahrtrichtung und die auftretende Rollreibung wurde auf der schiefen Ebene als konstant angenommen, obwohl sie immer gegen die Bewegungsrichtung gerichtet ist, sodass der Wagen fälschlich wieder bis zum Ausgangspunkt hochfuhr.

---

44 ▶ https://www.um.es/fem/EjsWiki/index.php/Main/WhatIsEJS; bis 2014 hieß es „Easy Java Simulations".
45 Christian und Esquembre (2007).
46 Wilhelm (2005).

Caballero et al. haben in einem Physikkurs für Neuntklässler die mathematische Modellbildung mit VPython eingesetzt.[47] Die Schülerinnen und Schüler fanden es schwierig festzustellen, ob sie einen Programmierfehler oder einen physikalischen Fehler gemacht haben. Ein Problem war die notwendige Zeit für das Erlernen und Wiedererlernen von VPython. Nur ein Drittel der Schülerinnen und Schüler waren nach dem Unterricht in der Lage, ein Modell eines neuen physikalischen Systems zu konstruieren.[48]

In einer Studie mit 1357 Studierenden in der Physik-Einführungsphase der Technische Hochschule Georgia sollten die Studierenden elfmal im Praktikum und 13-mal als Hausaufgabe eine mathematische Modellbildung mit VPython durchführen. Danach waren 60 % aller Studierender in der Lage, ein neuartiges Problem erfolgreich zu modellieren.[49]

An der Michigan State University wurde in einem Physik-Einführungskurs für Physik- und Ingenieursstudierende neben anderen Veränderungen auch die mathematische Modellbildung mit VPython eingesetzt.[50] In dem Kurs wurden 30 komplexe Probleme aus der realen Welt behandelt – sieben davon mit Modellbildung. Beim FMCE-Test[51] (▶ Abschn. 4.2 und 4.5) zeigten die Studierenden im Nachtest durchschnittlich einen relativen Zugewinn (tatsächlicher Zugewinn dividiert durch maximal möglichen Zugewinn) von 60 %, während in traditionellen Einführungskursen in der USA der relative Zugewinn bei 10 % bis 35 % liegt. Die Einstellungen der Studierenden zur Physik und zu Nature of Science blieben nahezu konstant, während sich hier normalerweise während der einführenden Vorlesung eine Verschlechterung ergibt.[52] Aussagen zum spezifischen Beitrag von VPython und Animationen zu diesen Ergebnissen sind allerdings nicht möglich.

In einer Studie mit brasilianischen College-Studierenden konnte gezeigt werden, dass durch die Verwendung von Modellus in einer Versuchsgruppe bei der Interpretation von Kinematikgraphen bessere mittlere Leistungen erzielt wurden als in einer Kontrollgruppe.[53]

Zusammenfassend bedeutet dies, dass zwar vorgefertigte Animationen bei der Modellbildung hilfreich sind, aber deren Erstellung durch Lernende selbst eine erhebliche Belastung bedeuten. VPython ist für die Erstellung eines Modells für Schülerinnen und Schüler eher zu anspruchsvoll, aber für Physikstudierende relevant. Der Forschungsstand zur Modellbildung mit Animationen wird in Weber und Wilhelm (2020c) detailliert beschrieben.

47 Caballero et al. (2014).
48 Aiken et al. (2012).
49 Caballero, Kohlmyer und Schatz (2012).
50 Irving, Obsniuk, und Cabllero (2017).
51 Thornton und Sokoloff (1997).
52 Adams et al. (2006).
53 Araujo, Veit und Moreira (2008).

- **Unterrichtsmaterialien**

Wilhelm, T. (2005). *Konzeption und Evaluation eines Kinematik/Dynamik-Lehrgangs zur Veränderung von Schülervorstellungen mit Hilfe dynamisch ikonischer Repräsentationen und graphischer Modellbildung (Diss.)*, Berlin: Logos.
Das Buch enthält eine CD mit umfangreichen Unterrichtsmaterialien: Detaillierte Unterrichtsbeschreibungen, Arbeitsblätter, Modellierungen. Die Software braucht jedoch einen Windows-XP-Rechner oder den Windows-XP-Modus von Windows 7/8/10 64-Bit. Die Unterrichtsvorschläge können auch mit anderer Software, z. B. VPython, umgesetzt werden.

Stein, W. (2018). *Programmieren lernen für den Physikunterricht mit Processing. Ein 315 Seiten starkes Lern- und Aufgabenbuch für Physiklehrer und Physikschüler der gymnasialen Oberstufe,* ▶ https://steinphysik.de/processing/.
Das Buch verfolgt die Idee, durch konkrete, fachbezogene Aufgaben, die mittels Programmierung gelöst werden müssen, das Programmieren zu vermitteln. Indem physikalische Problemstellungen aus der Schulphysik modelliert werden, soll nebenbei die Programmiersprache von VPython gelernt werden.

5.5 Modellbildung mit zentralen Gleichungen

- **Motivation**

Ein Ziel des Einsatzes numerischer Verfahren ist es, komplexe Alltagsbewegungen zu behandeln und gleichzeitig die Schüler und Schülerinnen von der Mathematik zu entlasten. Ist aber die verwendete Software komplex oder umständlich zu bedienen und braucht sie daher viel Know-how oder Einarbeitungszeit, verlagert man das Problem nur von der mathematischen auf die technische Seite. Bei der Verwendung von Programmiersprachen (▶ Abschn. 5.2) muss deren Syntax beherrscht werden. Beim Einsatz von Tabellenkalkulation (▶ Abschn. 5.2) muss das jeweilige Softwareprogramm, meist Excel, einigermaßen beherrscht werden. Auch die grafisch orientierten Programme wie STELLA, Dynasys oder Coach (▶ Abschn. 5.3) brauchen eine gewisse Einarbeitungszeit und man muss für die notwendigen Eingaben viele Dialogfenster öffnen. Bei der Modellbildung mit Animationen (▶ Abschn. 5.4) muss man zudem die dynamischen Visualisierungen erstellen.

Neuere Programme setzen auf eine einfache, intuitive Bedienung. Die beiden Programme Tracker und Newton-II beschränken sich zudem auf mechanische Vorgänge. Außerdem muss der Anwender nicht angeben, wie sich aus der Beschleunigung die Geschwindigkeit und der Ort ergeben. Während dies in den anderen Unterrichtskonzeptionen bewusst verlangt und als wesentliches Lernziel angesehen wird, werden die grundlegenden kinematischen Zusammenhänge hier als sicher bekannt angenommen. So muss der Nutzer nur noch die Anfangsbedingungen (Anfangsort und Anfangsgeschwindigkeit), die Masse und die resultierende Kraft angeben und kann seine Überlegungen dafür auf die relevanten Einzelkräfte konzentrieren.

Möchte man eine zweidimensionale Bewegung, wie z. B. eine Planetenbewegung oder eine Wurfbewegung modellieren, verdoppeln sich bei einer Tabellenkalkulation in etwa die Spalten, sodass das Rechenblatt schnell unübersichtlich wird (▶ Abschn. 5.2). Bei grafischen Modellbildungssystemen (▶ Abschn. 5.3) muss man die kinematische Berechnungskette für jede Dimension separat symbolisch anlegen. Dies führt zu recht großen, unübersichtlichen grafischen Modellstrukturen. Die Softwareprogramme dieses Abschnitts bleiben durch ihre Reduktion auf den dynamischen Kern des modellierten Problems gerade hier viel übersichtlicher.

Um das erstellte Modell zu bewerten, ist ein Vergleich mit Messdaten nötig. Auf dieser Weise kann das eigene Modell sukzessive verbessert und verfeinert werden, um es der Realität anzupassen. In der hier vorgestellten Konzeption stehen der Vergleich von Messung und Modellierung und die entsprechende Anpassung des Modells im Vordergrund, nicht jedoch die Numerik. Dies wird von der Software besonders unterstützt.[54]

■ **Software**

Eine Modellbildung mit zentralen Gleichungen ist mit dem Videoanalyseprogramm Tracker[55] möglich. Zu den Ergebnissen einer durchgeführten Videoanalyse eines Bewegungsvorgangs ist unter dem Menüpunkt „Dynamisches Modell" eine Modellbildung möglich. Zunächst kann man zwischen rechtwinkligen Koordinaten, Polarkoordinaten und einem Zwei-Körper-System wählen. Dann gibt man die Masse sowie die Anfangswerte ein, also z. B. die x- und y-Komponenten von Ort und Geschwindigkeit oder Radius, Winkel, Bahngeschwindigkeit und Winkelgeschwindigkeit. Darunter gibt man die Gesamtkraft an (◻ Abb. 5.6 oben), bei rechtwinkligen Koordinaten also die x- und y-Komponente der resultierenden Kraft.

Die Berechnung wird automatisch an die Framerate des Videos angepasst. Die berechneten Orte können im Video angezeigt werden, wodurch sich das Modell unmittelbar mit der Realität vergleichen lässt (◻ Abb. 5.6 unten). Außerdem können verschiedene Graphen erstellt werden, um berechnete und gemessene Daten zu vergleichen. Alle Daten erscheinen in Abhängigkeit von der Zeit beim Abspielen des Videos.

Da die Gleichung für jede Kraftkomponente in eine Zeile geschrieben wird, kann das Modell allerdings schnell unübersichtlich werden. Zudem ist das Einfügen einer Bedingung schwierig und die Masse muss während des gesamten Ablaufs konstant sein und kann sich z. B. nicht mit der Zeit ändern (wie z. B. bei der Verbrennung des Treibstoffs einer Rakete). Insbesondere wird immer die Analyse eines Bewegungsvideos vorausgesetzt, was den Einsatzbereich verringert.

---

54 Weber und Wilhelm (2018).
55 Tracker ist ein kostenloses Open-Source-Programm, das es für Windows, Mac und Linux gibt; downloadbar unter ▶ https://physlets.org/tracker/.

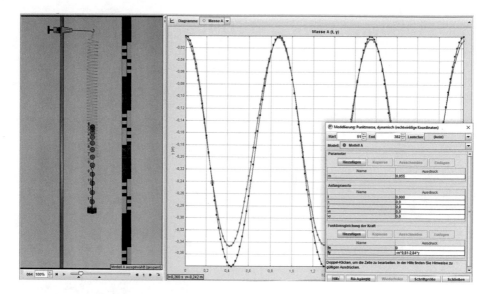

Abb. 5.6 Die Schwingung eines Federpendels in Tracker modelliert; links: Video mit eingeblendeten, berechneten Orten; rechts: Ortsdiagramm von Messung (grün) und Berechnung (rot); rechts unten: Eingabe des Modells

Die Software Newton-II[56] wurde ebenfalls für mechanische Probleme entwickelt. Es handelt sich um eine One-Window-Application[57], bei der alle wichtigen Elemente des Programms bis auf wenige Dialoge in einem einzigen Fenster dargestellt werden (**Abb. 5.7 links**).

Im linken Bereich erfolgt die Eingabe aller Gleichungen, Parameter und Anfangsbedingungen. Darunter befinden sich eine Steuerungsleiste für die Berechnung und ein Bereich für Einstellungen des Diagramms, wobei automatisch Erklärungen eingeblendet werden. Im rechten Bereich wird die Lösung grafisch dargestellt, mit weitreichender intuitiver Mausunterstützung bei der Skalierung. Die Eingaben zu den Kräften und Parametern sind damit immer gleichzeitig mit dem Diagramm zu sehen. Für alle Parameter gibt es einen Schieberegler, sodass man beim Verändern eines Wertes simultan den veränderten Graphen sieht.

Ein wesentliches Feld dient zur Eingabe einer Gleichung für die Beschleunigung (**Abb. 5.7 links oben**). Bei Newton-II ist es aber nicht nötig, alle auftretenden Kräfte in eine einzige Gleichung zu schreiben, da es darunter ein großes Feld für einzelne Definitionen gibt. Der Kern des 2. Newton'schen Axioms wird besonders deutlich, wenn man in das Beschleunigungsfeld F_ges/m schreibt, im Definitionenfeld alle Kräfte einzeln angibt und dann die resultierende Kraft $F\_$ges als Summe der Einzelkräfte definiert. Wie sich aus der Beschleunigung die

---

56 Kostenloses Programm für Windows, Mac und Linux, downloadbar unter ► https://did-apps.physik.uni-wuerzburg.de/Newton-II.
57 Lück und Wilhelm (2011).

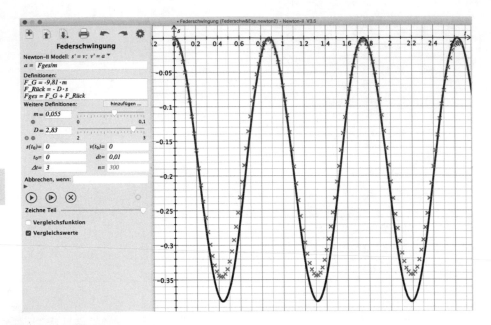

◻ Abb. 5.7 Die Schwingung eines Federpendels in Newton-II modelliert; links: Eingabe des Modells, rechts: Ortsdiagramm von Messwerten (grün) und Berechnung (rot)

Geschwindigkeit und der Ort ergeben, wird von den Nutzern nicht angegeben, sondern ist fest in der Software implementiert.

Man kann für die Modellierung zwischen einer eindimensionalen Berechnung (Ortsvariable s), einer zweidimensionalen und einer dreidimensionalen Berechnung wählen. Die Ortskoordinaten werden im letzteren Fall mit x, y, z bezeichnet und die Geschwindigkeits- und Beschleunigungskomponenten heißen dann vx, vy, vz bzw. ax, ay, az, sodass man für die drei Koordinaten jeweils eine Gleichung für die Beschleunigungskomponente und die Anfangswerte eingeben muss.

Schließlich lassen sich auch Vergleichsfunktionen und Vergleichswerte aus einer Tabelle einblenden. In die Tabelle kann man Messdaten von einer computerbasierten Messwerterfassung[58] oder von einer Videoanalyse[59] importieren. Die Messpunkte können zusätzlich in die Graphen eingezeichnet werden, sodass ein Vergleich zwischen berechneten und gemessenen Werten möglich ist (◻ Abb. 5.7 rechts).

Die Software Fluxion[60] ist eine Weiterentwicklung von Newton-II. Mit Fluxion können Systeme gewöhnlicher Differenzialgleichungen erstellt und nume-

58 Vogt et al. (2018).
59 Weber und Wilhelm (2018).
60 Kostenloses Programm für Windows, Mac und Linux; downloadbar unter ▶ https://did-apps.physik.uni-wuerzburg.de/Fluxion.

risch berechnet werden.[61] Die Eingabe und Bedienung ist als One-Window-Applikation so einfach und intuitiv wie bei Newton-II. Anders als in Programmiersprachen, Tabellenkalkulationen und grafischen Modellbildungssystemen werden keine Differenzengleichungen wie $\Delta v = a \cdot \Delta t$ für kleine Zeitintervalle angegeben, sondern Differenzialgleichungen formuliert, wobei die Ableitungen mit einem Apostroph markiert werden. Möchte man z. B. eindimensionale mechanische Vorgänge modellieren, muss man Zusammenhänge zwischen den kinematischen Größen mit $v' = a$; $x' = v$ angeben, wobei man die Variablennamen frei wählen kann.

Fluxion eignet sich besonders für die mathematische Modellbildung außerhalb der Mechanik oder wenn mehrere Körper in Wechselwirkung stehen. Dabei ist es hilfreich, aber nicht zwingend notwendig[62], wenn den Lernenden der Ableitungsbegriff bekannt ist.

- **Empirische Ergebnisse**

Eine empirische Studie mit Newton-II wird (während dieses Buch geschrieben wird) im Schuljahr 2020/2021 von Weber durchgeführt.[63] Bis zur Endredaktion lagen nur erste Ergebnisse vor.[64] Wenn Schülerinnen und Schüler nach dem entsprechenden Schulunterricht zur Dynamik die Gelegenheit haben, in Zweiergruppen noch 3,5 h vier ausgewählte Situationen mit Newton-II zu modellieren, führt dies nach dieser Studie zu einem höchst signifikanten Zuwachs im Konzeptverständnis mit einer großen Effektstärke. Andere Schülerinnen und Schüler, die die gleichen Experimente auch in Zweiergruppen mithilfe der Videoanalyse messend analysierten, hatten jedoch den gleichen Lernzuwachs. Obwohl das nicht explizit thematisiert wurde, verbessert sich jedoch nur in der Modellbildungsgruppe die Vorstellung über Modelle in der Physik.

- **Unterrichtsmaterialien**

Weber, J. und Wilhelm, T. (2020). *Unterrichtsmaterialien zu Computereinsatz in der Newton'schen Dynamik,* ▶ http://www.thomas-wilhelm.net/dynamik.htm.
Das auf dieser Seite downloadbare Arbeitsheft zur Modellbildung leitet Schülerinnen und Schüler an, in Zweiergruppen vier verschiedene experimentelle Situationen mit Newton-II zu modellieren. Vorhanden sind auch weitere hilfreiche Dateien wie eine Anleitung des Programms und Videos sowie Messdaten der Experimente.

▶ https://www.physik.uni-wuerzburg.de/index.php?id=221839
Auf dieser Seite finden sich Schüler-Arbeitsblätter zum Einsatz mit Newton-II. Für Lehrkräfte liegt zudem ein Tutorial vor.

---

61 Wilhelm und Wenzel (2016).
62 Lück (2018).
63 Weber und Wilhelm (2019); Weber und Wilhelm (2020a).
64 Weber und Wilhelm (2020b).

Dai, E. (2017). *Das Videoanalyseprogramm Tracker,* Examensarbeit, Universität Frankfurt, ▶ http://www.thomas-wilhelm.net/arbeiten/Tracker.pdf. Hier findet man ein deutschsprachiges Tutorial zur Software Tracker.

Die Unterrichtsvorschläge, die in der Literatur zu anderen Modellbildungsprogrammen vorgestellt werden, können auch mit der Software umgesetzt werden, die in diesem Abschnitt vorgestellt wurde.

5.6 Fazit

5

Auf welche Art und mit welcher Software man numerische Verfahren im Physikunterricht einsetzt, hängt vor allem davon ab, welche Rahmenbedingungen man vorfindet und welche Ziele man verfolgt. Möchte man vor allem zeigen, wie ein Prozessverlauf (z. B. eine Bahnkurve) berechnet wird, indem man ihn in kleine diskrete Zeitschritte zerlegt und viele kleine Änderungen aufaddiert, ist die traditionelle Methode der kleinen Schritte mit einem Tabellenkalkulationsprogramm (▶ Abschn. 5.2) eine gute Wahl. Damit kann man Ideen der Informatik deutlich machen, wie das Durchlaufen einer Schleife, in der immer wieder auf die gleiche Art gerechnet wird. Außerdem lässt sich damit die Idee des Integrierens aus der Mathematik verdeutlichen, da die Fläche unter einem Graph berechnet wird, indem viele Streifeninhalte aufaddiert werden. Aus diesen Gründen könnte man die Methode der kleinen Schritte z. B. mit Excel auch im Informatik- oder Mathematikunterricht behandeln.

Möchte man jedoch das Lernen der physikalischen Begriffe und Zusammenhänge fördern und die unterschiedlichen Beziehungen zwischen Modellgrößen hervorheben, dann empfiehlt sich das Arbeiten mit einer grafischen Oberfläche (▶ Abschn. 5.3). Hier wird in einem Wirkungsnetz deutlich, was zentrale Größen sind, welche Größe welche andere beeinflusst und wo es Rückkopplungen gibt. Die notwendige Einarbeitung in systemdynamische Repräsentationen lohnt sich, wenn dieser Zugang über die Mechanik hinaus auch in den nachfolgenden Themengebieten, wie der Elektrodynamik (z. B. Kondensatorentladung, elektromagnetische Schwingkreise) oder der Kernphysik (Zerfallsreihen) verwendet wird, um grundlegende physikalische Zusammenhänge zu visualisieren.

Sowohl bei der traditionellen Methode der kleinen Schritte mit Tabellenkalkulation als auch beim Arbeiten mit einer grafischen Oberfläche ist zu überlegen, ob die Schülerinnen und Schüler die Modellierung selbst am Computer durchführen sollen. Dafür bedarf es einer Einführung von mehreren Schulstunden, bis sie mit der Software sicher zurechtkommen.

Möchte man die Schülerinnen und Schüler von solchen Software-bezogenen Überlegungen entlasten und sie bei vorhandenem physikalischem Verständnis auch bei komplexeren Vorgängen schnell zu einem Ergebnis kommen lassen, eignet sich eine Software mit zentralen Gleichungen (▶ Abschn. 5.5). Auch der Vergleich mit Messdaten und dadurch das Anpassen des Modells ist hier einfacher möglich.

Bei all diesen Konzeptionen werden die Ergebnisse der Modellierung stets als Graphen dargestellt, die zu interpretieren sind. Geht man davon aus, dass sich Schülerinnen und Schüler damit schwertun, kann man eine Modellbildung mit Animationen (▶ Abschn. 5.4) verwenden. Hier kann man am Ablauf der Animation schnell erkennen, ob die Modellierung sinnvoll war und diese so lange verändern, bis ein sinnvoller Ablauf herauskommt. Voraussetzung ist allerdings, dass die Animation leicht und schnell zu erstellen oder bereits vorgefertigt ist.

Didaktisch sinnvolle Darstellungen wie Wirkungsgefüge oder Animationen sind also mit zusätzlichem Aufwand von Unterrichtszeit für das Erstellen verbunden, was man bei der Entscheidung für eine Konzeption berücksichtigen muss.

5.7 Übungen

- **Übung 5.1**

In der Mechanik bestimmt die Beschleunigung, wie sich die Geschwindigkeit ändert. Wie wird das in Excel, in Dynasys und in Newton-II deutlich gemacht?

- **Übung 5.2**

In ◘ Abb. 5.2, 5.3 und 5.6 wird gezeigt, wie man eine vertikale Federschwingung mit Excel, Dynasys und Newton-II modelliert. Nun soll bei dem Vorgang eine Luftreibung berücksichtigt werden ($F_{Luft} = -k \cdot v \cdot abs(v)$ mit $k = 0{,}08$). Beschreiben Sie für die drei Formulierungen der Modelle, was sich jeweils ändert und was gleich bleibt.

- **Übung 5.3**

Beschreiben Sie, wie beim Modell aus Übung 5.2 die Ausgabe in Excel, in VPython, in Tracker und in Newton-II aussieht!

5.8 Software

In diesem Abschnitt werden Links zu den im Kapitel angesprochenen Softwareprogrammen angegeben.

- **Systemdynamik mit grafischer Oberfläche**

Stella: ▶ https://www.iseesystems.com/store/products/

Dynasys: ▶ https://www.hupfeld-software.de/dokuwiki/doku.php/dynasys

Coach 6 Studio MV: ▶ http://www.klett.de/produkt/isbn/3-12-772607-4

Coach 7: ▶ https://www.3bscientific.de/coach-7-universitaetslizenz-5-jahre-desktop-lizenz-1021524-ucma-185u,p_558_29900.html

Moebius: ▶ https://www.primtext.de/moebius/

Insight Maker: ▶ https://insightmaker.com

Powersim: ▶ https://www.powersim.com/main/products-services/powersim_products/

- **Modellbildung mit Animationen**

Modellus: ► https://modellus-x.software.informer.com
VPython: ► https://vpython.org
Easy JavaScript Simulations: ► https://www.um.es/fem/EjsWiki/index.php/Main/WhatIsEJS

- **Modellbildung mit zentralen Gleichungen**

Tracker: ► https://physlets.org/tracker/
Newton-II: ► https://did-apps.physik.uni-wuerzburg.de/Newton-II
Fluxion: ► https://did-apps.physik.uni-wuerzburg.de/Fluxion
Lagrange: ► https://did-apps.physik.uni-wuerzburg.de/Lagrange

Literatur

Adams, W. K., Perkins, K. K., Podolefsky, N. S., Dubson, M., Finkelstein, N. D., & Wieman, C. E. (2006). New instrument for measuring student beliefs about physics and learning physics: The Colorado learning attitudes about science survey. *Physical Review Special Topics – Physics Education Research, 2*(1). ► https://doi.org/10.1103/PhysRevSTPER.2.010101

Aiken, J., Caballero, M., Douglas, S., Burk, J., Scanlon, E., Thoms, B., & Schatz, M. (2012). Understanding student computational thinking with computational modeling. *AIP Conference Proceedings, 1513,* 46–49.

Araujo, I., Veit, A., & Moreira, M. (2008). Physics students' performance using computational modelling activities to improve kinematics graphs interpretation. *Computers & Education, 50*(4), 1128–1140.

Arndt, H. (Hrsg.). (2017). *Systemisches Denken im Fachunterricht*. Erlangen: FAU University Press.

Arganbright, D. (1984). The electronic spreadsheet and mathematical algorithms. *The College Mathematical Journal, 15,* 148–157.

Baker, J., & Sugden, S. (2003). Spreadsheets in education – The first 25 years. *Spreadsheets in Education (eJSiE), 1*(1), 18–43. Article 2.

Benacka, J. (2015a). Projectile general motion in a vacuum and a spreadsheet simulation. *Physics Education, 50*(1), 58–63.

Benacka, J. (2015b). Spreadsheet application showing the proper elevation angle, points of shot and impact of a projectile. *Physics Education, 50*(3), 342–347.

Benacka, J. (2016). Numerical modelling with spreadsheets as a means to promote STEM to high school students. *Eurasia Journal of Mathematics, Science & Technology Education, 12*(4), 947–964.

Bethge, T. (1992). Mechanik in der Sekundarstufe II – Ein Kurskonzept unter Nutzung von Software-Werkzeugen. In K. H. Wiebel (Hrsg.), *Zur Didaktik der Physik und Chemie, Probleme und Perspektiven, Vorträge auf der Tagung für Didaktik der Physik/Chemie in Hamburg* (S. 152-154). GDCP, Leuchtturm-Verlag.

Bork, A. (1978). Computers as an aid to increasing physical intuition. *American Journal of Physics, 26,* 796–800.

Burke, C., & Atherton, T. (2017). Developing a project-based computational physics course grounded in expert practice. *American Journal of Physics, 85,* 301–310.

Caballero, M., Burk, J., Aiken, J., Thoms, B., Douglas, S., Scanlon, E., & Schatz, M. (2014). Integrating numerical computation into the modelling instruction curriculum. *The Physics Teacher, 52*(1), 38–42.

Caballero, M., Kohlmyer, M., & Schatz, M. (2012). Implementing and assessing computational modeling in introductory mechanics. *Physics Revue Special Topics – Physics Education Research, 8,* 020106.

Chabay, R., & Sherwood, B. (2008). Computational physics in the introductory calculus-based course. *American Journal of Physics, 76,* 307–313.

Christian, W., & Esquembre, F. (2007). Modelling physics with easy java simulations. *The Physics Teacher, 45,* 475–480.

Dai, E. (2017). *Das Videoanalyseprogramm Tracker,* Examensarbeit. Universität Frankfurt. ▶ http://www.thomas-wilhelm.net/arbeiten/Tracker.pdf.

Eisberg, R. (1978). *Mathematische Physik für Benutzer programmierbarer Taschenrechner – Mit 16 Programmen, 29 Beispielen und 92 Aufgaben.* München: Oldenbourg.

Forrester, J. W. (1972). *Grundzüge einer Systemtheorie.* Wiesbaden: Gabler.

Gerdes, J., & Schecker, H. (1999). Der Force Concept Inventory. *Der mathematische und naturwissenschaftliche Unterricht, 52,* 283–288.

Heuer, D. (1996). Konzepte für Systemsoftware zum Physikverstehen. *Praxis der Naturwissenschaften – Physik, 45*(4), 2–11.

Hucke, L. (1999). *Handlungsregulation und Wissenserwerb in traditionellen und computergestützten Experimenten des physikalischen Praktikums.* Berlin: Logos.

Irving, P., Obsniuk, M. & Cabllero, M. (2017). P3: A practice focused learning environment. *European Journal of Physics, 38*(5), 055701. ▶ https://doi.org/10.1088/1361-6404/aa7529

Laws, P. (1991). Calculus-based physics without lectures. *Physics Today, 44*(12), 24–31.

Lück, S. (2018). System-Modellierung über Veränderungsgrößen mit Fluxion. *Plus Lucis, 4,* 32–35.

Lück, S., & Wilhelm, T. (2011). Modellierung physikalischer Vorgänge am Computer. Modellbildungssysteme als Unterstützung zum Verständnis physikalischer Strukturen. *Unterricht Physik, 22*(122), 26–31.

Ludwig, J., & Wilhelm, T. (2013). Mathematisches Modellieren mit Modellus 4. *Praxis der Naturwissenschaften – Physik in der Schule, 62*(2), 30–36.

MacDonald, W., Redish, E., & Wilson, J. (1988). The M.U.P.P.E.T manifest. *Computer in Physics, 2,* 23–30.

Niedderer, H., Schecker, H., & Bethge, T. (1991). *Computereinsatz im Physikunterricht der gymnasialen Oberstufe – Abschlussbericht des Modellversuchs.* Universität Bremen (4 Bände).

Redish, E., & Wilson, J. (1993). Student programming in the introductory physics course: M.U.P.P.E.T. *American Journal of Physics, 61,* 222–232.

Reusch, W., Gößwein, O., & Heuer, D. (2000). Grafisch unterstütztes Modellieren und Messen – VisEdit und PAKMA. *Praxis der Naturwissenschaften – Physik, 49*(6), 32–36.

Sander, F., Schecker, H., & Niedderer, H. (2001). Wirkungen des Einsatzes grafikorientierter Modellbildung im physikalischen Praktikum. *Zeitschrift für Didaktik der Naturwissenschaften, 7,* 147–165.

Schecker, H. (1998). *Physik modellieren. Grafikorientierte Modellbildungssysteme im Physikunterricht.* Stuttgart: Klett. ▶ https://aeccp.univie.ac.at/lehrer-innen/unterrichtskonzeptionen

Schecker, H. (2017). Systemisches Denken im Physikunterricht. In H. Arndt (Hrsg.), *Systemisches Denken im Fachunterricht* (S. 177–222). Erlangen: FAU University Press. ▶ https://opus4.kobv.de/opus4-fau/frontdoor/index/index/docId/8609.

Schecker, H., & Bethge, T. (1991). Fallschirmspringer und Meteore. *Computer und Unterricht, 1*(1), 29–34.

Schecker, H., & Gerdes, J. (1998). Interviews über Experimente zu Bewegungsvorgängen. *Zeitschrift für Didaktik der Naturwissenschaften, 4*(3), 61–74.

Schecker, H., Klieme, E., Niedderer, H., Ebach, J., & Gerdes, J. (1999). *Abschlussbericht zum DFG-Projekt „Physiklernen mit Modellbildungssystemen". Förderung physikalischer Kompetenz und systemischen Denkens durch computergestützte Modellbildungssysteme.* Universität Bremen.

Scherer, D., Dubois, P., & Sherwood, B. (2000). VPython: 3D interactive scientific graphics for students. *Computing in Science & Engineering, 2*(5), 56–62.

Schönberger, S., & Heuer, D. (2002). JPAKMA – plattformunabhängige Modellbildung. In V. Nordmeier (Hrsg.), *Didaktik der Physik. Beiträge zur Frühjahrstagung der DPG Leipzig 2002,* Berlin: Lehmanns.

Thornton, R. K., & Sokoloff, D. (1997). Assessing student learning of Newton's laws: The force and motion conceptual evaluation and the evaluation of active learning laboratory and lecture curricula. *American Journal of Physics, 66*(4), 338–352.

Vogt, P., Fahsl, C., Wilhelm, T., & Kasper, L. (2018). Smartphone-Experimente und Modellbildung – eine gewinnbringende Verbindung für einen kontextorientierten Physikunterricht. *Plus Lucis, 4,* 26–31.

Weber, J., & Wilhelm, T. (2018). Vergleich von modellierten Daten mit Videoanalysedaten mit verschiedener Software. *Plus Lucis, 4*, 18–25.

Weber, J., & Wilhelm, T. (2019). Mathematische Modellbildung in einer vergleichenden Untersuchung. *PhyDid-B – Didaktik der Physik – DPG-Frühjahrstagung*, 323–329. ▶ http://phydid.physik.fu-berlin.de/index.php/phydid-b/article/view/958.

Weber, J., & Wilhelm, T. (2020a). Eine vergleichende Untersuchung zur Newton'schen Mechanik. In S. Habig (Hrsg.), *Naturwissenschaftliche Kompetenzen in der Gesellschaft von morgen*, Gesellschaft für Didaktik der Chemie und Physik, Jahrestagung in Wien 2019, Band 40 (S. 459–462).

Weber, J., & Wilhelm, T. (2020b). Vergleichsstudie zum Computereinsatz zur Newton'schen. *PhyDid-B – Didaktik der Physik – DPG-Frühjahrstagung,* 375–380. ▶ http://www.phydid.de/index.php/phydid-b/article/view/1062.

Weber, J., & Wilhelm, T. (2020c). The benefit of computational modelling in physics teaching: A historical overview. *European Journal of Physics*, *41*(3), 034003 (18pp). ▶ https://doi.org/10.1088/1361-6404/ab7a7f.

Wilhelm, T. (2000). Der alte Fallkegel – modern behandelt. *Praxis der Naturwissenschaften – Physik,* *49*(6), 28–31.

Wilhelm, T. (2005). *Konzeption und Evaluation eines Kinematik/Dynamik-Lehrgangs zur Veränderung von Schülervorstellungen mit Hilfe dynamisch ikonischer Repräsentationen und graphischer Modellbildung, Studien zum Physik- und Chemielernen*, Band 46. Berlin: Logos-Verlag. Und veröffentlicht bei: Würzburg, Universität, online. URN: urn:nbn:de:bvb:20-opus-39554. ▶ https://opus.bibliothek.uni-wuerzburg.de/frontdoor/index/index/docId/3310.

Wilhelm, T., & Trefzger, T. (2010). Erhebung zum Computereinsatz bei Physik-Gymnasiallehrer. *PhyDid-B – Didaktik der Physik – Beiträge zur DPG-Frühjahrstagung*, 2010. ▶ http://www.thomas-wilhelm.net/veroeffentlichung/Computereinsatz.pdf.

Wilhelm, T., & Wenzel, M. (2016). Moment mal … (30): EINE Kraft kann verformen? *Praxis der Naturwissenschaften – Physik in der Schule*, *65*(7), 45–49.

Wolter, L. (1998). Einsatz von „Interactive Physics" in der Lehre der Physik. *Vorträge/physikertagung, Deutsche Physikalische Gesellschaft, Fachausschuss Didaktik der Physik, Tagung, 1997*, 551–556.

Zang, M., & Wilhelm, T. (2013). Modellieren ohne Mathematik mit Algodoo. *Praxis der Naturwissenschaften – Physik in der Schule*, *62*(2), 37–40.

Unterrichtskonzeptionen zur Energie und Wärme

Erich Starauschek und Horst Schecker

Inhaltsverzeichnis

© Springer-Verlag GmbH Deutschland, ein Teil von Springer Nature 2021
T. Wilhelm, H. Schecker, M. Hopf (Hrsg.), *Unterrichtskonzeptionen für den Physikunterricht*,
https://doi.org/10.1007/978-3-662-63053-2_6

6.1 Fachliche Einordnung

Das physikalische Konzept *Energie* geht auf naturphilosophische Vorstellungen zurück, insbesondere die Überzeugung, dass bei allen Prozessen und Veränderungen in der Natur die „Naturkräfte" ineinander umwandelbar sind und „etwas" dabei erhalten bleibt. Ansätze zum Erhaltungsdenken finden sich in Formulierungen wie „Von nichts kommt nichts". Mitte des 19. Jahrhunderts wurde die Umwandelbarkeit der „Naturkräfte" (das Wort „Energie" setzte sich in dieser Zeit erst allmählich durch) als Erhaltungssatz formuliert und mit ersten experimentellen Daten zum mechanischen Wärmeäquivalent belegt. Dazu kamen als weitere Erfahrungsgrundlage die gescheiterten Versuche, ein Perpetuum mobile zu konstruieren. Die Evidenz der abstrakten Idee der Energieerhaltung gründet somit in Überzeugung *und* Erfahrung.[1]

6

■ **Konzeptualisierungen von Energie**

Historisch standen sich eine quasi-materielle und eine funktionale Konzeptualisierung von Energie gegenüber: Energie als eine *unwägbare Substanz,* die von einem Körper auf einen anderen übergehen und dabei ihre Erscheinungsform ändern kann, und Energie als *abstrakte Bilanzierungsgröße* – letztlich eine *Zahl,* die sich aus mathematischen Funktionen berechnen lässt und die bei Prozessen in der Natur ihren Zahlenwert beibehält. Heute ist die Energie in der Thermodynamik eine abstrakte Bilanzierungsgröße, die aus einer Energiefunktion berechnet wird. Dennoch ist es bei Energiebilanzierungen hilfreich, metaphorisch oder quasi-anschaulich von der „Abgabe" und „Aufnahme" von Energie zu sprechen. Diese Vorstellungen finden ihren mathematischen Ausdruck in einer Kontinuitätsgleichung mit Energie- und Energiestromdichte.

In ihrer begrifflichen Genese ist die Energie eng mit der phänomenologischen Wärmelehre verbunden, d. h., es werden Prozesse betrachtet, bei denen sich die Temperatur ändert. Es zeigt sich allerdings, dass Temperatur und Energie nicht genügen, um solche thermodynamischen Prozesse zu beschreiben. Es muss hier in der Regel auch die Entropie betrachtet werden. Diese physikalische Größe gibt Auskunft über die Irreversibilität von Prozessen und kann im Unterschied zur Energie bei Prozessen nur gleich bleiben oder zunehmen. Es gibt Vorschläge, die Entropie ebenso wie die Energie als mengenartige Größe[2] zu konzeptualisieren (▶ Abschn. 6.4).

■ **Energie eines Systems**

Bezogen auf ein bestimmtes System, d. h. anschaulich auf einen bestimmten Körper oder ein definiertes Raumgebiet, lässt sich dessen Gesamtenergie E_{ges} als eine Summe von Termen konzeptualisieren, die man *Energieformen* nennen kann.

---

1   Eine erweiterte und vertiefte fachliche Einordnung der Konzeptionen zu Energie und Wärme ist in den ▶ *Materialien zum Buch* verfügbar (▶ https://aeccp.univie.ac.at/lehrer-innen/unterrichtskonzeptionen).

2   „Mengenartig" ist dabei aber nicht mit Materie oder Substanz gleichzusetzen.

Diese Energieformen sind dann in dem Körper oder Raumgebiet enthalten, es sind *Speicherformen*. Dabei muss erst einmal nicht auf die physikalischen Größen Bezug genommen werden, aus denen die Terme aufgebaut sind. Der Bezug zu den Phänomenen genügt: Hat ein Körper eine Temperatur, so ist es auch möglich, von im System gespeicherter thermischer Energie zu sprechen. Bewegt sich der Körper, so verfügt er über kinetische Energie etc. Für viele Themen der Schulphysik ist diese erste vereinfachte Konzeptualisierung ausreichend. Man kann dann die Energie eines Systems in mechanische Energie (kinetische, potenzielle), thermische, chemische, elektrische usw. Energie unterteilen, aber z. B. auch in Kernenergie.

Energieänderungen treten auf, wenn ein physikalisches System seinen Zustand ändert. In der Energiebilanz ändern sich mit der Näherung einer additiven Zerlegung der Energie bei den betrachteten Prozessen eine oder mehrere Energieformen (▶ Gl. 6.1):

$$\Delta E_{ges} = \Delta E_{therm} + \Delta E_{kin} + \Delta E_{pot} + \Delta E_{chem} + \Delta E_{elekt} + \dots \qquad \text{(Gl. 6.1)}$$

Die Gl. (6.1) umfasst sowohl Energieänderungen, die submikroskopisch modelliert werden können (z. B. ΔE_{therm}), als auch solche, die das System als Ganzes makroskopisch betreffen (z. B. ΔE_{kin}). Wieder lassen sich – wie oben bei den Speicherformen – die einzelnen Terme als Energieformen klassifizieren. Die Energie eines Systems ändert sich z. B. bei einer chemischen Reaktion oder thermisch bei einer Temperaturänderung, also liegt in diesen Fällen eine chemische bzw. eine thermische Energieänderung vor. Die Energieformen, die zur Änderung beitragen, werden auch „Austauschformen" genannt, obwohl dies metaphorisch nicht korrekt ist, da nichts getauscht wird, sondern Energie von einem System auf das andere übergeht. Die Bezeichnungen *Transportform* oder *Übertragungsform* sind eine bessere Wahl. Für die einzelnen Speicher- bzw. Transportformen gilt kein allgemeiner Erhaltungssatz. Ein System A kann z. B. thermische Energie von System B aufnehmen – es wird mit einem Körper höherer Temperatur (System B) in Kontakt gebracht –, ohne dass diese Energie danach vollständig *als thermische Energie* im System A enthalten ist.

In der Thermodynamik wird die Energie eines Körpers, der sich in seinem Ruhesystem nicht bewegt und dessen Zustand durch äußere Felder erst einmal nicht verändert werden soll, als *innere Energie U* bezeichnet. Insbesondere gehört auch die chemische Energie zur inneren Energie. Zerlegt man den Körper gedanklich in submikroskopische Körper (oder allgemeiner in Teilsysteme), auch Teilchen genannt, so lässt sich die innere Energie weiter zerlegen: in die Bewegungsenergien der Teilchen in Gasen, Flüssigkeiten oder Festkörpern, d. h. in deren Translationen, Rotationen und Schwingungen, und die chemischen (oder nuklearen) Bindungsenergien zwischen diesen Teilchen.[3] Dieses anschauliche mechanische Bild erfährt durch die Quantenphysik erhebliche Erweiterungen, die aber aus der Perspektive der Schulphysik nicht zwingend diskutiert werden müssen. Die translatorischen submikroskopischen Bewegungen bestimmen die *Temperatur*

---

3 Müller (2014, S. 135 f.).

des Körpers. Daher können sie auch als thermische Bewegungen bezeichnet werden. Mit dieser vereinfachten mechanischen Vorstellung ließe sich die damit zugeordnete Energie auch als *thermische Energie* bezeichnen. In speziellen Fällen (insbesondere beim idealen Gas) ist diese thermische Energie mit der inneren Energie identisch; in der Regel umfasst die innere Energie aber auch die potenziellen Energien zwischen den Teilchen.

- **Beschreibung von Energieänderungen mit Prozessgrößen**

Im Kern beruht die physikalische Beschreibung von thermischen Phänomenen auf zwei Systemen mit unterschiedlichen Temperaturen. Die Energie geht von einem Körper höherer Temperatur auf einen Körper niedrigerer Temperatur über. Dieser Prozess kann sprachlich auf vielerlei Weisen charakterisiert werden: thermische Energieänderung, thermischer Energiestrom, thermischer Energiefluss oder einfach als Energie, die aufgrund einer Temperaturdifferenz fließt. Auch wird der Terminus *Wärme*fluss verwendet sowie von Wärmezufuhr oder kurz *Wärme* gesprochen. Dies ist semantisch und physikalisch problematisch. Semantisch, weil der Alltagsbegriff „Wärme" zum einen Bezüge zur Temperatur aufweist, zum anderen aber auch zur Entropie. Physikalisch ist der Charakter der Wärme als einer *Prozessgröße* zu beachten: Es gibt wie oben gesagt Systeme, denen Wärme zugeführt wird, ohne dass diese Energie nach dem Prozess vollständig als thermische Energie im System enthalten ist. Die andere Möglichkeit, die Energie eines Systems zu ändern, ist in traditioneller Sprache das Verrichten einer *Arbeit W*. Die Arbeit als Prozessgröße erlaubt wie die Prozessgröße Wärme Aussagen über Energieänderungen, nicht aber über die Speicherung der umgesetzten Energie.

In der fachdidaktischen Literatur gibt es seit langer Zeit Diskussionen um den Umgang mit Prozessgrößen wie Wärme und Arbeit. Es gibt Positionen, die den völligen Verzicht von Prozessgrößen vorschlagen, und andere, die genau das Gegenteil empfehlen. Das spielt bei den Unterrichtskonzeptionen z. T. eine große Rolle und wird in den entsprechenden Abschnitten dieses Kapitels diskutiert.

- **Energieerhaltung: 1. Hauptsatz der Thermodynamik**

Bezeichnen wir die thermische Energieänderung mit Q und fassen die übrigen möglichen Energieänderungen durch eine verallgemeinerte Arbeit in der Größe W zusammen, so erhält man eine Formulierung des 1. Hauptsatzes der Thermodynamik oder des Satzes von der Erhaltung der Energie, die in der Physik verbreitet ist (▶ Gl. 6.2):[4]

$$\Delta E_{\text{ges}} = Q + W. \tag{Gl. 6.2}$$

Die (Gesamt-)Energie kennzeichnet den jeweiligen *Zustand* eines Systems; Wärme und Arbeit beziehen sich auf die *Prozesse* der Energieänderung. Es ist dabei wichtig, die Systemgrenzen festzulegen. Nur in einem vollkommen isolierten System

---

4   Streng genommen ist ▶ Gl. 6.2 eine Bilanzierungsvorschrift unter der Annahme der Konstanz der Gesamtenergie.

ändert sich die Gesamtenergie nicht. Nimmt in einem bestimmten System die Energie zu, muss dafür in einem anderen System die Energie abnehmen. Es gibt keine Maschine, die funktioniert, also physikalisch Arbeit verrichtet (bzw. Energie abgibt), ohne dass sie ihrer Umgebung Energie entzieht, d. h., es gibt kein *Perpetuum mobile* 1. Art[5].

Wenn man nur die Änderungen der inneren Energie betrachtet (Formelzeichen U), schreibt man den 1. Hauptsatz in der Form $\Delta U = Q + W$. Die Energie eines Körpers soll dabei nur auf zwei Arten zunehmen: entweder indem er erwärmt oder indem er zusammengedrückt bzw. auseinandergezogen wird, d. h. am Körper Arbeit verrichtet wird. Im Falle eines Gases kann sich der Körper bei Erwärmung ausdehnen. Der Körper verrichtet dann Arbeit an der Umgebung. Dies lässt sich auch einfacher sagen: Aufgrund einer Temperaturdifferenz nimmt der Körper Energie auf. Verändert der Körper bei diesem Prozess sein Volumen, so trägt dieser Prozess zur Energiebilanz bei: Energie kann auf diese Weise gleichzeitig wieder vom System abgegeben werden.

- **Qualität von Energieformen, Energieentwertung, Dissipation**

Nach dem 1. Hauptsatz bleibt in einem isolierten System die Gesamtenergie bei allen Prozessen im System erhalten. Es kann sich jedoch der „Energiemix" (▶ Gl. 6.1) ändern, d. h., die Energie kann in wechselnden Anteilen auf die unterschiedlichen Speicherformen verteilt sein. Die Erfahrung zeigt, dass es viele Prozesse gibt, deren Energieänderungen man nicht vollständig umkehren kann. Die meisten Prozesse auf der Erde, die wir wahrnehmen, sind irreversible Prozesse. Wenn ein System bei irreversiblen Prozessen Energie verliert, d. h., die Umgebung erwärmt wird, kann diese abgegebene Energie nicht mehr vollständig in die vorher bestehenden Speicherformen des Systems rücktransferiert werden. Man spricht auch von der *Dissipation* der Energie.

Es ist daher bis zu einem gewissen Grad möglich, die Irreversibilität von Prozessen über die Dissipation von Energie zu charakterisieren. Aus der Erfahrung, dass mit Wärmekraftmaschinen nur ein bestimmter Anteil der thermischen Energie für Arbeit genutzt werden kann, kann man der thermischen Energie eine geringere *Qualität* zumessen (auch geringerer *Wert* genannt) als anderen Energieformen. Thermische Energie ist umso effizienter für das Verrichten von Arbeit nutzbar, je höher die Temperatur ist, auf der sie im Vergleich zur Umgebungstemperatur vorliegt. Mechanische Energieformen lassen sich dagegen im Prinzip vollständig ineinander umwandeln. Zumindest erlaubt die Mathematik der klassischen Mechanik eine Mechanik mit ausschließlich reversiblen Prozessen. Dadurch wird der mechanischen Energie eine höhere Qualität (oder ein höherer Wert) als der thermischen Energie zugeschrieben. In diesem Sinne kann auch von Energieentwertung gesprochen werden.[6]

---

5 Ein Perpetuum mobile 2. Art würde den 2. Hauptsatz verletzen.
6 zur Qualität der Energie s. Müller (2014, S. 242 ff.).

- **Wärmekraftmaschinen**

Wärmekraftmaschinen sind periodisch laufende Maschinen, z. B. Verbrennungs-motoren oder Heißluftmotoren, bei denen in der Regel ein Gas erwärmt wird; ihm wird Energie auf thermischem Wege zugeführt. Das Gas dehnt sich aus; dabei wird mit einem Teil der Energie ein fester Körper (z. B. ein Kolben) bewegt, der eine Kraft ausüben und andere Maschinen, z. B. einen Generator, antreiben kann: Das Gas verrichtet Arbeit. Dann wird das Gas wieder abgekühlt – es zieht sich zusammen – oder es wird durch neues kaltes Gas ersetzt.

Für den Betrieb einer Wärmekraftmaschine benötigt man als Prinzip ein wärmeres (T_{hoch}) und ein kühleres Reservoir ($T_{niedrig}$) bzw. Heizung und Kühlung. Der Teil der Energie, der nicht über die Arbeit dem Gas entnommen wird, wird mittels Wärme an das kühlere Reservoir abgeführt. Der physikalisch maximale Wirkungsgrad einer idealen Wärmekraftmaschine (Carnot-Maschine) hängt nur von den Temperaturen (in Kelvin) der beiden Reservoirs ab (▶ Gl. 6.3):

$$\eta = \frac{\text{mechanisch maximal nutzbare Energie } W}{\text{thermisch zugeführte Energie } Q} = 1 - \frac{T_{niedrig}}{T_{hoch}}. \qquad \text{(Gl. 6.3)}$$

- **Entropie und 2. Hauptsatz der Thermodynamik**

Es ist nicht möglich, die einer Wärmekraftmaschine thermisch zugeführte Energie vollständig in mechanische Energie umzusetzen. Dies lässt sich mit der Einführung einer weiteren physikalischen Größe begründen, der *Entropie S:* Wenn sich die Energie eines Körpers aufgrund einer Temperaturdifferenz ändert, ändert sich auch seine Entropie. Das heißt auch: Die Änderung seiner Energie um die zu- oder abgeführte Wärme Q ist immer mit einer Änderung der Entropie der beiden Systeme verbunden.[7] Dabei kann die Gesamtentropie prinzipiell nur gleich bleiben oder zunehmen: Die Entropie ist also keine Erhaltungsgröße. ▶ Gl. 6.4 zeigt den Zusammenhang zwischen einer (kleinen) Entropiezunahme und der Temperatur bei (kleiner) Energiezufuhr:

$$\Delta S = \frac{1}{T} \cdot Q \text{ bzw. } Q = T \cdot \Delta S. \qquad \text{(Gl. 6.4)}$$

Die Gleichung gilt nur für *reversible* Prozessführungen, d. h. für Prozesse, bei denen keine weitere Entropie im System selbst oder durch den Energiestrom erzeugt wird. Eine Entropiezunahme erfolgt insbesondere durch jede Art von Reibung.

Näherungsweise reversibel laufen thermische Prozesse bei geringen Temperaturdifferenzen ab oder auch bei extrem langsamer Prozessführung: Zieht man die Schnur eines schwingenden Pendels schnell durch zwei Finger, so ist eine starke Erwärmung zu spüren und das Pendel kommt zur Ruhe. Wird die Schnur langsam gezogen, wird kaum eine Erwärmung spürbar und das Pendel schwingt schneller. Beim schnellen Ziehen wird Entropie erzeugt, beim langsamen im Idealfall nicht.

---

7   Strunk (2015) bezieht das Konzept „Wärme" daher nicht allein auf den thermischen Energiefluss, sondern assoziiert damit gleichzeitig einen Entropiefluss.

Mit dem Begriff der Entropie lässt sich der 2. Hauptsatz der Thermodynamik folgendermaßen formulieren: „Die in der Natur stattfindenden Vorgänge laufen so ab, dass dabei Entropie höchstens erzeugt, niemals aber vernichtet werden kann"[8]. Die Entropie eines einzelnen Systems *kann abnehmen,* aber nur „wenn diese (…) gemeinsam mit Energie *an ein anderes System abgegeben wird*"[9].

▪ **Mögliche Elementarisierungen**

Den Begriff der Energie hat die (klassische) Physik erst spät entwickelt. Dies bildete sich auch im schulischen Physikunterricht ab: Die Energie wurde und wird als abgeleitete Größe eingeführt (▶ Abschn. 6.2). Neuere physikdidaktische Ansätze gehen hingegen von der Energie als grundlegender physikalischer Größe aus und stellen sie von Beginn an ins Zentrum. Werden die physikalischen Begrifflichkeiten von der Energie her gedacht, so erstreckt sich die Entwicklung des Energiebegriffs über mehrere Schuljahre. Dies hat umfangreiche Konsequenzen für das gesamte Curriculum. Es sind kategorial zwei Umsetzungen in Unterrichtsgänge denkbar: eine ersetzend-disruptive, in der alle Anforderungen umgesetzt werden, und eine evolutiv-entwickelnde, in denen Elemente der konsequenten Energielehre in bisherige Unterrichtsgänge übernommen werden. Fachdidaktisch lassen sich zur Orientierung grob zwei Pole im Feld möglicher Elementarisierungen ausmachen: Es gibt zum einen fachorientierte Ansätze, die im Kern als Begründung nur normativ gesetzte physikalische Inhalte benötigen und sich dabei an einer universitären Systematik des Faches orientieren. Hier bilden also die Anforderungen der nachfolgenden Bildungsinstitution den Maßstab der schulischen physikdidaktischen Beurteilung. Den Gegenpol bilden schülerorientierte Ansätze, die z. B. an ausbaufähige Energievorstellungen bei Lernenden anknüpfen oder auf Lebensweltbezüge achten.

Die Argumentation zur Energieentwertung (▶ Abschn. 6.3) kann als Weg zum Verstehen des Unterschieds zwischen dem physikalischen Energiebegriff und dem Energiebegriff der Alltagswelt aufgefasst werden. In dieser Konzeption wird die Energieerhaltung mit dem Konzept der Energieentwertung bei Prozessen und ihren unterschiedlichen Realisierungen vereint (❏ Tab. 6.1). Damit kann die Alltagsvorstellung vom „Energieverbrauch" physikalisch aufgegriffen werden. Die Konzeption „Energie und Entropie als mengenartige Größen" (▶ Abschn. 6.4) argumentiert lernökonomisch mit grundlegenden Weiterentwicklungen der physikalischen Sachstruktur: Energie und Entropie werden als extensive physikalische Größen aufgefasst und es wird nicht zwischen Energieformen unterschieden, sondern zwischen Energieträgern. Die Konzeption „Energie vor Arbeit" in ▶ Abschn. 6.5 zeigt, wie die traditionelle Herleitungsfolge Kraft–Arbeit–Energie durch die Einführung der (mechanischen) Energie als zentrale physikalische Größe ersetzt wird. In ▶ Abschn. 6.6 wird eine Konzeption vorgestellt, die Schülerinnen und Schülern den physikalischen Energiebegriff als Werkzeug für die Deutung von lebensweltlichen und sinnstiftenden Kontexten anbietet. Die

---

8   Müller (2014, S. 274).
9   Strunk (2015, S. 57; Hervorhebung im Original).

◻ Tab. 6.1 Übersicht über die vorgestellten Unterrichtskonzeptionen

	Traditioneller Unterricht ▶ Abschn. 6.2	Energieentwertung ▶ Abschn. 6.3	Energie und Entropie als mengenartige Größen ▶ Abschn. 6.4	Energie vor Arbeit ▶ Abschn. 6.5	Energie in sinnstiftenden Kontexten ▶ Abschn. 6.6
zentrales Thema	Energieformen, Energieerhaltung	Energieentwertung	Energieerhaltung, Energietransport/Energiestrom, reversible und irreversible Prozesse	Energieerhaltung	Energieerhaltung, Energietransport/Energiestrom
zentrales Experiment	Pendelschwingung (Umwandlung kinetische und potenzielle Energie)	Realexperimente spielen keine besondere Rolle	keine speziellen Experimente; stattdessen Alltagsphänomene	Fallexperiment: Temperaturerhöhung durch Reibung	körperliche Erfahrungen (z. B. Heben schwerer Gegenstände, der Dynamot)
Konzeptualisierung von Energie	Fähigkeit, Arbeit zu verrichten (aus Kraft und Weg abgeleitete Größe)	Grundgröße: Systeme, die etwas bewirken können (erwärmen, bewegen etc.), besitzen Energie	universeller Treibstoff für alle Prozesse	Bilanzierungsgröße, innere und mechanische Energie	universeller Treibstoff für alle Prozesse
Konzeptualisierung von Wärme	Wärme als Energieform	thermische Energie als Speicherform, Wärme als Transportform	Umdeutung des extensiven Aspekts der Alltagsvorstellung zur „Wärme" in die Entropie	Änderung der inneren Energie auf thermische Art	thermische Energie als Speicherform; „Wärme" wird als physikalischer Terminus nicht verwendet

(Fortsetzung)

■ Tab. 6.1 (Fortsetzung)

	Traditioneller Unterricht ▶ Abschn. 6.2	Energieentwertung ▶ Abschn. 6.3	Energie und Entropie als mengenartige Größen ▶ Abschn. 6.4	Energie vor Arbeit ▶ Abschn. 6.5	Energie in sinnstiftenden Kontexten ▶ Abschn. 6.6
Konzeptualisierung von Entropie	wahrscheinlichkeitstheoretische Deutung der Entropie (Sek. II)	Entropie(zunahme) als Maß für die Unumkehrbarkeit von Prozessen	Entropie als Träger der Energie	der 2. Hauptsatz wird ohne den Begriff der Entropie formuliert; Zusammenhang mit Irreversibilität	kommt nicht vor
Energieentwertung	Reibung als zu vermeidender, möglichst zu vernachlässigender Effekt	Energieentwertung als Antrieb von Prozessen	Erzeugung von Entropie führt zu Energieverlusten, die soweit physikalisch möglich vermieden werden sollen	Dissipation („Energieentwertung" wird im Schülerbuch nicht genannt)	begrenzte Nutzbarkeit von Energie; thermische Energie soll nicht ungenutzt in die Umgebung fließen

fachorientierte Konzeption in ▶ Abschn. 6.4 und die schülerorientierte Konzeption in ▶ Abschn. 6.6 stehen exemplarisch für die beiden oben genannten Pole des physikdidaktischen Spannungsfelds zwischen der Perspektive der Lernenden und der Perspektive des Faches Physik, dessen Ideen und Begriffe häufig quer zu denen der Lernenden liegen.[10]

6.2 Traditioneller Unterricht

- **Dominanz der Mechanik in der Energielehre: Von der Arbeit zur Energie**

Trotz fachlicher und fachdidaktischer Einwände gegenüber der Reihenfolge Kraft–Arbeit–Energie im Unterricht[11] folgt die Unterrichtspraxis noch überwiegend diesem klassischen Dreischritt. In Kurzform lauten die Merksätze „Arbeit ist Kraft mal Weg" – dazu die Goldene Regel der Mechanik im Kontext der einfachen Maschinen –, „Energie ist die Fähigkeit, Arbeit zu verrichten" und „Leistung ist Arbeit pro Zeit". Dadurch wird die Arbeit im Unterricht entgegen der Hochschulphysik zu einem zentralen Begriff und die wichtige Energieerhaltung steht erst am Ende. In der Wärmelehre werden die innere Energie und Teilchenvorstellungen behandelt sowie die Wärme als eine Form der Energieübertragung eingeführt. In der Elektrizitätslehre ist dann von elektrischer Energie, die mit Stromkreisen übertragen wird, und von Leistung oder Energieströmen die Rede. Daran hat sich auch mit der Festlegung der Energie als einem der vier fachlichen Basiskonzepte des Physikunterrichts[12] wenig geändert, obwohl seit vielen Jahren Konzeptionen vorliegen, die das Energiekonzept an den Anfang und in das Zentrum des Unterrichts stellen.[13] In der Entwicklung der Schulbücher für die Sekundarstufe I schlägt sich das Basiskonzept Energie als Leitidee hingegen zunehmend erkennbar nieder.[14]

Duit (2007) referiert die häufig angeführten Gründe für die Heranführung an den Energiebegriff über Kraft und Arbeit: Der Kraftbegriff sei einfacher zu erlernen als der Energiebegriff und die Arbeit böte für die Energie eine anschauliche Grundlage. Empirische Studien über Schülervorstellungen belegen jedoch, dass der Kraftbegriff schwer zu erlernen ist, insbesondere in der Abgrenzung gegenüber energetischen Aspekten, die von Schülerinnen und Schülern fast immer mitgedacht werden.[15] Duit kritisiert weiter, dass durch die „Arbeit" auf mechanische Phänomene fokussiert wird. In den Assoziationen von Schülern zu „Energie" steht aber – entgegen der Annahme einer für den Unterricht verfügbaren Anschaulichkeit der Arbeit – insbesondere in Deutschland der „elektrische Strom"

---

10 Ein weiterer Ansatz zur Konzeptualisierung der Energie mit einer deutlich fachlichen Perspektive wird im Zusammenhang mit Unterrichtskonzeptionen zu Feldern in ▶ Abschn. 10.5 vorgestellt (Feldenergiekonzept).

11 z. B. Sexl (1979); Wilke (1994); Duit (2007).

12 KMK (2005).

13 z. B. Falk und Herrmann (1981); Wolfram (1994).

14 z. B. Kuhn und Müller (2009); Muckenfuß und Nordmeier (2009).

15 Schecker und Wilhelm (2018).

im Vordergrund.[16] Zu „Arbeit" assoziieren Lernende körperliche Anstrengung und weniger den Transfer von Energie von einem System in ein anderes. Dieses Problem wird deutlich, wenn man im Unterricht das Halten einer Schultasche an einem ausgestreckten Arm thematisiert. Aus Sicht der Mechanik wird an der Tasche (System 2) keine Arbeit verrichtet, obwohl im Menschen (System 1) chemische und damit energetische Prozesse ablaufen, die physikalisch beschreibbar sind.[17]

- **Energieformen**

Im traditionellen Unterricht wird beim „Wechsel der Energieform" selten explizit geklärt, was mit „Form" genau gemeint ist. Es werden zwar Formen benannt – z. B. potenzielle und kinetische Energie – für die Bedeutung von „Form" bleiben den Schülerinnen und Schülern jedoch unterschiedliche (Fehl-)Interpretationen offen: Bestehen wesensmäßige Unterschiede zwischen den „Formen" wie zwischen Äpfeln und Pflaumen oder Äpfeln und Wurzeln? Ist kinetische Energie eine andere Art von Energie als chemische? Oder liegen nur unterschiedliche Erscheinungsformen des Gleichen vor, so wie bei Wasser in Teichen und Bächen? Damit verbunden ist die Frage, was bei einer „Energieumwandlung" passiert: Was wird an der Energie verändert? Anhand von Energieflussketten kann man diese Fragen mit einer grafischen Differenzierung zwischen Energie(form) und Energieträger klären. Diese Chance wird im traditionellen Unterricht jedoch wenig genutzt.

- **Energieerhaltung**

Die Energieerhaltung findet im traditionellen Unterricht weitaus mehr Beachtung als die Energieverluste bzw. die Energieentwertung. Die Dissipation von Energie und ihre Abgabe in die Umgebung, z. B. bei reibungsbehafteten Bewegungen, wird meist als unerwünschter Nebeneffekt ausgeklammert, wenn die Energieerhaltung zumeist anhand mechanischer Vorgänge eingeführt wird (typische Aussage von Lehrkräften: „Das vernachlässigen wir."). Wenn beim Pendel die Energieabnahme mit Verweis auf Reibung oder Erwärmung angesprochen wird, dient dies der Untermauerung des *Erhaltungs*prinzips – die Energie gehe nicht verloren, sondern liege lediglich in anderer Form vor. Eine physikalische Klärung der alltagssprachlich als „Energieverluste" bezeichneten Prozesse ist aber u. a. für Fragen der Energieversorgung von zentraler Bedeutung. Das Konzept der Energieentwertung ist hierfür ein Ansatz. Dabei können die Schülervorstellungen zum Energieverbrauch und das „Energiesparen" im Unterricht aufgegriffen werden. In gymnasialen Bildungsgängen lässt sich dann in der Oberstufe die Energieentwertung durch die Erzeugung von Entropie erklären. Das Thema Energieentwertung wird zwar in Schulbüchern aufgegriffen, nimmt aber in den Büchern der Sekundarstufe I meist keinen großen Raum ein.

---

16 Crossley und Starauschek (2010).
17 Müller (2009, Kap. 7.6); Labudde (1993).

- **Entropie**

Die physikalische Größe Entropie und die damit verbundenen Konzeptualisierungen gelten bei Lehrkräften als schwierig zu vermitteln und als unanschaulich. Entropie wird im Unterricht oft nur am Rande oder gar nicht thematisiert. In den Einheitlichen Prüfungsanforderungen in der Abiturprüfung[18] wird die Thermodynamik nicht bei den grundlegenden fachlichen Inhaltsbereichen angeführt, sondern nur im Abschnitt „Weitere Sachgebiete" genannt. In einigen länderspezifischen Kerncurricula kommt die Entropie dementsprechend nicht vor.[19] Auch die Bildungsstandards im Fach Physik für die Allgemeine Hochschulreife[20] erwähnen Thermodynamik nur am Rande. In den gängigen Schulbüchern überwiegt die Konzeptualisierung der Entropie als Maß für die Wahrscheinlichkeit eines Zustands. Man findet aber auch Verbindungen mit anschaulichen Darstellungen einer strömenden Größe.[21]

6

- **Empirische Ergebnisse**

Die Schwierigkeiten eines angemessenen Verständnisses des Energiekonzepts wurden in empirischen Studien immer wieder belegt.[22] In einer Querschnittsstudie mit einer großen, geschichteten Stichprobe an US-amerikanischen Middle- und Highschools blieben die Schülerinnen und Schüler z. T. deutlich unter dem erwarteten mittleren Verständnisniveau, z. B. hinsichtlich der Frage, ob die thermische Energie eines Körpers nicht nur von seiner Temperatur, sondern auch von seiner Masse abhängt.[23] Berger und Wiesner (1997) fanden selbst bei Physikstudierenden im sechsten Fachsemester große Probleme bei der konzeptuellen Differenzierung zwischen der inneren Energie und der Prozessgröße Wärme. Auch nach einem Unterricht beschreiben Schülerinnen und Schüler Vorgänge eher mit dem Verbrauch oder dem Verlust von Energie als mit der Idee der Energieerhaltung.[24] Leichter fällt ihnen der Umgang mit Energieformen. Auch das Konzept der Energiedissipation liegt Schülerinnen und Schülern näher.[25] Neumann et al. (2013) beschreiben auf Grundlage einer Untersuchung mit Gymnasiasten der Jahrgangsstufen 6 bis 10 einen möglichen Lernpfad *(learning progression)* zum Energieverständnis, der mit dem Verständnis von Energieformen und -quellen beginnt und an dessen Ende erst das Verständnis der Energieerhaltung steht, d. h. nach der Energieentwertung (im Sinne von Dissipation).

---

18 KMK (2004).
19 z. B. Niedersächsisches Kultusministerium (2017); Ministerium für Schule und Weiterbildung des Landes Nordrhein-Westfalen (2014).
20 KMK (2020, S. 20).
21 z. B. im Lehrwerk *Impulse Physik. Oberstufe* (Bredthauer et al. 2010, S. 357).
22 z. B. Duit (1981); Überblick in Kurnaz und Sağlam-Arslan (2011).
23 Herrmann-Abell und DeBoer (2017).
24 Kesidou und Duit (1993); Opitz, Neumann, Bernholt und Harms (2017).
25 Herrmann-Abell und DeBoer (2017, S. 18 f.).

6.3 Energieentwertung

Backhaus und Schlichting kritisierten bereits 1981 die randständige Behandlung der Entropie und damit der Energieentwertung im Vergleich zur Betonung der Energieerhaltung im Physikunterricht.[26] Angesichts der Energie- und Umweltkrise führe die einseitige Betonung der Erhaltung der Energie zu dem Eindruck, dass der Physikunterricht weltfremd sei. Die vermeintliche Schwierigkeit der Vermittlung des Entropiekonzepts sei darauf zurückzuführen, dass die Entropie als Zustandsgröße formal eingeführt werde, ohne dafür eine phänomenologische Basis durch Beobachtungen von Vorgängen zu schaffen. Zudem sei die Veranschaulichung der Entropie mithilfe von Ordnungsvorstellungen problematisch, weil für die Präzisierung von „Ordnung" der Entropiebegriff selbst erforderlich sei.[27]

Ausgehend von einer fachlich-fachdidaktischen Analyse haben Backhaus und Schlichting eine Unterrichtskonzeption entwickelt, die den 2. Hauptsatz in das Energiekonzept integriert.[28] Die Konzeption wird in „Energie und Energieentwertung – Arbeitsbuch für Schüler der Sekundarstufen I und II"[29] als konsistenter theoretischer Gedankengang entwickelt. Die folgende Darstellung orientiert sich am „Arbeitsbuch". An einigen Stellen ist ergänzendes Material aus Zeitschriftenveröffentlichungen eingearbeitet.

▪ Energie

Nach einer Einführung über die kulturelle Bedeutung der Verfügbarkeit von Energie wird im Arbeitsbuch die Energie als Grundgröße an Beispielen eingeführt: Systeme (die Sonne, eine Batterie etc.), die etwas bewirken können – leuchten, erwärmen, bewegen, verformen etc. –, besitzen etwas Gemeinsames: Energie. Die Energie wird in Energiearten unterteilt, die sich phänomenologisch oder über die Änderung physikalischer Größen als *Erscheinungsformen* zeigen. Es wird zwischen Übertragungs- und Speicherformen unterschieden. Die physikalische Größe Energie wird über eine Energiesprache anhand vieler Beispiele als Sprachspiel qualitativ entwickelt und anhand der elektrischen Energie quantifiziert.

▪ Energieentwertung

Energieerhaltung und „Energieverbrauch" werden in der Konzeption über den Begriff der Energieentwertung miteinander in Verbindung gebracht. Ausgangspunkt ist die Beobachtung von natürlichen Phänomenen, die mit evidenten Alltagserfahrungen zu der Schlussfolgerung führen, dass diese Phänomene von sich aus nur in eine Richtung ablaufen, z. B. das Abkühlen einer Tasse Kaffee. Sie werden „selbsttätige Prozesse" genannt. Dies ist für die Mehrzahl der Prozesse

---

26 Backhaus und Schlichting (1981a).
27 Backhaus (1982, S. 2).
28 Schlichting und Backhaus (1984); Schlichting und Backhaus (1987); Schlichting und Backhaus (1980); Schlichting (1983). Die darin vorgeschlagene Konzeptualisierung der Energieentwertung hat Eingang in Schulbücher und Lehrpläne der Sekundarstufe I gefunden, z. B. *Fokus Physik* (Schweitzer et al. 2015, 30 ff.) und *Impulse Physik* (Bredthauer et al. 2011, 84 f.).
29 Schlichting (1983).

unserer Alltagswelt der Fall: Die Abkühlung von Körpern oder das Zur-Ruhe-Kommen von Bewegungen sind unumkehrbar bzw. irreversibel. Der Kaffee wird sich nie durch Energieentzug aus der Umgebungsluft von selbst wieder erhitzen. Andererseits gibt es Prozesse, in denen Temperaturunterschiede größer werden, z. B. das Erhitzen von Wasser mittels eines Tauchsieders. Damit kann der von allein ablaufende Abkühlungsvorgang „zurückgespult" werden. Für das Rückspulen unumkehrbarer Prozesse muss aber ein anderer Prozess ablaufen, für den wiederum Energie notwendig ist. In der Energieformensprache wird beim Tauchsieder elektrische in thermische Energie umgewandelt. Auch um andere Prozesse aufrechtzuerhalten, muss Energie zugeführt werden: Ohne das herabsinkende Gewichtsstück in ◘ Abb. 6.1 würde sich z. B. der Dynamo nicht dauerhaft drehen. Einmal in Schwung gesetzt, käme er von sich aus zum Stillstand.

Schlichting und Backhaus (1984, S. 2) kennzeichnen Energieentwertung als „Ausdruck für die eingeschränkte Einsetzbarkeit der Energie nach einer Energieumwandlung" bei gleichzeitiger Energieerhaltung. Als eine Analogie dient das Geschirrspülen. Dabei wird das Wasser nicht mengenmäßig verbraucht, kann jedoch im Anschluss nicht in gleicher Qualität erneut für das Spülen weiteren Geschirrs verwendet werden. Das Wasser ist entwertet; es wird von wertvollem Trink-/Spülwasser in weniger wertvolles Abwasser umgewandelt.

Im Arbeitsbuch werden verschiedene Beispiele für Prozesse der Entwertung oder Aufwertung beschrieben, z. B. die Erwärmung des Wassers eines Wasserfalls, das einfach in ein Becken hinunterfällt (Energieentwertung), im Unterschied zum Hinabströmen beim Antreiben eines Generators, wodurch das Wasser weniger erwärmt wird und die gewonnene elektrische Energie genutzt werden kann, um einen Teil des Wassers wieder hochzupumpen (Rückspulung, Aufwertung). Eine Energieart wird als umso wertvoller bezeichnet, je vollständiger sie in andere umgewandelt werden kann. Der Wert mechanischer oder elektrischer Energie ist demnach höher als der von thermischer Energie. Thermische Energie auf hoher Temperatur ist zudem wertvoller als thermische Energie auf niedriger Temperatur. Mit einem Reservoir der Anfangstemperatur 90 °C kann der Wärmefluss in eine Kaffeetasse einen vorangegangenen Abkühlungsprozess von 50 °C auf Zimmertemperatur rückspulen. Das Reservoir muss nur groß genug sein. Mit

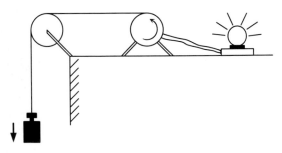

◘ **Abb. 6.1** Das Schwungrad eines Dynamos hat die Tendenz stehen zu bleiben; das herabsinkende Gewichtsstück hält den Dynamo entgegen dieser Tendenz in Rotation; dabei wird mechanische Energie in elektrische und schließlich in Strahlungsenergie umgewandelt: die Lampe leuchtet (nach Schlichting und Backhaus 1984, S. 2)

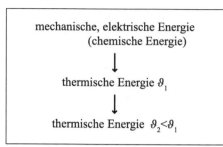

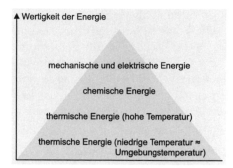

○ **Abb. 6.2** Links: Rangfolge der Energiearten nach Schlichting und Backhaus (1984, S. 8); die Beschreibung fand Niederschlag in Schulbüchern (z. B. rechts: *Impulse Physik 7/8* Bredthauer et al. (2016, S. 18))

einem Reservoir auf 40 °C gelingt das nicht – unabhängig von der Menge der verfügbaren Energie. Thermische Energie auf Umgebungstemperatur kann ohne zusätzliche Prozesse nicht weiter genutzt werden. Auf diesen Bewertungsgrundlagen wird eine Rangfolge der Energiearten abgeleitet (○ Abb. 6.2).

Wenn man einen Abkühlungsprozess mittels elektrischer Energie rückspult, wird die thermische Energie wieder aufgewertet. Die Abwertung der elektrischen Energie ist jedoch größer als die Aufwertung der thermischen Energie durch die Erwärmung, sodass sich in der Gesamtbilanz eine Entwertung ergibt.

Im traditionellen Unterricht wird die Energie als *Voraussetzung* für den Ablauf von Prozessen betont („Fähigkeit, Arbeit zu verrichten"). Das Konzept der Energieentwertung lenkt die Aufmerksamkeit auf die Frage, wodurch Prozesse *verursacht* und angetrieben werden: „Nicht die Energie ist ... als Antriebsursache für technische und natürliche Abläufe anzusehen. (...) Vielmehr ist es die Energieentwertung, durch die alle Vorgänge in Gang gesetzt und gehalten werden"[30]. Prozesse laufen demnach ab, weil Energie entwertet werden kann, z. B. beim Abkühlen der Kaffeetasse. „Entwertung" erlangt so eine positive Bedeutung. Im Abschnitt „Energiesysteme" des Arbeitsbuchs wird ausgeführt, wie der Mensch sich über die Aufnahme und Entwertung hochwertiger chemischer Energie (z. B. mittels Zucker und Sauerstoff) am Leben erhält und zu Bewegungen befähigt wird.[31]

■ **Nutzenergie, Wirkungsgrad**

Ein qualitatives Verständnis des Energiesparens besteht darin, „Energieentwertungen zu größtmöglichen Energieaufwertungen zu nutzen. Dann nämlich ist der Verbrauch an Energie und die damit verbundene thermische Verschmutzung der Umwelt am kleinsten."[32]. Im Arbeitsbuch wird gezeigt, wie diese Definition des Energiesparens bei einer Elektroheizung zu Schwierigkeiten mit dem energetischen

---

30 Schlichting und Backhaus (1987, S. 15).
31 Ein grundlegender Gedankengang von der Energieentwertung (qualitativ) zur Entropie und zur Strukturbildung (▶ Abschn. 12.4.2) wird in Schlichting (2000a, 2000b, 2000c) entwickelt.
32 Schlichting und Backhaus (1987, S. 17).

Wirkungsgrad als Verhältnis von Nutzen und Aufwand führt. Da die gesamte elektrische Energie (Aufwand) zum Heizen verwendet wird (Nutzen), ist der Wirkungsgrad $\eta = 1$. Das scheint für einen optimalen Prozess zu sprechen. Im Wirkungsgrad η kommt der Wertverlust der Energie (hochwertige elektrische Energie wird in weniger wertvolle thermische Energie umgewandelt) nicht zum Ausdruck. Daher wird von Backhaus und Schlichting der *exergetische* Wirkungsgrad η^* als Quotient aus dem Aufwand von Energie bei optimaler Prozessführung und dem tatsächlichen Aufwand eingeführt:

$$\eta^* = \frac{\text{minimaler Aufwand}}{\text{tatsächlicher Aufwand}} \, . \qquad \text{(Gl. 6.5)}$$

Ein Beispiel dient im Buch zur Veranschaulichung: Um einem Zimmer 1 kWh thermische Energie zuzuführen, benötigt man bei einer Widerstandsheizung 1 kWh elektrische Energie. Mit dieser elektrischen Energie könnte man stattdessen auch eine Grundwasserwärmepumpe betreiben, um den Raum zu beheizen. Wenn das Grundwasser eine Temperatur von 283 K hat und die Zimmertemperatur 293 K beträgt, ließen sich bei einer idealen Prozessführung (Carnot-Prozess) mit 1 kWh elektrischer Energie 29,3 kWh thermische Energie gewinnen (▶ Gl. 6.3). Der geringe exergetische Wirkungsgrad von $\eta^* = 0,03$ nach ▶ Gl. 6.5 drückt also gegenüber dem energetischen Wirkungsgrad von $\eta = 1$ die höchst ineffektive Prozessführung bei der Elektroheizung aus.

- **Energieumwandlung, Energietransport**

Nach der grundlegenden Klärung des Energiekonzepts und der Energieentwertung werden im Arbeitsbuch an vielen Beispielen Energieumwandlungen (mechanisch, elektrisch, thermisch, chemisch) und die damit verbundenen Energieentwertungen und -aufwertungen behandelt. Eine wichtige Rolle spielen Wärmekraftmaschinen und Wärmepumpen. Der Begriff „Energiewandler" wird eingeführt als „Vorrichtung, die die Entwertung einer gegebenen Energieart zur Aufwertung einer anderen Energieart veranlasst"[33]. Es schließt sich ein Abschnitt zum Energietransport an (mechanisch, elektrisch, thermisch, stofflich, chemisch, Strahlung).

- **Energiespeicherung, Energievorkommen und Energiesysteme**

Unter Rückbezug auf den exergetischen Wirkungsgrad werden im Arbeitsbuch „reine Exergiespeicher" (mechanisch, elektrisch, chemisch) von thermischen Energiespeichern unterschieden und an Beispielen kurz erläutert (u. a. Wasserstoff, Schwungrad, erwärmtes Wasser). Einen größeren Umfang nehmen das Kapitel „Energievorkommen" ein sowie die Themen Solarenergie und solarbetriebene Kreisläufe der Erde. Den Abschluss des Arbeitsbuchs und damit des Unterrichtsgangs zu „Energie und Energieentwertung" bildet ein Kapitel zu Energiesystemen. Es behandelt den Energieumsatz bei menschlichen Tätigkeiten, die Energetik der Fortbewegung und den Haushalt als Energiesystem und schätzt Energieaufwände auch quantitativ ab.

---

33 Schlichting (1983, S. 59).

- **Empirische Ergebnisse**

Empirische Studien zu Lernwirkungen der Konzeption wurden nicht durchgeführt.

- **Unterrichtsmaterialien**

Schlichting, H. J. (1983). *Energie und Energieentwertung in Naturwissenschaft und Umwelt.* Heidelberg: Quelle & Meyer. (▶ *Materialien zum Buch*[34]).
In diesem Arbeitsbuch für Schülerinnen und Schüler der Sekundarstufen I und II ist die Konzeption als Gesamtgedankengang veröffentlicht. Das Buch enthält überwiegend textliche Darstellungen und nur wenige Abbildungen oder Hinweise auf Experimente. Weitere Vorschläge für eine schulische Umsetzung der Konzeption sind in Zeitschriftenaufsätzen veröffentlicht (Schlichting und Backhaus 1980,1984,1987; Backhaus und Schlichting, 1981a, 1981b).

6.4 Energie und Entropie als mengenartige Größen

In diesem Abschnitt werden die Grundlagen zum Karlsruher Physikkurs (KPK)[35] aus dem Kapitel Dynamik (▶ Abschn. 4.3) aufgegriffen und erweitert dargestellt. Der KPK wurde an der Universität Karlsruhe als neuartige Darstellung physikalischer Strukturen für Schule und Hochschule insbesondere von Friedrich Herrmann ausgearbeitet. Im ▶ Abschn. 4.3 finden sich bereits Basisinformationen zur Entwicklung der Gesamtkonzeption und zu den Diskussionen, die er ausgelöst hat.

- **Grundlagen: Mengenartige Größen, Energiestrom und Energieträger**

Der Karlsruher Physikkurs geht anders als die traditionelle Physik von einer Struktur der allgemeinen Thermodynamik[36] aus, die aus einer physikalisch-fachlichen Perspektive lernpsychologische und lernökonomische Vorteile verspricht (▶ Abschn. 4.3). Dies ist ein disruptives Vorgehen. Werden zur physikalischen Beschreibung als unabhängige Variablen die sogenannten *extensiven Größen* X_1, X_2, ..., X_n gewählt, so lässt sich jede Energieänderung eines Systems als:

$$dE = \xi_1 dX_1 + \xi_2 dX_2 + \cdots + \xi_n dX_n \tag{Gl. 6.6}$$

schreiben (siehe auch ▶ Gl. 6.1). Die physikalischen Größen ξ_i sind die sogenannten *intensiven Größen*. Die Energie E und die ξ_i sind Funktionen der extensiven Variablen, die intensiven Größen $\xi = \frac{\partial E}{\partial X_i}$ sind die partiellen Ableitungen der Energie.

Extensive physikalische Größen sind z. B. der Impulsvektor $\vec{p}$, das Volumen V, die elektrische Ladung Q, aber auch die Entropie S. Intensive physikalische Größen sind z. B. die Geschwindigkeit $\vec{v}$, der Druck p, das elektrische Potenzial

---

34 ▶ https://aeccp.univie.ac.at/lehrer-innen/unterrichtskonzeptionen
35 Herrmann et al. (2014).
36 Falk (1968).

φ oder die absolute Temperatur T. Die extensiven und die intensiven Größen lassen sich meistens anschaulich unterscheiden: Werden zwei physikalische Systeme additiv mit gleichen Werten der intensiven Größen zusammengesetzt, so addieren sich die Werte der extensiven Größen, die der intensiven bleiben dagegen gleich. Ein Beispiel: zwei Gasbehälter mit den Volumina V_1 und V_2 und gleichem Druck p werden verbunden. Das Volumen des gesamten Gases als extensive Größe ist dann $V_1 + V_2$, der Druck als intensive Größe bleibt p.

Der allgemeine Ausdruck aus ▶ Gl. 6.6 schreibt sich mit konkreten Größen als:

$$dE = T dS - p dV + \varphi dQ + \vec{v} \, d\vec{p} + \dots \tag{Gl. 6.7}$$

Aus ▶ Gl. 6.6 folgt: 1) Es treten Paare von physikalischen Größen auf, die jeweils ein Gebiet der Physik charakterisieren. Zum Beispiel stehen die elektrische Ladung und das elektrische Potenzial für die Elektrizitätslehre (▶ Abschn. 8.3.1). Nach dieser Darstellung sollte die Wärmelehre auf den physikalischen Größen Entropie und Temperatur basieren. Für feste und flüssige Körper trägt diese Vereinfachung. 2) ▶ Gl. 6.7 lässt sich mit $\frac{dX}{dt} = I_X$ – es wird grob gesagt durch dt „geteilt" – wie folgt schreiben:

$$I_E = T I_S - p I_V + \varphi I_Q + \vec{v} \, \vec{I}_p + \dots$$

In der Sprache des Karlsruher Physikkurses sagt man, dass die X-Ströme die Energieträgerströme sind und die mengenartigen Größen X die Träger der Energie. Fließt z. B. der elektrische Strom aus einem Raumgebiet auf einem höheren elektrischen Potenzial φ_2 zu einem niedrigeren elektrischen Potenzial φ_1, so beträgt der Nettoenergiestrom $I_E = \varphi_2 I_Q - \varphi_1 I_Q = U I_Q$. Die intensiven Größen stellen somit ein Beladungsmaß der Energieträger eines Energiestroms dar. In unserem Fall gilt: Je höher das elektrische Potenzial an einer Stelle im Vergleich zu einem festen Potenzial an einer anderen Stelle ist, desto mehr Energie fließt bei gleicher elektrischer Stromstärke. Bei Prozessen, die traditionell mit Energieumwandlungen beschrieben werden, wechselt in der Karlsruher Sprache der Energiestrom seinen Träger.

Einige extensive Größen lassen sich als mengenartige Größe konzeptualisieren (▶ Abschn. 4.3). Über mengenartige Größen kann man wie in der Alltagssprache über Wasser, Luft oder Sand sprechen. Der Karlsruher Physikkurs vergleicht eine mengenartige Größe mit einem abstrakten oder masselosen Stoff, um etwas Distanz zur intuitiv zugänglichen „Masse" (oft missverstanden als Stoffportion) zu schaffen. Im Karlsruher Physikkurs wird das Konzept extensiver und mengenartiger Größen anhand des Themas strömendes Wasser als Prototyp der Begriffsbildung eingeführt. Das Wasser fließt dabei in Leitungen. Die mengenartige Größe ist die Wassermenge in Litern, die intensive Größe der Druck. Die Druckdifferenz ist dann der Antrieb der Wasser- und Luftströme. Dieses Konzept heißt auch *Strom-Antrieb-Konzept*.

- **Energie- und Wärmelehre nach dem Karlsruher Physikkurs**

Die Entscheidung, die Physik strukturell auf extensiven und mengenartigen physikalischen Größen aufzubauen, führt aus stoffdidaktischer Perspektive zu einer Reihe von Konsequenzen. Eine wichtige Konsequenz ist die Möglichkeit einer eigenständigen Wärmelehre, getrennt von der Energielehre. Auch wenn auf die Prozessgröße Q verzichtet wird, bleibt die innere Energie U ein zentraler Bestandteil der traditionellen Wärmelehre, die damit eine energetische Wärmelehre ist.

Eine Wärmelehre für Stoffe bei konstantem Volumen sollte also mit den Größen Temperatur und Entropie auskommen, denn mit der obigen Struktur gilt $\Delta E = T \Delta S = Q$ (▶ Gl. 6.4). Anders gesagt: die Energieform Wärme besteht aus zwei thermischen Variablen, der Temperatur und der Entropie. Der entropische Ansatz entspricht aber nicht den üblichen Lehrbuchdarstellungen. Wir werden weiter unten zeigen, dass die Temperatur als intensive Größe den Wärmegrad eines Körpers beschreibt und die Entropie in dieser Konzeption seinen Wärmeinhalt. Damit ist eine entropische Wärmelehre ohne Energie möglich.

- **Energielehre des KPK**

Die Energie wird im Karlsruher Physikkurs als universeller Treibstoff konzeptualisiert, der von Energieträgern transportiert wird. Dabei fließt ein Energiestrom immer gemeinsam mit einem Trägerstrom. Der Trägerstrom kann mit Energie beladen werden. Energie wird in bestimmten Systemen gespeichert, es gibt Energiequellen und Energieempfänger. Manche Systeme werden gebaut, damit der Energieträger wechseln kann, dies sind die Energieumlader. Im Anfangsunterricht zur Energie wird weiter zwischen „Einweg-" und „Pfandflaschen-Energieträgern" unterschieden (s. u.). Dieses Grundgerüst findet sich im Karlsruher Physikkurs in zwei Varianten, einer kürzeren Standardvariante, die dem Lehrbuch zur Sekundarstufe I[37] vorausgestellt ist, und einer älteren ausführlichen Variante, dem „Energiebuch"[38], das ursprünglich für die Altersstufe von 10 bis 12 Jahren entwickelt wurde. Die Teilgebiete der Schulphysik – Mechanik, Wärmelehre, Elektrizitätslehre – können nach dem Karlsruher Kurs unabhängig von der Energielehre unterrichtet werden.

Die Energie wird als mengenartige physikalische Erhaltungsgröße auf der sprachlichen Ebene eingeführt. Dazu wird die Metapher des universellen Treibstoffs genutzt. Die Sprachebene steht bei der Einführung der Energie im Vordergrund.[39] Ein Beispiel für eine sprachliche Konzeptualisierung der Energie ist eine Reise: Sie kann mit einem Auto, einem Flugzeug, einem Pferd, einem Fahrrad oder zu Fuß erfolgen. Dabei ist immer ein Treibstoff notwendig: Benzin, Kerosin, Hafer oder Nahrung. Es kommt also nicht unbedingt darauf an, wie wir reisen. Es kommt darauf an, dass wir einen Treibstoff haben. Alle Treibstoffe enthalten etwas Gemeinsames: Es ist die Energie.

---

37 Herrmann et al. (2014).
38 Falk und Herrmann (1981).
39 Man kann hier auch von einem Sprachspiel sprechen. Wie z. B. bei einem Schachspiel die Figuren bestimmte Züge ausführen können und damit Regeln folgen, wird das Wort „Energie", in der Sprache ebenfalls nach bestimmten Regeln in bestimmten Kontexten verwendet.

Dieses Verfahren kann jetzt für das Heizen von Gebäuden, Rasenmähen und andere Prozesse angewandt werden. Geräte, Maschinen und Lebewesen brauchen Energie. Die Energie bekommt man mit Treibstoffen, Brennstoffen oder Nahrung. Dies sind die Energieträger. In einem nächsten Schritt wird anhand von Tabellenwerten und Nahrungsmitteln die Einheit der Energie (Joule) eingeführt und die Energie von verschiedenen Trägern sowie Prozessen verglichen – man betrachtet z. B. die Energie, die ein Auto für eine einstündige Fahrt benötigt. Im weiteren Verlauf werden die Energieträger Elektrizität, bewegte Luft, warmes Wasser, Licht, zusammengepresste Luft und als sprachliches Element der Drehimpuls eingeführt: Wenn sich ein Teil eines Motors oder eines Geräts dreht, dann sagt man, dass der Drehimpuls der Träger der Energie ist. Die Frage des Energieverbrauchs kann mit der Analogie zum Wasserverbrauch diskutiert werden. Wenn das Wasser zum Waschen benutzt wird, sagen wir, es wird verbraucht. Aber es ist ja noch da, nur nicht mehr sauber.[40] So geht es auch mit der Energie: Ein Gerät benötigt Energie, die aber wieder meist mit anderen Trägern aus dem Gerät herausfließt. Der Karlsruher Physikkurs knüpft damit an die Alltagsvorstellungen von Schülerinnen und Schülern an.

In den einzelnen Kapiteln werden die Energieträger, die anhand der Phänomene benannt wurden, mit den mengenartigen Größen in Verbindung gebracht: Die bewegte Luft hat Impuls, der Impuls trägt die Energie; mit dem Energiestrom fließt ein Impulsstrom. Und um vorzugreifen: Wasser hat Entropie, die Entropie trägt die Energie, mit dem Energiestrom fließt ein Entropiestrom. Dort wird auch die jeweilige intensive Größe als Beladungsmaß der Energie eingeführt.

In der Konzeptualisierung der Energie nach dem Karlsruher Physikkurs werden dann die Wege der Energie diskutiert. Zur Beschreibung des Energiestroms – Energie kann strömen – werden die Termini Energiequelle, Energieempfänger (auch Energiespeicher) eingeführt. Eine wichtige Rolle bei der Veranschaulichung spielen Energieflussbilder. Zum Beispiel fließt bei der Zentralheizung das warme Wasser als Energieträger vom Heizkessel, der Energiequelle, zum Heizkörper, dem Energieempfänger, und gibt dort die Energie an das Zimmer ab (◘ Abb. 6.3).

Eine genaue Analyse der Zentralheizung zeigt, dass das Wasser zur Quelle, dem Heizkessel, zurückfließt, um neu erhitzt zu werden. In diesem Fall wird der Energieträger Wasser mit einer Pfandflasche verglichen und als Mehrwegflaschen-Energieträger kategorisiert. Anders ist es z. B. beim Presslufthammer. Die Luft geht aus dem Presslufthammer in die Umgebung und wird nicht in den Kompressor zurückgeleitet. In diesem Fall wird von einem Einwegflaschen-Energieträger gesprochen.[41]

---

40 In der Konzeption von Backhaus und Schlichting wird das gleiche Beispiel für die Verbindung von Energieentwertung und Energieerhaltung verwendet (► Abschn. 6.3).
41 Heutzutage müsste natürlich auch diskutiert werden, dass nur die Mehrwegflaschen wieder in einer Abfüllanlage befüllt werden, auch wenn es für die meisten Einwegflaschen Pfand gibt.

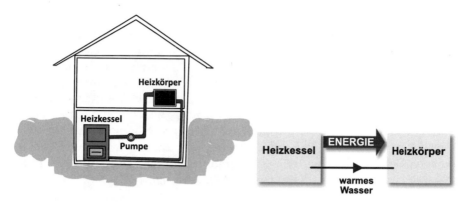

Abb. 6.3 Die Energie geht mit dem Energieträger „warmes Wasser" vom Heizkessel zum Heizkörper; rechts: das dazugehörige Energieflussbild (nach Herrmann et al. 2014, Tablet-Version, Kap. 1.2)

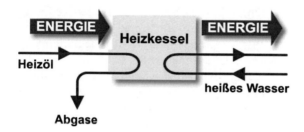

Abb. 6.4 Ein Heizkessel als Energieumlader vom Energieträger Heizöl auf den Energieträger (heißes) Wasser (nach Herrmann et al. 2014, Tablet-Version, Kap. 1.3)

Danach werden die Energieumlader eingeführt. Bei der Zentralheizung muss in den Kessel immer wieder ein Brennstoff, z. B. Heizöl nachgefüllt werden. Der Heizkessel lädt die Energie vom (Einwegflaschen-)Energieträger Heizöl in den (Mehrwegflaschen-)Energieträger (warmes) Wasser um (**Abb. 6.4**).

Mithilfe der Energieumlader können jetzt Energietransporte mit vielen Umladungen besprochen werden, z. B. das Betreiben einer LED mit einer Solarzelle und einem Akkumulator. In einem letzten Schritt wird die Energiestromstärke $P = I_E = \frac{E}{t}$ eingeführt und angewendet. Dabei wird stillschweigend vorausgesetzt, dass die Energiestromstärke als konstant angenommen werden kann.

Energie wird als Größe eingeführt, welche die Energieerhaltung implizit mit sich trägt und die transportiert werden kann. Die Energielehre nach dem Karlsruher Physikkurs kennt keine Energieformen und keine Umwandlung, stattdessen Energieträger und Energieträgerwechsel. Das Konzept der Energieentwertung wird ebenfalls nicht verwendet. In der Konzeption wird dieser Aspekt in der Wärmelehre auf andere Weise konzeptualisiert.

- **Wärmelehre des KPK: Entropie und Temperatur**

Die Alltagsvorstellungen zur Wärme weisen intensive, mengenartige und energieartige Elemente auf.[42] Der Karlsruher Physikkurs schlägt aus physikdidaktisch-lernpsychologischer Sicht die Strategie des Anknüpfens an Schülervorstellungen in Verbindung mit einer Umdeutung vor.[43] Im Alltag wird über Wärme (und ihr semantisches Umfeld) wie über die intensive Größe Temperatur (im Sinne eines Wärmegrads von heiß und kalt – z. B. „Was für eine Hitze heute!") und wie von einer Menge an Wärme (z. B. „Der Ofen gibt viel Wärme ab.") gesprochen. Der Karlsruher Physikkurs deutet die intensiven Aspekte der Alltagssprache zur physikalischen Größe Temperatur um – wie die traditionelle Physik auch –, der mengenartige Charakter der Alltagswärme wird zur Entropie umgedeutet.

Diese Umdeutung ist physikalisch begründet[44], d. h., eine Wärmelehre für Stoffe ohne Volumenänderung kann mit den Variablen T und S auskommen, die dann über $dE = TdS$ mit der Energie verknüpft sind. Die Analogie zu $dE = \varphi dQ$ deutet an, dass über die Entropie S im Prinzip wie über die elektrische Ladung Q gesprochen werden kann, d. h. wie über eine mengenartige Größe: Es ist viel oder wenig Entropie in einem Körper enthalten, und Entropie kann von einem Körper zum anderen fließen. Wir wissen auch, dass Entropie nur zunehmen oder erzeugt werden kann. Sie ist keine Erhaltungsgröße. Und auch diese Eigenschaft widerspricht nicht der Mengenartigkeit. Die Alltagssprache erlaubt es, mit dem Substantiv „Wärme" im Sinne einer Wärmemenge wie über die Entropie zu sprechen: „Es ist viel oder wenig Wärme in einem Körper", „Wärme kann von einem Körper zum anderen fließen", „Wärme kann durch Reibung erzeugt werden". Entropie und (Alltags-)Wärme können also synonym verwendet werden. Diese Umdeutung bringt allerdings die Schwierigkeit mit sich, dass die Bezeichnung *Wärme* außerhalb des Karlsruher Ansatzes schon mit der physikalischen Größe Wärme Q verknüpft ist: Q und die Wärme im Sinne der Karlsruher Unterrichtskonzeption (Formelzeichen S) haben aber nichts gemein. Eine weitere Schwierigkeit liegt darin, dass die Entropie üblicherweise über Q oder statistische Betrachtungen eingeführt und als Rechengröße gehandhabt wird, um zu beurteilen, ob ein Prozess reversibel oder irreversibel ist.

Im Karlsruher Physikkurs wird die Trennung zwischen dem intensiven und dem mengenartigen Charakter der Wärmephänomene mit Umgießversuchen eingeleitet. Ein Liter Wasser mit der Temperatur von 80 °C wird gleichmäßig auf zwei Gläser verteilt. Die umgangssprachliche Wärme oder Wärmemenge, die in der Konzeption später zur Entropie wird, hat sich halbiert – waren in dem einen Liter 10 Einheiten Wärme, dann sind in den beiden Gläsern jeweils 5 Einheiten Wärme –, die Temperatur ist gleich geblieben. Damit wird die Entropie sprachlich als physikalische Größe eingeführt: Die umgangssprachliche „Wärmemenge" heißt in der Physik Entropie, das Formelzeichen ist S und die Einheit Carnot, abgekürzt Ct. Wird später

42 Fischler und Schecker (2018).
43 Wilhelm und Schecker (2018, Kap. 3.3).
44 Job (1972).

die Beladung des Energieträgers Entropie diskutiert, so zeigt sich, dass das Carnot mit der SI-Einheit J/K identisch ist. Die Temperatur ϑ in °C wird intuitiv vorausgesetzt, ebenso negative Temperaturwerte auf der Celsiusskala.

Danach wird durch das Vergleichen von gleichen Wassermengen unterschiedlicher Temperatur und ungleichen Wassermengen gleicher Temperatur die Aussage formuliert, dass ein Gegenstand umso mehr Entropie enthält, je höher seine Temperatur und seine Masse sind. Entropie und Temperatur hängen also wie Impuls und Geschwindigkeit voneinander ab, obwohl sich die Größenpaare physikalisch unterscheiden.

Die Prozesse des Erwärmens oder Abkühlens von Körpern bis zum thermischen Gleichgewicht werden physikalisch mit dem Strom-Antrieb-Konzept erklärt. Eine Temperaturdifferenz ist der Antrieb für einen Entropiestrom: Die Entropie fließt von Stellen hoher zu Stellen niedriger Temperatur, bis die Temperatur der beiden Körper gleich ist. Insbesondere wird in diesem Zusammenhang diskutiert, warum Holz, Styropor und Metall in einem Raum die gleiche Temperatur haben, sich aber das Holz warm und das Metall kalt anfühlt. Dies hat seine Ursache in den unterschiedlichen Entropieleitfähigkeiten der Materialien.

Um die Entropie von Stellen niedriger zu Stellen hoher Temperatur zu befördern, braucht es eine Entropiepumpe, die im Alltag auch Wärmepumpe heißt. Der Kühlschrank und die Klimaanlage sind solche Pumpen. Mithilfe des Kühlschranks wird Entropie aus seinem Inneren in die Umgebung herausgepumpt, die Temperatur im Inneren sinkt. Kälte ist also die Abwesenheit von Wärme. Hier geht der Unterrichtsgang zuerst auf die Alltagssprache zurück, um die Alltagsvorstellung von Kälte aufzugreifen. Dann kann die Kälte als Abwesenheit von Entropie erklärt werden. Mithilfe einer Entropiepumpe wird narrativ der absolute Nullpunkt plausibel gemacht: Selbst die beste Entropiepumpe der Welt kann irgendwann keine Entropie mehr aus einem Gegenstand pumpen – und zwar bei der Temperatur $\vartheta = -273{,}15$ °C. Dies führt zur Kelvinskala. In diesem Zusammenhang wird auch eine Funktion $S(T)$ anhand eines Diagramms diskutiert, der Entropieinhalt eines Körpers in Abhängigkeit von seiner Temperatur. Später kann dieses Thema mit der Einführung der spezifischen Entropiekapazität vertieft werden.

Der 2. Hauptsatz wird wieder über das Anknüpfen an Alltagserfahrungen eingeführt. An verschiedenen Prozessen wird gezeigt, dass durch chemische Reaktionen, den elektrischen Strom in einem Draht und durch mechanische Reibung Entropie erzeugt werden kann. An den entsprechenden Stellen wird es „warm", ohne dass Entropie zufließt. Es liegen demgegenüber keine Erfahrungen vor, dass Entropie verschwinden kann. Man kann sie nur wegleiten; dazu braucht man jedoch einen weiteren Körper (ein weiteres System), der die Entropie aufnimmt. Daher kann Entropie zwar erzeugt, aber nicht vernichtet werden. Diese Aussage hat eine bemerkenswerte Konsequenz: Wenn Entropie nicht einfach verschwinden kann, können Vorgänge, bei denen Entropie erzeugt wird, nicht einfach von allein rückwärts ablaufen. Sie sind irreversibel.

Die einfache Wärmelehre nach dem Karlsruher Physikkurs führt die konstante Entropiestromstärke mit $I_S = \frac{\Delta S}{\Delta t}$ ein und diskutiert die Abhängigkeit der Entropieleitung von den Leitereigenschaften Material, Querschnittsfläche und Leiterlänge. In diesem Zusammenhang können z. B. die Wärmeisolation von

Häusern oder die Thermosflasche physikalisch erklärt werden. Weiter wird über den konvektiven Entropietransport berichtet, z. B. bei einer Zentralheizung in einem Haus, einem Heizkörper in einem Zimmer oder dem Golfstrom. Bei konvektiven Entropietransporten nimmt eine strömende Flüssigkeit oder ein strömendes Gas die Entropie mit. Insbesondere benötigt der konvektive Entropietransport damit keinen Temperaturunterschied als direkten Antrieb. Über große Entfernungen wird Entropie nur konvektiv und nicht über die Wärmeleitung transportiert.

Die Verbindung zur Energielehre wird über die Entropie hergestellt. Die Entropie wird zum Energieträger, die absolute Temperatur zum Beladungsmaß für den Energiestrom, der zusammen mit dem Entropiestrom fließt: $I_E = P = T \cdot I_S$. Mithilfe dieser Formel wird die Entropieerzeugung bei einem Entropiestrom berechnet. Diese erfolgt über das Beispiel eines Stabes, dessen Enden durch eine Flamme und einen Wasserstrom auf jeweils konstanten Temperaturen gehalten werden (◘ Abb. 6.5). An den Stellen 3 und 1 ist die Energiestromstärke P gleich, aber T_1 kleiner als T_3. Daher gilt $\frac{P}{T_3} < \frac{P}{T_1}$ und damit $I_{S3} < I_{S1}$ – es fließt mehr Entropie aus dem Stab als in den Stab hinein.

Über den Zusammenhang zwischen dem Energie- und dem Entropiestrom berechnet sich auch die erzeugte Entropie in einem elektrischen Widerstand. Weiter erlaubt dieser Zusammenhang die physikalische Analyse von Wärmemotoren, z. B. der Dampfturbine, der Kolbendampfmaschine oder von Verbrennungsmotoren. Um Wärmemotoren so zu betreiben, dass möglichst viel Energie mit einem mechanischen Energieträger hinausfließt, müssen eine Entropiequelle mit hoher Temperatur und eine Möglichkeit, die Entropie bei möglichst niedriger Temperatur aus dem Motor herauszuholen, zur Verfügung stehen.

Anstelle des Wirkungsgrads η werden bei Energieumladern der Verlust an Energie durch die Erzeugung von Entropie und der Verlustgrad V diskutiert. Beim Bau von Maschinen, die Energie umladen, geht es in der Struktur des Karlsruher Kurses also darum, Energieverluste durch Entropieerzeugung zu vermeiden. Wirkungsgrad η und Verlustgrad V hängen einfach zusammen: $\eta = 1 - V$.

Zum Schluss der energetischen Aspekte der Entropielehre wird die Verbindung zur traditionellen (energetischen) Wärmelehre hergestellt, d. h. zum

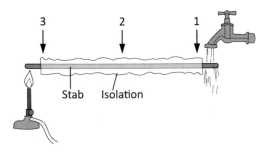

◘ **Abb. 6.5** Am rechten Ende des Stabes fließt mehr Entropie heraus, als links hineingeflossen ist (nach Herrmann et al. 2014, Tablet-Version ▶ Kap. 11.3)

Zusammenhang zwischen Energiezufuhr und Temperaturänderung. Insbesondere wird dabei die spezifische Wärmekapazität eingeführt.

▪ Empirische Ergebnisse

Die Wirkungen des Karlsruher Physikkurses im Unterricht und insbesondere in der Wärmelehre wurden von Starauschek (2001) mit Schülerbefragungen untersucht. Eine erste Studie zu Energie, Entropie und Irreversibilität führten Kesidou und Duit (1991) durch. Eine systematische Untersuchung der Energielehre nach dem Karlsruher Kurs liegt nicht vor.

Starauschek führte Mitte bis Ende der 1990er-Jahre eine Vollerhebung in den Klassen durch, die nach dem KPK unterrichtet wurden. In den einzelnen Klassenstufen wurden vergleichbare traditionell unterrichtete Stichproben zusammengestellt. Die Stichprobe zur Untersuchung der Wärmelehre in Klassenstufe 9 umfasste 155 Schülerinnen und Schüler in 7 Klassen; davon wurden 4 Klassen einstündig unterrichtet. Als Vergleichsgruppe wurden Klassen aus benachbarten Schulen gewonnen: 75 Schülerinnen und Schüler aus drei Klassen.

Grundlegende Konzepte der Wärmelehre scheint der Karlsruher Kurs besser zu vermitteln. Mädchen und Jungen erzielen bei unterschiedlichen Aufgaben bessere Ergebnisse als traditionell unterrichtete Schülerinnen und Schüler, die auf offene Fragen in ihren jeweiligen physikalischen Begrifflichkeiten geantwortet haben: Bei der physikalischen Beschreibung von Temperaturausgleichsvorgängen wird das Strom-Antrieb-Modell mit Temperatur und Entropie richtig angewendet. „Karlsruher" Schülerinnen und Schüler trennen zwischen einer intensiven und mindestens einer extensiven Größe. Die traditionell unterrichteten Schülerinnen und Schüler trennen weniger zwischen der Temperatur und der energetischen Wärme oder der Energie. KPK-Lernende können Temperaturausgleichsvorgänge besser als traditionell unterrichtete Schülerinnen und Schüler beschreiben (ca. 70 % gegenüber 35 % bei der Beschreibung der Abkühlung einer Limonadenflasche[45]); insbesondere beschreibt eine größere Gruppe das Wärmeempfinden physikalisch (ca. 30 % gegenüber 5 %).[46] Hier ist der Anteil der KPK-Schülerinnen und -Schüler, die Kältevorstellungen äußern, gegenüber den traditionell Unterrichteten kleiner (ca. 20 % gegenüber 50 %[47]). Es gelingt also die Umdeutung der alltagsprachlichen Wärme in die Entropie. Insgesamt lässt sich sagen, dass die Karlsruher Konzeption der Wärmelehre geeignet ist, Konzeptwechselprozesse einzuleiten. Diese Ergebnisse wurden auch in experimentellen Studien mit stark kontrollierten Lehr-Lern-Arrangements bestätigt.[48]

Keine Unterschiede finden sich bei den Themen Phasenübergänge und Ausdehnung von Körpern, die aber im Unterricht nach dem Karlsruher Kurs auch nur am Rande behandelt werden. Die Daten deuten darauf hin, dass

---

45 Starauschek (2001, S. 190).
46 Starauschek (2001, S. 198 f.).
47 Starauschek (2001, S. 199).
48 Starauschek (2010); Crossley (2012).

KPK-Schülerinnen und -Schüler Energie und Entropie nicht unterscheiden.[49] Offen sind auch Fragen nach Kenntnissen über die Entropieerzeugung und dem Zusammenhang zwischen Irreversibilität und Entropieerzeugung.

- **Unterrichtsmaterialien**
  ▶ http://www.physikdidaktik.uni-karlsruhe.de/kpk_material.html
Die Unterrichtsmaterialien zum Karlsruher Physikkurs stehen online unter einer Creative-Commons-Lizenz zur Verfügung. Sie umfassen Schulbücher für die Sekundarstufen I und II, Unterrichtshilfen sowie Hochschulskripte. Es gibt druckbare Versionen und Versionen für Tablet-Computer. Wir weisen auf folgende Materialien besonders hin:

Falk, G. und Herrmann, F. (1981). *Neue Physik – Das Energiebuch.* Hannover: Schroedel.
Es handelt sich um das Schülerbuch für den physikalischen Anfangsunterricht und stellt eines der Konzepte dar, die auf der Energie als eigenständiger Größe aufbauen. Dabei werden weder die Kraft noch die Prozessgrößen Wärme und Arbeit verwendet.

Herrmann, F. (Hrsg.) (2014). *Der Karlsruher Physikkurs für die Sekundarstufe I. Band 1 Energie – Impuls – Entropie.*
Herrmann, F. (Hrsg.) (2014). *Der Karlsruher Physikkurs für die Sekundarstufe 1: Unterrichtshilfen.*
Das Lehrbuch für den Physikunterricht in der Sekundarstufe I hat drei Bände, die das Themenspektrum der Schule abdecken. Die Unterrichtshilfen erläutern die physikalische Basis des Kurses, beschreiben die Experimente und geben praktische Hinweise für den Unterricht.

6.5 Energie vor Arbeit

In den traditionellen Ansätzen (▶ Abschn. 6.2) wird die Energie in der Mechanik über Kraft und Arbeit eingeführt. Mit den energetischen Betrachtungen in der Wärmelehre geht dann oft eine neue Konzeptualisierung der Energie einher, zum einen über Mischungsversuche als Wärmemenge – dies ist dann die Energie, die aufgrund eines Temperaturunterschieds vom Körper höherer zum Körper niedrigerer Temperatur übergeht – und zum anderen über die Reibungsarbeit, die mit einer Temperaturerhöhung verbunden ist und die innere Energie eines Körpers um die Energie $\Delta E = c \cdot m \cdot \Delta \vartheta$ erhöht. Dass es sich bei der Wärme um eine Prozessgröße handeln soll, wird den Lernenden dabei in der Regel nicht klar. Energie- und Wärmelehre scheinen daher im traditionellen Unterricht nur unzureichend verbunden zu sein. Die an der Ludwig-Maximilians-Universität München

---

49   Kesidou und Duit (1991) kommen zu einer ähnlichen Einschätzung.

entwickelte Unterrichtskonzeption von M. Bader und H. Wiesner zur Energie- und Wärmelehre durchbricht die klassische stoffdidaktische Anordnung Kraft–Arbeit–Energie an zwei Stellen. Zum einen werden anhand mechanischer Beispielvorgänge, die in kurzen Zeiträumen als reversibel angesehen werden können, die Energie als Erhaltungsgröße plausibel gemacht, die mechanische Energie eingeführt und der Energieerhaltungssatz der reversiblen Mechanik formuliert.[50] Die Arbeit wird in dieser Konzeption erst danach eingeführt: Arbeit wird an einem System verrichtet, um die mechanische Energie des Systems zu verändern. Zum anderen wird über die Betrachtung von mechanischen Phänomenen mit Reibung und der Energieerhaltung die Einführung der inneren Energie als Erweiterung der (äußeren) mechanischen Energie notwendig: Reibungsphänomene gehen mit Temperaturerhöhungen einher, die Änderung der inneren Energie ist bei festen Körpern unter Alltagsbedingungen dabei proportional zur Temperaturänderung. Die innere Energie kann also analog zur Arbeit durch die Wärme geändert werden, ohne dass Arbeit oder Wärme im Körper enthalten sind, vielmehr sind sie mit Prozessen der Energieänderung verbunden. Hierüber wird eine Beziehung zwischen Arbeit und Wärme hergestellt, die traditionelle Unterrichtsgänge systematisch nicht kennen. Dies ist die zweite stoffdidaktische Veränderung.

■ **Verbindung zu traditionellen Konzeptionen**

Die Münchner Unterrichtskonzeption stellt einen pragmatischen, entwicklungsorientierten Ansatz zur Erhöhung des Lernerfolgs dar: „Die Ergebnisse der Unterrichtspraxis zeigen immer wieder, dass die gewünschten Unterrichtsziele und Lernerfolge häufig nicht erreicht werden."[51] Der Ansatz hat den Vorteil, dass eine Verbindung zu traditionellen Konzepten bestehen bleibt; er soll also evolutiv-entwickelnd wirken und den Physikunterricht nicht ersetzend-disruptiv verändern. Die Konzeption hat sich z. B. im Bayerischen Gymnasiallehrplan für Physik in der Jahrgangsstufe 8[52] und im dortigen Unterricht fest etabliert. Es deutet sich auch das Motiv an, auf Änderungen des gesellschaftshistorischen Kontexts reagieren zu wollen, hier die Ölkrisen zu Beginn der 1970er-Jahre. Bader greift damit einen Ansatzpunkt von Backhaus und Schlichting auf und berücksichtigt den Begriff der Energieentwertung (▶ Abschn. 6.3).

Bader hat in einem weiteren Schritt Ergebnisse der physikdidaktischen Forschung bis etwa zur Mitte der 1990er-Jahre in seine Konzeption integriert. In der Tradition der Münchner Physikdidaktik (▶ Abschn. 1.4) werden insbesondere die Schülervorstellungen beim Unterrichtsgang berücksichtigt und thematisiert, z. B. die Vorstellung vom „kalten" Metall, auf die an mehreren Stellen im Unterrichtsskriptum eingegangen wird. Zudem wird die Diskrepanz zwischen

---

50 Die Grundidee der Konzeption wurde bereits in der Frankfurter Arbeitsgruppe um Jung und Wiesner entwickelt (z. B. Jung, Weber und Wiesner 1977).

51 Bader (2001, S. 7).

52 ISB (o. J.) in der Fassung von 2009.

dem Arbeitsbegriff des Alltags und dem physikalischen Arbeitsbegriff[53] thematisiert, um den Erfahrungen der physischen Anstrengungen entgegenzuwirken, die mit dem Begriff Arbeit verbunden sind (Muckenfuß geht einen entgegengesetzten Weg, ▶ Abschn. 6.6). Bader benutzt Feynmans Bauklötzchenanalogie zur Verdeutlichung der Energieerhaltung: Ein Kind, bei Feynman „Dennis the Menace", spielt mit seinen genau 28 Bauklötzchen. Wenn sich die Zahl ändert, ist die Mutter sicher, dass die Bauklötzchen irgendwo geblieben sind (weniger als 28) oder dass einige der Blauklötzchen einem anderen Kind gehören (mehr als 28).[54] Das Treibstoffkonzept der Energie wird nicht verwendet, da bei den Schülerinnen und Schülern eine nicht zielführende Gleichsetzung von Energie mit konkreten Brennstoffen als wahrscheinlich angesehen wurde. In der Wärmelehre werden als zusätzliche Elemente der 0. Hauptsatz sowie der 2. Hauptsatz der Thermodynamik berücksichtigt und es wird die Frage nach Reversibilität und Irreversibilität diskutiert.

▪ Unterrichtsgang

Der Unterrichtsgang hat zwei Teile: 1) die mechanische Energie mit Energieerhaltung und Arbeit und 2) die Wärmelehre. Die ◘ Tab. 6.2 zeigt vergleichend den inhaltlichen Aufbau der Konzeption in einer Übersicht gegenüber dem traditionellen Unterricht.

▪ Mechanische Energie und Energieerhaltung

Bei der mechanischen Energie werden zuerst mechanische Phänomene mit Reibung betrachtet. Im Kontrast dazu stehen dann idealisierte reversible oder konservative idealisierte mechanische Systeme im Fokus (z. B. hüpfender Gummiball, Fadenpendel, Feder). Der Erhaltungsgedanke wird mit einer abstrakten Überlegung eingeführt: Da sich die Bewegung des hüpfenden Gummiballs identisch wiederholen lässt, gibt es in dem abgeschlossenen System Erde–Gummiball eine Größe, die während der Bewegung konstant bleibt: die Gesamtenergie. Nach dieser Einführung der Energieerhaltung werden die Experimente noch genauer betrachtet. Hieraus ergeben sich die Energiearten kinetische Energie, Höhenenergie und Spannenergie und es folgt die qualitative Diskussion von Energieumwandlungen. Erst danach werden die entsprechenden Gleichungen für verschiedene Energiearten hergeleitet. Dazu wird die potenzielle Energie als $E_{pot} = m \cdot g \cdot h$ als plausibel vorgestellt und festgelegt. Die Gleichungen für die kinetische Energie und die Spannenergie ergeben sich aus Experimenten zur Energieerhaltung. Es folgt eine vertiefte Betrachtung der Energieerhaltung anhand von Beispielen.

Bei abgeschlossenen mechanischen Systemen ändert sich die (mechanische) Energie nicht, bei nicht abgeschlossenen schon. Die physikalische Größe Arbeit wird zur Beschreibung dieser Energieänderung eingeführt. Es wird erklärt, dass man dazu auch sagt, es werde Arbeit verrichtet. Erst jetzt werden Beispiele und verschiedene Formen von Arbeit betrachtet. Im Zusammenhang damit werden insbesondere das Hochheben und Tragen eines Koffers diskutiert und die Verrichtung

---

53 Bader (2001, S. 17).
54 Feynman, Leighton und Sands (2016, ▶ Kap. 4).

□ **Tab. 6.2** Gegenüberstellung des traditionellen Unterrichtskonzepts und der Münchner Unterrichtskonzeption zur mechanischen Energie- und Wärmelehre (nach Bader 2001, S. 44 f.)

	konventionelles Unterrichtskonzept	Münchener Unterrichtskonzept
	Mechanik	
Reibung	bei beiden gleich behandelt	
Energie und Arbeit	Betrachtung mechanischer Maschinen (Fortführung aus der 8. Klasse) $\Rightarrow F \cdot s = konstant$ $\Downarrow$ Arbeit $:= F \cdot s$ $\Downarrow$ Energie := gespeicherte Arbeit Energiearten, Energieumwandlungen, dann Energieerhaltungssatz	Energieerhaltungssatz $\Rightarrow$ Energiearten $\Downarrow$ Motivation mit nicht abgeschlossenen Systemen Arbeit $:= \Delta E$ und Arbeit $:= F \cdot s$ $\Downarrow$ mechanische Maschinen betrachtet unter dem Blickwinkel des Energieerhaltungssatzes
Wirkungsgrad, Leistung	bei beiden gleich behandelt	
	Wärmelehre	
innere Energie	zu einem späteren Zeitpunkt	Der Energieerhaltungssatz erfordert eine neue Energieform, die innere Energie
Temperatur	Temperaturmessung	Temperaturmessung, 0. Hauptsatz der Thermodynamik
ideales Gas	Volumenausdehnung verschiedener Körper $\Downarrow$ Gesetz des idealen Gases	zu einem späteren Zeitpunkt
innere Energie, Wärme	Reibungsarbeit bewirkt Änderung der inneren Energie $\Delta E_i = W_R = cm\Delta\vartheta$ (Energieerhaltungssatz) $\Downarrow$ Wärme $Q := \Delta E_i$ (bei Temperaturänderung)	Bei der Umwandlung von mechanischer Energie in innere Energie ergibt sich mithilfe des Energieerhaltungssatzes: $\Delta E_i = cm\Delta\vartheta$ $\Downarrow$ 1. Hauptsatz der Thermodynamik
reversible und irreversible Prozesse	zu einem späteren Zeitpunkt	2. Hauptsatz der Thermodynamik
Aggregatzustand	bei beiden gleich behandelt	
ideales Gas	bereits früher behandelt	Voruntersuchung zur technischen Nutzung der inneren Energie $\Rightarrow$ Gesetz des idealen Gases
Wärmekraftmaschinen mit reversiblen und irreversiblen Vorgängen	Betrachtung der technischen Nutzung der inneren Energie $\Rightarrow$ reversible und irreversible Prozesse; Energieentwertung	Betrachtung der technischen Nutzung der inneren Energie $\Rightarrow$ andere Betrachtung des 2. Hauptsatzes der Wärmelehre; Energieentwertung

der (physikalischen) Arbeit. Im Anschluss daran werden der Hebel, der Flaschenzug und die schiefe Ebene in Hinsicht auf Energieerhaltung und die verrichtete Arbeit diskutiert sowie die (mechanische) Leistung und der Wirkungsgrad. Schließlich
folgt die Betrachtung von Kraftwandlern mit als bekannt vorausgesetzten Formeln
(Hebelgesetz, Flaschenzug, schiefe Ebene). Mithilfe des Energieerhaltungssatzes
werden diese deduktiv hergeleitet und anschließend experimentell bestätigt.

Die Inhalte zur mechanischen Energie werden demnach in umgekehrter Reihenfolge zur sonst üblichen Praxis unterrichtet. Der traditionelle Unterricht betrachtet zuerst mechanische Maschinen und findet die Goldene Regel der Mechanik ($F \cdot s = konstant$), die zur Größe Arbeit $W = F \cdot s$ führt. Die Münchner Unterrichtskonzeption beginnt wie oben geschildert mit dem Energieerhaltungssatz,
um Vertrauen in die Existenz dieser Erhaltungsgröße zu schaffen. Erst danach
wird die Arbeit als Energiedifferenz, d. h. als die Änderung der Gesamtenergie
eines nicht abgeschlossenen Systems oder als Energieübertrag zwischen Teilsys-
temen eingeführt. Erst am Ende des Unterrichtsgangs werden mechanische Maschinen und die Goldene Regel thematisiert.

- **Wärmelehre**

Im ersten Schritt zur Wärmelehre betritt die Reibung bei mechanischen Phänomenen wieder die didaktische Bühne. Bei Reibung ist eine Erwärmung der am Prozess
beteiligten Körper zu beobachten; deren Temperatur nimmt zu. Da der Energieerhaltungssatz allgemein gilt, wird argumentiert, dass die mechanische Energie erweitert werden muss. Neben der (äußeren) mechanischen Energie hat der Körper selbst
Energie: diese heißt innere Energie. Die Temperaturänderung – es werden hier Erhö-
hungen betrachtet – ist ein Maß für die Änderung der inneren Energie.[55] Die Gesamtenergie besteht aus (äußerer) mechanischer und innerer Energie.

Die eigentliche Wärmelehre beginnt mit dem 0. Hauptsatz der Thermodynamik,
der über das thermische Gleichgewicht zweier Körper formuliert wird. Dann werden
unterschiedliche Thermometer in ihrer Funktion vorgestellt. Dem schließt sich eine
kurze mikroskopische Betrachtung der inneren Energie an. Über die Brown'sche Bewegung („ungeordnete Teilchenbewegung") wird plausibel gemacht, dass sich die innere Energie aus der Summe der kinetischen Energien aller z. B. Wassermoleküle
und der Summe ihrer potenziellen Energie zusammensetzt. Diese Mikroebene ist
notwendig, da im Münchner Konzept die Kelvinskala für die Temperatur verwendet
wird: Die Temperatur von 0 K ist die Temperatur, bei der den Teilchen eines Körpers keine Energie mehr entzogen werden kann. Im Weiteren spielt die mikroskopische Betrachtung der inneren Energie eine untergeordnete Rolle.

Es erfolgt die „Änderung der inneren Energie auf thermische Art"[56]. Die Formel $\Delta E_i = cm\Delta T$ soll entwickelt werden. Hierfür wurde in der Münchner Konzeption ein zentraler neuer Versuch entwickelt (❏ Abb. 6.6): Eine Schnur mit
einem 1 kg-Massenstück soll sich langsam nach unten bewegen. Die Schnur wird

---

[55] „Unter der inneren Energie versteht man diejenige Energie, die übrig bleibt, wenn man von der
Gesamtenergie des Systems die äußere, rein mechanische Energie (kinetische oder potentielle)
Energie abzieht." (Bader 2001, S. 73).
[56] Bader (2001, S. 42).

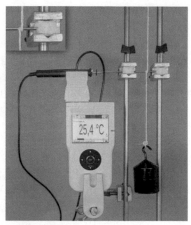
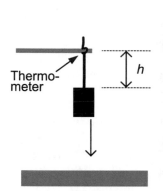

❑ Abb. 6.6 Umwandlung von Höhenenergie in innere Energie (Skizze nach Bader 2001, S. 45; Versuchsaufbau nach Wiesner und Waltner (2009); die Schnur, an der das 1-kg-Massestück hängt, ist um einen Temperaturfühler gewickelt (s. Ausschnittvergrößerung))

um ein Thermometer gewickelt (Thermoelement). Damit die Reibung lokalisiert bleibt, muss die Schnur samt dem Thermometer zwischen zwei Styroporteile eingeklemmt werden; Thermometer, Schnur und Styropor erwärmen sich. Anhand des Versuchs wird gezeigt, dass die Strecke h, um die das Massestück nach unten sinkt, proportional zur Temperaturerhöhung ist: $h \propto \Delta T$. Die Proportionalität der Änderung der inneren Energie zur Masse des Thermometers (bei gleicher Temperaturänderung) wird mit einem Gedankenversuch hergeleitet; die Materialabhängigkeit wird mitgeteilt.

Der 1. Hauptsatz der Thermodynamik lautet im Münchner Konzept: „Die innere Energie E_i eines Körpers kann durch Arbeit W und Wärme Q verändert werden, $E_i = W + Q$ (…) Ein Körper hat Energie; er hat weder Arbeit noch Wärme. Unter Arbeit und Wärme versteht man die übertragene Energiemenge."[57]

Wie in der traditionellen Wärmelehre sind die Wärmeleitung, die Konvektion und die Wärmestrahlung Themen des Unterrichts. Neu hinzu kommen der 2. Hauptsatz der Thermodynamik und Irreversibilitätsbetrachtungen. Der 2. Hauptsatz wird phänomenologisch begründet und über die Wärme formuliert: Wärme kann von selbst nur von einem Körper höherer Temperatur zu einem Körper niedrigerer Temperatur übergehen.

Der Unterrichtsgang endet mit der Physik des idealen Gases und der technischen Nutzung der inneren Energie. Innere Energie lässt sich über die Expansion eines Gases in mechanische Energie umwandeln. Gasturbine, Benzinmotor und Wärmekraftmaschinen werden erklärt sowie die Energieentwertung als immer auftretender Energieverlust bei technischer Nutzung eingeführt, ohne allerdings den Terminus Energieentwertung explizit zu benutzen. Es handelt sich eher um einen dissipativen Ansatz und eine genaue Analyse der Energiebilanz.

---

57 Bader (2001, S. 7).

■ **Empirische Ergebnisse**

Bader (2001) hat seinen Unterrichtsgang in Klassenstufe 9 an mathematisch-naturwissenschaftlichen Gymnasien in Bayern in einer quasi-experimentellen Versuchs-Kontroll-Gruppe-Studie mit einer ad-hoc-Stichprobe als Nachtest evaluiert. Die Versuchsgruppe umfasste 92 Schülerinnen und Schüler in fünf Klassen mit vier Lehrpersonen. Die Kontrollgruppe umfasste 119 Schülerinnen und Schüler in sechs Klassen mit ebenfalls vier Lehrpersonen. Intelligenz und Vorwissen der Schülerinnen und Schüler wurden kontrolliert. Die Stichproben waren hinsichtlich dieser Variablen vergleichbar.

Die Schülerinnen und Schüler, die nach der Münchner Konzeption unterrichtet wurden, haben in einem Test mit physikalischen Fragen zur mechanischen Energie (14 erreichbare Punkte) und zur Wärmelehre (13 erreichbare Punkte) doppelt so viele Fragen richtig beantwortet wie die traditionell unterrichteten Schülerinnen und Schüler. In Mechanik war der Unterschied etwas kleiner als in der Wärmelehre. In der Mechanik lösten die Schülerinnen und Schüler der Versuchsgruppe nicht nur bei der Anwendung von $W = \Delta E$ doppelt so viele Aufgaben richtig wie die in der Kontrollgruppe, sondern sogar mehr Aufgaben bei der Anwendung von $W = F \cdot s$, was eigentlich im traditionellen Unterricht stärker betont wird. Bei der traditionell unterrichteten Kontrollgruppe zeigte sich ein signifikanter Jungenvorteil beim Lernstand; bei der Münchner Konzeption hatten die Mädchen einen numerischen Vorteil.

Die Evaluation spricht für einen stoffdidaktischen Effekt – oder eben einen Sachstruktureffekt: Der Beginn mit der mechanischen Energie und die nachfolgende explizite Verknüpfung von Wärme und Arbeit führen offenbar zu einer besseren physikalischen Begriffsbildung als das traditionelle Vorgehen über Kraft und Arbeit. Hierfür spricht auch ein Nebenbefund von Bader: Im Vorwissenstest verfügten die Schülerinnen und Schüler beider Gruppen nicht über ein tragfähiges Kraftkonzept. Beim Münchner Konzept ist dies auch nicht prominent notwendig, während es in der traditionellen Vorgehensweise vorausgesetzt wird. Insgesamt zeigt sich, dass Arbeit und Wärme schwierig zu erlernende physikalische Konzepte sind.

In der Münchner Arbeitsgruppe um Wiesner wurde die Konzeption weiterentwickelt und um einige Experimente ergänzt.[58] Im Zuge der weiter entwickelten Konzeption wurde eine weitere Vergleichsuntersuchung durchgeführt. Ebenso wie in der Studie von Bader zeigte sich auch hier, dass mit dem Münchner Konzept der Lernerfolg mit großen Effektstärken gesteigert werden kann.[59]

■ **Unterrichtsmaterialien**

Bader, M. (2001). *Vergleichende Untersuchung eines neuen Lehrganges „Einführung in die mechanische Energie- und Wärmelehre" (Diss.)*. München: Ludwig-Maximilians-Universität, Fakultät für Physik (▶ *Materialien zum Buch*).
In der Dissertation von Bader (2001) finden sich insbesondere der Schüler- und der Lehrertext. Die Tests und Testergebnisse sind ausführlich dokumentiert.

---

58 Wiesner und Waltner (2009).
59 Wiesner und Waltner (2009).

Bader, M. und Wiesner, H. (1999). Einführung in die mechanische Energie und Wärmelehre. Das „Münchner Unterrichtskonzept". *Physik in der Schule* (6), 363–367.

Der Zeitschriftenaufsatz gibt einen Überblick über das Münchner Konzept, vergleicht ihn mit dem traditionellen Unterrichtsgang und stellt insbesondere den genannten neuen zentralen Versuch zur Umwandlung von mechanischer in innere Energie vor. In Wiesner und Waltner (2009) findet sich eine Weiterentwicklung der Konzeption.

Deger, H., Gleixner, Chr., Pippig, R. und Worg, R.: *Galileo. Das anschauliche Physikbuch, Ausgabe für Gymnasien in Bayern 8. Jahrgangsstufe*. München: Oldenbourg 2006.

Wie in der Mechanik Energie und Arbeit unterrichtet wird, kann man beispielsweise an den bayerischen Schulbüchern sehen. Das angegebene Buch ist ein gutes Beispiel dafür.

6.6 Energie in sinnstiftenden Kontexten

▪ **Physikdidaktische Grundlagen**

In der von Muckenfuß entwickelten Konzeption sollen die Lernenden erworbene physikalische Kenntnisse und Fähigkeiten als hilfreich und wertvoll für die Bewältigung und Deutung ihrer gegenwärtigen und künftigen Lebenssituation wahrnehmen und damit eine „Sinnstiftung" erfahren.[60] Die physikdidaktische Grundfrage lautet, ob und wann im Lebensweltkontext der physikalische Energiebegriff notwendig ist. Zwei Extremfälle sollen vermieden werden: auf der einen Seite ein physikalischer Energiebegriff, der Lernende nicht erreicht, da er nicht an ihr Wissen anknüpfen kann oder will; auf der anderen Seite die Trivialisierung des physikalischen Energiebegriffs als Sprache über einen ökonomischen Mangel oder über konkrete oder abstraktere „Treibstoffe", die der physikalisch-wissenschaftlichen Bedeutung der Energie nicht gerecht werden kann. Muckenfuß schlägt in seinem didaktischen Ansatz einen Weg vor, der Fach- und Schülerorientierung auszubalancieren sucht. In seiner Konzeption können die Schülerinnen und Schüler die Energieumsätze als eigene körperliche – oder physiologische – „Leistung" erfahren (im doppelten Sinne als alltägliches und als physikalisches Verständnis von „Leistung"). Sie entwickeln anhand von Tätigkeiten und körperlichen Bewegungen eine Vorstellung davon, „wie viel Watt" sie umsetzen können. Damit können sie auch die Leistung von elektrischen Geräten vorhersagen.

---

60 In seinem didaktischen Grundlagenwerk begründet Muckenfuß (1995) die fachdidaktische Basis seiner Arbeiten theoretisch. Muckenfuß folgt hier den Prinzipien der Curriculumentwicklung von Robinsohn (1972), die in Deutschland die rein fachlich orientierten Ansätze erweitert haben.

◘ Tab. 6.3   Inhalte und Kontexte des Unterrichtsgangs nach Muckenfuß

Physikalische Inhalte	Kontexte (Klassenstufen)
qualitative Konzeptmerkmale der Energie Energie als physikalische Größe, Leistung, Kraft	Energie im Alltag (7–8) die physischen Grenzen des Menschen und wie er sie überwindet (7–8)
Elektrizitätslehre Energiestrom (Begriff zur Beschreibung der räumlichen Veränderung der Energie)	Energieübertragung durch elektrische Anlagen (7–8) elektrische Energieversorgung (9–10)
Wärmelehre	die Energie von der Sonne und das Wetter als thermisches Rührwerk der Atmosphäre, Wetterkunde (9–10)
Mechanik (Dynamik)	Mobilität und Energie (9–10)

6

■ **Unterrichtsgang**

In der Konzeption geht es nicht um eine triviale Kontextualisierung im Sinne eines Aufzeigens von Anwendungsbezügen fachsystematischer Strukturen, sondern um die Frage, welche physikalischen Inhalte aus Sicht einer allgemeinen Didaktik für die Lernenden bedeutsam sind oder bedeutsam werden und gleichzeitig geeignet sind, ein tiefes fachliches Verständnis der ihnen zugrunde liegenden zentralen physikalischen Ideen zu vermitteln: „Die physikalischen Kenntnisse (müssen) sich dazu eignen, *sinnstiftende* Kontexte zu erschließen oder von diesen aus erschließbar zu sein."[61] Muckenfuß schlägt ein vierjähriges Curriculum für die Sekundarstufe I vor (◘ Tab. 6.3).

■ **Qualitativer Energiebegriff**

Der Unterrichtsgang beginnt mit der qualitativen Entwicklung des Energiebegriffs und im ersten Schritt mit der Konkretisierung des lebensweltlichen Energiebegriffs anhand von vielen Beispielen. Der physikalische Energiebegriff wird als universeller Treibstoff konzeptualisiert. Die Energie ist in verschiedenen Systemen enthalten und kann unterschiedlich verwendet werden. Energie kann gespeichert (in der Nahrung, im Benzin, im Akku usw.), über große Strecken transportiert (elektrische Leitungen) oder zwischen zwei Systemen übertragen werden. Es wird zwischen elektrischer, mechanischer, thermischer und chemischer Energie sowie Strahlungsenergie unterschieden. Große Mengen an Energie werden durch Energieträger – dies sind Stoffe, z. B. Erdgas – übertragen.

Die Energieentwertung ist in der Konzeption randständig. Es wird in der Unterrichtskonzeption lediglich von Energieverlusten oder begrenzter Energienutzung gesprochen: Mit Energie soll man sparsam umgehen, d. h., sie soll effizient genutzt werden; Maschinen müssen einen großen Wirkungsgrad haben und möglichst wenig thermische Energie soll ungenutzt in die Umgebung fließen. Die Irreversibilität von Prozessen spielt in der Konzeption keine explizite Rolle.

---

61 Muckenfuß (1995, S. 276, Hervorhebung im Original).

● Abb. 6.7 zeigt ein Beispiel, an dem der Energiebegriff sprachlich konzeptualisiert wird. Die Lampe übernimmt die Rolle der Sonne; Strahlungsenergie wird in elektrische und diese in mechanische Energie umgewandelt. Das Energiediagramm weist folgende Besonderheiten auf: Die Pfeile heben hervor, dass *Energie* fließt und erhalten bleibt (gleiche Pfeilgröße). Auch wenn zusätzlich unterschiedliche Formen benannt sind, wird der Terminus „Energieformen" nicht explizit verwendet. Die spezifische Bezeichnung der Energie ist mit der Energiewandlung verbunden. Später werden auch Energieumwandlungsketten mit „Verlusten" thermischer Energie diskutiert.

- **Quantifizierung der Energie**

Die Energie als physikalische Größe wird über einen Standardvorgang definiert, das Heben. Die Schülerinnen und Schüler sollen allein oder zu zweit einen schweren Sack ($m = 50$ kg) vom Boden auf einen Tisch legen (● Abb. 6.8). Dies wird ihnen nicht ohne Weiteres gelingen.

Was ist also zu tun? Diese Frage führt zu verschiedenen Lösungen und physikalischen Begriffen. Um den Übergang zur Elektrizitätslehre vorzubereiten, genügt 1. eine Basisversion der Goldenen Regel – ohne sie so zu nennen – und 2. die Quantifizierung der Energie beim Heben von Gegenständen. Die Grundidee besteht darin, den Sackinhalt in kleinere Portionen aufzuteilen. Anstatt 50 kg einen Meter hochzuheben können 5 kg zehnmal 1 m hochgehoben werden. So kann

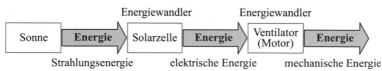

● **Abb. 6.7** Oben: Beispiel für eine Energiewandlungskette – die Lampe steht stellvertretend für die Sonne als Energiequelle (nach einer Vorlage von H. Muckenfuß); unten das dazugehörige Energiediagramm

6

◘ Abb. 6.8 Schülerinnen und Schüler machen körperliche Erfahrungen beim Heben eines sehr schweren Gegenstands als Hinführung auf die Quantifizierung der Energie

man den Kern der Goldenen Regel der Mechanik darstellen. Es ist plausibel, dass umso mehr Energie aufgewendet werden muss, je höher ein Gegenstand gehoben werden soll und je schwerer der Gegenstand ist. Die Erdbeschleunigung – oder der Ortsfaktor – wird mit dem Argument eingeführt, dass der Anschluss zur Physik hergestellt werden sollte. Man kann auch diskutieren, dass die aufgewendete Energie von der Größe des Planeten (das Heben fällt schwerer oder leichter) abhängt, auf dem Gegenstände nach oben gehoben werden sollen, es sich also um einen „Schwerefaktor" handelt. Dann wird ein Normkörper gewählt: Eine Tafel Schokolade oder ein Holzbrettchen mit der Masse von 100 g eignen sich gut. Man erhält ein berechenbares Maß für die Energie, die in einen Gegenstand gesteckt werden muss, um ihn hochzuheben, das bekannte $E = g \cdot m \cdot h$. Um eine Tafel Schokolade einen Meter hoch zu heben, ist eine Energie von 1 J notwendig. Die Energie ist zu einer physikalischen Größe geworden. Jetzt kann gezeigt werden, dass die Energie für das Heben unabhängig von der Aufteilung in Portionen ist.

■ **Energiestrom und Leistung**

Nun lässt sich, wieder über Körpererfahrungen, die Leistung einführen. Die Schülerinnen und Schüler können damit auch ein Gefühl für die Größenordnung der eigenen Leistung gewinnen. Sie sollen hierzu körperliche Tätigkeiten ausüben: Treppen steigen und laufen, Klimmzüge und Liegestütze machen, Hanteln heben, auf einen Stuhl steigen, Wassereimer hochziehen (◘ Abb. 6.9).

Für jede Tätigkeit kann jetzt die Energie bestimmt werden, die vom eigenen Körper aufgebracht werden muss, um ihn selbst oder Gegenstände hochzuheben, und die Zeit Δt, in der dies geschieht. Steigen die Schülerinnen und Schüler z. B. auf einen Stuhl, so lässt sich die Energie E^* berechnen, die für ein einma-

◻ **Abb. 6.9** Körperliche Erfahrungen zum Begriff der Leistung (beim Liegestütz ist eine Waage notwendig, um die Masse des Körperteils abzuschätzen, der hochgehoben wird; nach Muckenfuß und Nordmeier 2009, S. 57)

liges Hochsteigen notwendig ist. Bei zehnmaligem Hochsteigen in 20 s wird dann die Leistung $P = 10E'/20$ J/s vom Körper erbracht. Dabei wird die Einheit Watt (W) eingeführt. Die Energie beim Heruntersteigen wird in thermische Energie verwandelt. Dies kann in normalem Tempo geschehen – man soll möglichst lange z. B. eine Stunde durchhalten – oder so schnell wie möglich. Im Durchschnitt beträgt die Dauerleistung 100 W bis 160 W. Beim Treppenlauf können austrainierte Sportler auch kurzfristige Spitzenleistungen von 1000 W erreichen. Diese Körperversuche werden mit allen Schülerinnen und Schülern durchgeführt; so lassen sich erste Werte der mittleren Leistungsangaben für den menschlichen Körper ermitteln. Diese sind etwas problematisch, da nicht die gesamte chemische Energie in das Hochheben umgesetzt wird. Auf den Begriff der Arbeit wird verzichtet.

Eine andere Lösung, um den schweren Sack hochzuheben, ist die Verwendung von einfachen Maschinen. Um einen Sack mit 48 kg Backsteinen 1 m hochzuheben, ist bei einer körperlichen Leistung von 20 W eine Zeit von 24 s notwendig. Es wird aber nicht gelingen. Mindestens eine weitere physikalische Größe ist

◪ **Tab. 6.4** Aus der Grundgröße Energie abgeleitete Größen		
Kraft F	**Druck** p	**(elektrische) Spannung** U
$F = E/s$	$p = E/V$	$U = P/I = E/Q$

im Spiel. Es lässt sich wieder eine Verbindung zu körperlichen Erfahrungen herstellten: Je weniger Backsteine ich hochheben muss, desto weniger anstrengend ist es – ich wende dabei weniger Energie pro Meter auf. Viele Steine werden auf kleine Portionen verteilt, es muss öfter gehoben werden, der Hebeweg wird länger. Die Kraft lässt sich als indirektes Energiemaß charakterisieren: Sie bestimmt die Energie oder den Energieaufwand, der für die Bewegung eines Körpers um einen Meter oder pro Streckeneinheit in Kraftrichtung erforderlich ist. Ein Kraftmaß wird über die Dehnung einer Feder im Schwerefeld eingeführt und mit einem Pfeil dargestellt. Die Kraft kann dann mit einem Federkraftmesser gemessen werden, z. B. die Kraft, die auf die 100 g-Schokoladentafel wirkt, wenn sie mit dem Federkraftmesser am Fallen gehindert und nach oben bewegt wird. Die Kraft ist dann der Quotient $F = E/s$.

Wird die Energie als zentrale Größe verwendet, so sind andere physikalische Größen der traditionellen Physik abgeleitete Größen. Dies zeigt ◪ Tab. 6.4. Sie werden dann auch als solche eingeführt. Die Energien in den Formeln von ◪ Tab. 6.4 sind Energieänderungen, die mit den Änderungen der physikalischen Größen einhergehen, die im Nenner stehen.[62]

■ **Energie in der Elektrizitätslehre**

Die Energie als zentrale Größe fordert auch eine Umstrukturierung der Elektrizitätslehre. Wir deuten diese hier nur an und verweisen auf das Kapitel zu Unterrichtskonzeptionen für die Elektrizitätslehre (▶ Abschn. 8.4.2). Sie beginnt mit dem Lebensweltbezug „Elektrizität verändert die Welt: Erleichterungen und Innovationen durch elektrische Energieübertragung". Hierbei wird der Energiebedarf einer Person und einer Gesellschaft in der körperlichen Leistung von „elektrischen Sklaven" ausgedrückt; die elektrische Ladung und die elektrische Stromstärke werden eingeführt und elektrische Stromkreise als Kreisläufe zur Übertragung von Energie charakterisiert. Die Proportionalität von elektrischer Leistung (lokaler Übertragungsvorgang) bzw. Energiestrom (räumlicher Transportvorgang) und elektrischer Stromstärke I wird gezeigt und es wird die elektrische Spannung eingeführt (◪ Tab. 6.4). Die Spannung ist ein Beladungsmaß für den Energiestrom, der mit einem Ladungsstrom der Stärke 1 A transportiert wird.[63] Danach werden die Energieströme in verschiedene Verbraucher und der Energieumsatz sozialer (z. B. Haushalt)

---

62 An dieser Stelle zeigt sich eine Verwandtschaft zum Karlsruher Physikkurs (▶ Abschn. 6.4). Abgeleitete Größen bei Muckenfuß sind – bis auf das Vorzeichen und die Potenzialdifferenz im elektrischen Stromkreis – die intensiven Größen (▶ Gl. 6.7) des KPK, d. h. die partiellen Ableitungen der Funktion der Energie in Abhängigkeit der extensiven Größen.

63 Eine Formulierung für die Schüler lautet z. B.: „Die Spannung von 1 V bedeutet, dass bei einem Ladungsstrom von 1 A ein Energiestrom von 1 W fließt".

◘ Abb. 6.10   Zwei Schülerinnen experimentieren mit dem Dynamot (rechts), (Foto links mit freundlicher Genehmigung von H. Muckenfuß)

und technischer Systeme (z. B. Verbundsysteme, Hochspannungsnetz) unter wirtschaftlichen und ökologischen Gesichtspunkten untersucht.

Hauptexperimentiergerät der energetischen Elektrizitätslehre ist der Dynamot (◘ Abb. 6.10), ein Handgenerator, mit dem elektrische Geräte betrieben und Lämpchen zum Leuchten gebracht werden. Die elektrische Stromstärke kann mit der Erfahrung der Anstrengung in Verbindung gebracht werden, die Kurbel mit einer bestimmten Drehzahl zu betätigen, und die Drehzahl mit der elektrischen Spannung.[64] Wieder sind die körperlichen Erfahrungen der Weg zum Energiestrom. Die Schülerinnen und Schüler sind in der Lage, die Erfahrungen aus der Mechanik auf die Elektrizitätslehre zu übertragen. Sie entwickeln ein Gefühl für die eigene körperliche energetische Leistung und damit auch für die Größe der Energieströme. Der Unterschied zwischen einem 5 W-Energiestrom und einem 20 W-Energiestrom lässt sich direkt erspüren. Der 20 W-Energiestrom ist dabei die höchste Dauerleistung beim Dynamot. Die Schülerinnen und Schüler können über die Frage, wie viele Menschen notwendig sind, um mit großen Dynamots – oder Generatoren – den durchschnittlichen Bedarf eines Haushalts zu „erkurbeln", ein Gefühl für die Abhängigkeit von der modernen Energietechnik entwickeln. Die Erfahrungen der Schülerinnen und Schüler sind systematisch mit Energieumsätzen aus ihrem Alltag zu vergleichen, z. B. entspricht dem Energieumsatz in einer Sportstunde etwa das Verspeisen von 10 g Wurst oder Käse.

■ **Wärmelehre**

Die Wärmelehre wird im Kontext Wetter – und damit Wetterkunde – und Klima unterrichtet. Die Sinnstiftung ist plausibel, da der Klimawandel ein einschneidendes Ereignis für das Leben auf der Erde ist und sein wird. Der Kerngedanke, der den Kontext Wetter und Klima in eine fachliche Energielehre eingliedert, lautet: Das Wetter oder die Wettersysteme sind das Rührwerk der Atmosphäre. Der Unterrichtsgang hierzu weist folgende inhaltliche Linie auf: Die ungleichmäßige

---

64   Die Details finden sich in ▶ Abschn. 8.4.2.

Erwärmung von Regionen auf der Erdoberfläche führt zu unterschiedlichen Energiebilanzen und mittleren Temperaturen in der Äquatorregion und den beiden Polregionen und damit zu unterschiedlichen Druckverhältnissen in der Atmosphäre. Es entstehen kleinere und größere Windsysteme. Die Konvektion der Luft ermöglicht einen schnellen Transport der thermischen Energie in die Polregionen und damit einen Temperaturausgleich.

Räumliche Temperaturverläufe (auch in der Höhe) und zeitliche Temperaturgänge und deren Ursachen (z. B. die Oberflächeneigenschaften und Wärmekapazitäten der Gesteine) sowie verschiedene Temperaturmittelwerte sind deshalb zentrale Themen des Unterrichts – im Kontrast zum thermischen Gleichgewicht, das in der traditionellen Wärmelehre oft als einziger möglicher Endzustand erscheint. Hierbei erfolgt die Messung der Strahlungsenergie, die auf der Erde ankommt. Die Abstrahlung der Erde, die eine Überhitzung der Erde verhindert, wird mitgeteilt. Die Erwärmung der Luft, deren Folgen und das Entstehen der Winde sowie der Einfluss der Erdrotation auf die Winde werden besprochen, und damit auch die Frage, wie die thermische Energie in die Höhe gelangt. Ein weiteres zentrales Thema sind der Treibhauseffekt mit seinen Auswirkungen auf das Wetter und die zukünftigen durchschnittlichen Temperaturen auf der Erde (▶ Abschn. 15.5). Auch wenn dies bei Muckenfuß nicht explizit thematisiert ist, gehören die Folgen für das menschliche Leben und die menschlichen Kulturen zu einem sinnstiftenden Physikunterricht.

Die Verteilung der thermischen Energie ist eine Leitidee für das Verstehen des Wetters. Es gibt im Kontext Wetter und Klima gleichzeitig auch eine Reihe von Themen, bei denen die Energie als physikalische Größe nicht zwangsläufig eine konstitutive Rolle für das Verständnis der Vorgänge spielt, z. B. Luftdruck, Wind als Ausgleich von Druckunterschieden (▶ Abschn. 7.3.2), die Abhängigkeit der Temperatur von der Höhe, Wolkenbildung, Verdunstung, relative Luftfeuchtigkeit, Regen, Schnee- und Eiskristalle, Wetterkarten und -vorhersage, Hoch- und Tiefdruckgebiete und die Jetstreams. Letztere wiederum haben über ihre physikalische Entstehung hinaus einen großen Einfluss auf das Klima.

Die Konzeptualisierung der thermischen Energie erfolgt analog zur Konzeptualisierung der Entropie im Karlsruher Kurs (▶ Abschn. 6.4); z. B. hat beim Vergleich von zwei Körpern gleicher Masse der Körper mit der höheren Temperatur die größere thermische Energie. Entsprechend wird für zwei unterschiedlich schwere Körper mit gleicher Temperatur argumentiert.

Möglich ist das Anknüpfen an körperliche Erfahrungen: Kann z. B. durch Rühren Wasser so erwärmt werden, dass man Kaffee kochen kann? Der Dynamot wird dazu mithilfe eines Drahtes zu einem Tauchsieder. Die Schülerinnen und Schüler erfahren, dass in der Wärmelehre bei Alltagsphänomenen größere Energien umgesetzt werden als bei der körperlichen Energieumsetzung in der Mechanik und z. T. auch in der Elektrizitätslehre.

Die Themen der Wärmelehre als Wetterkunde und Klimaschutz lassen sich in vier große Bereiche gliedern, die auch in dieser Reihenfolge unterrichtet werden: 1) Temperatur und Temperaturdifferenzen (Temperaturmessung, Strahlungshaushalt, …), 2) Luftdruck und Konvektionssysteme (Winde, vertikaler Temperaturverlauf, Schichtungen, …), 3) Wasser in der Luft (Wasser, Wasserdampf, Wolken,

◘ Tab. 6.5 Themen der Wärmelehre als Wetterkunde in der Konzeption von Muckenfuß

Thematische Inhalte	Systematische Inhalte
Temperaturmessungen in der Umgebung, Temperaturgänge	Temperatur und thermische Energie, Thermometer
Strahlungshaushalt der Erde, Energie von der Sonne, Strahlung der Erde, Aufbau der Atmosphäre, Ozonloch, Treibhauseffekt und seine Folgen	Messung der Strahlungsenergie, Strahlungsgesetze (qualitativ), Wechselwirkung Strahlung–Materie
Die Erdoberfläche als „Heizplatte": Wie schnell ändern sich die Temperaturen von Wasser, Luft und Erdboden?	Wärmeleitung in Boden, Wasser, Luft; spezifische Wärmekapazität

Niederschläge, …), 4) Das globale Wettergeschehen (Jetstreams, Zyklone, Antizyklone, …). Die ◘ Tab. 6.5 konkretisiert exemplarisch die Inhalte für den ersten Bereich.

■ **Empirische Ergebnisse**
Die Konzeption wurde in ihren Lernwirkungen empirisch nicht untersucht. Es sind umfangreiche Erprobungen erfolgt, insbesondere in Haupt- und Realschulen. Schriftliche Berichte liegen jedoch nicht vor.

■ **Unterrichtsmaterialien**
Muckenfuß, H. und Nordmeier, V. (Hrsg.) (2009). *Physik Interaktiv. Gesamtband* (Ausgabe für Baden-Württemberg). Berlin: Cornelsen.
In diesem Schulbuch in der Ausgabe 2009 für Baden-Württemberg ist die Unterrichtskonzeption vollständig umgesetzt, insbesondere für die Wärmelehre als Wetter- und Energielehre.[65] Das Schulbuch bietet ausführliche Angaben, um Unterricht danach auszurichten und zu gestalten. Details und Vertiefungen finden sich für die Elektrizitätslehre in ▶ Abschn. 8.4.2. Hilfreich sind zudem die Handreichungen für den Unterricht in Heepmann et al. (2006).

6.7 Fazit

Der traditionelle Weg zur Energie über Kraft und Arbeit ist in der Schulphysik breit verankert. Nach dem Stand der empirischen Lehr-Lern-Forschung führt dieser Ansatz bei Schülerinnen, Schülern und Studierenden jedoch nicht zu einem tragfähigen physikalischen Energieverständnis, insbesondere wenn die Wärme als

---

65 Andere Länderausgaben und nachfolgende Ausgaben geben die Konzeption nicht mehr in geeigneter Weise wieder.

zweite Prozessgröße einbezogen wird. Die physikdidaktische Forschung und Entwicklung hat eine Reihe von alternativen Unterrichtskonzeptionen vorgelegt, die typische Schwierigkeiten bei der Begriffsbildung zur physikalischen Energie und der Energielehre insgesamt berücksichtigen. Gemeinsam ist allen in diesem Kapitel dargestellten Konzeptionen, dass die Behandlung von Energie und Entropie (bzw. Wärme, Energieentwertung, Wirkungsgrad etc.) nicht einfach als „Wärmelehre" gerahmt, sondern als Grundlage der Physik verstanden wird. Dies entspricht sowohl ihrer physikalischen Bedeutung als auch der herausgehobenen Stellung des Basiskonzepts Energie in den deutschen Bildungsstandards für den Physikunterricht in der Sekundarstufe I.[66] Physiklernen in der Schule kann auch ohne einen hervorgehobenen Energiebegriff auskommen und dies war im Physikunterricht auch lange der Fall. In Deutschland hat die normative Debatte jedoch aktuell und für die absehbare Zukunft zu einer zentralen Stellung der Energie geführt.

Zwei sehr unterschiedliche Herangehensweisen werden durch die Münchener Konzeption (▶ Abschn. 6.5) und den Karlsruher Physikkurs (▶ Abschn. 6.4) gesetzt. Erstere ist bewusst als Evolution des traditionellen Unterrichts angelegt. Die empirischen Arbeiten weisen auf die Wirksamkeit des evolutiven Münchner Ansatzes hin. Die KPK-Konzeption beruht hingegen auf einer grundlegend neu formulierten physikalischen Sachstruktur. Die empirischen Arbeiten zum Karlsruher Kurs zeigen, dass für die Wärmelehre die Einführung der Entropie als physikalische Größe schon in der Schule möglich ist. Aus den Vorstellungen zur Alltagswärme lassen sich sowohl Temperatur als auch Entropie durch Umdeutung gewinnen. Dieser Zugang zur Entropie ist allerdings weder in der Hochschulphysik noch in der Schulphysik Konsens. Er bringt große Veränderungen gegenüber den traditionellen Darstellungen in Lehr- und Schulbüchern mit sich. Die Konzeptualisierung der Energieentwertung nach Schlichting und Backhaus (▶ Abschn. 6.3) lässt sich dagegen einfacher als Weiterentwicklung der traditionellen Behandlung des Themas Energie implementieren.

Die Vorstellung der Energie als eine Art universeller Treibstoff, wie in den Konzeptionen des Karlsruher Physikkurses (▶ Abschn. 6.4) und der sinnstiftenden Kontexte (▶ Abschn. 6.6), erscheint auf den ersten Blick als ein einfacher Zugang: Jeder Vorgang benötigt Energie, bei einem Vorgang ändert sich die Energie eines Systems. Die weitere Begriffsentwicklung wird dann allerdings schwierig: Abgrenzung zu den Brennstoffen, Erhaltung, Formen und Energieverluste.

Die Karlsruher Konzeptualisierung der Energielehre ist Grundlage für eine fachliche Neugestaltung des gesamten Curriculums des Physikunterrichts der Sekundarstufe (▶ Abschn. 4.3). Aber auch wenn man diesen weitreichenden Schritt nicht gehen will, kann man den Thermodynamikteil des KPK in einen ansonsten eher traditionell gehaltenen gymnasialen Physikunterricht integrieren. Aufgrund ihres hohen theoretischen Anteils sind auch die Arbeiten von Backhaus und

---

66 KMK (2005); für die gymnasiale Oberstufe wird der Energieerhaltungssatz unter dem Basiskonzept „Erhaltung und Gleichgewicht" angeführt (KMK 2020).

Schlichting (▶ Abschn. 6.3) eher für einen gymnasialen Unterricht geeignet. Die Konzeption eignet sich besonders für eine zusammenhängende Behandlung des Themas „Energie" am Ende der Sekundarstufe I oder in der Einführungsphase der Oberstufe. Ihre grundlegende Taxonomie der Energieentwertung ist qualitativ übergreifend nutzbar und hat Eingang in Schulbücher gefunden. Sie geht über den Dissipationsansatz auch dadurch hinaus, dass der Wert der thermischen Energie über die Temperatur des Systems festgelegt wird. Für alle Schulformen eignet sich im Prinzip der Ansatz von Muckenfuß (▶ Abschn. 6.6), der explizit allgemeinbildende Ziele verfolgt und in dem sinnstiftende Bezüge und körperliche Erfahrungen mit Energie und Leistung zentrale Elemente sind. Auch Muckenfuß legt eine curriculare Konzeption für das gesamte Curriculum der Sekundarstufe 1 vor (mit Ausnahme der Optik; zur Elektrizitätslehre ▶ Abschn. 8.4.2). Seine Begriffsbildungen unterscheiden sich jedoch vom traditionellen (expliziten und impliziten) Lehrplan des Gymnasiums als Vorbereitung auf das Studium der Physik im Haupt- oder Nebenfach.

Die Komplexität der bei einer Unterrichtskonzeption für die Energielehre abzuwägenden fachlichen Überlegungen drückt sich in der im Vergleich zu anderen Kapiteln dieses Buches sehr umfangreichen fachlichen Einordnung aus (▶ Abschn. 6.1). Dabei ist die Anschlussproblematik mit zu bedenken: Wie ist die didaktische Rekonstruktion in Schule und Hochschule zu gestalten, um einen Übergang von der Schule in die Hochschule zu ermöglichen, ohne einen alltagstauglichen und kulturell bedeutsamen Energiebegriff zu vernachlässigen? Hier ist noch weitere fachlich-fachdidaktische Entwicklungsarbeit zu leisten. Zudem gibt es Defizite hinsichtlich der Wirksamkeitsforschung. Nur zur Münchener Konzeption (▶ Abschn. 6.5) und zum Karlsruher Kurs (▶ Abschn. 6.4) liegen empirische Studien vor. Die Entscheidung für eine Konzeption kann letztlich keine ausschließlich normative Frage sein. Sie sollte empirisch fundiert getroffen werden.

6.8 Übungen

- **Übung 6.1**

Die Abbildungen zeigen drei Arten von Energieflussdiagrammen zum gleichen Beispiel. Welches Diagramm entspricht dem konventionellen Unterricht (▶ Abschn. 6.2), welches dem Karlsruher Physikkurs (Energie und Entropie als mengenartige Größen, ▶ Abschn. 6.4) und welches der Konzeption von Muckenfuß (Energie in sinnstiftenden Kontexten, ▶ Abschn. 6.6)? Formulieren Sie jeweils eine kurze Begründung für die Zuordnung.

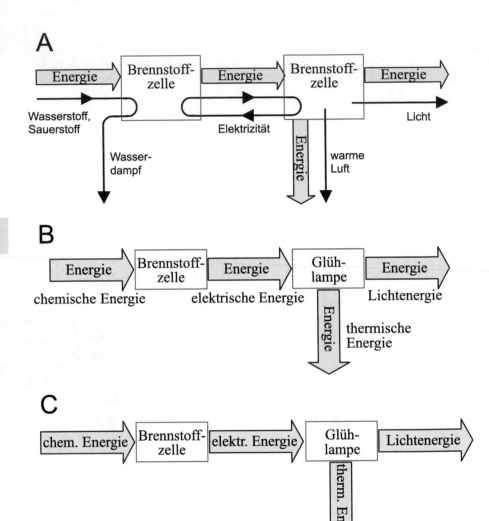

- **Übung 6.2**

Zu welcher Konzeption passen die folgenden Aussagen:

1. „Der Wärmestrom in ein System oder aus einem System entspricht einem Entropiestrom."
2. „Wärme ist die Änderung der inneren Energie eines Körpers auf thermischem Wege."
3. „Energieentwertung kann man auch positiv sehen, denn dadurch lassen sich Vorgänge antreiben, die sonst nicht von allein ablaufen würden."

Formulieren Sie jeweils einige Sätze, um die getroffene Zuordnung zu begründen.

- **Übung 6.3**

Erläutern Sie die Rolle von Experimenten in den vier vorgestellten Unterrichtskonzeptionen.

Literatur

Backhaus, U. (1982). *Die Entropie als Größe zur Beschreibung der Unumkehrbarkeit von Vorgängen.* Diss., Universität Osnabrück.

Backhaus, U., & Schlichting, H. J. (1981a). Die Unumkehrbarkeit natürlicher Vorgänge. Phänomenologie und Messung als Vorbereitung des Entropiebegriffs. *Der mathematische und naturwissenschaftliche Unterricht, 34*(3), 153–160. ▶ http://www.uni-muenster.de/imperia/md/content/fachbereich_physik/didaktik_physik/publikationen/unumkehrbarkeitvorgaenge.pdf.

Backhaus, U., & Schlichting, H. J. (1981b). Die Einführung der Entropie als Irreversibilitätsmaß – Begriffsbildung und Anwendung auf einfache Beispiele. *Der mathematische und naturwissenschaftliche Unterricht, 34*(5), 282–291.

Bader, M. (2001). *Vergleichende Untersuchung eines neuen Lehrganges „Einführung in die mechanische Energie und Wärmelehre".* Diss., Ludwig-Maximilians-Universität, Fakultät für Physik, München. ▶ https://aeccp.univie.ac.at/lehrer-innen/unterrichtskonzeptionen.

Berger, R., & Wiesner, H. (1997). Zum Verständnis grundlegender Begriffe und Phänomene der Thermodynamik bei Studierenden. In: Fachausschuss Didaktik der Physik, *Vorträge auf der Frühjahrstagung 1997.* Berlin: Technische Universität, Institut für Fachdidaktik Physik und Lehrerbildung.

Bredthauer, W., Bruns, K. G., Burmeister, O., Grote, M., Köhncke, H., & Schlobinski-Voigt, U. (2016). *Impulse Physik 7/8.* Niedersachsen. Stuttgart: Klett.

Bredthauer, W., et al. (2010). *Impulse Physik Oberstufe.* Stuttgart: Klett.

Bredthauer, W., et al. (2011). *Impulse Physik Mittelstufe für Gymnasien.* Stuttgart: Klett.

Crossley, A. (2012). *Untersuchung des Einflusses unterschiedlicher physikalischer Konzepte auf den Wissenserwerb in der Thermodynamik der Sekundarstufe I.* Diss. Berlin: Logos.

Crossley, A., & Starauschek, E. (2010). Schülerassoziationen zur Energie. Ergebnisse auf Kategorienebene. *PhyDid B – Didaktik der Physik – Beiträge zur DPG-Frühjahrstagung.*

Duit, R. (1981). Understanding Energy as a Conserved Quantity – Remarks on the Article by R. U. Sexl. *European Journal of Science Education, 3*(3), 291–301. ▶ https://doi.org/10.1080/0140528810030306.

Duit, R. (2007). Energie. Ein zentraler Begriff der Naturwissenschaften und des naturwissenschaftlichen Unterrichts. *Naturwissenschaften im Unterricht – Physik, 101,* 4–7.

Falk, G. (1968). *Theoretische Physik* (Bd. II). Berlin: Springer.

Falk, G., & Herrmann, F. (1981). *Neue Physik. Das Energiebuch.* Hannover: Schroedel.

Feynman, R. P., Leighton, R. B., & Sands, M. (2016). *Feynman-Vorlesungen über Physik* (6. Aufl.). Berlin: de Gruyter.

Fischler, H., & Schecker, H. (2018). Schülervorstellungen zu Teilchen und Wärme. In H. Schecker, T. Wilhelm, M. Hopf, & R. Duit (Hrsg.), *Schülervorstellungen und Physikunterricht* (S. 115–138). Berlin: Springer.

Heepmann, B., Muckenfuß, H., Pollmann, M., Schröter, W., & Gottberg, A. (2006). *Natur und Technik. Physik Klasse 9/10. Realschule Nordrhein-Westfalen. Handreichungen für den Unterricht, mit Kopiervorlagen* (1. Aufl.). Berlin: Cornelsen.

Herrmann, F., Haas, K., Laukenmann, M., Mingirulli, L., Morawietz, P., & Schmälze, P. (2014). *Der Karlsruher Physikkurs.* ▶ http://www.physikdidaktik.uni-karlsruhe.de/kpk_material.html.

Herrmann-Abell, C. F., & DeBoer, G. E. (2017). Investigating a learning progression for energy ideas from upper elementary through high school. *Journal of Research in Science Teaching, 55*(1), 68–93. ▶ https://doi.org/10.1002/tea.21411.

ISB. (o. J.). *Die Energie als Erhaltungsgröße – ein Unterrichtskonzept (Materialien zum Lehrplan an Bayerischen Gymnasium, 8. Jahrgangsstufe).* München: Staatsinstitut für Schulqualität und Bildungsforschung, Referat Naturwissenschaften. ▶ http://www.gym8-lehrplan.bayern.de/contentserv/3.1.neu/g8.de/id_26437.html.

Job, G. (1972). *Neudarstellung der Wärmelehre*. Frankfurt a. M.: Akademische Verlagsanstalt.

Jung, W., Weber, H., & Wiesner, H. (1977). Der Energiebegriff als Erhaltungsgröße. Eine Einführung in der Sekundarstufe I. *physica didactica, 4*(1), 1–19.

Kesidou, S., & Duit, R. (1991). Wärme, Energie, Irreversibilität – Schülervorstellungen im herkömmlichen Unterricht und im Karlsruher Ansatz. *physica didactica, 18*(2–3), 57–75.

Kesidou, S., & Duit, R. (1993). Students' conceptions of the second law of thermodynamics – an interpretive study. *Journal of Research in Science Teaching, 30*(1), 85–106. ► https://doi.org/10.1002/tea.3660300107.

KMK. Ständige Konferenz der Kultusminister der Länder in der Bundesrepublik Deutschland (Hrsg.). (2004). *Einheitliche Prüfungsanforderungen in der Abiturprüfung Physik (EPA)*. *Beschluss der Kultusministerkonferenz vom 1.12.1989 i. d. F. vom 5.2.2004*. München: Luchterhand.

KMK. Ständige Konferenz der Kultusminister der Länder in der Bundesrepublik Deutschland (Hrsg.). (2005). *Bildungsstandards im Fach Physik für den Mittleren Schulabschluss*. München: Luchterhand.

KMK. Ständige Konferenz der Kultusminister der Länder in der Bundesrepublik Deutschland (Hrsg.). (2020). *Bildungsstandards im Fach Physik für die Allgemeine Hochschulreife (Beschluss der Kultusministerkonferenz vom 18.06.2020)*. Berlin: Sekretariat der Kultusministerkonferenz. ► http://www.kmk.org/fileadmin/Dateien/veroeffentlichungen_beschluesse/2020/2020_06_18-BildungsstandardsAHR_Physik.pdf.

Kuhn, W., & Müller, R. (Hrsg.). (2009). *Kuhn Physik SI Niedersachsen*. Braunschweig: Bildungshaus Schulverlage.

Kurnaz, M. A., & Sağlam-Arslan, A. (2011). A thematic review of some studies investigating students' alternative conceptions about energy. *Eurasian Journal of Physics and Chemistry Education, 3*(1), 51–74.

Labudde, P. (1993). „Arbeit" im Alltag und in der Physik. In P. Labudde (Hrsg.), *Erlebniswelt Physik* (S. 42–49). Bonn: Dümmler.

Ministerium für Schule und Weiterbildung des Landes Nordrhein-Westfalen (Hrsg.). (2014). *Kernlehrplan für die Sekundarstufe II Gymnasium/Gesamtschule in Nordrhein-Westfalen. Physik*. Düsseldorf: Ministerin für Schule und Weiterbildung des Landes Nordrhein-Westfalen.

Muckenfuß, H. (1995). *Lernen im sinnstiftenden Kontext. Entwurf einer zeitgemäßen Didaktik des Physikunterrichts*. Berlin: Cornelsen.

Muckenfuß, H., & Nordmeier, V. (Hrsg.). (2009). *Physik Interaktiv – Natur und Technik. Ausgabe A. Gesamtband*. Berlin: Cornelsen.

Müller, R. (2009). *Klassische Mechanik: Vom Weitsprung zum Marsflug*. Berlin: De Gruyter.

Müller, R. (2014). *Thermodynamik. Vom Tautropfen zum Solarkraftwerk*. Berlin: de Gruyter.

Neumann, K., Viering, T., Boone, W. J., & Fischer, H. E. (2013). Towards a learning progression of energy. *Journal of Research in Science Teaching, 50*(2), 162–188. ► https://doi.org/10.1002/tea.21061.

Niedersächsisches Kultusministerium (Hrsg.). (2017). *Kerncurriculum für das Gymnasium, gymnasiale Oberstufe. Physik*. Hannover: Niedersächsisches Kultusministerium.

Opitz, S. T., Neumann, K., Bernholt, S., & Harms, U. (2017). How do students understand energy in biology, chemistry, and physics? Development and validation of an assessment instrument. *Eurasia Journal of Mathematics, Science and Technology Education, 13*(7), 3019–3042. ► https://doi.org/10.12973/eurasia.2017.00703a.

Robinsohn, S. B. (1972). *Bildungsreform als Revision des Curriculum und ein Strukturkonzept für Curriculumentwicklung*. Neuwied: Luchterhand.

Schecker, H., & Wilhelm, T. (2018). Schülervorstellungen in der Mechanik. In H. Schecker, T. Wilhelm, M. Hopf, & R. Duit (Hrsg.), *Schülervorstellungen und Physikunterricht* (S. 63–88). Berlin: Springer.

Schlichting, H. J. (1983). *Energie und Energieentwertung in Naturwissenschaft und Umwelt. Arbeitsbuch für Schüler der Sekundarstufen I und II*. Heidelberg: Quelle & Meyer. ► https://aeccp.univie.ac.at/lehrer-innen/unterrichtskonzeptionen.

Schlichting, H. J. (2000a). Energieentwertung – Ein qualitativer Zugang zur Irreversibilität. *Praxis der Naturwissenschaften – Physik, 49*(2), 2–6.

Schlichting, H. J. (2000b). Von der Energieentwertung zur Entropie. *Praxis der Naturwissenschaften – Physik, 49*(2), 7–11.

Schlichting, H. J. (2000c). Von der Dissipation zur dissipativen Struktur. *Praxis der Naturwissenschaften – Physik, 49*(2), 12–16.

Schlichting, H. J., & Backhaus, U. (1980). Vom Wert der Energie. *Naturwissenschaften im Unterricht – Physik/Chemie*(11), 377–381.

Schlichting, H. J., & Backhaus, U. (1984). Energieverbrauch und Energieentwertung. *Der Physikunterricht*(3), 24–40.

Schlichting, H. J., & Backhaus, U. (1987). Energieentwertung und der Antrieb von Vorgängen. *Naturwissenschaften im Unterricht – Physik/Chemie, 35*(24), 15–24.

Schweitzer, S., et al. (2015). *Fokus Physik, Gymnasium 7–10, Niedersachsen G9.* Berlin: Cornelsen.

Sexl, R. U. (1979). Bemerkungen zur Didaktik des Energiebegriffes. *Physik und Didaktik, 7*(3), 179–181.

Starauschek, E. (2001). *Physikunterricht nach dem Karlsruher Physikkurs. Ergebnisse einer Evaluationsstudie.* Berlin: Logos.

Starauschek, E. (2010). Mit Aufgaben Schülervorstellungen zur Wärmelehre erkunden. *Naturwissenschaften im Unterricht – Physik, 21*(115), 8–11.

Strunk, C. (2015). *Moderne Thermodynamik – Von einfachen Systemen zu Nanostrukturen.* Berlin: de Gruyter.

Wiesner, H., & Waltner, C. (2009). Temperatur und innere Energie. *Praxis der Naturwissenschaften – Physik in der Schule, 58*(3), 22–26.

Wilhelm, T., & Schecker, H. (2018). Strategien für den Umgang mit Schülervorstellungen. In H. Schecker, T. Wilhelm, M. Hopf, & R. Duit (Hrsg.), *Schülervorstellungen und Physikunterricht* (S. 39–61). Berlin: Springer.

Wilke, H.-J. (1994). Zur didaktisch-methodischen Einführung der physikalischen Größe Energie im Physikunterricht. *Physik in der Schule, 32*(3), 84–91.

Wolfram, P. (1994). Über den Zugang zu den Begriffen „Arbeit – Energie". *Physik in der Schule, 32*(3), 92–95.

Unterrichtskonzeptionen zur Mechanik der Gase und Flüssigkeiten

Martin Hopf und Thomas Wilhelm

Inhaltsverzeichnis

© Springer-Verlag GmbH Deutschland, ein Teil von Springer Nature 2021
T. Wilhelm, H. Schecker, M. Hopf (Hrsg.), *Unterrichtskonzeptionen für den Physikunterricht*,
https://doi.org/10.1007/978-3-662-63053-2_7

7.1 Fachliche Einordnung

Die physikalische Größe Druck ist – neben der Temperatur und dem Volumen – die wesentliche Größe des Themenbereichs Hydrostatik und Hydrodynamik sowie der Aerodynamik. Sie beschreibt einen Zustand eines Fluids, also einer Flüssigkeit oder eines Gases. Druck ist eine skalare Größe und hat somit keine Richtung. Eingeführt wird der Druck mithilfe der Kraft, die ein Fluid auf die Wand des Gefäßes ausübt. Als Bestimmungsgleichung wird in der Regel $p = \frac{F}{A}$ verwendet, wobei p der Druck ist, F die Kraft und A der Flächeninhalt der Begrenzungsfläche. Diese Gleichung ist eigentlich eine Verkürzung der vektoriellen Gleichung $\vec{F} = p \cdot \vec{A}$, in der der Druck der Proportionalitätsfaktor zwischen den beiden gerichteten Größen $\vec{F}$ und $\vec{A}$ (Flächennormale) ist. $\vec{F}$ ist dabei die Druckkraft, die von dem Fluid im Inneren auf die Begrenzungsfläche ausgeübt wird und hat eine Richtung. Sie entsteht, weil die Teilchen des Fluids gegen die Oberfläche prallen. Diese Druckkraft existiert nur an den Begrenzungsflächen, während der Druck überall im Inneren des Fluids herrscht.

Druck kann auch in der Mechanik von Festkörpern mit der gleichen Definitionsgleichung verwendet werden. Dort ist die Situation allerdings deutlich komplexer. Wirken Kräfte auf einen realen Festkörper, so kann dieser nicht nur „gedrückt", sondern auch gedehnt und sogar geschert (also quer zur Kraftrichtung verformt) und verdrillt werden. Wichtig ist dabei zu beachten, dass es dann nicht um die Mechanik eines „starren Körpers" geht, sondern um reale Körper. Im Physikunterricht kommt von diesen Aspekten üblicherweise höchstens das Hooke'sche Gesetz vor, dann aber in einer sehr stark vereinfachten Form.

In guter Näherung ist der Druck in einem Fluid an allen Stellen gleich groß. Dabei vernachlässigt man dann allerdings die Wirkung der Schwerkraft auf ein Volumenelement des Fluids. Wird diese berücksichtigt, so ergibt sich, dass der Druck in einem Fluid mit zunehmender Höhe abnimmt. Dieser Zusammenhang wird in der Erdatmosphäre durch die barometrische Höhenformel modelliert, die aber kritisch diskutiert werden sollte.[1] Der Druck kann dabei als Eigenschaft eines Fluids verstanden werden, die sich aus dem Verhalten der Gesamtheit von dessen Teilchen ergibt, d. h. als eine Eigenschaft des Systems, die nicht auf Eigenschaften der einzelnen Elemente zurückzuführen ist. Es ist unmöglich, das Verhalten aller Teilchen eines Fluids individuell zu beschreiben. Boltzmann hat gezeigt, dass eine statistische Analyse dieses Verhaltens genügt, um ein hervorragendes Modell des Verhaltens von Fluiden zu erhalten. Besonders gut gelingt das beim idealen Gas. Dabei werden die einzelnen Gasmoleküle als starre Kügelchen ohne Ausdehnung angenommen, die nur (elastisch) miteinander oder mit der Wand des Gefäßes stoßen, aber sonst keine weiteren Wechselwirkungen aufweisen. Mit diesem Modell kann die Gleichung des idealen Gases hergeleitet werden. In diesem Modell „prasseln" die Teilchen ständig gegen die Gefäßwände, bei diesen elastischen Stößen gibt es einen Impulsübertrag auf die Wand und damit

---

[1] Bei der Herleitung der barometrischen Höhenformel wird eine konstante Temperatur der Erdatmosphäre angenommen. Das ist offensichtlich nicht der Fall (Hermann 2020).

wirkt eine Kraft. Das führt wieder zur klassischen Druckdefinition. Man kann auch reale Gase und Flüssigkeiten im Teilchenbild beschreiben. Dabei werden in der Regel Korrekturterme verwendet, die die Ausdehnung der Teilchen bzw. die zwischen den Molekülen wirkenden Anziehungskräfte abbilden. Die Darstellung realer Gase bzw. von Flüssigkeiten ist übrigens bildlich nicht einfach. Aus dem Teilchenmodell kann man z. B. ableiten, dass sich, wenn eine äußere Kraft auf ein Flüssigkeitsvolumen wirkt, die Oberfläche des Flüssigkeitsvolumens immer senkrecht zu dieser einwirkenden Kraft einstellt.[2]

Zum Druck von Fluiden gibt es eine Vielzahl von beeindruckenden Schulversuchen, z. B. die Magdeburger Halbkugeln, den Torricelli-Versuch, die Größenveränderung von Schäumen bei Unterdruck, das Sieden von Wasser bei Umgebungstemperatur und vieles andere mehr. Viele dieser Experimente lassen sich auch mit einfachen Mitteln im Schülerversuch durchführen. Dennoch scheint das Thema Druck im Physikunterricht nur noch eine kleine Rolle zu spielen. In welchem Umfang entsprechende Aspekte im Unterricht der Primarstufe oder des Anfangsunterrichts vorkommen, variiert stark.

Ebenso stark variiert das Vorkommen des Themas „Schwimmen und Sinken". Fachlich handelt es sich hierbei um eine Anwendung des hydrostatischen Drucks, also der Abhängigkeit des Drucks von der Höhe der über einer Stelle befindlichen Luft- oder Wassersäule. Das führt dazu, dass aufgrund der Ausdehnung eines eingetauchten Körpers unterschiedliche Drücke an Ober- und Unterseite wirken und daraus eine Auftriebskraft resultiert. Im Physikunterricht von Primar- und Sekundarstufe wird in diesem Themenbereich immer wieder das Schwimmen von Gegenständen behandelt. Dabei wird entweder mit der Auftriebskraft selbst argumentiert oder es wird eine Variante verwendet, in der die Verdrängung des Wassers durch den schwimmenden Gegenstand zur Beschreibung verwendet wird („archimedisches Prinzip"). Ein dritter Ansatz erklärt alles über die verschiedenen Dichten. Alle drei Ansätze, Auftriebskraft wie Verdrängung wie Dichte, haben Vor- und Nachteile je nachdem, in welcher Situation sie verwendet werden sollen. Das „archimedische Prinzip" sagt, dass die Auftriebskraft genauso groß ist wie die Gewichtskraft des Fluids, das an der Stelle des Gegenstands wäre, wenn der Gegenstand nicht da wäre; man sagt verkürzt, der Gegenstand hat das Fluid verdrängt. Mit den Erklärungsmodellen zu Schwimmen und Sinken kann auch das Verhalten von Heißluftballons behandelt werden, nicht jedoch das Fliegen eines Flugzeugs.

Die Behandlung des Fliegens von Flugzeugen kommt nur selten in den Lehrplänen vor.[3] Das liegt vermutlich auch daran, dass die Flugphysik sehr komplex ist. In der Fachliteratur findet man dazu verschiedene Erklärungsansätze. Die vermutlich fachlich angemessenste Erklärung von Phänomenen des Fliegens

---

2 Demtröder (2008, S. 180).
3 Das ist anders als in der Zeit des Nationalsozialismus, als die Physik des Fliegens im Rahmen der Wehrphysik in die Lehrpläne aufgenommen wurde (Brämer 1981).

erfolgt durch umfassende Analysen der Strömungsbilder um die Tragflächen. Nur in diesem Modell ergibt sich korrekt der dynamische Auftrieb einer Tragfläche.[4] Das Fliegen eines Flugzeugs kann auch mit anderen Modellen wie der Verwendung der Bernoulligleichung oder des 3. Newton'schen Gesetzes untersucht werden. In der Literatur wurden die verschiedenen Ansätze kontrovers gegenübergestellt.[5] Das schließt aber die Verwendung auch von einfacheren Erklärungsansätzen in der Schulphysik nicht von vornherein aus. Die Bernoulligleichung, die aus dem Energieerhaltungssatz hergeleitet ist, macht Aussagen über den Zusammenhang zwischen Druck und Strömungsgeschwindigkeit, ohne sich über Ursache und Wirkung auszulassen. Betrachtet man eine reibungsfreie und nicht kompressible Flüssigkeit, die durch ein waagerechtes Rohr mit einer Engstelle fließt, so muss die Geschwindigkeit innerhalb der Engstelle größer sein.[6] Aus dem Energieerhaltungssatz wird dann die Bernoulligleichung abgeleitet: $p + \frac{1}{2}\rho v^2 = konstant$ Das bedeutet, dass der Druck an einer Stelle mit größerer Stömungsgeschwindigkeit geringer ist. Die Bernoulligleichung kann näherungsweise auch für Gase verwendet werden.

Wenn man weiß, dass die Luft über dem Flügel schneller und unter dem Flügel langsamer strömt, kann man daraus folgern, dass der Druck über dem Flügel geringer und unter dem Flügel größer ist. Offen bleibt dann aber, warum es überhaupt unterschiedliche Strömungsgeschwindigkeiten gibt. Stattdessen kann man auch argumentieren: Weil der Druck über dem Flügel geringer ist, wird die Luft dorthin beschleunigt. Dann ist wiederum zu erklären, wie es zu den Druckdifferenzen kommt.

▪ Mögliche Elementarisierungen

Im Physikunterricht wird Druck in verschiedenen Gebieten thematisiert. Zum einen wird meist schon relativ früh der Luftdruck behandelt; daneben wird der Druck in Gasen im Zusammenhang mit der Diskussion der Gasgesetze und der thermodynamischen Maschinen benötigt. Der Druck in Flüssigkeiten wird in der Regel im Zusammenhang mit dem Luftdruck als weiteres Anwendungsbeispiel des hydrostatischen Drucks verwendet. Gelegentlich kommen technische Anwendungen des Drucks (z. B. Hydraulik) im Physikunterricht vor. Immer wieder wird Druck auch verwendet, um einen Zusammenhang zum Teilchenmodell der Materie herzustellen. Insgesamt zeigt sich, dass der Druck in ganz verschiedenen Gebieten vorkommt. Als verbindende Konzeption wird im traditionellen Physikunterricht (▶ Abschn. 7.2) die Definitionsgleichung $p = \frac{F}{A}$ verwendet. Je nach Kontext werden unterschiedliche Aspekte aufgegriffen. In der Konzeption von Wodzinski (▶ Abschn. 7.3.1) wird hervorgehoben, dass es sich beim Druck um eine *Zustandsgröße* eines Fluids handelt; auf eine Anwendung bei Festkörpern wird hier ganz verzichtet. In der Unterrichtskonzeption von Muckenfuß

---

4   Demtröder (2008).

5   Wodzinski (1999a); Weltner (2002).

6   Für zwei Stellen mit unterschiedlicher Querschnittsfläche A und unterschiedlichen Geschwindigkeiten v gilt $A_1 v_1 = A_2 v_2$ (Kontinuitätsgleichung).

◘ Tab. 7.1 Übersicht über die vorgestellten Unterrichtskonzeptionen zum Druck in der Sekundarstufe I

	Traditioneller Unterricht (▶ Abschn. 7.2)	Druck als Zustandsgröße (▶ Abschn. 7.3.1)	Atmosphärischer Luftdruck (▶ Abschn. 7.3.2)
wesentliche Idee	$p = \dfrac{F}{A}$	Druck als Zustandsgröße einer Flüssigkeit oder eines Gases	Luftdruck als sinnstiftender Kontext
Einstiegsthema	Auflagedruck bei Körpern (Schneeschuhe, Bleistiftspitze)	Luft lässt sich zusammendrücken	Luft drückt auf Begrenzungsflächen
Umgang mit „Vakuum"	Fokus auf Kräften	Betonung von Druckunterschieden	Betonung von Druckunterschieden
wichtige Experimente	Spritzkugel und Kraft-Druck-Gerät	Möglichkeiten, den Druck zu verändern	Beschränkung auf den atmosphärischen Luftdruck

wird Druck intensiv im Zusammenhang mit dem atmosphärischen Luftdruck behandelt (▶ Abschn. 7.3.2).

Das Schwimmen und Sinken wird im traditionellen Unterricht in der Sekundarstufe I oft sowohl mit der Auftriebskraft als auch mit dem archimedischen Prinzip oder auch mit der Dichte erklärt (▶ Abschn. 7.2). Zwei Unterrichtkonzeptionen wurden zwar für die Primarstufe entwickelt, sind aber ebenso für den Einsatz in der Sekundarstufe I geeignet. Die „Klasse(n)kiste Schwimmen und Sinken" aus der Münsteraner Arbeitsgruppe um Möller fokussiert auf den Aspekt der Verdrängung und hat dazu ein umfangreiches Materialangebot (sowohl an Arbeitsblättern als auch an Experimentiermaterial) entwickelt (▶ Abschn. 7.4.1). In der Unterrichtskonzeption aus SUPRA[7] von Wiesner und Wilhelm wird das Schwimmen über die Auftriebskräfte erklärt. Auch hierzu gibt es umfangreiches Arbeitsmaterial (▶ Abschn. 7.4.2).

Im traditionellen Unterricht zum Fliegen von Flugzeugen wird in der Regel das Bernoulligesetz auf eine Tragfläche angewendet (▶ Abschn. 7.2). Der auf Weltner zurückgehende Ansatz verwendet das 3. Newton'sche Gesetz zur Modellierung des Fliegens (▶ Abschn. 7.5.1). Wodzinski schlägt eine Elementarisierung der Strömungsphysik zur Erklärung des Fliegens vor (▶ Abschn. 7.5.2).

Die folgenden Tabellen geben einen Überblick über die angesprochenen Konzepte zu den Themen Druck (◘ Tab. 7.1), Schwimmen und Sinken (◘ Tab. 7.2) und Fliegen (◘ Tab. 7.3).

---

7 Auf der Lernplattform SUPRA („Sachunterricht praktisch") sind Unterrichtskonzeptionen für den Sachunterricht für Sachunterrichtslehrkräfte dargestellt. ▶ http://www.supra-lernplattform. de/index.php/lernfeld-natur-und-technik.

◘ Tab. 7.2   Übersicht über die vorgestellten Unterrichtskonzeptionen zum Schwimmen und Sinken im Anfangsunterricht (Primarstufe bzw. Sekundarstufe I)

	Traditioneller Unterricht (▶ Abschn. 7.2)	Klasse(n)kiste Schwimmen und Sinken/ Spiralcurriculum Schwimmen und Sinken (▶ Abschn. 7.4.1)	SUPRA (▶ Abschn. 7.4.2)
wesentliche Idee	je nach Situation wird entweder über Auftriebskraft oder über archimedisches Prinzip argumentiert	Dichte und Verdrängung; die Auftriebskraft wird auf die Verdrängung zurückgeführt	Wasser drückt von allen Seiten. Von unten drückt es stärker als von oben
Einstiegsthema		Welche Körper schwimmen?	Erdanziehungskraft
Umgang mit teilweise untergetauchtem Schiff	archimedisches Prinzip	Verdrängung In Sekundarstufe I: mittlere Dichte	Wasser drückt von unten
wichtige Experimente		ein massiver Metallwürfel sinkt, ein gleich schweres Metallboot schwimmt. Ein Tropenholzwürfel sinkt, manche Steine schwimmen	eine Druckdose zeigt die Kräfte auf die Begrenzungsfläche

◘ Tab. 7.3   Übersicht über die vorgestellten Unterrichtskonzeptionen zum Fliegen

	Traditioneller Unterricht (▶ Abschn. 7.2)	3. Newton'sches Gesetz (▶ Abschn. 7.5.1)	Strömungsphysik (▶ Abschn. 7.5.2)
wesentliche Idee	Bernoulligleichung	Luft ändert am Flügel die Bewegungsrichtung. Der übertragene Impuls bewirkt die Auftriebskraft	der Verlauf der Luftströmung um die Tragfläche bewirkt die Auftriebskraft
wichtige Experimente		Experimente zum 3. Newton'schen Gesetz	Strömungsbilder mit Velourspapier

7.2   Traditioneller Physikunterricht

Im traditionellen Physikunterricht wird stark auf die vereinfachte Definitionsgleichung des Drucks als Kraft pro Fläche fokussiert ($p = F/A$, ▶ Abschn. 7.1). Oft wird die Formel mit Alltagsbeispielen aus der Mechanik verwendet. Lange Zeit wurde der Druck über den Auflagedruck eingeführt, mit dem ein Festkörper auf eine Unterlage drückt. Häufig kam das Einsinken in Schnee mit oder ohne Schneeschuhe oder der Unterschied zwischen einem spitzen oder einem stumpfen Nagel zur Sprache. Danach wird die Druckformel auch auf Flüssigkeiten und Gase verallgemeinert. Üblicherweise wird an dieser Stelle dann auch auf den Unterschied zwischen dem Druck in festen Körpern und dem Druck in Flüssigkeiten und Gasen hingewiesen: Übt man auf einen festen Körper an einer Seite eine Kraft aus, so wird diese Kraft in Richtung der ursprünglichen Kraft weitergegeben. In Fluiden hingegen ist das anders: Wird auf eine Begrenzungsfläche einer Flüssigkeit eine Kraft ausgeübt, so ändert sich auch die Kraft auf alle anderen Begrenzungsflächen, nicht nur in Richtung der ursprünglichen Kraft. Dieses Phänomen wird als „allseitige Druckausbreitung" bezeichnet. Oft wird zur Demonstration die „Spritzkugel" verwendet (◘ Abb. 7.1). In manchen Lehrgängen wird dies auch anhand des Teilchenmodells der Materie begründet.

In manchen Unterrichtsgängen werden hier auch technische Aspekte des Drucks in Flüssigkeiten wie Hydraulik bzw. die hydraulische Presse dargestellt. Dazu kommt dann in der Regel das „Kraft-Druck-Gerät" (◘ Abb. 7.2) zum Einsatz, um damit die Definitionsgleichung des Drucks herzuleiten. Mit dieser Demonstration wird oft auch gezeigt, dass eine hydraulische Presse ein Kraftwandler ist und selbst ganz kleine Kräfte sehr große Wirkungen zeigen können. Erklärt werden die Phänomene durch konsequente Anwendung der genannten Formel.

In der Regel folgt nun die Einführung des Schweredrucks. Dabei wird zum Beispiel darauf verwiesen, dass der Druck auf die Trommelfelle im Ohr beim Tauchen mit zunehmender Tiefe steigt. Dies wird durch die Gewichtskraft der Wassersäule über dem Taucher begründet. Vertieft wird das Thema durch die Diskussion des Luftdrucks als Schweredruck am Boden der Atmosphäre. Was passiert, wenn zwei Fluide mit unterschiedlichem Druck in Kontakt kommen, wird im traditionellen Unterricht eher selten diskutiert. Nur in manchen Kursen ist die Diskussion von Hoch- und Tiefdruckgebieten in der Atmosphäre vorgesehen, um die Entstehung von Winden zu erklären.

Druck als Zustandsgröße eines Fluids wird im Kontext der Gasmechanik und bei den thermodynamischen Maschinen (z. B. Ottomotor) behandelt. Dort wird Druck als Eigenschaft eines Gasvolumens benötigt. Mittels der Gasgleichung und der verschiedenen daraus abgeleiteten Zusammenhänge (z. B. Gesetz von Gay-Lussac oder Gesetz von Boyle-Mariotte) werden Beispiele in der Regel

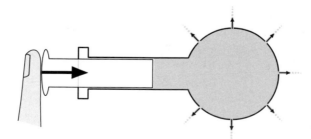

◘ **Abb. 7.1**   Spritzkugel zur Demonstration der allseitigen Druckausbreitung

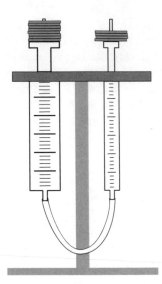

■ Abb. 7.2   Kraft-Druck-Gerät

zum Verhalten von Luft im Alltag diskutiert. Beispiele sind die Erwärmung einer Luftpumpe oder das Abkühlen eines Fahrradventils beim Ablassen der Luft. In der Wärmelehre und der Thermodynamik kommt Druck ebenfalls vor. Auch hier geht es um die Zustandsgröße, hier allerdings nicht nur bei Gasen. Anhand des Phasendiagramms werden dann die verschiedenen Phasen von Stoffen bzw. ihre jeweilige Lage im Diagramm dargestellt.

Schwimmen und Sinken werden hingegen normalerweise eher am Anfang des Physikunterrichts in der Sekundarstufe I behandelt oder auch schon im Sachunterricht der Primarstufe. In der Sekundarstufe I wird aus den Kräften auf einen untergetauchten Quader die Auftriebskraft abgeleitet. Schließlich werden daraus das archimedische Prinzip und Aussagen über die Dichte hergeleitet. Das archimedische Prinzip wird auf komplexere Phänomene wie ein schwimmendes Schiff in Süß- und Salzwasser angewendet. Eine Schwierigkeit des archimedischen Prinzips wird allerdings im herkömmlichen Unterricht nicht thematisiert: Oft wird formuliert, dass die Auftriebskraft der Gewichtskraft des verdrängten Wassers entspreche. Dass es nicht richtig sein kann, dass diese Wassermenge tatsächlich weggedrückt wird, zeigt sich, wenn man mit engen Gefäßen mit wenig Wasser experimentiert. Es ist dann nicht genug Wasser vorhanden, das verdrängt werden könnte, und trotzdem schwimmt ein Gefäß im anderen. Richtig ist hingegen, dass die Auftriebskraft so groß ist „wie die Gewichtskraft des gedachten Wassers, das bei gleichem Wasserstand an der Stelle wäre, an der der Körper jetzt ist."[8]

8   Wiesner (2018)

Das Fliegen von Flugzeugen kommt im traditionellen Unterricht kaum noch vor. Früher war eine Erklärung mit dem Bernoulligesetz verbreitet, in der angegeben wurde, dass die unterschiedlichen Strömungsgeschwindigkeiten an Ober- und Unterseite einer Tragfläche aus den verschiedenen Weglängen stammten. Diese Erklärung ist aber nicht zutreffend.[9]

Es ist im diskutierten Themenbereich interessant, dass immer wieder Diskussionen darüber aufflammen, ob ein bestimmter Ansatz etwas erkläre oder nicht. So gibt es z. B. Dispute darüber, ob das archimedische Prinzip oder die Dichte oder die Auftriebskraft eine Erklärung, das jeweils andere aber nur eine Beschreibung seien. Gleiches gilt für das Fliegen. Auch hier wurde lange darüber gestritten, ob der eine oder andere Ansatz eine Erklärung darstelle. Aus wissenschaftstheoretischer Sicht sind solche Diskussionen vermutlich wenig ertragreich. Es ist vielmehr sinnvoll, sich daran zu erinnern, dass es in der Physik immer verschiedene Beschreibungen der Realität gibt, aus deren Anwendung je nach Kontext erfolgreicher oder weniger erfolgreich Dinge vorhergesagt werden können.

- **Empirische Ergebnisse**

Es liegen nur wenige Ergebnisse zum Erfolg des traditionellen Unterrichts bei den angesprochenen Themen vor. Es fällt auf, dass sehr unterschiedliche Aspekte des Druckbegriffs (Druck bei Festkörpern, Druck in Fluiden, Schweredruck, Druckunterschiede) an sehr unterschiedlichen Stellen im Verlauf des Physikunterrichts vorkommen. Im traditionellen Unterricht wird hier keine konsistente begriffliche Vorstellung aufgebaut. Wenn es überhaupt eine Gemeinsamkeit gibt, dann ist es die Druckformel.

Hinlänglich bekannt sind aber die Schwierigkeiten, die Schülerinnen und Schüler auch noch nach dem Physikunterricht mit dem Druckbegriff haben.[10] Sehr oft wird dem Druck eine Richtung zugeschrieben. Dies ist eine Folge der starken Betonung des Zusammenhangs mit der Kraft. Es ist daher nicht verwunderlich, dass die Eigenschaften von Kräften auch dem Druck zugeschrieben werden. Vermutlich lernhinderlich ist auch die frühe Einführung des Teilchenmodells der Materie im Zusammenhang mit dem Druck. Das Teilchenmodell der Materie ist ein notorisch schwieriges Gebiet, in dem zusätzlich durch ungünstige Visualisierungen Vorstellungen angelegt werden, die ein Verständnis erschweren. Allerdings gibt es bisher keine empirischen Untersuchungen zu dieser Frage.

Im traditionellen Unterricht zum Schwimmen und Sinken werden viele verschiedene Modelle oft fast gleichzeitig verwendet. So werden die Auftriebskraft aus dem Schweredruck abgeleitet, das Schwimmen von Schiffen aber über das archimedische Prinzip und der Heißluftballon mit der Dichte erklärt. Es ist nicht verwunderlich, dass Schülerinnen und Schüler hier kaum Zusammenhänge erkennen und auch kein konsistentes Bild von Schwimmen und Sinken erhalten.

---

9   Weltner (2002); ▶ Abschn. 7.1.
10 Wodzinski (1999b).

7.3 Konzeptionen zum Druck

7.3.1 Druck als Zustandsgröße

Die von Wodzinski entwickelte Unterrichtskonzeption legt den Schwerpunkt auf das Vermeiden von Schwierigkeiten der Schülerinnen und Schüler mit der Formel $p = F/A$.[11] Statt mit dieser Formel zu beginnen, wird zuerst eine qualitative Begriffsbildung gefördert, lange qualitativ argumentiert und erst spät die Gleichung als Messvorschrift eingeführt. Der Druck wird von vorherein als Zustandsgröße eines Fluids eingeführt; Druck herrscht überall im Fluid, obwohl man ihn nur an der Begrenzungsfläche misst. Daher wird der Druck konsequent nur im Zusammenhang mit Flüssigkeiten und Gasen diskutiert. Dazu wird den Schülerinnen und Schülern vermittelt, dass Druck ein Maß dafür ist, wie stark eine Flüssigkeit oder ein Gas „gepresst" sind. Da der Zustand („Gepresstsein") betont werden soll, werden keine Versuche verwendet, bei denen Schüler und Schülerinnen auf Bewegungen schauen, wie bei der Spritzkugel (◘ Abb. 7.1) oder dem Kraft-Druck-Gerät (◘ Abb. 7.2).

Die Unterrichtskonzeption schlägt zu Beginn eine arbeitsteilige Gruppenarbeit mit einfachen Versuchen vor.[12] Besonders beeindruckt sind die Lernenden dabei von einem Versuch, bei dem ein Strohhalm durch den Deckel einer durchsichtigen Plastikflasche geführt und dicht verklebt ist. Am flaschenseitigen Ende des Strohhalms wird ein Luftballon befestigt. Verschraubt man zuerst die Flasche, so lässt sich der Ballon nicht aufblasen. Bläst man den Ballon ein wenig auf und verschraubt die Anordnung erst dann mit der Flasche, so bleibt der Ballon trotz eines offenen Endes aufgeblasen (◘ Abb. 7.3).

In weiteren Versuchen dieser Gruppenarbeit geht es um andere Demonstrationen des Verhaltens von Gasen bei verschiedenen Drücken. Die Schülerinnen und Schüler sollen in der Gruppenarbeit erkennen, dass sich Luft zusammendrücken lässt. Als Merksatz wird eingeführt: „Wenn Luft gepresst ist, sagt man: ‚im Gas herrscht Druck'. Je stärker das Gas gepresst ist, desto größer ist der Druck im Gas."[13]

In der zweiten Stunde geht es darum, den Druck in einem Gas zu erhöhen. Lernende sollen erkennen, dass dies durch Verringerung des Volumens, durch Erhöhung der Gasmenge oder durch Temperaturerhöhung geschehen kann. Wodzinski schlägt einen Versuch vor, mit dem alle drei Aspekte gezeigt werden können (◘ Abb. 7.4). Weitere Beispiele aus dem Alltag (Luftmatratze in der Sonne, Ausbeulen eines Tischtennisballs) stützen die Erkenntnis. Wichtig ist, dass Schülerinnen und Schüler „das verhinderte Ausdehnen der Luft als gesteigertes Gepresstsein" interpretieren.[14]

---

11 Wodzinski (1999b).
12 Wodzinski und Wasserburger (2000).
13 Wodzinski (1999b, o. S.).
14 Wodzinski (1999b, o. S.).

Flasche schließen
blasen

Flasche öffnen
blasen
Flasche schließen

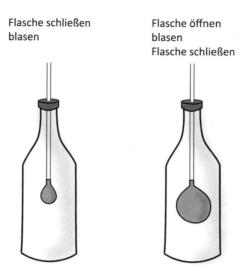

◘ **Abb. 7.3** Einfaches Experiment zur Einführung des Drucks als Zustandsgröße (nach Wodzinski und Wasserburger 2000)

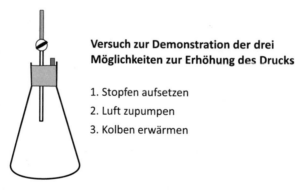

Versuch zur Demonstration der drei Möglichkeiten zur Erhöhung des Drucks

1. Stopfen aufsetzen

2. Luft zupumpen

3. Kolben erwärmen

◘ **Abb. 7.4** Versuchsaufbau zur Erhöhung des Drucks: Ist die Luft im Kolben auf eine Weise stärker gepresst, so wird die Flüssigkeit im Steigrohr nach Öffnen des Hahns nach außen spritzen (nach Wodzinski 1999b)

In der dritten Stunde wird der Luftdruck thematisiert. Die Lernenden sollen erkennen, dass offenbar die Luft um uns herum immer schon gepresst ist, da ja der Luftdruck (als Zahl) immer einen positiven Wert hat. In der Konzeption wird vorgeschlagen, die Effekte von Über- bzw. von Unterdruck auf Objekte experimentell zu demonstrieren. Dazu eignen sich entweder ein handelsüblicher Rezipient mit einer Vakuumpumpe oder eine selbstgebaute Anordnung. Zunächst wird gezeigt, dass ein aufgeblasener Luftballon sich bei Druckerhöhung im Rezipienten weiter verkleinert. Hier wird dann auch thematisiert, dass die Luft gegen die Begrenzungen drückt. Um plausibel zu machen, dass die Luft auch schon im Normalzustand gegen Begrenzungen drückt, wird eine einfache

Druckdose bestehend aus einem mit einer Luftballonmembran geschlossenen Marmeladenglas verwendet. Stellt man diese Anordnung in den Vakuumkolben und erzeugt um das Glas herum Unterdruck, so sieht man deutlich, dass sich die Membran nach außen wölbt. An dieser Stelle wird auch thematisiert, dass man eigentlich immer nur etwas über Druckunterschiede, aber nicht etwas über den Druck an sich aussagen kann.

In der vierten Unterrichtsstunde geht es um das Vakuum. Zunächst wird darüber diskutiert, was „vakuumverpackt" bei Lebensmitteln wie Erdnüssen oder Kaffee bedeutet. Schülerinnen und Schüler denken, dass beim Öffnen einer solchen Packung die Luft in die Packung gesaugt wird. Um plausibel zu machen, dass in der Packung nichts ist, was saugen könnte, wird ein vakuumverpackter Beutel Erdnüsse bei Unterdruck betrachtet. Diese eindrückliche Demonstration zeigt klar, dass vakuumverpackt bedeutet, dass im Inneren des entsprechenden Beutels ein starker Unterdruck herrscht. Wird der Beutel geöffnet, so drückt die Luft mit Normaldruck in die Packung hinein. Weitere Versuche zu Druckunterschieden wie z. B. der Schokokuss im Rezipienten oder die Magdeburger Halbkugeln ergänzen diese Einheit.

Erst in der fünften Stunde wird der Druck in Flüssigkeiten behandelt, zunächst auch nur qualitativ. Von Alltagserfahrungen der Lernenden ausgehend wird gefolgert, dass nicht nur Gase einen Druck haben, sondern auch Flüssigkeiten. Dieser nimmt mit der (Wasser-)Tiefe zu. Es wird besprochen, dass sich Flüssigkeiten nur sehr wenig zusammenpressen lassen. Es wird aber betont, dass es durchaus Effekte des Zusammenpressens gibt. Als Beispiel dient eine im geschlossenen Zustand zusammengepresste Senftube, die dann (eventuell) geöffnet wird. Es wird erarbeitet, dass man den Druck in einer Flüssigkeit an den Kräften auf die Begrenzungsflächen erkennen kann. Schülerinnen und Schüler untersuchen dann die Abhängigkeiten des Drucks mit einem einfachen Druckanzeiger aus einem Strohhalm, an dem ein Luftballon befestigt ist und der mit farbiger Flüssigkeit gefüllt wird (◘ Abb. 7.5). Den Abschluss dieser Stunde bilden Untersuchungen mit der Druckdose, bei denen festgestellt wird, dass das Wasser (bei konstanter Tiefe) in allen Richtungen gleich stark auf die Begrenzungsfläche drückt.

Erst in der sechsten Unterrichtsstunde geht es um die Herleitung der Formel für den Druck. Dazu wird zuerst beobachtet, dass der Auftrieb bei einem teilweise eingetauchten Körper mit der Eintauchtiefe zunimmt, aber ab dem vollständigen Untertauchen konstant bleibt. Es werden nun die Kräfte auf alle Begrenzungsflächen eines teilweise untergetauchten Quaders betrachtet. Es zeigt sich eine Proportionalität zwischen der Auftriebskraft und dem Flächeninhalt der unteren Begrenzungsfläche. Es wird dann die vom Wasser auf die Begrenzungsfläche ausgeübte Kraft pro Flächeninhalt als Definitionsgleichung für den Druck eingeführt.

Die letzte Unterrichtsstunde ist der quantitativen Behandlung des Schweredrucks gewidmet. Dazu wird zunächst theoretisch abgeleitet, dass der Druck in einer bestimmten Tiefe von der Wassersäule darüber stammen müsste. Dies wird dann mit dem bekannten Demonstrationsversuch mit der Glasröhre und der

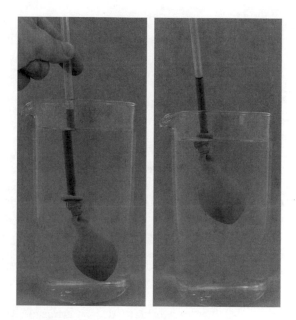

◘ Abb. 7.5 Ein einfacher Druckanzeiger aus Luftballon und Strohhalm

durch den Wasserdruck unten angepressten Glasplatte verifiziert. Schließlich wird die Formel für den Schweredruck bekannt gegeben.

▪ **Empirische Ergebnisse**

Es liegen bisher keine empirischen Untersuchungen zu Effekten dieser Unterrichtskonzeption vor.

▪ **Unterrichtsmaterial**

Wodzinski, R. (1999). *Neuere Konzepte zur Behandlung des Drucks in der Sekundarstufe I.* Vortrag auf dem Erlanger Physik-Wochenende. Die Publikation ist in den ▶ *Materialien zum Buch*[15] zugänglich.

Wodzinski hat die Ideen der Unterrichtskonzeption in verschiedenen Vorträgen und Artikeln umfangreich veröffentlicht, z. B. Wodzinski (2000), Wodzinski und Wasserburger (2000). Am aussagekräftigsten ist die Vortragsausarbeitung aus dem Jahr 1999 zusammen mit dem Foliensatz.

7.3.2 Druck als Wetterphänomen

Eines der Charakteristika der Arbeiten von Muckenfuß ist die Formulierung sinnstiftender Kontexte für den Physikunterricht. Besonders wichtig ist dabei, dass physikalische Sachverhalte im Unterricht an lebensweltlichen Thematiken

---

15 ▶ https://aeccp.univie.ac.at/lehrer-innen/unterrichtskonzeptionen

erarbeitet werden (▶ Abschn. 6.6, ▶ Abschn. 8.4.2). Von dieser Idee ausgehend wurden Unterrichtskonzeptionen zu verschiedenen Themen des Physikunterrichts entwickelt, u. a. gibt es einen Vorschlag zur Behandlung der Wärmelehre im Kontext Wetterkunde. Für das vorliegende Kapitel relevant sind dabei die Vorschläge zur Behandlung des Luftdrucks.[16]

Im Vorfeld dieser Unterrichtskonzeption wird der Druck in Flüssigkeiten behandelt. Dazu wird zunächst das Phänomen gezeigt, dass man Druck zum Spritzen mit einem Wasserschlauch benötigt. Es wird dann erklärt, dass eine Flüssigkeit unter Druck steht, wenn man mit einem Kolben eine Kraft auf sie ausübt, und dabei auch gleich mitgeteilt, dass der Druck im Wasser überall gleich groß ist. Anschließend wird dies im Teilchenmodell veranschaulicht. Nachdem diskutiert wurde, wie man Druck anhand der Kraft auf eine Begrenzungsfläche messen kann, werden die Funktionsweise eines U-Boots und der Schweredruck von Flüssigkeiten eingeführt. Zum Abschluss des Kapitels wird dann das Sinken, Schweben, Steigen und Schwimmen erklärt.

Die Unterrichtskonzeption zum Luftdruck ist in das Kapitel zur Wetterkunde eingebettet. Dies ist erst relativ spät in der Sekundarstufe I angeordnet. Insbesondere ist zu diesem Zeitpunkt bereits die Energie eingeführt worden (▶ Abschn. 6.6). Zu Beginn wird hier nun erklärt, dass thermische Vorgänge immer mit Energietransport und Energieumwandlung einhergehen, und es wird erläutert, dass das Wettergeschehen im Wesentlichen durch die drei Größen Lufttemperatur, Luftdruck und Luftfeuchtigkeit bestimmt ist. Danach wird die Temperatur eingeführt und es werden Temperaturen auf der Erdoberfläche diskutiert. Dies wird im Anschluss direkt auf die Einstrahlung von Sonnenenergie auf die Erde zurückgeführt. Dabei wird dann auch die Infrarotstrahlung eingeführt und erklärt. Als nächster Schritt wird die Erwärmung von Boden, Wasser und Luft besprochen. Der dritte Abschnitt führt das Teilchenmodell ein und diskutiert daran die thermische Energie, die Temperatur und den Druck.

Zum Einstieg in den Abschnitt zum Luftdruck wird mit verschiedenen Phänomenen plausibel gemacht, dass Luft auf Begrenzungsflächen drückt. Beeindruckend ist ein Versuch, in dem gezeigt wird, dass durch Unterdruck gewaltige Kräfte ausgeübt werden können (◻ Abb. 7.6). Damit wird verdeutlicht, dass auf uns – „auf dem Grund eines Luftmeers" – eine große Luftsäule mit einem erheblichen Gewicht lastet.

Das Verhalten der Luft wird unter Zuhilfenahme des Teilchenmodells genauer anhand der Skizze eines Kolbenproberversuchs analysiert (◻ Abb. 7.7). Dort werden verschiedene Situationen anhand der Druckunterschiede und der dadurch hervorgerufenen Kräfte beschrieben. Im nächsten Schritt wird mitgeteilt, dass der Luftdruck von der Höhe abhängt. Es wird dafür kein formelmäßiger Zusammenhang verwendet, sondern angegeben, dass sich der Luftdruck nach jeweils etwa 5500 m halbiert.

Nun wird das Zustandekommen von Wind besprochen. Dazu wird ein Analogieversuch mit Wasser und Benzin verwendet: Zwei gleiche Standzylinder sind am

---

16   Muckenfuß und Nordmeier (Hrsg.) (2009); Heepmann et al. (2012).

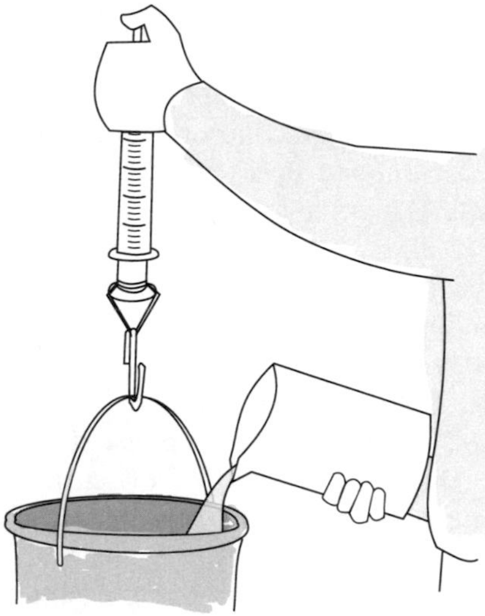

Abb. 7.6 Um den Kolben aus der Spritze zu bekommen, muss ein Körper mit großer Masse daran hängen

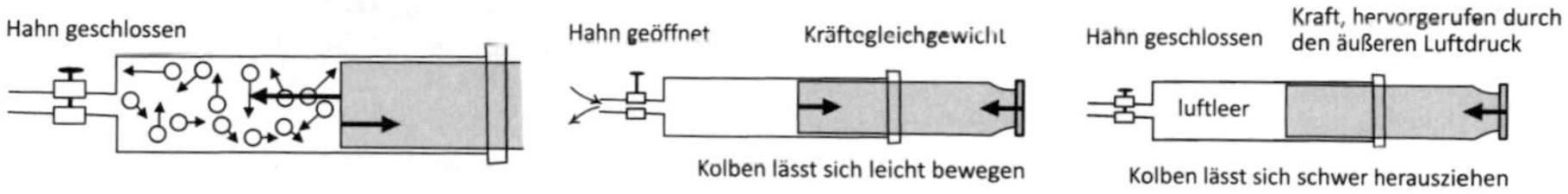
Hahn geschlossen
Hahn geöffnet
Kräftegleichgewicht
Kolben lässt sich leicht bewegen
Hahn geschlossen
Kraft, hervorgerufen durch den äußeren Luftdruck
luftleer
Kolben lässt sich schwer herausziehen

Abb. 7.7 Druckunterschiede und dadurch hervorgerufene Kräfte in verschiedenen Situationen

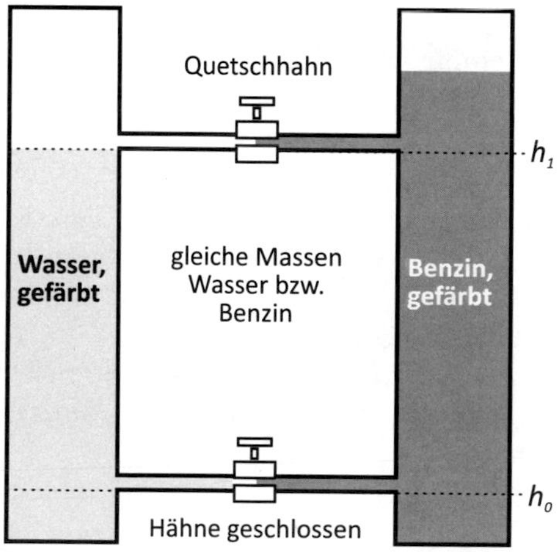
Quetschhahn
h_1
Wasser, gefärbt
gleiche Massen Wasser bzw. Benzin
Benzin, gefärbt
h_0
Hähne geschlossen

Abb. 7.8 Analogieversuch zur Entstehung von Winden beim Kontakt von Tief- und Hochdruckgebiet

unteren und am oberen Ende mit Rohren und Ventilen verbunden. Die Ventile sind zunächst geschlossen. In einen Zylinder wird gefärbtes Wasser bis zum oberen Rohransatz gefüllt, in den anderen Zylinder eine gleiche Masse an anders gefärbtem Benzin. Aufgrund der unterschiedlichen Dichten steht das Benzin natürlich höher. Der Druck an der unteren Position ist in beiden Flüssigkeiten gleich, an der oberen Position ist der Druck in Benzin höher (◨ Abb. 7.8).

Wird das obere Ventil geöffnet, fließt so lange Benzin in den linken Zylinder, bis beim oberen Punkt gleicher Druck herrscht. Dadurch steigt aber der Druck an der unteren Position im linken Zylinder und sinkt im rechten. Öffnet man nun das untere Ventil, so fließt Wasser so lange von links nach rechts, bis der Druck unten gleich ist. Das ist der Fall, wenn in beiden Zylindern je gleich viel Wasser und Benzin enthalten sind. Dieser Versuch symbolisiert den Kontakt eines Tiefdruckgebiets (Wasser) mit einem Hochdruckgebiet (Benzin). Hier stellen sich verschiedene Luftströmungen ein, bis sich der Druck ausgeglichen hat (Aufwind im Hochdruckgebiet, Abwind im Tiefdruckgebiet, Bodenwind von Tief- zu Hochdruckgebiet und Höhenwind in die entgegengesetzte Richtung). Diese Erkenntnis wird nun auf Wetterphänomene angewendet. Den Abschluss des Abschnitts zum Luftdruck bildet die Diskussion der Temperaturabhängigkeit des Luftdrucks, der Höhenabhängigkeit der Lufttemperatur und der Inversionswetterlage.

Im nächsten Teil der Unterrichtskonzeption werden Aggregatzustände und Aggregatzustandsänderungen, besonders in der Atmosphäre, diskutiert. Es folgen Überlegungen zum Dampfdruck und zur Luftfeuchtigkeit. Hier wird dann auf die Energiebilanzen bei Aggregatzustandsänderungen hingewiesen und auch auf Kühlschrank und Wärmepumpen eingegangen. Den Abschluss bilden Überlegungen zu Wolken und Niederschlägen sowie eine Einführung in globale Wetteraspekte wie den Einfluss der Erddrehung auf Luftbewegungen und auf Luftbewegungen in Hoch- und Tiefdruckgebieten.

■ **Empirische Ergebnisse**
Es wurden bisher keine empirischen Untersuchungen zu Effekten dieser Unterrichtskonzeption durchgeführt.

■ **Unterrichtsmaterial**
Muckenfuß, H. und Nordmeier, V. (Hrsg., 2009). *Physik interaktiv* (Ausgabe für Baden-Württemberg). Berlin: Cornelsen.[17]

Heepmann, B., Muckenfuß, H., Pollmann, M. und Schröder, W. (2012). *Natur und Technik Physik 9/10*. Berlin: Cornelsen.

Heepmann, B., Muckenfuß, H., Pollmann, M. und Schröder, W. (2012). *Natur und Technik Physik 9/10. Handreichungen für den Unterricht und Kopiervorlagen*. Berlin: Cornelsen.

17 Andere Länderausgaben und nachfolgende Ausgaben geben die Konzeption nicht mehr in geeigneter Weise wieder.

Die Schulbücher enthalten einen umfassenden Schülertext zur Unterrichtskonzeption. Die Handreichungen ergänzen den Text um Hinweise für Lehrkräfte und um Kopiervorlagen.

7.4 Schwimmen und Sinken

7.4.1 Klasse(n)kiste Schwimmen und Sinken/Spiralcurriculum Schwimmen und Sinken

Eine Arbeitsgruppe um Möller hat sich intensiv mit dem Thema „Schwimmen und Sinken" für den Sachunterricht in der Primarstufe beschäftigt.[18] Es wurde eine ausführliche Unterrichtskonzeption entwickelt und ihre Wirkung empirisch überprüft. Der Fokus der Materialentwicklung liegt darauf, im Unterricht ein tragfähiges konzeptuelles Wissen zum Schwimmen und Sinken anhand des Dichtekonzepts anzubahnen. Die Konzeption wurde in ein Spiralcurriculum „Schwimmen und Sinken" eingebettet, das sich vom Elementarbereich in die Sekundarstufe I erstreckt.[19] In diesem Spiralcurriculum gibt es ausführliche Vorschläge für die Verteilung der zu erwerbenden Kompetenzen auf die verschiedenen Stufen. Es werden neben den im Folgenden vorgestellten inhaltsbezogenen Kompetenzen auch Vorschläge für die Entwicklung prozessbezogener Kompetenzen gemacht.

Das Spiralcurriculum beginnt mit der Einführung der Dichte als Materialeigenschaft. Darauf aufbauend wird die Verdrängung des Wassers thematisiert. Erst dann wird die Auftriebskraft erläutert. Diese wird über die Verdrängung eingeführt. Aus dem Verhältnis von Auftriebs- und Gewichtskraft können dann Vorhersagen über das Verhalten eines eingetauchten Körpers getroffen werden. Druck spielt erst in der Sekundarstufe I eine größere Rolle im Spiralcurriculum.

Im Elementarbereich sind fünf Sequenzen von je etwa 30 bis 40 min vorgesehen. Zunächst werden verschiedene Stäbe (groß und klein bzw. aus verschiedenen Materialien) untersucht und Vermutungen gesammelt, welche Stäbe schwimmen und welche untergehen. Im Anschluss wird genauer betrachtet, ob es tatsächlich eine Materialeigenschaft ist, ob etwas schwimmt oder nicht. Dazu werden verschieden geformte Körper verwendet. In der dritten und vierten Sequenz wird das mit Alltagsgegenständen (Eisennagel, Korken usw.) vertieft. In der abschließenden Sequenz wird eine Erklärung für das Schwimmen gefunden. Im Elementarbereich beschränkt man sich hier darauf, dies als Materialeigenschaft zu deuten.

Das Materialangebot in der Primarstufe ist umfangreich. Es sieht zwei Unterrichtseinheiten in der 1./2. Klasse und vier Unterrichtseinheiten in der 3./4. Klasse sowie eine „Schwimmbadstunde" vor. Die erste Unterrichtseinheit

---

18 Jonen und Möller (2005).
19 Hardy et al. (2017); Möller und Wyssen (2017); Möller et al. (2021).

umfasst insgesamt etwa fünf Unterrichtsstunden (in vier Sequenzen) und fokussiert auf das Schwimmen und Sinken von Vollkörpern. Dazu wird zunächst untersucht, welche Gegenstände für den Bau eines Floßes verwendet werden können und danach verschiedene Objekte genauer untersucht. So kann gefestigt werden, dass es sich um eine Materialeigenschaft handelt, ob ein Gegenstand schwimmt oder untergeht. Den Abschluss der ersten Unterrichtseinheit bildet das Bauen von Flößen.

In der zweiten Einheit (zwei Sequenzen, ca. 90 min) wird die Verdrängung von Wasser erarbeitet. Dazu wird untersucht, was mit dem Wasser in einem Gefäß passiert, in das etwas eingetaucht wird. Dazu werden zunächst Gegenstände unterschiedlicher Masse, aber gleicher Form und Größe verwendet. Die Kinder erkennen hieran, dass die Verdrängung nicht von der Masse abhängt. Im zweiten Schritt werden Gegenstände gleicher Masse, aber unterschiedlicher Größe verwendet. Hier zeigt sich, dass die Verdrängung von der Größe eines Gegenstands abhängt. Zusammenfassend erkennen die Kinder, dass die Verdrängung davon abhängt, „wie viel Platz ein Gegenstand im Wasser einnimmt"[20].

Die weiteren Unterrichtseinheiten sind dann für den Unterricht in der 3. und 4. Klasse vorgesehen. Die dritte Unterrichtseinheit (eine Sequenz, 65 min) beschäftigt sich damit, Vermutungen dazu aufzustellen, weshalb ein riesiges Schiff aus Eisen schwimmt und nicht untergeht. In der vierten Unterrichtseinheit (eine Sequenz, 90 min) wird an Lernstationen die Verdrängung von Wasser beim Eintauchen eines Körpers wiederholt. Im Zentrum steht die Erkenntnis, dass die Verdrängung nicht von der Masse, sondern von der Größe eines Objekts abhängt – genauer gesagt davon, wie viel Platz ein Gegenstand im Wasser einnimmt. Besonders wichtig ist in dieser Einheit die Erkenntnis, dass auch Metall schwimmen kann, wenn es hinreichend viel Wasser verdrängt. Dazu wurde ein besonderes Experiment entwickelt: Es wird ein massiver Metallquader sowie ein Metallboot gleicher Masse verwendet. Die Kinder erkennen, dass das Boot schwimmt, der Quader aber untergeht (◻ Abb. 7.9).

Die Schwimmbadstunde dient dazu, dass die Kinder authentische Auftriebserfahrungen machen können. Dabei wird untersucht, dass eingetauchte Gegenstände scheinbar leichter werden. Diese Erfahrungen werden im weiteren Unterrichtsverlauf in kleinen Modellexperimenten vertieft.

In der fünften Unterrichtseinheit (drei Sequenzen, 165 min) wird die Frage geklärt, warum ein Schiff schwimmt. Dazu bearbeiten die Schülerinnen und Schüler zunächst an Lernstationen viele verschiedene Phänomene zum Auftrieb. Danach wird der Zusammenhang zwischen Auftrieb und Verdrängung hergestellt: Je mehr Wasser ein Körper verdrängt, desto größer ist der Auftrieb. Diese Erkenntnis wird anschließend beim Bau von Booten aus Knetgummi vertieft. Zum Abschluss dieser Unterrichtseinheit wird erarbeitet, dass das Wasser drückt (Auftrieb) und gleichzeitig die Gewichtskraft wirkt und dass aus dem Verhältnis dieser beiden Kräfte vorhergesagt werden kann, ob ein Körper schwimmt oder ob er untergeht.

---

20 Möller und Wyssen (2017, S. 41).

◨ **Abb. 7.9** Der Metallquader geht unter, das Metallboot mit gleicher Masse hingegen schwimmt

Die sechste Unterrichtseinheit besteht aus vier Sequenzen und dauert etwa 300 min. Die Leitfrage ist, warum Eisen sinkt und Wachs schwimmt. Zunächst wird das Materialkonzept wiederholt. Danach geht es um die Dichte. Dazu werden Einheitswürfel aus verschiedenen Materialien untersucht, auch der Einheitswürfel aus Wasser.[21] Die Massen all dieser Würfel werden verglichen und es zeigt sich, dass alle Materialien, bei denen die Masse des Einheitswürfels geringer ist als die Masse des Wasser-Einheitswürfels schwimmen und umgekehrt. Das Besondere an dem entwickelten Materialsatz ist hierbei, dass auch Stoffe enthalten sind, die sich kontraintuitiv verhalten; z. B. sinkt ein Holzwürfel aus tropischem Holz und es sind auch schwimmende Steine im Materialsatz. Den Abschluss dieser Unterrichtseinheit bildet eine Erklärung, weshalb ein Metallschiff schwimmen kann. Dazu werden die verschiedenen Begrifflichkeiten (Dichte, Auftrieb, Verdrängung und Gewichtskraft) zusammengeführt.

In der Sekundarstufe I veranschlagt das Spiralcurriculum fünf 90-minütige Sequenzen. Den Beginn bildet die Untersuchung des Schwimmens von Vollkörpern. Dieses wird über die Dichte des Vollkörpers erklärt. Es wird als Erweiterung gegenüber der Primarstufe hier dann auch auf die Rolle der Dichte der Flüssigkeit eingegangen. Ebenso wird untersucht, dass man Körper aus verschiedenen Materialien bauen kann und dann eine mittlere Dichte berechnen muss. In der zweiten Sequenz geht es darum, die mittlere Dichte von Gegenständen experimentell zu bestimmen. Dazu wird die Überlaufmethode verwendet. Schließlich soll das Wissen über die mittlere Dichte verwendet werden, um einen Luftballon unter Wasser zum Schweben zu bekommen. In der dritten Sequenz wird dies beim Bau eines Tauchroboters vertieft. Erst in der vierten Sequenz wird der hydrostatische Druck eingeführt. Die verschiedenen Eigenschaften des Drucks werden

---

21 Der Einheitswürfel aus Wasser wird durch einen hohlen Acrylglaswürfel realisiert, dessen Innenmaße gleich den Außenmaßen der anderen Würfel ist.

dann an Lernstationen genauer untersucht. Den Abschluss des Spiralcurriculums bildet eine Unterrichtseinheit zum Zusammenhang zwischen Auftriebskraft und Druck.

■ **Empirische Ergebnisse**

Die Unterrichtskonzeption „Schwimmen und Sinken" wurde mit Schülerinnen und Schülern der Primarstufe umfangreich empirisch untersucht. In einer groß angelegten Vergleichsstudie wurden zwei Versionen der Unterrichtskonzeption eingesetzt, die sich im Grad der Unterstützung der Schülerinnen und Schüler bei der Erarbeitung der Lerninhalte durch die Lehrkraft unterschieden. Beide Versionen wurden in je drei Klassen jeweils acht Unterrichtsstunden lang unterrichtet. Dabei war immer die gleiche Person als Lehrerin tätig. Die Effekte der Konzeption wurden mithilfe von Vor- und Nachtests sowie zeitverzögerten Nachtests erhoben. Als Bezugspunkt wurden zusätzlich in zwei weiteren Klassen ohne Unterricht über Schwimmen und Sinken nur die Tests verwendet. Insgesamt nahmen 125 Schülerinnen und Schüler in sechs Klassen teil, in denen eine der Versionen der Unterrichtskonzeption unterrichtet wurde. In der Bezugsgruppe nahmen 36 Kinder teil. Der Test bestand aus 36 Fragen, 33 davon Multiple Choice. Es zeigten sich enorme Lernzuwächse beim konzeptuellen Wissen im Nachtest. Dabei werden sehr große Effektstärken gegenüber den Schülerinnen und Schülern der Bezugsgruppe berichtet, die nur die Tests bearbeitet hatten. Es zeigen sich kleine, aber nicht signifikante Vorteile der Gruppe mit hoher instruktionaler Unterstützung. Auch im zeitverzögerten Test sind die Effekte zugunsten der Erprobungsklassen noch sehr stark.[22] Es zeigte sich insbesondere, dass die befragten Kinder nach dem Unterricht erheblich seltener auf Schülervorstellungen zur Erklärung von Schwimmen und Sinken zurückgriffen.

Die Materialien für den Elementarbereich bzw. die Sekundarstufe I wurden ebenfalls erprobt, umfangreichere empirische Ergebnisse liegen hierzu nicht vor.

■ **Unterrichtsmaterialien**

Hardy, I., Steffensky, M., Leuchter, M. und Saalbach, H. (2017). *Handbuch MINTeinander Lernen zum Spiralcurriculum Schwimmen und Sinken: Naturwissenschaftlich arbeiten und denken lernen. Elementarbereich.* Telekom-Stiftung. ► https://www.telekom-stiftung.de/projekte/minteinander

Möller, K. und Jonen, A. (2005). *Schwimmen und Sinken. Der Unterrichtsordner.* Braunschweig: Spectra Verlag.

Möller, K. und Wyssen, H.-P. (2017). *Ergänzungs-Handbuch zum Spiralcurriculum Schwimmen und Sinken: Naturwissenschaftlich arbeiten und denken lernen.* Telekom-Stiftung. ► https://www.telekom-stiftung.de/projekte/minteinander

Möller, K., Labudde, P., Rösch, S., & Stübi, C. (2021). *MINTeinander lernen. Spiralcurriculum Schwimmen und Sinken Sekundarbereich.* Braunschweig: Westermann. ► https://www.telekom-stiftung.de/projekte/minteinander

---

22 Hardy et al. (2006).

Für das gesamte Spiralcurriculum „Schwimmen und Sinken" sind Unterrichtsmaterialien verfügbar. Daneben wurden auch Materialkisten entwickelt, die das Experimentiermaterial zu den Unterrichtsmaterialien des Spiralcurriculums enthalten. Die Bezugsadresse ist in den Materialbänden enthalten. Manche Experimentiermaterialien sind nur schwer über andere Quellen zu beschaffen. Zu bemerken ist, dass das für die Primarstufe entwickelte Unterrichtsmaterial sich auch sehr gut in der Sekundarstufe I einsetzen lässt.

7.4.2 Kräfte erklären den Auftrieb

In der Unterrichtskonzeption aus der Materialplattform SUPRA steht das Ziel im Vordergrund, Schülerinnen und Schülern der Primarstufe eine Erklärung für das Zustandekommen der Auftriebskraft zu vermitteln.[23] Die zentrale Idee ist, dass das Wasser gegen einen untergetauchten Gegenstand drückt und dass dieser Druck mit zunehmender Tiefe stärker wird. Die Konzeption umfasst acht Unterrichtseinheiten, deren Längen nicht explizit festgelegt sind, wobei die letzten beiden als optional beschrieben werden. Obwohl die Unterrichtskonzeption spezifisch auf die Primarstufe abgestimmt ist, kann die Abfolge der Erklärungen auch gut in der Sekundarstufe I verwendet werden.

In der Konzeption wird bewusst nicht über die Dichte argumentiert, da selbst Lernende der Mittelstufe damit erhebliche Schwierigkeiten haben und die Angabe einer Dichte bei einem offenen Ruderboot problematisch ist. Eine anthropomorphe Erklärung der Auftriebskraft, die sagt, dass das verdrängte Wasser an seinen ursprünglichen Platz „zurückwill", wird auch für diese Altersgruppe abgelehnt. Würde das Wasser aus allen Richtungen an den Ort des Gegenstands zurückströmen oder drücken, würden sich zudem die Druckkräfte aufgrund der Symmetrie insgesamt aufheben. In der ersten Unterrichtseinheit wird erarbeitet, dass auf alle Gegenstände eine Erdanziehungskraft wirkt. Diese wird mit Pfeilen symbolisiert. Schülerinnen und Schüler verstehen schnell, dass schwere Gegenstände stärker von der Erde angezogen werden als leichte. In der zweiten Unterrichtseinheit wird zuerst über das U-Boot gesprochen. Den Kindern wird vermittelt, dass eine weitere Kraft auf das U-Boot wirken muss, sonst würde es ja zum Boden des Meeres sinken. In einem Stationenbetrieb mit sechs einfachen Experimenten wird gezeigt, dass auf Gegenstände im Wasser noch eine der Erdanziehungskraft entgegengesetzt gerichtete Kraft nach oben wirkt. Dazu werden z. B. Steine an einer Angel oder an einem Gummiband ins Wasser eingetaucht und die Erfahrungen beschrieben. An einer anderen Station wird eine gefüllte Wasserflasche hochgehoben. Das wird verglichen mit der Erfahrung, die gleiche Wasserflasche anzuheben, wenn sie unter Wasser ist.

In der dritten Unterrichtseinheit geht es dann darum, dass das Wasser von allen Seiten gegen einen untergetauchten Gegenstand drückt. Dazu werden

---

23 Wiesner et al. (2020).

7

◘ Abb. 7.10   Einfache Druckdose: Ein Stück eines Plexiglasrohrs wird auf beiden Seiten mit einer Membran verschlossen. In eine Bohrung wird ein Strohhalm eingesetzt und dicht verbunden. Das obere Ende des Strohhalms befindet sich oberhalb der Wasseroberfläche (mit freundlicher Genehmigung von H. Wiesner)

verschiedene Versuche bearbeitet, zentral ist in diesem Schritt der Einsatz einer einfachen Druckdose (◘ Abb. 7.10). Mit dieser Dose wird hier gezeigt, dass das Wasser von allen Seiten drückt.

In der vierten Unterrichtseinheit wird dann der Einfluss der Tiefe auf die drückende Kraft untersucht. Die Vermutung ist: „Je tiefer man taucht, desto stärker drückt das Wasser von allen Seiten gegen das U-Boot." Dies wird wieder in einer Reihe von Experimenten bestätigt, u. a. mit der Druckdose. Mit letzterer kann nun eindrucksvoll gezeigt werden, dass das Wasser auf der Unterseite der Druckdose stärker drückt als auf der Oberseite. Diese Erkenntnis wird in der fünften Unterrichtseinheit auf ein U-Boot angewandt. Dazu werden die Kräfte auf ein U-Boot mit Pfeilen visualisiert. Es zeigt sich dabei, dass immer eine Auftriebskraft als Differenz der von unten bzw. von oben drückenden Kräften entsteht. In der sechsten Unterrichtseinheit werden nun die bisherigen Erkenntnisse zusammengeführt. Betrachtet man die verschiedenen Kräfte auf (teilweise oder ganz) untergetauchte Körper, so können die verschiedenen Phänomene wie Schwimmen, Sinken, Steigen und Schweben erklärt werden (◘ Abb. 7.11).

In den beiden letzten, nur optionalen Unterrichtseinheiten geht es um das archimedische Prinzip und um den Bau eines kartesischen Tauchers.

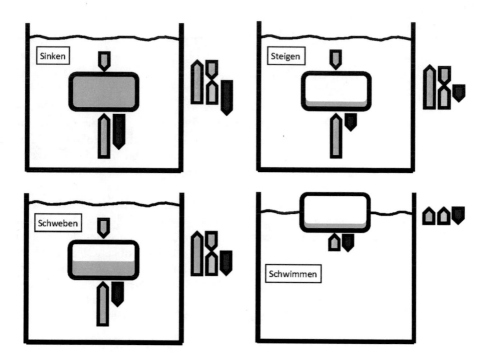

◘ Abb. 7.11 Erklärung von Sinken, Schweben, Steigen und Schwimmen durch Kräfte (grau: Druckkräfte, gelb: Auftriebskraft, rot: Erdanziehungskraft; mit freundlicher Genehmigung von T. Wilhelm und G. Gartmann)

- **Empirische Ergebnisse**

Die Unterrichtkonzeption wurde bisher nur in kleinem Umfang empirisch untersucht. Neben einer Interviewserie mit Akzeptanzbefragungen[24] wurde eine umfangreiche Erprobung des Materials dokumentiert.[25] Beide Studien belegen die These, dass Grundschulkinder den angebotenen Erklärungen gut folgen können und sie diese auch nachvollziehbar finden.

- **Unterrichtsmaterial**

H. Wiesner, G. Gartmann und Th. Wilhelm (2019): *Unterrichtsmaterialien zum Auftrieb.* ► http://www.supra-lernplattform.de/index.php/lernfeld-natur-und-technik/auftrieb-sinken-schweben-steigen-schwimmen.
Die gesamte Unterrichtskonzeption ist inklusive fachlicher und fachdidaktischer Kommentare sowie allen Arbeitsblättern und Experimentiermaterialien online verfügbar.

---

24   Simnacher et al. (2007).
25   Gartmann (2019).

7.5 Konzeptionen zum Fliegen

7.5.1 Kräfte erklären das Fliegen

Bei einem Flugzeugflügel ist die Strömungsgeschwindigkeit an der Unterseite geringer als an der Oberseite. Traditionell wird argumentiert: Weil die Geschwindigkeiten so sind, ergibt sich unten ein statischer Überdruck und oben ein Unterdruck, wodurch die Auftriebskraft auf den Flügel entsteht und das Flugzeug fliegen kann. Allerdings wird keine korrekte Erklärung gegeben, warum es diese Geschwindigkeitsunterschiede überhaupt gibt.

Weltner argumentiert andersherum: Weil über dem Flügel der Druck geringer ist, wird die anströmende Luft gemäß dem 2. Newton'schen Gesetz zunächst dorthin beschleunigt und danach wieder abgebremst; und weil unter dem Flügel der Druck größer ist, wird die anströmende Luft zunächst abgebremst und danach wieder schneller. So entstehen aus den Druckunterschieden die Geschwindigkeitsunterschiede. Weltner erklärt das Fliegen ohne die Bernoulligleichung über das Rückstoßprinzip.[26] Alle anderen Aspekte (Wirbel, Druckverhältnisse usw.) sind nach seinen Überlegungen nur Auswirkungen des Rückstoßprinzips, nicht dessen Ursache.

Für die Behandlung im Unterricht schlägt Weltner vor, zunächst das Fliegen eines Hubschraubers zu behandeln.[27] Dazu werden zuerst Erfahrungen der Schülerinnen und Schüler mit Rückstoßphänomenen gesammelt und diskutiert. Es werden z. B. Experimente mit Stahlkugeln und Rollwägelchen durchgeführt (◘ Abb. 7.12). Wichtig ist nach Weltner aber auch, Experimente durchzuführen, mit denen der Rückstoß durch Gase gezeigt wird. Er schlägt hier z. B. die Beschleunigung eines Wägelchens durch ausströmendes CO_2 vor.

Dann wird erklärt, dass das Rückstoßprinzip für viele Antriebsarten verantwortlich ist, z. B. das Rudern oder einen Düsenantrieb. Es wird angegeben, dass die Rotorblätter eines Hubschraubers die Luft nach unten beschleunigen und aufgrund des Rückstoßprinzips deswegen eine nach oben gerichtete Kraft auf den Hubschrauber wirkt. Dies wird auch qualitativ vertieft: Eine Verdopplung der Strömungsgeschwindigkeit bewirkt einen vierfachen Rückstoß, da die doppelte Luftmenge auf die doppelte Geschwindigkeit beschleunigt wird. Es werden dann Demonstrationen mit einem Spielzeughubschrauber empfohlen.

Im zweiten Schritt wird das Verhalten einer Tragfläche behandelt. Es wird gezeigt, dass durch die Bewegung einer Tragfläche die Luft in ihrer Umgebung nach unten beschleunigt wird. Um das plausibel zu machen, wird eine Tragfläche an einem vertikal bewegbaren leichten Zeiger vorbeigeführt. Alternativ wird eine Tragfläche mit einem Strömungsanzeiger aus Seidenpapier am hinteren Ende in den Luftstrom eines Föns gehalten (◘ Abb. 7.13). Der Rückstoß erzeugt damit den Auftrieb der Tragfläche. Dass der Luftstrom dem Tragflächenprofil folgt und

---

26 Weltner (2000).
27 Weltner (1997).

☐ **Abb. 7.12**   Eine durch eine gespannte Feder weggestoßene Stahlkugel beschleunigt den Wagen in die entgegengesetzte Richtung (nach Weltner 1997)

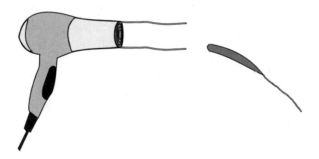

☐ **Abb. 7.13**   Der Luftstrahl eines Föns wird durch eine Tragfläche nach unten abgelenkt (nach Weltner 1997)

damit abgelenkt wird, wird als Coandă-Effekt bezeichnet und auf innere Reibung in der Luft zurückgcführt.[28]

Im dritten Schritt kann optional der Auftrieb an Tragflächen auch quantitativ behandelt werden. Dazu kann z. B. der Einfluss des Anstellwinkels oder der Anströmgeschwindigkeit genauer untersucht werden. Ebenfalls ist eine Fortführung bis hin zur Diskussion des Anfahrtswirbels möglich.

- **Empirische Ergebnisse**

Zu dieser Unterrichtskonzeption liegen keine empirischen Ergebnisse vor.

- **Unterrichtsmaterial**

Weltner, K. (2000). Physik des Fliegens, Strömungsphysik, Raketen, Satelliten. In Langensiepen, F., Götz, F. und Dahncke, H. (Hrsg.). *Handbuch des Physikunterrichts Sekundarbereich I – Band 2.* Köln: Aulis, S. 340–402.

Weltner, K. (2016). *Flugphysik.* Books on Demand, 72 Seiten (Wiederauflage von Weltner 2000).

---

28 Weltner (2002).

In dem Kapitel des Handbuchs wird der Unterrichtsvorschlag vorgestellt. Eine Vielzahl von detailliert dokumentierten Versuchen und Bauanleitungen ergänzen das Kapitel, das auch als Book on Demand im Buchhandel erhältlich ist.

7.5.2 Wirbel erklären das Fliegen

Genaue Analyse zeigen, dass einfache Erklärungsansätze über das Bernoulligesetz versagen, sobald eine dreidimensionale Tragfläche betrachtet wird.[29] Um das Fliegen angemessen zu modellieren, müssen die Strömungsbilder diskutiert werden. Diese ergeben erst unter Berücksichtigung des Randwirbels ein angemessenes Bild des aerodynamischen Auftriebs (◖ Abb. 7.14). Dies wird in einer von Wodzinski vorgeschlagenen Unterrichtskonzeption zu vermitteln versucht. Dazu wird eine umfangreiche Unterrichtsreihe zur Strömungsphysik angeboten. Hier existiert eine Vielzahl interessanter Phänomene. Eine vorangegangene Behandlung der Bernoulligleichung wird für die Unterrichtskonzeption vorausgesetzt.

Im ersten Schritt wird ein Flugzeugmodell auf eine Waage gestellt und mit einem Fön angeblasen. Es ist gut zu erkennen, dass es einen scheinbaren Gewichtsverlust gibt. Wodzinski empfiehlt hier die Verwendung eines einfachen Styropormodells. Danach sollen die Schülerinnen und Schüler intuitiv ein Stromlinienbild für die Umströmung einer Tragfläche zeichnen. Es wird angenommen, dass bereits hier der wesentliche Aspekt, nämlich die Verengung der Stromlinien an der Oberseite und die Erweiterung an der Unterseite sowie das glatte Abströmen an der hinteren Kante richtig vorhergesagt werden. Die Anwendung der Bernoulligleichung ergibt dann einen Unterdruck an der Oberseite sowie einen Überdruck auf der Unterseite der Tragfläche. Es wird vorgeschlagen, das experimentell zu bestätigen. Es zeigt sich dabei, dass die Oberseite einen größeren Beitrag zum

◖ **Abb. 7.14**   Wirbelbildung bei einem startenden Flugzeug

---

29 Wodzinski (1999a).

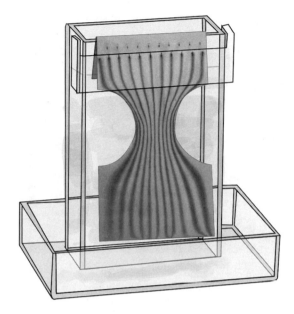

Erstellung von Stromlinienbildern mit Velourspapier (nach Wilke et al. 1998)

Auftrieb liefert als die Unterseite. Das bedeutet, dass die Luft an der Oberseite schneller strömen muss als an der Unterseite.

Im nächsten Schritt wird erarbeitet, dass das glatte Abströmen an der hinteren Kante nicht selbstverständlich ist. Dazu werden zweidimensionale Stromlinienbilder von Tragflächen mit Velourspapier selbst erstellt.[30] Man faltet ein Stück Velourpapier so, dass es über die Kante eines Wasserbeckens gehängt werden kann. So durchfeuchtet das Papier. Tropft man auf die obere Kante des Papiers Tinte, so ergibt sich ein nach unten verlaufender Farbstreifen. Schneidet man aus dem Velours„papier zuvor einen Flügelquerschnitt (oder auch etwas anderes aus) und tropft mehrere Tintentropfen darauf, so ergeben sich „Strömungsbilder" um die Querschnitte herum (◘ Abb. 7.15).

Man erkennt, dass sich die Strömung an der hinteren Kante einer Tragfläche nicht glatt ablöst. Die Symmetrie des Strömungsbilds der schräg gestellten Platte zeigt sogar, dass es für diesen Fall gar keinen Auftrieb gibt (◘ Abb. 7.16). Wichtig ist zu betonen, dass das Experiment mit dem Velourspapier ein langsames Umströmen visualisiert.

Einen Eindruck von schnelleren Strömungen vermittelt ein weiteres Experiment. Flache Schalen werden mit Wasser bzw. Glyzerin gefüllt. Die Oberfläche wird jeweils mit Sägemehl bestreut. Dann wird eine schräg gestellt Platte durch beide Schalen gezogen. Man sieht nur in Glyzerin ein Hochströmen an der Hinterkante der Platte, nicht aber in Wasser. Es entsteht hier also ein Auftrieb nur in

---

30 Wilke et al. (1998); die Anordnung ist auch im Lehrmittelhandel erhältlich.

7

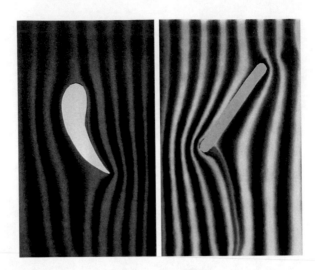

□ **Abb. 7.16** Stromlinienbild einer zweidimensionalen Tragfläche bzw. einer schräg gestellten Platte bei langsamer Umströmung ohne Auftrieb (nach Wodzinski 1999a)

Wasser, nicht aber in Glyzerin. Man kann das Experiment auch abwandeln und eine Tragflächenform durch das Wasser bzw. das Glyzerin ziehen. Wenn man dabei die Tragflächenform senkrecht zur Bewegungsrichtung auf Fäden verschiebbar befestigt, zeigt sich nur im Wasser eine Ablenkung der Tragfläche senkrecht zur Bewegungsrichtung.[31] Zusammenfassend wird festgestellt, dass das Strömungsbild (und damit der Auftrieb) von der Geschwindigkeit und vom Fluid abhängt.

Zur Erklärung des Unterschieds der Strömungsbilder bei langsamer bzw. schneller Strömung wird im letzten Schritt die Zirkulationsströmung eingeführt. Den Lernenden wird plausibel gemacht, dass zur Umströmung im langsamen Fall eine weitere Strömung hinzukommen muss, die die Strömung an der Hinterkante nach unten lenkt und die Strömung an der Oberfläche schneller sowie an der Unterseite langsamer macht. Die Zirkulationsströmung wird mit einem Demonstrationsversuch gezeigt: Ein Tragflächenprofil wird schnell zwischen zwei waagrecht drehbaren, leichten Pappstreifen durchgeführt. Es zeigt sich, dass die beiden Streifen sich in unterschiedliche Richtungen bewegen (□ Abb. 7.17). Als Ursache für die Entstehung des Zirkulationswirbels wird den Lernenden der Anfahrtswirbel mitgeteilt.

■ **Empirische Ergebnisse**
Es liegen keine empirischen Untersuchungen zu dieser Unterrichtskonzeption vor.

---

31 Wodzinski (1999a, S. 22).

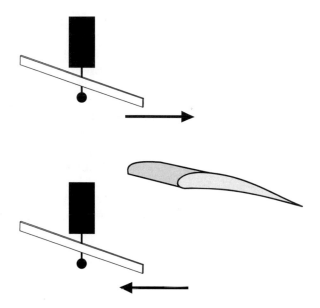

◘ Abb. 7.17   Eine Tragfläche wird schnell zwischen zwei Pappzeigern bewegt. Es zeigen sich unterschiedliche Ausschläge der Zeiger (nach Wodzinski 1999b)

- **Unterrichtsmaterial**
    Wodzinski, R. (1999). Wie erklärt man das Fliegen in der Schule? *Plus Lucis* *2/99*, S. 18–22. Die Publikation ist in den ► *Materialien zum Buch* zugänglich. Die Unterrichtskonzeption ist in diesem Artikel dargestellt. Weiterführende Materialien oder Arbeitsblätter sind nicht vorhanden.

7.6 Fazit

Das Thema Druck ist zu einem Randthema des Physikunterrichts geworden. Dennoch liegen relativ viele Unterrichtskonzeptionen vor. Dies liegt mit daran, dass das Thema „Schwimmen und Sinken" im Primarbereich einen relativ hohen Stellenwert hat.

Der traditionelle Unterricht kann nach Stand der Forschung bei Lernenden nur wenig zu einem konzeptionellen Verständnis der Sachverhalte beitragen. Als wichtig erweist sich die Identifikation tragfähiger Ideen für die Kompetenzentwicklung. Dabei ist es sinnvoll, Druck als Zustandsgröße eines Fluids einzuführen statt über die Kraft auf eine Fläche. Aus der Idee, dass ein Fluid (in konstanter Tiefe) immer auf alle Begrenzungsflächen gleich drückt, kann sowohl ein angemessener Druckbegriff in der Sekundarstufe I wie auch – entsprechend rekonstruiert – ein Verständnis der Auftriebskraft entwickelt werden. Die Wahl zwischen den Unterrichtskonzeptionen für die Primarstufe ist nicht eindeutig zu treffen. Die SUPRA-Konzeption ist stärker auf ein tiefergehendes physikalisches Verständnis des Auftriebs ausgerichtet, während Klasse(n)kiste Schwimmen und Sinken eher einen systematisch beschreibenden Ansatz wählt. Lernwirkungen der letzteren Konzeption sind allerdings umfangreicher empirisch nachgewiesen.

Ebenso muss man entscheiden, wie tief man bei der Erklärung des Fliegens einsteigen möchte. Eine erste Rekonstruktion über das Rückstoßprinzip erscheint hier durchaus angemessen. Wichtig ist dann aber zu betonen, dass es sich hierbei nur um einen ersten Zugang handeln kann, der nicht alle Effekte rund ums Fliegen erklärt. Der Ansatz über Tragflächenumströmungen und Wirbel wird in der Forschung und Flugzeugkonstruktion verwendet, kann aber wegen seiner Komplexität im Physikunterricht nur eingeschränkt behandelt werden.

Interessant sind auch die Lücken: Zu anderen, im Unterricht durchaus behandelten Themen wie den Gasgesetzen liegen bisher nur ansatzweise bzw. gar keine Unterrichtskonzeptionen vor.

7.7 Übungen

■ Übung 7.1

Erklären Sie den Unterschied zwischen der Behandlung der Druckformel $p = \frac{F}{A}$ im traditionellen Unterricht (▶ Abschn. 7.2) und in der Unterrichtskonzeption „Druck als Zustandsgröße" (▶ Abschn. 7.3.1).

■ Übung 7.2

Erläutern Sie den Unterschied in der Erklärung des Auftriebs zwischen den Unterrichtskonzeptionen der Klasse(n)kiste (▶ Abschn. 7.4.1) und SUPRA (▶ Abschn. 7.4.2).

■ Übung 7.3

Wie beschreiben die Unterrichtskonzeptionen von Weltner (▶ Abschn. 7.5.1) bzw. von Wodzinski (▶ Abschn. 7.5.2) den Auftrieb einer Tragfläche?

Literatur

Brämer, R. (1981). Naturwissenschaft als Kriegspropädeutik Zur Geschichte der gymnasialen Physikdidaktik im „Dritten Reich". *Die Deutsche Schule, 73*(10), 577–588.

Demtröder, W. (2008). *Experimentalphysik 1: Mechanik und Wärme* (5., neu bearbeitete und aktualisierte Auflage). Berlin: Springer.

Gartmann, G. (2019). *Eine Unterrichtskonzeption zum Thema „Auftrieb" im Sachunterricht. Unterrichtsmaterialien für die Lernplattform SUPRA (wiss. Hausarbeit).* Universität Frankfurt.

Hardy, I., Jonen, A., Möller, K., & Stern, E. (2006). Effects of instructional support within constructivist learning environments for elementary school students' understanding of „floating and sinking". *Journal of Educational Psychology, 98*(2), 307.

Hardy, I., Steffensky, M., Leuchter, M., & Saalbach, H. (2017). *Handbuch MINTeinander Lernen zum Spiralcurriculum Schwimmen und Sinken: Naturwissenschaftlich arbeiten und denken lernen. Elementarbereich.* Telekom-Stiftung. ▶ https://www.telekom-stiftung.de/projekte/minteinander.

Heepmann, B., Muckenfuß, H., Pollmann, M., & Schröder, W. (2012). *Natur und Technik Physik 9/10*. Berlin: Cornelsen.

Hermann, F. (2020). Die barometrische Höhenformel. In F. Hermann & G. Job (Hrsg.), *Altlasten der Physik – Gesamtband* (S. 158–160). Ausgabe für Kindle. ► http://www.physikdidaktik.uni-karlsruhe.de/Parkordner/altlast/Band_III/165_Die_barometrische_Hoehenformel.pdf.

Möller, K., & Jonen, A. (2005). *Schwimmen und Sinken. Der Unterrichtsordner*. Braunschweig: Spectra Verlag.

Möller, K., & Wyssen, H.-P. (2017). *Ergänzungs-Handbuch zum Spiralcurriculum Schwimmen und Sinken: Naturwissenschaftlich arbeiten und denken lernen*. Telekom-Stiftung. ► https://www.telekom-stiftung.de/projekte/minteinander.

Muckenfuß, H., & Nordmeier, V. (Hrsg.). (2009). *Physik interaktiv*. Berlin: Cornelsen.

Möller, K., Labudde, P., Rösch, S., & Stübi, C. (2021). MINTeinander lernen. Spiralcurriculum Schwimmen und Sinken Sekundarbereich. Braunschweig: Westermann.

Simnacher, A., Wiesner, H., & Heran-Dörr, E. (2007). Akzeptanzbefragungen von Grundschulkindern zum Thema „Auftrieb in Wasser". In V. Nordmeier, A. Oberländer, & H. Grötzebauch (Hrsg.), *Didaktik der Physik – Regensburg 2007*. Berlin: Lehmanns Media – LOB.de.

Weltner, K. (1997). Flugphysik im Unterricht. *Physik in der Schule, 35*(1), 3–9.

Weltner, K. (2000). Physik des Fliegens, Strömungsphysik, Raketen, Satelliten. In F. Langensiepen, R. Götz, & H. Dahncke (Hrsg.), *Handbuch des Physikunterrichts Sekundarbereich I – Band 2* (S. 340–402). Köln: Aulis. Auch als Sonderdruck unter dem Titel „Flugphysik" bei Books on Demand erhältlich.

Weltner, K. (2002). Flugphysik. *Der mathematische und naturwissenschaftliche Unterricht, 55*(7), 388–396.

Wiesner, H. (2018). Auftrieb gleich Gewichtskraft der verdrängten Wassermenge? In T. Wilhelm (Hrsg.), *Stolpersteine im Physikunterricht* (S. 63–66). Seelze: Aulis.

Wiesner, H., Gartmann, G., & Wilhelm, T. (2020). Ein Unterrichtskonzept zum Auftrieb im Sachunterricht. *Phydid B. Didaktik der Physik – DPG-Frühjahrstagung 2020*.

Wilke, H.-J., Patzig, W., & Hung, N. N. (1998). Einige experimentelle Möglichkeiten zur Demonstration und Untersuchung von Stromlinienbildern. *Physik in der Schule, 36*(3), 96–101.

Wodzinski, R. (1999a). Wie erklärt man das Fliegen in der Schule? *Plus Lucis, 7*(2), 18–22. ► https://www.pluslucis.org/ZeitschriftenArchiv/1999-2_PL.pdf (► *Materialien zum Buch*).

Wodzinski, R. (1999b). *Neuere Konzepte zur Behandlung des Drucks in der Sekundarstufe I*. Vortrag auf dem Erlanger Physik-Wochenende. ► http://www.solstice.de/cms/upload/Vortrag/wodzinski/vortra99.pdf; ► https://www.solstice.de/cms/upload/Vortrag/wodzinski/folie_99.pdf (► *Materialien zum Buch*).

Wodzinski, R. (2000). Zustandsgröße Druck. Zur Einführung des Druckbegriffs in der Sekundarstufe I. *Naturwissenschaften im Unterricht Physik, 11*(57), 32–33.

Wodzinski, R., & Wasserburger, K. (2000). Einführung in das Thema Druck. Ein Vorschlag für eine arbeitsteilige Gruppenarbeit mit einfachen Experimenten. *Naturwissenschaften im Unterricht Physik, 11*(57), 13–16.

Unterrichtskonzeptionen zu elektrischen Stromkreisen

Jan-Philipp Burde und Thomas Wilhelm

Inhaltsverzeichnis

© Springer-Verlag GmbH Deutschland, ein Teil von Springer Nature 2021
T. Wilhelm, H. Schecker, M. Hopf (Hrsg.), *Unterrichtskonzeptionen für den Physikunterricht*,
https://doi.org/10.1007/978-3-662-63053-2_8

8.1 Fachliche Einordnung

■ **Grundgrößen einfacher elektrischer Stromkreise**

Unter einfachen elektrischen Stromkreisen werden im Folgenden solche Stromkreise verstanden, die keine kapazitiven oder induktiven Elemente enthalten und lediglich an eine Gleichspannungsquelle wie z. B. eine Batterie angeschlossen sind. Die physikalische Auseinandersetzung mit einfachen Stromkreisen findet in der Regel über die Größen Stromstärke, Spannung und Widerstand statt. Auch wenn Stromkreise heutzutage neben der Informationsübertragung hauptsächlich der Energieübertragung dienen, spielt die Größe Energie bei der Auseinandersetzung mit einfachen Stromkreisen oftmals nur eine untergeordnete Rolle.

Die Stromstärke beschreibt, welche Ladungsmenge Q pro Zeiteinheit durch den Querschnitt eines elektrischen Leiters fließt:

$$I = \frac{dQ}{dt}.$$

Ähnlich der Masse m ist auch die elektrische Ladung Q eine grundlegende Eigenschaft von Körpern. Ist ein Körper geladen, wird er in der Physik als Ladungsträger bezeichnet. Definitionsgemäß entspricht die technische Stromrichtung der Richtung, in die sich positive Ladungsträger bewegen würden. Die physikalische Stromrichtung bezieht sich hingegen auf die Bewegungsrichtung der Ladungsträger unabhängig von ihrer jeweiligen Ladung. Diese Ladungsträger sind im Falle von einfachen metallischen Stromkreisen negativ geladene Elektronen, daher sind technische und physikalische Stromrichtung hier entgegengerichtet. Die Stromstärke selbst ist hingegen eine skalare und keine vektorielle Größe.

Die elektrische Spannung ist definiert als die in einem elektrischen Feld pro Ladungseinheit aufzubringende Arbeit, um diese entgegen der Feldrichtung von einem Punkt $\vec{r}_A$ zu einem Punkt $\vec{r}_B$ zu verschieben:

$$U_{AB} = \frac{W_{AB}}{q} = -\int_{\vec{r}_A}^{\vec{r}_B} \vec{E} \cdot d\vec{s}.$$

Bei elektrostatischen Feldern ist die Spannung unabhängig vom Integrationsweg, da diese wirbelfrei und somit konservativ sind. Damit kann jedem Punkt des elektrostatischen Feldes ein elektrisches Potenzial φ zugeordnet werden, das an einem beliebigen Punkt $\vec{r}_A$ mit Referenz zum Nullpotenzial $\vec{r}_0$ wie folgt definiert ist:

$$\varphi_A = -\int_{\vec{r}_0}^{\vec{r}_A} \vec{E} \cdot d\vec{s}.$$

In wirbelfreien elektrischen Feldern lässt sich die elektrische Spannung somit einfach als Potenzialdifferenz zwischen den Punkten A und B ausdrücken:

$$U_{AB} = \varphi_B - \varphi_A.$$

Eine Definition der elektrischen Spannung über eine Potenzialdifferenz ist hingegen nicht möglich, wenn elektrische Wirbelfelder auftreten, wie dies z. B. beim Thomson'schen Ringversuch der Fall ist. Infolge des sich zeitlich ändernden magnetischen Flusses kommt es bei solchen Induktionsversuchen zu einem elektrischen Wirbelfeld mit ringförmig in sich geschlossenen Feldlinien, womit eine Wegabhängigkeit der elektrischen Spannung entsteht.

Eine einfache physikalische Erklärung für den elektrischen Widerstand liefert das Drude-Modell. Hier wird davon ausgegangen, dass die Außen- bzw. Valenzelektronen nur sehr leicht an die Atome gebunden sind und sich deshalb frei durch das jeweilige Metall wie z. B. Kupfer bewegen können. Werden diese aufgrund einer angelegten Spannung und des damit einhergehenden elektrischen Feldes in Bewegung versetzt, so kommt es zu elastischen Stößen der Elektronen mit den Gitterrümpfen. Je häufiger dabei solche Stöße sind, bei denen die Elektronen Energie an die Atomrümpfe abgeben, desto größer ist in diesem Modell der elektrische Widerstand. Durch die Zusammenstöße mit den Atomrümpfen geraten diese in Schwingung, was mit einer Erhöhung der Temperatur des Materials einhergeht. Da sich mit zunehmender Schwingungsintensität zudem die Querschnittsfläche für mögliche Zusammenstöße erhöht, steigt der Widerstand bei diesen Metallen mit zunehmender Temperatur immer weiter an. Der Widerstandswert R ist dabei ein mathematisches Maß dafür, welche elektrische Spannung an einem Widerstand nötig ist, um eine bestimmte Stromstärke durch diesen zu erreichen, was sich unmittelbar aus seiner mathematischen Definition ergibt:

$$R := \frac{U}{I}.$$

Ist der Widerstandswert R eines Widerstands über einen größeren Stromstärkebereich hinweg konstant, so spricht man von einem Ohm'schen Widerstand und bezeichnet den Zusammenhang $I \propto U$ als Ohm'sches Gesetz. Wichtig ist jedoch, sich dessen bewusst zu sein, dass solche Ohm'schen Widerstände wie z. B. ein Konstantandraht die Ausnahme statt die Regel darstellen. Aufgrund der mit zunehmender Stromstärke ansteigenden Temperatur verfügen viele elektrische Bauteile wie Glühlampen nicht über einen konstanten Widerstandswert, weshalb es in solchen Fällen unsinnig wäre, z. B. aus den Betriebsdaten „5 V/0,5 A" einer Glühlampe zu schließen, diese hätte allgemein einen Widerstandswert von 10 Ω.

Im Unterricht werden nur *Spannungsquellen,* wie Batterien oder die Netzspannung, verwendet, aber keine geregelten *Stromquellen.* In theoretischen Betrachtungen geht man meist vereinfachend davon aus, dass die Quellenspannung von der Belastung unabhängig ist. Spannungsquellen sorgen unter idealisierten Bedingungen für eine konstante Spannung, nicht jedoch für eine konstante Stromstärke. Im Alltag wird dies daran offensichtlich, dass sich auf einer Batterie eine Spannungsangabe (z. B. 1,5 V) und keine Stromstärkenangabe befindet. Deutlich wird dies auch, wenn zu einem bestehenden Lämpchen ein weiteres Lämpchen parallelgeschaltet wird. Wie ◘ Abb. 8.1 zu entnehmen ist, steigt dann (bei gleicher Spannungsquelle) die Stromstärke an.

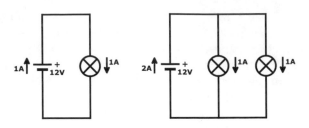

◘ Abb. 8.1   Die (ideale) Batterie ist Quelle einer konstanten Spannung und nicht einer konstanten Stromstärke

Die Kirchhoff'schen Regeln beschreiben allgemein, wie mehrere elektrische Ströme bzw. mehrere elektrische Spannungen in Stromkreisen miteinander zusammenhängen. Die erste Regel von Kirchhoff, auch als Knotenregel bekannt, sagt aus, dass in einem Verzweigungspunkt eines Stromkreises die Summe der hineinfließenden Ströme gleich der Summe der abfließenden Ströme ist ($I_1 + I_2 + ... + I_n = 0$). Die zweite Regel von Kirchhoff, auch bekannt als Maschenregel, besagt, dass sich die Teilspannungen einer Masche (d. h. eines geschlossenen Umlaufs) zu null addieren ($U_1 + U_2 + ... + U_n = 0$).

Unbeantwortet geblieben ist in den bisherigen Ausführungen die Frage, wie man sich das Zustandekommen einer elektrischen Spannung an Widerständen bzw. des elektrischen Stromes in Stromkreisen allgemein mikroskopisch vorstellen kann. Wichtig ist hier zunächst einmal zu erkennen, dass sich die Leitungselektronen im Inneren eines Leiters nur deshalb in Bewegung setzen, weil im Leiterinneren ein elektrisches Feld existiert, das auf die Elektronen eine Kraft ausübt. Entsprechend dem Gauß'schen Gesetz muss dieses elektrische Feld im Leiterinneren auf zusätzliche Ladungen zurückzuführen sein. Ähnlich wie in der Elektrostatik befinden sich diese felderzeugenden Ladungen an der Leiteroberfläche, weshalb diese auch als Oberflächenladungen bezeichnet werden. Im Leiterinneren bildet sich nun ein homogenes elektrisches Feld heraus, weil sich die Oberflächenladungen nicht gleichmäßig über die gesamte Oberfläche verteilen. Vielmehr liegt z. B. bei einem langen, homogenen zylindrischen Drahtstück mit nicht zu vernachlässigendem Widerstand eine linear abfallende Oberflächenladungsdichte zwischen dem Plus- und Minuspol einer Spannungsquelle vor, wie in ◘ Abb. 8.2 dargestellt.

Bei elektrischen Widerstandselementen, an die links und rechts ein Kupferdraht mit hoher Leitfähigkeit und gleichem Durchmesser angeschlossen ist, geht die erhöhte Feldstärke innerhalb des Widerstands mit der Herausbildung von sogenannten Grenzflächenladungen einher. Qualitativ kann man sich das Entstehen dieser stationären Grenzflächenladungen so vorstellen, dass nach dem Einschalten der Spannungsquelle sich Ladungen so lange an den Enden des Widerstandselements ansammeln, bis das durch sie erzeugte elektrische Feld groß genug ist,

8

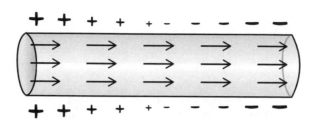

■ **Abb. 8.2** Linear abfallende Oberflächenladungsdichte bei einem langen, homogenen zylindrischen Drahtstück mit nicht zu vernachlässigendem Widerstand (nach Muckenfuß und Walz 1997, S. 176)

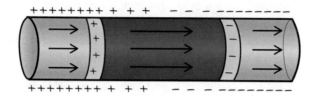

■ **Abb. 8.3** Grenzflächenladungen (gelbe Bereiche) zwischen einem Kupferdraht (grau) und einem Widerstandselement (orange) mit geringer Leitfähigkeit. Die Feldstärke des elektrischen Feldes wird durch die jeweilige Pfeillänge dargestellt (nach Härtel 2012b, S. 26)

damit trotz der geringeren Leitfähigkeit die Stromstärke im Widerstandselement genauso groß ist wie im Kupferdraht (vgl. ■ Abb. 8.3).

Analog zu einer Masse *m,* der eine potenzielle Energie im Gravitationsfeld zugeordnet wird, kann einer Ladung *q* eine potenzielle Energie im elektrischen Feld zugeordnet werden. Beim Durchfließen des Widerstands wird ein Teil dieser Energie z. B. in Form von thermischer Energie entsprechend $W = E_{pot}(A) - E_{pot}(B)$ abgegeben. Mit $E_{pot} = q \cdot \varphi$ und der Spannung als Potenzialdifferenz folgt für die am Widerstand abgegebene Energie $W = q \cdot (\varphi_A - \varphi_B) = q \cdot U_{AB}$. Erweitert man in dieser Gleichung nun *q* um die Zeit *t,* erhält man die gängige Form $W = U \cdot I \cdot t$ bzw. bezogen auf die am Widerstand umgesetzte Leistung $P = \frac{W}{t} = U \cdot I$. Dabei wird die elektrische Energie jedoch interessanterweise nicht durch die Elektronen von der Batterie zum Widerstand übertragen, sondern durch das elektrische und magnetische Feld. Der Poynting-Vektor beschreibt die Energiestromdichte; er wird als Kreuzprodukt aus elektrischer und magnetischer Feldstärke entsprechend $\vec{S} = \vec{E} \times \vec{H}$ berechnet. Daraus lässt sich ableiten, dass die Energie nicht auf den Elektronen „sitzt", sondern außerhalb des Leiters durch das Feld von der Batterie zum Widerstand transportiert wird. Während energetischen Fragen in der klassischen Auseinandersetzung mit einfachen Stromkreisen wie eingangs erwähnt nur eine untergeordnete Rolle zukommt, kann die Energie durchaus auch die Grundlage der fachlichen Strukturierung darstellen (▶ Abschn. 8.4.2 und 6.6).

■ **Elementarisierungen**

Der traditionelle Physikunterricht (▶ Abschn. 8.2) fokussiert in der Regel auf den Strombegriff und illustriert diesen anhand eines Wassermodells, versäumt es jedoch oftmals, den Lernenden ein Verständnis für den Differenzcharakter der elektrischen Spannung zu vermitteln. Der Karlsruher Physikkurs (KPK, ▶ Abschn. 8.3.1) führt hingegen das elektrische Potenzial explizit ein, um die Spannung als Potenzialdifferenz behandeln zu können. Um den Lernenden das Konzept der Potenzialdifferenz zu veranschaulichen, greift der KPK zu Beginn auf den ebenen, geschlossenen Wasserkreislauf zurück (Wasserdruck als Potenzial). Die Bremer Konzeption (▶ Abschn. 8.3.2) hingegen führt das Potenzial nicht explizit ein. Behandelt wird jedoch sehr ausführlich (zwei Drittel der Unterrichtszeit) der ebene, geschlossene *Wasser*kreislauf als Hinführung auf den elektrischen Stromkreis. Der Wasserpegelunterschied in einer Doppelwassersäule dient als Analogie zur elektrischen Spannung einer Spannungsquelle. Während im IPN-Curriculum (▶ Abschn. 8.4.1) die Frage, wie mithilfe von elektrischen Stromkreisen Energie übertragen werden kann, nur zu Beginn behandelt wird, stellt diese Frage bei der Konzeption aus Weingarten (▶ Abschn. 8.4.2) den zentralen Unterrichtsgegenstand dar. Entsprechend der energetischen Perspektive auf elektrische Stromkreise wird die Spannung in dieser Konzeption als Maß für den Antrieb durch die Energiequelle eingeführt. Körperliche Erfahrungen beim Handbetrieb eines Generators spielen eine wichtige Rolle. Die Münchner Konzeption (▶ Abschn. 8.5) setzt sich zunächst mit dem Strombegriff auseinander, bevor anschließend das elektrische Potenzial und die elektrische Spannung vor allem anhand eines Stäbchenmodells veranschaulicht werden. Im Gegensatz zu den zuvor genannten Ansätzen wird in der Frankfurter Konzeption (▶ Abschn. 8.6) das elektrische Potenzial in einem Elektronengasmodell über eine Luftdruckanalogie noch vor dem elektrischen Strom eingeführt, um einerseits der Entwicklung eines übermächtigen Strombegriffs frühzeitig zu begegnen und andererseits bei den Lernenden ein qualitatives Verständnis für die elektrische Spannung als Potenzialdifferenz und Ursache des elektrischen Stromes zu fördern.

In ◼ Tab. 8.1 sind die angesprochenen Konzepte im Überblick zusammengestellt.

◘ Tab. 8.1 Übersicht über die vorgestellten Unterrichtskonzeptionen

	Traditioneller Unterricht (▶ Abschn. 8.2)	Ebener geschlossener Wasserkreislauf: Karlsruher Physikkurs und Doppelwassersäule (▶ Abschn. 8.3)	Stromkreis als Energieübertragungssystem: handbetriebene Generatoren und IPN-Curriculum (▶ Abschn. 8.4)	Münchner Stäbchenmodell (▶ Abschn. 8.5)	Frankfurter Elektronengasmodell (▶ Abschn. 8.6)
vorherrschende Analogie	ebener Wasserkreislauf, Wasserhöhenmodell, Rucksackmodell	ebener, geschlossener Wasserkreislauf	Riemenkreislauf mit zwei Wellrädern (Weingarten) und steifer Ring (IPN)	Stäbchenmodell	Fahrradkette und Luftströmungen
Einstiegsthema	Stromstärke	jeweils Wasserstromkreise	jeweils Energie	Stromstärke	Potenzial
zentrale Größe	Stromstärke	Potenzial im KPK	Energiestrom (Weingarten)	Stromstärke und Potenzial	Potenzial
Bedeutung des Potenzials	das Potenzial wird nicht unterrichtet	explizite Einführung des Potenzials im KPK; Pegelstände in einer Doppelwassersäule als implizite Analogie zum el. Potenzial	das Potenzial wird nicht unterrichtet	das Potenzial wird zur Behandlung der Spannung gebraucht	das Potenzial ist Ausgangspunkt des Unterrichts
Einführung der Spannung	Spannung als Antrieb des elektrischen Stromes oder als Energie pro Ladung	Spannung ist Potenzialdifferenz (KPK) bzw. Spannung ist Druckdifferenz	Spannung als Maß für den Antrieb der Energiequelle (Weingarten)	die Spannung entspricht dem Höhenunterschied zweier Stäbchen	Spannung ist Potenzialdifferenz in Analogie zu Druckunterschieden
Thematisierung von Wechselspannung	grundlegende Aspekte	KPK: grundlegende Aspekte Doppelwassersäule: nein	nein	nein	nein

8.2 Traditioneller Unterricht

- **Inhalte und Abfolge im traditionellen Unterricht**

In einer Studie, in der die Sachstruktur des Elektrizitätslehreunterrichts in der Sekundarstufe I von 32 Lehrkräften in Hessen, Bayern und Österreich untersucht wurde, zeigte sich, dass es den einen, traditionellen Elektrizitätslehreunterricht nicht gibt.[1] Vielmehr kommt die Studie zu dem Schluss, dass der Unterricht bezüglich der behandelten Inhalte und der Abfolge der Inhalte ein immer wieder anderes Amalgam verschiedener Ideen darstellt. Zwei Drittel der Lehrkräfte behandeln in ihrem Unterricht neben den Grundgrößen auch Reihen- und Parallelschaltungen sowie das Ohm'sche Gesetz. Ein ähnlich hoher Anteil der Lehrkräfte verwendet in ihrem Unterricht zudem eine Wasserkreislaufanalogie. Eine Auseinandersetzung mit der Rolle von Oberflächen- und Grenzflächenladungen findet in der Schule jedoch in der Regel nicht statt, möglicherweise da diese experimentell nur schwer nachweisbar sind und auf 10^{16} Leitungselektronen im Leiterinneren lediglich ein Oberflächenelektron kommt.

Der Einstieg in das Thema erfolgt üblicherweise mit der Betrachtung der Bestandteile des elektrischen Stromkreises und der Unterscheidung zwischen Leitern und Nichtleitern oder einer Auseinandersetzung mit der Elektrostatik und dem Atomaufbau. Danach wird Strom als Ladungsfluss eingeführt, teils werden die Wirkungen des elektrischen Stromes betrachtet und die Stromstärke wird dann quantitativ als Ladungsmenge pro Zeiteinheit definiert. Daran anschließend wird der Einfluss des Widerstands auf die Stromstärke thematisiert, gefolgt von einer Einführung der Spannung entweder schlicht als Antrieb des elektrischen Stromes oder als Energie pro Ladung. Obwohl Ohm'sche Widerstände eher die Ausnahme als die Regel darstellen, steht die Auseinandersetzung mit dem Ohm'schen Gesetz oftmals im Mittelpunkt des Unterrichts und wird zudem teilweise mit der Definition des Widerstands $R = \frac{U}{I}$ gleichgesetzt. Nach der Auseinandersetzung mit U-I-Kennlinien und der Abhängigkeit des Widerstands von Temperatur und Form stellt die Analyse von Reihen- und Parallelschaltungen inklusive der Betrachtung des Gesamtwiderstands und der Kirchhoff'schen Regeln oftmals den Abschluss der jeweiligen Unterrichtseinheit zu Stromkreisen dar. In Abhängigkeit vom jeweiligen Lehrplan wird in manchen Ländern zudem noch auf das Thema „Wechselspannung" eingegangen, wobei das in der Sekundarstufe I typischerweise auf Aspekte wie Netzfrequenz, Spannungstransformation und gegebenenfalls Spitzen- und Effektivwerte für U und I beschränkt bleibt.

Um den Lernenden das Verständnis elektrischer Stromkreise zu erleichtern, werden gerade in der Sekundarstufe I oft Modelle und Analogien eingesetzt. Die Idee dahinter ist, durch den Vergleich mit etwas Bekanntem die abstrakten Konzepte hinter elektrischen Stromkreisen etwas anschaulicher und verständlicher zu machen. Während gute Modelle durchaus lernförderlich wirken können, hat sich

---

1   Schubatzky (2020).

jedoch ausgerechnet der im traditionellen Unterricht oftmals verwendete ebene, geschlossene Wasserkreislauf als problematische Lernhilfe erwiesen, u. a. weil die Schülerinnen und Schüler im Alltag keine Erfahrungen mit Wasserdruck in ebenen, geschlossenen Rohrsystemen machen.[2]

▪ Der elektrische Strom als Primärkonzept

Eine physikalische Größe, die im heutigen Physikunterricht oftmals ein Nischendasein fristet, ist das elektrische Potenzial. Bis Anfang des 20. Jahrhunderts fand die Einführung in die Elektrizitätslehre in der Regel noch über die Elektrostatik und das elektrische Potenzial statt. Aus historischen, nicht jedoch didaktischen Gründen hat sich der Fokus dann zunehmend in Richtung einer vertieften Auseinandersetzung mit dem Strombegriff verschoben, der heute oftmals den Unterricht dominiert. In einer Analyse aktueller Schulbücher zeigte sich beispielsweise, dass das elektrische Potenzial in keinem einzigen Schulbuch mehr Unterrichtsgegenstand ist und der elektrische Strom durchweg die zentrale Größe des Kapitels „einfache Stromkreise" darstellt.[3] Die Dominanz des Stromkonzepts spiegelt sich dabei nicht nur darin wider, dass es im Vergleich zu anderen physikalischen Konzepten, wie z. B. der elektrischen Spannung, deutlich ausführlicher behandelt wird, sondern in der Regel auch als erstes eingeführt wird.

Ein solches Vorgehen ist problematisch, weil schon seit den 1980er-Jahren vermutet wird, dass es zur Herausbildung eines „übermächtigen Strombegriffs" bei den Lernenden beiträgt.[4] Damit ist gemeint, dass Lernende den Stromkreis nicht als zusammenhängendes System begreifen, in dem Spannung, Widerstand und Stromstärke in wechselseitiger Beziehung zueinander stehen. Vielmehr glauben sie, Stromkreise allein aus Sicht des elektrischen Stromes analysieren zu können, der von der Batterie ausgehend den Stromkreis Bauteil für Bauteil durchläuft, sich an Verzweigungen entscheiden muss, wie er sich aufteilt und in Lämpchen und Widerständen womöglich verbraucht wird. Problematisch ist dabei, dass die Rolle der elektrischen Spannung als Ursache des elektrischen Stromes verkannt wird und die Lernenden häufig auch später keine Notwendigkeit mehr sehen, ein unabhängiges Spannungskonzept zu entwickeln. Stattdessen tendieren Lernende dazu, die Spannung lediglich als eine Eigenschaft des elektrischen Stromes wahrzunehmen, der von sich aus den Stromkreis durchfließt. Nicht selten spiegelt sich die mangelnde konzeptionelle Differenzierung zwischen Strom und Spannung dann auch sprachlich in der Verwendung des Begriffs der „Stromspannung" wider. Vor dem Hintergrund, dass der alltägliche Strombegriff energetisch genutzt wird („Stromverbrauch", „Stromrechnung" oder „Stromsparen"), besteht eine weitere Schwierigkeit für Lernende darin, den elektrischen Strom als Ladungsträgerstrom statt als Energiestrom zu begreifen.

---

2 Burde und Wilhelm (2016).
3 Wilhelm und Vairo (2020).
4 Rhöneck (1986, S. 13); Cohen, Eylon und Ganiel (1983).

- **Das Ohm'sche Gesetz im Mittelpunkt**

Einen Schwerpunkt des traditionellen Unterrichts in der Sekundarstufe I stellt die oftmals quantitative Auseinandersetzung mit der wechselseitigen Beziehung der Grundgrößen Stromstärke, Widerstand und Spannung anhand der Formel $I = \frac{U}{R}$ dar. Gerade eine verfrühte Fokussierung auf diesen mathematischen Zusammenhang ist insofern problematisch, als dass die Lernenden dann weder eine anschauliche Vorstellung der Grundgrößen U, R und I selbst besitzen noch in der Lage sind, die Bedeutung des Zusammenhangs $I = \frac{U}{R}$ konzeptionell nachzuvollziehen. Stattdessen kommt es bei den Lernenden zur Herausbildung eines reinen Formel- und Faktenwissens, das sie mangels konzeptionellen Verständnisses aber nicht auf reale Probleme anwenden können. Hinzu kommt, dass die Formel nur bei Ohm'schen Widerständen sinnvoll anwendbar ist, die meisten Widerstände aber nicht über einen konstanten Widerstandswert R verfügen.

Eine ausgiebige, rein rechnerische Auseinandersetzung mit der Formel $U = R \cdot I$ ist auch deshalb problematisch, weil hier Spannung und Stromstärke definitionsgemäß immer gemeinsam auftreten. Werden im Unterricht nur Situationen betrachtet, bei denen Spannung und Stromstärke proportional zueinander sind, werden die Lernenden in ihrer Vorstellung bestärkt, dass die Spannung eine Eigenschaft des elektrischen Stromes sein müsse. Wird dann nach der elektrischen Spannung z. B. an einem offenen Schalter gefragt, kommt ein Großteil der Lernenden diesem Denkmuster folgend zu dem Schluss, dass bei $I = 0$ entsprechend der Formel $U = R \cdot I$ auch die Spannung am Schalter null sein müsse.[5] Während eine Auseinandersetzung mit den Kirchoff'schen Gesetzen den Lernenden ein tieferes Verständnis elektrischer Stromkreise erlaubt, ist eine ausführliche Auseinandersetzung mit der Berechnung von Ersatzwiderständen für kombinierte Widerstände aus didaktischer Sicht fragwürdig. Der Grund hierfür besteht darin, dass Ersatzwiderstände mit Ausnahme einiger sehr spezieller Fälle wie dem Berechnen von Messbereichserweiterungen nur selten praktische Anwendung finden.

- **Elektrische Spannung nicht als Differenzgröße**

Als Potenzialdifferenz stellt die elektrische Spannung z. B. an Widerständen eine Differenzgröße dar, d. h., sie bezieht sich auf zwei Punkte in einem Stromkreis. Ein tieferes Verständnis der elektrischen Spannung setzt also zumindest eine implizite Einführung des elektrischen Potenzials voraus. Interessanterweise wird im traditionellen Unterricht jedoch in der Regel auf eine Einführung des elektrischen Potenzials, das der elektrischen Spannung zugrunde liegt, verzichtet. Stattdessen wird die elektrische Spannung beispielsweise entsprechend der mathematischen Definition $U = \frac{W}{Q}$ als Arbeitsfähigkeit pro Ladung bzw. Maß für die Stärke der „Energiebeladung" von Ladungsträgern eingeführt. Eine solche Erklärung der Spannung ist jedoch nicht nur wenig anschaulich, sondern vor allem ungeeignet, bei den Lernenden ein Verständnis für den Zusammenhang zwischen Spannung und Stromstärke aufzubauen oder den Differenzcharakter der Spannung zu verdeutlichen. Wird dann zur Illustration der Spannung als Arbeitsfähigkeit pro

---

5   Rhöneck (1988); Muckenfuß und Walz (1997).

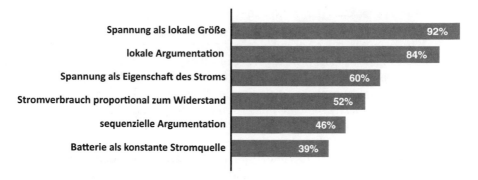

Abb. 8.4 Schülervorstellungen nach dem traditionellen Unterricht bei 17 Gymnasialschulklassen im Frankfurter Raum (nach Burde 2018, S. 244)

Ladung auf das Rucksackmodell zurückgegriffen, besteht zudem die Gefahr, dass noch eine ganze Reihe an weiteren problematischen Vorstellungen, wie z. B. das lokale und sequenzielle Denken, unterstützt werden.[6]

- **Empirische Ergebnisse**

Die physikdidaktische Forschung der vergangenen 40 Jahre hat gezeigt, dass es dem traditionellen Unterricht nicht gelingt, den Schülerinnen und Schülern ein angemessenes konzeptionelles Verständnis einfacher Stromkreise zu vermitteln.[7] In einer 2018 veröffentlichten Studie wurde u. a. das konzeptionelle Verständnis von 17 traditionell unterrichteten Schulklassen im Frankfurter Raum erhoben.[8] Die Studie zeigt, dass viele Schülerinnen und Schüler auch nach dem Unterricht über kein angemessenes Verständnis des elektrischen Stromkreises verfügen (Abb. 8.4). Auch wenn dieses Ergebnis auf den ersten Blick verwundern mag, deckt es sich mit anderen Befunden, wonach sich die vorunterrichtlichen Vorstellungen der Lernenden als außerordentlich stabil und resistent gegenüber unterrichtlichen Bemühungen erwiesen haben.

Auch nach dem Unterricht waren vier von zehn Schülerinnen und Schülern der Ansicht, dass die Batterie nicht eine Quelle konstanter Spannung, sondern eine Quelle konstanten Stromes sei, was u. a. auf die leichtfertige Verwendung des Begriffs „Stromquelle" statt „Spannungsquelle" im Unterricht zurückgeführt werden kann. Ältere Studien in den Niederlanden und Frankreich kamen zu vergleichbaren Ergebnissen.[9]

Etwa der Hälfte der Lernenden gelingt es ferner nicht, den elektrischen Stromkreis als zusammenhängendes System zu begreifen und argumentiert bei der Analyse von Stromkreisen stattdessen sequenziell. Dementsprechend wird

---

6 Für eine ausführliche Darstellung typischer Schülervorstellungen in der Elektrizitätslehre sei auf ► Kap. 6 in Schecker, Wilhelm, Hopf und Duit (2018) verwiesen.
7 Duit, Jung und Rhöneck (1985); McDermott und Shaffer (1992); Shipstone et al. (1988).
8 Burde (2018).
9 Licht und Thijs (1990); Dupin und Johsua (1987).

davon ausgegangen, dass der elektrische Strom den Stromkreis Bauteil für Bauteil durchläuft. Im Unterricht wird dieser Vorstellung oftmals unbewusst dadurch Vorschub geleistet, dass der Verlauf des Stromes von der Batterie ausgehend Bauteil für Bauteil nachvollzogen wird.[10] Eng mit dieser Vorstellung verbunden, aber noch stärker ausgeprägt ist die lokale Argumentation, wonach sich Lernende bei der Analyse eines Stromkreises auf einzelne Elemente fokussieren, ohne dabei den Einfluss der anderen Bauteile im Stromkreis zu berücksichtigen. Im traditionellen Unterricht wurde diese Vorstellung von mehr als acht von zehn Lernenden vertreten.[11]

Eine andere weitverbreitete Vorstellung besteht darin, dass angenommen wird, der elektrische Strom würde in Widerständen oder Lämpchen zumindest teilweise verbraucht werden. Zudem gelingt es vielen Lernenden nicht, konzeptionell zwischen Strom und Energie zu unterscheiden.[12] Ein Grund für diese Verständnisschwierigkeiten wird darin gesehen, dass der alltägliche Strombegriff primär energetisch konnotiert ist (z. B. „Stromverbrauch" bzw. „Stromsparen"), während sich der fachliche Strombegriff auf einen im Kreis zirkulierenden Ladungsträgerstrom bezieht.[13]

Zudem bereitet den Lernenden auch die Unterscheidung zwischen Strom und Spannung große konzeptionelle Schwierigkeiten. In der Frankfurter Studie hielten sechs von zehn Schülerinnen und Schüler die elektrische Spannung auch nach dem Unterricht noch für eine Eigenschaft des Stromes, was sich mit Befunden aus den 1980er-Jahren deckt.[14] Für sogar neun von zehn traditionell unterrichtete Lernende ist die elektrische Spannung ferner keine Differenzgröße, sondern eine lokale Größe, die ähnlich der elektrischen Stromstärke an einem bestimmten Punkt im Stromkreis gemessen werden kann.

8.3 Konzeptionen auf Basis des ebenen Wasserkreislaufs

8.3.1 Wasserdruck als Potenzial

Der Karlsruher Physikkurs (KPK) stellt das Ergebnis langjähriger Entwicklungsarbeit an der Universität Karlsruhe dar, wobei die Autoren das Ziel verfolgten, die Sachstruktur des traditionellen Physikunterrichts grundlegend zu reformieren (▶ Abschn. 4.3 und 6.4). In der Einheit zur Elektrizitätslehre wird im KPK versucht, an das im Rahmen eines Vorkurses zu Hydraulikstromkreisen aufgebaute Verständnis der Strömungsmechanik anzuknüpfen. Dabei setzt der KPK insbesondere darauf, die formalen Entsprechungen zwischen elektrischem Stromkreis

---

10 Rhöneck (1986); Härtel (2012a).
11 Shipstone et al. (1988).
12 Duit (1993).
13 Muckenfuß und Walz (1997).
14 Maichle (1982, S. 384).

und Hydraulikstromkreis zu nutzen, um den Schülerinnen und Schülern das Verständnis der Elektrizitätslehre zu erleichtern. Grundlage hierfür ist das auch anderen Teilgebieten des KPK zugrunde liegende Strom-Antrieb-Widerstand-Konzept (► Abschn. 4.3).

■ **Zirkulierender Elektrizitätsstrom, linearer Energiestrom**

Entsprechend der Zielsetzung des KPK, den Lernenden die Analogien zwischen den verschiedenen Inhaltsfeldern der Physik bewusst zu machen, wird „Elektrizität" zu Beginn in Analogie zu Impuls und Entropie (► Abschn. 6.4) „als eine Art Zeug" eingeführt, das in Stromkreisen fließt und dort als Träger der Energie fungiert. Hierzu wird ein einfacher Stromkreis aus einer Batterie und einer Lampe betrachtet und betont, dass die Elektrizität im Kreis strömt und sich nirgendwo im Stromkreis „anhäufen" kann. Nachdem die Lernenden kurz auf die Unterscheidung zwischen Leitern und Nichtleitern hingewiesen wurden, wird im KPK die Ähnlichkeit zwischen Stromkreis und Hydraulikstromkreis herausgearbeitet, um den Unterschied zwischen zirkulärem Elektrizitätsstrom und linearem Energiestrom in Stromkreisen zu verdeutlichen (◻ Abb. 8.5). Die Batterie wird dabei in Analogie zu Hydraulikstromkreisen als Elektrizitätspumpe eingeführt, wobei auch auf andere „Elektrizitätspumpen" wie Solarzellen und Generatoren verwiesen wird.

Ebenfalls wird an dieser Stelle darauf eingegangen, dass sich die Elektrizität „von Natur aus" bereits in den Bauteilen des Stromkreises befindet und dieser nicht erst mit Elektrizität befüllt werden muss, wobei die Analogie zu bereits mit Öl gefüllten Hydraulikstromkreisen gezogen wird. Im weiteren Verlauf des Kapitels rücken energetische Betrachtungen in den Hintergrund, da zunächst die

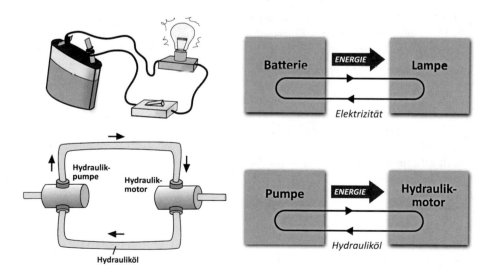

◻ **Abb. 8.5** Analogie zwischen Stromkreis und Hydraulikkreislauf (nach Herrmann et al. 2014, Tablet-Version Abschn. 16.1)

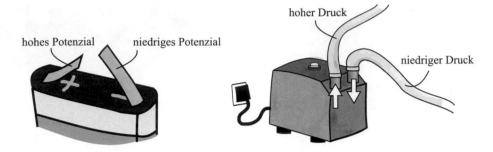

⬛ Abb. 8.6   Analogie zwischen Wasserdruck und Potenzial (nach Herrmann et al. 2014, Tablet-Version Abschn. 16.4)

Grundgrößen wie Stromstärke, Spannung und Widerstand eingeführt werden. Nach einer kurzen Vorstellung von Schaltsymbolen wird die elektrische Stromstärke als Elektrizitätsmenge pro Zeit eingeführt und diskutiert, wie diese mithilfe eines Amperemeters gemessen werden kann. Anhand einer einfachen Parallelschaltung von zwei Lämpchen wird anschließend die Knotenregel eingeführt und am Beispiel des Zusammenfließens von zwei Flüssen veranschaulicht.

- **Explizite Einführung des Potenzialbegriffs**

In einem nächsten Schritt wird thematisiert, dass an den Polen einer Batterie unterschiedliche elektrische Potenziale vorliegen. In Analogie zu einer Wasserpumpe, die dafür sorgt, dass der Wasserdruck am Ausgang höher ist als am Eingang, wird die Batterie als Elektrizitätspumpe dargestellt, die an ihrem Pluspol für ein höheres Potenzial sorgt als an ihrem Minuspol (⬛ Abb. 8.6). Zusammenfassend wird dann festgehalten, dass Elektrizitätspumpen wie Batterien oder auch Dynamos einen Potenzialunterschied erzeugen, der wiederum den Antrieb des elektrischen Stromes darstellt. Nach Einführung des Begriffs der elektrischen Spannung als Potenzialdifferenz wird darauf eingegangen, wie Spannungen mithilfe von Voltmetern gemessen werden können. Es wird auch mitgeteilt, dass miteinander verbundene Kabel sich auf dem gleichen Potenzial befinden. Anschließend wird der Potenzialnullpunkt thematisiert, indem die Frage aufgeworfen wird, welches Potenzial sich eigentlich am Plus- und Minuspol einer Batterie befindet. Durch Vergleich mit einem sich auf einem Tisch befindlichen Meterstab wird den Lernenden aufgezeigt, dass die Beantwortung dieser Frage immer vom gewählten Bezugspunkt abhängt. Aufgrund der allgemeinen Verfügbarkeit hat man sich im Falle der Elektrizität auf die Erde als Potenzialnullpunkt geeinigt. Abschließend wird in diesem Zusammenhang auch noch kurz auf den Schutzkontakt von Steckdosen eingegangen. Um in Stromkreisen Leiterabschnitte gleichen Potenzials leicht identifizieren zu können, werden die Schülerinnen und Schüler dazu angeregt, diese wie in ⬛ Abb. 8.7 dargestellt farblich zu markieren.

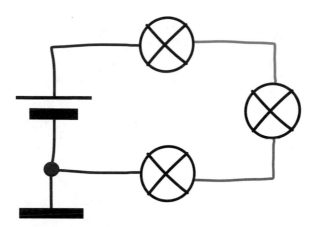

Abb. 8.7 Farbliche Kodierung des elektrischen Potenzials im KPK (nach Herrmann et al. 2014, Tablet-Version Abschn. 16.7)

- **Das Ohm'sche Gesetz als Spezialfall**

Indem ein Elektromotor an eine 6-V- bzw. 9-V-Batterie angeschlossen wird, lernen die Schülerinnen und Schüler, dass die Stromstärke mit zunehmender Spannung ansteigt. In einem zweiten Schritt wird dann der Zusammenhang der Stromstärke mit dem Widerstand thematisiert, indem bei konstanter Spannungsquelle die Stromstärke bei Lämpchen mit unterschiedlichem Widerstand gemessen wird. Der Zusammenhang zwischen Spannung und Stromstärke wird anschließend vertieft, indem für verschiedene Bauteile wie z. B. Glühlampen, Elektromotoren, Dioden und Ohm'sche Widerstände die U-I-Kennlinien aufgenommen sowie Unterschiede und Gemeinsamkeiten herausgearbeitet werden. Insbesondere wird betont, dass der Zusammenhang zwischen Stromstärke und Spannung „eine komplizierte Sache" sein kann und das Ohm'sche Gesetz in der Form $I \sim U$ einen Sonderfall darstellt. Anschließend wird der Quotient $R = \frac{U}{I}$ als Widerstand eingeführt und darauf hingewiesen, dass dessen Berechnung als Kennwert für ein Bauteil nur für Ohm'sche Widerstände sinnvoll ist. In Analogie zu Wasserschläuchen wird zudem auf die Abhängigkeit des elektrischen Widerstands von dessen Länge, Querschnitt und Material eingegangen.

Ebenfalls wird im KPK thematisiert, was ein Kurzschluss ist, warum dieser gefährlich sein kann und wie der von einem Kurzschluss ausgehenden Gefahr mithilfe einer Sicherung begegnet werden kann. Auch wird in einem eigenen Unterkapitel explizit auf die Gefahren des elektrischen Stromes hingewiesen, beispielsweise anhand des Aufbaus einer Steckdose und der Funktion der Schutzleiter bei elektrischen Geräten.

- **Weiterführende Themen: Energieübertragung und Wechselspannung**

Ein weiteres Thema, das im Rahmen des einführenden Kapitels zu Stromkreisen im KPK behandelt wird, ist die Wechselspannung. Durch die qualitative Betrachtung einer einfachen „Wechselspannungsquelle", wie sie in Abb. 8.8 dargestellt ist, wird den Lernenden vermittelt, dass das Potenzial der einen Leitung

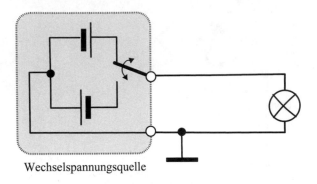

Wechselspannungsquelle

◘ **Abb. 8.8** Elementarisierung einer Wechselspannungsquelle (nach Herrmann et al. 2014, Tablet-Version Abschn. 16.10)

bei Wechselstromkreisen zwischen einem positiven und einem negativen Potenzial wechselt, während sich die andere Leitung ständig auf Erdpotenzial befindet. Anschließend wird die Idee auf die sinusförmige Netzspannung übertragen, die Begriffe Spitzen- und Effektivspannung werden über den Vergleich der Helligkeit einer Glühlampe bei Wechsel- bzw. Gleichspannung eingeführt und es wird kurz auf die Vorteile der Wechselspannung bei einer Spannungstransformation hingewiesen.

In dem sich anschließenden Kapitel wird die zu Beginn rein qualitativ thematisierte Energieübertragung mithilfe von Stromkreisen auch quantitativ behandelt. In Analogie zu anderen im KPK verwendeten Konzepten wie der Impulsstromstärke F (für die Kraft, ▶ Abschn. 4.3) wird die elektrische Leistung als Energiestromstärke P eingeführt und der Zusammenhang $P = U \cdot I$ erarbeitet. Den Abschluss der Einheit zu Stromkreisen bildet die Auseinandersetzung mit Energieverlusten in Leitungen infolge von deren Widerstand. Hierzu wird am Beispiel eines einfachen Stromkreises mit sehr langen Leitungen gezeigt, dass die Spannung an der Lampe geringer ausfällt als am Netzgerät (◘ Abb. 8.9). Diese der bisherigen Annahme von Drähten mit idealer Leitfähigkeit widersprechende

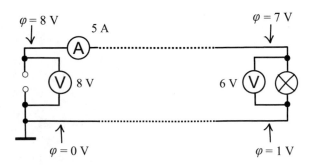

◘ **Abb. 8.9** Potenzialabfall entlang langer Leitungen aufgrund von Leitungswiderständen (nach Herrmann et al. 2014, Tablet-Version Abb. 17.6)

Beobachtung wird anschließend erklärt und auf die unerwünschten Folgen von Leitungswiderständen für die Energieübertragung hingewiesen.

- **Empirische Ergebnisse**

Im Rahmen einer umfassenden Untersuchung der Lernwirkungen des KPK wurde u. a. gezeigt, dass ein Elektrizitätslehreunterricht auf seiner Basis zu einem ähnlichen Verständnisgrad einfacher Stromkreise führt wie der traditionelle Unterricht.[15] Insbesondere konnten keine Vorteile in Hinblick auf die Vorstellungen der Lernenden nachgewiesen werden. Beispielsweise gelang es weder traditionell noch nach dem KPK unterrichteten Schülerinnen und Schülern, zwischen Strom und Energie bzw. Energiestrom zu differenzieren. Kein Unterschied konnte zudem in Hinblick auf ein Verständnis für den Systemcharakter von Stromkreisen gefunden werden. Darüber hinaus zeigte sich, dass die Schülerinnen und Schüler im KPK trotz der dortigen expliziten Behandlung des elektrischen Potenzials die Größen Spannung und Potenzial miteinander vermischen. Allerdings ergab die Evaluation, dass die im KPK gegebenen Erklärungen von den Mädchen als verständlicher empfunden werden und diese zudem über ein höheres Selbstkonzept in Physik verfügen als traditionell unterrichtete Schülerinnen.

- **Unterrichtsmaterialien**
  - ▶ http://www.physikdidaktik.uni-karlsruhe.de/kpk_material.html

Der gesamte Karlsruher Physikkurs inklusive der hier vorgestellten Unterrichtskonzeption zur Elektrizitätslehre, die Teil des zweiten Bandes für die Sekundarstufe I ist, kann kostenfrei von dieser Internetseite der Universität Karlsruhe bezogen werden. Die Materialien liegen in einem Schulbuch-ähnlichen Format vor, d. h. enthalten neben Erklärungen auch dazu passende Aufgaben.

8.3.2 Doppelwassersäule als Analogie zur Spannungsquelle

Von Mitte der 1980er- bis Mitte der 1990er-Jahre wurde an der Universität Bremen die Lernförderlichkeit der Analogie des ebenen, geschlossenen Wasserkreislaufs für das Verständnis elektrischer Stromkreise erforscht. In diesem Rahmen wurde eine 18 Doppelstunden umfassende Unterrichtsreihe zu einfachen Stromkreisen entwickelt. Unter einem ebenen, geschlossenen Wasserkreislauf wird dabei ein System aus dichten, sich in einer horizontalen Ebene befindlichen Wasserrohren mit gleichem Querschnitt verstanden. Damit ist der ebene, geschlossene Wasserkreislauf insbesondere vom offenen Wasserkreislaufmodell zu unterscheiden, bei dem Wasser aufgrund von Höhendifferenzen zu fließen beginnt. Während beim offenen Wasserkreislaufmodell die Wasserhöhe dem elektrischen Potenzial und dementsprechend der Wasserhöhenunterschied der elektrischen Spannung entspricht, verwendet der ebene, geschlossene Wasserkreislauf eine

---

15 Starauschek (2001).

Druckanalogie, da der Wasserdruck in den Rohren dem elektrischen Potenzial und der Wasserdruckunterschied folglich der elektrischen Spannung entspricht. Damit weist der ebene, geschlossene Wasserkreislauf aus physikalischer Sicht große formale Entsprechungen zum elektrischen Stromkreis auf.

Die auf dem ebenen, geschlossenen Wasserkreislaufmodell basierende Unterrichtskonzeption legt großen Wert darauf, dass die Schülerinnen und Schüler selbstständig die Gesetzmäßigkeiten von Wasserstromkreisen experimentell erarbeiten. Dies geschieht vor dem Hintergrund, dass sich im Laufe der Untersuchungen gezeigt hat, dass die Lernenden entgegen der weitläufigen Annahme nicht bereits aus dem Alltag ein Verständnis von Wasserkreisläufen mitbringen. Da ohne ein fundiertes Verständnis des Ausgangsbereichs die Nutzung einer Analogie zum Aufbau eines Verständnisses im Zielbereich wenig Sinn ergibt, liegt der Fokus der Unterrichtskonzeption daher zunächst auf einer ausgiebigen Auseinandersetzung mit Wasserstromkreisen ohne jeglichen Bezug zu elektrischen Stromkreisen. Konkret sind 12 der 18 Doppelstunden der Unterrichtskonzeption für experimentelle Untersuchungen von Wasserkreisläufen im Rahmen von Gruppen- bzw. Partnerarbeit vorgesehen, wobei die Lernenden auch eigenständig Fragestellungen entwickeln und dazu passende Experimente planen sollen. Das Ziel besteht darin, den Lernenden ein fundiertes physikalisches Verständnis des Wasserkreislaufs zu ermöglichen, was u. a. dessen Systemcharakter und die wechselseitige Beziehung von Druckdifferenz, Widerstand und Wasserstromstärke beinhaltet.

■   **Darstellung von Spannungsquellen mittels Doppelwassersäule**

Zur experimentellen Umsetzung werden durchsichtige Plastikschläuche in Analogie zu Drähten, Wasserkreisel in Analogie zu Glühlämpchen sowie eine Doppelwassersäule (DWS) in Analogie zur Batterie verwendet. Dabei stellt die DWS gegenüber einer einfachen Tauchpumpe eine wesentliche didaktische Innovation dar, weil der Differenzcharakter der Spannung über die unterschiedlichen Wasserhöhen in Steigröhrchen deutlich wird (◻ Abb. 8.10). Indem bei der DWS die Pumpleistung so angepasst wird, dass der Wasserpegelunterschied konstant bleibt, wird den Lernenden vor Augen geführt, dass eine Batterie eine Quelle eines konstanten Potenzialunterschieds ist – und nicht eines konstanten Stromes. Durch die Arbeitsgeräusche der Pumpe (bzw. durch die Verwendung einer handbetriebenen Pumpe) erfahren die Schülerinnen und Schüler zudem, ob zur Aufrechterhaltung des Wasserpegelunterschieds gerade viel oder wenig Energie aufgewendet werden muss. Die Verwendung von kleinen Wasserhähnen im Wasserkreislaufmodell ermöglicht es ferner, bei Parallelschaltungen einzelne Teilzweige ähnlich wie mit einem Schalter stillzulegen.

In den ersten drei Doppelstunden werden die Begriffe Druckdifferenz, Widerstand und Stromstärke eingeführt. Um den Lernenden die Bedeutung der Druckdifferenz für den Wasserstrom zu verdeutlichen, wird hier auch die Pumpe ausgeschaltet, um zu zeigen, dass mit abnehmender Druckdifferenz der Wasserstrom letztlich zum Erliegen kommt. Anschließend wird der Widerstandsbegriff mithilfe von Schlauchklemmen eingeführt und besprochen, dass auch Schläuche einen

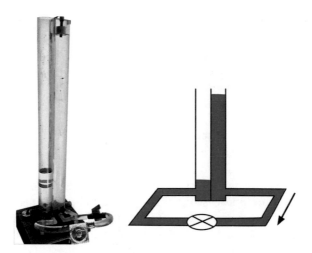

Abb. 8.10 Foto und Zeichnung der Doppelwassersäule (DWS) (Foto mit freundlicher Genehmigung von W.-G. Dudeck). Die Pumpe, die den Pegelunterschied konstant hält, ist im linken Foto in dem Holzkasten unter den Säulen untergebracht; in der Zeichnung ist sie nicht enthalten

vom Querschnitt abhängigen Widerstand haben und Wasserkreisel, die als Anzeiger für die Wasserstromstärke dienen, ebenfalls einen Widerstand darstellen. Hier sollte den Lernenden auch bewusst gemacht werden, dass die Pumpleistung der DWS mit steigendem Widerstand zurückgeht, diese sich also entgegen der Vorstellung vieler Schülerinnen und Schüler weniger „anstrengen" muss. Die dritte und vierte Doppelstunde haben dann die Einführung der Wasserstromstärke als Wassermenge pro Zeit zum Inhalt, wobei mithilfe von kleinen schwebenden Plastikteilchen im Wasserkreislauf die Kontinuitätsbedingung visualisiert wird. Davon ausgehend wird dann der Systemcharakter des Wasserstromkreises besprochen, wonach die Wasserstromstärke im Wassermodell bei einem nicht verzweigten Kreis überall die gleiche sein muss und eine Veränderung an einer Stelle, z. B. durch Erhöhung des Widerstands, sich auf den gesamten Kreislauf auswirkt.

■ **Die Gesetzmäßigkeiten des Wasserkreisstromkreises**
Die nächsten Doppelstunden sehen eine Auseinandersetzung mit den Gesetzmäßigkeiten von Reihen- bzw. Parallelschaltungen im Wasserkreismodell vor. Während bei den Reihenschaltungen u. a. der Gesamtwiderstand verschiedener Wasserkreisel thematisiert wird, liegt der Fokus bei der Parallelschaltung auf der Unterscheidung von Teil- und Gesamtstromstärke. Daran anschließend sieht die Unterrichtskonzeption vor, auch auf die Verteilung des Wasserdrucks in Reihen- und Parallelschaltungen einzugehen und den Druckbegriff über mechanische Beispiele als Kraft pro Fläche einzuführen. In der zehnten Doppelstunde wird dann der Systemcharakter von Stromkreisen zum zentralen Unterrichtsgegenstand, indem genauer darauf eingegangen wird, wie sich bei einer Widerstandsänderung

die Drücke bzw. Druckunterschiede Δp in einem Wasserstromkreis verändern. Anhand der Betrachtung von ungleichen Widerständen bei Parallel- und Reihenschaltungen wird dann der Wasserwiderstand definiert als $R_W = \frac{\Delta p}{I_W}$, wobei I_W die Wasserstromstärke ist. Den Abschluss der Auseinandersetzung mit Wasserstromkreisen bildet die Fragestellung, welchen Einfluss Reihen- bzw. Parallelschaltungen von Doppelwassersäulen auf den Wasserstromkreis haben.

- **Übertragung auf den elektrischen Stromkreis**

Zu Beginn des sich anschließenden zweiten Teils der Unterrichtskonzeption werden zunächst die Entsprechungen Lämpchen–Wasserkreisel, Drähte–Schläuche sowie Batterie–Doppelwassersäule herausgearbeitet, bevor die Lernenden in einer ausgedehnten Experimentierphase selbstständig untersuchen können, inwiefern sich die an Wasserstromkreisen erarbeiteten Gesetzmäßigkeiten auf elektrische Stromkreise übertragen lassen. Im Unterricht werden dann die physikalischen Größen Stromstärke, Widerstand und Spannung eingeführt und ihr Zusammenhang in verschiedenen Stromkreisen erarbeitet. Den Abschluss der Unterrichtsreihe stellt eine Auseinandersetzung u. a. mit Kondensatoren und der Unterscheidung zwischen Ohm'schen und nicht-Ohm'schen Widerständen dar.

- **Empirische Ergebnisse**

In Hinblick auf ihre Unterrichtskonzeption auf Basis des ebenen, geschlossenen Wasserkreises berichten Schwedes, Dudeck und Seibel, dass Schülerinnen und Schüler in der Regel nicht über ein belastbares Verständnis der physikalischen Zusammenhänge in solchen Wasserstromkreisen verfügen.[16] Insbesondere hat sich gezeigt, dass Lernende zu Wasserstromkreisen ganz ähnliche Fehlvorstellungen besitzen wie zu elektrischen Stromkreisen. Da sich ein adäquates Verständnis des ebenen, geschlossenen Wasserstromkreises nicht durch kurze Demonstrationen vermitteln lässt, muss ein Großteil der Unterrichtszeit auf eine Auseinandersetzung mit dem Wasserkreislauf verwendet werden. Unter diesen Rahmenbedingungen stellt sich dann aber die Frage, ob der Einsatz der Analogie unter lernökonomischen Aspekten noch zielführend ist.

- **Unterrichtsmaterialien**

Schwedes, H. und Dudeck, W.-G. (1993): Lernen mit der Wasseranalogie. Eine Einführung in die elementare Elektrizitätslehre. In: *Naturwissenschaften im Unterricht – Physik* 4 (16), S. 16–23.

Schwedes, H., Dudeck, W.-G. und Seibel, C. (1995): Elektrizitätslehre mit Wassermodellen. In: *Praxis der Naturwissenschaften – Physik in der Schule* 44 (2), S. 28–36.

---

16 Schwedes, Dudeck und Seibel (1995).

Zu der Unterrichtskonzeption von Schwedes und Dudeck finden sich in der fach-didaktischen Literatur diese Verlaufsbeschreibungen, jedoch keine konkreten Unterrichtsmaterialien. Eine Bauanleitung für die Doppelwassersäule findet sich in Schwedes und Dudeck (1993).

8.4 Der Stromkreis als Energieübertragungssystem

8.4.1 Stromkreis als System

Die hier vorgestellte Unterrichtskonzeption für die Klassenstufen 7/8 wurde vom Institut für die Pädagogik der Naturwissenschaften (IPN) in Kiel entwickelt (▶ Abschn. 1.3). Ausgangspunkt der Unterrichtskonzeption ist eine Auseinandersetzung mit dem elektrischen Stromkreis als System zur Energieübertragung. Ein wesentliches Ziel der Unterrichtskonzeption besteht darin, bei den Schülerinnen und Schülern ein Verständnis für den Systemcharakter von Stromkreisen zu verankern. Hierzu wird der Stromkreis als ein zusammenhängendes System betrachtet, das aus den drei Elementen „Antrieb" (Spannung), „Behinderung" (Widerstand) sowie „ein in sich geschlossener Materiestrom" (elektrischer Strom) besteht. Inhaltlich untergliedert sich die Unterrichtsreihe in die vier Themenfelder „Strom und Widerstand in Reihen- und Parallelschaltungen", „Elektrische Spannung", „Ohm'sches Gesetz" sowie „Anwendungen der Regeln des elektrischen Stromkreises".

■ **Der Stromkreis als ein besonderes Energieübertragungssystem**
Der Einstieg in das Thema elektrische Stromkreise wird in der Unterrichtskonzeption über eine Auseinandersetzung mit verschiedenen Energieübertragungssystemen und ihrer jeweiligen historischen und zivilisatorischen Bedeutung motiviert (◘ Abb. 8.11). Anhand eines Vergleichs mit einer Fahrradkette soll den Lernenden vor Augen geführt werden, dass sich die Art der Energieübertragung beim elektrischen Stromkreis fundamental von offenen Energieübertragungssystemen unterscheidet, wie sie den Lernenden aus dem Alltag vertraut sind. Im Gegensatz zu Öl-Pipelines oder dem Transport von Kohle mit Lastzügen, wo energiereiche Materie von A nach B transportiert und am Ziel „verbraucht" wird, stellt der elektrische Stromkreis ähnlich einer Fahrradkette oder eines Transmissionsriemens ein geschlossenes Energieübertragungssystem dar, bei dem das Trägermedium lediglich den „Antrieb" und die „Behinderung" miteinander verbindet, nicht jedoch verbraucht wird. Durch Vergleich der beiden in ◘ Abb. 8.12 dargestellten Modelle wird zudem erarbeitet, dass die Elektronen in einem Stromkreis weder über einen eigenen Antrieb verfügen noch als einzelne Energieträger fungieren, sondern zusammenhängen und extern angetrieben werden. Die Elektronen tragen also keine Energie, wie es im Rucksack- bzw. Hütchenmodell (in (◘ Abb. 8.12 oben) fälschlich dargestellt wird. Entscheidend ist, dass die Lernenden erkennen, dass „Antrieb" (Batterie) und „Behinderung" (Motor) stets über

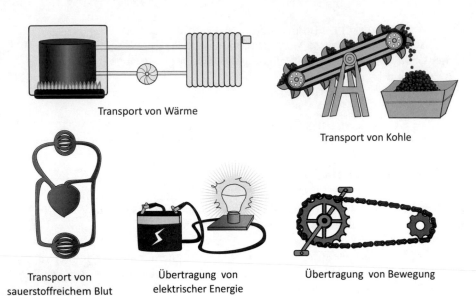

Transport von Wärme

Transport von Kohle

Transport von
sauerstoffreichem Blut

Übertragung von
elektrischer Energie

Übertragung von Bewegung

8

◼ **Abb. 8.11**   Verschiedene Systeme zur Energieübertragung im IPN-Curriculum (nach Härtel 2012a, S. 19)

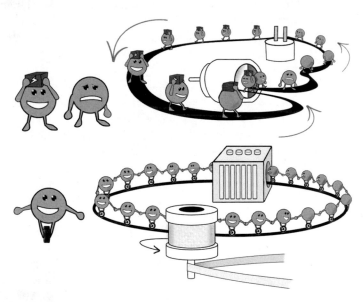

◼ **Abb. 8.12**   Oben: Elektronen mit Einzelantrieb tragen Energie von der Batterie zum Motor (falsch). Unten: Elektronen bilden ein zusammenhängendes System, das extern angetrieben wird (richtig) (nach Härtel 1981a, S. 15 f.)

das Trägermedium verbunden sind. Um sowohl der Stromverbrauchsvorstellung als auch dem sequenziellen Denken entgegenzuwirken, wird von einem „steifen Elektronenring" im Stromkreis gesprochen, an dem von der Batterie sowohl gezogen als auch geschoben wird.

- **Thematische Vertiefung mittels Wasserkreislaufsystemen**

Da die bisher genutzten Modellvorstellungen für ein tieferes Verständnis von verzweigten Stromkreisen nicht geeignet sind, wird mit dem sogenannten „Kolbenprobermodell" auf eine spezielle Form des Wassermodells zurückgegriffen (❏ Abb. 8.13). Dieses gegenständliche Modell hat insbesondere den Vorteil, dass die Lernenden durch eigenständiges Drücken auf den Kolben einer Spritze ein Gefühl für den unterschiedlichen Widerstand entwickeln können, den Reihen- und Parallelschaltungen der Wasserströmung entgegensetzen. Vor dem Hintergrund der bekannten Verständnisschwierigkeiten von Schülerinnen und Schülern bezüglich strömender Flüssigkeiten in geschlossenen Rohrsystemen wird jedoch explizit darauf hingewiesen, nicht zu viel Unterrichtzeit auf das Kolbenprobermodell zu verwenden. Im folgenden Unterricht wird dann nicht nur die Knotenregel eingeführt, sondern auch der Zusammenhang zwischen Schaltskizze und realer Schaltung erarbeitet und auf die Frage eingegangen, was ein Kurzschluss ist.

Die darauffolgende Einheit setzt sich mit der elektrischen Spannung auseinander, wobei diese zunächst an in Reihe geschalteten Widerständen gemessen und anschließend mit einem Druckunterschied in einem ebenen, geschlossenen Wasserkreis verglichen wird. Dabei wird der in den Rohren herrschende Wasserdruck zusätzlich über eine Höhendarstellung visualisiert. Es wird erarbeitet, welche Spannung an parallel bzw. in Reihe geschalteten Widerständen anliegt (❏ Abb. 8.14). Vor dem Hintergrund der Schwierigkeiten vieler Lernender,

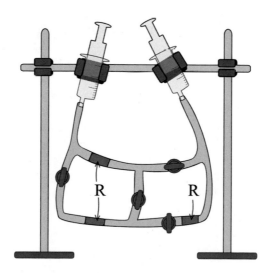

❏ **Abb. 8.13**   Das Kolbenprobermodell im IPN-Curriculum (nach Härtel 2012a, S. 23)

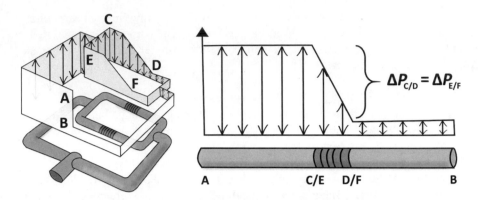

☑ Abb. 8.14   Die Druckverteilung in einem Wasserkreis (nach Härtel 1981b, S. 20)

konzeptionell zwischen Druck und Druckunterschied zu unterscheiden, wird besonders betont, dass ein Druck allein noch keine Wasserströmung erzeugt.

Durch das Aufnehmen einer Messreihe von Spannung und Stromstärke an einem Ohm'schen Widerstand sowie einer Glühlampe wird erarbeitet, dass das Ohm'sche Gesetz nur gilt, wenn der Quotient von U und I einen konstanten Wert aufweist. Anschließend wird der elektrische Widerstand mathematisch definiert und der Frage nachgegangen, wie sich die an in Reihe geschalteten Widerständen anliegende Spannung berechnen lässt. Ebenfalls wird erarbeitet, wie der Gesamtwiderstand bei Reihen- und Parallelschaltungen mathematisch bestimmt werden kann und von welchen Einflussfaktoren der Widerstand eines Drahtes abhängt. Den Abschluss der Einheit bildet eine Auseinandersetzung mit den Gefahren des elektrischen Stromes sowie der Funktionsweise von Sicherungen.

- **Empirische Ergebnisse**

Empirische Vergleichsstudien zur Lernwirksamkeit des IPN-Curriculums liegen nicht vor.

- **Unterrichtsmaterialien**

Härtel, H. (1981a). *IPN Curriculum Physik. Unterrichtseinheit für das 7. und 8. Schuljahr. Der elektrische Stromkreis als System. Schülerheft Nr. 1.*

Härtel, H. (1981b). *IPN Curriculum Physik. Unterrichtseinheit für das 7. und 8. Schuljahr. Der elektrische Stromkreis als System. Schülerheft Nr. 2.*

Härtel, H. (1981c). *IPN Curriculum Physik. Unterrichtseinheiten für das 7. und 8. Schuljahr. Der elektrische Stromkreis als System. Stromstärke – Spannung – Widerstand. Didaktische Anleitung.*

Die Publikationen sind in den ► *Materialien zum Buch*[17] zugänglich. Dies sind zum einen zwei Schülerhefte, die neben diversen Arbeitsblättern auch zusammenfassende Informationen enthalten, und zum anderen eine „didaktische Anleitung" für Lehrkräfte mit diversen Hinweisen zur Umsetzung.

8.4.2 Handbetriebene Generatoren

Die an der Pädagogischen Hochschule Weingarten von Muckenfuß und Walz[18] entwickelte Unterrichtskonzeption für den Elektrizitätslehreunterricht orientiert sich an den Zusammenhängen, in denen Elektrik im Alltag bedeutsam ist. Die fachdidaktische Leitidee der Konzeption stellt daher die Frage der Energieübertragung mithilfe elektrischer Stromkreise dar. Explizit erklären die Entwickler, dass in ihrer Unterrichtskonzeption „nicht physikalisches Expertenwissen die Richtschnur des Unterrichts bildet, sondern der Aufbau einer Alltagskompetenz für Laien"[19], um die Schülerinnen und Schüler zu befähigen, sich reflektiert an gesellschaftlichen Diskussionen wie beispielsweise zur Energieversorgung zu beteiligen. Dementsprechend werden energetische Betrachtungen nicht im Anschluss an eine Auseinandersetzung mit den Grundgrößen Stromstärke, Spannung und Widerstand vorgenommen, sondern sie ziehen sich wie ein roter Faden durch die verschiedenen Einheiten. Durch die Einführung des Konzepts „Energiestrom" noch vor einer Auseinandersetzung mit den klassischen Größen Stromstärke und Spannung knüpft die Unterrichtskonzeption an den oftmals energetisch geprägten Strombegriff der Schülerinnen und Schüler an. Eine zentrale Stellung in der Unterrichtskonzeption nimmt dabei der handbetriebene Generator (und Motor) „DynaMot" ein, mit dessen Hilfe Energieumsätze in Stromkreisen für die Schülerinnen und Schüler sinnlich erfahrbar werden (◘ Abb. 8.15). Während sich Energieumsätze bei der üblichen Verwendung von Batterien der Sinneswahrnehmung völlig entziehen, werden diese körperlichen Wahrnehmungen Teil des subjektiven Erfahrungsschatzes der Lernenden, indem diese beispielsweise durch Kurbeln den elektrischen Energiestrom für eine 30-W-Lampe selbst erzeugen. Im Gegensatz zum traditionellen Unterricht kommt in dieser Unterrichtskonzeption der Auseinandersetzung mit den Kirchhoff'schen Gesetzen sowie dem Ohm'schen Gesetz eine untergeordnete Rolle zu. Unter dem Aspekt „Energie in sinnstiftenden Kontexten" wird die Muckenfuß-Konzeption auch in ► Abschn. 6.6 dargestellt.

■ **Der elektrische Stromkreis als Energieübertragungssystem**
In der ersten Einheit der Unterrichtskonzeption wird geklärt, dass „elektrische Anlagen" neben der Informations- vor allem der Energieübertragung dienen. Dabei wird bewusst auf den Begriff „Stromkreis" verzichtet, weil hier nicht der zirkuläre Ladungsstrom, sondern der lineare Energiestrom im Mittelpunkt steht.

---

17 ► https://aeccp.univie.ac.at/lehrer-innen/unterrichtskonzeptionen
18 Muckenfuß und Walz (1997).
19 Muckenfuß und Walz (1997, S. 14).

⬛ Abb. 8.15   Der handbetriebene Generator „DynaMot"

Nachdem gemeinsam erarbeitet wurde, dass elektrische Anlagen aus den beiden Strukturelementen „Erzeuger" bzw. „Quelle" sowie „Verbraucher" bestehen, wird anhand mechanischer Transmissions- bzw. Keilriemen besprochen, dass Energie mithilfe eines Stoffkreislaufs übertragen werden kann. Indem einem solchen Riemenkreislauf ein elektrischer Stromkreis (bestehend aus zwei DynaMots, wobei einer als Generator und einer als Motor eingesetzt wird) gegenübergestellt wird, wird den Schülerinnen und Schülern die Hypothese nahegelegt, dass sich auch im elektrischen Stromkreis eine Art unsichtbarer Riemen im Kreis bewegt und dabei Energie überträgt (⬛ Abb. 8.16).

Anschließend wird der Energiestrom auch quantitativ als übertragene Energie pro Zeit eingeführt, typische Energieumsätze elektrischer Geräte werden betrachtet und die Lernenden können eine Lampe mit möglichst großer Leistung (z. B. 6 V/5 A) mithilfe eines handbetriebenen Generators zum Leuchten bringen, um eine Anschauung für diese physikalische Größe zu bekommen. In der anschließenden Einheit wird der Frage nachgegangen, was sich eigentlich in elektrischen Leitern bewegt. Anhand eines kurzen Exkurses zur Elektrostatik wird eine mikroskopische Modellvorstellung der Leitungsvorgänge auf Basis von Atomrümpfen und Elektronen erarbeitet und erklärt, dass in elektrischen Stromkreisen der lineare

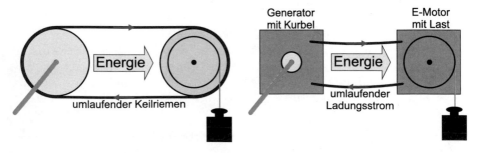

⬛ Abb. 8.16   Vergleich eines Riemenkreislaufs (links) mit einem elektrischen Stromkreis (rechts) zur Energieübertragung

Energiestrom durch einen im Kreis laufenden Elektronenstrom bewirkt wird. Um den Systemcharakter des „elektrischen Riemens" herauszuarbeiten, wird ferner mitgeteilt, dass die mittlere Driftgeschwindigkeit der Elektronen im Bereich von 1 mm/s liegt, und die Frage aufgeworfen, warum nach Betätigen eines Lichtschalters das Licht sofort angeht, obwohl die Lampe doch mehrere Meter vom Schalter entfernt ist. Abschließend wird mithilfe von passenden Zeitungsartikeln erarbeitet, dass der alltägliche Strombegriff sich auf den Energiestrom und nicht auf den zirkulierenden Ladungsstrom bezieht.

- **Elektrische Quellen als Antrieb des elektrischen Stromes**

Die dritte Einheit setzt sich näher mit der Frage auseinander, welche Möglichkeiten es gibt, den Elektronenstrom in einer elektrischen Anlage anzutreiben. Nachdem die Energieumwandlung bei „Verbrauchern" bereits diskutiert wurde, besteht das Ziel hier darin, die Energieumwandlungsprozesse bei „Erzeugern" phänomenologisch in den Blick zu nehmen. Hierzu wird zunächst geklärt, dass ein konstanter Strom in einem Stromkreis dadurch zustande kommt, dass er von der Quelle genauso stark angetrieben wird, wie er vom Verbraucher gehemmt wird. Anhand einer Reihe von Versuchen mit Solarzellen, Voltazellen und Thermoelementen sowie zum Dynamoprinzip wird dann erarbeitet, dass elektrische Energie mithilfe entsprechender Energiewandler aus einer Vielzahl von Energieformen gewonnen werden kann. Abschließend wird den Lernenden am Beispiel verschiedener Kraftwerksarten noch die große technische Bedeutung des Generatorprinzips für unsere Energieversorgung aufgezeigt.

In der vierten Einheit wird der Strom dann als Maß für die Elektronenzahl pro Zeiteinheit eingeführt und besprochen, wie der elektrische Strom mithilfe eines Amperemeters gemessen werden kann. Wegen möglicher Fehldeutungen des Begriffs Strom*stärke* im Sinne unterschiedlicher Energieumsätze wird an dieser Stelle bewusst auf dessen Verwendung verzichtet und stattdessen einfach von „großen" bzw. „kleinen" Strömen gesprochen. Mithilfe des handbetriebenen Generators wird es für die Lernenden experimentell erfahrbar, dass bei gleicher Drehfrequenz (= gleicher Spannung, z. B. 4 V) je nach verwendetem Lämpchen (d. h. unterschiedlichen Stromstärken) unterschiedlich viel „Kraft benötigt" wird und dies argumentativ damit begründet, dass das Antreiben von mehr Elektronen auch mehr „Kraft erfordert". Der Begriff „Kraft" wird hier nicht im Newton'schen Sinne, sondern gemäß der Alltagssprache als Anstrengung verwendet.

- **Abhängigkeit des Energiestroms vom Elektronenstrom**

Das Ziel der fünften Einheit besteht darin, den Lernenden verständlich zu machen, dass der Energiestrom P proportional zum Elektrizitätsstrom I ist ($P \sim I$), sofern die Elektronen „gleich stark angetrieben werden". Da der Spannungsbegriff noch nicht eingeführt wurde, beschränkt sich diese Einheit also auf die Betrachtung von Situationen, bei denen die „Quelle" (z. B. handbetriebener Generator, Batterie oder Netzgerät) eine konstante Spannung aufweist. Ausgehend von einer Auseinandersetzung mit dem Alltagsbegriff des „Stromsparens" wird im Unterrichtsgespräch erarbeitet, dass die Größe des Energiestroms sowohl von der Art des einzelnen Elektrogeräts als auch der Anzahl der gleichzeitig betriebenen Elektrogeräte abhängt. In einem Demonstrationsexperiment wird dann der Elektronenstrom durch verschiedene Haushaltsgeräte bestimmt und mit der auf dem jeweiligen Gerät angegebenen Wattzahl verglichen. Das Ergebnis ist, dass der Elektronenstrom umso höher ist, je größer die Wattzahl ist. In einem Schülerexperiment mit einem handbetriebenen Generator lässt sich dieser Zusammenhang auch physiologisch erfahrbar machen, indem unterschiedliche Lämpchen (4 V/0,1 A vs. 4 V/1 A) zum Leuchten gebracht werden sollen. Um die gleiche Spannung zu erreichen, muss der Generator nämlich mit der gleichen Drehfrequenz gedreht werden, jedoch ist dies umso anstrengender, je höher die Stromstärke ausfällt. Die Abhängigkeit des Energiestroms von der Anzahl der gleichzeitig betriebenen Elektrogeräte wird in einem weiteren Schülerexperiment dadurch nachvollzogen, dass an einen einzigen handbetriebenen Generator erst ein und dann zwei gleiche Lämpchen parallel angeschlossen werden. Davon ausgehend wird u. a. auf verschiedene gleichwertige Darstellungen von Parallelschaltungen sowie die Knotenregel eingegangen. Dabei wird explizit die Formulierung „Der Gesamtstrom *verteilt* sich auf die einzelnen Zweige" vermieden, da sonst die Vorstellung der Batterie als Konstantstromquelle sprachlich nahegelegt wird. Anschließend wird der Zusammenhang zwischen Energiestrom und Elektronenstrom exemplarisch an einem Elektromotor genauer untersucht. Hierzu wird im Rahmen eines Demonstrationsexperiments quantitativ gemessen, wie die von einem Netzgerät bereitzustellende Stromstärke ansteigt, wenn der angeschlossene Elektromotor bei konstanter Spannung mit mehr und mehr Massestücken belastet wird. Als Ergebnis wird festgehalten, dass der Energiestrom (bei konstanter Spannung) proportional zum Elektronenstrom anwächst.

▪ Qualitative Hinführung zum Spannungsbegriff

Die sechste Einheit hat zum Ziel, bei den Schülerinnen und Schülern ein erstes qualitatives Verständnis für die elektrische Spannung aufzubauen. Hierzu wird die elektrische Spannung als Maß dafür eingeführt, wie stark die Elektronen von der Energiequelle angetrieben werden. Motiviert wird die Notwendigkeit einer weiteren Größe zur Beschreibung von Energieströmen mithilfe eines Versuchs, bei dem die Helligkeit und der elektrische Strom einer Fahrradlampe (6 V/2,4 W) mit den Werten einer Schreibtischlampe (230 V/60 W) verglichen wird. Die Beobachtung, dass die Schreibtischlampe bei geringerer Stromstärke heller leuchtet als die Fahrradlampe, illustriert den Lernenden eindrucksvoll, dass man neben dem Elektronenstrom eine weitere Größe braucht, um den Energiestrom zu beschreiben, nämlich die elektrische Spannung. In einem Schülerversuch, bei dem mit einem handbetriebenen Generator mehr und mehr in Reihe geschaltete Lämpchen zum Leuchten gebracht werden sollen, wird dann erarbeitet, dass der Generator umso schneller gedreht werden muss, je mehr Lämpchen in Reihe geschaltet sind, damit die Elektronen ausreichend stark angetrieben werden. Damit kann festgehalten werden, dass der Energiestrom sowohl von der Größe des Elektronenstroms abhängt als auch davon, wie stark dieser angetrieben wird. Die Spannung wird darauf aufbauend wie folgt eingeführt: „Bei gleichem Elektronenstrom wächst der Energiestrom mit der elektrischen Spannung ($P \sim U$)". Anschließend wird besprochen, wie mit einem Voltmeter die Spannung gemessen werden kann und darauf verwiesen, dass ab Spannungen von 25 V Lebensgefahr besteht. Nach einer kurzen Auseinandersetzung mit der Frage, warum Batterien in Alltagsgeräten oftmals in Reihe geschaltet werden, wird der Einfluss der Spannung auf den Energieumsatz bei Elektromotoren untersucht. Hierzu wird ein Elektromotor bei unterschiedlichen Spannungen betrieben und dabei sowohl seine Drehzahl als auch der Elektronenstrom untersucht. Es zeigt sich auch hier, dass vom Elektronenstrom nicht direkt auf den Energiestrom geschlossen werden kann, da sich der Elektromotor bei gleichem Laststrom (d. h. dem um den Leerlaufstrom korrigierten Strom) umso schneller dreht, je höher die Spannung ist.

- **Mikroskopische Modellvorstellung und Ohm'sches Gesetz**

Erst in der siebten Unterrichtseinheit steht dann der Widerstandsbegriff im Mittelpunkt. Indem an eine mit Wasser gefüllte Einmalspritze verschieden dicke Kanülen aufgesteckt werden und die Lernenden das Wasser durch diese drücken, entwickeln sie eine erste Widerstandsvorstellung. Zusätzlich wird ihnen eine atomare Modellvorstellung auf Basis von Atomrümpfen und Elektronen an die Hand gegeben, die verständlich machen soll, auf welche Weise die Elektronen in Widerständen gehemmt werden (❏ Abb. 8.17). Muckenfuß und Walz empfehlen im Kontext der Thematisierung dieser mikroskopischen Modellvorstellung, die Lernenden explizit darauf hinzuweisen, dass „die vermittelten Bilder ‚Erfindungen' sind, die zwar zweckmäßig, aber nicht ‚wahr' im Sinne von ‚identisch mit der Wirklichkeit' sind"[20]. Abschließend wird die Maschenregel dadurch erarbeitet, dass die Schülerinnen und Schüler die Summe der Teilspannungen an in Reihe geschalteten Lämpchen mit der Quellenspannung vergleichen.

In der achten Einheit kann dann auf das Ohm'sche Gesetz eingegangen werden, wobei dieses in der Unterrichtskonzeption explizit keine zentrale Stellung innehat, weil die Beziehung $I \sim U$ nur in Sonderfällen zutrifft. Stattdessen sollte den Lernenden aufgezeigt werden, welche Schwierigkeiten Ohm hatte, überhaupt die Proportionalität von Strom und Spannung experimentell zeigen zu können. Insgesamt wird geraten, den Grenzen des Ohm'schen Gesetzes im Unterricht mindestens so viel Zeit einzuräumen wie dem Gesetz selbst. Aufgrund der geringen Bedeutung des Ersatzwiderstands bei Reihen- und Parallelschaltungen für die Energieübertragung in Stromkreisen wird in dieser Unterrichtseinheit auf dessen Einführung verzichtet.

- **Quantitative Definition der Spannung als $U = P/I$**

Gegenstand der neunten Unterrichtseinheit ist die quantitative Definition der elektrischen Spannung als Quotient aus Leistung und Strom sowie die Auseinandersetzung mit Energieströmen durch alltägliche Elektrogeräte. In einem

---

20 Muckenfuß und Walz (1997, S. 132).

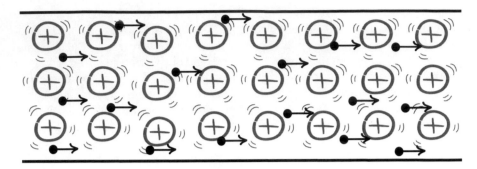

◘ Abb. 8.17 Mikroskopische Modellvorstellung der Temperaturabhängigkeit eines Widerstands auf Basis von Atomrümpfen und Elektronen (nach Muckenfuß und Walz 1997, S. 128)

Schülerexperiment erfahren die Lernenden, dass es mit einem handbetriebenen Generator praktisch unmöglich ist, 150 ml Wasser zum Sieden zu bringen. Anschließend wird die gleiche Wassermenge mithilfe einer Kochplatte in weniger als 30 s zum Sieden gebracht und untersucht, worin sich die verschiedenen Heizstufen voneinander unterscheiden. Das Ergebnis ist, dass der Energiestrom proportional zum Elektronenstrom ist und der Quotient P/I als Eigenschaft der Energiequelle etwa dem Wert 225 W/A entspricht. Anschließend wird dieser Zusammenhang noch mit anderen Energiequellen, z. B. mit einer Spannung von 12 V, verglichen und die Erkenntnis formuliert, dass die Spannung einer Quelle angibt, wie groß der Energiestrom bei einem Elektronenstrom von 1 A ist bzw. allgemeiner, wie viel Watt ein Energiewandler bei einem Strom von 1 A leistet (◘ Abb. 8.18).

Daran anschließend wird darauf eingegangen, warum eine höhere Netzspannung vorteilhaft für die Energieübertragung ist und es werden die Energieumsätze

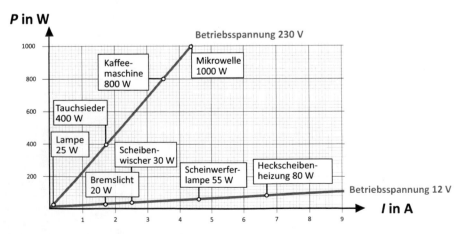

◘ Abb. 8.18 Zusammenhang zwischen Energiestrom und Elektronenstrom in Abhängigkeit von der Betriebsspannung (nach Muckenfuß 2008)

weiterer Elektrogeräte aus dem Alltag der Schülerinnen und Schüler besprochen. Das Ziel besteht hier darin, subjektiv relevante Bezüge zu dem Energiebedarf alltäglicher Geräte herzustellen und die Lernenden für die ökologische und wirtschaftliche Bedeutung des Themas zu sensibilisieren. In den letzten beiden Einheiten der Unterrichtskonzeption wird auf weitergehende Inhalte wie Elektromagnetismus, Elektromotoren, Induktion und Transformatoren eingegangen, die hier nicht vertieft werden sollen.

- **Empirische Ergebnisse**

Empirische Studien zur Lernwirksamkeit der Unterrichtskonzeption von Muckenfuß und Walz liegen nicht vor.

- **Unterrichtsmaterialien**

Muckenfuß, H. und Nordmeier, V. (Hrsg.) (2007). *Physik Interaktiv.* Berlin: Cornelsen.
Eine konkrete Umsetzung der Ideen von Muckenfuß und Walz findet sich in diesem Schulbuch.

Muckenfuß, H. und Nordmeier, V. (Hrsg.) (2013). *Natur und Technik, Physik, differenzierende Ausgabe N. Doppelband 7/8.* Berlin: Cornelsen.
Muckenfuß, H. und Nordmeier, V. (Hrsg.) (2013). *Natur und Technik, Physik, differenzierende Ausgabe N. Doppelband 9/10.* Berlin: Cornelsen.
In Teilen übernommen wurden die Ideen von Muckenfuß und Walz in diesen beiden Schulbüchern.

Muckenfuß, H. (2013). *DynaMot – Handgetriebener Generator als Energiequelle für Schüler- und Lehrerversuche.* Berlin: Cornelsen Experimenta.
Diese von Muckenfuß verfasste Lehrkräftehandreichung zum Einsatz des handbetriebenen Generators im Unterricht beinhaltet insbesondere eine Beschreibung einer Reihe von Experimenten mit dem „Dynamot".

8.5 Stäbchenmodell für das Potenzial

An der Ludwig-Maximilians-Universität München wurde eine Unterrichtskonzeption zu einfachen Stromkreisen entwickelt, die verschiedene bisherige fachdidaktische Ideen zur Vermittlung einfacher Stromkreise zusammenführt. Den Überlegungen von Herrmann und Schmälzle[21] entsprechend verfolgt die Unterrichtskonzeption einen Potenzialansatz, wonach die elektrische Spannung als Potenzialdifferenz eingeführt wird. Zur Visualisierung des elektrischen Potenzials

---

21 Herrmann und Schmälzle (1984).

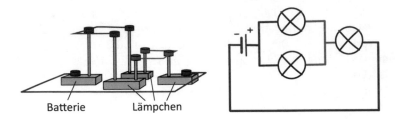

⬛ Abb. 8.19   Das Stäbchenmodell von Gleixner (nach Burde und Wilhelm 2017, S. 11 und Koller 2008a, S. 122)

wird auf das Stäbchenmodell[22] zurückgegriffen, in dem unterschiedliche Potenzialwerte in einem Stromkreis anhand von Stäbchen mit unterschiedlichen Stäbchenhöhen dargestellt werden (⬛ Abb. 8.19).

Mithilfe von kleinen Kompassnadeln wird über die magnetische Wirkung des elektrischen Stromes ferner die Konstanz der Stromstärke veranschaulicht.[23] Die von Koller (2008) ausgearbeitete Unterrichtskonzeption wurde von Späth (2009a) im Rahmen einer weiteren Staatsexamensarbeit weiterentwickelt und evaluiert, wobei insbesondere der Anteil textlastiger Aufgaben reduziert und mehr qualitative Aufgaben integriert wurden.[24]

■   **Strom und Widerstand im geschlossenen Stromkreis**
In der ersten von acht Einheiten der Unterrichtsreihe wird experimentell in Schülerversuchen erarbeitet, wie Elektrogeräte und Spannungsquellen, hier Generatoren genannt, für einen geschlossenen Stromkreis miteinander verbunden werden müssen. Nachdem die Leuchtwirkung des elektrischen Stromes auf diese Weise von den Lernenden bereits experimentell entdeckt wurde, werden anschließend im Rahmen eines Demonstrationsexperiments noch die Wärmewirkung sowie die magnetische Wirkung des Stromes vorgeführt. Dabei wird bewusst auf eine Einführung einer mikroskopischen Modellvorstellung des elektrischen Stromes verzichtet und stattdessen schlicht von „fließender Elektrizität" gesprochen, u. a. um die Vorzeichenproblematik und die Frage der Stromrichtung in der Einführungsphase zu vermeiden. Zudem werden in dieser ersten Einheit die Schaltsymbole eines Motors, einer Batterie, eines Lämpchens und eines Kabels eingeführt.

In der zweiten Einheit wird den Lernenden dann vermittelt, dass der magnetischen Wirkung in Stromkreisen eine besondere Stellung zukommt, da sie immer vorhanden ist, wenn Elektrizität fließt. In diversen Schülerversuchen wird die

---

22 Gleixner (1998).
23 Wiesner et al. (1982).
24 Es sei an dieser Stelle erwähnt, dass neben dem der hier vorgestellten Unterrichtskonzeption zugrunde liegenden Stäbchenmodell noch weitere Höhenmodelle wie z. B. das Mauermodell oder das Modell des offenen Wasserkreislaufs existieren, zu denen aber keine ausgearbeiteten Unterrichtskonzeptionen vorliegen. Auch der Pegelstand in den Steigrohren der Bremer Konzeption (▶ Abschn. 8.3.2) ist letztlich eine Höhendarstellung.

magnetische Wirkung des elektrischen Stromes dann mithilfe von kleinen Magnetnadeln an einzelnen Stellen des Stromkreises untersucht (◘ Abb. 8.20). Die Stromstärke wird qualitativ als Maß dafür eingeführt, wie „intensiv" die Vorgänge in einem Elektrogerät sind, wobei neben der Helligkeit von Lämpchen und der Umdrehungsgeschwindigkeit von Motoren auch explizit auf die Auslenkung von Magnetnadeln verwiesen wird.

Zu Beginn der dritten Einheit wird der elektrische Widerstand als Eigenschaft von Elektrogeräten eingeführt und im Rahmen von Schülerversuchen mit verschiedenen Lämpchen untersucht. Aufbauend auf den vorherigen Versuchen zur magnetischen Wirkung des elektrischen Stromes werden anschließend mithilfe eines „drehbaren Stromkreises" (◘ Abb. 8.21) die Auslenkungen einer Magnetnadel an verschiedenen Stellen des Stromkreises miteinander verglichen, damit die

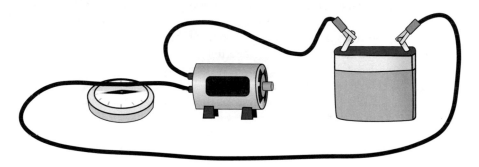

◘ **Abb. 8.20**   Nachweis des elektrischen Stromes über seine magnetische Wirkung mittels Magnetnadeln (nach Späth 2009b, S. 10)

◘ **Abb. 8.21**   Ein unterhalb einer festen Magnetnadel frei drehbarer Stromkreis. Mit der Magnetnadel lässt sich der Strom sowohl im Leiter als auch in der Batterie und dem Lämpchen nachweisen. (Bei Wiesner (1985) wurden der Drehteller und der Kompasshalter aus Plexiglas erstellt, um sie auf den Overheadprojektor legen zu können. Bei Waltner und Wiesner (2009) wurde das aus Holz gebaut. Beim Aufbau der ◘ Abb. 8.21 wurden diese Teile dagegen im 3D-Drucker ausgedruckt. Pardall (2020) berichtet von einer anderen Variante, bei der ein kleiner Bleiakku statt einer Flachbatterie und ein Glühdraht statt einer Soffittenlampe genutzt wurden.)

Lernenden erkennen, dass die Stromstärke überall im unverzweigten Stromkreis die gleiche ist. Vor dem Hintergrund, dass sich die Stromverbrauchsvorstellung bei Schülerinnen und Schülern als sehr hartnäckig erwiesen hat, wird zudem die Fahrradkettenanalogie bemüht und erklärt, dass der Strom genauso wenig verbraucht wird wie die Glieder einer Fahrradkette. Anhand der Umpolung einer Batterie wird anschließend besprochen, dass sich die Pole einer Batterie unterscheiden und dass Elektrizität eine Richtung hat, wobei diese außerhalb eines Generators vom Plus- zum Minuspol fließt.

Gegenstand der vierten Einheit ist der Umgang mit einem Vielfachmessgerät zur Messung der Stromstärke. Der Übergang von dem bisherigen qualitativen Nachweis des elektrischen Stromes mittels Magnetnadeln zur nun quantitativen Bestimmung der Stromstärke wird damit motiviert, dass bei manchen Lämpchen, die nur geringe Stromstärken benötigen, die Magnetnadel so gut wie gar nicht ausgelenkt wird. Nach einer Demonstration durch die Lehrkraft erhalten die Lernenden dann die Gelegenheit, eigenständig Stromstärken mithilfe von Vielfachmessgeräten zu bestimmen. Neben dem Schaltsymbol eines Amperemeters wird hier auch die Einheit der Stromstärke eingeführt.

Die Auseinandersetzung mit Reihen- und Parallelschaltungen ist Gegenstand der fünften Einheit. Zu Beginn bekommen die Schülerinnen und Schüler die Gelegenheit, Reihen- und Parallelschaltungen eigenständig aufzubauen und die elektrische Stromstärke in den Schaltungen zu messen. Anschließend wird dann festgehalten, dass Reihenschaltungen sich dadurch auszeichnen, dass „genau ein Anschluss eines Elektrogeräts mit genau einem Anschluss eines anderen Elektrogeräts verbunden ist" und dass die Stromstärke an allen Stellen einer Reihenschaltung gleich groß ist. Nach einer ähnlichen Formulierung für Parallelschaltungen werden die Begriffe Knotenpunkt, Hauptzweig und Parallelzweig eingeführt sowie die Knotenregel an einer einfachen Parallelschaltung formuliert und illustriert (◘ Abb. 8.22).

- **Potenzial und Spannung mit dem Stäbchenmodell**

Nachdem bei der bisherigen Auseinandersetzung mit elektrischen Stromkreisen allein die physikalischen Größen Stromstärke und Widerstand betrachtet wurden, wird in der sechsten Einheit das elektrische Potenzial eingeführt. Hierzu

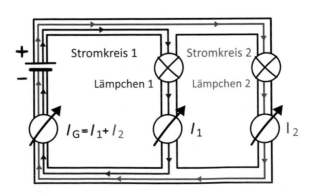

◘ **Abb. 8.22**   Visualisierung der Knotenregel in einer Parallelschaltung (nach Späth 2009b, S. 24)

wird zunächst der elektrische Stromkreis mit einem geschlossenen Wasserstromkreis verglichen und insbesondere die Analogie zwischen Wasserdruck und elektrischem Potenzial hergestellt. Das Ziel besteht hier darin, den Lernenden zu vermitteln, dass ein Potenzialunterschied an den Anschlüssen eines Generators die Voraussetzung für einen Stromfluss ist. Auch wird anhand des Wassermodells noch einmal betont, dass der Strom ebenso wenig verbraucht wird wie das im Kreis strömende Wasser. Vor dem Hintergrund der bekannten Verständnisschwierigkeiten der Schülerinnen und Schüler mit dem ebenen, geschlossenen Wasserkreislaufmodell (▶ Abschn. 8.3.2) wird das Modell jedoch bewusst nicht weiter vertieft. Im weiteren Unterrichtsverlauf werden die Begriffe „hohes" bzw. „niedriges" Potenzial stattdessen mithilfe des Stäbchenmodells veranschaulicht, wie in ◘ Abb. 8.23 dargestellt.

Wasserstromkreis

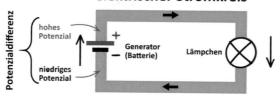

elektrischer Stromkreis

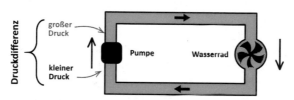

"Höhenmodell" zum el. Stromkreis

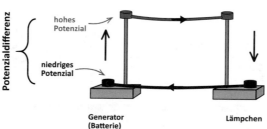

◘ **Abb. 8.23** Visualisierung des elektrischen Potenzials mithilfe eines Wasserstromkreises (oben) und des Stäbchenmodells (unten) (nach Späth 2009b, S. 27)

Um den Lernenden die Analyse von Stromkreisen unter Einbeziehung des elektrischen Potenzials zu erleichtern, lernen diese außerdem, Leiterabschnitte gleichen Potenzials in Schaltplänen mit gleichen Farben zu kennzeichnen (◘ Abb. 8.24). Außerdem wird „*Pot*" als Formelzeichen für das Potenzial eingeführt.

Zusätzlich werden die folgenden Regeln als Lösungsstrategien für elektrische Schaltungen formuliert:

- Am Pluspol eines Generators ist der Potenzialwert größer als am Minuspol.
- Außerhalb von Generatoren fließt die Elektrizität von Stellen mit hohem Potenzialwert zu Stellen mit niedrigem Potenzialwert.
- Sind in einem Stromkreis zwei Stellen nur durch ein Verbindungskabel miteinander verbunden, so hat das elektrische Potenzial an beiden Stellen denselben Wert. Anders formuliert: Solange man ein Verbindungskabel (eine Leitung) mit dem Finger entlangfahren kann und auf kein Elektrogerät und keinen Generator stößt, ändert sich der Potenzialwert nicht.
- Solange nichts anderes angegeben ist, beträgt der Potenzialwert am Minuspol eines Generators null Volt (*Pot* = 0 V).

In der siebten Einheit wird dann die elektrische Spannung als Potenzialdifferenz eingeführt, mithilfe des Stäbchenmodells veranschaulicht und mittels Voltmeter in realen Schaltungen gemessen. In einem ersten Schritt lernen die Schülerinnen und Schüler, die oben genannten Regeln auf elektrische Stromkreise anzuwenden, um den verschiedenen Leiterabschnitten entsprechende Potenzialwerte zuzuweisen. Wie in ◘ Abb. 8.25 illustriert, werden die Potenzialwerte dann sowohl farblich markiert als auch mithilfe des Stäbchenmodells dargestellt. Das Ziel besteht darin, den Lernenden vor Augen zu führen, dass die Spannung eine Potenzialdifferenz repräsentiert und sich somit immer auf zwei verschiedene Stellen im

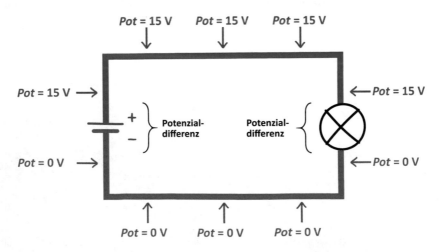

◘ **Abb. 8.24** Farbliche Kennzeichnung des elektrischen Potenzials in einem Schaltplan (nach Späth 2009b, S. 28)

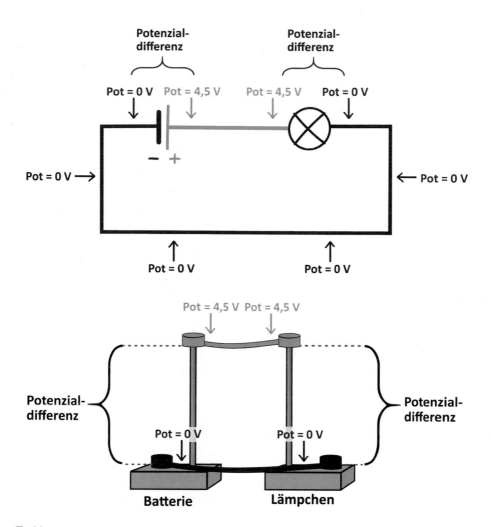

Abb. 8.25 Visualisierung der elektrischen Potenziale in einer Reihenschaltung (nach Späth 2009b, S. 31)

Stromkreis bezieht. Darauf aufbauend wird dann die Regel formuliert: Je größer die Spannung (Potenzialdifferenz) zwischen den Anschlüssen des Generators ist, desto größer ist die Stromstärke durch das angeschlossene Elektrogerät. Außerdem wird besprochen, wie ein Voltmeter (bzw. „Vielfachmessgerät") in einem Stromkreis angeschlossen werden muss, um die an einem Bauteil anliegende Spannung zu messen.

Mit diversen Übungen zur elektrischen Spannung und Stromstärke bildet die achte Unterrichtseinheit den Abschluss der Unterrichtsreihe. Hier üben die Schülerinnen und Schüler nicht nur, Stromkreise den passenden Darstellungen im Stäbchenmodell zuzuordnen, sondern auch das Stäbchenmodell eigenständig aufzubauen. Zudem wird die Maschenregel konzeptionell eingeführt und die

Anschlussbedingungen von Volt- und Amperemetern werden an unterschiedlichsten Schaltungen vertieft.

- **Empirische Ergebnisse**

Eine empirische Evaluation des Münchener Unterrichtskonzepts mit über 400 Schülerinnen und Schülern der 7. Jahrgangsstufe ergab, dass dieses zu einem signifikant höheren Lernerfolg führt als der traditionelle Unterricht.[25] Der höhere Lernerfolg war dabei unabhängig vom Geschlecht, dem Fachinteresse und dem Vorwissen der Lernenden. Zudem zeigte eine genauere Auswertung der Daten, dass die Unterrichtskonzeption zu einer Reduktion typischer Fehlvorstellungen über elektrische Stromkreise führt. Insbesondere konnte der Stromverbrauchsvorstellung entgegengewirkt und ein besseres Verständnis der elektrischen Spannung erzielt werden. Zurückgeführt wird dies sowohl auf die Verwendung des Stäbchenmodells als auch auf die farbliche Markierung des elektrischen Potenzials in Schaltplänen. Eine Unterscheidung zwischen elektrischem Strom und elektrischer Energie gelingt hingegen weder den traditionell unterrichteten Schülerinnen und Schülern noch denen, die nach der Münchener Unterrichtskonzeption unterrichtet wurden. Probleme scheinen die Lernenden beider Gruppen außerdem weiterhin damit zu haben, die Stromstärke als Folge der Spannung zu verstehen, die z. B. an parallelgeschalteten Widerständen anliegt. Darüber hinaus ergab die Studie, dass die Unterrichtskonzeption zwar nicht das Fachinteresse der Schülerinnen und Schüler steigert, jedoch zu einer signifikant höheren Selbstwirksamkeitserwartung im Bereich Elektrizitätslehre beiträgt.

- **Unterrichtsmaterialien**

Koller, D.: *Einführung in die Elektrizitätslehre.*
Die Unterrichtsmaterialien sind in den ▶ *Materialien zum Buch* zugänglich. Es stehen sehr viele Unterrichtsmaterialien für Schülerinnen und Schüler sowie für Lehrkräfte bereit. Für die Schülerinnen und Schüler gibt es neben Merkblättern vor allem Arbeitsblätter, für Lehrkräfte zusätzlich Stundenverlaufspläne, Lernziele und Materiallisten für die vorgesehenen Experimente.

8.6 Elektronengasmodell

Die im Folgenden vorgestellte Unterrichtskonzeption auf Basis des Elektronengasmodells wurde an der Universität Frankfurt entwickelt und hat insbesondere zum Ziel, den Lernenden ein besseres konzeptionelles Verständnis für den Differenzcharakter der elektrischen Spannung zu vermitteln. Dahinter steht die Überzeugung, dass Stromkreise ausgehend von Potenzialunterschieden analysiert werden sollten, da diese den elektrischen Strom durch Widerstände und Lämpchen erst verursachen. Insgesamt wird in der Unterrichtskonzeption angestrebt,

---

25 Späth (2009a).

den Lernenden ein qualitatives Verständnis für die wechselseitige Beziehung von Spannung, Stromstärke und Widerstand zu ermöglichen. Hierfür werden eine Reihe didaktischer Überlegungen anderer Unterrichtskonzeptionen, wie z. B. die farbliche Kodierung des elektrischen Potenzials (▶ Abschn. 8.3.1), die Nutzung eines handbetriebenen Generators (▶ Abschn. 8.4.2) oder der Vergleich der Leitungselektronen mit einer Fahrradkette (▶ Abschn. 8.4.1 und 8.5) bzw. einem starren Elektronenring (▶ Abschn. 8.4.1), aufgegriffen. Die in der Unterrichtskonzeption genutzte Luftdruckanalogie, d. h. der Vergleich eines Potenzialunterschieds mit einem Luftdruckunterschied als Ursache für eine (Luft-)Strömung, geht auf das in den USA entwickelte CASTLE-Curriculum[26] zurück. Entsprechend der Zielsetzung, die elektrische Spannung zum Primärkonzept der Lernenden zu machen, wird diese im Gegensatz zu anderen Unterrichtskonzeptionen noch vor der elektrischen Stromstärke anhand von offenen Stromkreisen eingeführt.

▪ **Der Stromkreis als zusammenhängendes Energieübertragungssystem**

Die erste der zehn Einheiten zielt darauf ab, den elektrischen Stromkreis in Analogie zur Fahrradkette als ein zusammenhängendes System zur Energieübertragung einzuführen. Hierzu wird erklärt, dass in Stromkreisen eine zirkulierende Elektronenströmung in Analogie zu einer Fahrradkette dazu dient, Energie von einem „Antrieb" (z. B. einer Batterie) zu einem „Widerstand" (z. B. einem Lämpchen) zu übertragen. Zusätzlich wird diese Art der Energieübertragung von anderen Energieübertragungssystemen (z. B. Öl- oder Gas-Pipelines) abgegrenzt, bei denen das Überträgermedium verbraucht wird. Auf diese Weise soll von Beginn an der Systemcharakter von Stromkreisen betont und der Stromverbrauchsvorstellung entgegengewirkt werden. Allerdings steht die Energieübertragung nicht im Fokus dieser Unterrichtsreihe.

▪ **Luftströmungen infolge von Druckunterschieden**

In der zweiten Einheit wird anhand von Alltagsgegenständen wie Luftmatratzen oder Fahrradreifen erarbeitet, dass Luft immer von Bereichen höheren Drucks zu Bereichen niedrigeren Drucks strömt. Besonders betont wird an dieser Stelle, dass Luftströmungen immer eine Folge von Druckunterschieden sind. Anschließend wird eine erste qualitative Widerstandsvorstellung aufgebaut, indem besprochen wird, dass ein Stück Stoff die Luftströmung behindert. Die erarbeiteten Zusammenhänge werden wie in ◘ Abb. 8.26 dargestellt festgehalten.

▪ **Potenzial und Spannung bei offenen Stromkreisen**

In den folgenden Einheiten drei und vier werden die anhand von Luftdruckbeispielen erarbeiteten Zusammenhänge auf elektrische Stromkreise übertragen. Hierzu wird in einem ersten Schritt erklärt, dass die Aufgabe der Batterie in einem elektrischen Stromkreis darin besteht, für einen elektrischen Über- bzw. Unterdruck in den mit ihren Polen verbundenen Leiterstücken zu sorgen. In

---

26 Steinberg und Wainwright (1993).

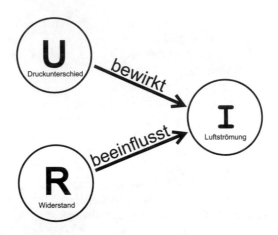

■ **Abb. 8.26**   Qualitativer Wirkungszusammenhang zwischen U, R und I

Anlehnung an die farbliche Darstellung von hohen bzw. niedrigen Temperaturen auf Wetterkarten oder Wasserhähnen werden Leiterstücke mit einem hohen elektrischen Druck rot und Leiterstücke mit einem niedrigen elektrischen Druck blau markiert. Die elektrische Spannung wird dementsprechend als elektrischer Druckunterschied bezeichnet und es wird erarbeitet, wie elektrische Druckunterschiede in offenen Stromkreisen mittels Voltmeter gemessen werden können (■ Abb. 8.27). Die bewusste Beschränkung auf offene Stromkreise soll einer konzeptionellen Vermengung von Strom- und Spannungsbegriff gezielt entgegenwirken und die elektrische Spannung bei den Lernenden als Primärkonzept für die Analyse von Stromkreisen verankern.

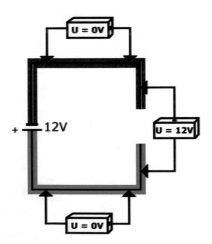

■ **Abb. 8.27**   Farbliche Kodierung des elektrischen Potenzials in einem offenen Stromkreis sowie Messung der Spannung mit mit Hilfe von Voltmetern

- **Stromkreis und elektrischer Widerstand**

Unterrichtsgegenstand der fünften und sechsten Einheit sind der geschlossene Stromkreis und eine mikroskopische Modellvorstellung vom elektrischen Widerstand. In Analogie zu Luftdruckunterschieden wird argumentiert, dass der an einem Lämpchen anliegende elektrische Druckunterschied genauso zu einer Elektronenströmung führt, wie Luftdruckunterschiede zu einem Luftstrom führen. Anschließend wird der Einfluss der Spannung sowie des Widerstands auf die Elektronenströmung in Analogie zu den zuvor besprochenen Luftdruckbeispielen in einem Schaubild qualitativ festgehalten und die Anschlussbedingung von Amperemetern diskutiert. In der darauffolgenden sechsten Einheit wird den Lernenden eine mikroskopische Modellvorstellung der Leitungsvorgänge in Widerständen auf Basis von Atomrümpfen und Elektronen vermittelt sowie der Widerstandswert R mathematisch definiert.

- **Parallel- und Reihenschaltungen**

In der siebten und achten Unterrichtseinheit wird die zuvor erlernte Modellvorstellung auf Parallel- und Reihenschaltungen angewendet. Durch die Auseinandersetzung mit Parallelschaltungen soll den Schülerinnen und Schülern insbesondere bewusst gemacht werden, dass Stromkreise ausgehend von Potenzialunterschieden zu analysieren sind, und der Vorstellung entgegengewirkt werden, dass die Batterie eine Quelle eines konstanten Stromes sei (◘ Abb. 8.28). Hierzu sollte vermieden werden, davon zu sprechen, dass der elektrische Strom sich an den Verzweigungspunkten einer Parallelschaltung aufteilt. Stattdessen sollte argumentiert werden, dass es aufgrund des an den weiteren parallelgeschalteten Lämpchen anliegenden Druckunterschieds zu zusätzlichen Elektronenströmungen kommt, die von der Batterie bereitgestellt werden müssen. Der Umstand, dass der Ersatzwiderstand einer Parallelschaltung kleiner ist als jeder der

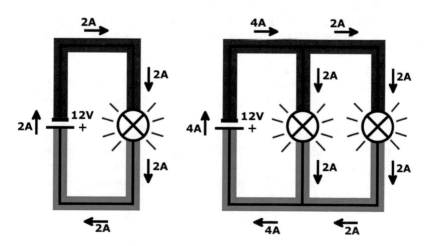

◘ **Abb. 8.28** Wird ein weiteres Lämpchen parallelgeschaltet, so kommt es aufgrund des an ihm anliegenden Druckunterschieds zu einer weiteren Elektronenströmung, die von der Batterie bereitgestellt werden muss

Bekannter Wirkungszusammenhang | **Gleichung zur Berechnung der Stromstärke**

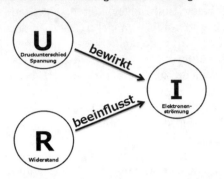

$$I = \frac{U}{R}$$

◻ Abb. 8.29 Übergang von einem qualitativen (links) zu einem quantitativen Zusammenhang (rechts) zwischen den Grundgrößen U, I und R

ursprünglich parallelgeschalteten Widerstände, wird durch Rückgriff auf die Luftdruckanalogie plausibel gemacht: Je mehr Strohhalme man „parallel" in den Mund steckt, desto leichter lässt sich die Luft durch diese blasen.

Anschließend wird für Reihenschaltungen der grundsätzliche Zusammenhang zwischen Gesamtwiderstand und Stromstärke geklärt und mithilfe der Modellvorstellung des elektrischen Drucks beschrieben, warum sich welche Spannung an in Reihe geschalteten Widerständen einstellt.

- **Das Ohm'sche Gesetz**

Den Abschluss bildet eine Auseinandersetzung mit der Frage, ob alle Leiter über einen konstanten Widerstandswert R verfügen. Nach entsprechenden Messreihen wird dann festgehalten, dass der Widerstandswert R bei vielen Materialien von der Stromstärke bzw. der Temperatur abhängt und das Ohm'sche Gesetz als „$R =$ konstant" formuliert. Daran anschließend wird der bereits bekannte qualitative Wirkungszusammenhang von U, R und I wie in ◻ Abb. 8.29 dargestellt in eine quantitative Form überführt und $I = U/R$ als Gleichung zur Berechnung der Stromstärke vom Ohm'schen Gesetz abgegrenzt. Eine Reihe von Übungen zur Wiederholung und Vertiefung bilden den Abschluss der Unterrichtsreihe.

- **Empirische Ergebnisse**

In einer mit 790 Schülerinnen und Schülern der 7. und 8. Jahrgangsstufe an Frankfurter Gymnasien durchgeführten Studie hat sich die hier vorgestellte Unterrichtskonzeption als deutlich lernförderlicher erwiesen als der traditionelle Unterricht.[27] Zudem zeigte sich im Gegensatz zum traditionellen Unterricht keine Abhängigkeit des erzielten relativen Lernzuwachses vom Vorwissen der

---

27 Burde (2018).

Lernenden. Ein wesentliches Ergebnis der empirischen Untersuchung besteht jedoch darin, dass Schülerinnen und Schüler, die nach dem hier vorgestellten Ansatz unterrichtet wurden, weniger Fehlvorstellungen über Stromkreise besaßen als ihre traditionell unterrichteten Peers und über ein besseres Verständnis für den Differenzcharakter der elektrischen Spannung verfügten. Nichtsdestotrotz betrachtete mehr als die Hälfte der Schülerinnen und Schüler die elektrische Spannung auch nach dem Unterricht noch als eine Eigenschaft des elektrischen Stromes, woran deutlich wird, dass diese wichtige Größe den Lernenden weiterhin große konzeptionelle Schwierigkeiten bereitet. Von Seiten der 14 Lehrkräfte, die ihre Klassen nach der Unterrichtskonzeption unterrichteten, wurde vor allem die hier verfolgte Luftdruckanalogie in Kombination mit der Farbkodierung des elektrischen Potenzials gelobt, jedoch kritisch angemerkt, dass die Farbkodierung nicht der physikalischen Konvention entspreche und die Erklärung der Spannung bei Reihenschaltungen mithilfe von Übergangszuständen recht abstrakt sei. Eine große Mehrheit von 12 der 14 Lehrkräfte gab jedoch an, auch in Zukunft auf Basis der Unterrichtskonzeption unterrichten zu wollen. Auch in einer weiteren empirischen Evaluation in Teilen von Deutschland und Österreich mit über 1700 Schülerinnen und Schülern hat sich die vorgestellte Unterrichtsreihe als signifikant lernförderlicher erwiesen als der traditionelle Unterricht.[28]

- **Unterrichtsmaterialien**
  ▶ http://www.einfache-elehre.de

Das Schulbuch mit dem Titel „Eine Einführung in die Elektrizitätslehre mit Potenzial" zu der hier vorgestellten Unterrichtskonzeption kann kostenfrei von der Website heruntergeladen werden. Es enthält neben den inhaltlichen Erläuterungen auch eine Reihe von Übungsaufgaben sowie Hinweise für Schüler zu verbreiteten falschen Vorstellungen. Zusätzlich kann auf der genannten Internetseite eine weitere, kontextorientierte Fassung der Unterrichtskonzeption mit dem Titel „Eine Einführung in die Elektrizitätslehre mit Potenzial und Kontexten" heruntergeladen werden, auf die hier nicht explizit eingegangen wurde.

8.7 Fazit

Auch wenn es den einen klassischen Elektrizitätslehreunterricht nicht gibt, ist die traditionelle Auseinandersetzung mit einfachen Stromkreisen oftmals dadurch geprägt, dass der Strombegriff und das Ohm'sche Gesetz in quantitativer Form den Unterricht dominieren. Wie eingangs erläutert (▶ Abschn. 8.2), ist eine solche Schwerpunktsetzung aus didaktischer Sicht problematisch. Einerseits ist davon auszugehen, dass eine verfrühte Mathematisierung zulasten eines konzeptuellen Verständnisses der Grundgrößen und ihrer wechselseitigen Beziehung in

---

28 Burde et al. (2020).

einfachen Stromkreisen geht. Andererseits geschieht die Fokussierung auf den elektrischen Strom in der Regel auf Kosten einer angemessenen Auseinandersetzung mit der elektrischen Spannung, weshalb die Lernenden diese oftmals lediglich als Eigenschaft des elektrischen Stromes wahrnehmen und kein Verständnis für die zentrale Ursache-Wirkung-Beziehung zwischen Spannung und Strom entwickeln. Zudem wird die elektrische Leistung bzw. der Energietransport vernachlässigt.

Die Thematisierung elektrischer Stromkreise im Karlsruher Physikkurs (KPK, ▶ Abschn. 8.3.1) unterscheidet sich von diesem klassischen Vorgehen insofern, als dass nicht nur zu Beginn auf energetische Aspekte eingegangen wird, sondern vor allem die Spannung als Potenzialdifferenz eingeführt und das Ohm'sche Gesetz als Spezialfall behandelt wird. Nichtsdestotrotz zeigte eine empirische Evaluation, dass der KPK nicht zu einem besseren Verständnis als der traditionelle Unterricht beiträgt – allerdings auch nicht zu einem schlechteren. Wird in der gesamten Sekundarstufe I ohnehin nach dem KPK unterrichtet, spricht also nichts dagegen, auch elektrische Stromkreise entsprechend dieser Konzeption zu behandeln. Ansonsten erscheint eine isolierte Behandlung elektrischer Stromkreise nach dem KPK wenig sinnvoll, u. a. da hier ähnlich wie bei der Bremer Unterrichtskonzeption mit der Doppelwassersäule (▶ Abschn. 8.3.2) der Stromkreis in Analogie zu einem Hydraulikstromkreis eingeführt wird. Auch wenn der ebene, geschlossene Wasserkreislauf aus physikalischer Sicht eine weittragende Analogie darstellt und im klassischen Unterricht oftmals Verwendung findet, hat er sich als problematische Lernhilfe erwiesen, da Lernende zu solchen Wasserstromkreisen vergleichbare Vorstellungen besitzen wie zu elektrischen Stromkreisen. Voraussetzung für einen lernwirksamen Einsatz des KPK sowie der Bremer Konzeption ist daher eine intensive Auseinandersetzung mit den Gesetzmäßigkeiten des Wasserstromkreises, was womöglich unverhältnismäßig viel Unterrichtszeit benötigt.

Die Zielsetzung des IPN-Curriculums (▶ Abschn. 8.4.1) und vor allem der Konzeption aus Weingarten (▶ Abschn. 8.4.2) besteht darin, bei den Lernenden ein Verständnis dafür zu entwickeln, wie mithilfe von elektrischen Stromkreisen Energie übertragen wird. Während diese Fragestellung beim IPN-Curriculum vor allem den Einstieg in das Thema motiviert und der Fokus danach auf dem Systemcharakter von Stromkreisen liegt, stellt diese Fragestellung bei der Weingarten-Konzeption den zentralen Unterrichtsgegenstand dar. Inwiefern es jedoch z. B. dem IPN-Curriculum mit dem dort bemühten Bild des „steifen Elektronenrings" gelingt, eine anschauliche Vorstellung vom Energietransport mittels Stromkreisen zu vermitteln, ist eine offene Frage. Besteht der Wunsch, im eigenen Unterricht der klassischen Auseinandersetzung mit den Kirchhoff'schen Gesetzen sowie dem Ohm'schen Gesetz einen geringeren Stellenwert beizumessen und stattdessen die Lernenden zu befähigen, die Bedeutung elektrischer Stromkreise für den Alltag zu erkennen, so stellt insbesondere die Konzeption aus Weingarten eine vielversprechende Alternative dar.

Das Münchener Stäbchenmodell (▶ Abschn. 8.5) verfolgt einen Potenzialansatz und greift eine Reihe an didaktischen Vorarbeiten auf. Dementsprechend wird z. B. der Stromverbrauchsvorstellung mithilfe der magnetischen Wirkung des elektrischen Stromes entgegengewirkt und das elektrische Potenzial in Stromkreisen über unterschiedliche Farben bzw. Stäbchenhöhen veranschaulicht. Eine empirische Evaluation der Konzeption hat gezeigt, dass sie bei den Lernenden ein besseres konzeptionelles Verständnis elektrischer Stromkreise bewirkt.

Die Frankfurter Unterrichtskonzeption auf Basis des Elektronengasmodells (► Abschn. 8.6) legt besonderen Wert darauf, den Lernenden ein qualitatives Verständnis für die elektrische Spannung als Potenzialdifferenz und Ursache des elektrischen Stromes zu vermitteln. Hierzu greift sie eine Reihe didaktischer Überlegungen anderer Konzeptionen auf, unterscheidet sich von diesen jedoch vor allem dadurch, dass das Potenzial bzw. die elektrische Spannung noch vor der Stromstärke eingeführt werden, um diese bei den Lernenden als Primärkonzept zu verankern und dem „übermächtigen Strombegriff" entgegenzuwirken. Die empirische Evaluation der Konzeption zeigt, dass der gewählte Zugang den Lernenden ein besseres konzeptionelles Verständnis einfacher elektrischer Stromkreise ermöglicht. Eine Erweiterung auf die Einbeziehung energetischer Aspekte steht noch aus.

8.8 Übungen

- **Übung 8.1**

Erläutern Sie, wie die elektrische Spannung in den verschiedenen Unterrichtskonzeptionen elementarisiert wird.

- **Übung 8.2**

Beschreiben Sie die inhaltlichen Schwerpunkte der verschiedenen Unterrichtskonzeptionen.

- **Übung 8.3**

Viele Schülerinnen und Schüler denken beim Stromkreis lokal und sequenziell, d. h., sie folgen gedanklich einem fiktiven Stromelement „auf seinem Weg" durch den Stromkreis und lassen dieses an Verzweigungsstellen oder Verbrauchern „lokale Entscheidungen" treffen. Erläutern Sie, in welcher Weise die vorgestellten Konzeptionen dieser Vorstellung entgegenwirken und ein Systemdenken fördern.

- **Übung 8.4**

Zwei typische Verständnisschwierigkeiten in der Elektrizitätslehre bestehen darin, dass Lernende

a. nicht erklären können, warum an einem offenen Schalter eine elektrische Spannung anliegt, bzw.

b. nicht erkennen, dass in einem Lämpchen der elektrische Strom nicht verbraucht wird.

Erörtern Sie, inwiefern die verschiedenen Konzeptionen geeignet sind, diesen Verständnisschwierigkeiten zu begegnen und den Schülerinnen und Schülern ein fachlich korrektes Verständnis zu vermitteln.

Literatur

Burde, J. -P. (2018). *Konzeption und Evaluation eines Unterrichtskonzepts zu einfachen Stromkreisen auf Basis des Elektronengasmodells.* Diss., Studien zum Physik- und Chemielernen, Band 259. Berlin: Logos. ▶ https://zenodo.org/record/1320127.

Burde, J.-P., & Wilhelm, T. (2016). Moment mal … (22): Hilft die Wasserkreislaufanalogie? *Praxis der Naturwissenschaften – Physik in der Schule, 65*(1), 46–49.

Burde, J.-P., & Wilhelm, T. (2017). Modelle in der Elektrizitätslehre. *Unterricht Physik, 28* (157), 8–13.

Burde, J.-P., Wilhelm, T., Schubatzky, T., Haagen-Schützenhöfer, C., Dopatka, L., Spatz, V., Ivanjek, L., & Hopf, M. (2020). Lernförderlichkeit des überarbeiteten Frankfurter Unterrichtskonzepts. In S. Habig (Hrsg.), *Naturwissenschaftliche Kompetenzen in der Gesellschaft von morgen,* Gesellschaft für Didaktik der Chemie und Physik, Jahrestagung in Wien 2019, Band 40 (S. 507–510).

Cohen, R., Eylon, B., & Ganiel, G. (1983). Potential difference and current in simple electric circuits: A study of students' concepts. *American Journal of Physics, 51*(5), 407–412.

Duit, R. (1993). Alltagsvorstellungen berücksichtigen! *Praxis der Naturwissenschaften – Physik in der Schule, 42*(6), 7–11.

Duit, R., Jung, W., & Rhöneck, C. v. (Hrsg.) (1985). *Aspects of understanding electricity – Proceedings of an international workshop.* IPN-Arbeitsberichte. Kiel: Schmidt & Klaunig.

Dupin, J.-J., & Johsua, S. (1987). Conceptions of French pupils concerning electric circuits: Structure and evolution. *Journal of Research in Science Teaching, 24*(9), 791–806.

Gleixner, C. (1998). *Einleuchtende Elektrizitätslehre mit Potenzial.* Diss., Ludwig-Maximilians-Universität München.

Härtel, H. (1981a). *IPN Curriculum Physik. Unterrichtseinheit für das 7. und 8. Schuljahr. Der elektrische Stromkreis als System. Schülerheft Nr. 1.* ▶ http://www1.astrophysik.uni-kiel.de/~hhaertel/PUB/UE-7-1.pdf (▶ *Materialien zum Buch*).

Härtel, H. (1981b). *IPN Curriculum Physik. Unterrichtseinheit für das 7. und 8. Schuljahr. Der elektrische Stromkreis als System. Schülerheft Nr. 2.* ▶ http://www1.astrophysik.uni-kiel.de/~hhaertel/PUB/UE-7-2.pdf (▶ *Materialien zum Buch*).

Härtel, H. (1981c). *IPN Curriculum Physik. Unterrichtseinheiten für das 7. und 8. Schuljahr. Der elektrische Stromkreis als System. Stromstärke – Spannung – Widerstand. Didaktische Anleitung.* ▶ http://www1.astrophysik.uni-kiel.de/~hhaertel/PUB/UE-7.pdf (▶ *Materialien zum Buch*).

Härtel, H. (2012a). Der alles andere als einfache elektrische Stromkreis. *Praxis der Naturwissenschaften – Physik in der Schule, 61*(5), 17–24.

Härtel, H. (2012b). Spannung und Oberflächenladungen – Was Wilhelm Weber schon vor mehr als 150 Jahren wusste. *Praxis der Naturwissenschaften – Physik in der Schule, 61*(5), 25–31.

Herrmann, F., & Schmälzle, P. (1984). Das elektrische Potential im Unterricht der Sekundarstufe I. *Der mathematische und naturwissenschaftliche Unterricht, 37*(8), 476–482.

Herrmann, F., Laukenmann, M., Mingirulli, L., Morawietz, P., & Schmälzle, P. (2014). *Der Karlsruher Physikkurs – Ein Lehrbuch für den Unterricht in der Sekundarstufe I. Band 2: Daten – Elektrizität – Licht.* ▶ http://www.physikdidaktik.uni-karlsruhe.de/kpk_material.html.

Koller, D. (2008). *Entwurf und Erprobung eines Unterrichtskonzepts zur Einführung in die Elektrizitätslehre.* Zulassungsarbeit. Ludwig-Maximilians-Universität München.

Licht, P., & Thijs, G. D. (1990). Method to trace coherence and persistence of preconceptions. *International Journal of Science Education, 12*(4), 403–416.

Maichle, U. (1982). Schülervorstellungen zu Stromstärke und Spannung. *Naturwissenschaften im Unterricht. Physik/Chemie, 30*(11), 383–387.

McDermott, L. C., & Shaffer, P. S. (1992). Research as a guide for curriculum development: An example from introductory electricity. Part I: Investigation of student understanding. *American Journal of Physics, 60*(11), 994–1013.

Muckenfuß, H. (2008). *Vorstellungen zu Energieströmen als Grundlage in der Elektrizitätslehre – Ein pädagogisch begründetes Unterrichtskonzept.* Vortrag beim Physics Teacher Day am 25. Sep 2008 an der Uni Osnabrück. ▶ https://www.physikdidaktik.uni-osnabrueck.de/physics_teachers_day/jahr_2008.html.

8

Muckenfuß, H., & Walz, A. (1997). *Neue Wege im Elektrikunterricht* (Zweite bearbeitete Auflage). Köln: Aulis Deubner.

Pardall, C.-J. (2020). Da fließt was? Im Kreis? Durch Metall? *MNU Journal, 73*(3), 222–226.

Rhöneck, C. v. (1986). Vorstellungen vom elektrischen Stromkreis und zu den Begriffen Strom, Spannung und Widerstand. *Naturwissenschaften im Unterricht – Physik, 34*(13), 10–14.

Rhöneck, C. v. (1988). Wege zum Spannungsbegriff. *Naturwissenschaften im Unterricht. Physik/Chemie, 36*(31), 4–11.

Schecker, H., Wilhelm, T., Hopf, M., & Duit, R. (2018). *Schülervorstellungen und Physikunterricht – Ein Lehrbuch für Studium, Referendariat und Unterrichtspraxis.* Berlin: Springer.

Schubatzky, T. (2020). *Das Amalgam Anfangs-Elektrizitätslehreunterricht.* Diss., Studien zum Physik- und Chemielernen, Band 299. Berlin: Logos-Verlag.

Schwedes, H., Dudeck, W.-G., & Seibel, C. (1995). Elektrizitätslehre mit Wassermodellen. *Praxis der Naturwissenschaften – Physik in der Schule, 44*(2), 28–36.

Schwedes, H., & Dudeck, W. (1993). Wasserkreisel und die Doppelwassersäule. Ein Modell für verzweigte elektrische Stromkreise. *Praxis der Naturwissenschaften – Physik, 42*(6), 12–17.

Shipstone, D. M., Rhöneck, C. v., Jung, W., Kärrqvist, C., Dupin, J.-J., Johsua, S. & Licht, P. (1988). A study of secondary students' understanding of electricity in five European countries. *International Journal of Science Education, 10*(3), 303–316.

Späth, S. (2009a). *Überarbeitung und empirische Untersuchung eines Unterrichtskonzepts zur Einführung in die Elektrizitätslehre.* Zulassungsarbeit. Ludwig-Maximilians-Universität München.

Späth, S. (2009b). *Einführung in die Elektrizitätslehre – Schülerversion.* Ludwig-Maximilians-Universität München.

Starauschek, E. (2001). *Physikunterricht nach dem Karlsruher Physikkurs: Ergebnisse einer Evaluationsstudie.* Berlin: Logos.

Steinberg, M. S., & Wainwright, C. L. (1993). Using models to teach electricity – The CASTLE project. *The Physics Teacher, 31*(6), 353–357.

Waltner, C., & Wiesner, H. (2009). Zur Demonstration von „$I = $ konstant". *Praxis der Naturwissenschaften – Physik in der Schule, 58*(3), 36–38.

Wiesner, H., Jung, W., Kiowski, I., & Weber, E. (1982). Zur Einführung von Stromstärke und Spannung. *Naturwissenschaften im Unterricht. Physik/Chemie, 30*, 388–393.

Wiesner, H. (1985). Ein einfaches Gerät zur Demonstration von „$I = $ konst.". *Naturwissenschaften im Unterricht, 33*, 74–75.

Wilhelm, T., & Vairo, R. (2020). Vergleichende Schulbuchanalyse zur Einführung in die E-Lehre. In S. Habig (Hrsg.), *Naturwissenschaftliche Kompetenzen in der Gesellschaft von morgen*, Gesellschaft für Didaktik der Chemie und Physik, Jahrestagung in Wien 2019, Band 40 (S. 578–581).

Unterrichtskonzeptionen zum Magnetismus

Martin Hopf und Roland Berger

Inhaltsverzeichnis

© Springer-Verlag GmbH Deutschland, ein Teil von Springer Nature 2021
T. Wilhelm, H. Schecker, M. Hopf (Hrsg.), *Unterrichtskonzeptionen für den Physikunterricht*,
https://doi.org/10.1007/978-3-662-63053-2_9

9.1 Fachliche Einordnung

Magnetische Phänomene sind allgegenwärtig. Fast alle Kinder und Jugendlichen haben sich schon sehr früh mit Magneten in Spielzeugen oder am Kühlschrank beschäftigt oder mit einem Kompass gespielt. Es ist daher auch nicht verwunderlich, dass Magnetismus schon sehr früh in schulischen Kontexten vorkommt, oft sogar schon im Kindergarten. Aufgrund der leichten Verfügbarkeit von Experimentiermaterial werden Aktivitäten im Bereich des Magnetismus gerne nicht nur zur Erarbeitung von Fachwissen, sondern besonders auch zur Vertiefung experimenteller Kompetenzen eingesetzt. Dazu haben auch neuartige Magnete beigetragen. Die typischen Schulmagnete bestehen aus magnetisierten Eisenlegierungen. Sie sind vergleichsweise teuer und verlieren ihre Magnetisierung im Laufe der Zeit oder durch unsachgemäße Lagerung und müssen dann nachmagnetisiert werden.[1] Inzwischen gibt es neuartige Legierungen mit Neodym, mit denen deutlich stärkere, haltbarere und kostengünstigere Magnete hergestellt werden können. Diese keramischen Materialien sind allerdings relativ leicht zerbrechlich. Deswegen werden sie in schulischen Kontexten oft in Plastikumhüllungen eingekapselt.

▪ Phänomenologische Beschreibung

Phänomenologisch lassen sich Magnete recht leicht beschreiben. Zwischen Eisenstücken und einem Magneten wirken anziehende Kräfte. Die Stellen der stärksten Wirkung eines Magneten werden Pole genannt und es zeigt sich, dass es zwei verschiedene Arten von Polen gibt. Gleichnamige Pole ziehen sich an, ungleichnamige Pole stoßen sich ab. Die Pole werden als Nord- und Südpole bezeichnet, da sich auch die Erde wie ein Magnet verhält und sich Magnetnadeln immer so ausrichten, dass ein Ende zum Nord- und eines zum Südpol zeigt. Der Nordpol eines Magneten zeigt dabei zum Nordpol der Erde, sodass offenbar dort ein magnetischer *Süd*pol sein muss. Schülerinnen und Schüler haben große Schwierigkeiten damit, die beiden magnetischen Pole von positiven und negativen elektrischen Ladungen zu unterscheiden. Die Wechselwirkung von Stoffen mit einem Magneten ist phänomenologisch so zu erklären, dass manche Stoffe (z. B. Eisen, Kobalt und Nickel) in der Nähe eines Magneten selbst magnetisch werden. Solche Stoffe werden magnetisch (richtiger wäre ferromagnetisch) genannt. Es zeigt sich, dass ferromagnetische Stoffe selbst zum Dauermagneten werden können, wenn sie in der Nähe eines Magneten liegen. So können neue Magnete durch Magnetisierung hergestellt werden. Oft wird auch gezeigt, dass ein Magnet seine Eigenschaften verliert, wenn er über die Curietemperatur erhitzt wird (bei Eisen 768 °C). Es gibt dabei hartmagnetische und weichmagnetische Stoffe. Erstere behalten die Magnetisierung auch bei, wenn der Magnet wieder entfernt ist, letztere nicht. Ferromagnetische Stoffe zeigen außerdem Hysterese, d. h. eine Abhängigkeit der Magnetisierung nicht nur vom äußeren Magnetfeld, sondern auch vom

---

1   Meyn (2011).

vorherigen Zustand des Materials. Schülerinnen und Schüler übergeneralisieren oft die Erfahrungen mit Gegenständen aus Eisen und erwarten ferromagnetisches Verhalten von allen Metallen.[2]

Andere Stoffe verhalten sich anders, wenn sie einem Magnetfeld ausgesetzt werden. Diamagnetische Stoffe werden von einem Magneten abgestoßen. Dies passiert z. B. beim Schweben eines Graphitstückchens über einem Neodymmagneten. Paramagnetische Stoffe werden schwach von Magneten angezogen. Zu beiden Phänomenen gibt es anschauliche Demonstrationen.[3]

- **Atomare Beschreibung**

Zur Beschreibung des magnetischen Verhaltens ist zunächst eine Analyse auf atomarer Ebene notwendig. Es zeigt sich, dass manche Atome selbst magnetische Momente aufweisen, also selbst schon kleine Magnete sind. Dieses magnetische Moment stammt im Wesentlichen aus der Elektronenhülle und ist je nach deren Konfiguration unterschiedlich. In einem äußeren Magnetfeld richten sich diese Magnetmomente aus. Das führt zur leichten Anziehung im *Paramagnetismus*.

Das *diamagnetische* Verhalten wird so erklärt: Ein äußeres Magnetfeld bewirkt durch einen induzierten Strom eine Abschwächung des Magnetfelds. Das kommt aus der Wechselwirkung der Elektronenhülle mit dem Magnetfeld. Alle Atome zeigen diamagnetisches Verhalten.

- **Weiss'sche Bezirke**

Um den Ferromagnetismus von Stoffen zu erklären, muss man das mikroskopische Verhalten einer großen Menge von Atomen betrachten. Durch die Wechselwirkung der Atome untereinander kommt es in ferromagnetischen Materialien zur Bildung von Weiss'schen Bezirken. Das sind mikroskopische Bereiche, in denen die magnetischen Momente aller Atome aufgrund quantenmechanischer Effekte von selbst in die gleiche Richtung zeigen.[4] Dadurch weist ein solcher Bezirk insgesamt eine Magnetisierung auf. Die Magnetisierung benachbarter Bezirke zeigt normalweise in beliebige Richtungen. Deswegen ist das Material insgesamt nicht magnetisiert. Setzt man das Material einem Magnetfeld aus, so wachsen diejenigen Weiss'schen Bezirke, deren Magnetisierung parallel zum äußeren Magnetfeld orientiert ist, auf Kosten der anderen an, oder Weiss'sche Bezirke ändern ihre Magnetisierungsrichtung. So entsteht ein insgesamt magnetisierter Körper. Wird ein Magnet bis zur stoffspezifischen Curietemperatur erhitzt, so lösen sich die Weiss'schen Bezirke aufgrund der thermischen Bewegung der Atome auf.

Das in der Schule oft verwendete Elementarmagnetmodell basiert auf den Weiss'schen Bezirken. Ein einzelner Weiss'scher Bezirk wird dabei als mikroskopischer Magnet aufgefasst und oft als „Elementarmagnet" bezeichnet. In manchen Schulbüchern findet man zwar auch, dass die einzelnen Atome die Ele-

2 Wodzinski und Wilhelm (2018).
3 Laumann und Heusler (2017); Laumann (2018).
4 Stierstadt (1989).

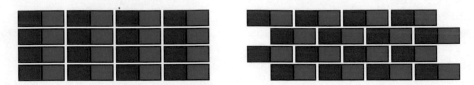

□ Abb. 9.1   Verschiedene Darstellung des Elementarmagnetmodells. Links müssten sich die Elementarmagnete in vertikaler Richtung abstoßen. Rechts ist das nicht der Fall (nach Hees 2008). In beiden Darstellungen ist es aber schwierig, die Entmagnetisierung nachzuvollziehen

mentarmagnete seien, das ist physikalisch aber keine angemessene Erklärung des Ferromagnetismus. Die Richtung des Magnetfelds eines Elementarmagneten kann verändert werden. In diesem Modell hat man dann einen Körper voller kleiner ortsfester, aber frei drehbarer kleiner Magnete. Mit dem Modell der Elementarmagnete kann der Magnetismus recht gut beschrieben werden: Man muss sich allerdings klarmachen, dass das Modell der Elementarmagnete deutliche Schwächen hat. Natürlich gibt es in einem Eisenstück keine frei drehbaren Minimagnete. Zudem haben die Weiss'schen Bezirke keine feste Größe.[5] Daneben wird kritisiert, dass in klassischen Darstellungen sich die Elementarmagnete in bestimmten Richtungen eigentlich gegenseitig abstoßen müssten (□ Abb. 9.1).[6]

▪ Magnetfelder

Man kann das magnetische Verhalten von Materie auch im Rahmen der Maxwelltheorie beschreiben. Dazu wird neben der magnetischen Flussdichte $\vec{B}$ auch die die magnetische Feldstärke $\vec{H}$ sowie die Magnetisierung $\vec{M}$ und die Stromdichte $\vec{j}$ verwendet. Die fachliche Klärung hierzu ist in ▶ Kap. 10 nachzulesen.

▪ Mögliche Elementarisierungen

Im Unterricht zum Magnetismus muss entschieden werden, bis zu welcher Modellebene unterrichtet werden soll. Bereits auf der Ebene der Phänomene kann eine Vielzahl an Aktivitäten durchgeführt werden. Man kann hier entweder erklären, dass ein Magnet ein Stück Eisen anzieht, also von einer Wechselwirkung zwischen Eisen und Magnet sprechen. Oder man kann einführen, dass ein Magnet nur mit anderen Magneten wechselwirkt. Dass auch ein Stück Eisen vom Magneten angezogen wird, wird in dieser Darstellungsweise so erklärt, dass ein Stück Eisen in der Nähe eines Magneten selbst zum Magneten wird. Beide Erklärungsmuster sollten zunächst nicht vermischt werden.

Der traditionelle Unterricht (▶ Abschn. 9.2) verbleibt in der Sekundarstufe I vornehmlich bei der Erklärung der Phänomene des Magnetismus mittels eines Elementarmagnetmodells und einfachen Aspekten des Elektromagnetismus. Ersteres ist im Spiralcurriculum Magnetismus (▶ Abschn. 9.3) umfangreich

5   Wilhelm (2018).
6   Hees (2008).

aufbereitet worden; hierbei wurde sogar eine Kompetenzentwicklung von der Kindertagesstätte bis zur 7. Klasse entworfen und Unterrichtsmaterial für den gesamten Zeitraum erstellt.

Die Unterrichtskonzeption Eisen-Magnet-Modell (▶ Abschn. 9.4) verfolgt ebenfalls den Ansatz, Phänomene der Wechselwirkung von Magneten untereinander bzw. mit Materie anhand einer Modellvorstellung zu erklären. Dabei kommt eine gegenüber dem traditionellen Unterricht weiter entwickelte Modellvorstellung zum Einsatz, die lernhinderliche Elemente durch lernförderliche Visualisierungen ersetzt.

Die Konzeption „Magnetismus hoch Vier" (▶ Abschn. 9.5) nimmt im Gegensatz zu den meisten Konzeptionen neben dem Ferromagnetismus gleichzeitig den Dia- und den Paramagnetismus sowohl auf der Phänomenebene als auch der Theorieebene in den Blick. Der Lehrgang wurde für Lehramtsstudierende konzipiert, enthält jedoch zahlreiche Elemente, die im Schulunterricht fruchtbar eingesetzt werden können.

◼ **Tab. 9.1**   Überblick über die verschiedenen Unterrichtskonzeptionen

	Traditioneller Unterricht (▶ Abschn. 9.2)	Spiralcurriculum Magnetismus (▶ Abschn. 9.3)	Eisen-Magnet-Modell (▶ Abschn. 9.4)	Magnetismus hoch vier (▶ Abschn. 9.5)
Grundidee		aufbauende Kompetenzentwicklung von der Kita bis zur 7. Jahrgangsstufe	Verwendung des Eisen-Magnet-Modells	Gegenüberstellung von Ferro-, Para- und Diamagnetismus
Elementarisierung	Phänomene und Elementarmagnetmodell in der Sek. I, Sek. II nur Elektromagnetismus	nahe am traditionellen Unterricht	Darstellung der Weiss'schen Bezirke als Pfeile; Verwendung von „Magnetchen" statt „Elementarmagneten"	magnetische Momente der Elektronen als gemeinsame Ursache der drei Magnetismusformen
Zielgruppe	Sekundarstufen I u. II	Kita bis 7. Jahrgangsstufe	Primarstufe und Sekundarstufe I	Lehramtsstudierende; Elemente für die Schule adaptierbar
Weitere Kompetenzbereiche		naturwissenschaftliches Arbeiten, Nature of Science	naturwissenschaftliches Arbeiten, Modellverständnis	Nature of Science

Die ⬛ Tab. 9.1 gibt einen Überblick über die vorgestellten Konzeptionen.

9.2 Traditioneller Unterricht

Der traditionelle Unterricht in Primarstufe und Sekundarstufe I bleibt normalerweise auf einer phänomenologischen Ebene. Dort wird das Verhalten von Magneten umfassend beschrieben. In der Sekundarstufe I wird dann das Magnetfeld eingeführt, um die Fernwirkung eines Magneten qualitativ beschreiben zu können. Ebenso kommt erst dort das Elementarmagnetmodell zur Sprache, allerdings ohne auf seine Fundierung durch Weiss'sche Bezirke einzugehen. Das Spiralcurriculum Magnetismus orientiert sich in vielen Darstellungen am traditionellen Unterricht. Für weitere Erläuterungen der etablierten Inhalte zum Magnetismus im Anfangsunterricht verweisen wir daher auf ▶ Abschn. 9.3.

Die atomare Modellebene des Magnetismus wird im Physikunterricht kaum behandelt, so wird das magnetische Verhalten von Materie selbst in der Sekundarstufe II nicht vertieft. Gelegentlich werden weitere Aspekte dieses Themas an geeigneten Stellen erwähnt: So kommt manchmal das dia- oder paramagnetische Verhalten von Materialien bei der Diskussion der Permeabilität von Eisenkernen in Spulen vor. Man kann auch die magnetischen Eigenschaften von Elementen bei der Diskussion der Bedeutung der Quantenzahlen und den Zusammenhang von Magnetismus mit dem Spin in der Atomphysik ansprechen. Eine vertiefte Diskussion dieser Aspekte bleibt aber der Physikausbildung an den Hochschulen vorbehalten. Erst dort wird das Zustandekommen der Weiss'schen Bezirke durch lokale Wechselwirkungen der Atome im Kristallgitter erläutert.

▪ Empirische Ergebnisse

Empirische Daten zum traditionellen Unterricht liegen kaum vor; erst im Zusammenhang mit Feldern gibt es Forschungsergebnisse (▶ Abschn. 10.2).

9.3 Spiralcurriculum Magnetismus

Magnetismus ist eines der wenigen Themen, das vom Kindergarten bis in die Universität behandelt wird. Allerdings sind normalerweise die Aktivitäten, die auf den verschiedenen Stufen durchgeführt werden, nicht miteinander koordiniert und es werden vielfach Experimente einfach wiederholt. Um dem entgegenzuwirken, hat sich eine Gruppe von Wissenschaftlerinnen und Wissenschaftlern zusammengefunden und ein Spiralcurriculum zum Magnetismus entwickelt und erprobt.[7] Mit diesem physikdidaktischen Vorhaben wurde eine umfassende Unterrichtskonzeption vorgelegt, die ganz bewusst versucht, den Kompetenzerwerb von Kindern und Jugendlichen über einen langen Zeitraum (Elementarstufe bis

---

7   Steffensky et al. (2013); Möller et al. (2013); v. Aufschnaiter und Wodzinski (2013).

Klasse 7) zu gestalten und so die Übergänge zwischen den verschiedenen Stufen zu erleichtern. Neben der Weiterentwicklung des Fachwissens nimmt das Spiralcurriculum Magnetismus auch den Kompetenzerwerb bei naturwissenschaftlichen Arbeitsweisen (▶ Kap. 15) und zur Entwicklung eines angemessenen Wissens über Nature of Science (NOS) in den Fokus (▶ Kap. 13). Die Aufteilung der verschiedenen inhaltlichen Aspekte auf die verschiedenen Jahrgangsstufen erfolgte dabei anhand einer von den Autorinnen und Autoren erstellten *learning progression,* also einer Kompetenzentwicklungsmatrix. Dabei werden die für die jeweilige Stufe angestrebten Kompetenzen für jedes Thema aufgeschlüsselt (ein Beispiel in ◘ Tab. 9.2).

Der Ablauf des Spiralcurriculums ist in die Bereiche Elementarbereich, Primarbereich und Klasse 5 bis 7 gegliedert. Der Schwerpunkt des Spiralcurriculums liegt auf der Abstimmung der verschiedenen Themenfelder über die drei Bereiche hinweg und nicht so sehr auf einer didaktischen Rekonstruktion des Themas Magnetismus. Allerdings sind fachdidaktische Forschungsergebnisse in die Materialentwicklung eingeflossen.

■ **Elementarbereich**

Das Spiralcurriculum umfasst hier insgesamt neun Sequenzen von je ca. 20 bis 40 min Dauer. Drei davon sind für Vierjährige konzipiert und beschäftigen sich mit Materialien und deren Eigenschaften, dem spielerischen Umgang mit Magneten und der Untersuchung, welche Materialien von einem Magneten angezogen werden und welche nicht.

Die sechs Sequenzen für fünf- bis sechsjährige Kinder bauen auf den vorigen Sequenzen auf, es wird aber noch einmal behandelt, welche Materialien von einem Magneten angezogen werden. Dies dient zur Festigung und ermöglicht auch Kindern, die die ersten Sequenzen nicht bearbeitet haben, den Einstieg in diese Einheit. Nach der Wiederholung wird spielerisch untersucht, dass und wie Ma-

◘ **Tab. 9.2** Beispiele für die Kompetenzen, die im Spiralcurriculum Magnetismus für die verschiedenen Stufen zum Thema „Fernwirkung eines Magneten" formuliert werden (Steffensky et al., 2013; Möller et al. 2013; v. Aufschnaiter und Wodzinski 2013)

Elementarbereich	Zusätzlich im Grundschulbereich	Zusätzlich in Klasse 5–7
Die Kinder geben Beispiele an, in denen ein Magnet über die Distanz bzw. durch einen Gegenstand hindurch wirkt	Die Schülerinnen und Schüler geben an, dass Magneten auch über die Distanz wirken. Die Schülerinnen und Schüler stellen einen Zusammenhang zwischen der Stärke eines Magneten und seiner Anziehung über die Distanz her	Die Schülerinnen und Schüler benennen Materialien, mit denen sich die Fernwirkung von Magneten abschwächen lässt und stellen eine Verbindung zur Anziehung dieser Materialien durch einen Magneten her

gnete durch andere Materialien, auch durch Flüssigkeiten, hindurchwirken. Den Abschluss des Spiralcurriculums im Elementarbereich bildet die Entdeckung, dass sich Magnete auch abstoßen können.

- **Primarbereich**

Für den Primarbereich schlägt das Spiralcurriculum neun Sequenzen (zu in der Regel 45 min) für das 1./2. Schuljahr und sieben Sequenzen zu je 90 min für das 3./4. Schuljahr vor. Der Unterricht beginnt mit der Erkundung von Magneten und es wird wiederholt, welche Materialien ein Magnet anzieht und welche nicht und dass Magnete auch über eine gewisse Entfernung wirken. Es folgen die Einführung der Magnetpole und die Untersuchung von Anziehung und Abstoßung zwischen Magneten. Den Abschluss in dieser Altersstufe bildet das Magnetisieren eines Eisendrahts und dessen Entmagnetisierung durch Erschütterung.

In der 3./4. Klasse werden zunächst die Inhalte der Vorjahre wiederholt. Ergänzt wird hier, dass nicht nur Eisen, sondern auch Nickel von einem Magneten angezogen wird, viele andere Metalle aber nicht. Im Anschluss daran wird die Stärke von Magneten untersucht. Dazu werden zunächst die üblichen Experimente eingesetzt, also z. B. wie schwer die Last ist, die ein Magnet gerade noch halten kann oder wie viele Eisenmuttern mit einem Magneten angehoben werden können oder auch, wie groß der Abstand einer „schwebenden Büroklammer" von einem Magneten sein kann. Dabei wird auch darauf eingegangen, dass die Größe eines Magneten keinen Rückschluss auf dessen Stärke zulässt. Danach wird daran gearbeitet, wie ganz allgemein ein faires Experiment aussehen muss, also ein Experiment, in dem die Bedingungen für verschiedene Untersuchungsteile vergleichbar sind. Dazu wird im Spiralcurriculum der „Schiebebrettversuch" ver-

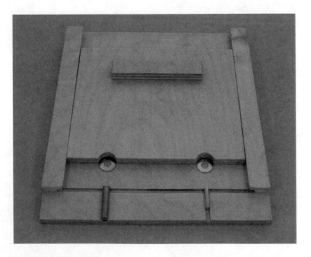

◨ **Abb. 9.2** Beim Schiebebrettversuch werden Unterlegscheiben auf Magnete zugeschoben. Damit kann fair verglichen werden, welcher Magnet die Unterlegscheibe zuerst anzieht und daher der stärkere sein muss

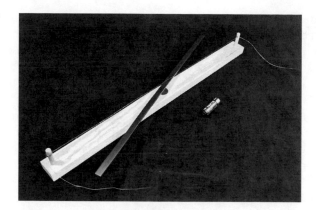

◘ Abb. 9.3   Ablenkung einer großen Kompassnadel durch einen elektrischen Strom

wendet (◘ Abb. 9.2). Mit dieser Anordnung kann der Abstand der Enden der Magnete von den beiden Unterlegscheiben gleichartig verändert werden.

Als Nächstes werden die Funktionsweise des Kompasses behandelt und der Erdmagnetismus eingeführt. Danach folgt die Erarbeitung des Elektromagnetismus. Dabei wird eine einfache Version des Oerstedtversuchs verwendet, bei dem eine Batterie kurzgeschlossen wird und dadurch eine sehr große Magnetnadel abgelenkt wird (◘ Abb. 9.3). Dazu wurde eine eigene Anordnung entwickelt, die im (über den im Lehrmittelhandel erhältlichen) Materialsatz zum Spiralcurriculum enthalten ist. Den Abschluss bildet der Bau eines Elektromagneten.

- **Klassenstufen 5 bis 7**

Das Spiralcurriculum schlägt für die Sekundarstufe I fünf 90-minütige Sequenzen vor. Zu Beginn wird wiederholt, was schon aus den Vorjahren über Magnete bekannt ist: Was zieht der Magnet an, Fernwirkung von Magneten, Magnetpole und deren Eigenschaften, Anziehung und Abstoßung. Die zweite Sequenz beschäftigt sich mit der Einführung des magnetischen Feldes und wiederholt, dass es keinen Zusammenhang zwischen Größe und Stärke eines Magneten gibt. Außerdem wird die Frage untersucht, wie die Wirkung eines Magneten abgeschwächt werden kann. In der dritten Sequenz werden das Erdmagnetfeld und die Funktionsweise von Kompassen genauer untersucht. Dazu wird zunächst erarbeitet, dass drehbar gelagerte Magnete sich parallel ausrichten. In der vierten Sequenz wird das Elementarmagnetmodell eingeführt. Dazu wird zunächst die Herstellung eines Magneten durch Magnetisierung behandelt. Im Anschluss wird das Elementarmagnetmodell wie in ◘ Abb. 9.1 links eingeführt. Schülerinnen und Schüler sollen dann darüber diskutieren, weshalb das Modell keine Realität darstellen kann. Im Anschluss wird die „alternative" Anordnung der Elementarmagnete (◘ Abb. 9.1 rechts) vorgestellt. Dies wird als Anlass zur Diskussion über den Modellcharakter der Elementarmagnete genommen. Danach werden die Magnetisierung und das Teilen des magnetisierten Eisendrahts besprochen. In der fünften und letzten Sequenz des Spiralcurriculums wird der Elektromotor behandelt. Dazu wird zunächst wieder der Elektromagnet aufgegriffen und dieser dann drehbar mit Schleifkontakten gelagert, um als Elektromotor verwendet zu werden.

- ▪ **Empirische Ergebnisse**

Alle Materialien des Spiralcurriculums wurden von Lehrkräften erprobt und anhand von deren Rückmeldungen weiterentwickelt. Ebenso wurden kleinere Untersuchungen über Wirkungen der Unterrichtsmaterialien durchgeführt.[8] Umfangreichere empirische Ergebnisse liegen nicht vor.

- ▪ **Unterrichtsmaterialien**

Steffensky, M. und Hardy, I. (3. Auflage, 2020). *Spiralcurriculum Magnetismus. Naturwissenschaftlich denken und arbeiten lernen – Elementarbereich.* Telekom-Stiftung. ► https://www.telekom-stiftung.de/projekte/minteinander

Möller, K., Bohrmann, M., Hirschmann, A., Wilke, T. und Wyssen, H. P. (3. Auflage, 2020). *Spiralcurriculum Magnetismus. Naturwissenschaftlich arbeiten und denken lernen – Primarbereich.* Telekom-Stiftung. ► https://www.telekom-stiftung. de/projekte/minteinander

von Aufschnaiter, C. und Wodzinski, R. (3. Auflage, 2020). *Spiralcurriculum Magnetismus. Naturwissenschaftlich arbeiten und denken lernen – Sekundarbereich.* Telekom-Stiftung. ► https://www.telekom-stiftung.de/projekte/minteinander

Die ausführlichen Unterrichtsordner enthalten fachliche und fachdidaktische Hintergründe und detailliertes Unterrichtsmaterial sowie Anregungen zur Kompetenzdiagnostik. Neben diesen Ordnern sind Experimentierboxen erhältlich, mit denen die in den Materialien beschriebenen Aktivitäten durchgeführt werden können.

9.4 Eisen-Magnet-Modell

Rachel entwickelte und evaluierte in seiner Dissertation das „Eisen-Magnet-Modell".[9] Es soll Schülerinnen und Schüler der Primarstufe und der Sekundarstufe I damit vertraut machen, ein Modell anzuwenden, um Phänomene vorherzusagen und einordnen zu können. Dabei werden die Weiss'schen Bezirke – wie im klassischen Elementarmagnetmodell – als ortsfeste kleine Magnete gleicher Größe angenommen. Diese sind im Eisen-Magnet-Modell drehbar. Im Gegensatz zum klassischen Modell wird aber nicht von Elementarmagneten gesprochen, sondern von „Magnetchen". Die Magnetchen werden nicht als kleine Magnete visualisiert, sondern als Pfeile, deren Nordpol sich an der Pfeilspitze und deren Südpol sich am

---

8   Steffensky et al. (2016).
9   Rachel (2012).

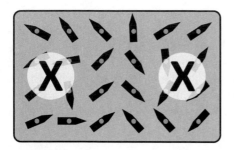
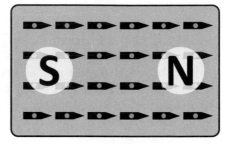

● **Abb. 9.4**   Darstellung im Eisen-Magnet-Modell; links: unmagnetisiertes Eisen; rechts: magnetisiertes Eisen/Magnet (nach Rachel 2012)

● **Abb. 9.5**   Holzbrett-Modell (teilbar). Kleine Papppfeile sind durch Reißnägel mit schwarzen Plastikkappen aufs Brett geheftet.

Pfeilfuß befindet (● Abb. 9.4). Für die Arbeit im Klassenzimmer wurden verschiedene Visualisierungen der Situation eingesetzt. Neben einer Computersimulation kam auch ein gegenständliches Holzbrettmodell zum Einsatz (● Abb. 9.5). Daneben kann die Abbildung mit Pfeilen auch leicht in schriftlicher Form an der Tafel oder im Heft verwendet werden.

In dieser Unterrichtkonzeption[10] werden zunächst eine Reihe von Phänomenen bearbeitet. Erst wenn die Schülerinnen und Schüler ausreichend Erfahrungen mit Magneten gemacht haben, wird das Modell eingeführt. Am Beginn werden Anziehung und Abstoßung von Magneten behandelt. Dafür empfehlen die Autorinnen und Autoren, zunächst unmarkierte Magnete zu verwenden. So kann die Vorstellung vermieden werden, dass die Farbe etwas mit dem Phänomen zu tun hat oder auch, dass Magnete immer rot und grün markiert sein müssen. Zur Dar-

---

10   Rachel et al. (2009).

stellung des Phänomens wird ein Stabmagnet auf einen kleinen Experimentierwagen gelegt. Man nähert diesem Magneten einen zweiten, ebenfalls unmarkierten Magneten. Das Experiment wird durch Drehen des Magneten bzw. des Wagens systematisch variiert, damit die Schülerinnen und Schüler Anziehung und Abstoßung beobachten können. Daraus wird abgeleitet, dass die beiden Enden des Stabmagneten systematisch verschieden sein müssen, und es werden die Bezeichnungen Nord- und Südpol eingeführt. Es wird empfohlen, hier nicht auf die geografischen Bezüge einzugehen, da diese in der Regel mehr Verwirrung als Verständnis bei den Lernenden bewirken.

Nun können die Pole unmarkierter Magnete bestimmt werden. Dazu werden zwei unmarkierte Magnete auf Experimentierwagen sowie ein markierter Magnet verwendet. Die Pole, die vom Nordpol des markierten Magneten angezogen werden, sind offenbar gleichartig und werden dementsprechend gleichartig markiert. Es zeigt sich, dass diese beiden Pole sich gegenseitig abstoßen. Daraus kann man ableiten, dass sich gleichartige Pole abstoßen und dieses jeweils die Südpole gewesen sein müssen. Dieses Phänomen wird verallgemeinert und man stellt fest, dass sich allgemein gleiche Pole anziehen und ungleiche Pole abstoßen.

Im nächsten Schritt wird erarbeitet, wie sich die Kombination zweier Magnete auswirkt. Dazu werden zwei Stabmagnete einmal gleich und einmal entgegengesetzt orientiert dicht aneinander gebracht. Diese Anordnung wird dann mit einem „Magnetstärke-Anzeigegerät" untersucht (◘ Abb. 9.6).

Im Anschluss wird gezeigt, dass ein Stück Eisen in der Nähe eines Magneten selbst zum Magneten wird. Das sieht man, wenn man an das Eisenstück einen

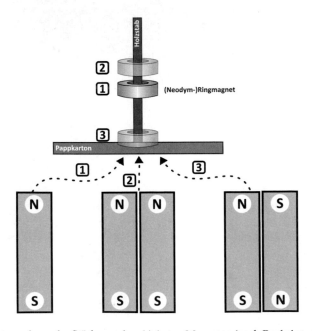

◘ **Abb. 9.6**   Untersuchung der Stärke von kombinierten Magneten (nach Rachel et al. 2009)

Nagel hält. Dieser wird vom Eisen so lange angezogen, wie sich ein Magnet in der Nähe des Eisenstücks befindet. Erst jetzt wird die Modellvorstellung anhand des Simulationsprogramms eingeführt, wobei betont wird, *dass* es sich um eine Modellvorstellung handelt. Die bisher behandelten Phänomene werden nun mit dem Eisen-Magnet-Modell erklärt.

Zur Anwendung des Modells wird nun die Magnetisierung eines Stücks Eisendraht besprochen. Diese wird vorgeführt; die Autoren empfehlen, den Eisendraht auf einen kleinen Drehteller zu legen. So kann leichter gezeigt werden, dass der magnetisierte Eisendraht von einem Magneten auch abgestoßen werden kann. Der Magnet wird dann durchgezwickt und das Experiment mit den beiden Teilen wiederholt. Das Eisen-Magnet-Modell kann das Verhalten des Eisendrahts sehr gut voraussagen. Zur Unterstützung des Lernens wird an dieser Stelle das teilbare Holzbrettmodell verwendet (◘ Abb. 9.5).

Neben der Gestaltung als lehrerzentrierter Unterricht schlagen Rachel et al. die Umsetzung der Unterrichtskonzeption als Stationenlernen vor, woran sich eine 25-minütige, lehrerzentrierte Überblicksphase anschließt.[11] Es zeigte sich, dass die Unterrichtskonzeption für Schülerinnen und Schüler der Sekundarstufe I in drei Unterrichtsstunden bearbeitbar ist. In der Grundschule ist wegen der etwas geringeren Lesekompetenz etwas mehr Zeit zu veranschlagen.

■ **Empirische Ergebnisse**

Die Wirkungen der Unterrichtskonzeption wurde mit über 500 Schülerinnen und Schülern der 7. Jahrgangsstufe des Gymnasiums (und zusätzlich mit über 500 Grundschulkindern der 4. Jahrgangsstufe) untersucht.[12] Dabei kamen verschiedene Variationen der Konzeption zum Einsatz (hohe oder niedrige Unterstützung der Lernenden, mit oder ohne vorausgehende Instruktion, mit oder ohne Zusammenfassung am Ende). Es gab allerdings keine Vergleiche zu Klassen, die mit anderen Unterrichtskonzeptionen unterrichtet wurden. Es wurde ein Design mit Vortest, Nachtest und zeitverzögertem Nachtest eingesetzt.

In allen Variationen der eingesetzten Unterrichtskonzeption ergaben sich große Lernzuwächse, sowohl bei Lernenden aus der Primarstufe wie bei solchen aus der Sekundarstufe I. Dies betraf sowohl Fragen, die sich auf die Phänomenebene bezogen, als auch Fragen, in denen das Modell angewendet werden musste. Darüber hinaus zeigte sich, dass es offenbar für den Lernerfolg wichtig ist, zu einem wählbaren Zeitpunkt eine kurze lehrergesteuerte Instruktion zu geben. Gruppen, in denen keine solche Instruktion vorkam, waren den anderen Gruppen unterlegen. Allerdings scheint die relativ kurze Unterrichtszeit Schülerinnen und Schüler nicht nachhaltig erkennen zu lassen, dass nicht alle Metalle ferromagnetisch sind.

---

11 Rachel et al. (2009).
12 Rachel (2012).

■ **Unterrichtsmaterialien**

Rachel, A. (2012). *Auswirkungen instruktionaler Hilfen bei der Einführung des (Ferro-) Magnetismus. Eine Vergleichsstudie in der Primar- und Sekundarstufe.* Berlin: Logos.

Rachel, A., Wiesner, H., Heran-Dörr, E. und Waltner, Chr. (2009). Was tun Physiker? Das „Eisen-Magnet-Modell" im Anfangsunterricht als Beispiel für die Entwicklung und Anwendung eines „gedanklichen Modells". *Praxis der Naturwissenschaften – Physik in der Schule* 58 (8), S. 9–15.

▶ http://www.supra-lernplattform.de/index.php/lernfeld-natur-und-technik/magnetismus

In den ersten beiden Unterlagen ist die Eisen-Magnet-Konzeption ausführlich erklärt. Die Unterrichtsmaterialien der Eisen-Magnet-Konzeption sind online auf der Lernplattform SUPRA erhältlich. Die dort veröffentlichten Materialien für die Grundschule stimmen mit den in der Sekundarstufe I eingesetzten Materialien überein.

9.5 Magnetismus hoch 4: Ferro-, Dia-, Para- und Elektromagnetismus

Laumann entwickelte im Rahmen seiner Dissertation das Lehrkonzept „Magnetismus hoch 4".[13] Adressaten sind Lehramtsstudierende, die damit im Sinne einer vertieften Schulphysik einen fachlich fundierten Zugang zum Magnetismus erhalten können, ohne sich direkt mit den quantenphysikalischen Grundlagen des Magnetismus der universitären Physik befassen zu müssen. Betrachtet man die von Laumann entwickelten Lernmaterialien, so wird deutlich, dass das Lehrkonzept zahlreiche interessante Elemente enthält, die sich auch für den Schulunterricht nutzen lassen. Aus diesem Grunde stellen wir das Lehrkonzept hier vor.

Ein wichtiges Merkmal der Konzeption liegt darin, dass neben dem Ferromagnetismus (und dem Elektromagnetismus) auch der Diamagnetismus (prototypisch bei Wasser oder Graphit) und der Paramagnetismus (z. B. bei Aluminium) als gleichberechtigte magnetische Erscheinungen in den Blick genommen werden. Diese Themen sind (auch im Physikstudium) häufig randständig, was vermutlich an den im Vergleich zum Ferromagnetismus kleinen Effekten liegt. Durch Integration dieser Bereiche in das Lehrkonzept wird deutlich, dass im Grunde alle Elemente und Substanzen „magnetisch" sind. Dadurch kann insbesondere der so verbreiteten wie falschen Vorstellung entgegengewirkt werden, dass nur Metalle magnetisch seien und von diesen alle ferromagnetisch.

Der Lehrgang wird durch Experimente unterstützt, die auch mit schulischen Mitteln durchführbar sind. Mithilfe der starken Neodymmagnete lassen sich die vergleichsweise schwachen paramagnetischen bzw. diamagnetischen Wechsel-

---

13 Laumann (2017).

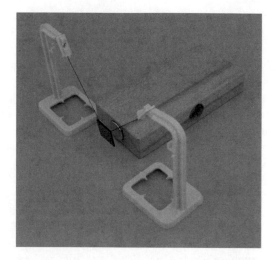

◘ Abb. 9.7 Ein starker Neodymmagnet wird an eine Probe angenähert. Diese wird entsprechend ihren magnetischen Eigenschaften in unterschiedlichem Maße angezogen bzw. abgestoßen

wirkungen relativ zum Ferromagnetismus vergleichend veranschaulichen. In der Konzeption dient dabei das „magnetische Pendel" (◘ Abb. 9.7), um das unterschiedliche Verhalten von Eisen, Aluminium und Graphit zu vergleichen. Der Lehrgang nutzt und thematisiert intensiv theoretische Modellvorstellungen, um die Phänomene des Magnetismus zu erklären. Hierzu gehören insbesondere die magnetischen Momente der Elektronen und (bei Ferromagnetika) die Weiss'schen Bezirke (▶ Abschn. 9.1). Das Lehrkonzept wird durch eine Reihe von neu entwickelten und passgenau auf das Lehrkonzept zugeschnittenen Visualisierungen begleitet. In Zusammenarbeit mit dem Cornelsen-Verlag wurde dazu ein Experimentierkoffer entwickelt, der die notwendigen Materialien enthält.[14] Die Experimente wurden an Schulen bis hin zum Sachunterricht erprobt.

Im Folgenden stellen wir das von Laumann für Studierende entwickelte „Forschertagebuch" (vgl. Literaturliste bzw. Link) vor. Ziel ist es dabei, die genannten Aspekte zu illustrieren und gleichzeitig Anknüpfungspunkte für die Schulphysik sichtbar zu machen.

Die geschickte Gegenüberstellung ferromagnetischer, paramagnetischer und diamagnetischer Substanzen durchzieht den gesamten Lehrgang und ermöglicht somit eine unmittelbare Kontrastierung hinsichtlich Gemeinsamkeiten und Unterschieden sowohl aus experimenteller als auch aus theoretischer Perspektive.

In einem Kurzfilm[15], der die mit dem magnetischen Pendel explorierten unterschiedlichen magnetischen Eigenschaften verschiedener Gegenstände behandelt, werden auf unterhaltsame Weise Fragen aufgeworfen, die im weiteren Lehrgang aufgegriffen werden. Eine zentrale Botschaft des Kurzfilms lautet, dass im Grunde alle Arten von Materie magnetische Eigenschaften (oder Kombinationen

---

14 Klassensatz Magnetimus 2.0, erhältlich bei Cornelsen Experimenta.
15 frei zugänglich unter ▶ https://physikkommunizieren.de/workshop-magnetismus/.

daraus) aufweisen, diese aber unter Umständen erst in sehr starken Magnetfeldern unmittelbar erfahrbar werden.

Im weiteren Verlauf des Lehrgangs werden nun die drei Arten von Magnetismus theoretisch beschrieben. Hierzu werden Beobachtungen auf makroskopischer (phänomenologischer) Ebene (Beobachtung der Anziehung bzw. Abstoßung) auf die mesoskopische Ebene (z. B. die Erklärung ferromagnetischer Eigenschaften mittels Weiss'scher Bezirke) und auf die mikroskopische Ebene (magnetische Eigenschaften der Elektronen als Ursache der unterschiedlichen magnetischen Ausprägungen) zurückgeführt, um damit die Ursachen der unterschiedlichen Arten des Magnetismus zu erklären (◘ Abb. 9.8).

Ein Beispiel für die Verknüpfung der makroskopischen mit der mesoskopischen Ebene zum Zwecke der Erklärung des „magnetischen Gedächtnisses" von Ferromagnetika ist in ◘ Abb. 9.9 dargestellt. In der interaktiven Simulation lässt sich die Stärke des Magnetfelds variieren. Die Orientierung der Weiss'schen Bezirke legt die Magnetisierung des Eisens fest. Aus der Addition der Magnetisierungsvektoren der einzelnen Weiss'schen Bezirke resultiert die Gesamtmagnetisie-

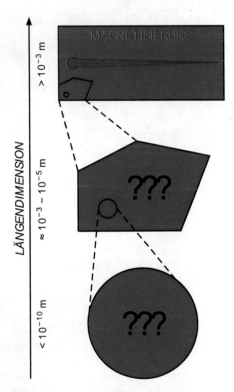

Die **Magnetisierung** zur Beschreibung von Proben der Längendimension $> 10^{-3}$ m wurde bereits in Kapitel 5 eingeführt.

Im Anschluss an diese Beschreibung untersuchen wir in **Kapitel 9** bereits eine kleinere Größenordnung im Bereich von 1 mm bis zu 1 μm. Hier betrachten wir die so genannten **Weiss'schen Bezirke**.

Ab **Kapitel 11** befinden wir uns in der subatomaren Dimension. Hier kommt ihr den Ursachen der Magnetisierung auf die Spur. Die entscheidende Rolle hier spielen die **magnetischen Momente** von Elektronen.

◘ **Abb. 9.8** Auszug aus dem „Forschertagebuch" für Lehramtsstudierende. Anhand einer Längenskala werden die unterschiedlichen Ebenen vorgestellt, die für die Erklärung des Magnetismus von Bedeutung sind (mit freundlicher Genehmigung von D. Laumann, Universität Münster)

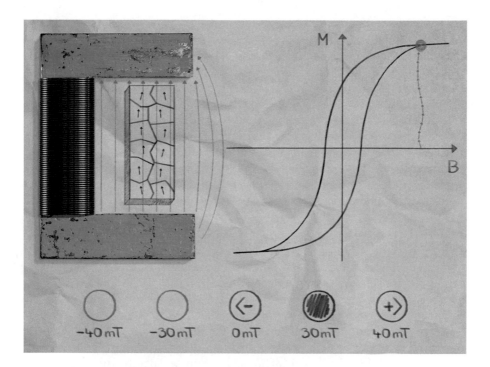

□ **Abb. 9.9** Screenshot der interaktiven Simulation zur Abhängigkeit der Magnetisierung $\vec{M}$ von Eisen im Magnetfeld $\vec{B}$ („Hysteresekurve" (Traditionell wird häufig auch das H-B-Diagramm als Hysteresekurve bezeichnet.)) auf der Basis des Modells der Weiss'schen Bezirke. In der dargestellten Situation sind die Magnetisierungsvektoren der Weiss'schen Bezirke im Wesentlichen parallel ausgerichtet, sodass die resultierende Vektorsumme auf der Hysteresekurve in den Sättigungsbereich führt (mit freundlicher Genehmigung von D. Laumann, Universität Münster)

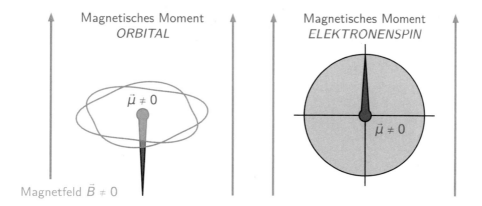

□ **Abb. 9.10** Die beiden unterschiedlichen Arten magnetischer Momente $\vec{\mu}$ (veranschaulicht durch „Tropfenpfeile"), die auf mikroskopische Ströme von Elektronen (links) bzw. deren Spin (rechts) in einem äußeren Magnetfeld $\vec{B}$ zurückzuführen sind (mit freundlicher Genehmigung von D. Laumann, Universität Münster)

rung $\vec{M}$ der Eisenprobe bei der Magnetfeldstärke $\vec{B}$. Eine Variation des Magnetfelds ergibt somit die Hysteresekurve.

Auf der mikroskopischen Ebene werden alle magnetischen Phänomene der Makroebene auf die magnetischen Momente von Elektronen zurückgeführt. Dabei werden zwei Arten magnetischer Momente unterschieden, und zwar die magnetischen Momente der Elektronen aufgrund ihrer Spins und die Momente aufgrund von mikroskopischen Strömen in Atomorbitalen (◘ Abb. 9.10).

Mit diesen beiden Arten magnetischer Momente lassen sich die drei unterschiedlichen Arten von Magnetismus auf elementare Weise einheitlich mikroskopisch erklären und die magnetischen Eigenschaften von Gasen z. B. aus Wasserstoff- oder Sauerstoffmolekülen vorhersagen. Diese tragfähige theoretische Grundlage ist eine besondere Stärke des Lehrkonzepts.

▪ **Empirische Ergebnisse**

Die Konzeption wurde von Laumann im Rahmen seiner Dissertation für die Lehramtsausbildung entwickelt und dort auch evaluiert.[16] Der Lernerfolg zweier Lerngruppen von Lehramtsstudierenden wurde mittels eines dafür konzipierten Tests sowie in Interviews geprüft. Die Auswertung zeigt, dass eine Reihe von Lernzielen erreicht wurden. Dazu gehört insbesondere, dass die Studierenden die makroskopischen Phänomene in Bezug auf die drei Arten des Magnetismus unterscheiden können. Probleme gibt es jedoch mit der mikroskopischen Erklärung, welche sich bei der Begründung des Diamagnetismus am deutlichsten zeigt.

Die Grundkonzeption bezieht sich auf die Hochschullehre, wobei einzelne Elemente (insbesondere die Experimente) auch an Schulen erprobt wurden. Empirische Ergebnisse liegen hierzu allerdings nicht vor.

▪ **Unterrichtsmaterialien**

Laumann, D. *Magnetismus hoch 4*. Unterrichtsmaterialien.

Das vorgestellte „Forschertagebuch" für Lehramtsstudierende sowie die Medien sind bei den ▶ *Materialien zum Buch*[17] zugänglich. Der Experimentierkoffer ist als Klassensatz im Lehrmittelhandel erhältlich.

Laumann, D. (2017). *Magnetismus hoch 4. Fachliche Strukturierung und Entwicklung multipler Repräsentationen zum Magnetismus für die Hochschule (Diss.)*. Berlin: Logos. ▶ https://zenodo.org/record/1069431#.YL4D_6FCRaR
Eine ausführliche Darstellung des gesamten Projekts ist in der Dissertation von Laumann enthalten.

---

16 Laumann (2017).
17 ▶ https://aeccp.univie.ac.at/lehrer-innen/unterrichtskonzeptionen.

9.6 Fazit

Wie nur wenige andere Themen kann Magnetismus mit jeweils altersgerechten Angeboten von der Kindertagesstätte bis zur Universität behandelt werden. Die in diesem Kapitel vorgestellten Konzeptionen beschränken sich dabei fast durchgängig auf die Diskussion des magnetischen Verhaltens von Materie. Nur an wenigen Stellen werden Exkurse zum Elektromagnetismus gemacht, wie z. B. bei der Behandlung des Elektromotors im Spiralcurriculum Magnetismus.[18]

Es ist bemerkenswert, dass es trotz des reichhaltigen Themas Magnetismus nur relativ wenige Unterrichtskonzeptionen dafür gibt. Das Eisen-Magnet-Modell ist dem Spiralcurriculum in manchen Aspekten recht ähnlich, gibt aber an, dass es wesentlich weniger Zeit für die Behandlung der vorkommenden Themen benötigt. Das Spiralcurriculum ist deutlich umfassender, wenn auch vielleicht in der Sekundarstufe I weniger konsistent konzipiert als die Unterrichtskonzeption zum Eisen-Magnet-Modell. Es erscheint denkbar, auf Basis dieser beiden Konzeptionen eine weitere Unterrichtskonzeption zu entwickeln, die die Vorzüge beider Entwürfe vereint.

Auffallend ist ein Bruch am Ende der (frühen) Sekundarstufe I. Hier enden die phänomenbasierten Unterrichtskonzeptionen. Im späteren Unterricht wird praktisch nicht mehr auf diese Vorarbeiten Bezug genommen. Auffallend ist auch, dass das magnetische Verhalten von Materie kaum mit dem Elektromagnetismus verknüpft wird.

Das Lehrkonzept „Magnetismus hoch 4" nimmt zwei Aspekte zusätzlich in den Blick, die im traditionellen Unterricht allenfalls randständig enthalten sind. Erstens werden neben dem Ferromagnetismus gleichzeitig der Dia- und der Paramagnetismus behandelt und es wird so deutlich gemacht, dass Materie grundsätzlich magnetische Eigenschaften hat, diese aber von sehr unterschiedlicher „Stärke" sind. Zweitens werden magnetische Phänomene durch Eigenschaften von Elektronen und Atomen erklärt. Man muss bei diesen Erweiterungen bedenken, dass sich das Lehrkonzept an Studierende wendet. Es ist allerdings gelungen, die fachlich komplexen Sachverhalte so weit zu elementarisieren, dass sie auch für den Schulunterricht als behandelbar erscheinen.

9.7 Übungen

- **Übung 9.1**
Erläutern Sie Gemeinsamkeiten und Unterschiede der im Spiralcurriculum Magnetismus (▶ Abschn. 9.3) und in der Eisen-Magnet-Modell-Konzeption (▶ Abschn. 9.4) verwendeten Modellvorstellung vom Magnetismus.

---

18 Ausführungen zum Elektromagnetismus werden in ▶ Kap. 10 umfangreicher dargestellt.

- **Übung 9.2**

Beschreiben sie, wie die Stärke von Magneten in den verschiedenen Konzeptionen jeweils experimentell bestimmt wird.

- **Übung 9.3**

Erläutern Sie die „Alleinstellungsmerkmale" des Lehrkonzepts „Magnetismus hoch 4" (▶ Abschn. 9.5).

Literatur

v. Aufschnaiter, C., & Wodzinski, R. (2013). *Spiralcurriculum Magnetismus. Naturwissenschaftlich arbeiten und denken lernen. Sekundarbereich.* Seelze: Friedrich.

Hees, B. (2008). *Das Elementarmagneten-Modell im Physikunterricht am Gymnasium (Diss.).* Universität Duisburg. ▶ http://duepublico.uni-duisburg-essen.de/servlets/DerivateServlet/Derivate-20812/Hees_Diss.pdf

Laumann, D. (2017). *Magnetismus hoch 4. Fachliche Strukturierung und Entwicklung multipler Repräsentationen zum Magnetismus für die Hochschule (Diss.).* Berlin: Logos. ▶ https://zenodo.org/record/1069431#.XsuB3y_35Xg

Laumann, D. (2018). Even liquids are magnetic: Observation of the Moses effect and the inverse Moses Effect. *The Physics Teacher, 56*(6), 352–354.

Laumann, D., & Heusler, S. (2017). Determining magnetic susceptibilities of everyday materials using an electronic balance. *American Journal of Physics, 85*(5), 327–332.

Meyn, J.-P. (2011). *Grundlegende Experimentiertechnik im Physikunterricht.* München: Oldenbourg.

Möller, K., Bohrmann, M., Hirschmann, A., Wilke, T., & Wyssen, H. P. (2013). *Spiralcurriculum Magnetismus. Naturwissenschaftlich arbeiten und denken lernen – Primarbereich.* Seelze: Friedrich.

Rachel, A. (2012). *Auswirkungen instruktionaler Hilfen bei der Einführung des (Ferro-)Magnetismus. Eine Vergleichsstudie in der Primar- und Sekundarstufe (Diss.).* Berlin: Logos.

Rachel, A., Wiesner, H., Heran-Dörr, E. & Waltner, Chr. (2009). Was tun Physiker? Das „Eisen-Magnet-Modell" im Anfangsunterricht als Beispiel für die Entwicklung und Anwendung eines „gedanklichen Modells". *Praxis der Naturwissenschaften – Physik in der Schule, 58*(8), 9–15.

Steffensky, M., & Hardy, I. (2013). *Spiralcurriculum Magnetismus. Naturwissenschaftlich denken und arbeiten lernen – Elementarbereich.* Seelze: Friedrich.

Steffensky, M., Hardy, I., Möller, K., von Aufschnaiter, C., & Wodzinski, R. (2016). Stufenübergreifender Aufbau inhaltsbezogener Kompetenz. In C. Maurer (Hrsg.), *Authentizität und Lernen – das Fach in der Fachdidaktik.* Gesellschaft für Didaktik der Chemie und Physik, Jahrestagung in Berlin 2015. (S. 246). Universität Regensburg. urn:nbn:de:0111-pedocs-121254

Stierstadt, K. (1989). *Physik der Materie.* Weinheim: VCH.

Wilhelm, T. (2018). Wie visualisiert man Elementarmagnete? In T. Wilhelm (Hrsg.), *Stolpersteine im Physikunterricht* (S. 105–108). Seelze: Aulis.

Wodzinski, R., & Wilhelm, T. (2018). Schülervorstellungen im Anfangsunterricht. In H. Schecker et al. (Hrsg.), *Schülervorstellungen und Physikunterricht* (S. 243–270). Berlin: Springer.

9

Unterrichtskonzeptionen zu Feldern und Wellen

Roland Berger und Martin Hopf

Inhaltsverzeichnis

© Springer-Verlag GmbH Deutschland, ein Teil von Springer Nature 2021
T. Wilhelm, H. Schecker, M. Hopf (Hrsg.), *Unterrichtskonzeptionen für den Physikunterricht*,
https://doi.org/10.1007/978-3-662-63053-2_10

10.1   Fachliche Einordnung

- **Felder**

Ein besonderes Kennzeichen der Physik in ihrer geschichtlichen Entwicklung besteht darin, dass neben der Erklärung immer weiterer Sachverhalte besonders auch immer neue Methoden zur Beschreibung dieser Sachverhalte entwickelt wurden. Eine der erfolgreichsten Methoden ist das Konzept des Feldes. In diesem Konzept werden die Wechselwirkungen zwischen zwei Objekten nicht mehr durch Kräfte beschrieben, sondern durch die Vermittlung eines Feldes. Dafür werden dem Raum selbst physikalische Größen zugeordnet. Ein Feld beschreibt dann die raumzeitliche Verteilung einer Größe. Man kann also z. B. sagen, dass an einer bestimmten Stelle des Raums zu einer bestimmten Zeit eine bestimmte magnetische Feldstärke $\vec{H}$ vorhanden ist und schreibt $\vec{H}(\vec{r}, t)$. Felder werden von einem Objekt, genauer gesagt von einer Eigenschaft eines Objekts, erzeugt. So ruft die Masse eines Körpers ein Gravitationsfeld hervor, die elektrische Ladung eines Körpers ein elektrisches Feld. In der Elementarteilchenphysik wird entsprechend ein verallgemeinerter Ladungsbegriff verwendet, sodass zu jedem Feld eine Art Ladung gehört. (▶ Abschn. 12.3.2). Mathematisch ist ein Feld eine Funktion, die jedem Punkt des Raums und jedem Zeitpunkt einen Zahlenwert (Skalarfeld) oder einen Vektor (Vektorfeld) zuordnet. Ein Skalarfeld ist z. B. der Luftdruck; die Windgeschwindigkeiten stellen ein Vektorfeld dar. Es zeigt sich, dass die Formulierung mancher physikalischer Sachverhalte im Feldbild wesentlich mächtiger ist als eine Formulierung im Kraftbild. Dazu gehört, dass ein Feld auch Energie und Impuls tragen kann.

Eine der erfolgreichsten Theorien der Physik ist die Beschreibung des Elektromagnetismus durch die Maxwellgleichungen. Darin wird das Wechselspiel zwischen Ladungen, Strömen und elektrischen und magnetischen Feldern beschrieben. Alle elektromagnetischen und optischen Phänomene können durch die Maxwellgleichungen modelliert werden. Für die Schule sind das die Kraftwirkung auf stromdurchflossene Leiter, das Prinzip des Elektromotors, die Induktion, das Generatorprinzip, aber auch das Verhalten von Kondensatoren und Spulen sowie das von elektromagnetischen Wellen. Oft werden hier allerdings hybride Erklärungsansätze verwendet, in denen das Kraftbild und das Feldbild zugleich vorkommen. Aber auch, um die Energietransportphänomene im einfachen Stromkreis angemessen beschreiben zu können, müssen elektromagnetische Felder herangezogen werden (▶ Abschn. 8.1). Allerdings ist der mathematische Formalismus so komplex, dass in der Schulphysik nur vereinfachte Formen der Maxwellgleichungen behandelt werden können.

Für die Visualisierung eines Vektorfelds gibt es verschiedene Möglichkeiten.[1] Am bekanntesten darunter sind die Feldlinien, die vermutlich bereits Faraday verwendet hat.[2] Allerdings stößt die Darstellung eines Magnetfelds mittels Feldlinien, genau wie andere Modelldarstellungen auch, an Grenzen und kann daher

---

1   Hopf und Wilhelm (2018).
2   Pocovi und Finley (2003).

mit Lernschwierigkeiten der Schülerinnen und Schüler verbunden sein. So gibt es Lernende, die Feldlinien als „materielle, unsichtbare Fäden oder Stäbe" ansehen.[3] Des Weiteren „werden Feldlinien gleichsam mitunter als Behältnisse oder Transportwege verstanden, in bzw. auf denen sich Ladungen bewegen müssen"[4]. Verständnisschwierigkeiten tauchen ebenfalls auf, wenn die Frage aufgeworfen wird, was sich eigentlich *zwischen* den Feldlinien befindet.

Häufig werden im Unterricht Versuche mit Eisenfeilspänen durchgeführt, was nahegelegt, dass sich der Verlauf von Feldlinien aus Eisenspanbildern (z. B. durch Nachzeichnen) ergebe.[5] Dies ist nicht unproblematisch, da Eisenspanbilder Produkte komplexer Prozesse sind, welche neben der Wirkung des Magnetfelds auch von der Magnetisierung der Eisenfeilspäne sowie von der Reibung abhängen.[6] Wodzinski würdigt den Versuch als aussagekräftige Darstellung, jedoch sei der Übergang zu Feldlinienbildern schwierig: Es gelte, den Eindruck zu vermeiden, dass sich aus dem Eisenspanbild das Feldlinienbild praktisch unmittelbar ergebe.[7] Oft „erkennt" zudem nur die Lehrkraft den Verlauf der Feldlinien, weil sie weiß, was herauskommen soll und den idealtypischen Verlauf hineininterpretiert.

Vielfach kommt es auch zu Verwechslungen des magnetischen mit dem elektrischen Feld. Girwidz und Storck berichten beispielsweise, dass Schülerinnen und Schüler elektrische Ladungen als Quellen des magnetischen Feldes ansahen.[8] Werden magnetische Felder mithilfe von Feldlinien dargestellt, so können die Bedeutung von deren zentralen Eigenschaften Richtung und Dichte als Maß für die Stärke des Magnetfelds vielfach nicht korrekt interpretiert werden.[9]

In Schulbüchern wird das Magnetfeld mit unterschiedlichen physikalischen Größen beschrieben. Manchmal ist damit die magnetische Feldstärke $\vec{H}$, manchmal die magnetische Flussdichte $\vec{B}$ gemeint. Je nachdem gelten andere Zusammenhänge, so sind z. B. nur bei der magnetischen Flussdichte die Feldlinien geschlossen, bei der magnetischen Feldstärke hingegen gehen die Feldlinien von Pol zu Pol. Wichtig ist zu bemerken, dass bei der Verwendung der Flussdichte Pole nicht automatisch als Startpunkt von Feldlinien aufgefasst werden können.[10]

Besonders bedeutsam ist der Zusammenhang zwischen Feldern und Kräften. So wirkt in einem elektrischen Feld die Coulombkraft auf geladene Körper, im Magnetfeld wirken Kräfte auf magnetische Dipole und bewirken ein Drehmoment. Darüber hinaus erzeugt ein elektrischer Strom ein Magnetfeld in seiner Umgebung. Dies führt dazu, dass auf einen stromdurchflossenen Leiter in einem

---

3 Girwidz und Storck (2013, S. 9).
4 Girwidz und Storck (2013, S. 9).
5 Gau, Meyer und Schmidt (2005, S. 223). Ähnliche Probleme ergeben sich bei einem beliebten Demonstrationsversuch: Ein kleiner Magnet schwimmt auf einer Korkscheibe. An der Außenseite des Wasserbeckens ist ein Stabmagnet befestigt. Der Magnet schwimmt auf einer halbkreisförmigen Bahn, allerdings nicht entlang einer Feldlinie (Suleder 2018).
6 Fütterer, Krey und Rabe (2018).
7 Wodzinski (2013).
8 Girwidz und Storck (2013).
9 Albe, Venturini und Lascours (2001).
10 Schwarze (2016).

Hufeisenmagneten eine Kraft wirkt. Diese Kraft wirkt senkrecht zu Feld- und Stromrichtung (Dreifingerregel). Dabei ist wichtig zu bemerken, dass auch für die Lorentzkraft die Impulserhaltung gilt. Allerdings ist dazu notwendig, dass das elektromagnetische Feld Impuls aufnehmen bzw. abgegeben kann.[11]

Herkömmlicherweise werden verschiedene Erscheinungen der elektromagnetischen Induktion mit unterschiedlichen Ansätzen erklärt. Beispielsweise wird der Leiterschaukelversuch zur Spannungserzeugung mithilfe der Dreifingerregel über die Lorentzkraft interpretiert. Änderungen des Magnetfelds oder der das Magnetfeld einschließenden Fläche werden mithilfe des magnetischen Flusses erklärt. Dies birgt zumindest die Gefahr, dass das vereinheitlichende und damit leistungsfähige Prinzip hinter den zahlreichen Induktionsphänomenen nicht erkannt wird, und somit ein wichtiges Lernziel verfehlt wird.

Eine weitere Schwierigkeit im Lernprozess der Schülerinnen und Schüler besteht darin, dass die entscheidende Größe für die Entstehung der Induktion die zeitliche Änderung des magnetischen Flusses und nicht der magnetische Fluss selbst ist. Zwar wird beispielsweise erkannt, dass ein ruhender Magnet in einem ruhenden Ring keinen Strom induzieren kann[12], dies wird aber auch darauf zurückgeführt, dass das Magnetfeld am Ort des Ringes zu schwach sei. Häufig wird in diesem Zusammenhang angenommen, dass die Induktion umso stärker ist, je mehr Feldlinien den Ring durchsetzen. Die entscheidende Bedeutung des Tempos der Veränderung wird somit nicht erkannt.[13] Dass die Bedeutung veränderlicher Größen von Schülerinnen und Schülern nur schwer verstanden wird, ist auch aus anderen Gebieten der Physik bekannt, z. B. in der Kinematik bei der zeitlichen Änderung der Geschwindigkeit als Maß für die Beschleunigung. Dies unterstreicht aber auch, wie wichtig es ist, im Unterricht in geeigneter Weise auf dieses Problem einzugehen.

Auch der Begriff des „magnetischen Flusses" ist für viele Schülerinnen und Schüler schwierig. Er wird vielfach mit dem magnetischen Feld verwechselt.[14] Zahlreiche Schülerinnen und Schüler gehen davon aus, dass das Magnetfeld durch die Leiterschleife „fließt" (Saglam und Millar 2006). Dies könnte auch daran liegen, dass magnetischen Feldlinien oft materielle Eigenschaften (z. B. als unsichtbare Fäden) zugeschrieben werden (siehe oben).

Neben dem Elektromagnetismus soll hier nur kurz auf die Gravitation eingegangen werden. Das Gravitationsfeld beschreibt die Wechselwirkung zwischen massebehafteten Körpern. Dabei wird oft das Gravitationspotenzial verwendet, eine weitere Darstellung, aus der man das Gravitationsfeld ableiten kann. Seine besondere Rolle spielt das Gravitationsfeld erst im Rahmen der (Allgemeinen) Relativitätstheorie. Dort wird das Gravitationsfeld auf die Form der Raumzeit zurückgeführt.

11 Hopf (2012).
12 Secrest und Novodvorsky (2005).
13 Saglam und Millar (2006).
14 Guisasola et al. (2013).

- **Wellen**

Jeder kennt Wellen vom Besuch am Meer. Wir nutzen elektromagnetische Wellen zum Empfang von Radiosendern. Erst kürzlich konnten Gravitationswellen experimentell nachgewiesen werden. Wie bei den Feldern werden hier Phänomene aus ganz unterschiedlichen Bereichen mit einem gemeinsamen Konzept beschrieben. Es geht dabei um die Ausbreitung von Störungen: Wirft man einen Stein ins Wasser, so breitet sich die so erzeugte Störung kreisförmig aus. Taucht man stattdessen den Finger periodisch ins Wasser ein, so erzeugt man dadurch eine Folge nach außen laufender Kreiswellen. Bei der Erzeugung von Radiowellen werden die Elektronen in der Sendeantenne periodisch beschleunigt. So wird eine Störung im elektromagnetischen Feld erzeugt, die sich von der Antenne ausgehend in den Raum ausbreitet. Bei Gravitationswellen erzeugt eine enorme Veränderung von Massenkonfigurationen, z. B. das Verschmelzen zweier schwarzer Löcher, eine sich ausbreitende Störung in der Raumzeit.

Voraussetzung für die Ausbreitung einer Störung ist, dass die sich verändernde physikalische Größe an einem Ort mit einer entsprechenden Größe am Nachbarort gekoppelt ist. Bei Wasserwellen stammt die Kopplung von der Kohäsion der Wassermoleküle, bei Radiowellen von den Zusammenhängen zwischen elektrischem und magnetischem Feld, bei Gravitationswellen vom Zusammenhang zwischen Raumzeit und Gravitation. Eine Schwingung (oder Störung) an einer Stelle regt also Schwingungen an den benachbarten Orten an usw. Dies wird oft mittels einer Wellenmaschine veranschaulicht. Die besteht aus vielen einzelnen schwingungsfähigen Objekten (z. B. aus Holzstäben, die in der Mitte aufgehängt sind und an deren Enden Gummibärchen befestigt sind, ◘ Abb. 10.1). Diese Schwinger sind mit den Nachbarobjekten gekoppelt (hier mittels eines Klebebands). Versetzt man ein Gummibärchen bzw. Objekt in Schwingung, so breitet sich die Schwingung aus und es entsteht eine Welle.

Es gibt verschiedene Arten von Wellen: Transversale Wellen breiten sich – wie bei der Gummibärchen-Wellenmaschine – senkrecht zur Auslenkung aus. Elektromagnetische Wellen sind Transversalwellen. Bei longitudinalen Wellen findet die Ausbreitung in der gleichen Richtung statt, in der auch die Auslenkung erfolgt. Ein Beispiel hierfür sind Schallwellen. Daneben gibt es noch weitere,

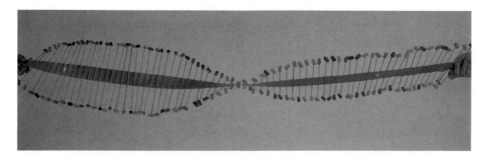

◘ **Abb. 10.1** Gummibärchen-Wellenmaschine

kompliziertere Wellenformen, z. B. sind Wasserwellen in der Regel Oberflächen-wellen mit kreisförmiger Bewegung der einzelnen Wasserpartikel, diese Wellen können aber in Ufernähe auch umschlagen („brechen"). Daher ist es nur einge-schränkt sinnvoll, das Verhalten von Wellen mit der Wellenwanne zu zeigen. Al-lerdings sind diese Geräte in der Regel so gebaut, dass sie die störenden Rand-effekte minimieren, sodass man grundlegende Wellenphänomene damit veran-schaulichen kann.

Beim Begriff „Welle" muss man zwischen *Wellenphänomenen* unterscheiden, z. B. der Wellenform, die sich einem Medium wie einem geschwungenen Seil ein-prägt, und dem *mathematischen Formalismus* zur Beschreibung solcher Phäno-mene. Wellen(funktionen) ergeben sich mathematisch als Lösungen der Wel-lengleichung. Das bedingt zudem, dass auch eine Superposition von mehreren Lösungen wieder eine Lösung der Wellengleichung darstellt. Physikalisch bedeu-tet das, dass sich Wellen ungestört durchdringen können und sie sich daher fun-damental anders verhalten als massive Körper. Bei der Superposition addieren sich die Amplituden der einzelnen Wellen.

Zwei Phänomene charakterisieren Wellen in besonderer Weise: Beugung und Interferenz. Bei der Beugung läuft eine Welle in einen „Schattenbereich" hinein, d. h. in einen Raumbereich, in dem die Störung sich eigentlich nicht ausbreiten sollte. Trifft z. B. eine ebene Welle auf eine Kante, so läuft die Welle zwar an dem Hindernis unverändert vorbei, zusätzlich läuft aber auch eine von der Ecke der Kante ausgehende Kreiswelle in den Schattenbereich hinein. Die Beugung ist der Grund dafür, weshalb man auch hinter einer Hausecke etwas hören kann. Inter-ferenz ist ein Spezialfall der Superposition. Wenn zwei Wellen gleicher Frequenz aufeinandertreffen, so können sich an bestimmten Stellen im Raum zu jedem Zeitpunkt besonders hohe Amplituden ergeben (konstruktive Interferenz) bzw. sich an anderen Stellen die beiden Wellen zu jedem Zeitpunkt gegenseitig auslö-schen (destruktive Interferenz). Dazu müssen aber die entsprechenden Positionen im Wellenfeld bestimmte geometrische Bedingungen erfüllen. Es ist also möglich, dass die Addition zweier Wellen insgesamt „nichts" ergibt. Das wird bei der Un-terdrückung von Außengeräuschen in speziellen Kopfhörern mittels „Antischall" technisch genutzt.

Für Lernende ist die Wellenphysik herausfordernd.[15] Zunächst ist für sie der Unterschied zwischen Schwingungen und Wellen schwer zu erkennen. Und dann behandeln sie Wellenphänomene oft so, als ob es sich um das Verhalten von Objekten handelte. So ist für Schülerinnen und Schüler unglaubwürdig, dass wenn sich zwei Wellenpulse aufeinander zubewegen, diese nicht miteinan-der kollidieren, sondern durcheinanderlaufen. Ebenso haben Lernende große Schwierigkeiten damit, Interferenz- und Polarisationsphänomene angemessen zu erklären.

---

15 Hopf und Wilhelm (2018).

■ **Elementarisierungen**

Es liegen nur wenige Unterrichtskonzeptionen vor, die Felder oder Wellen in den Blick nehmen. Die existierenden Vorschläge beziehen sich jeweils auf einen speziellen Aspekt und bereiten diesen konsequent und lernförderlich auf. Gesamtkonzepte gibt es nur im Ansatz.

Der traditionelle Unterricht (▶ Abschn. 10.2) behandelt die einzelnen Themen im Bereich des Elektromagnetismus in der Sekundarstufe I eher phänomenorientiert; erst in der Sekundarstufe II werden komplexere Zusammenhänge auch mathematisch modelliert. Die einzelnen Erklärungen im traditionellen Unterricht sind dabei stark an der historischen Abfolge orientiert, ohne dass der traditionelle Unterricht bewusst historisch orientiert wäre.

Ausgehend von einfachen Experimenten erarbeiten sich Schülerinnen und Schüler anhand eines Aufgabensatzes im Rahmen der Unterrichtskonzeption „Elektrostatik mit Aufgabenkarten" die Zusammenhänge in der Elektrostatik selbständig (▶ Abschn. 10.3). Diese Konzeption wurde in der Arbeitsgruppe von Stefan v. Aufschnaiter an der Universität Bremen entwickelt und umfassend beforscht. Auch wenn in dieser Konzeption nicht explizit mit Feldern gearbeitet wird, handelt es sich doch um eine gut ausgearbeitete Vorlage dafür, dass Lernende konzeptuelles Wissen zu elektrostatischen Phänomenen erwerben. Dies ist eine gute Voraussetzung für einen nachfolgenden Unterricht zu Feldern.

Die Unterrichtskonzeption „Einführung mit dynamischen Feldern" (▶ Abschn. 10.4) beginnt direkt mit der Einführung elektromagnetischer Wellen und verwendet eine konzeptuelle Version der Maxwellgleichungen. Diese Konzeption hat sich in der Sekundarstufe II bewährt. Bei der „Feldenergie"-Konzeption (▶ Abschn. 10.5) geht es darum, schon Schülerinnen und Schülern der Sekundarstufe I den Feldbegriff nahezubringen und ihnen damit zu vermitteln, dass es außer der Bewegungsenergie nur in Feldern gespeicherte Energie gibt. Kerngedanke ist aber, das Feld als reales physikalisches Objekt zu vermitteln. Dabei wurden Unterrichtseinheiten für die Sekundarstufen I und II entwickelt und beforscht.

Im Rahmen des „Feldlinienkonzepts" (▶ Abschn. 10.6) wird die Anzahl an magnetischen Feldlinien als Maß für den magnetischen Fluss aufgefasst und deren zeitliche Änderung als Ursache für die elektromagnetische Induktion beschrieben. Damit lassen sich die Phänomene einheitlich mit einem elementaren Ansatz erklären. Die Konzeption wurde für die Oberstufe entwickelt, lässt sich jedoch für die Sekundarstufe I adaptieren. Der Zeigerformalismus (▶ Abschn. 10.7) ermöglicht eine gebietsübergreifende Behandlung von Wellenausbreitung und -interferenz von der Mechanik über die Optik bis hin zu Wahrscheinlichkeitswellen in der Quantenphysik (▶ Abschn. 11.7).

In ◘ Tab. 10.1 sind die vorgestellten Konzeptionen in der Übersicht zusammengestellt.

◻ Tab. 10.1 Verschiedene Elementarisierungen zu Feldern und Wellen

	Traditioneller Unterricht (▶ Abschn. 10.2)	Elektrostatik mit Aufgabenkarten (▶ Abschn. 10.3)	Einführung mit dynamischen Feldern (▶ Abschn. 10.4)	Feldenergie (▶ Abschn. 10.5)	Feldlinienkonzept (▶ Abschn. 10.6)	Zeigerformalismus (▶ Abschn. 10.7)
Thema	alle Themen	Elektrostatik: Reibungselektrizität, Ladung, elektrostatische Kräfte, Influenz	elektrisches und magnetisches Feld	Felder und die darin gespeicherte Energie	Induktion	Schwingungen und Wellen (insbesondere Lichtwege, Interferenzphänomene, Intensitätsverteilungen)
Grundideen	Orientierung an historischem Ablauf	Lernende arbeiten selbständig mit Aufgabenkarten	Start mit elektromagnetischen Wellen	Felder sind reale physikalische Größen. Sie enthalten Energie	Abzählen von Feldlinien	Darstellen von Amplitude und Phase mit Zeigern
Elementarisierung	empirische Gesetze ohne explizite Verwendung der Maxwellgleichungen	selbständiges Entdecken der Elektrostatik ausgehend von Experimenten	konzeptuelle Darstellung der Maxwellgleichungen	Phänomene zu Feldern werden energetisch betrachtet	Änderung der Zahl von Feldlinien im "Filmstreifen" führt zum Induktionsstrom	z. B. Rollen von "Zeigerrädern" auf den "Zeigerlinien"
Umgang mit Feldlinien	Feldlinien werden zur Visualisierung von Feldern verwendet	kommen nicht vor	Feldlinien haben keine konzeptionelle Bedeutung	Feldlinien werden zur Visualisierung von Feldern verwendet	Feldlinien haben zentrale konzeptionelle Bedeutung	Feldlinien haben keine konzeptionelle Bedeutung
Zielgruppe	Sekundarstufe I und II	Sekundarstufe I und II	Sekundarstufe II	Klassen 7 bis 13	Oberstufe, für Sekundarstufe I adaptierbar	Sekundarstufe I und II

10

10.2 Traditioneller Unterricht

■ **Felder**

Im schulischen Physikunterricht wird das Magnetfeld, besonders auch das der Erde, als erstes Feld überhaupt im Physikunterricht behandelt (▶ Kap. 9). Dabei wird die Erfahrung, dass Magnete auch in einer gewissen Entfernung wirken, so gedeutet, dass ein Magnet von etwas umgeben sein muss, das für diese Kräfte verantwortlich ist. Dies wird so formuliert, dass ein Magnet von einem Magnetfeld umgeben ist. Das Magnetfeld wird auch schon an dieser Stelle gelegentlich durch magnetische Feldlinien veranschaulicht. Dazu dienen die üblichen Versuche mit Eisenfeilspänen oder mit einer Demonstrationsplatte mit kleinen Kompassnadeln. Im Anschluss wird dann das Erdmagnetfeld besprochen. In manchen Vorschlägen wird auch bereits im Anfangsunterricht die magnetische Wirkung des elektrischen Stromes in einfachen Variationen des Oerstedversuchs verwendet (◘ Abb. 9.3). Danach wird noch die Funktionsweise eines Elektromagneten erklärt und als Phänomen gezeigt, dass ein Eisenkern die Wirkung des Elektromagneten dramatisch verstärkt.

Im traditionellen Unterricht steht dann in der Regel eine kurze Einheit zu elektrischen Ladungen und zur Elektrostatik am Beginn des Themas Stromkreis. Hier werden positive und negative Ladungen, Kräfte zwischen Ladungen und auch die Influenz behandelt. Manchmal werden auch Blitze und Blitzschutz diskutiert. Dieses Thema erscheint in der Regel kaum mit anderen Abschnitten zu Feldern verbunden, auch wird in diesem Zusammenhang der Feldbegriff normalerweise nicht verwendet.

Das nächste Thema ist die Ablenkung von stromdurchflossenen Leitern bzw. von Elektronen im Magnetfeld. Auch hier spielt das Magnetfeld keine größere Rolle, als dass damit eine Richtung in der Dreifingerregel bestimmt wird. Anschließend wird die Funktionsweise des Stromwender-Elektromotors behandelt, wobei hier dann in der Regel technische Details große Aufmerksamkeit erfahren. Danach wird die Induktion behandelt und durch die Anwendung der Lorentzkraft auf die Elektronen im Leiter erklärt. An dieser Stelle wird daran gearbeitet, dass die Änderung des Feldes für das Auftreten einer Induktionsspannung notwendig ist. Es folgt die Diskussion des Generators. Den Abschluss bildet die Behandlung des Transformators. Insgesamt spielt somit die explizite Diskussion von Feldern in der Sekundarstufe I eine eher untergeordnete Rolle, das Gravitationsfeld kommt praktisch nicht vor und man beschränkt sich auf das Magnetfeld.

In der Sekundarstufe II erlangt der Unterricht über Felder einen deutlich höheren Stellenwert. Zunächst werden die elektrische Ladung und das statische elektrische Feld eingeführt. Die Merkmale der Feldlinien des elektrischen Feldes werden beschrieben und experimentell oder mit Simulationen veranschaulicht. Anschließend wird die Feldstärke des elektrischen Feldes im Plattenkondensator bestimmt und die elektrische Feldkonstante ε_0 ermittelt. Nun kann die Formel für die Kraft zwischen geladenen Körpern (Coulombkraft) eingeführt werden. Erst dann wird üblicherweise das elektrische Potenzial thematisiert und dessen

Zusammenhang zur Spannung erläutert. Es folgen die Einführung der Kapazität des Plattenkondensators mit und ohne Dielektrikum sowie die Regeln für die Reihen- und Parallelschaltung von Kondensatoren. Anschließend wird die Elementarladung mit dem Millikanversuch bestimmt und die Bewegung von Ladungen im elektrischen Feld diskutiert.

Im Anschluss erfolgt die Diskussion von statischen Magnetfeldern. Dazu werden die Felder eines langen Leiterstücks bzw. einer Spule eingeführt und die Kraftwirkung auf einen Leiter im Magnetfeld wiederholt. Die Lorentzkraft wird nun auch quantitativ behandelt. Anschließend wird der Halleffekt diskutiert. Um die spezifische Ladung des Elektrons mit dem Fadenstrahlrohr zu bestimmen, wird die Bewegung von Elektronen im Magnetfeld genauer untersucht.

Nun wird die elektromagnetische Induktion ausführlich qualitativ und quantitativ diskutiert sowie die Lenz'sche Regel behandelt. Die Induktion wird wieder auf die Lorentzkraft zurückgeführt. Eingegangen wird auch auf die Selbstinduktion. In der Regel schließen sich die Behandlung der Spule bzw. des Kondensators im Wechselstromkreis und die Diskussion des Schwingkreises an. Zum Schluss werden elektromagnetische Wellen eingeführt und derer Eigenschaften untersucht.

Schwingungen und Wellen

Am Beginn der Sekundarstufe I werden manchmal Phänomene rund um den Schall behandelt. Dort wird dann gezeigt, dass eine mechanische Schwingung einen Ton verursachen kann und dass ein Medium für die Schallausbreitung notwendig ist. Ebenfalls wird dort erklärt, dass man eine Schwingung durch ein Zeit-Amplituden-Diagramm visualisieren kann. Oft werden schon Amplitude und Frequenz einer Schwingung eingeführt.

Vertieft wird das dann aber erst am Ende der Sekundarstufe I bzw. am Anfang der Sekundarstufe II. Dort wird dann der Federschwinger und/oder das Fadenpendel genauer untersucht. Aus der Kopplung mehrerer Schwinger (oft mithilfe der Wellenmaschine) werden mechanische Wellen eingeführt, ihre verschiedenen Arten diskutiert und dabei oft Bezüge zur Musik hergestellt (stehende Wellen, Resonanz). Im Anschluss wird die Überlagerung von Wellen mit konstruktiver bzw. destruktiver Interferenz behandelt (oft am Beispiel von Wasserwellen).

Als nächster Schritt erfolgt die Diskussion elektromagnetischer Wellen und von deren Eigenschaften. Dazu werden in der Regel fertige Demonstrationsgeräte eingesetzt, um Brechung, Reflexion, Polarisation und Interferenzphänomene zu besprechen. Anschließend wird die Wellennatur des Lichtes thematisiert und Interferenz und Beugung von Licht ausführlich besprochen. Eingegangen wird dabei auch auf den Begriff der Kohärenz. Den Abschluss bilden Anwendungen der Interferenz wie z. B. Interferometrie oder die Entstehung von Farben bei dünnen Schichten.

Empirische Ergebnisse

Insgesamt liegen wenige Untersuchungen zu den Effekten des traditionellen Unterrichts vor. Aschauer hat etwa 150 Schülerinnen und Schüler nach dem

Unterricht über Felder und Wellen schriftlich befragt und mit sieben Jugendlichen vertiefende Interviews durchgeführt.[16] Dabei wurden nur ca. 20 % der Fragen richtig beantwortet. Die Interviews bestätigten, dass auch nach dem Unterricht nur wenige belastbare angemessene Vorstellungen zu diesen Themenbereichen angebahnt werden konnten.

10.3 Elektrostatik mit Aufgabenkarten

Für die detaillierte Erforschung von Lernprozessen wurde an der Universität Bremen ein Aufgabensatz entwickelt.[17] Mit diesen Aufgaben können Schülerinnen und Schüler die Grundlagen der Elektrostatik selbstständig entdecken. Dabei geht es in erster Linie um experimentelle Aufgaben. Anhand der dabei gemachten Beobachtungen werden die Lernenden dann Schritt für Schritt durch die Aufgaben zu immer komplexeren Beobachtungen und Schlussfolgerungen aus den Beobachtungen angeleitet. Diese Konzeption basiert inhaltlich auf dem traditionellen Unterricht, unterscheidet sich aber methodisch erheblich davon. Mit den Aufgaben des Kartensatzes können sich die Schülerinnen und Schüler ganz ohne Beteiligung der Lehrkraft die Themen der Elektrostatik aneignen.

Der Aufgabensatz ist für drei Doppelstunden in einer zehnten Klasse konzipiert. Insgesamt besteht der Satz aus 50 Aufgabenkarten, dazu kommen weitere 30 Karten mit anderen Funktionen (◻ Abb. 10.2): Auf vier Informationskarten werden Fachworte benannt oder Funktionsweisen von Geräten, z. B. der Glimmlampe, zur Verfügung gestellt. Fünf Karten mit hypothetischen Versuchen stellen einen Versuch vor und geben auch an, was zu beobachten ist. Lernende sollen dann überlegen, wie sie das beschriebene Phänomen erklären würden. Auf 21 Interventionskarten werden den Lernenden die theoretischen Grundlagen der Elektrostatik erklärt. Die Verwendung der Interventionskarten wird in der Unterrichtskonzeption als fakultativ erachtet. Die Konzeption sieht vor, dass die Schülerinnen und Schüler die Aufgabenkarten in der vorgegebenen Reihenfolge bearbeiten. Neben den Karten erhält jede Arbeitsgruppe (von zwei bis vier Lernenden) eine Materialbox mit typischen Materialien zur Elektrostatik (Folien, Plastikstäbe, Lappen, Glimmlampe, Elektroskop usw.).

In der ersten Doppelstunde ist die Bearbeitung von 21 Aufgabenkarten vorgesehen. Als Vorbereitung werden von der Lehrkraft einige Demonstrationen zur Elektrostatik (elektrostatische Anziehung von Styroporkügelchen mit einem geladenen Plastikstab bzw. von Haaren mit geladener Plastikfolie) vorgeführt. Im weiteren Verlauf der Unterrichtsreihe ist ein Eingreifen der Lehrperson hingegen nicht mehr vorgesehen. Die Schülerinnen und Schüler sollen sich die Sachverhalte kartenbasiert eigenständig erarbeiten. Die erste Aufgabe der Lernenden

---

16 Aschauer (2017).
17 Schoster und St. von Aufschnaiter (2000).

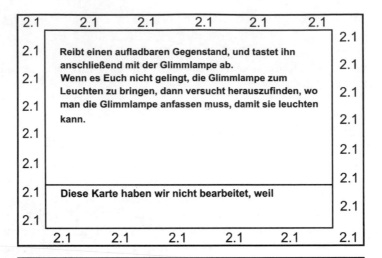

2.1

Reibt einen aufladbaren Gegenstand, und tastet ihn anschließend mit der Glimmlampe ab.
Wenn es Euch nicht gelingt, die Glimmlampe zum Leuchten zu bringen, dann versucht herauszufinden, wo man die Glimmlampe anfassen muss, damit sie leuchten kann.

Diese Karte haben wir nicht bearbeitet, weil

J

Kontaktelektrizität / Reibungselektrizität

Werden zwei Gegenstände aneinander gerieben, so kommen große Teile ihrer Oberfläche in enge gegenseitige Berührung. Dabei können einige Elektronen, die zu dem einen Gegenstände gehören, zu dem anderen Gegenstand überwechseln.
Das rührt daher, dass die Anziehungskräfte zwischen den positiv geladenen Ionen und den leicht abtrennbaren Elektronen bei verschiedenen Stoffen unterschiedlich stark sind.

Glaubt Ihr, dass Euch diese Information bei der Bearbeitung weiterer Karten helfen könnte?   ☐ Ja   ☐ Nein
Wenn ja, warum?

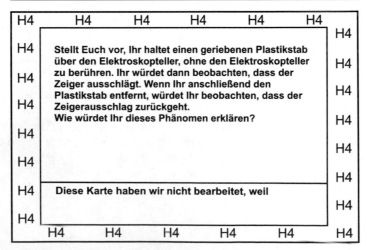

H4

Stellt Euch vor, Ihr haltet einen geriebenen Plastikstab über den Elektroskopteller, ohne den Elektroskopteller zu berühren. Ihr würdet dann beobachten, dass der Zeiger ausschlägt. Wenn Ihr anschließend den Plastikstab entfernt, würdet Ihr beobachten, dass der Zeigerausschlag zurückgeht.
Wie würdet Ihr dieses Phänomen erklären?

Diese Karte haben wir nicht bearbeitet, weil

◻ **Abb. 10.2** Beispiele für eine Aufgabenkarte, eine Interventionskarte und eine Karte mit einem hypothetischen Versuch (mit freundlicher Genehmigung von A. Schoster und St. v. Aufschnaiter) besteht darin, die gezeigten Experimente nachzuvollziehen. Im weiteren Verlauf dieser Stunde beschäftigen sich die Lernenden damit, welche Gegenstände kleine Körper anziehen können, mit welchen Gegenständen andere Körper gerieben werden können und welche Gegenstände von geriebenen Körpern angezogen werden. Danach werden Anziehung und Abstoßung, elektrisch geladene Körper und Reibungselektrizität untersucht und die Glimmlampe eingeführt.

In der zweiten Stunde geht es in 14 Aufgabenkarten um die Glimmlampe und das Elektroskop: Wann und unter welchen Umständen leuchtet die Glimmlampe an welchem Ende auf? Danach werden einige erste Beobachtungen am Elektroskop vorgenommen. Beispielsweise sieht man, dass ein Elektroskop bereits ausschlägt, wenn ein geladener Gegenstand nur in die Nähe des Elektroskoptellers kommt und diesen gar nicht berührt.

In der dritten Doppelstunde bearbeiten die Lernenden 16 Aufgabenkarten. Dabei werden die Eigenschaften des Elektroskops genauer untersucht und es als Nachweisgerät für elektrische Ladungen erkannt. Anschließend wird erarbeitet, dass ein Elektroskop über Influenz und Erden geladen werden kann. Den Abschluss bildet die Erklärung der Funktionsweise des Elektroskops.

- **Empirische Ergebnisse**

Die Unterrichtskonzeption wurde in verschiedenen Projekten detailliert untersucht.[18] Es zeigt sich, dass die Schülerinnen und Schüler sehr stark auf Ebene der konkreten Phänomene verbleiben, auch wenn Lernangebote auf komplexerem Niveau (z. B. Prinzipien) gemacht werden. Die Unterrichtskonzeption erlaubt den Lernenden hier, die zunächst unvertrauten Elemente einzeln genauer kennenzulernen und die Phänomene zu verstehen. Erst danach werden Zusammenhänge zwischen den Phänomenen geknüpft und behutsam ausgebaut. Insgesamt zeigen sich positive Lernergebnisse bei den Schülerinnen und Schülern, auch wenn die Lehrperson sich konsequent auf die Rolle des Zusehers beschränkt. Bemerkt wird zudem, dass das Abschweifen von Gruppen über kurze Zeiträume oder die Interaktion zwischen Gruppen dem Lernergebnis eher förderlich war.[19]

- **Unterrichtsmaterial**

Schoster, A. und v. Aufschnaiter, St. (2000). Schüler lernen Elektrostatik und der Lehrer schaut zu. *MNU, 53*(3), S. 175–183.

In diesem Artikel werden die Unterrichtskonzeption sowie der theoretische Hintergrund ausführlich vorgestellt. Die Aufgabenkarten sind als ▶ *Materialien zum Buch*[20] zugänglich

---

18 Für einen Überblick siehe C. v. Aufschnaiter (2003).
19 Schoster und St. v. Aufschnaiter (2000).
20 ▶ https://aeccp.univie.ac.at/lehrer-innen/unterrichtskonzeptionen.

10.4 Einführung mit dynamischen Feldern

Aschauer hat eine Unterrichtskonzeption für die Einführung elektrischer und magnetischer Felder für die Sekundarstufe II entwickelt.[21] Er stellt dabei den Begriff des Feldes in den Mittelpunkt und verwendet eine didaktische Rekonstruktion der Maxwellgleichungen, um Schülerinnen und Schülern die Zusammenhänge zwischen elektrischem und magnetischem Feld sowie Ladungen und Strömen zu verdeutlichen. Wellen sind kein Thema dieser Unterrichtskonzeption. Insgesamt umfasst die Konzeption fünf Sequenzen. Erste Erprobungen im Physikunterricht der Sekundarstufe II zeigten, dass in insgesamt zwei Unterrichtsstunden die wesentlichen Ideen der Unterrichtskonzeption gut zu vermitteln sind.

Die erste Sequenz startet mit einem Demonstrationsversuch. Dabei wird ein Tonsignal mittels Dezimeterwellen drahtlos an einen Empfänger übertragen und dort wieder hörbar gemacht. Dabei wird die Funktionsweise des Dezimeterwellengeräts nicht erklärt, ebenso wenig die Details der gesamten Anordnung. Es wird nur darauf fokussiert, dass ein Signal vom Sender zum Empfänger übertragen wurde. Es wird auch gezeigt, dass es nicht genügt, sich selbst zwischen Sender und Empfänger zu stellen, um das Signal abzuschirmen. Dazu ist es notwendig, einen Metallkäfig über die Sendeantenne zu stellen. Der Versuch wird so erklärt, dass in der Sendeantenne Elektronen zum Schwingen gebracht werden, die dann wiederum elektrische und magnetische Felder verursachen. Diese Felder bringen dann Elektronen in der Empfangsantenne zum Schwingen.

In der zweiten Sequenz werden die Begriffe Materie und Felder voneinander abgegrenzt und es wird eine erste Visualisierung eingesetzt (◨ Abb. 10.3).

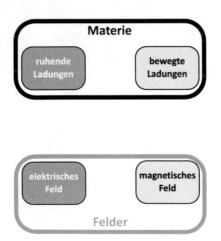

◨ **Abb. 10.3**   Abgrenzung von Materie und Feldern (nach Aschauer 2017)

---

21 Aschauer (2017).

Elektrische und magnetische Felder

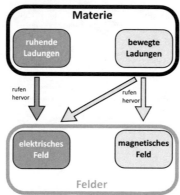

Ladung	Strom
Ruhende Ladungen erzeugen ein elektrisches Feld.	Bewegte Ladungen erzeugen ein elektrisches **und** ein magnetisches Feld.

Materie

ruhende Ladungen

bewegte Ladungen

rufen hervor

rufen hervor

elektrisches Feld

magnetisches Feld

Felder

◻ **Abb. 10.4**   Quellen elektrischer und magnetischer Felder (nach Aschauer 2017)

Um die Idee eines Feldes plausibel zu machen, werden zunächst Experimente mit geladenen Luftballons durchgeführt. Hier wird die Frage gestellt, woher der zweite Luftballon etwas von der Existenz des ersten weiß. Danach wird eine Analogie eingesetzt: In einem Demonstrationsversuch wird ein Reißnagel auf eine Wasseroberfläche gesetzt. Gibt man einen zweiten Reißnagel ins Wasser, so scheint es, als ob die beiden Reißnägel sich gegenseitig anziehen.[22] Es wird auch hier die Frage aufgeworfen, woher der zweite Reißnagel von der Existenz des ersten weiß. Bei den Reißnägeln ist die Erklärung einfach: Der erste Reißnagel verformt die Wasseroberfläche. Diese Verformung bewirkt das Verhalten des zweiten Reißnagels. Ein Feld wird dann als physikalisches, räumlich ausgedehntes Objekt eingeführt, das die Kraftwirkung zwischen Objekten vermittelt. Es wird dabei betont, dass der Feldbegriff dazu verwendet wird, Fernwirkungen zu erklären und dass sich Felder mit Lichtgeschwindigkeit ausbreiten.

In der dritten Sequenz werden die Quellen elektrischer und magnetischer Felder diskutiert. Am Beispiel des Oerstedversuchs wird erklärt, dass bewegte Ladungen magnetische Felder hervorrufen. Ein geriebener Kunststoffstab, der Papierschnipsel anzieht, dient als Beleg dafür, dass ruhende Ladungen ein elektrisches Feld erzeugen. Betont wird hier, dass bewegte Ladungen ebenfalls ein elektrisches Feld erzeugen. Diese Erkenntnisse dienen zur Ergänzung der Visualisierung (◻ Abb. 10.4).

Die bisher erworbenen Kenntnisse werden nun in der vierten Sequenz dazu benutzt, um den Einstiegsversuch mit dem Verhalten der Elektronen in der

---

22 Braun (2009).

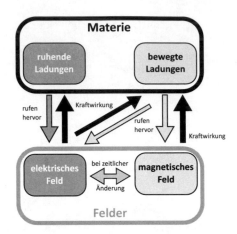

☑ **Abb. 10.5**   Elektrische und magnetische Felder wirken auch auf Ladungen (nach Aschauer 2017)

Sendeantenne genauer zu erklären. Dazu werden die elektrischen und magnetischen Felder in der Nähe der Sendeantenne mit der Indikatorlampe bzw. der Leiterschleife des Gerätesatzes demonstriert.

Dass sich die Felder nun auch „ablösen" können, wird wieder mit dem Analogieversuch plausibel gemacht. Die „Abschnürung" der elektromagnetischen Felder wird dann anhand einer Simulation und einer Animation visualisiert.[23] Dabei wird auch erklärt, dass sich ändernde elektrische Felder magnetische Felder erzeugen können und umgekehrt. Auch das wird wieder in der Visualisierung ergänzt, indem ein Pfeil zwischen den Begriffen „elektrisches Feld" und „magnetisches Feld" eingezeichnet wird.

In der fünften Sequenz werden nun die Vorgänge in der Empfangsantenne analysiert. Dabei wird klar, dass Felder auch Kraftwirkungen auf Ladungen haben können. Es wird erklärt, dass elektrische Felder auf ruhende und auf bewegte Ladungen wirken, magnetische Felder aber nur auf bewegte Ladungen. Dies wird nun ebenfalls in der Grafik ergänzt (☑ Abb. 10.5). In der abschließenden Sequenz werden alle gewonnenen Erkenntnisse zusammengefasst und in verschiedenen Aufgaben eingeübt.

▪ **Empirische Ergebnisse**

Die Unterrichtskonzeption wurde in Akzeptanzbefragungen mit insgesamt acht Schülerinnen und Schülern entwickelt.[24] Die hier vorgestellte Endversion hat dazu geführt, dass die interviewten Jugendlichen auch anspruchsvollere Problemstellungen gut und selbstständig lösen konnten. Zum Beispiel war ihnen klar, dass

---

23 Aschauer schlägt die Verwendung einer Simulation von PhET (▶ https://phet.colorado.edu/de/simulation/legacy/radiating-charge) und einer Animation des MIT vor (▶ http://web.mit.edu/8.02t/www/802TEAL3D/visualizations/light/QuarterWaveAntenna/QuarterWaveAntenna.htm).

24 Aschauer (2017).

ein Magnet auch auf dem Mond wirkt. Normalerweise haben Jugendliche bei dieser Frage große Probleme. Daneben hat Aschauer die Unterrichtskonzeption auch im eigenen Unterricht erprobt und schon vielfach mit anderen Lehrkräften im Rahmen von Fortbildungsveranstaltungen diskutiert. Insgesamt hat sich der Einstieg über dynamische Felder sehr gut bewährt.

▪ **Unterrichtsmaterial**
    Aschauer, W. *Einführung elektrischer und magnetischer Felder.* Linz: PH Ober-österreich.
    Aschauer, W. (2017). *Elektrische und magnetische Felder. Eine empirische Studie zu Lernprozessen in der Sekundarstufe II (Diss.).* Berlin: Logos
Aschauer hat eine Handreichung für Lehrkräfte erstellt, die auch einen Foliensatz für den Unterricht enthält. Sie ist als ▶ *Materialien zum Buch* zugänglich. Weitergehende Informationen sind in der genannten Dissertation enthalten.

10.5 Feldenergie

Außer der kinetischen Energie können alle anderen Energieformen darauf zurückgeführt werden, dass Energie in einem Feld gespeichert ist.[25] Rückl (1991) hat eine Unterrichtskonzeption entwickelt, die auf dieser Idee aufbaut. In diesem Ansatz geht es darum, vielfältige Phänomene von Feldern auf die Speicherung von Energie im Feld bzw. auf die Umwandlung von kinetischer Energie in Feldenergie zurückzuführen. Es wurden dabei Unterrichtseinheiten für die Sekundarstufe I und solche für die Sekundarstufe II entwickelt. Alle Unterrichtseinheiten gehen dabei stark von konkreten Experimenten aus. Insgesamt stehen immer zunächst phänomenbasierte, qualitative Überlegungen am Anfang, erst im weiteren Verlauf der Einheiten werden auch theoretische und quantitative Aspekte betrachtet. Die mathematische Modellierung erfolgt in der Regel erst am Ende der Unterrichtseinheiten.

▪ **Sekundarstufe I**
Für die Sekundarstufe I sind sechs Unterrichtseinheiten vorgesehen. In der ersten Einheit geht es um das Magnetfeld von Dauermagneten. Ganz zu Beginn werden – sehr knapp – Feldlinien als Veranschaulichung des Feldes erklärt. Danach werden zwei Stabmagnete nebeneinandergelegt und aufeinander zu- bzw. voneinander wegbewegt. Dabei werden einmal gleiche Pole zueinander gerichtet, danach verschiedenen Pole (◨ Abb. 10.6).
    Zunächst wird jeweils das Feld und seine Veränderung untersucht. Es wird dann argumentiert, dass das gemeinsame Feld auf die beiden Magnete wirkt. Bei

---

25 Rückl (1991); Quinn (2014).

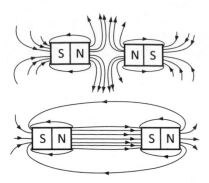

⊡ Abb. 10.6   Magnetfelder bei gleich bzw. gegeneinander ausgerichteten Magneten; sie verändern sich, wenn die Magneten aufeinander zu- oder voneinander wegbewegt werden (nach Rückl 1991)

Veränderung der Lage der Magnete verändert sich das Feld, aber die Magnete verändern sich nicht. Diese Experimente werden anschließend mit einem starken und einem schwachen Magneten wiederholt. Dies dient zur Einführung des Begriffs „Probekörper". Aus den Beobachtungen wird abgeleitet, dass das Feld des Probekörpers das Feld des anderen Magneten praktisch nicht stört. Abschließend wird erklärt, dass beim Auseinanderziehen zweier benachbarter Magnete Energie zugeführt wurde und diese durch das Auseinanderziehen im erzeugten Magnetfeld gespeichert ist.

In der zweiten Unterrichtseinheit werden gravitative Felder von Körpern eingeführt. Dazu wird ein Analogieschluss aus dem Verhalten von Magneten auf das Hochheben einer Kugel gemacht. Die Kugel wird als Probekörper im Gravitationsfeld der Erde betrachtet. Wird dem System Kugel–Erde durch das Hochheben Energie zugeführt, so wird diese im gemeinsamen Gravitationsfeld gespeichert.

Die dritte Unterrichtseinheit beschäftigt sich mit statischen elektrischen Feldern. Zunächst wird das elektrische Feld verschiedener Körper (mit Grießkörnern in Öl) gezeigt. In Analogie zu den ersten Unterrichtseinheiten werden die Grießkörner als Probekörper erkannt. Danach wird demonstriert, dass sich zwei unterschiedlich geladene Kugeln aufeinander zubewegen. Auch hier wird in Analogie geschlossen: Die Felder ändern sich, die Körper nicht. Den Abschluss bildet die Erkenntnis, dass sich das elektrische Feld eines geladenen Kondensators verstärkt, wenn die Platten auseinandergezogen werden. Hier wird auch die Spannung zwischen den Kondensatorplatten gemessen. Die beim Auseinanderziehen zugeführte Energie wird im elektrischen Feld gespeichert. Wird der Kondensator (z. B. über eine Glimmlampe) entladen, so baut sich das Feld ab. Die gespeicherte Energie wird dabei in Lichtenergie umgewandelt.

In der vierten Einheit werden Induktionsvorgänge betrachtet. Dazu wird zunächst ein Magnetfeld mit Gleichstrom erzeugt und erkannt, dass das Magnetfeld umso stärker ist, je größer die Stromstärke ist. Danach wird gezeigt, dass sich eine Leiterschaukel beim Einschalten eines Stromes aus einem Feldbereich hinausbewegt. Dies wird über die Veränderung der Felder erklärt. Dabei wird argumentiert, dass verdichtete Felder mehr Energie enthalten und sich die Leiterschaukel in den energieärmeren Bereich des Gesamtfelds bewegt. Im Anschluss wird eine Leiterschleife in das Feld eines Dauermagneten bewegt und die Spannung an der Leiterschleife gemessen. Die Anzeige am Spannungsmessgerät wird dadurch erklärt, dass durch die Bewegung der Leiterschleife auch die Elektronen bewegt werden und so ein Magnetfeld erzeugt wird. Dabei entstehen Feldveränderungen mit Bereichen höherer Energie und Bereichen niedrigerer Energie im Gesamtfeld. Diese unterschiedlichen Energiedichten führen zu Elektronenbewegungen in der Leiterschleife, die zum Entstehen einer Induktionsspannung an deren Enden führt. Dann wird Induktion bei einem ruhenden Leiter behandelt. Den Abschluss dieser Einheit bildet die Diskussion der Selbstinduktion und des Transformators ohne Eisenkern. Beides wird über die Speicherung von Energie in den Magnetfeldern der Spulen erklärt.

In der fünften Einheit geht es darum, die Formel für die im radialen elektrischen Feld enthaltene Energie plausibel zu machen. Dazu wird das Verhalten von geladenen Kugeln untersucht und variiert. Auch hier wird über die Energie im Feld argumentiert.

Die letzte Einheit der Sekundarstufe I verbindet die Wärmelehre mit der Feldenergie. Dazu wird ein Metallstab erhitzt und dessen Längenausdehnung gezeigt. Es wird erklärt, dass die Energiezufuhr als innere Energie gespeichert wird. Diese enthält auch die Schwingungsenergie der Metallionen und die elektrische Feldenergie. Danach wird erklärt, dass die Energiezufuhr beim Schmelzen und beim Verdampfen in den elektrischen Feldern der Ionen gespeichert ist.

- **Sekundarstufe II**

Für die Sekundarstufe II wurden insgesamt acht Unterrichtseinheiten entwickelt. In der ersten Einheit geht es darum, den Energieinhalt des elektrischen Feldes eines Kondensators herzuleiten. Diese wird dabei in der Form $W = \frac{1}{2} \cdot \varepsilon_0 \cdot E^2 \cdot V$ geschrieben, wobei V das Volumen des Kondensators darstellt. So lässt sich auch die Energiedichte des Kondensators als $\frac{W}{V}$ einfach ableiten. Anschließend wird gezeigt, dass eine Glasplatte in einen geladenen Kondensator gezogen wird. Es zeigt sich dabei ein Spannungsrückgang zwischen den Kondensatorplatten. Es muss daher die Energie des Feldes im Kondensator abnehmen. Dies wird durch eine Veränderung der innermolekularen elektrischen Felder in der Glasplatte durch die dielektrische Polarisation erklärt.

In der zweiten Einheit wird die Energie hergeleitet, die für das Sammeln einer Ladung aus dem Unendlichen auf einer Kugeloberfläche benötigt wird. Analog dazu wird in der dritten Einheit die Energie im radialen Gravitationsfeld behandelt. Die vierte Einheit fokussiert auf die Einführung der magnetischen Feldenergie. Dazu wird zunächst ein quantitativer Zusammenhang für das Magnetfeld einer langen Spule abgeleitet und die magnetische Energiedichte als Fläche unter dem *B-H*-Diagramm erkannt.

In der fünften Einheit werden der Energietransport im elektromagnetischen Feld erläutert und der Poyntingvektor eingeführt. Dazu wird zunächst gezeigt, dass eine Glimmlampe im Äußeren eines geladenen Plattenkondensators nicht leuchtet. Die Glimmlampe blitzt aber auf, wenn die beiden Enden mit den beiden

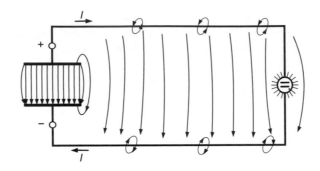

⬡ Abb. 10.7   Das elektromagnetische Feld transportiert die Energie (nach Rückl 1991)

Platten des Kondensators über Kabel verbunden werden. Daraus wird geschlossen, dass das elektromagnetische Feld (das aus dem elektrischen Feld im Äußeren des Kondensators und dem durch den Stromfluss entstandenem Magnetfeld besteht) die Energie transportiert (⬡ Abb. 10.7). Schülerinnen und Schüler sollen hier erkennen, dass der Energietransport im einfachen Stromkreis durch die Felder im Äußeren des Leiters erfolgt. Im zweiten Teil wird der Poyntingvektor dann verwendet, um den Energietransport beim Transformator zu erläutern. Dabei wird angenommen, dass die vorkommenden Stromkreise ideal sind und dass es sich beim geschlossenen Eisenkern um einen idealen magnetischen Leiter handelt.

In der sechsten Einheit werden elektromagnetische Schwingungen und Wellen behandelt. Dazu wird zunächst der Schwingkreis erläutert, der dann durch „Aufbiegen" zur Sendeantenne gemacht wird. Es wird dann erläutert, dass sich das elektromagnetische Feld von der Antenne ablöst und sich mit Lichtgeschwindigkeit ausbreitet.

In der siebten Einheit der Unterrichtskonzeption geht es um Atome. Zunächst wird die Bildung des Wasserstoffatoms erläutert. Dabei wird erklärt, dass beim Zusammenführen eines freien Elektrons und eines Protons Feldenergie frei wird, die als Photon vom entstandenen Wasserstoffatom abgestrahlt wird. Ebenso lassen sich die Spektren des Wasserstoffatoms dadurch erklären, dass elektrische Feldenergie abgegeben bzw. aufgenommen werden muss. Danach wird erläutert, dass auch die Ionenbindung (weitestgehend) auf freigesetzter elektrischer Feldenergie beruht.

Die achte Unterrichtseinheit behandelt die Kernphysik. Zunächst wird mitgeteilt, dass bei der Fusion eines Wasserstoffkerns mit einem Neutron ein Deuteron entsteht und Energie frei wird. Die Analyse dieses Vorgangs zeigt, dass keines der bisher bekannten Felder für das Freiwerden dieser Energie verantwortlich sein kann. Es wird dann das Kernfeld eingeführt und erläutert, dass dieses Feld nur eine sehr kurze Reichweite hat. Als zweiter Schritt wird die Spaltung eines Uran-235-Kerns analysiert. Dabei wird angenommen, dass die überschüssige Energie bei der Spaltung aus dem elektrischen Feld stammt. Im dritten Teil der Unterrichtseinheit wird der Betazerfall besprochen. Dabei zeigt sich, dass weder das elektrische Feld noch das Kernfeld für die Energie des Betateilchens nach dem Betazerfall verantwortlich sein können. Es wird noch ein weiteres Feld, das Gluonenfeld eingeführt und der innere Aufbau von Proton und Neutron kurz skizziert, aber nicht näher erläutert.

- **Empirische Ergebnisse**

Die Unterrichtskonzeption wurde umfangreich evaluiert.[26] Dazu wurden die jeweiligen Unterrichtseinheiten in 14 Klassen der Sekundarstufe I und in fünf Klassen der Sekundarstufe II erprobt. Dabei wurden Wissenstests durchgeführt und Schülerinnen und Schüler interviewt. Es zeigt sich, dass die Lernenden befähigt werden, die unterrichteten Begriffe anzuwenden und Phänomene in Verbindung mit Feldern mit energetischen Argumenten zu erklären. Besonders in der Sekundarstufe I können die Jugendlichen nach der Erprobung die Begriffe Feld und Energie auseinanderhalten und gleichzeitig Verbindungen zwischen den Begriffen herstellen. Schülerinnen und Schüler der Erprobungsklassen der Sekundarstufe II haben hier insgesamt deutlich mehr Schwierigkeiten. Rückl führt das darauf zurück, dass die Grundlegung durch die entwickelten Unterrichtseinheiten der Sekundarstufe I fehlte.

- **Unterrichtsmaterial**

Rückl, E. (1991). *Feldenergie*. Mannheim, Wien, Zürich: BI Wissenschaftsverlag. In diesem Buch werden die Unterrichtseinheiten detailliert beschrieben. Außerdem werden Einblicke in die fachlichen Grundlagen gegeben und die Erprobungsergebnisse vorgestellt. Die Unterrichtseinheiten sind als ▶ *Materialien zum Buch* zugänglich.

10.6 Feldlinienkonzept

- **Grundgedanken des Feldlinienkonzepts**

Die Konzeption auf Basis des „Feldlinienkonzepts" als Vorschlag zur Behandlung der elektromagnetischen Induktion entstand als Reaktion auf die in ▶ Abschn. 10.1 erläuterten Schwierigkeiten beim Lernen der elektromagnetischen Induktion. Das Feldlinienkonzept beruht auf dem Abzählen von Feldlinien und der Veränderung dieser Anzahl von Zeitpunkt zu Zeitpunkt. Auf dieser Ebene ist es auch für leistungsschwächere Schülerinnen und Schüler geeignet. Ursprünglich wurde das Feldlinienkonzept für die Oberstufe konzipiert, es eignet sich in angepasster Form aber auch für die Sekundarstufe I. Wellen sind in dieser Unterrichtskonzeption kein Thema.

Die Anzahl der Feldlinien, die durch eine bestimmte Fläche tritt, wird als anschauliches Maß für den magnetischen Fluss aufgefasst. Die Bezeichnung „Stromlinienzahl" oder „Kraftlinienzahl" als Synonym für den magnetischen

---

26 Rückl (1991).

Fluss hat bereits Sommerfeld vorgeschlagen.[27] Folgende zentrale Merkmale charakterisieren das Feldlinienkonzept:

— *Vereinheitlichender Ansatz*. Mit dem Konzept soll deutlich werden, dass es für alle Induktionsphänomene eine gemeinsame Ursache gibt. Damit kann dem Eindruck entgegengewirkt werden, dass unterschiedliche Phänomene mit je unterschiedlichen Theorien erklärt werden.

— *Qualitativer Ansatz*. Im herkömmlichen Unterricht der Oberstufe wird relativ schnell das quantitative Induktionsgesetz behandelt. Allerdings spricht (wie auch in anderen Gebieten der Physik) einiges dafür, zunächst ein fundiertes qualitatives Verständnis der elektromagnetischen Induktion anzustreben. Vom richtigen Lösen quantitativer Aufgaben kann jedenfalls nicht unbedingt auf ein adäquates konzeptionelles Verständnis geschlossen werden.[28] Das Feldlinienkonzept lässt sich darüber hinaus einfach erweitern, um quantitative Betrachtungen anzuschließen.

— *Induktionsstrom statt Induktionsspannung*. Im Feldlinienkonzept steht der Induktionsstrom im Vordergrund und die Induktionsspannung tritt im Vergleich zu üblichen Ansätzen in den Hintergrund. Dieses Vorgehen trägt Befunden der Lernforschung Rechnung, wonach vielen Schülerinnen und Schülern der Begriff der elektrischen Spannung Schwierigkeiten bereitet.[29] Die Entscheidung ist aber auch der Tatsache geschuldet, dass es sich bei der „Induktionsspannung" um eine „Spannung" eigener Art handelt und nicht um eine durch elektrische Ladungen bedingte Potenzialdifferenz. Nichtsdestotrotz lässt sich auch der Begriff der Induktionsspannung in das Feldlinienkonzept integrieren.

— *Mikroskopische Interpretation des Induktionsvorgangs*. In der Induktionsregel wird auf das elektrische Feld Bezug genommen, welches im Inneren eines Leiters die Elektronen antreibt. Damit erscheint das elektrische Feld als „vermittelnde Instanz" zwischen Flussänderung und elektrischem Strom. Das Feldlinienkonzept lässt sich im Hinblick auf eine Behandlung in der Sekundarstufe I so modifizieren, dass die mikroskopische Betrachtung nicht vorgenommen wird. Als Grundregel gilt dann, dass die Änderung der Feldlinienzahl einen elektrischen Strom bewirkt (sofern der Stromkreis geschlossen ist).

▪ Aufbau der Unterrichtseinheit zum Feldlinienkonzept

Für die Oberstufe liegt eine ausgearbeitete Unterrichtskonzeption mit Materialien, Versuchen, einem Simulationsprogramm zur Einführung des magnetischen Flusses und einem Leistungstest vor. Die Materialien können für die Sekundarstufe I angepasst werden. Ideen für eine Adaptierung wurden bereits in den

---

27 Sommerfeld (1949, 2001); auch das physikdidaktisch orientierte Lehrbuch von Swartz und Miner (1998) verfolgt diesen Gedanken.

28 Bagno und Eylon (1997).

29 v. Rhöneck (1986); Wilhelm und Hopf (2018).

◘ Tab. 10.2 Zeitlicher Ablauf des Unterrichtsvorschlags

Einheit	Inhalt
Einheit 1 (1 h)	Einführung des magnetischen Flusses mit einem Simulationsprogramm
Einheit 2 (2 h)	Erarbeitung der theoretischen Grundlagen (Induktionsregel) und erste Anwendung
Einheit 3 (2 h)	Anwendung der Induktionsregel in neuen Kontexten. Vertiefung zu Aspekten der Induktion (Einfluss des Tempos der Änderung, Stromflussrichtung des induzierten Stromes)
Einheit 4 (1 h)	Anwendung der Induktionsregel im Kontext Wechselstromgenerator
Einheit 5 (2 h)	Anwendung der erlernten Inhalte im Gruppenpuzzle (ABS-Sensor, Mikrofon u. a.)

1970er-Jahren in einem Lehrbuch für Realschulen vorgestellt.[30] Ein Vorschlag für den Ablauf des Unterrichtsgangs im Umfang von acht Schulstunden wird im Folgenden erläutert (◘ Tab. 10.2).

■ **Einheit 1: Einführung des magnetischen Flusses**
Im Zentrum der ersten Einheit steht die Einführung des Begriffs des magnetischen Flusses. Hierfür wird ein Simulationsprogramm eingesetzt, mithilfe dessen (je nach Ausstattung der Schule) in Einzel- oder Partnerarbeit der Begriff des magnetischen Flusses in einer Schulstunde erarbeitet wird (◘ Abb. 10.8). Die Schülerinnen und Schüler haben die Möglichkeit, die Stärke des Magnetfelds sowie die Größe und Position eines kreisförmigen Leiters im Magnetfeld zu verändern. Außerdem lässt sich der Leiter drehen. Angezeigt wird (ohne Skala und Einheit) jeweils der magnetische Fluss durch die Leiterfläche sowie das Vorzeichen des magnetischen Flusses. Mit dieser Simulation explorieren die Schülerinnen und Schüler halbquantitativ den Einfluss der genannten Parameter auf den magnetischen Fluss.

■ **Einheit 2: Erarbeitung und erste Anwendungen der theoretischen Grundlagen**
Im Feldlinienkonzept werden zeitliche Änderungen mit dem Mittel des „Filmstreifens" visualisiert (◘ Abb. 10.9).[31] Dieser Kerngedanke wird anhand eines Beispiels expliziert. Ein Stabmagnet wird im Rahmen eines Schülerversuchs in eine Spule hineingeschoben und wieder herausgezogen (◘ Abb. 10.10). Dabei ändert sich die Anzahl der Feldlinien durch die farblich hervorgehobene Fläche in der Spule von Zeitpunkt zu Zeitpunkt (◘ Abb. 10.9).

---

30 Weidmann und Zins (1974).
31 Leisen (2003).

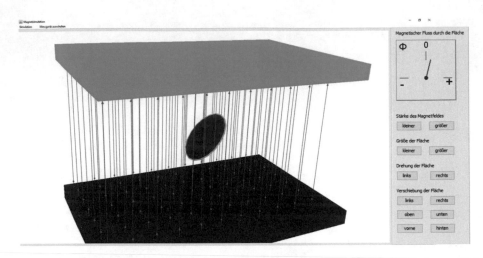

◘ Abb. 10.8 Simulationsprogramm zur Einführung des magnetischen Flusses. Mit den Steuerelementen können Fläche, Position und Neigung der schwarzen Fläche in der Mitte des Magneten verändert werden. Es wird jeweils der magnetische Fluss durch die Fläche angezeigt

10

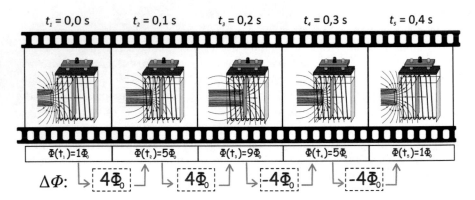

◘ Abb. 10.9 Der Filmstreifen zum Schülerversuch aus **◘** Abb. 10.10 visualisiert die zeitliche Entwicklung der Zahl der Feldlinien durch die farblich hervorgehobene Windung beim Hineinschieben bzw. Herausziehen aus der Spule. Nach Vereinbarung wird jeder Feldlinie ein magnetischer Fluss mit dem Betrag Φ_0 zugeordnet. Damit lässt sich von den Schülerinnen und Schülern die Änderung des magnetischen Flusses $\Delta\Phi$ von Zeitpunkt zu Zeitpunkt eintragen (erwartete Lösungen in blau)

Um den Zusammenhang mit dem magnetischen Fluss herzustellen, werden folgende Vereinbarungen getroffen:

— Der Betrag des magnetischen Flusses ist proportional zur Anzahl N der magnetischen Feldlinien, die die Fläche durchstoßen. Es gilt $|\Phi| \sim N$.

— Das Vorzeichen des magnetischen Flusses ist positiv, wenn die Feldlinie zuerst die helle Seite der Fläche durchstößt und negativ, wenn die Feldlinie zuerst die dunkle Seite der Fläche durchstößt.

— Wir ordnen dem magnetischen Fluss den Wert Φ_0 zu, wenn eine Magnetfeldlinie zuerst die helle Seite der Fläche durchstößt. Für $N=1$ gilt also $|\Phi| = 1 \cdot \Phi_0$, für $N=2$ gilt $|\Phi| = 2 \cdot \Phi_0$ usw.

Auf Basis dieser Vereinbarungen können die Schülerinnen und Schüler zunächst den momentanen magnetischen Fluss $\Phi(t)$ für die fünf Zeitpunkte in ◼ Abb. 10.9 angeben und anschließend auf die Änderung $\Delta\Phi$ des magnetischen Flusses von Bild zu Bild schließen. Aufbauend auf diesem Kerngedanken werden nun Phänomene der elektromagnetischen Induktion entlang des in ◼ Abb. 10.11 dargestellten Musters erklärt.

Dies ist Grundlage für die „Induktionsregel", wie sie im Unterricht vermittelt wird: „Es wird der *magnetische Fluss* durch die vom Leiter aufgespannte Fläche betrachtet. Während einer *Änderung* des magnetischen Flusses entsteht in dem Leiter ein *elektrisches Feld*. Das elektrische Feld treibt die Elektronen an. Im Leiter kommt es daher zu einer *Elektronenverschiebung*. Dieses Phänomen nennt man elektromagnetische Induktion."[32] Die Hervorhebung der zentralen Begriffe „magnetischer Fluss", „Änderung", „elektrisches Feld" und „Elektronenverschiebung" soll deutlich machen, dass diese Regel für alle Induktionsphänomene strukturell analog herangezogen werden kann.

◼ **Einheit 3: Anwendung der Induktionsregel in neuen Kontexten**
In einer Doppelstunde wird die Induktionsregel nun angewendet. Der zentrale Versuch ist eine Helmholtzspule, in der sich eine Leiterschleife befindet (◼ Abb. 10.12). Mit diesem Aufbau kann ein Induktionsstrom einerseits durch Änderung des Magnetfelds und andererseits durch Änderung der Fläche der

---

32 Erfmann und Berger (2015, S. 13).

Die Leiterschleife schließt eine Fläche ein.
Wir betrachten den magnetischen Fluss Φ
durch die Fläche A, die von der Leiterschleife
aufgespannt wird.

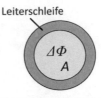

Der magnetische Fluss durch die Fläche A
verändert sich in einem Zeitintervall Δt.
Hierbei entsteht ein elektrisches Feld im
Leiter.

Das elektrische Feld im Leiter (z.B. ein
Draht) ist entlang des Leiters orientiert. Es
treibt die Elektronen e⁻ im Leiter an.

10   Im geschlossenen Stromkreis fließt ein
Strom. Die Lampe leuchtet.

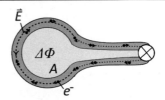

Ist der Leiter geöffnet, werden die
Elektronen ebenfalls verschoben. An einem
Ende des Leiters entsteht ein Elektronenmangel
und am anderen Ende ein Elektronenüberschuss.

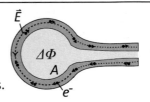

◻ **Abb. 10.11**   Ablauf des Induktionsvorgangs

Leiterschleife erzeugt werden. Zudem kann man zeigen, dass die Richtung des
Induktionsstroms davon abhängt, ob die Stromstärke in den Spulen zu- oder
abnimmt bzw. die Fläche der Leiterschleife größer oder kleiner wird. Es wird
außerdem der Einfluss des Tempos der Änderung des magnetischen Flusses auf
die Stärke des induzierten Stromes und die Stromflussrichtung des induzierten
Stromes betrachtet.

Mit dem erworbenen Wissen sind die Schülerinnen und Schüler dann in der
Lage, in Einheit 4 (eine Schulstunde) die Entstehung des Wechselstroms in einem
Generator zu erklären. In Einheit 5 können in einer Doppelstunde (z. B. im Rah-
men eines Gruppenpuzzles) alltagsnahe Anwendungen der Induktion behandelt

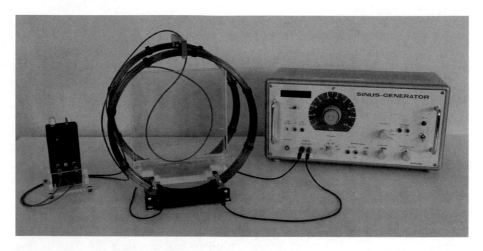

☐ Abb. 10.12 Versuchsaufbau zur Variation des magnetischen Flusses über die Änderung des Flächeninhalts der Leiterschleife und des Magnetfelds. Die Bestimmung der Stromrichtung erfolgt mittels einer bidirektionalen Leuchtdiode in einem Verstärker (schwarzes Kästchen, mit freundlicher Genehmigung von Corinna Schemme)

und so das Gelernte eingeübt werden. Dazu gehören das Mikrofon, das Antiblockier-System (ABS), die elektrische Zahnbürste und die Induktion im Erdmagnetfeld. Eine detaillierte Darstellung des Unterrichtsverlaufs findet sich bei Erfmann und Berger (2015).

■ **Empirische Ergebnisse**

Zur Evaluation der Unterrichtseinheit wurde ein auf das Feldlinienkonzept bezogener Fachwissenstest vor dem Gruppenpuzzle und zusätzlich zeitverzögert nach ca. sechs bis acht Wochen durchgeführt. Außerdem wurden die Erklärungen der Schülerinnen und Schüler im Gruppenpuzzle ausgewertet. Erfmann kommt anhand der Unterrichtseindrücke zu dem Schluss, dass das Feldlinienkonzept von den Schülerinnen und Schülern gut angenommen und in verschiedenen Situationen angewendet werden kann, insbesondere im Hinblick auf die zentralen Merkmale der Unterrichtskonzeption (Argumentation der Änderung des Flusses über das Zählen der Feldlinien und das Anwenden der Induktionsregel).[33] Diese Eindrücke werden auch von den Ergebnissen des verzögerten Nachtests unterstützt. Erfmann vermutet, dass diese positiven Resultate auf den elementaren Zugang über das Zählen von Feldlinien und dessen Einübung in verschiedenen Zusammenhängen zurückzuführen sind. In Bezug das Gruppenpuzzle zeigt sich, dass die Schülerinnen und Schüler ihre Erklärungen auf der Basis der Induktionsregel weitgehend vollständig formulierten. Im Hinblick auf die Begriffe *elektrisches Feld* und *Elektronenverschiebung,* die die mikroskopische Beschreibung der Vorgänge im Leiter betreffen, gilt dies jedoch nur

---

33 Erfmann (2017).

eingeschränkt. Nach Einschätzung von Erfmann ist die Qualität der Erklärungen aber insgesamt erfreulich hoch.

In einer Vergleichsstudie wurde in sieben Grundkursen nach dem Feldlinienkonzept unterrichtet und dies mit acht herkömmlich unterrichteten Grundkursen verglichen. Dazu wurde ein Multiple-Choice-Test mit sieben Aufgaben zum qualitativen Verständnis der elektromagnetischen Induktion eingesetzt, der sich nicht auf Spezifika der neuen Unterrichtskonzeption bezog. Dabei zeigte sich ein signifikanter Vorsprung der Grundkurse mit Feldlinienkonzept gegenüber den herkömmlich unterrichteten Grundkursen, allerdings mit kleiner Effektstärke (etwa ein Drittel der Standardabweichung).

Schließlich wurden Interviews mit zehn an der Pilotierung beteiligten Lehrkräften durchgeführt. Das Fazit von Erfmann lautet, dass das Feldlinienkonzept in den Augen der Lehrkräfte eine gute Möglichkeit zur Unterrichtung der elektromagnetischen Induktion darstelle und damit zentrale Ideen des Konzepts sinnvoll umzusetzen seien.[34] Die Unterrichtseinheit sei insbesondere für Grundkurse geeignet. Quantitative Beschreibungen, wie die Berechnungen zum Induktionsgesetz, könnten an den Unterrichtsvorschlag angeschlossen oder in diesen integriert werden.

- **Unterrichtsmaterialien**
  Erfmann, C. und Berger, R. (2015). Ein elementarer Zugang zur Induktion. *Praxis der Naturwissenschaften – Physik in der Schule,* 64, 13–25.
  Erfmann, C. Unterrichtseinheit zur elektromagnetischen Induktion. Die Unterrichtseinheit ist in den ▶ *Materialien zum Buch* zugänglich.
  In dem Zeitschriftenartikel findet sich ein Überblick zur Unterrichtseinheit. Die Unterrichtsmaterialien stehen online zur Verfügung. Eine detaillierte Darstellung des Feldlinienkonzepts und des zweistufigen Multiple-Choice-Tests sowie der umfangreichen Evaluationen kann in der Dissertation von Erfmann (2017) nachgelesen werden.

10.7 Zeigerformalismus

- **Beschreibung von Interferenz mithilfe der Zeigerdarstellung**
Wellenphänomene lassen sich mathematisch durch Wellenfunktionen beschreiben. Gilt das Superpositionsprinzip, so ist die Interferenz zweier Wellen durch Addition ihrer Wellenfunktionen mithilfe trigonometrischer Funktionen und der zugehörigen Additionstheoreme zu berechnen. Dies übersteigt in der Regel die Möglichkeiten der Schulphysik. Daher beschränkt man sich häufig auf eine eher anschauliche Darstellung mithilfe der Begriffe Gangunterschied und Wellenberg bzw. Wellental.

---

34 Erfmann (2017, S. 209).

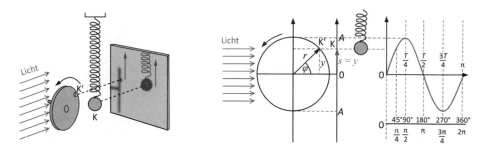

Abb. 10.13 Links: Der Schatten des auf einem Kreis umlaufenden Körpers K′ bewegt sich synchron zur Schwingung einer Kugel K eines Federpendels. Rechts: Mathematisch lassen sich die Projektion der Kreisbewegung von K′ und die Schwingung von K mithilfe der gleichen Sinuskurve darstellen (nach Müller 2019)

Eine alternative, auch für den Physikunterricht geeignete theoretische Beschreibung von Wellenphänomenen eröffnet der Zeigerformalismus. Wir stellen den Zeigerformalismus im Folgenden in Anlehnung an eine Schulbuchdarstellung[35] vor. Dazu betrachten wir eine Transversalwelle, z. B. ein periodisch angeregtes Seil. Jedes Seilelement bewegt sich senkrecht zur Ausbreitungsrichtung auf und ab, d. h., es schwingt. Die Schwingung ist ähnlich zur Bewegung einer Kugel K, die an einer Schraubenfeder hängt (Abb. 10.13 links). Projiziert man die Kugel K zusammen mit einem (mit geeigneter Winkelgeschwindigkeit) rotierenden Körper K′, so schwingen die Schatten der beiden Objekte synchron auf und ab. Dieser Befund eröffnet eine mathematische Beschreibungsweise der Schwingung. Nach Abb. 10.13 rechts gilt für die Auslenkung nämlich $y(t) = A \cdot \sin\varphi(t)$. Dabei wird $\varphi(t)$ als Phasenwinkel bezeichnet. Demnach kann man eine Schwingung durch die Projektion eines rotierenden Zeigers auf die y-Achse mathematisch erfassen (Abb. 10.13 rechts). Die Länge des Zeigers ist ein Maß für die Amplitude A der Schwingung. Die Richtung des Zeigers ist durch den Phasenwinkel der Schwingung festgelegt. Während der Periodendauer T macht der rotierende Zeiger eine vollständige Umdrehung. Diese Betrachtungsweise gibt der Zeigerdarstellung ihren Namen.

Um die zeitliche und räumliche Ausbreitung einer Seilwelle beschreiben zu können, betrachtet man die vertikalen Schwingungen der einzelnen Elemente des Seiles und beschreibt jedes Element durch einen eigenen Zeiger. In Abb. 10.14 ist die Anregung der Welle zu verschiedenen Zeitpunkten für jeweils fünf Orte mithilfe der Zeigerdarstellung abgebildet.

Mithilfe des vorgestellten Zeigerformalismus lassen sich nun auch Interferenzphänomene beschreiben. Überlagern sich zwei (oder mehr) Wellen an einem bestimmten Ort, so sind die rotierenden Zeiger vektoriell zu einem einzigen resultierenden Zeiger zu addieren. In Abb. 10.15 ist die Situation für zwei (phasengleiche) Sender dargestellt. Sie lässt sich z. B. mithilfe eines Doppelspalts realisieren.

35 Dorn/Bader Physik Sekundarstufe II (Müller 2019), s. auch Rode (2011).

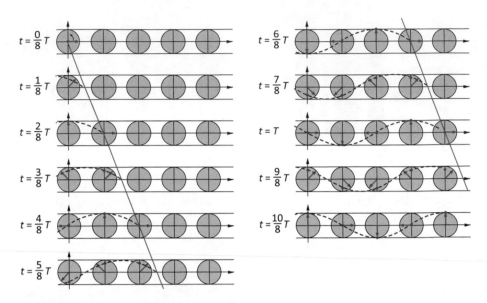

◘ Abb. 10.14 Beschreibung der Anregung einer Welle mittels Zeigerdarstellung. Zu jedem Zeitpunkt t (in Bruchteilen der Schwingungsdauer T) sind Auslenkung und Phasenwinkel mittels Zeigern an fünf Positionen entlang der Ausbreitungsrichtung x dargestellt. Die gerade grüne Linie deutet an, dass sich Orte gleicher Phase (z. B. $\varphi = 0$) entlang der x-Achse ausbreiten, nicht jedoch die Elemente der Welle (grüne Punkte). Diese schwingen bei einer transversalen Welle senkrecht zur Ausbreitungsrichtung (nach Müller 2019, S. 195). Man kann mit diesem Bild auch longitudinale Wellen beschreiben. Dann wird auf die x-Achse projiziert und man sieht, dass die Elemente am Platz in Ausbreitungsrichtung schwingen, sich aber ebenfalls nicht ausbreiten

10

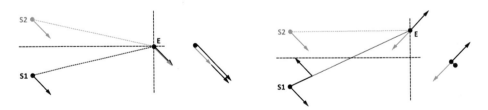

◘ Abb. 10.15 Links: Zeigermodell für das 0. Maximum bei einem Wellenfeld zweier Sender, wobei die Summe beider Pfeile maximal ist. Rechts: Zeigermodell für das 1. Minimum, bei dem beide Pfeile entgegengesetzte Phasen aufweisen und die Summe null ist (nach Müller 2019)

Sind die Zeiger am Punkt E auf dem Schirm gleich gerichtet, so entsteht ein Interferenzmaximum (◘ Abb. 10.15 links). Im Wellenbild entspricht dies der konstruktiven Überlagerung zweier Wellenberge (oder Wellentäler). Sind die Zeiger hingegen einander entgegen gerichtet, so entsteht ein Interferenzminimum (◘ Abb. 10.15 rechts). Im Wellenbild treffen dabei ein Wellenberg und Wellental zusammen (destruktive Interferenz). Hier zeigt sich ein Vorteil der Zeigerdarstellung: während bei Wellenberg und Wellental nur von zwei Zeitpunkten die Rede ist (und man nicht weiß, ob sich das nicht wieder ändert), sieht man bei der Zeigerdarstellung, dass die resultierende Amplitude zu jedem Zeitpunkt maximal bzw. minimal ist. Um die Intensität im Punkt E zu erhalten, ist der Summenzeiger zu quadrieren.

Das Zeigermodell ist in der Lage, verschiedene Situationen zu analysieren, in denen Interferenz auftritt. Hierzu gehören beispielsweise stehende Wellen, die Interferenz am Gitter oder Beobachtungen am Interferometer.

Wenn man die Zeigerdarstellung als bereichsübergreifendes Konzept behandelt, wird die Interferenz oft einführend mit Ultraschall behandelt. Dann misst man mit Mikrofonen und damit die Amplitude. Misst man später mit Mikrowellen oder Licht, so muss man die Intensität berechnen. Das geschieht durch Quadrieren der Amplitude. Je nach Fall erhält man unterschiedliche Interferenzmuster.

Eine wesentliche Stärke des Zeigerformalismus liegt darin, dass er in ganz unterschiedlichen Themenbereichen der Physik zur theoretischen Beschreibung genutzt werden kann. Der Formalismus ist dabei nicht unbedingt an Schwingungen und Wellen gebunden. Beispielsweise beschreibt Feynman in populärwissenschaftlicher Form die Ausbreitung von Photonen als Quantenobjekte mithilfe des Zeigerformalismus.[36] Es handelt sich dabei um eine Elementarisierung der wesentlich von ihm ausgearbeiteten Pfadintegralmethode als theoretische Grundlage der Quantenelektrodynamik. Die Vorgehensweise und die Interpretation wird in ▶ Abschn. 11.7 am Beispiel der Beugung von Quantenobjekten am Doppelspalt beschrieben. Große Bedeutung hat der Zeigerformalismus in der Wellenoptik einschließlich elektromagnetischer Wellen. Im folgenden Abschnitt stellen wir am Beispiel der Wellenoptik vor, wie eine computerbasierte Lernumgebung die Stärken des Zeigerformalismus nutzen kann.

- **Computerbasierte Erarbeitung und Anwendung des Zeigerformalismus**

Erb (2017) hat Materialien entwickelt, mit denen der Zeigerformalismus in der Wellenoptik durch die Nutzung des frei verfügbaren Modellbildungssystems GeoGebra umgesetzt werden kann. In ◨ Abb. 10.16 ist beispielhaft ein Modell zur Einführung des Zeigerformalismus dargestellt.

Aus einer größeren Zahl von Simulationen können für den unterrichtlichen Einsatz passende Simulationen ausgewählt und gegebenenfalls modifiziert werden. Dabei werden die Themen der Wellenoptik wie Überlagerung, Beugung am Einzelspalt, Interferenz an Doppelspalt und Gitter sowie das Auflösungsvermögen diskutiert. Die Bedienung und die Funktionsweise der Simulationen werden im Buch sorgfältig erklärt.

- **Empirische Ergebnisse**

Bisher liegen keine empirischen Ergebnisse zum Verständnis des Zeigermodells und zu den Lernwirkungen darauf beruhenden Unterrichts vor.

- **Unterrichtsmaterialien**

Müller, R. (Hrsg.) (2019). *Dorn/Bader Physik Sekundarstufe II – Niedersachsen*. Braunschweig: Westermann.

---

36 Feynman (1992).

Bruns, K. G. und Rode, M. (2019). *Impulse Physik Oberstufe 11–13 – Niedersachsen*. Stuttgart: Klett.
Das Zeigermodell wird in zahlreichen Schulbüchern behandelt. Ein guter Überblick ist z. B. den Bänden der Reihe Dorn/Bader oder dem Buch Impulse Physik Oberstufe zu entnehmen.

Rode, M. *Lehrmaterialien zu Schwingungen, Wellen und Quantenphysik*.
Michael Rode (Lüneburg) hat eine umfangreiche Sammlung an Lehrmaterialien zu Schwingungen, Wellen und Quantenphysik entwickelt. Dabei spielt das Zeigermodell und entsprechende Visualisierungen eine wichtige Rolle. Diese sind als ▶ *Materialien zum Buch* zugänglich.

Erb, R. (2017). *Optik mit Geogebra*. Berlin: deGruyter, die Modelle sind online unter ▶ https://www.geogebra.org/m/ceu3jJeM verfügbar.
Die Materialien von Erb sind in seinem Buch umfassend dargestellt.

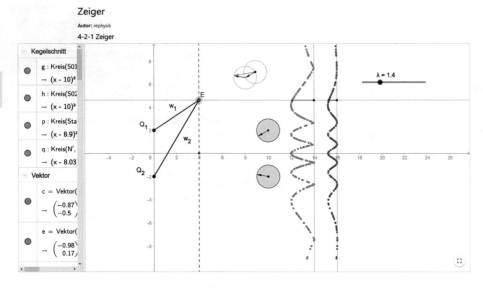

◻ **Abb. 10.16**   Interaktive Simulation der Überlagerung von Wellen. Der Empfänger E lässt sich entlang der gestrichelten Linie (dem Schirm) verschieben. Dabei wird die Stellung der Zeiger laufend aktualisiert und die Länge des resultierenden Zeigers (Amplitude, grüne Kurve) und dessen quadrierte Länge als Maß für die Intensität (orange Kurve) abgebildet. Verändert werden können zudem die Lage der beiden Quellen Q_1 und Q_2 sowie die Wellenlänge λ. Die Berechnung der Objekte erfolgt mit den Formeln auf der linken Seite des Bildschirms (erstellt in Geogebra von R. Erb, online unter ▶ https://www.geogebra.org/m/sf2XwwXj)

10.8 Fazit

Der traditionelle Unterricht (▶ Abschn. 10.2) orientiert sich stark an historischen Abläufen, jedoch ohne damit eine historisch-genetische Konzeption zu verfolgen. Es werden kaum Querbezüge zwischen den Phänomenbereichen hergestellt, in denen mit den Konzepten Feld und Welle gearbeitet wird. Zumindest für Lernende ist es schwer zu erkennen, wie die einzelnen Phänomene und Gesetze miteinander verbunden sind. Darüber hinaus spielen eine Vielzahl technischer Aspekte eine – im Vergleich zu anderen Unterrichtsthemen – relativ dominante Rolle im Unterricht zu Feldern, so wird zum Beispiel ausführlich die Funktionsweise eines Kommutators beim Stromwendermotor diskutiert. Es ist daher nicht verwunderlich, dass Schülerinnen und Schüler aus dem traditionellen Unterricht recht wenige übertragbare Grundvorstellungen zu Feldern und Wellen mitnehmen – soweit die geringe Anzahl an empirischen Untersuchungen Aussagen darüber erlaubt.

Die „Elektrostatik mit Aufgabenkarten" (▶ Abschn. 10.3) unterscheidet sich nicht in der Sachstruktur, aber wesentlich in einer konsequent anderen Unterrichtsmethodik vom traditionellen Vorgehen, die über eine reine Medienentwicklung deutlich hinausgeht.

Die Konzeption zum Einstieg in den Unterricht zu Feldern anhand dynamischer Vorgänge (▶ Abschn. 10.4) hat sich gut bewährt. Wie auch in anderen Bereichen (z. B. in der Mechanik, ▶ Kap. 3 und ▶ Kap. 4) hat sich hier die vielfach vertretene Annahme, dass einfache Phänomene vor komplexeren Zusammenhängen behandelt werden müssen, gerade nicht bewährt. Schülerinnen und Schüler konnten das Zusammenspiel von Ladungen und Feldern durch die Erklärungen dieser Unterrichtskonzeption sehr gut nachvollziehen. Es ist aber noch offen, inwieweit diese Ergebnisse im Unterricht zu weiterführenden Aspekten von Feldern gültig bleiben.

Die Unterrichtskonzeption um das Feldenergiekonzept (▶ Abschn. 10.5) beinhaltet weitgehende Änderungen gegenüber der traditionellen sachstrukturellen Darstellung und betont durch die Aufnahme von Energie und Impuls die Existenz des Feldes als physikalischer Entität. Zudem ist der kumulative Aufbau von der Sek. I zur Sek. II hervorzuheben. Die Konzeption erfordert von den Schülerinnen und Schülern allerdings Fähigkeiten des Denkens in Analogien.

Die Erklärung des Phänomens der elektromagnetischen Induktion durch Abzählen von Feldlinien (▶ Abschn. 10.6) ist eine geeignete Möglichkeit, um das gemeinsame Prinzip zahlreicher Phänomene und Anwendungen herauszuarbeiten, ohne (zu) früh zu mathematisieren. Dies lässt hoffen, dass auch leistungsschwächere Schülerinnen und Schüler Zugang zu diesem wichtigen Bereich von Physik und Technik finden.

Die Beschreibung von Schwingungen und Wellen mithilfe des Zeigermodells (▶ Abschn. 10.7) ist ein inzwischen etablierter Ansatz und eine Alternative oder Ergänzung zur Beschreibung von Wellen im Bereich des Elektromagnetismus und der Quantenphysik. Dieser themenübergreifende Charakter des Zeigerformalismus bietet auch die Möglichkeit, die große Reichweite leistungsfähiger Theorien zu illustrieren.

10.9 Übungen

- **Übung 10.1**

Erläutern Sie Gemeinsamkeiten und Unterschiede zwischen dem traditionellen Unterricht (▶ Abschn. 10.2) und der Unterrichtskonzeption „Einführung über dynamische Felder" (▶ Abschn. 10.4).

- **Übung 10.2**

Beschreiben Sie den Grundgedanken des Feldlinienkonzepts (▶ Abschn. 10.6) und vergleichen Sie diesen Ansatz mit eher traditionellen, auf der Basis des Induktionsgesetzes von Anfang an quantitativ formulierten Zugängen zur elektromagnetischen Induktion (▶ Abschn. 10.2).

- **Übung 10.3**

Diskutieren Sie Vor- und Nachteile eines auf dem Zeigermodell (▶ Abschn. 10.7) basierenden Unterrichts als Alternative zu einer üblichen, auf Wellen beruhenden Beschreibung optischer Phänomene.

- **Übung 10.4**

Beschreiben Sie, welche Rolle die Energie in den verschiedenen Unterrichtskonzeptionen dieses Kapitels spielt.

10

Literatur

Albe, V., Venturini, P., & Lascours, J. (2001). Electromagnetic concepts in mathematical representations of physics. *Journal of Science Education and Technology, 10*, 197–203.

Aschauer, W. (2017). *Elektrische und magnetische Felder. Eine empirische Studie zu Lernprozessen in der Sekundarstufe II*. Berlin: Logos.

von Aufschnaiter, C. (2003). *Leitfaden zu den publizierten Ergebnissen der Forschungsarbeiten mit dem Schwerpunkt videobasierte Analysen von Lern- und Lehrprozessen in physikalischen Kontexten*. Habilitationsschrift am Fachbereich Erziehungswissenschaften der Universität Hannover. ▶ http://www.cvauf.de/material/Habil_CvAuf.pdf

Bagno, E., & Eylon, B.-S. (1997). From problem solving to knowledge structure: An example from the domain of electromagnetism. *American Journal of Physics, 65*, 726–736.

Braun, T. (2009). *Offene Experimente in der Lehramtsausbildung. (Diss.)*. Universität Duisburg-Essen. ▶ https://duepublico.uni-duisburg-essen.de/servlets/DocumentServlet?id=20589&lang=de

Erb, R. (2017). *Optik mit Geogebra*. Berlin: de Gruyter.

Erfmann, C. (2017). *Ein anschaulicher Weg zum Verständnis der elektromagnetischen Induktion. Evaluation eines Unterrichtsvorschlags und Validierung eines Leistungsdiagnoseinstruments (Diss.)*. Berlin: Logos.

Erfmann, C., & Berger, R. (2015). Ein elementarer Zugang zur Induktion. *Praxis der Naturwissenschaften – Physik in der Schule, 64*, 13–25.

Feynman, R. P. (1992). *QED – Die seltsame Theorie des Lichts und der Materie*. München: Piper.

Fütterer, E., Krey, O., & Rabe, T. (2018). Der Feldbegriff im Physikunterricht – ein Analogieversuch: magnetisches Feld als Energiespeicher und Wechselwirkungspartner. *PhyDid B – Didaktik der Physik – Beiträge zur DPG-Frühjahrstagung 2018*. http://www.phydid.de/index.php/phydid-b/article/view/841/981

Gau, B., Meyer, L., & Schmidt, G.-D. (2005). *Physik, Gesamtband Sekundarstufe I*. Berlin: Duden Schulbuchverlag.

Girwidz, R., & Storck, T. (2013). Felder – Fachinformationen und didaktische Orientierung zum Feldbegriff. *Naturwissenschaften im Unterricht Physik, 138*, 4–10.

Guisasola, J., Almudi, J., & Zuza, K. (2013). University students' understanding of electromagnetic induction. *International Journal of Science Education, 35*, 2692–2717.

Hopf, M. (2012). Wie dreht er denn nur? Grundsätzliches zur Lorentzkraft. *Praxis der Naturwissenschaften – Physik in der Schule, 61*(4), 36–39.

Hopf, M., & Wilhelm, Th. (2018). Schülervorstellungen zu Feldern und Wellen. In H. Schecker et al. (Hrsg.), *Schülervorstellungen und Physikunterricht* (S. 185–208). Berlin: Springer Spektrum.

Leisen, J. (2003). *Methoden-Handbuch – Deutschsprachiger Fachunterricht*. Bonn: Varus.

Müller, R. (Hrsg.). (2019). *Dorn/Bader Physik Sekundarstufe II – Niedersachsen*. Braunschweig: Westermann.

Pocovi, M. C., & Finley, F. (2003). Historical evolution of the field view and textbook accounts. *Science & Education, 12*(4), 387–396.

Quinn, H., et al. (2014). A physicist's musings on teaching about energy. In R. F. Chen (Hrsg.), *Teaching and learning of energy in K-12 education* (S. 15–36). New York: Springer.

von Rhöneck, C. (1986). Vorstellungen vom elektrischen Stromkreis zu den Begriffen Strom, Spannung und Widerstand. *Naturwissenschaften im Unterricht – Physik/Chemie, 34*, 10–14.

Rode, M. (2011). Schwingungen und Wellen mithilfe der Zeigerdarstellung verstehen – Einführung. Zeigerdarstellung mit dynamischer Geometriesoftware. *Naturwissenschaften im Unterricht – Physik, 125*, 128–131.

Rückl, E. (1991). *Feldenergie*. Mannheim: BI Wissenschaftsverlag.

Saglam, M., & Millar, R. (2006). Upper high school students' understanding of electromagnetism. *International Journal of Science Education, 28*, 543–566.

Schoster, A., & v. Aufschnaiter, St. (2000). Schüler lernen Elektrostatik und der Lehrer schaut zu. *MNU, 53*(3), 175–183.

Schwarze, H. (2016). Von den Magnetpolen zur Induktion. *Praxis der Naturwissenschaften – Physik in der Schule, 65*(6), 8–12.

Secrest, S., & Novodvorsky, I. (2005). *Identifying students' difficulties with understanding induced emf*. ▶ https://arxiv.org/abs/physics/0501093

Sommerfeld, A. (2001). *Elektrodynamik*. Frankfurt a. M.: Verlag Harri Deutsch.

Suleder, M. (2018). Wie schwimmt die Magnetnadel? In T. Wilhelm (Hrsg.), *Stolpersteine überwinden im Physikunterricht. Anregungen für fachgerechte Elementarisierungen* (S. 119–121). Aulis: Seelze.

Swartz, C. E., & Miner, T. (1998). *Teaching introductory physics – a sourcebook*. Berlin: Springer.

Weidmann, F., & Zins, R. (1974). *Physik für Realschulen*. Bamberg: Buchner.

Wilhelm, T., & Hopf, M. (2018). Schülervorstellungen zum elektrischen Stromkreis. In H. Schecker et al. (Hrsg.), *Schülervorstellungen und Physikunterricht* (S. 115–136). Berlin: Springer Spektrum.

Wodzinski, R. (2013). Felder und ihre Darstellungen. Einführung in den Feldbegriff in der Sekundarstufe I. *Naturwissenschaften im Unterricht. Physik, 24*(138), 11–13.

Unterrichtskonzeptionen zur Quantenphysik

Rainer Müller und Thomas Wilhelm

Inhaltsverzeichnis

© Springer-Verlag GmbH Deutschland, ein Teil von Springer Nature 2021
T. Wilhelm, H. Schecker, M. Hopf (Hrsg.), *Unterrichtskonzeptionen für den Physikunterricht*,
https://doi.org/10.1007/978-3-662-63053-2_11

11.1 Fachliche Einordnung

- **Fachliche Grundlagen**

Die Quantenphysik umfasst die Quantenmechanik und die Quantenfeldtheorie. Die Quantenmechanik beschreibt das Verhalten von Elektronen und anderen massebehafteten Quantenobjekten in vorgegebenen äußeren Feldern. In der Quantenfeldtheorie werden zusätzlich die Felder als Quantenobjekte behandelt, woraus sich für das elektromagnetische Feld die Quantenelektrodynamik mit dem Konzept des Photons ergibt. Im schulischen Kontext geht es meist um die Quantenmechanik; Photonen sind – von der Behandlung der Elementarteilchen abgesehen – der einzige Inhalt aus der Quantenfeldtheorie in der Schulphysik.

Um die formale Struktur der Quantenphysik zu erfassen, ist es hilfreich, sich an dem in ◘ Abb. 11.1 gezeigten Schema eines Experiments zu orientieren. Ein typisches quantenphysikalisches Experiment besteht aus einer Quelle (die Quantenobjekte mit bestimmten Eigenschaften aussendet), einer Wechselwirkungszone (in der die Quantenobjekte untereinander oder mit Teilen der Apparatur wechselwirken) und schließlich dem Nachweis durch ein Messgerät. Diesen drei Phasen eines Experiments sind in der theoretischen Beschreibung unterschiedliche Elemente zugeordnet.

Die Wellenfunktion ψ beschreibt den Zustand von Quantenobjekten. Sie erfasst die Eigenschaften, die den Quantenobjekten von der Quelle aufgeprägt werden. Die Wellenfunktion beschreibt im Grunde also ein Präparationsverfahren. Weil die Quantenphysik im Allgemeinen nur statistische Aussagen macht, ist es zum Vergleich zwischen theoretischer Vorhersage und Experiment sinnvoll, das betreffende Experiment sehr oft zu wiederholen. Die Aussagen beziehen sich daher in der Regel auf Ensembles von identisch präparierten Quantenobjekten.

Die Dynamik von Quantenobjekten wird durch die Schrödingergleichung beschrieben. Sie ist die Grundgleichung der Quantenmechanik und gibt die zeitliche Entwicklung der Wellenfunktion wieder. Sie lautet:

$$i\hbar\frac{\partial \psi(x,t)}{\partial t} = \left[-\frac{\hbar^2}{2m}\nabla^2 + V(x)\right]\psi(x,t).$$

Dabei ist $V(x)$ das Potenzial, das den Einfluss der Wechselwirkung beschreibt. Die Schrödingergleichung ist eine partielle Differenzialgleichung, die die zeitliche Entwicklung der komplexwertigen Wellenfunktion ψ beschreibt. Aus dem Anfangszustand, der durch die Präparation (Quelle) festgelegt wird, kann somit über die Wechselwirkung (Potenzial V) auf den Endzustand geschlossen werden, an dem Messungen vorgenommen werden.

◘ **Abb. 11.1**   Schematische Darstellung eines Experiments in der Quantenphysik

Messungen spielen eine besondere Rolle in der Quantenphysik. Während in der klassischen Physik durch eine Messung eine schon vorher festliegende Eigenschaft nur festgestellt wird, hat eine quantenmechanische Messung aktiven Charakter. Quantenobjekte können sich in Zuständen befinden, in denen ihnen eine bestimmte, klassisch wohldefinierte Eigenschaft nicht zugeschrieben werden kann (z. B. der Ort eines Elektrons im Atom). Bei einer Messung einer bestimmten Observablen (z. B. Energie, Ort, Spin) wird das gemessene Objekt „gezwungen", sich für einen der möglichen Messwerte zu „entscheiden". Messungen liefern immer einen bestimmten Wert der gemessenen Observablen. Im Allgemeinen lassen sich nur statistische Aussagen darüber treffen, welcher der möglichen Messwerte sich bei einer Messung ergibt. Die Wahrscheinlichkeit für einen Messwert liefert die unten diskutierte Born'sche Wahrscheinlichkeitsformel.

Im mathematischen Formalismus lassen sich die Ergebnisse von Messungen durch Operatoren für Observable beschreiben. Es gibt Observable, die ein kontinuierliches Spektrum haben (z. B. der Ort), aber auch solche, für die nur bestimmte Messwerte möglich sind (z. B. die Energie in gebundenen Zuständen), im zweiten Fall sind die Messwerte quantisiert. Diese letztere Eigenschaft erschien in der Anfangszeit der Quantenmechanik als neu und bemerkenswert und hat der Theorie ihren Namen gegeben. Mathematisch sind die möglichen Messwerte einer Observablen die Eigenwerte des zugehörigen Operators. Kontinuierlich verteilte Messwerte entsprechen einem kontinuierlichen, quantisierte Messwerte einem diskreten Spektrum. Beispiele für diskrete Spektren sind zum Beispiel die Energie in Atomen oder Potenzialtöpfen, der Spin im Stern-Gerlach-Versuch oder die Polarisationsfreiheitsgrade von Licht.

Aus den Messwerten für eine Observable lassen sich Häufigkeitsverteilungen (Histogramme) bilden, zum Beispiel das Histogramm der Verteilung von Ortsmesswerten beim Doppelspaltversuch (◗ Abb. 11.2). Jedes der Elektronen wird bei der Ortsmessung am Schirm an einem bestimmten Ort gefunden (Fleck auf dem Schirm). Das Histogramm der Messwerte gibt Aufschluss über die relativen Häufigkeiten der Messwerte, also über die statistische Verteilung der untersuchten Größe. Diese statistische Verteilung wird von der Quantenmechanik vorhergesagt: Es ist das Betragsquadrat der Wellenfunktion $P(x) = |\psi(x)|^2$. Dies ist die Born'sche Wahrscheinlichkeitsformel, die den statistischen Charakter der Quantenmechanik ausdrückt. Auch die Wahrscheinlichkeitsverteilungen von anderen Observablen lassen sich berechnen. Das geschieht durch Skalarproduktbildung zwischen

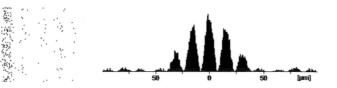

◗ **Abb. 11.2** Schirmbild und Histogramm beim Doppelspaltexperiment (Screenshot aus der milq-Simulation zum Doppelspaltexperiment)

der Wellenfunktion ψ und den Eigenzuständen der betrachteten Observablen. In symbolischer (Dirac-)Notation:

$$P_n = |\langle a_n \mid \psi \rangle|^2,$$

wobei $|a_n\rangle$ der zum Messwert (mathematisch: Eigenwert) a_n gehörende Eigenzustand der Observablen A ist.

Die stationäre Schrödingergleichung beschreibt zeitunabhängige Systeme, d. h. Systeme, bei denen ψ nur vom Ort abhängt. Sie lautet:

$$\left[-\frac{\hbar^2}{2m} \nabla^2 + V(x) \right] \psi(x) = E \cdot \psi(x) .$$

Dies ist die Eigenwertgleichung für die Observable Energie. Aus ihr lassen sich die Wellenfunktionen für die stationären Zustände im Potenzial $V(x)$ und die zugehörigen Eigenwerte der Energie berechnen. Aus den Randbedingungen, die an die Wellenfunktion gestellt werden, ergibt sich die Quantisierung der Energie. Mathematisch handelt es sich um die gleiche Art von Quantisierung wie bei einer stehenden Seil- oder Schallwelle. Ein Beispiel ist der unendlich hohe Potenzialtopf mit Breite a, für den sich folgende Energieeigenwerte E_n ergeben:

$$E_n = \frac{\hbar^2 \pi^2}{2ma^2} \cdot n^2.$$

Um sich mit der Quantentheorie des Lichtes zu befassen, muss man die Quantentheorie des elektromagnetischen Feldes betrachten. Ausgangspunkt sind hier die klassischen Lösungen der Maxwellgleichungen. Sie werden als Moden bezeichnet. Je nach der betrachteten physikalischen Situation können das ebene Wellen sein, Wellenpakete oder auch stehende Wellen. Die nicht angeregte Mode entspricht dem quantenfeldtheoretischen Vakuumzustand. Es handelt sich um den niedrigsten Energiezustand des Feldes, der aber durchaus Quantenfluktuationen aufweist. Photonen sind die Anregungen dieser Moden. Mit einer Photonenquelle lässt sich die Anregung einer Mode aus dem Vakuumzustand heraus herbeiführen – ein Photon wird erzeugt. Die Eigenschaften der Quelle – also die Präparation – bestimmen dabei, welche Mode des elektromagnetischen Feldes angeregt wird. Oft sind es Wellenpakete, die sich dann als lokalisierte Anregungen ausbreiten. In einem Gravitationswelleninterferometer[1] sind die Moden jedoch die stehenden Wellen zwischen den Spiegeln. Ein Photon ist dann die Anregung einer solchen Mode. Das Photon erstreckt sich in diesem Fall über das ganze Interferometer; von einer Ausbreitung kann man hier nicht sprechen.

Die auch heute noch in geltenden Lehrplänen verwendete Redeweise von der Masse von Photonen ist physikalisch falsch. Photonen sind masselos. Die falsche Vorstellung rührt von einer verkürzten Anwendung der Formel $E = m \cdot c^2$ her, die

---

1 Ein Gravitationswelleninterferometer ist ein experimenteller Aufbau, mit dem unvorstellbar kleine Störungen der Raumzeit (Gravitationswellen) gemessen werden. Das LIGO-Observatorium hat 2015 erstmals Gravitationswellen von zwei kollidierenden Schwarzen Löchern gemessen.

in dieser Form nur für ruhende Objekte gilt und vollständig $E = \sqrt{c^2 p^2 + m^2 c^4}$ lautet. Für masselose Objekte ergibt sich $E = c \cdot p$, was die korrekte relativistische Energie-Impuls-Beziehung für Photonen ist.[2]

■ **Inhalte des Quantenphysikunterrichts**

Weltweit ist Deutschland eines der wenigen Länder, in denen die Quantenphysik als Unterrichtsinhalt in der Schule eine jahrzehntelange Tradition hat. Damit gibt es einen umfangreichen praktischen Erfahrungsschatz, fachdidaktische Unterrichtsvorschläge und empirische Forschung. Nach mehr als 30-jähriger Forschung auf dem Gebiet der schulischen Vermittlung von Quantenphysik lassen sich begründete Aussagen und Empfehlungen zu lernwirksamen Unterrichtsgängen geben, die sich an Schülervorstellungen orientieren und empirisch untersucht sind.

Verglichen mit anderen Teilgebieten der Physik liegt die Besonderheit des Themas Quantenphysik darin, dass es unumgänglich ist, für den schulischen Kontext gänzlich neue und genuin eigene Lehrkonzepte zu entwickeln. Ein Rückgriff auf die wissenschaftliche Lehre an der Universität scheidet wegen deren mathematischer und formaler Komplexität aus. Eine sinnvolle didaktische Reduktion erscheint auch wegen der deutlich unterschiedlichen Lernziele in Schule und Universität ausgeschlossen.

Dadurch bedingt gibt es ein breites Spektrum fachdidaktischer Konzepte für den Quantenphysikunterricht in der Schule mit Ansätzen, die inhaltlich teils deutlich verschiedene Akzente setzen und unterschiedliche Lernziele verfolgen. Dieser Umstand erschwert die empirische Vergleichbarkeit verschiedener Unterrichtskonzeptionen: Wenn die Ziele zweier Ansätze in ganz verschiedenen Richtungen liegen, lässt sich der Unterrichtserfolg nicht auf der gleichen Skala gegenüberstellen. Im Gegensatz zu den meisten Themen der klassischen Physik gibt es also bei der Quantenphysik noch keinen fachdidaktischen Konsens, welche Inhalte überhaupt unterrichtet werden sollen und welche nicht. Selbst der traditionelle Unterricht, der historische Experimente betont (▶ Abschn. 11.2), hat sich erst seit den 1960er-Jahren entwickelt und existiert somit noch nicht sehr lange.

■ **Kategorien von Unterrichtskonzeptionen**

In den veröffentlichten und empirisch evaluierten Unterrichtsvorschlägen lassen sich im Wesentlichen fünf verschiedene Zugangstypen identifizieren:[3]

1. *Historischer Zugang.* Hier ist hauptsächlich der traditionelle Quantenphysikunterricht (▶ Abschn. 11.2) zu nennen, der sich über viele Jahre in der Schulpraxis tradiert hat und auf historischen Experimenten wie dem Photoeffekt aufbaut. Den Erfordernissen der Schulpraxis entsprechend gibt es eine starke inhaltliche Orientierung an möglichen Abituraufgaben.

---

2 Okun (2006, 2008).
3 Müller (2003); Müller (2016a).

2. *Konzentration auf die Prinzipien des quantenmechanischen Formalismus.* Der von Feynman[4] vorgestellte Zeigerformalismus (▶ Abschn. 10.7) hat mehrere Versuche nach sich gezogen, diesen relativ einfach handhabbaren Formalismus auch für die Schule nutzbar zu machen (▶ Abschn. 11.7). Im Mittelpunkt steht bei diesen Zugängen der Umgang mit Zeigern, um Interferenzmuster an Spalten und Gittern vorherzusagen. Der Formalismus lässt sich schon in der klassischen Optik anwenden und beschreibt dort mit Regeln für die Addition von Zeigern den Intensitätsverlauf innerhalb von Interferenzmustern. In der Quantenmechanik können die Zeigerregeln mit geringem Aufwand dazu verwendet werden, quantenmechanische Wahrscheinlichkeiten statt Intensitäten vorherzusagen.

3. *Quantenmechanik im Kontext.* Hier wird die Quantenmechanik in Kontexten betrachtet, z. B. aus Technik oder Chemie. In diese Kategorie fällt zum Beispiel die Bremer Unterrichtskonzeption (▶ Abschn. 11.4) mit ihrem starken Bezug zu Atommodellen. Ziel ist es, das Bohr'sche Atommodell zu überwinden und in einem quantenmechanischen Atommodell die Beschreibung durch Wellenfunktionen an dessen Stelle zu setzen. Inhaltlich wird die Beschreibung höherer Atome angestrebt.

4. *Beschäftigung mit den begrifflichen Fragen der Quantenphysik.* In dieser Kategorie wird der Schwerpunkt auf die in der Quantenmechanik besonders stark diskutierte Begriffsbildung gelegt. Hier setzt die Münchener Unterrichtskonzeption (milq) mit den Wesenszügen der Quantenphysik an (▶ Abschn. 11.5 und 11.6). Die Autoren der Berliner Konzeption (▶ Abschn. 11.3) ordnen ihre Konzeption, die auf das Bohr'sche Atommodell verzichtet, ebenfalls in diese Kategorie ein. Die veröffentlichten Materialien gehen jedoch auf die entsprechenden Fragestellungen nur sehr kurz ein und verweisen auf die Lektüre von historischen Originaltexten zur Deutung der Quantenphysik.

5. *Orientierung an Quanteninformation.* Zukunftsweisend und in den letzten Jahren stark in den Vordergrund drängend ist die Orientierung an den modernen Entwicklungen in den Quantentechnologien wie Quantenkryptografie oder Quantencomputer. Obwohl es hier eine Anzahl von ausgearbeiteten Materialien und Unterrichtsvorschlägen gibt (▶ Abschn. 11.8), liegen bisher noch keine vollständigen Konzeptionen und systematischen empirischen Evaluationen mit Schülerinnen und Schülern vor. Es ist jedoch damit zu rechnen, dass dieses Feld stark an Bedeutung gewinnen und den Quantenphysikunterricht zunehmend prägen wird.

Die Unterschiede in den Unterrichtskonzeptionen, die in den folgenden Abschnitten besprochen werden, sind überblicksartig in ❏ Tab. 11.1 zusammengefasst.

---

4   Feynman (1992).

◘ Tab. 11.1 Übersicht über die vorgestellten Unterrichtskonzeptionen

	Traditioneller Unterricht (▶ Abschn. 11.2)	Quantenphysik ohne Bohr (▶ Abschn. 11.3)	Atomzustände numerisch (▶ Abschn. 11.4)	Wesenszüge der Quantenphysik (▶ Abschn. 11.5)	Quantenphysik Kl. 10 (▶ Abschn. 11.6)	Quantenphysik mit Zeigern (▶ Abschn. 11.7)
Grundidee	Orientierung an historischen Experimenten	Vermeidung von Lernschwierigkeiten	anschauliche Atomphysik ohne Bohr'sches Atommodell	Andersartigkeit der Quantenphysik, Herausbilden klarer Begriffe	Andersartigkeit der Quantenphysik	Nutzung des Zeigerformalismus der Wellenoptik
Wichtige Inhalte	Welle-Teilchen-Dualismus	statistische Deutung, Ensemble-Interpretation	Zustände von Atomen	Unterschiede zur klassischen Physik	Unterschiede zur klassischen Physik	Wahrscheinlichkeitsinterpretation
Wichtige Experimente	Photoeffekt, Comptoneffekt, Franck-Hertz-Versuch, Elektronenbeugung	Elektronenbeugung, Doppelspalt	Modellbildung mit dem Computer	Photonen im Mach–Zehnder-Interferometer, Elektronenbeugung am Doppelspalt	Elektronen am Doppelspalt	Doppelspalt
Beginn mit	Photoeffekt	Elektronenbeugung	Atomaufbau/Spektrallinien	Photoeffekt	Doppelspalt mit Elektronen	Anknüpfen an die Wellenoptik
Atomphysik	Bohr'sches Atommodell	Potenzialtopfmodell	quantenmechanische Wellenfunktion	spielt keine große Rolle	spielt keine Rolle	spielt keine Rolle

11.2 Traditioneller Unterricht

▪ Orientierung an historischen Experimenten

Der traditionelle Quantenphysikunterricht ist stark historisch geprägt, insbesondere von historischen Experimenten als Orientierungsmarken (Photoeffekt, Franck-Hertz-Versuch, Elektronenbeugung). Das hat einen plausiblen Hintergrund: Generell lebt der Erkenntnisfortschritt in der Physik vom intensiven Wechselspiel zwischen Theorie und Experiment – und Experimente mit Quantenobjekten, die sich mit vertretbarem Aufwand in der Schule durchführen lassen, sind bis heute nur in geringer Zahl verfügbar. Es bleibt die Orientierung an den wenigen Experimenten, die im Bereich der Quantenphysik mit Schulmitteln durchführbar sind.

Ein weiterer Umstand, der die Orientierung an historischen Experimenten attraktiv macht, hat ähnlich pragmatische Hintergründe: Im Laufe der Zeit hat sich zu diesen Experimenten ein fest umrissener Aufgabenfundus herausgebildet, der insbesondere auch im Abitur verwendet werden kann. Zur Auswertung vorgegebener experimenteller Daten zum Photoeffekt, zur Elektronenbeugung oder zu Spektrallinien lassen sich Aufgaben konstruieren, die in Umfang und Anspruchsniveau für eine Abiturprüfung gut geeignet sind. Oft ist darüber hinaus auch die Verknüpfung mit anderen Inhalten aus der Oberstufe möglich (Elektromagnetismus, Schwingungen und Wellen).

▪ Photo- und Comptoneffekt

Die historische Entwicklung der Quantenphysik beginnt im Jahr 1900 mit Max Plancks Quantenhypothese zur Erklärung der von ihm gefundenen Formel für das Spektrum der Schwarzkörperstrahlung. Plancks Argumentation, die Konzepte aus der statistischen Thermodynamik voraussetzt, ist für den Schulunterricht nicht zugänglich. Daher beginnt der traditionelle Unterrichtsgang in der Regel mit dem Photoeffekt. Ausgehend von der experimentellen Feststellung, dass kurzwelliges Licht Elektronen aus Metalloberflächen lösen kann, wird mit der Gegenfeldmethode der Zusammenhang zwischen der Frequenz f des einfallenden Lichtes und der maximalen kinetischen Energie $E_{\mathrm{kin,\,max}}$ der austretenden Elektronen bestimmt. Die experimentellen Daten lassen sich mit Einsteins Gleichung $E_{\mathrm{kin,\,max}} = h \cdot f - W_{\mathrm{A}}$ beschreiben, die auf der Lichtquantenhypothese mit dem Zusammenhang $E = h \cdot f$ zwischen Energie und Frequenz eines Lichtquants (Photons) beruht.

Zum traditionellen Unterrichtsgang gehört auch die Diskussion des Comptoneffekts. Die Wellenänderung von Licht bei der Streuung an Elektronen wird dabei in einem Modell gedeutet, in dem ein Stoßprozess zwischen Elektron und Photon mit Energie- und Impulssatz behandelt wird. Dabei gelingt es, die Wellenänderung des Lichtes in Abhängigkeit vom Streuwinkel quantitativ zu beschreiben.

Die Erklärung von Photoeffekt und Comptoneffekt mit der Lichtquantenhypothese legt eine Vorstellung von Licht nahe, in der das Licht Teilchencharakter aufweist. Das steht im Kontrast zu den Ergebnissen des vorausgegangenen

Unterrichts, in dem das Wellenverhalten von Licht in Interferenzexperimenten herausgearbeitet wurde. Dieser Konflikt kann am Beispiel des Doppelspaltversuchs mit einzelnen Photonen noch verschärft werden, bei dem sich Wellen- und Teilchenverhalten im gleichen Experiment zeigen. Dieser Gegensatz zwischen den zwei sich scheinbar ausschließenden Modellvorstellungen wird als *Welle-Teilchen-Dualismus* bezeichnet.[5]

- **Wellenverhalten von Elektronen**

Historisch folgte auf die Vorstellung vom Teilchencharakter des Lichtes de Broglies Analogiehypothese, dass im Umkehrschluss auch Elektronen Wellenverhalten zeigen müssten. Obwohl sie mit elementarer Mathematik auskommt, ist de Broglies ursprüngliche Argumentation für die Schule zu komplex, weil sie Konzepte wie Gruppengeschwindigkeit und relativistische Argumente heranzieht. Die resultierende Beziehung $\lambda = h/p$ zwischen Wellenlänge und Impuls von Elektronen (oder anderen massebehafteten Quantenobjekten) hat jedoch eine äußerst einfache Gestalt und lässt sich heuristisch plausibel machen.

Ein in der Schule durchführbares Experiment zum Wellenverhalten von Elektronen ist die Beugung von Elektronen an Graphitkristallen in der Elektronenbeugungsröhre. Die Deutung des Experiments setzt die Kenntnis der Braggbedingung voraus, die üblicherweise vorher im Zusammenhang mit der Beugung von Röntgenstrahlung an Kristallen diskutiert wird.

Die Heisenberg'sche Unbestimmtheitsrelation ist experimentell nur schwer zugänglich. Zwar werden in Schulbüchern immer wieder experimentelle Befunde als Beleg für die Unbestimmtheitsrelation angegeben. In den meisten Fällen handelt es sich aber um Beispiele für die aus der Theorie der Fouriertransformation bekannte Beziehung $\Delta k \cdot \Delta x \geq 1$ zwischen der Frequenzbreite und der räumlichen (oder zeitlichen) Ausdehnung von Wellenzügen, die in dieser Form auch in der klassischen Optik oder Akustik gilt und die daher keine spezifische Aussage über Quantenphänomene beinhalten kann.

- **Atomphysik**

Da sich die Quantenmechanik historisch aus der Beschäftigung mit der Physik der Atome entwickelt hat, ist der traditionelle Unterrichtsgang stark von der Atomphysik geprägt. Zu fachdidaktischen Kontroversen[6] hat die Frage geführt, wie in der Schule mit dem Bohr'schen Atommodell umgegangen werden soll. Aus

---

5   In der populärwissenschaftlichen Literatur wird der Welle-Teilchen-Dualismus häufig zu einer naiven Form vergröbert, etwa in der Form: „Das Geheimnis der Quantenphysik liegt darin, dass sich Quantenobjekte in unvorhersehbarer Weise manchmal wie Wellen und manchmal wie Teilchen verhalten." Dabei handelt es sich um eine Mystifizierung, denn die Born'sche Wahrscheinlichkeitsinterpretation erlaubt es für jedes Experiment, eindeutig vorherzusagen, in welcher Form man „Wellenverhalten" oder „Teilchenverhalten" finden wird (Müller 2003). Weder das klassische Wellenmodell noch das klassische Teilchenmodell für sich allein sind in der Lage, die Phänomene der Quantenphysik adäquat zu beschreiben: „It's like neither" (Feynman, Leighton und Sands 2007, ▶ Kap. 1).

6   für einen Überblick siehe z. B. Fischler (1992).

der Forschung über Schülervorstellungen[7] ist bekannt, dass die Vorstellung des Planetenmodells (Elektronen umkreisen den Kern auf wohldefinierten Bahnen) die dominante Vorstellung von Atomen ist. Auch innerhalb des traditionellen Unterrichtsgangs hat es hier in den unterschiedlichen Lehrplänen der Länder verschiedene Positionen gegeben: von der ausführlichen Behandlung des Bohr'schen Atommodells bis zur völligen Verbannung aus dem Curriculum.

Ein Standard in fast allen Unterrichtsansätzen ist die Behandlung des unendlich hohen linearen Potenzialtopfs als Modell für die Quantisierung der Energie in gebundenen Systemen. Mit der De-Broglie-Beziehung und den typischen atomaren Längenskalen für die Breite des Potenzialtopfs ergeben sich Energiedifferenzen im eV-Bereich, also im gleichen Bereich wie in der Atomphysik. Damit kann der lineare Potenzialtopf als eine Hinführung zum quantenmechanischen Atommodell verwendet werden. Eine Anwendung findet sich auch in der Physik von Farbstoffmolekülen, in denen die Zustände von Elektronen mit diesem Modell beschrieben werden können.

■ **Traditioneller Unterrichtsgang und moderne Ansätze**

Der traditionelle Unterrichtsgang in seiner reinen Form ist in der Realität des Quantenphysikunterrichts immer seltener anzutreffen. Spätestens seit der Verabschiedung der „Einheitlichen Prüfungsanforderungen in der Abiturprüfung Physik"[8] durch die KMK im Jahr 2004 sind die Länder gehalten, in ihre Kerncurricula Aspekte wie stochastisches Verhalten, Komplementarität, Nichtlokalität und Verhalten beim Messprozess aufzunehmen, sich also an Themen aus den modernen Unterrichtskonzeptionen zu orientieren. Diese Tendenz wird in den KMK-Bildungsstandards für die Oberstufe (2020) fortgeschrieben. Diese Entwicklung liegt in einer Linie mit der zunehmenden Orientierung an den modernen Quantentechnologien, die in Zukunft vermutlich noch an Bedeutung gewinnen wird.

11.3 Quantenphysik ohne Bohr'sches Atommodell

Die erste in der Fachdidaktik entwickelte Unterrichtskonzeption, die ihren Ausgangspunkt in der Erfassung von Schülervorstellungen und Lernschwierigkeiten hatte, war die Berliner Unterrichtskonzeption von Lichtfeldt und Fischler.[9] Es sollte ein Kurs geschaffen werden, der einerseits die traditionellen Themen nur behutsam verändert, um lehrplankompatibel zu bleiben, auf der anderen Seite aber durch eine veränderte Beschreibung und Anordnung der Inhalte die sonst auftretenden Lernschwierigkeiten vermeidet: „Das zentrale Ziel dieser Konzeption ist es, den Schülern das Verständnis der Grundprinzipien der Quantenphysik

---

7   Müller und Schecker (2018).
8   ▶ https://www.kmk.org/fileadmin/veroeffentlichungen_beschluesse/1989/1989_12_01-EPA-Physik.pdf
9   Berg et al. (1989); Fischler und Lichtfeldt (1994).

dadurch zu erleichtern, dass die beobachteten quantenphysikalischen Phänomene von Anfang an durch die Brille der modernen Physik betrachtet werden" (Fischler und Lichtfeldt 1994).

- **Problemfelder des traditionellen Unterrichts**

Bei der Analyse des traditionellen Unterrichtsgangs wurden die folgenden Problemfelder aufgezeigt, auf denen Schülerinnen und Schüler häufig auf Lernschwierigkeiten stoßen und physikalisch unangemessene Vorstellungen entwickeln:

1. *Die bereitwillige Akzeptanz der Teilchenvorstellung von Photonen.* Auch wenn im vorausgegangenen Schuljahr in das Thema „Licht als Welle und Interferenz" viel Zeit investiert wurde, wird die Teilchenvorstellung von Licht, die im traditionellen Unterricht durch den Photoeffekt demonstriert wird, von den Schülerinnen und Schülern schnell akzeptiert und dann unreflektiert mit der Wellenvorstellung kombiniert. Lichtfeldt (1992, S. 210) schreibt: „Schüler kommen mit einer hohen Bereitschaft in den Physikunterricht, Modelle so zu benutzen, wie es gerade in ihre jeweilige Vorstellungswelt passt. Dazu kommt die noch bei vielen Schülern vorhandene diffuse Kenntnis von Lichtteilchen, sodass dann der [...] Photoeffekt die Vorstellungen der Schüler im Sinne eines mechanistischen Teilchens mit Wellencharakter stabilisiert."

In der Berliner Konzeption wurde daher die Entscheidung getroffen, die Quantenphysik mit Elektronen statt mit Photonen beginnen zu lassen. Das geschieht mit einem Versuch zur Elektronenbeugung und einer Darstellung des Doppelspaltversuchs mit einzelnen Elektronen.

Wie die Evaluation der Konzeption zeigte, fällt es über den Zugang mit Elektronen deutlich leichter, bei den Schülerinnen und Schülern den erwünschten kognitiven Konflikt zu erzeugen: In der Quantenphysik reicht weder das Wellen- noch das Teilchenmodell allein aus, um die Phänomene angemessen zu beschreiben. Lichtfeldt[10] schreibt dazu: „Durch den Beginn der Unterrichtseinheit mit Elektronen werden die Schüler auf ihrer mechanistischen Vorstellungsebene abgeholt und durch die Präsentation des neuartigen Verhaltens der Elektronen gezwungen, über mögliche Erklärungsansätze nachzudenken".

Der Beginn der Quantenphysik mit Elektronen statt mit Photonen wurde von einigen Lehrplänen aufgegriffen – zuletzt im Kerncurriculum Niedersachsen (Niedersächsisches Kultusministerium, 2017). Neben den unbestreitbaren Vorzügen des Ansatzes tritt dabei eine gravierende Schwierigkeit auf: Historisch wurde die De-Broglie-Beziehung für den Zusammenhang zwischen Wellenlänge und Geschwindigkeit von Elektronen mit der entsprechenden Beziehung für Photonen motiviert. Aus sich selbst heraus ist sie theoretisch nicht zu begründen, und mit den in der Schule verfügbaren Mitteln ist sie auch nicht induktiv aus Experimenten zu gewinnen. Eine Lösung für dieses Problem kann

---

10 Lichtfeldt (1992).

ein Zugang über den Kompetenzbereich Erkenntnisgewinnung am Beispiel des historischen Entdeckungszusammenhangs sein.[11]

2. *Die kognitive Anziehungskraft des Bohr'schen Atommodells.* Der zweite Problembereich, der von Lichtfeldt und Fischler identifiziert wurde, ist die traditionelle Orientierung am Bohr'schen Atommodell. Das Bohr'sche Atommodell ist anschaulich und deshalb für Schülerinnen und Schüler attraktiv. Selbst wenn die Grenzen des Modells angesprochen werden, wird es nicht aufgegeben.

   Im Berliner Konzept wird daher das Potenzialtopfmodell benutzt, um die Quantisierung der Energie einzuführen. Über den dreidimensionalen Potenzialtopf wird dann auf die Energieniveaus des Wasserstoffatoms geschlossen. Das Bohr'sche Atommodell wird *nicht* behandelt. Das entspricht dem gewählten Grundsatz, Bezüge zur klassischen Physik weitgehend zu vermeiden. Die Frage nach der Thematisierung des Bohr'schen Atommodells wurde in der Fachdidaktik ohne abschließendes Ergebnis kontrovers diskutiert.[12] Ein Argument gegen die Nichtbehandlung des Bohr'schen Atommodells liegt darin, dass es den Schülerinnen und Schülern ohnehin aus dem Chemieunterricht oder Darstellungen in Medien geläufig ist. Es im Physikunterricht auszulassen, bedeutet dann lediglich, dass die Schülerinnen und Schüler ihre Vorstellungen zu Atomen unreflektiert und ohne weitere Anleitung aus dem Physikunterricht entwickeln bzw. verfestigen.

3. *Der Welle-Teilchen-Dualismus.* In älteren Darstellungen zum traditionellen Unterricht wurden häufig irreführende Formulierungen zum Nebeneinander von Wellen- und Teilchenmodell verwendet. Sie lenkten die Vorstellungen der Schülerinnen und Schüler in Richtung auf naive dualistische Vorstellungen. Anstatt ausführlicher von Wellen- und Teilchenverhalten der Elektronen zu reden, wird deshalb in der Berliner Konzeption an dieser Stelle die statistische Deutung der beobachteten Phänomene eingeführt. Dabei wird die Ensemble-Interpretation der Quantenmechanik verwendet. Die Heisenberg'sche Unbestimmtheitsrelation wird früh und ausführlich behandelt und das Versagen des klassischen Bahnbegriffs am Doppelspalt diskutiert. Auf Deutungsfragen, die sich aus dem Konflikt zwischen Wellen- und Teilchenmodell ergeben, wird dagegen bewusst nur sehr begrenzt eingegangen.

11

- **Unterrichtsgang**

Die Abfolge der Inhalte ist in der Berliner Konzeption wie folgt angelegt:

1. *Elektronenbeugung.* Der Unterrichtsgang beginnt mit dem bekannten Experiment zur Elektronenbeugung. Angesichts der bereits geschilderten Schwierigkeit, bei einem Beginn des Unterrichtsgangs mit Elektronen die De-Broglie-Beziehung zu motivieren, wird die Deutung des Beugungsbilds an dieser

---

11 Müller (2019).
12 Fischler (1992).

Stelle verschoben und dem Impuls p der Elektronen nur formal eine Wellenlänge λ zugeordnet. Die Beziehung $p = h/\lambda$ ergibt sich aus dem Experiment.

2. *Doppelspaltversuch mit Elektronen.* Zur Einführung greift die Konzeption auf den Originalartikel von Jönsson[13] sowie auf einen Unterrichtsfilm zurück, der auf Arbeiten von Brachner und Fichtner[14] zurückgeht (heute würde man Computersimulationen einsetzen). Die stochastische Deutung wird durch den allmählichen Aufbau des Interferenzbilds aus vielen Einzelregistrierungen motiviert.

3. *Heisenberg'sche Unbestimmtheitsrelation.* Die Heisenberg'sche Unbestimmtheitsrelation wird als eine Aussage über die Orts- und Impulsstreuung eines Ensembles von Quantenobjekten formuliert: Es gibt keine Gesamtheit von Quantenobjekten, deren Ortsstreuung Δx und deren Impulsstreuung Δp gleichzeitig beliebig klein sind. Die Heisenberg'sche Unbestimmtheitsrelation nimmt in dem Konzept einen breiten Raum ein; die entsprechenden Begriffe werden ausführlich thematisiert.

4. *Energiequantelung im Atom.* Zur Einführung der Energiequantelung wird der eindimensionale, unendlich hohe Potenzialtopf betrachtet. Die Ergebnisse werden auf den dreidimensionalen Potenzialtopf verallgemeinert. Hier ergeben sich Wahrscheinlichkeitsverteilungen, die stark an die Orbitaldarstellungen von Atomen erinnern. Die Energiewerte im Wasserstoffatom werden heuristisch motiviert. Der Franck-Hertz-Versuch bestätigt die Quantelung der Energien im Atom.

5. *Photonen.* Erst zum Schluss werden die Quantenaspekte des Lichtes behandelt. Auf den Photoeffekt folgt die Diskussion des Taylorexperiments (Doppelspaltexperiment mit stark abgeschwächtem Licht) und des Photonenimpulses (Comptoneffekt).

- **Empirische Ergebnisse**

Die Evaluation der Berliner Konzeption[15] verglich eine Erprobungsgruppe von elf Berliner Grund- und Leistungskursen mit Unterricht nach dem Berliner Konzept mit einer Kontrollgruppe aus 14 Klassen, die in herkömmlicher Weise nach dem Berliner Rahmenplan unterrichtet wurden. Vor und nach dem Unterricht über die Quantenphysik wurden die Vorstellungen der Schülerinnen und Schüler mit Fragebogen erhoben. Zusätzlich wurden Interviews und Concept Maps zur Auswertung herangezogen. Die Schülerinnen und Schüler wurden danach eingeteilt, ob sie keine/leichte/befriedigende oder vollständige Vorstellungen im Sinne der Quantenmechanik in ihren Antworten erkennen lassen. Etwa 20 % der Schülerinnen und Schüler der Erprobungsgruppe konnten der Kategorie „vollständige Vorstellungen" zugeordnet werden. In der Kontrollgruppe gab es keine derartigen Schülerinnen oder Schüler. „Befriedigende Vorstellungen" zeigten

---

13 Jönsson (1961).
14 Brachner und Fichtner (1977, 1980).
15 Lichtfeldt (1992).

47 % der Erprobungsgruppe und 2 % der Kontrollgruppe. Lichtfeldt führt diese Überlegenheit der Erprobungsgruppenschüler hauptsächlich auf die gegenüber den herkömmlichen Rahmenplänen veränderte Abfolge der Inhalte (Beginn mit Elektronen) zurück.

■ **Unterrichtsmaterialien**

Berg, A., Fischler, H., Lichtfeldt, M. Nitzsche, M., Richter, B. und Walther, F. (1989). *Einführung in die Quantenphysik. Ein Unterrichtsvorschlag für Grund- und Leistungskurse.* Berlin: Pädagogisches Zentrum.
Dieser Schülertext liegt in gedruckter Form vor und ist in den ▶ *Materialien zum Buch*[16] zugänglich.

Fischler, H. und Lichtfeldt, M. (1990). Quantenphysik in der Schule II: Eine neue Konzeption und ihre Evaluation. *physica didactica, 17*(1), S. 33–50.
Fischler, H. und Lichtfeldt, M. (1994). Ein Unterrichtskonzept zur Einführung in die Quantenphysik. *Physik in der Schule, 32*(7–8), S. 276–280.
Die Grundgedanken der Konzeption werden in diesen Zeitschriftartikeln beschrieben.

11.4 Numerische Modellierung von Atomzuständen

Die Bremer Unterrichtskonzeption zur Quantenmechanik entstand zum einen aus der in der Gruppe von Niedderer früh und ausführlich betriebenen Untersuchung von Schülervorstellungen,[17] zum andern aus den Möglichkeiten, die sich aus dem beginnenden Computereinsatz in Schulen ergaben. Dabei wurde der Einsatz von Modellbildungssystemen (▶ Abschn. 5.3) mit dem Ziel der numerischen Modellierung von Zuständen höherer Atome erprobt.[18]

■ **Schwerpunkt in der Atomphysik**
Der Kurs hat inhaltlich einen eindeutigen Schwerpunkt in der Atomphysik. Ziel war es, einen anschaulichen Begriff des quantenmechanischen stationären Zustands anstelle des in den Schülervorstellungen dominanten Bohr'schen Atommodells zu setzen: „Die entwickelte didaktische Konzeption plädiert für Anschaulichkeit im Bereich der Atomphysik bei vollständigem Verzicht auf das bohrsche Atommodell. [...] Das bohrsche Modell wird nur so weit berücksichtigt, wie es in einem schülerorientierten Unterricht von Schülern selbst eingebracht wird."[19]

---

16 ▶ https://aeccp.univie.ac.at/lehrer-innen/unterrichtskonzeptionen
17 für einen Überblick siehe Müller und Schecker (2018).
18 Niedderer (1992).
19 Niedderer (1992).

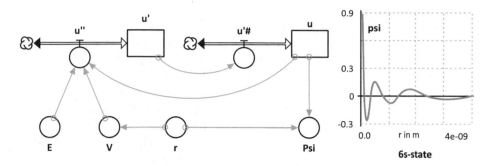

● **Abb. 11.3** Links: Symbolischer „Programmcode" für die Modellierung der Zustände des Wasserstoffatoms mit dem Modellbildungssystem STELLA; rechts: Ergebnis für den 6 s-Zustand. (Abbildung nach Petri und Niedderer (2000))

Bei der Behandlung der Zustände von Atomen stand die Analogie zur stehenden mechanischen Welle im Vordergrund. Die quantenmechanische Wellenfunktion wie auch die Lösung für eine stehende Seilwelle ergeben sich als Lösung von Differenzialgleichungen in Anwesenheit von Randbedingungen. Der Zustand eines Seiles bzw. eines Atoms wird in diesem Ansatz durch die Angabe der entsprechenden Quantenzahlen festgelegt. Nicht-sinusförmige stehende Wellen werden durch eine entlang des Seils veränderliche Massendichte modelliert.

Die Kennzeichnung des Zustands einer stehenden Welle erfolgt durch Quantenzahlen, durch seine Eigenfrequenz (Energie) und seine Form. Während die Form der klassischen stehenden Welle nur von geringem Interesse ist, erhält sie nun eine größere Bedeutung (z. B. bei Orbitalen). Demgemäß wird ausführlich auf die Gestalt der Wellenfunktion eingegangen (Knoten, Maxima, Wendepunkte). Die stationäre Schrödingergleichung vermittelt den Zusammenhang zwischen der Krümmung der Wellenfunktion (d. h. ihrer zweiten Ableitung) und dem Potenzial. Dieser Zusammenhang wird numerisch am Computer untersucht, wobei vor allem die Bestimmung von Eigenwerten und Eigenfunktionen im Mittelpunkt steht (● Abb. 11.3). Bei der numerischen Berechnung wird das Modellbildungssystem STELLA verwendet (▶ Abschn. 5.3), das ohne die Beherrschung einer Programmiersprache eine intuitive grafische Codierung ermöglicht. Alternativ kann eine Software zur numerischen Lösung von Differenzialgleichungen eingesetzt werden (in der Bremer Konzeption die Software Modellus; ▶ Abschn. 5.4).

Die Bremer Konzeption geht auch auf Atome mit mehreren Elektronen ein. Dazu wird der Begriff der Abschirmung eingeführt, die durch die gegenseitige Beeinflussung verschiedener Elektronen im Atom zustande kommt. Erste Anwendung ist das Heliumatom, für das zunächst ein geeignetes Ein-Elektronen-Potenzial gesucht wird, das die Abschirmung berücksichtigt. Mit dem Modellbildungssystem werden nun Modelle für die Fälle Helium und auch Lithium konstruiert und die Energien sowie die Wahrscheinlichkeitsdichten der stationären Zustände berechnet.

- **Unterrichtsgang**

Die Bremer Unterrichtskonzeption hat sich über viele Jahre entwickelt, im Folgenden wird der Unterrichtsgang gemäß den online verfügbaren Materialien[20] beschrieben. Er beginnt mit einem Experiment zu den Linienspektren von Atomen und der Diskussion historischer Atommodelle. Als Hinführung zum Begriff der Wellenfunktion werden stehende mechanische Seilwellen betrachtet und deren Eigenzustände mit der Modellbildungssoftware gesucht. Diese Vorgehensweise wird auf die Ermittlung der Eigenzustände des Wasserstoffatoms übertragen. Als Ergänzung sind Inhalte aus der Atomphysik wie der Franck-Hertz-Versuch oder das Pauliprinzip und der Aufbau des Periodensystems möglich.

Als nächstes werden andere Atome betrachtet, zunächst das Heliumatom. Dazu werden Abschirmungseffekte diskutiert, die durch die gegenseitige Abstoßung der Elektronen zustande kommen. Auch Atome mit mehr Elektronen (Lithium, Beryllium) können modelliert werden. Als Ausblick auf die Festkörperphysik wird das Entstehen von Energiebändern beim Zusammenbringen vieler Atome diskutiert.

- **Empirische Ergebnisse**

Die größte Wirkung hat die Bremer Unterrichtskonzeption vielleicht durch die dazu durchgeführten, breit angelegten empirischen Studien zu Lernprozessen in der Quantenphysik gezeigt. Die eigentliche Unterrichtskonzeption wurde von Deylitz[21] empirisch evaluiert. Er untersuchte 26 Schüler in drei Leistungskursen an Bremer Gymnasien und 40 Studierende in einführenden Kursen an der Universität Perth (Australien), deren Lernerfolg mit Tests und Interviews erhoben wurde. Er fand, dass in den (eher qualitativ orientierten) Inhaltsbereichen „Atommodell", „ψ-Funktion" und „Zustandsbegriff" etwa 60–70 % der Schülerinnen und Schüler die angestrebten Ausprägungsgrade des erworbenen Lernstoffs erreicht hatten. Dagegen war der Unterrichtserfolg in den Inhaltsbereichen „Schrödingergleichung", „Verbindung Messgröße/Theorie" und „höhere Atome" eher unbefriedigend (30–50 % der Schülerinnen und Schüler erreichten das angestrebte Verständnis). In einer Variante der Bremer Unterrichtskonzeption wurde das Elektron als kontinuierliche Substanz („Elektronium") eingeführt. Budde et al.[22] zeigten, dass dieses Modell erfolgreich verwendet werden kann, um die untersuchten Inhalte zu unterrichten.

Petri[23] konzentrierte sich auf die intensive Untersuchung der Lernprozesse einer geringen Zahl von Schülerinnen und Schüler, um anhand dieser Fallstudien Aufschluss über das „Physiklernen als kognitive Entwicklung" zu erlangen. Petri verfolgt anhand von Transkripten des Unterrichts einen einzelnen Schüler über den gesamten Verlauf einer Quantenphysikunterrichtseinheit in einem Schulhalbjahr. Er untersucht dabei die Entwicklung von dessen „kognitivem Element

---

20 Petri und Niedderer (2000).
21 Deylitz (1999).
22 Budde et al. (2002).
23 Petri (1996).

Atom" und deckt dabei kognitive Schichtenstrukturen auf.[24] Aus diesen Befunden formulierte Niedderer ein lernpsychologisches Modell zur Dynamik von Schülervorstellungen, in dem der Zustand eines kognitiven Systems durch einen Raum von gemeinsam existierenden Vorstellungen und Zwischenvorstellungen besteht, die sich entwickeln und ihren Status und ihre Stärke verändern können.[25]

- **Unterrichtsmaterialien**

Petri, J. und Niedderer, H. (2000). Mit der Schrödinger-Gleichung vom H-Atom zum Festkörper. Teil 1–3, Unterrichtskonzept für Lehrer. Universität Bremen.

Niedderer, H. und Deylitz, S. (1997). Atome, Moleküle und Festkörper. Verständnis ihrer Eigenschaften auf der Basis der Schrödingergleichung unter Zuhilfenahme des Computers. Basistext für Schüler. Institut für Didaktik der Physik, Universität Bremen.

Die Ausarbeitungen sind in den ▶ *Materialien zum Buch* zugänglich. Sie enthalten eine ausführliche Übersicht über den Unterrichtsgang mit didaktischen Hinweisen und Auswahlmöglichkeiten.

11.5 Wesenszüge der Quantenphysik

Die Münchener Unterrichtskonzeption zur Quantenphysik[26] (milq[27]) wurde ab Ende der 1990er-Jahre entwickelt, um Schülerinnen und Schülern gezielt zum modernen Weltbild der Quantenphysik hinzuführen. Anstatt eine Kontinuität zu den Konzepten der klassischen Physik anzustreben, werden diejenigen Aspekte der Quantenphysik herausgestellt, die einen radikalen Bruch mit den Konzepten der klassischen Physik mit sich bringen, wie etwa die Abkehr vom Determinismus der Newton'schen Mechanik in der Born'schen Wahrscheinlichkeitsinterpretation.

Dabei spielen sprachliche Gesichtspunkte eine große Rolle, denn viele Lernschwierigkeiten und Verständnisprobleme in der Quantenphysik sind sprachlicher Natur. Unsere Sprache hat sich im Umgang mit den Phänomenen der klassischen Physik entwickelt. Zur Beschreibung der ganz anders gearteten Welt der Quantenphänomene ist sie nur bedingt geeignet. Deshalb wurde in milq großer Wert auf das Herausbilden klarer Begriffe gelegt, die es erlauben, systematisch über Quantenphänomene zu sprechen. Ein Beispiel ist der Begriff der Präparation, der den Zustand von Quantenobjekten beschreibt. In begrifflicher Hinsicht ist er damit das Gegenstück zur Wellenfunktion im mathematischen Formalismus, denn mit der Wellenfunktion wird der Zustand von Quantenobjekten, die ein

---

24 Petri und Niedderer (2001).
25 Niedderer (2000).
26 Müller und Wiesner (2002).
27 „milq" war ursprünglich die Abkürzung für „Münchener Internet-Projekt zur Lehrerfortbildung in Quantenphysik". Das Projekt hat sich aber erheblich weiterentwickelt.

bestimmtes Präparationsverfahren durchlaufen haben, mathematisch beschrieben. Ein anderes Beispiel ist der Begriff der dynamischen Eigenschaft: Eine wesentliche Aussage der Quantenphysik ist, dass man Quantenobjekten nicht ohne Weiteres klassisch wohldefinierte Eigenschaften wie Ort, Impuls oder – im Fall von Photonen – Polarisation zuschreiben kann.

■ **Vier Wesenszüge**

In der Fachphysik ist der mathematische Formalismus das Medium zur Kommunikation über Quantenphysik. Die Sprache kann eine untergeordnete Rolle spielen, weil der klärende Rückbezug auf den Formalismus im Zweifel immer möglich ist. Sprachliche Ungenauigkeiten, Laborjargon und vereinfachende Verkürzungen sind daher in der Fachphysik gang und gäbe, ohne dass dies großen Schaden anrichtet.

Wenn aber, wie im schulischen Kontext, der mathematische Formalismus nicht zur Verfügung steht, ist dieser bequeme Weg der Kommunikation versperrt. Es muss eine neue Basis für die systematische Verständigung über Quantenphänomene gefunden werden. Dazu werden in milq die *Wesenszüge der Quantenphysik*[28] formuliert. Sie erfassen die Grundaussagen der Quantenphysik nicht mathematisch, sondern sprachlich. In qualitativen Argumentationen können sie daher als Stütze dienen. Auch wenn die Wesenszüge den Anspruch erheben, das „Wesentliche" der Quantenphysik wiederzugeben, ist deshalb vielleicht die englische Bezeichnung *reasoning tools* treffender.

In milq werden die folgenden vier Wesenszüge formuliert:

— *Wesenszug 1 (statistisches Verhalten):* In der Quantenmechanik sind im Allgemeinen nur statistische Vorhersagen möglich.

— *Wesenszug 2 (Fähigkeit zur Interferenz):* Einzelne Quantenobjekte können zu einem Interferenzmuster beitragen, wenn es für das Versuchsergebnis mehr als eine klassisch denkbare Möglichkeit gibt. Keine dieser Möglichkeiten wird dann im klassischen Sinn „realisiert".

— *Wesenszug 3 (eindeutige Messergebnisse):* Auch wenn ein Quantenobjekt in einem Zustand keinen festen Wert der zu messenden Größe hat, findet man immer ein eindeutiges Messergebnis (dies ist das Messpostulat der Quantenmechanik).

— *Wesenszug 4 (Komplementarität):* Beispielhafte Formulierungen sind: „Welcher-Weg-Information und Interferenzmuster schließen sich aus" oder „Quantenobjekte können nicht auf Ort und Impuls gleichzeitig präpariert werden".

Nicht in der milq-Konzeption integriert, aber aus heutiger Sicht ebenfalls „wesentlich" ist das Auftreten von *Verschränkung* bei Systemen aus mehreren Quantenobjekten. Allerdings ist die Verschränkung in der Quantenmechanik kein unabhängiges Axiom, sondern ergibt sich als Folgerung daraus, dass auch für

---

28 Küblbeck und Müller (2002).

Systeme aus mehreren Quantenobjekten Überlagerungszustände möglich sind. Über die Einführung eines zusätzlichen Wesenszugs „Verschränkung" sollte daher unter Nützlichkeitsaspekten, etwa für zukünftige Unterrichtskonzeptionen zur Quanteninformation, entschieden werden.

Im Hinblick auf den Schulunterricht ist ein Vorzug dieser Wesenszüge besonders hervorzuheben: der Anspruch, dass damit nicht nur die entscheidenden Aspekte der Quantenphysik begrifflich formuliert sind, sondern dass auch später – selbst im Studium und in der Wissenschaft – nichts von den darin formulierten Aussagen zurückgenommen werden muss. Im Studium kommt zwar der mathematische Formalismus dazu. Dadurch werden die Aussagen der Wesenszüge in quantitativer Hinsicht aber nicht abgelöst, sondern nur genauer ausformuliert und präzisiert. Sie werden also weder aufgehoben noch eingeschränkt. Das unterscheidet sie von vielen Modellen der Schulphysik oder -chemie, die im Verlauf der Schulzeit oder im Studium wieder „entlernt" und durch Nachfolgemodelle ersetzt werden müssen (etwa im Bereich der Atomphysik).

■ **Schlüsselexperimente**

Die Wesenszüge werden in milq anhand von Schlüsselexperimenten eingeführt, in denen sie sich besonders deutlich zeigen. Schülerinnen und Schüler sollen dadurch Gelegenheit haben, die Anwendung der Wesenszüge im konkreten Umgang zu erproben. Zwei Schlüsselexperimente werden ausführlich behandelt:

1. das *Doppelspaltexperiment* mit einzelnen Quantenobjekten, von dem Feynman sagte, es enthielte das ganze Geheimnis der Quantenmechanik. Mit dem Simulationsprogramm zum Doppelspaltexperiment wird eine interaktive Umgebung zum Erkunden der Wesenszüge bereitgestellt (◘ Abb. 11.4). Die Schülerinnen und Schüler sehen dort den allmählichen Aufbau des Interferenzmusters aus Einzeldetektionen und können die Auswirkung einer Messung nachvollziehen: Führt man eine Messung des gewählten Spaltes durch, ergibt sich kein Interferenzmuster, ohne diese Messung aber schon.

2. Das zweite Schlüsselexperiment ist das Experiment mit einzelnen Photonen am *Strahlteiler* bzw. im *Mach–Zehnder-Interferometer*, das zuerst von Grangier, Roger und Aspect[29] durchgeführt wurde. Es besteht aus zwei Versuchsteilen: (a) Wenn der in ◘ Abb. 11.5 gestrichelt eingezeichnete Strahlteiler 2 nicht vorhanden ist, handelt es sich um ein Experiment mit einem einzelnen Strahlteiler und zwei Detektoren. Die beiden Detektoren messen die Koinzidenz von einzelnen Photonen, die von der Quelle zu Strahlteiler 1 gehen und dort reflektiert oder durchgelassen werden. (b) Ist der Strahlteiler 2 vorhanden, handelt es sich um ein Mach–Zehnder-Interferometer, mit dem die Interferenz einzelner Photonen untersucht werden kann.

---

29 Grangier, Roger und Aspect (1986).

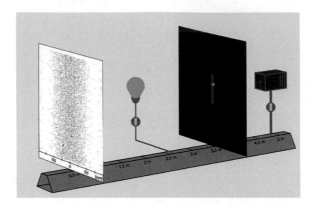

■ Abb. 11.4 Screenshot des Simulationsprogram zum Doppelspaltexperiment: Da gerade der Spalt bestimmt wird (dargestellt durch die eingeschaltete Lampe und den Lichtblitz am Spalt), gibt es keine Interferenz

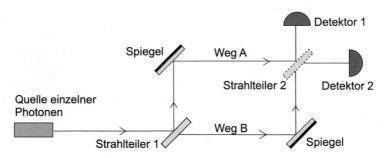

■ Abb. 11.5 Schematischer Aufbau des Experiments von Grangier, Roger und Aspect. In der milq-Simulation werden die beiden Detektoren durch Detektionsschirme ersetzt und der Strahl wird aufgeweitet, um ein räumliches Interferenzmuster sichtbar zu machen

■ Illustration der Wesenszüge

Die Anwendung der Wesenszüge lässt sich anhand des Experiments von Grangier, Roger und Aspect illustrieren:[30]

a. *Wesenszug 3:* Ohne eingesetzten Strahlteiler 2 führen die beiden Detektoren 1 und 2 eine Orts- bzw. „Weg"-Messung durch. Gemäß Wesenszug 3 hat diese Ortsmessung auch ein eindeutiges Ergebnis. Genau einer der beiden Detektoren spricht an, niemals beide. An den beiden Detektoren zeigt sich perfekte Antikoinzidenz. Ein einzelnes Photon wird immer nur an einem einzelnen Ort gefunden, niemals an zwei Orten gleichzeitig.

b. *Wesenszug 1:* Im gerade beschriebenen Experiment ist nicht vorhersagbar, an welchem der beiden Detektoren das Photon nachgewiesen wird. Es gibt kein physikalisches Merkmal, das festlegt, ob ein Photon am Strahlteiler

---

30 Müller (2019).

durchgelassen oder reflektiert wird. Allerdings lässt sich eine statistische Vorhersage treffen: Von sehr vielen Photonen wird etwa die Hälfte in Detektor 1 und die andere Hälfte in Detektor 2 gefunden.

c. *Wesenszug 2:* Wenn Strahlteiler 2 eingesetzt ist, gibt es zwei klassisch denkbare Möglichkeiten für das Versuchsergebnis „Detektor 1 spricht an": Die klassischen Möglichkeiten sind: Ein Photon kann auf Weg A oder Weg B dorthin gelangt sein. Gemäß Wesenszug 2 zeigt sich Interferenz, wenn die Weglänge der beiden Interferometerarme variiert wird. Der Screenshot in ◘ Abb. 11.6 stammt aus dem Simulationsprogramm „Mach–Zehnder-Interferometer" aus dem milq-Konzept.[31] Zur besseren Visualisierung wird in dieser Simulation das Experiment von Grangier, Roger und Aspect leicht abgewandelt, indem die Teilstrahlen aufgeweitet werden, um ein räumliches Interferenzmuster zu erhalten.

Hier zeigt sich auch noch einmal Wesenszug 1: Jedes Photon gibt beim Auftreffen auf dem Schirm seine Energie lokalisiert an einem ganz bestimmten Fleck ab. Wo genau der nächste Fleck nachgewiesen wird, lässt sich hingegen nicht vorhersagen. Die Verteilung, die sich beim Nachweis vieler Flecke bildet, ist wiederum sehr gut reproduzierbar: Es ist das aus der klassischen Optik bekannte Interferenzmuster (◘ Abb. 11.6).

d. *Wesenszug 4:* Um Wesenszug 4 zu demonstrieren, kann man das Experiment um zwei Polarisationsfilter erweitern, die den durchgelassenen Photonen Weginformation in Form von Polarisation aufprägen (◘ Abb. 11.7). Bei parallel eingestellten Polarisationsfiltern tragen die durchgelassenen Photonen keine Weginformation; das Interferenzmuster erscheint. Bei senkrecht zueinander eingestellten Polarisationsfiltern lässt sich für jedes Photon der Weg aus der Polarisation erschließen; es erscheint kein Interferenzmuster. „Welcher-Weg"-Information und Interferenzmuster schließen sich gegenseitig aus – ein Beispiel für komplementäre Größen.

Dieses Experiment erläutert die Formulierung in Wesenszug 2: Keine der denkbaren Möglichkeiten (Wcgc) wird im klassischen Sinn „realisiert". Das tatsächliche Zuordnen eines Weges mittels der Polarisationseigenschaft führt zum Nicht-Auftreten des Interferenzmusters. Umgekehrt formuliert: Beim Auftreten von Interferenz ist es nicht möglich, einem Photon im Interferometer in klassischer Weise einen bestimmten Weg zuzuordnen. Zustände, in denen mehrere klassisch denkbare Alternativen überlagert sind, nennt man in der Quantenphysik *Überlagerungszustände.*

■ **Unterrichtsgang**

Der Unterrichtsgang in milq (◘ Abb. 11.8) setzt sich in der Art eines Spiralcurriculums aus zwei Teilen zusammen: Im ersten Durchlauf wird das Verhalten von Photonen untersucht, wobei das Simulationsprogramm zum Mach–Zehnder-

---

31 Verfügbar unter: ▶ https://www.milq.info/materialien/simulationsprogramme/

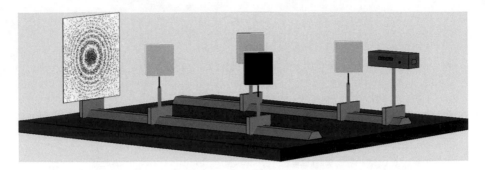

■ **Abb. 11.6**   Interferenz im Mach-Zehnder-Interferometer (aus dem milq-Simulationsprogramm)

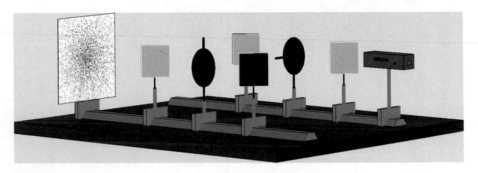

■ **Abb. 11.7**   Mach–Zehnder-Interferometer mit Polarisationsfiltern (aus dem milq-Simulationsprogramm)

11

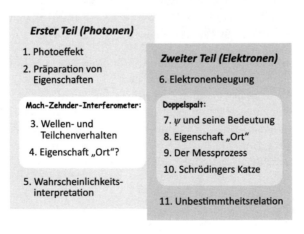

Erster Teil (Photonen)

1. Photoeffekt
2. Präparation von Eigenschaften

Zweiter Teil (Elektronen)

6. Elektronenbeugung

Mach-Zehnder-Interferometer:

3. Wellen- und Teilchenverhalten
4. Eigenschaft „Ort"?

5. Wahrscheinlichkeits-interpretation

Doppelspalt:

7. ψ und seine Bedeutung
8. Eigenschaft „Ort"
9. Der Messprozess
10. Schrödingers Katze

11. Unbestimmtheitsrelation

■ **Abb. 11.8**   Übersicht über den milq-Unterrichtsgang

Interferometer eingesetzt wird, um die Inhalte zu erarbeiten. Im zweiten Durchlauf werden Elektronen betrachtet (hauptsächlich im Doppelspaltexperiment). Die gleichen Themen wie im Fall der Photonen werden auf einem begrifflich höheren Niveau behandelt, nämlich mit der Formulierung der Wahrscheinlichkeitsinterpretation über Wellenfunktionen. Auch hier bleibt die Diskussion qualitativ, d. h. die Wellenfunktion wird phänomenologisch betrachtet. Die behandelten Inhalte sind durchaus anspruchsvoll: Der quantenmechanische Messprozess, das scheinbare Paradoxon von Schrödingers Katze und seine Auflösung durch Dekohärenz lassen sich qualitativ besprechen. Im Einzelnen ist die Abfolge der Inhalte wie folgt:

1. *Photoeffekt.* Der milq-Lehrgang beginnt relativ konventionell mit dem Photoeffekt und dem Begriff des Photons.

2. *Präparation und quantenmechanischer Eigenschaftsbegriff.* Um den Umgang mit dem Fehlen von klassisch wohldefinierten Eigenschaften (wie Ort) in der Quantenmechanik zu erleichtern, wird der Begriff der Präparation eingeführt.

3. *Wellen und Teilchen.* Mit dem Simulationsprogramm zum Mach–Zehnder-Interferometer wird das Experiment von Grangier, Roger und Aspect besprochen. In diesem Experiment tritt sowohl wellenartiges als auch teilchenartiges Verhalten von Licht auf. Es wird gezeigt, dass Photonen in einem Interferometer nicht auf einen Weg lokalisiert sind.

4. *Wahrscheinlichkeitsinterpretation.* Am Beispiel des Doppelspaltexperiments wird die Aussage von Wesenszug 1 verdeutlicht, dass in der Quantenphysik im Allgemeinen nur statistische Vorhersagen möglich sind.

5. *Elektronenbeugung.* Der zweite Durchlauf des Spiralcurriculums beginnt mit den Welleneigenschaften von Elektronen und der formalen Beschreibung der Wahrscheinlichkeitsinterpretation durch die Wellenfunktion.

6. *Eigenschaften und Messprozess.* Anhand des Doppelspaltexperiments wird argumentiert, dass man Elektronen nicht immer die Eigenschaft Ort zuschreiben kann. Wesenszug 3 wird durch die Ortsmessung der Elektronen in der Spaltebene erläutert. Das Paradoxon von Schrödingers Katze und seine Auflösung durch Dekohärenz werden diskutiert.

7. *Heisenberg'sche Unbestimmtheitsrelation.* Die Heisenberg'sche Unbestimmtheitsrelation wird als eine Aussage über die gleichzeitige Präparierbarkeit von Eigenschaften formuliert.

■ **Empirische Ergebnisse**

Bei der Evaluation von milq wurde zum Erfassen des Lernzuwachses und der im Unterricht entwickelten Vorstellungen ein Mix aus qualitativen und quantitativen Methoden eingesetzt. Mit Schülerinnen und Schülern aus Bayern, Hessen und Baden-Württemberg, die Grund- und Leistungskurse der Jahrgangsstufe 13 besuchten, wurden die Adäquatheit von Vorstellungen mit einem Fragebogen untersucht ($N=60$) sowie Akzeptanzbefragungen ($N=8$) und Interviews ($N=23$) durchgeführt.[32] Mit den Items des Vorstellungsfragebogens wurde ein

---

32 Müller (2003).

Gesamtindex gebildet, der die quantenmechanische Adäquatheit von Vorstellungen erfasst: von $+100$ für vollkommen adäquate quantenmechanische Vorstellungen bis -100 für gänzlich inadäquate Vorstellungen. Für den Mittelwert des Gesamtindexes für die Erprobungsgruppe ergab sich ein Wert von $+55{,}8$. Die Schülerinnen und Schüler haben also im Verlauf des Unterrichts durchaus adäquate quantenmechanische Vorstellungen aufgebaut.

Zum Vergleich wurde eine Gruppe von 35 Studierenden der LMU München (hauptsächlich Diplomstudiengang Physik) herangezogen, die die Vorlesung Physik II besuchten, noch keine universitäre Quantenphysik gehört hatten und in der Schule Physik in Grund- oder Leistungskurs besucht hatten (also eine Gruppe von Lernenden mit guten Physikkenntnissen). Der Mittelwert des Gesamtindexes lag in dieser Vergleichsgruppe bei $+35{,}2$. Der Unterschied war statistisch höchst signifikant mit einer großen Effektstärke; es handelt sich also um einen großen Effekt. Auch die Unterschiede in den Einzelbereichen Atomvorstellung, Determinismus, Eigenschaftsbegriff und Unbestimmtheitsrelation waren durchweg signifikant bis höchst signifikant mit mittleren bis großen Effektstärken.[33]

- **Unterrichtsmaterialien**

Müller, R., Strahl, A. und Geese, A.: *MILQ – Quantenphysik in der Schule,* ▶ http://milq.info
Der milq-Kurs steht auf dieser Webseite vollständig online zur Verfügung. Die Webseiten enthalten eine gekürzte Fassung des vollständigen Skripts, das unter ▶ https://www.milq.info/materialien/skript/ im pdf-Format abrufbar ist. Die Simulationsprogramme können unter ▶ https://www.milq.info/materialien/simulationsprogramme/ heruntergeladen werden. Die Webseite enthält noch zahlreiche weitere, über das Skript hinausgehende Zusatzhinweise und Materialien.

11.6 Quantenphysik für die Jahrgangsstufe 10

Wenn ein wesentlicher Teil des Bildungsauftrags des Physikunterrichts darin besteht, den Schülerinnen und Schülern einen Einblick in die Grundzüge des derzeitigen physikalischen Weltbilds zu geben, dann sollte die Quantenphysik unterrichtet werden, bevor ein Großteil der Schülerinnen und Schüler das Fach Physik abwählt. Diese Überlegung hat immer wieder Bestrebungen in Gang gesetzt, Elemente der Quantenphysik schon in Jahrgangsstufe 10 zu unterrichten. Mit milq10 wurde von Schorn und Wiesner[34] in München eine Unterrichtskonzeption für diesen Zweck entwickelt. Sie basiert auf der milq-Konzeption (▶ Abschn. 11.5) und wurde an die Bedürfnisse der Zielgruppe angepasst.

---

33 ausführlicher in Müller (2016a).
34 Wiesner und Schorn (2015) und online unter ▶ https://www.milq.info/sample-page/milq10/

Ein Problem bei einem solchen Zugang liegt darin, dass in Jahrgangsstufe 10 das Konzept der Welle noch nicht eingeführt ist, das zum Verständnis von Interferenzerscheinungen erforderlich ist. Daher wird in milq10 der Quantenphysik eine kurze Einführung in dieses Thema vorangestellt. Im Zentrum des Unterrichtsgangs steht das Doppelspaltexperiment und hier insbesondere die Frage, ob man dabei Elektronen immer die Eigenschaft „Ort" zuschreiben darf.

- **Unterrichtsverlauf**

Die erste Unterrichtseinheit behandelt mechanische Wellen mit Beugung und Interferenz, was am Beispiel von Wasserwellen diskutiert wird. In der zweiten Unterrichtseinheit wird dargelegt, dass der horizontale Wurf eine Bahnkurve ergibt und der Körper dabei die Eigenschaften „Ort" und „Geschwindigkeit" hat. Anhand der Kathodenstrahlröhre wird die Frage gestellt, ob das bei Elektronen auch so ist. In der dritten Unterrichtseinheit geht es um den Doppelspalt mit Elektronen, wobei hier wieder mit dem milq-Simulationsprogramm gearbeitet wird (◘ Abb. 11.4). Es wird das Bild auf dem Schirm bei klassischen Teilchen mit dem Bild bei Elektronen verglichen. In der vierten Unterrichtseinheit werden die Ergebnisse des Doppelspaltexperiments mit Cartoons zu Skifahrern als Analogie verdeutlicht (◘ Abb. 11.9). Beim ersten „Elektronenskilauf" können die Skifahrer rechts oder links am Baum vorbeifahren, ohne dass dies beobachtet wird. Die Verteilung unten am Berg entspricht dann einem Interferenzmuster. Beim zweiten „Elektronenskilauf" sind rechts und links am Baum Livecams angebracht, die das Verhalten in der Baumebene zeigen. Nun entspricht die Verteilung unten am Berg der Verteilung klassischer Teilchen mit einer Häufung rechts und einer links. So wird die Komplementarität von Ortseigenschaft und Interferenzmuster gezeigt. Dabei wird der Unterschied zwischen den Begriffen „Besitzen von Eigenschaft" und „Messen von Eigenschaft" betont.

In der fünften Unterrichtseinheit zur Heisenberg'schen Unschärferelation werden zuerst die Eigenschaften „Durchmesser" und „Seitenlänge" bei einer runden und einer quadratischen Platte gemessen, um zu sehen, dass es schon in der klassischen Physik Probleme geben kann, zwei Eigenschaften an einem Objekt zu präparieren (◘ Abb. 11.10). Die Simulation am Einzelspalt zeigt dann, dass eine Verringerung der Streuung bei den Messwerten für die Eigenschaft „Ort" zu größerer Streuung bei den Messwerten für die Eigenschaft „Geschwindigkeit" führt.

- **Empirische Ergebnisse**

Die Unterrichtskonzeption wurde mit 351 Schülerinnen und Schülern in 14 Klassen an fünf bayerischen Gymnasien erprobt. Ein Kontrollgruppendesign war nicht möglich, weil ein traditioneller Unterricht in der Jahrgangsstufe 10 nicht existierte. Daher wurden in den untersuchten Klassen der Lernerfolg und die Einschätzung von Verständnis und Interessantheit des Themas erhoben. Fünf Monate später wurde ein zeitverzögerter Nachtest durchgeführt. Im Wissenstest erzielten die Schülerinnen und Schüler im Durchschnitt 73 % der möglichen Höchstpunktzahl, nach fünf Monaten noch 56 %. Auch die Beurteilung der

■ **Abb. 11.9** Cartoon zum „Elektronenskilauf": Wenn die Skifahrer rechts oder links am Baum vorbeifahren können, entspricht die Verteilung einem Interferenzmuster (mit freundlicher Genehmigung von © Severin Bauer)

11

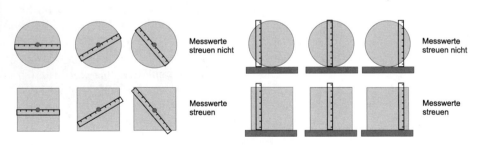

■ **Abb. 11.10** Die Eigenschaft „Durchmesser" und „Seitenlänge" können nicht gleichzeitig ohne Streuung gemessen werden. Bei den quadratischen Platten streuen die Messwerte für „Durchmesser", wenn man mit einem Maßband unter verschiedenen Winkeln den Abstand von Kante zu Kante misst, wobei das Maßband immer durch den Mittelpunkt gehen muss. Bei den runden Platten streuen die Messwerte für „Seitenlänge", wenn das Lineal an mehreren Stellen senkrecht zur Wand angelegt wird

Verständlichkeit und der Interessantheit fielen positiv aus. Wiesner und Schorn beurteilen das Ergebnis des Modellversuchs positiv: Es sei gelungen, den Schülerinnen und Schülern zentrale Wesenszüge der Quantenphysik zu vermitteln. Dabei werde die Quantenphysik als interessanter eingeschätzt als der „normale" Physikunterricht.

- **Unterrichtsmaterialien**
  - ▶ https://www.milq.info/sample-page/milq10/
  Das Schülerskript und eine kurze Zusammenfassung mit didaktischen Hinweisen sind online auf dieser Webseite verfügbar.

  Wiesner, H. und Schorn, B. (2015). Das Münchener Internetprojekt zur Lehrerfortbildung (milq) in der 10. Jahrgangsstufe. *Praxis der Naturwissenschaften – Physik in der Schule, 64*(4), 22–29.
  Der Artikel enthält Näheres zur Konzeption und Evaluation von milq10.

11.7 Quantenphysik mit Zeigern

Der Zeigerformalismus ist eine Methode, die Dynamik von Quantenobjekten mit einem einfachen grafischen Verfahren mit rotierenden Zeigern zu behandeln, ohne dass die Lösung von Differenzialgleichungen dazu nötig wäre. Er geht zurück auf das populärwissenschaftliche Buch „QED – die seltsame Theorie des Lichtes und der Materie"[35] von Richard Feynman und wurde bald nach dessen Erscheinen für die Verwendung in der Schule aufgegriffen. Es wurden unabhängig voneinander mehrere Ansätze entwickelt (von Bader[36]; Küblbeck[37]; Schön, Erb und Werner[38]; Rode[39] und in Schulbüchern für verschiedene Bundesländer). Die Ansätze ähneln sich strukturell und können daher gemeinsam besprochen werden.

- **Der Zeigerformalismus und seine Interpretation**

Ein Vorzug des Zeigerformalismus ist, dass er bereits in der klassischen Optik eingeführt werden kann (▶ Abschn. 10.7). Der Formalismus muss daher in der Quantenphysik nicht neu erlernt, sondern nur neu interpretiert werden: „Auch bei der Interferenz von Photonen möchten wir die rotierenden Zeiger benutzen. Ihre Länge soll aber nicht mehr die Amplitude der Lichtwelle angeben, sondern die Wahrscheinlichkeit für Photonentreffer. In der Quantensprache fasst man beides zusammen und nennt die Zeiger Wahrscheinlichkeits-Amplituden […]. Das Quadrat $|\psi|^2$ gibt die Dichte der Photonentreffer an, die Wahrscheinlichkeit, mit der sich Photonen auf dem Beugungsschirm niederlassen."[40] In dieser Kontinuität zur klassischen Optik liegt natürlich ein Vorteil in praktischer Hinsicht, aber auch ein Nachteil: Es wird schwieriger, die Andersartigkeit der Quantenphysik gegenüber der klassischen Physik herauszuarbeiten.

---

35 Feynman (1992).
36 Bader (1996) (▶ Abschn. 1.2).
37 Küblbeck (1997); Küblbeck und Müller (2002).
38 Werner (2000).
39 Rode (2017) (▶ Abschn. 10.7).
40 Bader (2010), S. 274.

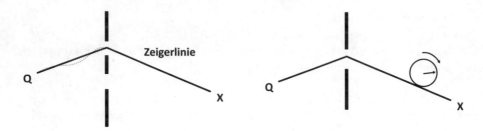

◘ Abb. 11.11 Links: eine Zeigerlinie, rechts: darauf abrollendes Rad. Zur Konstruktion der Wahrscheinlichkeitsverteilung auf dem Schirm muss die Wahrscheinlichkeitsamplitude für alle Wege aufsummiert werden, die von der Quelle Q bis zum betrachteten Punkt X auf dem Schirm führen. In guter Näherung kann man dabei von gekrümmten Wegen (wie die gepunktete Linie) absehen und sich auf die geradlinigen Verbindungen (Zeigerlinien) beschränken

Die Anwendung des Zeigerformalismus ist gleichwertig zur Lösung einer Differenzialgleichung bzw. zur Auswertung eines komplizierten Beugungsintegrals. Dieser aus der klassischen Wellenoptik bekannte Formalismus muss nun für Quantenobjekte neu interpretiert werden. Das geschieht durch das Superpositionsprinzip für ununterscheidbare Wege und die anschließende Interpretation als Wahrscheinlichkeit. Interferenzen sind nur dann zu beobachten, wenn dem Licht mehrere verschiedene Wege zur Verfügung stehen.

Wir stellen die Anwendung des Zeigerformalismus in der Version nach Küblbeck (1997) vor. Betrachtet wird eine Quelle Q, die Quantenobjekte (oder in der Optik klassisches Licht) mit einer zugeordneten charakteristischen Länge λ aussendet (für Elektronen ist es die De-Broglie-Wellenlänge). Gesucht wird „eine Größe $I(X)$ an jedem beliebigen Punkt X […], die im jeweiligen Modell geeignet zu interpretieren ist (in der Wellenoptik ist sie proportional zur Energieeinstrahlungsintensität, in der Quantenphysik zur Detektionswahrscheinlichkeit)."[41] Um die Größe $I(X)$ zu berechnen, wird folgendermaßen vorgegangen:

1. Zunächst müssen alle Zeigerlinien zwischen Quelle Q und Punkt X gefunden werden. Das sind die relativ kürzesten Verbindungen, also alle Verbindungen, die durch jede kleine Deformation länger werden. Die ◘ Abb. 11.11 zeigt links ein Beispiel für den Fall des Doppelspaltexperiments.
2. Auf jeder Zeigerlinie rollt ein Rad mit Umfang λ, auf das ein Zeiger der Länge eins aufgezeichnet ist. An der Quelle zeigt der Zeiger nach oben, dann dreht er sich mit dem Rad, bis er am Punkt X stehen bleibt (◘ Abb. 11.11 rechts). Die Zeigerendstellung ist ein Vektor mit der Länge l und einer Winkelstellung φ, die wir Phase nennen.
3. Nun werden jeweils alle Vektoren von allen Zeigerlinien (vektoriell) addiert. Wenn zwei Zeigerlinien anhand des experimentellen Ergebnisses nicht unterscheidbar sind, müssen die zugehörigen Vektoren zuerst vektoriell addiert und der resultierende Vektor quadriert werden, ansonsten sind zuerst die Vektoren zu quadrieren und dann die Ergebnisse zu addieren.

---

41 hier und in den folgenden Absätzen zitiert nach Küblbeck (1997), S. 25 f.

4. Die Längen der entstehenden Summenvektoren werden quadriert und die Ergebnisse addiert. Die erhaltene Summe ist $I(X)$.

Diese Regeln können nun auf verschiedene experimentelle Anordnungen wie Spiegel, Spalte oder Gitter angewendet und die jeweiligen Wahrscheinlichkeitsverteilungen bestimmt werden (▶ Abschn. 10.7). Der Formalismus kann dabei entweder „von Hand" oder mit Computerunterstützung verwendet werden.

Die Formulierung „wenn zwei Zeigerlinien anhand des experimentellen Ergebnisses nicht unterscheidbar sind" drückt aus, unter welchen Umständen in der Quantenphysik Interferenz zu erwarten ist. Brachner und Fichtner[42] haben dafür in prägnanter Form eine Regel formuliert und als „quantenmechanisches Fundamentalprinzip" bezeichnet. Die Regel lautet:

„Gibt es verschiedene Möglichkeiten (Wege) für das Eintreten eines bestimmten Ereignisses und wird durch die Versuchsanordnung nicht festgelegt, dass ausschließlich eine bestimmte Möglichkeit gewählt wurde, so tritt immer Interferenz auf. Hinterlässt dagegen jedes Ereignis an der Versuchsanordnung eindeutig ein bestimmtes Merkmal, durch das entschieden werden kann, welche der verschiedenen Möglichkeiten gewählt wurde, dann tritt nie Interferenz auf."

Physikalisch handelt es sich um die gleiche Aussage, die in Wesenszug 2 des milq-Konzepts auftritt und in diesem Zusammenhang am Beispiel des Mach–Zehnder-Interferometers erläutert wurde (▶ Abschn. 11.5). Im Zeigerformalismus regelt das Fundamentalprinzip, wann die Zeiger selbst und wann ihre Betragsquadrate addiert werden.

Ein Nachteil des Zeigerformalismus ist, dass er nur unter Schwierigkeiten auf gebundene Systeme wie Atome oder Potenzialtöpfe anwendbar ist. Das schließt einen großen Bereich der Quantenphysik von der Behandlung aus. Werner[43] hat Vorschläge zur Lösung dieses Problems geliefert, die jedoch nicht vollständig befriedigen können.

- **Unterrichtsgang**

Bader[44] skizziert in seinem Buch „Eine Quantenwelt ohne Dualismus" den folgenden Unterrichtsgang:

1. *Erarbeitung des Formalismus in der Wellenoptik*. Der Umgang mit den Zeigern, die Anwendung auf verschiedene Beugungs- und Interferenzsituationen wird in der Wellenoptik gelernt.
2. *Photoeffekt und Lichtquanten*. Die Quantenphysik beginnt mit dem Experiment zum Photoeffekt. Die quantenhafte Energieaufnahme und -abgabe wird anhand von historischen Experimenten besprochen. Lichtquanten zeigen stochastisches Verhalten.
3. *Umdeutung des Formalismus von Wellen auf Quanten*. Der Zeigerformalismus bzw. das Huygens'sche Prinzip werden quantenphysikalisch umgedeutet, indem die Wahrscheinlichkeitsinterpretation und das Fundamentalprinzip eingeführt werden.

---

42 Brachner und Fichtner (1977).
43 Werner (2000).
44 Bader (1996).

4. *Quantenobjekte mit Ruhemasse.* Aus dem Elektronenbeugung sexperiment wird der Begriff der De-Broglie-Wellenlänge erschlossen und es werden damit die Zeigerregeln formuliert. Die weiteren Themen sind Unbestimmtheitsrelation, Wellenpakete und die Quantisierung der Energie in gebundenen Zuständen.

- **Empirische Ergebnisse**

Die umfangreichste Evaluation des Zeigerformalismus stammt von Werner.[45] Er führte eine explorative Evaluation der Unterrichtskonzeption in einem Profilkurs Physik mit 17 Schülerinnen und Schülern durch. Zur Untersuchung wurden Lernkontrollen, Fragebogen und Concept Maps eingesetzt. Er konnte feststellen, dass die Schülerinnen und Schüler kaum Schwierigkeiten in der Anwendung des Zeigerformalismus hatten. Bei den weitergehenden Fragen zum Modellverständnis, zum quantenmechanischen Verständnis und zum Verständnis des Orbitalmodells zeigten sich weniger aussagekräftige Ergebnisse.

- **Unterrichtsmaterialien**

Bader, F. (1996). *Eine Quantenwelt ohne Dualismus.* Hannover: Schroedel.

Werner, J. (2000). *Vom Licht zum Atom: Ein Unterrichtskonzept zur Quantenphysik unter Nutzung des Zeigermodells.* Berlin: Logos-Verlag.

Küblbeck, J. (1997). *Modellbildung in der Physik.* Landesinstitut für Erziehung und Unterricht Stuttgart.

Küblbeck, J. und Müller, R. (2002). *Die Wesenszüge der Quantenphysik: Modelle, Bilder, Experimente.* Köln: Aulis-Verlag Deubner.

Rode, M. (2017). Das Zeigermodell im Unterricht über Quantenphysik nutzen. *Unterricht Physik, 162,* S. 27–29.

Zum Zeigerformalismus gibt es verschiedene Darstellungen, die als Buch, Zeitschriftenartikel oder gedruckte Handreichung veröffentlicht wurden. Sie enthalten in der Regel eine Darstellung des Unterrichtsgangs und didaktische Hinweise. Online liegen so gut wie keine Materialien vor.

11.8 Fazit

Die Quantenphysik gehört zu den Themengebieten, die in fachdidaktischer Hinsicht gut erschlossen sind. Es gibt empirisch evaluierte Unterrichtskonzepte mit den verschiedensten Schwerpunktsetzungen, von der angewandten Atomphysik bis zur Orientierung an den Deutungsfragen der Quantenphysik.

Die Berliner Konzeption (▶ Abschn. 11.3) versteht sich als Minimalmodell einer modernen, an Schülervorstellungen orientierten Unterrichtskonzeption und

---

45 Werner (2000).

hat als solche einflussreich auf darauffolgende Konzeptionen gewirkt. Insbesondere sind hier die Betonung der statistischen Interpretation, der Beginn mit Elektronen und die Vermeidung des Bohr'schen Atommodells zu nennen.

Die Bremer Konzeption (▶ Abschn. 11.4) ist durch die Nutzung von Modellbildungssoftware und die Orientierung an der Atomphysik gekennzeichnet. Der Ansatz erschließt das Thema der Modellierung höherer Atome. Nicht-gebundene Quantenobjekte (Doppelspaltexperiment, Photonen) werden dagegen nicht betrachtet.

Die milq-Konzeption (▶ Abschn. 11.5) (inklusive milq10, ▶ Abschn. 11.6) legt großen Wert auf begriffliche Klarheit und die Deutungsfragen der Quantenphysik. Als Hilfsmittel zur sprachlichen Verständigung über Quantenphänomene werden zentrale Wesenszüge der Quantenphysik formuliert. Die Erarbeitung der Wesenszüge wird durch Simulationsprogramme unterstützt. Gebundene Systeme (z. B. Atome) spielen nur eine untergeordnete Rolle.

Der Zeigerformalismus (▶ Abschn. 11.7) ermöglicht einen leichten Übergang von der klassischen Wellenoptik zur Quantenphysik. Dazu müssen die Zeiger lediglich anders gedeutet werden: als Wahrscheinlichkeitsamplitude statt als Wellenamplitude. Es besteht dann allerdings die Gefahr, dass der Umgang mit dem Formalismus zu sehr im Vordergrund steht und die physikalische Bedeutung zu kurz kommt.

Die Zukunft des Quantenphysikunterrichts liegt aller Voraussicht nach in einer neuen Richtung: der Orientierung an Quantentechnologien wie Quantencomputer, Quantenkommunikation oder Quantensensorik. Die Quantentechnologien setzen direkt an den nichtklassischen Aspekten der Quantenphysik an. Die einstigen Rätsel der Quantenphysik werden nun genutzt, um technische Probleme zu lösen, wie etwa die verschlüsselte Übertragung von Nachrichten oder das Rechnen mit Quantengattern. Erste Untersuchungen zeigen, dass die dadurch entstehenden neuen Kontexte für den Quantenphysikunterricht von Schülerinnen und Schülern als interessant empfunden werden.[46] Eine Orientierung an den Wesenszügen der Quantenphysik scheint für die didaktische Aufarbeitung der Quantentechnologien hilfreich zu sein. Ein weiterer didaktischer Vorteil der Quantentechnologien liegt darin, dass die betrachteten Systeme sehr einfach sind: Physikalisch wird ein Qubit durch ein quantenmechanisches Zwei-Zustands-System realisiert, das einfachste aller Quantensysteme.

Derzeit existieren noch keine ausgearbeiteten und evaluierten Unterrichtskonzeptionen, die einen systematischen, an den Quantentechnologien orientierten Zugang zur Quantenphysik anbieten. Einzelne Unterrichtsvorschläge sind in fachdidaktischen Zeitschriften publiziert worden:[47] Schon relativ früh haben Pospiech[48] bzw. Dür und Heusler[49] vorgeschlagen, Qubits und Quantencomputer in der Schule zu thematisieren. Experimentelle Zugänge zu Experimenten mit einzelnen Photonen wurden von Strunz und Meyn[50] und dem Quantenkoffer von

---

46 Reisch und Franz (2016); Schneider und Meyn (2016).
47 Einen Überblick geben die Artikel im Themenheft 1/65 „Quanteninformation" (2016) der Zeitschrift Praxis der Naturwissenschaften – Physik in der Schule (Müller, 2016b).
48 Pospiech (2000); Pospiech und Schorn (2016).
49 Dür und Heusler (2012, 2014).
50 Strunz und Meyn (2015).

Qutools[51] aufgezeigt. Im Multimediabereich existiert die Reihe „Quantendimensionen" von Heusler[52], die eine Einführung in die Quantenphysik vom Doppelspalt bis zum Quantencomputer bietet, sowie die interaktiven Simulationen zur Quantenphysik und Quanteninformation von Kohnle[53].

Besonders die Quantenkryptografie bietet dankbare thematische Anknüpfungspunkte an das interessante und in einer digitalisierten Welt auch relevante Thema der Verschlüsselung und des „Codeknackens". Ausgangspunkt sind die Verschlüsselungsverfahren der klassischen Informatik (vom Caesar-Code bis zum One-Time-Pad); die Quantenphysik liefert die physikalische Realisierung der abhörsicheren Übertragung von Bits.[54]

In Deutschland beschäftigen sich derzeit mehrere fachdidaktische Arbeitsgruppen mit der Forschung zu quantentechnologischen Zugängen zur Didaktik der Quantenphysik. In naher Zukunft sind in diesem Bereich vielversprechende Entwicklungen zu erwarten.

11.9 Übungen

- **Übung 11.1**
Nennen Sie Unterrichtskonzepte, die mit Elektronen in das Themenfeld Quantenphysik einsteigen und solche, die mit Photonen beginnen. Geben Sie Argumente dafür und dagegen an.

- **Übung 11.2**
Elektronen werden am Doppelspalt gebeugt, sodass man ein Interferenzbild aufnehmen kann. Erläutern Sie, wie dies im traditionellen Unterricht (▶ Abschn. 11.2), im Quantenphysikkonzept ohne Bohr'sches Atommodell (▶ Abschn. 11.3), in milq (▶ Abschn. 11.5) und in der Quantenphysik mit Zeigern (▶ Abschn. 11.7) beschrieben wird.

- **Übung 11.3**
Nennen Sie Unterrichtskonzeptionen, die eher zur Behandlung gebundener Systeme geeignet sind (Atome, Potenzialtopf), und solche, die sich eher für freie Quantenobjekte (an Gittern, Spalten etc.) eignen.

Literatur

Bader, F. (1996). *Eine Quantenwelt ohne Dualismus*. Hannover: Schroedel.
Bader, F. (Hrsg.) (2010). *Dorn Bader Physik Gymnasium Sek. II*. Braunschweig: Schroedel.

51 ▶ http://www.quantenkoffer.com
52 ▶ http://www.quantenspiegelungen.de
53 Kohnle (2016).
54 Müller (2019).

Berg, A., Fischler, H., Lichtfeldt, M., Nitzsche, M., Richter, B., & Walther, F. (1989). *Einführung in die Quantenphysik. Ein Unterrichtsvorschlag für Grund- und Leistungskurse.* Pädagogisches Zentrum. (▶ *Materialien zum Buch*)

Brachner, A., & Fichtner, R. (1977). *Quantenmechanik für Lehrer und Studenten.* Hannover: Schroedel.

Brachner, A., & Fichtner, R. (1980). *Quantenmechanik.* Hannover: Schroedel.

Budde, M., Niedderer, H., Scott, P., & Leach, J. (2002). The quantum atomic model „Electronium": A successful teaching tool. *Physics Education, 37*(3), 204–210.

de Bruijn, N. G. (1967). Uncertainty principles in Fourier analysis. *Inequalities: Proceedings of a Symposium Held at Wright-Patterson Air Force Base, Ohio, August 19–27, 1965,* 57–71.

Deylitz, S. (1999). *Lernergebnisse in der Quanten-Atomphysik: Evaluation des Bremer Unterrichtskonzepts.* Berlin: Logos-Verlag.

Dür, W., & Heusler, S. (2012). Was man vom einzelnen Qubit über Quantenphysik lernen kann. *PhyDid A, Physik und Didaktik in Schule und Hochschule, 11*(1), 1–16.

Dür, W., & Heusler, S. (2014). Was man von zwei Qubits über Quantenphysik lernen kann: Verschränkung und Quantenkorrelationen. *PhyDid A, Physik und Didaktik in Schule und Hochschule, 13*(1), 11–34.

Feynman, R. P. (1992). *QED: Die seltsame Theorie des Lichts und der Materie.* München: Piper.

Feynman, R. P., Leighton, R. B., & Sands, M. (2007). *Feynman Vorlesungen über Physik. 3. Quantenmechanik.* München: Oldenbourg.

Fischler, H. (Hrsg.). (1992). *Quantenphysik in der Schule.* Kiel: IPN Kiel.

Fischler, H., & Lichtfeldt, M. (1994). Ein Unterrichtskonzept zur Einführung in die Quantenphysik. *Physik in der Schule, 32*(7–8), 276–280.

Grangier, P., Roger, G., & Aspect, A. (1986). Experimental evidence for a photon anticorrelation effect on a beam splitter: A new light on single-photon interferences. *Europhysics Letters (EPL), 1*(4), 173–179. ▶ https://doi.org/10.1209/0295-5075/1/4/004.

Jönsson, C. (1961). Elektroneninterferenzen an mehreren künstlich hergestellten Feinspalten. *Zeitschrift für Physik, 161*(4), 454–474. ▶ https://doi.org/10.1007/BF01342460.

Kohnle, A. (2016). Interaktive Simulationen für Quantenphysik und Quanteninformation. *Praxis der Naturwissenschaften – Physik in der Schule, 65*(1), 17–22.

Küblbeck, J. (1997). *Modellbildung in der Physik.* Landesinstitut für Erziehung und Unterricht Stuttgart.

Küblbeck, J., & Müller, R. (2002). *Die Wesenszüge der Quantenphysik: Modelle, Bilder, Experimente.* Köln: Aulis-Verlag Deubner.

Lichtfeldt, M. (1992). *Schülervorstellungen in der Quantenphysik und ihre möglichen Veränderungen durch Unterricht: Eine empirische Untersuchung in der Sekundarstufe II.* Essen: Westarp Wissenschaften.

Müller, R. (2003). *Quantenphysik in der Schule.* Berlin: Logos-Verlag.

Müller, R. (2016a). Die Quantenphysik im Spannungsfeld zwischen Fachlichkeit, empirischer Forschung und Schulpraxis. In C. Maurer (Hrsg.), *Authentizität und Lernen – Das Fach in der Fachdidaktik* (S. 13–24). Regensburg: Universität Regensburg.

Müller, R. (Hrsg.) (2016b). Themenheft Quanteninformation. *Praxis der Naturwissenschaften – Physik in der Schule, 65*(1).

Müller, R. (Hrsg.). (2019). *Dorn/Bader Physik SII – Ausgabe 2018 für Niedersachsen.* Braunschweig: Westermann.

Müller, R., & Schecker, H. (2018). Schülervorstellungen zur Quanten- und Atomphysik. In H. Schecker, T. Wilhelm, M. Hopf, & R. Duit (Hrsg.), *Schülervorstellungen und Physikunterricht* (S. 209–224). Berlin: Springer.

Müller, R., & Wiesner, H. (2002). Teaching quantum mechanics on an introductory level. *American Journal of Physics, 70*(3), 200–209.

Niedderer, H. (1992). Atomphysik mit anschaulichem Quantenmodell. In H. Fischler (Hrsg.), *Quantenphysik in der Schule* (S. 88–113). Kiel: IPN Kiel.

Niedderer, H., & Deylitz, S. (1997). *Atome, Moleküle und Festkörper. Verständnis ihrer Eigenschaften auf der Basis der Schrödingergleichung unter Zuhilfenahme des Computers. Basistext für Schüler.* Institut für Didaktik der Physik, Universität Bremen. ▶ http://www.idn.uni-bremen.de/pubs/ Niedderer/1997-QAP-Skript.pdf (▶ *Materialien zum Buch*)

Niedderer, H. (2000). Physiklernen als kognitive Entwicklung. *Vorträge/physikertagung, Deutsche Physikalische Gesellschaft, Fachausschuss Didaktik Der Physik, Tagung, 1999,* 49–66.

Niedersächsisches Kultusministerium (Hrsg.). (2017). *Kerncurriculum für das Gymnasium, gymnasiale Oberstufe. Physik.* Hannover.

Okun, L. B. (2006). The concept of mass in the Einstein year. *Particle Physics at the Year of 250th Anniversary of Moscow University,* 1–15. ▶ https://doi.org/10.1142/9789812772657_0001

Okun, L. B. (2008). The concept of mass. *Physics Today, 42*(6), 31. ▶ https://doi.org/10.1063/1.881171

Petri, J. (1996). *Der Lernpfad eines Schülers in der Atomphysik: Eine Fallstudie in der Sekundarstufe II* (1. Aufl.). Mainz.

Petri, J., & Niedderer, H. (2000). *Mit der Schrödinger-Gleichung vom H-Atom zum Festkörper. Teil 1–3, Unterrichtskonzept für Lehrer.* Universität Bremen. ▶ http://www.idn.uni-bremen.de/pubs/Niedderer/2000-QAP-JP-a.pdf, ▶ http://www.idn.uni-bremen.de/pubs/Niedderer/2000-QAP-JP-b.pdf, ▶ http://www.idn.uni-bremen.de/pubs/Niedderer/2000-QAP-JP-c.pdf (▶ *Materialien zum Buch*)

Petri, J., & Niedderer, H. (2001). Kognitive Schichtenstrukturen nach einer UE Atomphysik (Sek. II). *Zeitschrift für Didaktik der Naturwissenschaften, 7,* 53–68.

Pospiech, G. (2000). Quantencomputer – Was verbirgt sich dahinter? *Der mathematische und naturwissenschaftliche Unterricht, 53*(4), 196–202.

Pospiech, G., & Schorn, B. (2016). Der Quantencomputer in der Schule. *Praxis der Naturwissenschaften – Physik in der Schule, 65*(1), 5–10.

Reisch, C., & Franz, T. (2016). Quantenkryptographie. *Praxis der Naturwissenschaften – Physik in der Schule, 65*(1), 11–16.

Rode, M. (2017). Das Zeigermodell im Unterricht über Quantenphysik nutzen. *Unterricht Physik, 162,* 27–29.

Schneider, J., & Meyn, J.-P. (2016). Modellexperimente zur Quantenkryptographie. *Praxis der Naturwissenschaften – Physik in der Schule, 65*(1), 36–39.

Strunz, A., & Meyn, J.-P. (2015). Experimentelle Quantenphysik im Physikunterricht. *Praxis der Naturwissenschaften – Physik in der Schule, 64*(4), 36–40.

Werner, J. (2000). *Vom Licht zum Atom: Ein Unterrichtskonzept zur Quantenphysik unter Nutzung des Zeigermodells.* Berlin: Logos-Verlag.

Wiesner, H., & Schorn, B. (2015). Das Münchener Internetprojekt zur Lehrerfortbildung (milq) in der 10. Jahrgangsstufe. *Praxis der Naturwissenschaften – Physik in der Schule, 64*(4), 22–29.

11

Unterrichtskonzeptionen zu fortgeschrittenen Themen der Schulphysik

Martin Hopf und Horst Schecker

Inhaltsverzeichnis

© Springer-Verlag GmbH Deutschland, ein Teil von Springer Nature 2021
T. Wilhelm, H. Schecker, M. Hopf (Hrsg.), *Unterrichtskonzeptionen für den Physikunterricht*,
https://doi.org/10.1007/978-3-662-63053-2_12

12.1 Fachdidaktische Einordnung

Zu den fortgeschrittenen Themen der Schulphysik zählen Themen, die zu Beginn des 20. Jahrhunderts in der Fachphysik entwickelt wurden. Die theoretischen Fundierungen der meisten dieser Themen basieren auf quantenphysikalischen Modellen. Zu nennen sind aus Sicht der Schulphysik die Atomphysik, die Festkörperphysik und hier besonders die Halbleiterphysik, die Radioaktivität und die Teilchenphysik. Daneben spielt in der Schulphysik die spezielle Relativitätstheorie als einzige nicht quantenphysikalische Theorie der „modernen Physik" eine Rolle. Darüber hinaus finden immer wieder auch weitere Themenbereiche Einzug in die Lehrpläne und Curricula. So schlagen manche (Bundes-)Länder die Behandlung von nicht-linearen Phänomenen („Chaos") vor, andere die Diskussion von Bionik oder Materialphysik, in wieder anderen geht es um Bio- oder um Astrophysik. Die Auswahl solcher Themen ist modischen Erscheinungen unterworfen. Oft werden aktuelle Themengebiete vonseiten der fachphysikalischen Forschung und Entwicklung an die Schule herangetragen – und nicht immer gibt es dafür eine fachdidaktisch triftige Begründung. Immer stärker ist hier auch das Bemühen der Fachwissenschaft zu erkennen, aktuelle Inhaltsgebiete für schulische Vermittlungskontexte aufzubereiten und zu präsentieren. So sind inzwischen in großen Forschungsbereichen immer wieder auch fachdidaktische Forschungsarbeiten angekoppelt, in denen die fachlichen Thematiken für die schulische Verwendung aufbereitet werden.[1]

Nicht zuletzt aufgrund solcher Initiativen aus der Fachphysik hat sich in den letzten Jahrzehnten eine erkennbare Verschiebung der Unterrichtsinhalte gezeigt. Traditionell kamen nur sehr wenige Themen der modernen Physik im Physikunterricht vor. Wenn sie überhaupt unterrichtet wurden, dann ausschließlich in der Oberstufe bzw. auch dort nur in vertiefenden Kursen. So waren der Atombau oder Aspekte der Halbleiterphysik den letzten Schuljahren des Physikunterrichts vorbehalten. Quantenphysikalische Überlegungen kamen praktisch nicht vor. Das hat sich inzwischen geändert. Viele Themen wandern in immer frühere Jahrgänge, neue Themen wurden und werden aufgenommen. So findet man inzwischen in den meisten Lehrplänen der Sek. I ausgewählte Aspekte der Themen Atomphysik und Radioaktivität, auch die Quantenphysik hat vereinzelt ihren Weg in den Unterricht vor der Oberstufe gefunden (▶ Abschn. 11.6). Die Entwicklung und insbesondere die Erprobung oder gar empirische Untersuchung von Unterrichtskonzeptionen ist hier allerdings bei weitem nicht so umfangreich wie in den Themengebieten der klassischen Physik. Dabei ist gerade bei diesen Themen die Kluft zwischen elaborierten fachlichen, stark mathematisch geprägten Theorien der Fachwissenschaft und den im mathematischen Instrumentarium sehr stark beschränkten Möglichkeiten des Physikunterrichts besonders groß.

---

1   So hat zum Beispiel das CERN schon vor Jahren damit begonnen, Angebote für Lernende und Lehrende zu entwickeln und zu beforschen. Ein anderes Beispiel ist ein physikdidaktisches „Outreach-Projekt" zum DFG-Sonderforschungsbereich „Design von Quantenzuständen der Materie" (Scholz und Weßnig 2019).

Daneben gibt es für manche Themen bisher auch gar keine Unterrichtskonzeptionen. Dies kann sich in den nächsten Jahren ändern und wir verweisen auf zukünftige Auflagen dieses Buches. In diesem Kapitel werden ausgewählte bisher vorliegende Unterrichtskonzeptionen zu fortgeschrittenen Themen der Schulphysik vorgestellt.

12.2 Radioaktivität

12.2.1 Fachliche Einordnung

- **Begrifflichkeiten**

Im Themenbereich Radioaktivität wird das Phänomen des radioaktiven Zerfalls behandelt. Ende des 19. Jahrhunderts wurde festgestellt, dass manche Stoffe Strahlung mit relativ hoher Energie aussenden. Genauere Untersuchungen konnten nachweisen, dass es sich um mehrere verschiedene Arten von Strahlung handelt. Es stellt sich heraus, dass alle diese Strahlungen aus „zerfallenden" Atomkernen kommen. Das ist ein Nachweis dafür, dass manche Atomkerne von Hause aus nicht stabil sind, sondern nach einer gewissen Zeitdauer „zerfallen". Diese Formulierung ist schon eine erste Ungenauigkeit. Angemessener wäre es, von Kernumwandlungen zu sprechen. Allerdings hat sich der Begriff Zerfall in der Fachsprache etabliert.

Es gibt dabei eine ganze Bandbreite von physikalischen Phänomenen, die zu Kernumwandlungen führen, die alle zu dem Überbegriff Radioaktivität gezählt werden. Zum Beispiel kann ein Teil des Urankerns ^{238}U den Kern verlassen. Genauer gesagt verlässt dabei ein Heliumkern (zwei Protonen und zwei Neutronen) aufgrund des quantenphysikalischen Tunneleffekts den Bereich, in dem die Kernkraft als Anziehungskraft überwiegt. Das verbleibende Atom ist dann Thorium ^{234}Th. Beim Kohlenstoffatom ^{14}C wandelt sich aufgrund eines Prozesses der schwachen Wechselwirkung im Kern ein Neutron in ein Proton. Dabei verlassen ein Elektron und ein Neutrino den Kern. Das verbleibende Atom hat sich dabei in Stickstoff ^{14}N umgewandelt. Eine weitere Zerfallsart wird ebenfalls unter dem Oberbegriff Radioaktivität behandelt: In manchen Fällen hat der neue Kern nach einer Kernumwandlung so viel Energie, dass er von sich aus ein hochenergetisches Photon abstrahlt. Der Kern selbst verändert sich bei dieser Abstrahlung in seiner Struktur nicht. Die verschiedenen Mechanismen in der Radioaktivität werden in der Schulphysik meistens nur phänomenologisch beschrieben, aber nicht tiefergehend erklärt. Ebenso werden andere Kernumwandlungsmechanismen (z. B. Elektroneneinfang) nicht in der Schule diskutiert.

Aus Kernumwandlung stammende Strahlung hat so hohe Energie, dass sie andere Atome ionisieren kann. Zur ionisierenden Strahlung gehören jedoch auch andere Arten von Strahlung, die nicht aus der Umwandlung von Atomkernen stammen, wie z. B. Röntgenstrahlung.

Im Themengebiet der Radioaktivität gibt es eine Vielzahl von historischen Begriffen, auf die auch verzichtet werden könnte. Alphateilchen sind Heliumkerne, Beta-Minus-Strahlung besteht aus Elektronen und Gammastrahlung besteht aus Photonen. Aus historischen Gründen wird auch oft die Bezeichnung „radioaktive Strahlung" verwendet (statt „ionisierende Strahlung" oder statt des im Deutschen wenig gebräuchlichen Begriffs „Kernstrahlung"). Dies führt gerade bei Schülerinnen und Schülern (nicht unerwartet) zu Unklarheiten: Der Begriff „radioaktive Strahlung" legt z. B. nahe, dass die Strahlung aus Kernumwandlungen selbst radioaktiv sei. Insgesamt empfiehlt es sich daher, den Sprachgebrauch beim Unterrichten dieses Themas genau zu reflektieren und nur notwendige Fachbegriffe einzuführen.

- **Zufall und Gesetz**

Die Umwandlung der Kerne eines radioaktiven Nuklids ist ein stochastischer Prozess. Mit einer gewissen (materialabhängigen) Wahrscheinlichkeit wird ein Kern im nächsten Zeitintervall zerfallen. Man kann aber nicht vorhersagen, zu welchem Zeitpunkt das passieren wird. In der Physik wurde und wird viel darüber diskutiert, ob dies tatsächlich ein vollkommen zufälliges Ereignis ist oder ob es mit weiteren Entwicklungen der Physik zu Vorhersagen kommen könne, wann ein Atomkern zerfällt. Nach unserem heutigen Kenntnisstand geht die Mehrheit der Scientific Community der Physikerinnen und Physiker davon aus, dass es sich tatsächlich um echten Zufall handelt und keine weiteren, verborgenen Parameter existieren, mithilfe derer genauere Vorhersagen möglich sein könnten.[2]

Auch wenn der Zerfall eines radioaktiven Kerns zufällig erfolgt, so kann doch durch ein statistisches Modell das Verhalten einer großen Zahl solcher Kerne sehr gut mit dem Gesetz der großen Zahlen modelliert werden. In diesem Modell ist die Zahl der Kerne, die sich im nächsten Intervall umwandeln, direkt proportional zur Zahl der zum jetzigen Zeitpunkt noch nicht umgewandelten Kerne. Aus diesem Ansatz wird das Zerfallsgesetz abgeleitet, das eine exponentielle Abnahme der Anzahl der noch nicht zerfallenen Kerne vorhersagt. Üblicherweise wird dann die Halbwertszeit als die Zeitspanne eingeführt, nach der die Hälfte der Kerne umgewandelt ist. Die Halbwertszeit radioaktiver Kerne ist eine Materialkonstante und ist je nach Nuklid extrem unterschiedlich. Aus Sicht des Physikunterrichts ist es nicht unproblematisch, dass dem Zerfallsgesetz im Mathematikunterricht eine große Rolle bei der Behandlung von Exponentialfunktionen zugemessen wird. Für Schülerinnen und Schüler bleibt hier oft im Unklaren, wie der Zusammenhang zwischen der zufälligen Umwandlung eines Kerns und der exponentiellen Abnahme einer großen Menge von Kernen zustande kommt. Häufig gehen Lernende davon aus, dass die Umwandlung eines Kerns durch ein exponentielles Kleinerwerden beschrieben wird. Diese Vorstellung wird durch die Verwendung des Wortes „Zerfall" noch unterstützt.

12

---

2   Jansky (2019)

- **Anwendungsbereich der Radioaktivität**

Neben diesen Kernthemen wird im Unterricht zu Radioaktivität auf die biologische Wirksamkeit eingegangen. Dies ist in Deutschland nach Ende der vor allem in den 1960er-Jahren durchgeführten oberirdischen Kernwaffentests besonders durch den Unfall 1986 im Kernkraftwerk Tschernobyl und dem Abregnen radioaktiver Stoffe über Teilen Deutschlands ins öffentliche Bewusstsein geraten und durch den Unfall in Fukushima wieder ins Gedächtnis gerufen worden. In diesem Themenbereich wird die Strahlenbelastung durch natürliche und zivilisatorische Quellen ionisierender Strahlung diskutiert. Ein weiteres Unterthema ist die Kernspaltung und ihre technische Nutzung in Reaktoren und Kernwaffen. Auch wenn Deutschland den Ausstieg aus der Kernenergie bis 2022 beschlossen hat, wird das Thema doch in Zukunft immer wieder vorkommen, da Befürworter der Kernenergie mit dem Argument der CO_2-Neutralität für eine Wiederaufnahme werben und andererseits die Endlagerproblematik zu lösen bleibt. Kernfusion wird üblicherweise nur als Randthema behandelt. Obwohl das Thema Radioaktivität sich besonders für den Kompetenzbereich Bewertung eignet (▶ Abschn. 15.5), gibt es dazu keine neueren Unterrichtskonzeptionen.[3]

12.2.2 Traditioneller Unterricht

Der traditionelle Unterricht stellt die verschiedenen Strahlungsarten und ihre Eigenschaften in den Mittelpunkt. Danach wird das Zerfallsgesetz behandelt. Diskutiert werden üblicherweise auch die biologischen Wirkungen und die technischen Anwendungen, insbesondere im Zusammenhang mit der Kernspaltung.

Üblicherweise wird zuerst der Atomaufbau diskutiert. Mehr oder weniger ausführlich wird dabei die Entwicklung unseres Wissens über den Aufbau der Atome dargestellt. In der Regel wird in diesem Teil stark auf historische Aspekte fokussiert. Es wird dann im Weiteren oft nur kurz auf die Struktur der Atomhülle eingegangen. Vielmehr wird der Aufbau des Atomkerns genauer erläutert. In der Regel wird der Streuversuch von Rutherford detailliert dargestellt. Anschließend wird mitgeteilt, dass Atomkerne aus Neutronen und Protonen zusammengesetzt sind. Daraus wird dann die Nuklidschreibweise begründet und die Fachbegriffe Nukleonen-, Protonen- und Neutronenzahl werden eingeführt. Manchmal wird bereits hier auf die Existenz von Isotopen eingegangen. Stets folgt dann die Erschließung der Nuklidkarte. Ein Bezug zum Periodensystem der Elemente wird in der Regel nur relativ oberflächlich hergestellt.

Nach der Vorstellung des Aufbaus von Atomen und Atomkernen wird mitgeteilt, dass aus manchen Materialien Strahlung austritt. Im Folgenden wird daran gearbeitet, wie diese Strahlung nachgewiesen werden kann. Dazu werden

---

3   Eine ältere ausgearbeitete Konzeption zum Thema Kernkraftwerke liegt von Mikelskis (1979) vor.

verschiedene Nachweisgeräte vorgestellt, u. a. die Nebelkammer und das Geiger-Müller-Zählrohr. An dieser Stelle zeigt sich ein Problem des traditionellen Unterrichts. Bis vor einigen Jahren war noch davon auszugehen, dass die Schulen mit einigen radioaktiven Präparaten ausgestattet waren und so zumindest Demonstrationsexperimente zur Radioaktivität durchgeführt werden konnten. Mit zunehmender Verschärfung der Verordnungslage haben Schulen die meisten radioaktiven Materialien abgegeben. Zur Verfügung stehen jetzt höchstens noch sehr schwach radioaktive Objekte wie z. B. thoriumhaltige Glühstrümpfe oder Urangläser.[4] Es gibt Geräte, die die Demonstration von Radioaktivität im Schulalltag erlauben, wie z. B. kontinuierliche Nebelkammern aus dem Lehrmittelhandel oder aus Eigenbau oder Zähler mit großformatigen Eintrittsfenstern. Alle diese Geräte sind aber sehr teuer und stehen daher in Schulen – falls überhaupt – nur sehr eingeschränkt zur Verfügung. Es ist allerdings bisher nicht untersucht worden, ob diese Veränderung auch den Lernerfolg der Schülerinnen und Schüler verringert oder ob nicht der Einsatz anderer Medien (Filme oder Simulationen) gleichwertige Lernerfolge in der Radioaktivität bewirken kann. Es ist aber auf alle Fälle zu hinterfragen, inwieweit es sinnvoll ist, die Wirkungsmechanismen von Geräten ausführlich zu beschreiben, deren Verwendung im Unterricht kaum mehr eine Rolle spielt.

Im traditionellen Unterricht wird nun die aus radioaktiven Materialien stammende Strahlung detailliert untersucht. Analysiert wird – traditionell experimentell, aufgrund fehlender Präparate heute nur qualitativ – das Absorptionsverhalten bei verschiedenen Strahlern, insbesondere die Reichweite in Luft sowie die Ablenkung der Strahlung durch Magnetfelder. Wichtiger Teil des traditionellen Unterrichts ist die entstehende Tabelle mit der Übersicht über Alpha-, Beta- und Gammastrahlung. Woraus die Strahlung jeweils besteht, wird den Schülerinnen und Schülern mitgeteilt. Erst in der Sekundarstufe II werden auch Entstehungsmechanismen der Strahlung vorgestellt. Nun können die Farbkodierungen der Nuklidkarte verstanden werden. Manchmal wird an dieser Stelle dann auch auf die natürlichen Zerfallsreihen eingegangen.

Im nächsten Themenblock des traditionellen Unterrichts geht es um die Halbwertszeit. Dazu wird zunächst die Aktivität einer radioaktiven Probe eingeführt. Es wird dann plausibel gemacht, dass die Aktivität einer Probe exponentiell mit der Zeit abnehmen muss. Dazu können Demonstrationsexperimente eingesetzt werden, z. B. dass der radioaktive Staub, der mit einem geladenen Luftballon oder einem an Hochspannung angeschlossenen Draht eingesammelt werden kann, im Lauf der Zeit seine Aktivität verliert. Oft werden hier auch Analogieversuche mit Würfeln oder Münzen oder der Bierschaumzerfall eingesetzt. Inwieweit die fachlich oft nicht ganz passende Analogie[5] bei diesen Aktivitäten lernhinderlich wirkt, wurde bisher ebenfalls nicht untersucht. Als Halbwertszeit wird dann die Zeit festgelegt, in der bereits die Hälfte der ursprünglich vorhandenen Kerne

4   Friege und Schneider (2019)
5   Murray und Hart (2012); Wilhelm und Ossau (2009)

zerfallen ist. An dieser Stelle wird dann auf die Datierung von Material, z. B. mit der C14-Methode eingegangen.

Als weiteres größeres Kapitel beschäftigt sich der traditionelle Unterricht mit dem Strahlenschutz. Dazu werden die entsprechenden physikalischen Größen wie Energiedosis und Äquivalentdosis eingeführt und die biologische Wirkung ionisierender Strahlung diskutiert. Ebenfalls werden die natürliche und die zivilisatorische Strahlenbelastung thematisiert und die Nützlichkeit von Strahlung z. B. in der Medizin wenigstens kurz angesprochen.

Den Abschluss bilden üblicherweise der Themenbereich Kernspaltung und technische Anwendungen. Hier wird zunächst das Prinzip der Kernspaltung vorgestellt und dann – oft recht detailliert – die Funktionsweise von Kernkraftwerken aufgegriffen. Thematisiert werden dann auch die Reaktorunfälle von Tschernobyl und von Fukushima. Kernwaffen werden im traditionellen Unterricht kaum noch diskutiert.

- **Empirische Ergebnisse**

Es gibt nur sehr wenige empirische Untersuchungen zu den Wirkungen des traditionellen Unterrichts, besonders im deutschsprachigen Bereich. Jansky hat gezeigt, dass selbst Schülerinnen und Schüler aus Leistungskursen nur ein fragmentiertes Verständnis von Radioaktivität und von Kernumwandlungen haben.[6] So stellen sich manche Jugendliche die Umwandlung eines Atomkerns als einen kontinuierlichen Prozess vor, der der Halbwertszeit unterliegt. Das kann mit der oft im Unterricht bzw. in den Schulbüchern verwendeten Sprechweise „radioaktiver Zerfall" zusammenhängen. Manche denken auch, dass nach zwei Halbwertszeiten die gesamte Radioaktivität verschwunden sei. Eine typische Vorstellung von Lernenden ist, dass ein Objekt, das bestrahlt wurde, auch selbst zu strahlen beginnt. Diese Kontaminationsvorstellung hängt unter Umständen mit dem unrichtigen Sprachgebrauch „radioaktive Strahlung" zusammen. Es ist nur logisch anzunehmen, dass, wenn radioaktive Strahlung auf einen Körper trifft, sich diese dort ansammelt und so der Körper selbst radioaktiv wird. Einzig die Bezeichnung der Strahlungsarten scheint als verlässliches Wissen nach dem Unterricht zur Radioaktivität vorhanden zu sein, aber schon über die verschiedenen Eigenschaften der Strahlungsarten sind sich Jugendliche unsicher.

Ebenso scheint der Begriff Strahlung sehr stark mit einem Begriff der Gefährlichkeit konnotiert zu sein. Dies wird zwar mit steigendem Alter der befragten Schülerinnen und Schüler von einem Eindruck ergänzt, dass Strahlung auch nützlich sein könne, die vorwiegende Konnotation als gefährlich bleibt aber erhalten.[7]

---

6   Jansky (2019)
7   Neumann und Hopf (2011); Plotz (2017)

12.2.3 Verständnis von Radioaktivität mittels Wahrscheinlichkeitsrechnung

Im Rahmen der Dissertation von Jansky wurde eine Unterrichtskonzeption entwickelt und evaluiert, die sich in ihrem Schwerpunkt vom traditionellen Weg (▶ Abschn. 12.2.2) unterscheidet.[8] Ihr liegt die Idee zugrunde, dass sich bekannte Verständnisschwierigkeiten in der Radioaktivität auf bekannte Probleme beim Lernen der Wahrscheinlichkeitstheorie zurückführen lassen. Entsprechend wird in dieser Konzeption zunächst die Umwandlung eines radioaktiven Atomkerns diskutiert und daraus das (emergente) Verhalten einer großen Menge an radioaktiven Kernen abgeleitet. Andere Aspekte des traditionellen Unterrichts werden in dieser Konzeption nicht behandelt. Es lassen sich aber durchaus Elemente des traditionellen Unterrichtsverlaufs ergänzen.

Der hier vorgestellten Unterrichtskonzeption liegt die Leitidee zu Grunde, dass die Lernschwierigkeiten der Schülerinnen und Schüler daraus stammen, dass sie mit zufälligen Ereignissen nicht gut umgehen können und auch nur schwer erkennen, dass die oftmalige Wiederholung eines zufälligen Ereignisses eine Modellierung durch statistische Methoden erlaubt. Es geht in dieser Konzeption also darum, den Lernenden zu vermitteln, dass oftmaliger Zufall Regeln gehorcht.

Diese Unterrichtskonzeption wurde in einem mehrstufigen Verfahren im Rahmen eines fachdidaktischen Entwicklungsforschungsprozesses entwickelt, die Lernerfolge wurden sorgsam untersucht. Dabei wurden besonders die Aspekte aufbereitet, die sich im Verlauf vorheriger Untersuchungen als lernhinderlich erwiesen haben. Die Unterrichtskonzeption fokussiert dabei darauf, den Lernenden ein Verständnis der Halbwertszeit zu vermitteln. Andere Aspekte wie die verschiedenen Strahlungsarten, der Nachweis ionisierender Strahlung oder technische Anwendungen sind nicht Bestandteil dieser Unterrichtskonzeption.

12

▪ Unterrichtsgang

Im ersten Schritt wird ein allgemeiner Einblick in die Modellierung zufälliger Ereignisse gegeben. Es hat sich dabei bewährt, zunächst das Beispiel des Würfelns zu verwenden. Für die meisten Lernenden ist das Würfeln ein zufälliger Prozess. Ganz selten werden hier zwar einzelne Lernende darauf bestehen, dass man das Ergebnis eines Würfelwurfs berechnen könne, wenn man alle Startbedingungen genau kennen würde. Es zeigt sich aber, dass man sich mit solchen Jugendlichen recht gut darauf verständigen kann, dass man für den Alltagsgebrauch durchaus von der Zufälligkeit des Würfelwurfs ausgehen kann. Nachdem mit dem Würfeln das Zufallsexperiment erklärt wurde, wird diskutiert, was bei oftmaliger Wiederholung eines Zufallsexperiments passiert. So ergibt sich durch das Gesetz der großen Zahlen eine Wahrscheinlichkeitsverteilung für das Zufallsexperiment. Man kann also eine *Wahrscheinlichkeit pro Wurf* festlegen. Besonders wichtig ist dabei,

---

8   Jansky (2019)

dass den Schülerinnen und Schülern klar wird, dass eine Wahrscheinlichkeitsverteilung nicht mehr zufällig ist, sondern sich bei dem gleichen Zufallsexperiment immer wieder identisch ergeben wird. Dieser Schritt ist nicht ganz einfach, wird aber von den Jugendlichen doch akzeptiert. Danach muss dann unbedingt ein Zufallsexperiment durchgeführt werden, bei dem sich als Wahrscheinlichkeitsverteilung gerade keine Gleichverteilung wie beim Würfeln ergibt. Bewährt hat sich dabei das „Würfeln" mit Reißzwecken (◪ Abb. 12.1).

Dieses Zufallsexperiment hat zwei mögliche Ergebnisse, die zudem nicht gleichwahrscheinlich sind. Ebenso eignet sich das Würfeln mit Halbkugeln. Das Werfen von Münzen hat sich in den Untersuchungen von Jansky nicht bewährt, da es zum einen zwei gleich wahrscheinliche Ergebnisse hat und es zum anderen bei Schülerinnen und Schülern zu Verwirrungen zwischen der 50 %-Wahrscheinlichkeit eines Ereignisses und dem Abfall auf 50 % bei der Bestimmung der Halbwertszeit gekommen ist.

Der zweite Schritt der Unterrichtskonzeption besteht darin, das Verhalten einer kontinuierlichen Zufallsvariable zu untersuchen. Es geht also darum, Ereignisse zu betrachten, deren Eintritt nicht vom Ausgang eines Wurfes abhängt, sondern nach einer zufälligen Zeitspanne stattfindet. Bei Jansky hat sich gezeigt, dass dies für Lernende ein ganz besonders schwieriges Konzept ist. Während der Ausgang eines Wurfes als Zufall verstanden wird, ist es schwer einzusehen, dass etwas nach einer zufälligen Zeit passieren kann. Es ist auch nicht leicht, Alltagsbeispiele für zeitabhängige Zufallsvariablen zu geben. Bewährt hat sich für diese Unterrichtskonzeption der Einsatz von „Springblobbs" (◪ Abb. 12.2). Ein Springblobb (auch Popper oder Springscheibe genannt) ist ein hohles Kugelsegment aus Gummi. Zum Start wird die Kappe der Scheibe nach innen gestülpt und der Blobb auf eine ebene Fläche gesetzt.

Irgendwann wird der Blobb nach oben springen. Wann das passiert, ist nicht vorhersagbar. Auch hier gilt die Anmerkung von oben beim Würfeln: Natürlich könnte man genau berechnen, was wann wie passieren wird. Für den Alltagsge-

◪ **Abb. 12.1** Analogieexperiment zur Radioaktivität: Würfeln mit Reißzwecken

◘ **Abb. 12.2** Analogieexperiment zur Radioaktivität: Bei einem Springblobb ist der Zeitpunkt des Hochfliegens zufällig (mit freundlicher Genehmigung von A. Jansky)

brauch ordnen Jugendliche aber den Zeitpunkt des Sprungs des Springblobbs als zufällig ein. Mittels eines Springblobbs kann nun eine zeitabhängige Zufallsvariable eingeführt werden. Auch für diese Zufallsvariable kann eine Verteilung gefunden werden. Diese enthält dann aber nicht mehr eine Wahrscheinlichkeit pro Wurf, sondern eine *Wahrscheinlichkeit pro Zeit.* Man kennt damit die Wahrscheinlichkeit, mit der ein Springblobb im nächsten Zeitintervall springen wird. An dieser Stelle empfiehlt sich dann schon eine erste Vorübung zur Halbwertszeit. Jansky stellt dazu folgende Aufgabe: „Stell dir vor, du hast 10.000 Springblobbs mit der Sprungwahrscheinlichkeit 8/100 pro Sekunde. Wie viele Springblobbs sind nach dem Zeitintervall 1 bis 5 s noch nicht gesprungen?". Hier müssen Schülerinnen und Schüler schon erste Überlegungen dazu anstellen, wie sich eine größere Menge von instabilen Elementen verhalten wird.

Im dritten Schritt der Unterrichtskonzeption wird mitgeteilt, dass es stabile und instabile Atomkerne gibt. Dabei wird nur angegeben, dass dies aufgrund der inneren Struktur eines Kerns zustande kommt. Das Verhalten eines instabilen Atomkerns wird dann mit dem Springblobb verglichen: Ein instabiler Atomkern kann sich zu einem zufälligen Zeitpunkt in einen stabilen Kern umwandeln. Dabei wird den Lernenden auch erklärt, dass sich für diesen Prozess in der Fachsprache der Begriff „Zerfall" eingebürgert hat, dass das aber eigentlich nicht den Tatsachen entspricht. Als Merkregel kann z. B. formuliert werden: „Ein Atomkern geht unter Aussendung eines Teilchens in einen stabilen Zustand über." In der Unterrichtskonzeption wird an dieser Stelle nicht weiter auf das ausgesendete Teilchen eingegangen. In Analogie zum Verhalten des Springblobbs wird nun die Zerfallswahrscheinlichkeit eines Kerns eingeführt. Das ist die Wahrscheinlichkeit dafür, dass sich ein instabiler Atomkern in einem Zeitintervall umwandelt. Es wird auch erklärt, dass die Zerfallswahrscheinlichkeit für gleichartige Atome eine Naturkonstante ist, aber verschiedene instabile Elemente sehr unterschiedliche Zerfallswahrscheinlichkeiten haben. Wiederholt wird, dass der Zeitpunkt des Zerfalls eines einzelnen Kerns immer zufällig ist. An verschiedenen Beispielen wird

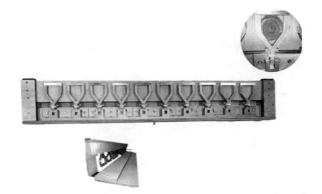

Abb. 12.3 Anordnung zum gleichzeitigen Start von zehn Springblobbs (mit freundlicher Genehmigung von A. Jansky)

nun das Verhalten eines instabilen Atomkerns und das Verhalten einer größeren Menge von instabilen Atomkernen eingeübt.

Im letzten Schritt der Unterrichtskonzeption wird die Halbwertszeit eingeführt. Dazu wird zunächst wieder mit einer größeren Menge an Reißzwecken gewürfelt. Es gibt aber eine Variation zum ersten Experiment: Reißzwecken, die auf der flachen Seite landen, werden als „stabil" bezeichnet und bleiben liegen. Mit den „nichtstabilen" Reißzwecken – also denen, die auf der Spitze gelandet waren – wird wieder gewürfelt. Empirisch wird die „Halbwertszeit" bei den Reißzwecken bestimmt. Den Schülerinnen und Schülern wird dabei die Aufgabe gestellt herauszufinden, wann sich die Hälfte der ursprünglichen Anzahl in den stabilen Zustand umgewandelt haben. Es wird dabei auch thematisiert, dass das in diesem Fall eigentlich gar keine Zeit, sondern eher ein „Halbwertswurf" sei. Um die Verbindung zur zeitabhängigen Verteilung und deren Halbwertszeit zu schaffen, werden wieder Springblobbs eingesetzt. Dass es schwierig ist, mehrere hundert Springblobbs gleichzeitig zu starten, ist für Schülerinnen und Schüler gut nachvollziehbar. Es hat sich aber dennoch bewährt, mehrere Springblobbs gleichzeitig zu starten und zu zeigen, dass sich auch hierbei eine Verteilung ergibt. Jansky macht dazu einen Vorschlag für eine Anordnung, mit der zehn Springblobbs gleichzeitig gestartet werden können (■ Abb. 12.3).[9] Die an den Springblobbs gewonnenen Erfahrungen werden nun auf das Verhalten eines Ensembles von instabilen Atomkernen übertragen und mit verschiedenen Anwendungsbeispielen eingeübt.

■ **Empirische Ergebnisse**

Die Unterrichtskonzeption wurde in mehrmaligen Akzeptanzbefragungen mit einzelnen Lernenden eingesetzt und anhand der Ergebnisse weiterentwickelt.[10]

9   Jansky (2019)
10   Jansky (2019)

Die – oben dargestellte – Endversion erwies sich in Einzelbefragungen durchgängig als geeignet, Schülerinnen und Schülern das Konzept der Halbwertszeit verständlich zu machen. Als besonders erfolgreich bewertet Jansky die Konzeption hinsichtlich der folgenden Aspekte: Es gelingt, den Lernenden das zeitabhängige zufällige Verhalten des radioaktiven Zerfalls zu vermitteln. Gerade die Brücke vom Werfen von Reißzwecken zu den Springblobbs und hin zum Zerfall eines Atomkerns funktioniert offenbar recht gut. Ebenso verstehen die Schülerinnen und Schüler das Verhalten eines Ensembles von Atomkernen. Bewährt hat sich auch, den Lernenden zu erklären, dass Zerfall eigentlich eine falsche Bezeichnung ist, sich aber im Sprachgebrauch durchgesetzt hat.

- **Unterrichtsmaterialien**
  Jansky, A. (2020). *Einführung von Radioaktivität mittels Wahrscheinlichkeitsrechnung.* Die Publikation ist als ► *Materialien zum Buch*[11] zugänglich.
  Jansky, A. (2019). Die *Rolle von Schülervorstellungen zu Wahrscheinlichkeit und Zufall im naturwissenschaftlichen Kontext.* Universität Wien. ► http://othes.univie.ac.at/60369/
  In den Unterrichtsmaterialien sind ein detaillierter Ablaufplan zur Unterrichtskonzeption sowie Bildmaterial und Aufgabenstellungen enthalten. Darüber hinausgehende Informationen enthält die Dissertation von Jansky (2019).

12.3 Elementarteilchenphysik

12.3.1 Fachliche Einordnung

In der Elementarteilchenphysik geht es darum, die grundlegenden Bestandteile des Universums zu bestimmen und deren Verhalten zu beschreiben. In den 1960er- und 1970er-Jahren wurde dazu das Standardmodell der Teilchenphysik entwickelt. Es basiert auf sehr grundlegenden Symmetrieüberlegungen. Das Modell beschreibt drei der vier bekannten fundamentalen Wechselwirkungen (elektromagnetische WW, starke WW und schwache WW) mit ihren jeweiligen Wechselwirkungsteilchen. Es geht dabei – wie schon viele frühere Modelle – davon aus, dass man die gesamte Materie aus Konfigurationen kleinster, elementarer Teilchen aufbauen kann. Im Standardmodell der Teilchenphysik gibt es insgesamt zwölf solcher Elementarteilchen: sechs Quarks (Up-, Down-, Strange-, Charm-, Top- und Bottom-Quark) und sechs Leptonen (Elektron, Myon, Tauon, Elektron-Neutrino, Myon-Neutrino und Tauon- bzw. Tau-Neutrino). Zu jedem Elementarteilchen gibt es ein Antiteilchen, z. B. ein Anti-Up-Quark oder ein Anti-Elektron, das

---

Positron. Andere Teilchen, z. B. Protonen oder Neutronen, sind aus Quarks aufgebaut. Alle Elementarteilchen haben bestimmte Quantenzahlen wie z. B. elektrische Ladung oder „Farbladung". In den 1960er-Jahren wurde das Standardmodell noch um das Higgs-Teilchen erweitert, das mit der Masse in Verbindung steht und 2012 experimentell nachgewiesen wurde. Das Standardmodell der Teilchenphysik ist – im Gegensatz zu früheren Theorien – in einer durchgehenden Teilchenlogik formuliert. Das meint, dass diese Theorie die Wechselwirkung zwischen zwei Teilchen nicht durch Kräfte oder Felder beschreibt, sondern dadurch, dass ein Wechselwirkungsteilchen zwischen den beiden wechselwirkenden Teilchen ausgetauscht wird. Man spricht hier auch von einer Quantenfeldtheorie. Diese Wechselwirkungsteilchen (Photonen, Gluonen, W- und Z-Bosonen) haben keine Antiteilchen.

Das Standardmodell der Teilchenphysik ist die genaueste Theorie zur Beschreibung der Welt, die wir momentan kennen. Sie stimmt extrem genau mit den Beobachtungen in Experimenten überein. Für die Schule ist die Elementarteilchenphysik aus zwei Überlegungen heraus besonders reizvoll: Zum einen ist die Frage nach den grundlegenden Bestandteilen des Universums per se höchst interessant und bewegt auch Schülerinnen und Schüler. Der Physikunterricht muss zumindest versuchen, darauf eine Antwort zu geben. Zum anderen sind aber auch die Experimente der Teilchenphysik überaus beeindruckend. Am CERN in Genf arbeiten zehntausende Wissenschaftlerinnen und Wissenschaftler gemeinsam daran, unser Wissen über die Welt zu erweitern. Der Large Hadron Collider (LHC) mit seinen riesigen Detektoren zählt sicher zu den beeindruckendsten physikalischen Experimenten aller Zeiten. Es ist davon auszugehen, dass Schülerinnen und Schüler auch schon davon gehört haben und mehr wissen wollen. Im Kontext solcher Anstrengungen ist auch die Diskussion von Nature of Science naheliegend (▶ Kap. 13).

Im Physikunterricht ist die moderne Elementarteilchenphysik ein Randthema. In der Sekundarstufe I kommt es – wenn überhaupt – nur in Informationskästen am Ende des Kapitels über Kernphysik vor. In der Sekundarstufe II wird das Standardmodell der Teilchenphysik in der Regel kurz behandelt und es werden die verschiedenen Elementarteilchen und ihre Wechselwirkungen vorgestellt. Die Forschungseinrichtungen der Teilchenphysik haben mit als erste erkannt, dass es wichtig ist, Angebote für die Schule zu entwickeln. Es gibt daher inzwischen ein reichhaltiges Materialangebot für die Themen der Teilchenphysik im Physikunterricht. Die im Folgenden vorgestellten Unterrichtskonzeptionen entstammen diesen Anstrengungen. Darüber hinaus gibt es aber zahlreiche weitere Materialangebote für die Schule.

Es soll aber auch nicht verschwiegen werden, dass es kritische Stimmen zur Behandlung von Teilchenphysik in der Schule gibt. Dabei wird hervorgehoben, dass es keine angemessene didaktische Rekonstruktion teilchenphysikalischer Überlegungen für die Schulphysik geben könne, da die Komplexität z. B. von Feynmandiagrammen bei Weitem zu hoch für den Einsatz selbst in der Sekundarstufe II seien.[12]

---

12 Passon et al. (2018)

◘ **Tab. 12.1** Übersicht über die vorgestellten Unterrichtskonzeptionen zur Elementarteilchenphysik

	Ladungen, Wechselwirkungen und Teilchen (► Abschn. 12.3.2)	Elementarteilchen im Anfangsunterricht (► Abschn. 12.3.3)
Kernthema	fundamentale Wechselwirkungen	Quarks
Altersstufe	Ende der Sek. II	Anfangsunterricht
Charakteristische Elemente	verallgemeinerte Ladung, „Botenteilchen" statt „Austauschteilchen"	typografische Darstellung

▪ **Elementarisierungen**

Im traditionellen Physikunterricht wird normalerweise fast nur die Tabelle des Standardmodells der Teilchenphysik erläutert. Die Konzeption „Ladungen, Wechselwirkungen und Teilchen" (► Abschn. 12.3.2) fokussiert auf die fundamentalen Wechselwirkungen und führt einen verallgemeinerten Ladungsbegriff ein, um damit das Standardmodell der Teilchenphysik zu erläutern (◘ Tab. 12.1). Die Unterrichtskonzeption „Elementarteilchen im Anfangsunterricht" (► Abschn. 12.3.3) versucht, bereits Kindern im Anfangsunterricht den Aufbau der Materie durch Elementarteilchen verständlich zu machen.

12.3.2 Ladungen, Wechselwirkungen und Teilchen

Das Netzwerk Teilchenphysik hat in den letzten Jahren intensiv daran gearbeitet, Unterrichtsmaterial zur Elementarteilchenphysik für die Sekundarstufe II zu entwickeln. Dabei entstand eine Reihe von Informationsheften.[13] Exemplarisch soll hier die Unterrichtskonzeption „Ladungen, Wechselwirkungen und Teilchen"[14] vorgestellt werden.

In dieser Ausarbeitung wird die zunehmende Vereinheitlichung der Theorien der Physik in den Mittelpunkt gestellt. Den Autorinnen und Autoren dieser Konzeption ist es wichtig, ein grundlegendes Verständnis für die Vorgänge im Universum und den Aufbau der Materie anzubahnen. Als Ziel der Teilchenphysik wird formuliert, „alle im Universum ablaufenden Prozesse mit einer vereinheitlichten Theorie" zu beschreiben (◘ Abb. 12.4). Die drei Leitlinien dieser Konzeption lauten:

- Der Aufbau der Materie und alle Vorgänge im Universum können durch fundamentale Wechselwirkungen beschrieben werden.
- Den Wechselwirkungen liegen (verallgemeinerte) Ladungen zugrunde. Mit diesen Ladungen können Elementarteilchen charakterisiert werden.
- Die Rolle der Elementarteilchen bei den Wechselwirkungen wird genauer untersucht.

---

13 Alle Materialien sind unter ► https://www.leifiphysik.de/tp downloadbar.
14 Kobel et al. (2020, S. 7).

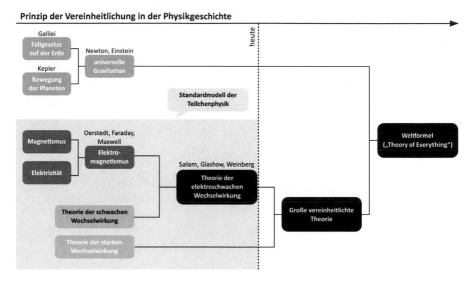

Prinzip der Vereinheitlichung in der Physikgeschichte

Abb. 12.4 Entwicklung einer vereinheitlichten Theorie der Physik (nach Kobel et al. 2020)

Von Anfang an werden die bekannten Teilchen und ihre Größenordnungen mitgeteilt (Atom, Atomkern, Proton, Elektron, Quark). In der Unterrichtskonzeption werden zunächst die vier bekannten Wechselwirkungskräfte vorgestellt: Gravitation, elektromagnetische Wechselwirkung, starke und schwache Wechselwirkung. Dazu werden Ankerbeispiele eingesetzt. Für die Gravitation ist es ein Planetensystem, das Atom dient zur Einführung der elektromagnetischen Wechselwirkung, der Atomkern für die starke Wechselwirkung. Die schwache Wechselwirkung wird anhand der Kernfusion erläutert. Im Anschluss werden die verschiedenen Wechselwirkungen miteinander verglichen. Dazu werden die Kraftgesetze, die Reichweiten und ein Kopplungsparameter angegeben. Letzterer beschreibt die Stärke der Wechselwirkung.

Im zweiten Schritt der Unterrichtskonzeption werden Elementarteilchen genauer untersucht. Ausgehend von der Frage, wie sich die verschiedenen Teilchen unterscheiden und woran zu erkennen ist, welcher Wechselwirkung sie jeweils unterliegen, werden „Ladungen" eingeführt (**☉** Abb. 12.5). Dabei wird der Begriff der elektrischen Ladung (mit Ladung Z) auf die schwache Wechselwirkung mit einer schwachen Ladung I und auf die starke Wechselwirkung mit einer starken Ladung („Farbladung" $\vec{c}$) verallgemeinert. Danach werden die Regeln mitgeteilt, anhand derer sich die verschiedenen Ladungen in Teilchen zusammensetzen können und mit Tabellen verdeutlicht.

Der dritte Schritt der Unterrichtskonzeption besteht in der Einführung der Wechselwirkungsteilchen – hier „Botenteilchen" genannt. Es wird erklärt, dass die Wechselwirkungen im Standardmodell der Teilchenphysik nicht durch Felder modelliert werden, sondern durch den Austausch von Teilchen. An einem Beispiel wird anschaulich gemacht, dass so auch eine anziehende Wechselwirkung möglich

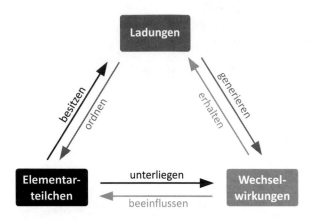

⬛ Abb. 12.5 Zusammenhänge zwischen Wechselwirkungen, Elementarteilchen und Ladungen (nach Kobel et al. 2020)

⬛ Abb. 12.6 Veranschaulichung der abstoßenden bzw. anziehenden Wechselwirkung durch den Austausch eines Balls bzw. Bumerangs (nach Kobel et al. 2020)

ist (⬛ Abb. 12.6). Danach werden die Botenteilchen der verschiedenen Wechselwirkungen (Photon, Gluon und W- bzw. Z-Teilchen) vorgestellt.

Im vierten Schritt werden in dieser Konzeption Feynmandiagramme präsentiert. Diese werden als Zeit-Ort-Diagramme eingeführt. Sie werden klar unterschieden von x-y-Diagrammen. Die Konstruktion von Feynmandiagrammen und der Zusammenhang zu x-y-Diagrammen wird im Material ausführlich an vielen verschiedenen Prozessen, z. B. der Paarvernichtung oder der Rutherfordstreuung (⬛ Abb. 12.7) erklärt.

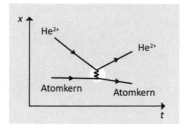

Abb. 12.7 Feynmandiagramm zur Rutherfordstreuung mit Darstellung des Wechselwirkungsprozesses (nach Kobel et al. 2020)

Erst an dieser Stelle wird in weiteren Schritten das Ordnungsschema des Standardmodells inklusive aller Elementarteilchen und ihrer verallgemeinerten Ladungen vorgestellt. Während es in traditionellen Konzeptionen eher als eine Art Setzkasten für Teilchen fungiert, dient es hier zur Zusammenführung der vorher erarbeiteten Grundideen der Elementarteilchenphysik. Für die Lehrkräfte ist im Lehrtext am Ende auch noch eine Information zum Higgsmechanismus enthalten, die aber in den Vorschlägen für die Strukturierung der Unterrichtskonzeption nicht aufgegriffen wird.

▪ **Empirische Ergebnisse**
Bisher liegen keine Untersuchungen über die Wirksamkeit der Unterrichtskonzeption „Ladungen, Wechselwirkungen und Teilchen" vor.

▪ **Unterrichtsmaterialien**
Kobel, M., Bilow, U., Lindenau, P. und Schorn, B. (2020). *Teilchenphysik: Ladungen, Wechselwirkungen und Teilchen*. Hamburg: Joachim-Herz-Stiftung. Online erhältlich unter ► https://www.leifiphysik.de/tp
Das Material besteht aus einem ausführlichem Lehrtext sowie Hinweisen für die Lehrkräfte. Es gibt auch Vorschläge für eine Anordnung der Inhalte als Spiralcurriculum. Die oben dargestellte Reihenfolge entspricht dabei dem Lehrtext.
Neben dieser Handreichung wurde im „Netzwerk Teilchenphysik" eine Vielzahl weiterer Materialien entwickelt. Dieses steht ebenfalls online unter dem oben angegebenen Link zur Verfügung.

12.3.3 Elementarteilchen im Anfangsunterricht

Die von Wiener im Rahmen seiner Dissertation entwickelte Unterrichtskonzeption ist darauf fokussiert, den subatomaren Aufbau der Materie zu vermitteln.[15] Sie wurde für einen altersstufenübergreifenden Einsatz konzipiert und kann auch schon in wenigen Unterrichtsstunden im Anfangsunterricht der Sekundarstufe I verwendet werden. Die Unterrichtskonzeption beruht auf drei Leitlinien:

---

15 Wiener (2017)

- Es wird durchgängig betont, dass es sich bei der Teilchenphysik um ein Modell handelt. Immer wieder wird daran gearbeitet, dass es zwar darum geht, eine Vorstellung vom Verhalten des Universums zu entwickeln, es sich dabei aber nicht um die Wirklichkeit handelt.
- Es wird darauf verzichtet, quasi-realistische Abbildungen zu zeichnen. Stattdessen werden alle Elemente des Standardmodells durch typografische Illustrationen veranschaulicht (◘ Abb. 12.8). Das soll verhindern, dass Lernende sich unter den Elementarteilchen kleine Kügelchen vorstellen. Gleichzeitig vertieft dies die Einsicht in den Modellcharakter der Teilchenphysik.
- Die dritte Leitlinie fordert sprachliche Exaktheit. So wird zwischen Teilchen (die eigentlichen Elementarteilchen wie Quarks und Elektronen) und Teilchensystemen (z. B. Protonen oder Neutronen) unterschieden. Es wird auch vom „Atomkern-Bereich" statt vom Atomkern gesprochen, um zu verhindern, dass sich die Vorstellung eines klar lokalisierten kugelförmigen Atomkerns bildet.

Die Unterrichtskonzeption führt am Beginn den Begriff „Materie" als alles ein, was man (theoretisch oder praktisch) berühren kann. Die Aussage „theoretisch" hat sich dabei als wichtig erwiesen, da sonst Diskussionen darüber ausbrechen könnten, ob z. B. der Mond Materie ist oder nicht. Es wird empfohlen zu verdeutlichen, dass auch Luft Materie ist. Im zweiten Schritt der Konzeption wird der Modellbegriff eingeführt. Es wird erklärt, dass wir die Wirklichkeit immer nur durch Modelle beschreiben können. Und eines der Modelle, die wir kennen, ist das Atommodell. Die Materie ist aus kleinsten Teilchen aufgebaut, den Atomen. Es wurde aber festgestellt, dass man das Atom noch weiter in zwei Bereiche unterteilen kann: den Atomkern-Bereich und den Orbitalbereich (◘ Abb. 12.9).

Im letzten Schritt der Konzeption werden diese beiden Bereiche genauer untersucht. Es wird erläutert, dass sich im Atomkern-Bereich Protonen und Neutronen befinden. Diese werden als Teilchensysteme bezeichnet, weil sie aus weiteren Teilchen bestehen, den Quarks. Im Orbital-Bereich können Elektronen gefunden werden. Zum Abschluss wird erklärt: „Abgesehen von diesen winzig kleinen, unteilbaren Teilchen gibt es laut dem Modell aber nur leeren Raum. Also nichts."

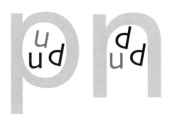

◘ **Abb. 12.8**   Darstellung von Proton und Neutron mit typografischen Elementen (mit freundlicher Genehmigung von Gerfried Wiener)

Atomkern
Bereich

◨ **Abb. 12.9** Typografische Darstellung des Orbital- und des Atomkern-Bereichs (mit freundlicher Genehmigung von G. Wiener)

Alles, der Tisch, die Stühle, wir Menschen, die Erde, alles besteht aus unglaublich vielen Elementarteilchen und noch viel mehr Leere."[16]

■ **Empirische Ergebnisse**

Die Unterrichtskonzeption wurde in einem mehrstufigen Design mit einzelnen Lernenden der sechsten Jahrgangsstufe in Akzeptanzbefragungen (klar strukturierte Lehr-Lern-Interviews) untersucht und in mehreren Zyklen optimiert. Dazu wurden die Kernideen den einzelnen Schülerinnen bzw. Schülern erläutert. Diese mussten anschließend neue Problemstellungen bearbeiten. Als lernwirksam wurden solche Erklärungen bewertet, auf die die Lernenden bei der Bearbeitung der neuen Probleme gut zurückgreifen konnten. Andere Erklärungen wurden in weiteren Zyklen so lange verändert, bis auch sie lernwirksam waren. Besonders gut wurden dabei die sprachliche Genauigkeit, z. B. bei der Unterscheidung zwischen Teilchen und Teilchen-System, und die typografische Darstellung von den Schülerinnen und Schülern angenommen und in neuen Problemen verwendet.[17]

■ **Unterrichtsmaterialien**

Wiener, G., Schmeling, S. und Hopf, M. (2017). Elementarteilchenphysik im Anfangsunterricht. *Praxis der Naturwissenschaften – Physik in der Schule, 67(1)*. ▶ http://cds.cern.ch/record/2244915

---

16 Wiener et al. (2017, S. 19).
17 Wiener (2017)

In diesem – als open access verfügbaren – Zeitschriftenartikel werden die Leitideen der Unterrichtskonzeption sowie ein Lehrtext vorgestellt. Darüber hinaus ist eine kommentierte Version mit Hinweisen für Lehrpersonen abgedruckt.

12.4 Nicht-lineare Dynamik – Chaos

12.4.1 Fachliche Einordnung

Ähnliche Anfangsbedingungen führen auch bei genau beschreibbaren physikalischen Systemen nicht immer zu ähnlichem Verhalten. Dies ist das Grundphänomen der nicht-linearen Physik. Die Aussage gilt umso mehr für komplexe Systeme mit zahlreichen Zustandsgrößen wie bei Wettervorhersagen, aber auch schon für einfache Systeme wie ein Drehpendel mit Unwucht. Das mittel- bis langfristige Verhalten solcher Systeme kann oftmals nur eingeschränkt vorhergesagt werden, obwohl es im Einzelfall streng determiniert ist: Bei exakt gleichen Ausgangsbedingungen kommt es zu exakt gleichen Prognosen. Diese *schwache Kausalität* – gleiche Ursachen haben gleiche Wirkungen – gilt bei deterministischen Systemen immer, während die *starke Kausalität* – ähnliche Ursachen haben ähnliche Wirkungen – vielfach nicht gilt. Der Charakter des Chaos liegt also im Fehlen starker Kausalität bei gleichzeitiger Determiniertheit.

Chaotische Systeme wurden ab den 1960er-Jahren ein Forschungsthema der Physik im Rahmen der nicht-linearen Dynamik. Hintergrund war die Zuwendung zu komplexeren Systemen wie in der Klimaforschung, aber auch die zunehmende Verfügbarkeit leistungsstarker Computer für numerische Berechnungen.

12

■ **Dynamische Instabilität**

Manche Systeme reagieren in bestimmten Zuständen äußerst sensibel auf kleinste Variationen der Randbedingungen[18], andere Systeme sind hingegen recht robust. Ein Beispiel für Robustheit ist die Rollbewegung eines Fußballs über Kopfsteinpflaster. Hier bleiben Rollrichtung und -weite bei einer kleinen Änderung der Anfangsgeschwindigkeit ähnlich (vorausgesetzt, die kinetische Energie ist am Beginn wesentlich größer als die Potenzialschwelle an den Pflastersteinen). Wegen der vielen Stoßprozesse längs der Trajektorie handelt es sich um ein *komplexes System*. Dennoch kann man den Ort, an dem der Ball zur Ruhe kommt, ungefähr vorhersagen, auch wenn man die Geometrie und die Materialeigenschaften der beteiligten Körper nicht exakt kennt; kleine Änderungen der Anfangsbedingungen bleiben ohne dramatische Folgen. Komplexität führt also nicht notwendigerweise zu einer eingeschränkten Vorhersagbarkeit.

---

18 Der sogenannte „Schmetterlingseffekt": der Flügelschlag eines Schmetterlings kann einen Tornado verursachen. Dieses Beispiel ist allerdings nur im übertragenen Sinne zu verstehen: auf Zeitskalen von bis zu mehreren Tagen ist die Wettervorhersage recht robust gegenüber kleinen Variationen der Ausgangsbedingungen.

◘ **Abb. 12.10**   Drehschwinger mit chaotischem Verhalten

Andererseits können vergleichsweise einfache Systeme chaotisches Verhalten zeigen. Ein im Unterricht viel verwendetes Beispiel ist das Pohl'sche Drehpendel[19] (◘ Abb. 12.10). Im Normalfall gilt hier die starke Kausalität. Befestigt man jedoch auf dem Drehschwinger einen kleinen Zusatzkörper (rotes Gewichtsstück in ◘ Abb. 12.10), der zu einer Unwucht führt, geht diese verloren. Das Pendel wird *dynamisch instabil*. Ursache ist das durch den Zusatzkörper bewirkte Drehmoment, u. a. wird dadurch die Drehfrequenz amplitudenabhängig.

Der Ausdruck „nicht-linear" stammt daher, dass in den Bewegungsgleichungen zur Beschreibung solcher Systeme nicht mehr nur proportionale Zusammenhänge vorkommen (Rückstellmoment der Drehfeder ist proportional zum Drehwinkel), sondern auch andere, z. B. ist das Rückstellmoment der Unwucht vom Sinus des Winkels abhängig. Nicht-lineare Zusammenhänge zwischen Systemgrößen sind ein zentrales Kennzeichen chaotischer Systeme. Die Differenzialgleichung für $\varphi(t)$ lässt sich dann für den allgemeinen Fall nicht mehr analytisch lösen. Es gibt nur Näherungslösungen oder man greift zu numerischen Ansätzen (▶ Kap. 5).

Ohne Antrieb des Pendels laufen die Trajektorien im Phasenraum[20] auf Punkte zu (das System kommt zur Ruhe). Regt man das Drehpendel periodisch von außen an, können die Trajektorien sich bei kleinen Änderungen der Randbedingungen völlig anders entwickeln. Langfristig münden die Trajektorien im Phasenraum auf Kurven, die zyklisch durchlaufen werden (◘ Abb. 12.11). Es kommt für die Vorhersage des Systemverhaltens sehr auf die exakte Kenntnis der Anfangsbedingungen an (z. B. Anregungsfrequenz und Dämpfung). Da man

---

19 z. B. Schlichting (1991)
20 Darstellung der Zustände eines Systems, z. B. im Ort-Geschwindigkeit-Raum (wir betrachten hier nur zweidimensionale Phasenräume).

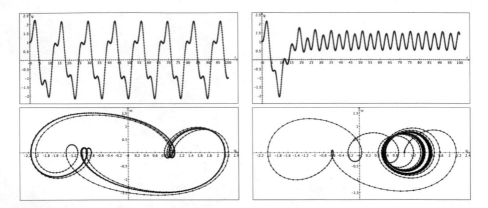

■ **Abb. 12.11** Pohl'sches Drehpendel mit Unwucht; numerische Simulation mit der Software Fluxion (▶ Abschn. 5.5) für zwei unterschiedliche Anregungsfrequenzen (links, rechts) bei sonst gleichen Parametern; oben jeweils das Winkel-Zeit-Diagramm, unten die Darstellung im Phasenraum (Projektion auf die Winkel-Winkelgeschwindigkeit-Ebene); das Erreichen der Grenzzyklen zeigt sich jeweils in den dunklen Linienbereichen

diese nur mit einer gewissen Messunsicherheit bestimmen kann, lässt sich das längerfristige Verhalten im Allgemeinen nicht mehr prognostizieren. Ein weiteres Problem sind numerische Artefakte, die während der Berechnungen auftreten können.

▪ Ordnungsstrukturen im globalen Systemverhalten

Obwohl sich bei dynamisch instabilen Systemen die langfristigen Verläufe von Trajektorien, die eng benachbart gestartet sind, stark unterscheiden können, findet man im *globalen* Systemverhalten dennoch Strukturen. Chaotische Systeme verhalten sich nicht stochastisch. Es gibt ausgezeichnete Bereiche im Phasenraum, die bevorzugt eingenommen werden. Dies wird deutlich, wenn man die Startbedingungen systematisch variiert und das berechnete Endverhalten des Systems in geeigneter Form grafisch darstellt. Bereiche im Phasenraum, auf die das System langfristig zusteuert und dann nicht mehr verlässt, werden als Attraktoren bezeichnet. Sie bringen „Ordnung in das Chaos".

Ein einfaches Beispiel ist die gedämpfte Schwingung einer Stahlkugel an einem Faden über drei Permanentmagneten. Es gibt genau drei Endzustände (Fixpunkte als Attraktoren), in denen das Pendel zur Ruhe kommen kann. Welcher davon realisiert wird, hängt sehr sensibel von der Startposition ab sowie einem möglicherweise dem Pendelkörper beim Loslassen mitgegebenen Startimpuls (■ Abb. 12.12).

▪ Fraktale und Strukturbildung

Betrachtet man die Attraktoren bestimmter chaotischer Systeme genauer – gewissermaßen unter der Lupe – dann erkennt man immer mehr Details. Wenn die Substrukturen der übergeordneten „Zoomstufe" ähnlich sind, wird dies als Selb-

12

⬛ Abb. 12.12 Farblich unterschiedene Einzugsgebiete dreier Magnete beim Magnetpendel mit Dämpfung; Polstärken im Verhältnis 1 (grün) zu 2 (rot) zu 3 (blau), Anfangsgeschwindigkeit null; Berechnung mit dem Programm Magnetpendel.exe (Die Software wurde am Lehrstuhl für Didaktik der Physik der Universität Würzburg entwickelt; ▶ https://did-apps.physik.uni-wuerzburg.de/Did-Apps-Site/magnetpendel/)

stähnlichkeit bezeichnet. Sogenannten „seltsamen" Attraktoren kann man nicht mehr eindeutig eine ganzzahlige Dimension zuweisen, sie weisen z. B. sowohl Aspekte einer Linie als auch einer Fläche auf. Man spricht dann von einer gebrochenzahligen („fraktalen") Dimension.

Fraktale Strukturen – oder kurz „Fraktale" – kann man auch in der Natur erkennen. Ein Beispiel, das auf Mandelbrot[21] zurückgeht, sind die Küstenlinien Großbritanniens. Bei einer groben Betrachtung aus dem Weltall scheinen sie glatt zu verlaufen und eine bestimmbare Länge zu haben. Zoomt man in das Bild hinein, so erkennt man Buchten, Einschnitte und Auswölbungen, die eine Aussage über die Gesamtlänge der Küste schwierig machen. Gleichzeitig erkennt man Grundstrukturen des Küstenverlaufs auch im Kleinen (Selbstähnlichkeit). Wenn man auch noch einzelne Felsen, Steine oder gar Sandkörner einbezieht, geht die Küstenlänge „gefühlt" gegen unendlich.

Fraktale Strukturen lassen sich durch einfache mathematische Algorithmen erzeugen. Bei der Kochkurve teilt man eine Strecke in drei gleiche Teile und ersetzt die mittlere Teilstrecke durch zwei Schenkel eines gleichseitigen Dreiecks. Auf die entstandenen neuen Strecken wendet man Algorithmus erneut an (⬛ Abb. 12.13). Geht man von einem gleichseitigen Dreieck aus, entstehen Strukturen, die einer Schneeflocke ähneln. Ähnlich wie bei den Küstenlinien Großbritanniens wird eine endlich große (Land-)Fläche von einer Linie umrandet, deren Länge gegen unendlich strebt.

Solche Wachstumsstrukturen können auch in Experimenten realisiert werden, wenn sich z. B. Stoffportionen sukzessiv zwar nicht auf im Einzelfall vorhersagbaren Trajektorien anlagern, aber gleichzeitig Muster ausbilden.

---

21 Benoît Mandelbrot gilt als Begründer der fraktalen Geometrie.

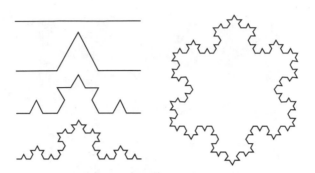

◘ Abb. 12.13   Links: drei Iterationen der Konstruktion der Koch-Kurve; rechts: Koch-Schneeflocke

12.4.2 Chaostheorie in Klasse 10 und in Grundkursen

Komorek und Duit[22] haben in den 1990er-Jahren eine Konzeption zur Behandlung der Chaostheorie in Jahrgangsstufe 10 entwickelt. Sie wurde später erweitert und modular für Grundkurse der gymnasialen Oberstufe aufbereitet. Es handelt sich um das Ergebnis eines mehrfach zu durchlaufenden zyklischen Prozesses, der die Erforschung der Lernervoraussetzungen (z. B. Schülervorstellungen zu Kausalität und Vorhersagbarkeit) im Wechselspiel mit Sachanalysen beinhaltet, um darauf aufbauend Lernangebote zu entwickeln, deren Wirksamkeit empirisch überprüft wird.[23]

■ **Konzeption für Klasse 10**

Bei der Konzeption für Klasse 10 geht es darum, den Glauben von Schülerinnen und Schüler an die prinzipiell eindeutige Vorhersagbarkeit physikalischer Phänomene zu erschüttern und ihnen durch das Verständnis von Grundideen der nicht-linearen Physik gleichzeitig ein zutreffenderes Bild von der modernen Physik zu vermitteln. Die Konzeption konzentriert sich auf den Aspekt der eingeschränkten Vorhersagbarkeit chaotischer Systeme; Ordnungsprinzipien (Attraktoren) werden nicht behandelt. Ein Grund sind die begrenzten mathematischen Voraussetzungen bei den Schülerinnen und Schülern; zudem müsste das Phasenraumkonzept eingeführt werden. Wichtiger jedoch ist der didaktische Aspekt, dass im Verständnis der dynamischen Instabilität der Schlüssel zur Adressierung der Schülervorstellung des naiven Determinismus liegt.[24] Attraktoren oder gar Fraktale sind zwar fachlich interessanter, aus der Perspektive des zu erwerbenden Grundverständnisses jedoch nachrangig.

Als prototypisches Phänomen wird das Magnetpendel ausführlich behandelt (◘ Abb. 12.14). Bei symmetrischer Anordnung gibt es in der Ebene der drei Magneten drei Geraden im Winkel von 120°, auf denen sich die Anziehungskräfte

---

22 Die Arbeiten erfolgten am Institut für die Pädagogik der Naturwissenschaften in Kiel.
23 „Didaktische Rekonstruktion" als besondere Form des Design-Based-Research (▶ Abschn. 1.4).
24 Duit und Komorek (2000, S. 9).

■ **Abb. 12.14** Magnetpendel

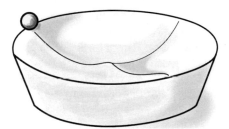

■ **Abb. 12.15** Chaosschüssel (nach Duit und Komorek 2004); die Wälle und Berggrate stehen als Analogie für den Potenzialverlauf des aus Magnetfeld und Gravitationsfeld gebildeten resultierenden Feldes, in dem sich der Pendelkörper bewegt (■ Abb. 12.14)

von jeweils zwei Magneten auf den Pendelkörper kompensieren. Lässt man das Pendel oberhalb einer solchen Geraden los, bewirken kleinste Ungenauigkeiten oder Störungen, dass das Pendel nicht mehr in einer Ebene schwingt, sondern zur einen oder anderen Seite angezogen wird und dann ganz unterschiedliche Wege durchläuft. Als Analogie verwendet die Konzeption einen schmalen Berggrat, von dem ein Wanderer nach links oder rechts abgleiten kann. In der Konzeption wird viel mit Analogien gearbeitet. Weitere Beispiele für Zonen labilen Gleichgewichts sind ein Würfel, der gerade auf einer Kante steht, und die „Chaosschüssel" (■ Abb. 12.15). Die Chaosschüssel veranschaulicht zudem prinzipiell den Potenzialverlauf beim Magnetpendel (Gravitations- und Magnetfeld). Der Begriff Potenzial wird im Unterricht nicht eingeführt, sondern es wird in der Analogiebetrachtung von einem „Wall" gesprochen, den die Kugel hinauf- oder hinunterläuft.[25] Als digitales Medium wird ein Simulationsprogramm verwendet, in dem man virtuell die Kugel starten und ihre Trajektorien verfolgen kann.

- **Unterricht in Klasse 10**

Die Konzeption wurde in verschiedenen Varianten im Umfang von vier bis acht Unterrichtsstunden erprobt. Die Schülerinnen und Schüler erkunden in längeren Unterrichtsabschnitten in Vierer- oder Fünfergruppen selbstständig das Verhalten der oben angeführten Systeme. Sie erhalten dafür Arbeits- und Informationsblätter.

Im ersten Abschnitt befassen sich die Schülerinnen und Schüler mit dem Magnetpendel. Das Verhalten der Pendelkugel wird zunächst im Klassengespräch vorhergesagt und diskutiert.[26] Die Schülerinnen und Schüler führen dann in Gruppenarbeit Experimente durch. Sie suchen nach Regelmäßigkeiten der Positionen, in denen das Pendel zur Ruhe kommt und sind überrascht, dass sich gleiche Resultate selbst bei großem Bemühen um gleiche Startpositionen kaum reproduzieren lassen.

Im zweiten Teil werden die Kräfte, die auf den Pendelkörper wirken, genauer untersucht. Zur Detektion dienen eine kleine Pendelkugel und Eisenfeilspäne. Die Y-Struktur – von den Lernenden „Mercedesstern" genannt – wird herausgearbeitet, aber es fällt den Schülerinnen und Schülern (noch) schwer, hier die Bereiche eines labilen Gleichgewichts zu erkennen.

Im dritten Abschnitt sollen die Gruppen mögliche Erklärungen für das Verhalten des Pendels entwickeln. Als Hilfestellung erhalten sie dafür neben schriftlichen Materialien eine „Chaosschüssel" (◘ Abb. 12.15). Die Überlegungen sollen dann in der virtuellen Welt der Simulation des Magnetpendels in einer Partnerarbeit am PC vertieft und weiterentwickelt werden. Die Lernenden können hier erkennen, dass sich das Pendel selbst in einer idealen Welt, in der äußere Störungen ausgeblendet sind, immer noch chaotisch verhält. Zum Abschluss der Unterrichtsreihe werden die Ergebnisse begrifflich mit „chaotisches System" und „eingeschränkte Vorhersagbarkeit" auf den Punkt gebracht. Es ist viel Zeit für die Klärung und Vertiefung der Grundideen im Unterrichtsgespräch einzuplanen. Die Lernenden sollen nach weiteren Beispielen suchen und die Lehrkraft bringt Beispiele ein, z. B. im Zusammenhang mit der Erkennung des Vorhofflimmerns bei Herzpatienten.

- **Unterricht in der gymnasialen Oberstufe**

Unter Leitung von Komorek hat eine Lehrergruppe die Konzeption für die gymnasiale Oberstufe erweitert. Über die Thematiken der Unterrichtsreihe für die Sekundarstufe I hinaus werden Ordnungsstrukturen im Chaos und Strukturbildung behandelt. Die Behandlung bleibt auf einem grundlegenden Niveau mit ge-

---

25 zu den verwendeten Analogien siehe Komorek und Duit (1995)
26 nach Komorek (2014, S. 70 f.) und Duit und Komorek (2004)

ringer Mathematisierung. Die Konzeption ist auf ca. 18 Unterrichtsstunden ausgelegt und kann modular in unterschiedlichen Formaten eingesetzt werden. Sie sieht über längere Phasen Gruppenarbeit der Schülerinnen und Schüler anhand von Arbeitsbögen vor, oft in arbeitsteiliger Form. Die Module wurden in zwei Grundkursen der 11. bzw. 13. Jahrgangsstufe und in Blockform in einem Methodenkurs erprobt. Daneben besteht die Möglichkeit, die Materialien für Projektkurse zu nutzen.

Den Einstieg bildet ein Modul zur *Himmelsmechanik,* das die eingeschränkte Vorhersagbarkeit der Bahnen von Planeten und Asteroiden bis hin zur Simulation des Sonnensystems als Drei- und Mehrkörperproblem thematisiert. Das zweite Modul entspricht weitgehend der Unterrichtskonzeption für Klasse 10: Es geht am Beispiel des Magnetpendels um das Prinzip der *dynamischen Instabilität.* Die Thematik wird im dritten Modul arbeitsteilig an weiteren Systemen, z. B. dem Doppelpendel, vertieft. Eine andere Gruppe befasst sich unter Nutzung eines Tabellenkalkulationsprogramms mit der Sensitivität eines Räuber-Beute-Systems gegenüber Änderungen der Kontrollparameter. Die Simulationssoftware zum Magnetpendel kommt zum Einsatz. Die Gruppen tragen ihre jeweiligen Ergebnisse vor. Im Klassengespräch werden die Begriffe der starken und schwachen *Kausalität* erarbeitet. Eingeschränkte Vorhersagbarkeit, Instabilität und Sensitivität werden als konstitutive Merkmale chaotischer Systeme festgehalten.

Im nächsten Modul geht es wiederum arbeitsteilig um Strukturen und Musterbildung. Die Schülerinnen und Schüler untersuchen z. B. die Ausbildung von dendritenartigen Strukturen bei elektrolytischer Zinkabscheidung (Abb. 12.16). Eine andere Gruppe untersucht Bénardzellen, die durch Konvektionsprozesse in einer Schale mit heißem Silikonöl entstehen. Die Schülerinnen und Schüler sollen Hypothesen zur Erklärung der Musterbildung formulieren. Die an einer breiten Palette von Beispielen gemachten Beobachtungen und gefundenen Erklärungsansätze werden im Klassengespräch generalisiert. Als Begriffe dienen Zufall, Ordnung und Struktur. Der Begriff Fraktal wird genannt, aber nicht vertieft erörtert.

Während bis dahin die selbstständige Gruppenarbeit dominierte, ist das Folgemodul „strukturale Ordnung" als darbietender Unterricht angelegt. Die Lehrkraft führt das Konzept des Phasenraums ein und zeigt, wie man Daten aus chaotischen Systemen aufbereitet. An der Bildung von Verkehrsstaus und an Beispielen aus der Medizin (Epilepsie, Diagnose von Herzkrankheiten) werden Anwendungen der nicht-linearen Dynamik verdeutlicht.

Den Abschluss der Unterrichtsreihe bildet ein Modul zum Weltbild der Physik und seinem Wandel vom Determinismus zu einer durch Komplexität und Komplementaritäten (z. B. Chaos und Ordnung) geprägten modernen Sicht. In einer Concept Map mit vorgegebenen Begriffen aus der Unterrichtskonzeption sollen sich die Schülerinnen und Schüler das Gelernte noch einmal zusammenfassend vor Augen führen.

„Zinkdendrit"

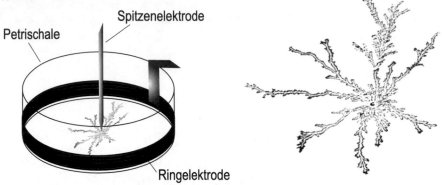

Erklärungsansatz:

- Die Zinkionen in der $ZnSO_4$-Lösung führen aufgrund der Wärme zufällige Zick-Zack-Bewegungen aus.
- Die elektrische Spannung treibt die Zinkionen in die Mitte zur Kathode.
- Die Zinkionen lagern sich wahrscheinlicher an Hügeln an als an Mulden.
- Hügel wachsen schneller als Mulden: „Selbstverstärkung" der Hügel.

◘ **Abb. 12.16**   Auszug aus einem Informationsbogen zur Musterbildung (nach Komorek 2014, S. 234)

▪ **Empirische Ergebnisse**

Komorek hat die Konzeption für Klasse 10 in verschiedenen Varianten erprobt und evaluiert.[27] Es kamen Fragebögen zum Einsatz und es wurden teilstrukturierte Interviews mit Schülerinnen und Schülern im direkten Anschluss an den Unterricht sowie zeitverzögert geführt. Zudem wurden Unterrichtsverläufe dokumentiert. Grundsätzlich erwies sich die Konzeption als geeignet, das Prinzip der eingeschränkten Vorhersagbarkeit chaotischer Systeme zu vermitteln.[28] Den Lernenden ist klar geworden, dass sich das Verhalten des Pendels im Einzelfall nicht vorhersagen lässt; sie konnten zur Sensibilität des Systems jedoch keine genaueren Aussagen machen. Bei einer Reihe von Schülerinnen und Schülern kam es zu einem grundlegenden Umdenken vom Determinismus zu Sichtweisen der Chaostheorie. In vielen Fällen wurde lediglich eine Ausdifferenzierung der vorhandenen Vorstellungen beobachtet, z. B. wenn Lernende im Prinzip am Glauben an die schwache Kausalität festhalten, jedoch für bestimmte Phänomene davon abgehen, bei denen viele Einflussfaktoren im Spiel sind. In einer anderen Studie zeigte sich, dass eine Mehrheit von Schülerinnen und Schülern gar nicht grundlegend von einem strikten Determinismus abgehen muss, weil sie Naturgesetze oh-

---

27   Duit et al. (1997)
28   Komorek (2014, S. 70 ff.)

nehin als einen groben Rahmen dafür ansehen, wie Vorgänge in der Natur ablaufen.

Zur erweiterten Konzeption wurden ebenfalls mit Fragebögen und Interviews Daten gewonnen.[29] Im Zentrum der Evaluation standen die Praxistauglichkeit und die Umsetzung der Konzeption durch die Lehrkräfte. Schülerinnen und Schüler schätzten die Unterrichtsreihe tendenziell positiv ein. Über Lerneffekte finden sich vergleichsweise wenige Aussagen. Ähnlich wie bei den Zehntklässlern wurde eher eine Ausdifferenzierung der Vorstellungen zur (eingeschränkten) Vorhersagbarkeit erreicht als ein grundlegendes Umdenken. Allerdings konnten 80 % der Schülerinnen und Schüler aus zwei Erprobungskursen die fehlende Einzelvorhersagbarkeit des Systemverhaltens in einen Zusammenhang mit der Möglichkeit einer qualitativen Beschreibung des globalen Verhaltens bringen.[30] In den Nachinterviews, die den Charakter von Lehr-Lern-Gesprächen hatten, gelang es den zwölf Schülerinnen und Schülern, grundlegende Ideen der Unterrichtskonzeption zu rekonstruieren, aber es fiel ihnen schwer, diese eigenständig darzustellen.[31]

- **Unterrichtsmaterialien**

Komorek, M. (2014). *Lernen und Lehren nichtlinearer Physik – eine Didaktische Rekonstruktion.* Universität Oldenburg, Didaktisches Zentrum. ► http://oops.uni-oldenburg.de/2783/1/komler14.pdf
Die Arbeitsblätter zur Konzeption für die gymnasiale Oberstufe sind im Anhang dieses Bandes zu finden, in dem Komorek seine Arbeiten zur Chaostheorie im Physikunterricht zusammengefasst hat. Der Band enthält zudem fachliche Klärungen für Lehrkräfte, konzeptionelle Darlegungen und Berichte über empirische Studien.

Duit, R. und Komorek, M. (2004). Die eingeschränkte Vorhersagbarkeit chaotischer Systeme verstehen. *Plus Lucis (1)*, S. 7–14. Die Publikation ist in den ► *Materialien zum Buch* zugänglich.
Der Aufsatz gibt einen Überblick über die Konzeption für die Sekundarstufe I. Er enthält im Anhang eine Bauanleitung für ein Magnetpendel und die Chaosschüssel.
Das ursprünglich in der Konzeption verwendete Simulationsprogramm MagPen läuft nicht mehr unter aktuellen Betriebssystemen. Der Lehrstuhl für Didaktik der Physik der Universität Würzburg stellt das sehr gut passende Simulationsprogramm „Magnetpendel" zur Verfügung.[32]

---

29 Komorek (2014, S. 112 ff.)
30 Komorek (2014, S. 150).
31 Komorek (2014, S. 155 f.)
32 ► https://did-apps.physik.uni-wuerzburg.de/Did-Apps-Site/magnetpendel/

12.5 Fazit

In der modernen Physik gibt es erst für wenige Teilaspekte systematisch entwickelte und empirisch erprobte Unterrichtskonzeptionen. Die vorgestellten Unterrichtsreihen können jedoch im Unterricht wirkungsvoller sein als manche Darstellungen traditioneller Themen. Dabei gilt es für die Lehrperson aber immer abzuwägen, wie viel Unterrichtszeit tatsächlich für die modernen Themen verwendet werden soll oder muss. Insbesondere für die Elementarteilchenphysik kann erheblich mehr Zeit notwendig sein, als in den Lehrplänen vorgesehen ist. Schlecht investiert ist solche Zeit aber vermutlich nicht.

Im Gegensatz zu anderen Kapiteln lassen sich in der modernen Physik Elemente einzelner Konzeptionen einfacher verbinden. So könnten durchaus die Ideen der typografischen Darstellungen der Elementarteilchen in das Konzept der verallgemeinerten Ladungen integriert werden, ohne dass darunter die Grundideen der ursprünglichen Konzeptionen aufgegeben werden müssten. Dies ist auch ein Indiz dafür, dass in der modernen Physik bisher oftmals nur Teilaspekte detaillierter bearbeitet worden sind.

Erste Aufsätze zur Erschließung der nicht-linearen Dynamik für den Physikunterricht erschienen in Unterrichtszeitschriften Mitte der 1980er-Jahre. Sie lieferten fachliche Klärungen für Lehrkräfte, aber noch keine Unterrichtskonzeptionen. Erst die Arbeiten von Komorek und Duit nahmen die Lernenden mit ihren Verständnishorizonten als ebenso wichtigen Faktor für die Konzeptionsentwicklung in den Blick. Vor allem die Konzeption für Klasse 10 ermöglicht durch ihre klare Konzentration auf ein qualitatives Grundverständnis die Heranführung der Schülerinnen und Schüler an das nach wie vor in der Wissenschaft aktuelle Thema. Dennoch wird die nicht-lineare Dynamik im traditionellen Unterricht bisher kaum behandelt. Lehrpläne nennen es entweder gar nicht oder nur als optionalen Inhalt.

12

12.6 Übungen

- ▪ **Übung 12.1**

Die Halbwertszeit kann mit dem Bierschaumzerfall, mit Würfeln bzw. Reißzwecken oder mit Springblobbs eingeführt werden. Erläutern Sie didaktisch, welche Unterschiede es dabei gibt.

Erläutern Sie, warum in der Unterrichtskonzeption „Verständnis von Radioaktivität mittels Wahrscheinlichkeitsrechnung" die Analogieexperimente zum radioaktiven Zerfall (z. B. Würfeln mit Reißzwecken, Springblobbs) eine so große Rolle spielen und wo ihr Vorteil gegenüber einem Analogieexperiment mit Münzwürfen liegt.

- **Übung 12.2**

Beschreiben Sie die Bedeutung der Übersicht über die Elementarteilchen (siehe Abb.) im traditionellen Unterricht (▶ Abschn. 12.3.1), in der Konzeption „Ladungen, Wechselwirkungen und Teilchen" (▶ Abschn. 12.3.2) bzw. in der Konzeption „Elementarteilchen im Anfangsunterricht" (▶ Abschn. 12.3.3).

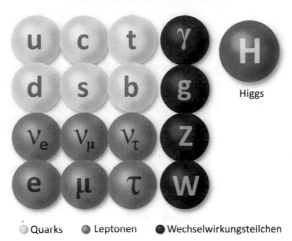

- **Übung 12.3**

Erläutern Sie Gemeinsamkeiten und Unterschiede der Konzeptionen zur Behandlung der nicht-linearen Dynamik in Klasse 10 und in der gymnasialen Oberstufe.

Literatur

Duit, R., & Komorek, M. (2000). Die eingeschränkte Vorhersagbarkeit chaotischer Systeme verstehen. *Der mathematische und naturwissenschaftliche Unterricht, 53,* 94–103.

Duit, R., & Komorek, M. (2004). Die eingeschränkte Vorhersagbarkeit chaotischer Systeme verstehen. *Plus Lucis, 12*(1), 7–14.

Duit, R., Komorek, M., & Wilbers, J. (1997). Studien zur didaktischen Rekonstruktion der Chaostheorie. *Zeitschrift für Didaktik der Naturwissenschaften, 3*(3), 19–34.

Friege, G., & Schneider, I. (2019). Radioaktivität – Ausgewählte Geräte, Materialien und Medien für den Unterricht. *Unterricht Physik, 30*(171/172), 72–75.

Jansky, A. (2019). *Die Rolle von Schülervorstellungen zu Wahrscheinlichkeit und Zufall im naturwissenschaftlichen Kontext (Diss.)*. Universität Wien. ▶ http://othes.univie.ac.at/60369/

Kobel, M., Bilow, U., Lindenau, P., & Schorn, B. (2020). *Teilchenphysik: Ladungen, Wechselwirkungen und Teilchen.* Hamburg: Joachim-Herz-Stiftung.

Komorek, M. (2014). *Lernen und Lehren nichtlinearer Physik – eine Didaktische Rekonstruktion.* Universität Oldenburg: Didaktisches Zentrum. ▶ http://oops.uni-oldenburg.de/2783/1/komler14.pdf

Komorek, M., & Duit, R. (1995). Wie Analogien helfen, ein magnetisches Chaospendel zu verstehen. *Naturwissenschaften im Unterricht – Physik, 6*(27), 23–25.

Mikelskis, H. F. (1979). *Zum Verhältnis von Wissenschaft und Lebenswelt im Physikunterricht – dargestellt am Thema Kernkraftwerke (Diss.)*. Universität Bremen: Fachbereich 1 Physik/Elektrotechnik.

Murray, A., & Hart, I. (2012). The 'radioactive dice' experiment: why is the 'half-life' slightly wrong? *Physics Education, 47*(2), 197.

Neumann, S., & Hopf, M. (2011). Was verbinden Schülerinnen und Schüler mit dem Begriff 'Strahlung'. *Zeitschrift für Didaktik der Naturwissenschaften, 17*, 157–176.

Passon, O., Zügge, T., & Grebe-Ellis, J. (2018). Pitfalls in the teaching of elementary particle physics. *Physics Education, 54*(1), 015014.

Plotz, T. (2017). *Lernprozesse zu nicht-sichtbarer Strahlung – Empirische Untersuchungen in der Sekundarstufe 2*. Berlin: Logos.

Schlichting, H.-J. (1991). Strukturen im Chaos – Einfache Systeme als Zugang zu einem neuen Forschungsbereich der modernen Physik. *physica didactica, 18*(1), 14–44.

Scholz, R., & Weßnigk, S. (2019). foeXlab – das Labor für Schülerinnen und Schüler des Outreachprojekts Ö im Sonderforschungsbereich CRC 1227 (DQ-mat). In C. Maurer (Hrsg.), *Naturwissenschaftliche Bildung als Grundlage für berufliche und gesellschaftliche Teilhabe. Gesellschaft für Didaktik der Chemie und Physik Jahrestagung in Kiel 2018* (S. 556–559): Universität Regensburg.

Wiener, G. (2017). *Elementary particle physics in early physics education. (Diss.)*. Universität Wien. ► http://othes.univie.ac.at/46446/

Wiener, G., Schmeling, S., & Hopf, M. (2017). Elementarteilchenphysik im Anfangsunterricht. *Praxis der Naturwissenschaften – Physik in der Schule, 67*(1). ► http://cds.cern.ch/record/2244915

Wilhelm, T., & Ossau, W. (2009). Bierschaumzerfall – Modelle und Realität im Vergleich. *Praxis der Naturwissenschaften – Physik in der Schule, 58*(8), 19–26.

12

Unterrichtskonzeptionen für Nature of Science (NOS)

Dietmar Höttecke und Horst Schecker

Inhaltsverzeichnis

© Springer-Verlag GmbH Deutschland, ein Teil von Springer Nature 2021
T. Wilhelm, H. Schecker, M. Hopf (Hrsg.), *Unterrichtskonzeptionen für den Physikunterricht*,
https://doi.org/10.1007/978-3-662-63053-2_13

13.1 Fachliche Einordnung

Wenn Schülerinnen und Schüler naturwissenschaftlichen Unterricht im Allgemeinen oder Physikunterricht im Besonderen besuchen, dann sollen sie ein zunehmendes Verständnis davon entwickeln, was Naturwissenschaften sind. Diese Forderung scheint auf den ersten Blick selbstverständlich zu sein, wird aber kaum eingelöst. Die Forschung über Schülervorstellungen[1] zeigt vielmehr, dass naive und widersprüchliche Vorstellungen davon entwickelt werden, was naturwissenschaftliches Wissen ist, was die naturwissenschaftlichen Disziplinen auszeichnet oder wie Wissenschaftlerinnen und Wissenschaftler in diesen Domänen arbeiten. Wissenschaftsverständnis scheint sich – wie auch die anderen prozessbezogenen Kompetenzen (▶ Kap. 15) – im traditionellen Unterricht nicht en passant zu entwickeln. Es bedarf daher spezifischer Methoden und Unterrichtskonzeptionen, welche die *Nature of Science* adressieren (NOS; im Deutschen auch die *Natur der Naturwissenschaften*).

- **Was kann man unter NOS verstehen?**

Während es unterschiedliche Elementarisierungen auch in vielen anderen Inhaltsbereichen des Physikunterrichts gibt, ist die Ungewissheit über die *fachliche Grundlage* für NOS etwas Besonderes. Unterschiedliche philosophische Traditionen unterstellen den Naturwissenschaften unterschiedliche Charakteristika, betonen unterschiedliche Aspekte oder gehen von verschiedenen Grundannahmen aus.[2]

Empirismus und *Induktivismus* teilen die Annahme, dass Naturwissenschaften vor allem auf einem empirischen Fundament, also auf Daten, Beobachtungen oder Erfahrungen aufbauen. Auf der Basis einer hinreichenden Anzahl an Beobachtungen (z. B.: „Kuper, Eisen und Aluminium leiten elektrischen Strom.") soll es dann etwa erlaubt sein, auf einen allgemeinen Sachverhalt (im Beispiel: „Metalle sind elektrische Leiter.") zu schließen. Problematisch daran ist, dass auf Basis einer endlichen Zahl an Beobachtungen nicht mit Sicherheit auf einen allgemeinen Zusammenhang geschlossen werden kann. Hinzu kommt, dass Beobachtungen selbst nicht theoriefrei, also gleichsam „rein" und voraussetzungsfrei sein können.

Der *Falsifikationismus* betont, dass Naturwissenschaftlerinnen und -wissenschaftler Hypothesen aufstellen und prüfen. Eine Bestätigung von Hypothesen sei logisch nicht möglich, man könne sie aber widerlegen. Gern wird die Möglichkeit der Falsifikation zum Ausweis der Wissenschaftlichkeit einer Disziplin überhaupt erhoben. An dieser Auffassung ist problematisch, dass Forschende tatsächlich kaum Interesse daran haben, ihre eigenen Grundannahmen zu widerlegen, dass falsifizierte Hypothesen mit Ad-hoc-Annahmen gerettet werden können und sich

---

1   Höttecke und Hopf (2018) .
2   Höttecke (2008); ein umfassender Überblick zu wissenschaftsphilosophischen Positionen findet sich bei Hofheinz (2008).

darum das tatsächliche Handeln in der Wissenschaft kaum am Falsifikationismus orientiert.

Der *Realismus* vertritt die Annahme, dass die Welt durch Naturwissenschaft prinzipiell erkennbar ist. Durch Forschung kann man sich der Wahrheit über die Natur also zumindest annähern. Die Erkennbarkeitsannahme wird dann problematisch oder zumindest eingeschränkt, wenn wissenschaftliche Theorien immer wieder verändert oder ganz aufgegeben werden. Eine übertriebene und damit naiv-realistische Position kann im Physikunterricht die Fehlvorstellung fördern, dass Physik Objekte immer so beschreibt, wie sie wirklich sind.

Einfacher haben es da der *Pragmatismus* und der *Instrumentalismus*. Für sie müssen Theorien oder Modelle gar nicht wahr, sondern nur funktional sein. Entscheidend ist der Nutzen einer Theorie, nicht ihr vermeintlicher Wahrheitsgehalt. *Konstruktivismus* und *Relativismus* melden dagegen Zweifel an der Möglichkeit objektiven Wissens über die Natur an. Aus dieser Perspektive werden die Rolle von Denkzwängen, kulturellen und gesellschaftlichen Einflüssen auf die Naturwissenschaften und der grundsätzliche Konstruktionscharakter des Wissens hervorgehoben.

▪ Genese und Status naturwissenschaftlichen Wissens

Arbeiten des Wissenschaftshistorikers und -philosophen Thomas Kuhn zeigen, dass Naturwissenschaften sich auf revolutionäre Weise entwickeln können, sodass es in kurzer Zeit zu einschneidenden Neubewertungen fundamentaler Annahmen kommen kann. Kuhn hat in diesem Zusammenhang den Begriff des *Paradigmas* eingeführt, um auszudrücken, dass Denken und Handeln in den Naturwissenschaften nicht frei und losgelöst sind, sondern im Rahmen sozial geteilter Denkzwänge geschehen.[3] Was in den Wissenschaften als wahr angesehen wird, wird in den jeweiligen wissenschaftlichen Gemeinschaften ausgehandelt und zwar möglichst, bis ein Konsens hergestellt ist.

Der Wissenschaftshistoriker Hentschel[4] weist zugleich darauf hin, dass man Wissenschaftsgeschichte nicht als Abfolge einzelner Ereignisse missverstehen möge, auch wenn das ein naives Geschichtsverständnis nahelegen könnte. Vielmehr solle man die historische Entwicklung der Naturwissenschaften als ein Gewebe aus Forschungssträngen und sich stetig anreichernden semantischen Schichten verstehen, das veraltete Bedeutungsschichten umbiegen oder brechen kann, sodass mit der (Weiter-)Entwicklung von Begriffen, mentalen Modellen und Konzepten immer wieder neue Bedeutungen generiert werden. Dies wird z. B. sichtbar, wenn in aktuell verwendeten physikalischen Begriffen (Wärmekapazität, Wärmestrom) historisch überwundene Vorstellungen („Körper enthalten einen unwägbaren, aber mengenartigen Wärmestoff.") immer noch mitschwingen. Naturwissenschaften würden sich in dieser Sichtweise weniger revolutionär, sondern eher evolutionär entwickeln.

---

3   Kuhn (1962); zu Kuhns Präzisierung des Begriffs Paradigma vgl. Kuhn (1974).
4   Hentschel (2015).

Die Kuhn'sche Sichtweise auf Naturwissenschaften als ein soziales Phänomen spiegelt sich in wissenschaftssoziologischen Studien wider, die weniger mit Geltungs- und Wahrheitsfragen der Naturwissenschaften und mehr mit der Dynamik ihrer Entwicklung befasst sind. Bourdieu[5] geht davon aus, dass Wissenschaftlerinnen und Wissenschaftler danach streben, relevante und vertrauenswürdige Forschungsergebnisse hervorzubringen (Publikationen in einschlägigen Journalen), sowie einen hohen sozialen Status (Reputation), Macht und Einfluss (z. B. Mitgliedschaft in Kommissionen, die Forschungsgelder verteilen) und ökonomisches Kapital (Forschungsmittel) zur Steigerung ihres Forschungsoutputs zu erlangen. Dann ist in den Naturwissenschaften die Frage „Wie wahr und wie gerechtfertigt ist unser Wissen?" immer schon mit der Frage verbunden, wer dieses Wissen hervorgebracht hat und öffentlich vertritt.

Was wir in den Naturwissenschaften für wahr, gültig und glaubwürdig halten, durchläuft einen eingespielten Kontroll- und Filterprozess. Bevor wissenschaftliche Ergebnisse in Fachjournalen publiziert werden dürfen, müssen sie sich einem sogenannten *Peer-Review* unterziehen. Peer-Review ist für die Naturwissenschaften als ein Mechanismus wechselseitiger Kontrolle essenziell und kann die Glaubwürdigkeit ganzer Disziplinen absichern. Mitglieder einer wissenschaftlichen Gemeinschaft urteilen dabei darüber, was relevant, zentral und hochwertig ist, was besonders wichtige oder eher randständige Forschungsfragen sind, welche Theoriebezüge angemessen und welche Forschungsmethoden geeignet sind.[6]

- **Warum soll man über NOS lernen?**

NOS als Teil naturwissenschaftlichen Grundverständnisses dient weniger dazu, eine Befähigung zum selbstständigen Problemlösen in den Naturwissenschaften aufzubauen – dies wäre eher eine Expertenkompetenz – als vielmehr dazu, das Verständnis von Prozessen in der Naturwissenschaft als Teil allgemeiner Bildung zu fördern. Dabei wird ein demokratisches Argument besonders oft herangezogen und NOS im Hinblick auf die aktive, verantwortungsvolle und zugleich informierte Teilhabe von Bürgerinnen und Bürgern an öffentlichen und naturwissenschaftshaltigen Entscheidungsproblemen gerechtfertigt. Dieser Zielbereich wird mit *public understandig of science* oder auch *socio-scientific issues* (SSI) bezeichnet.[7] SSI können Probleme mit großer Tragweite wie z. B. Fragen der Energieversorgung, zu Technikfolgen und -risiken oder zu Klimawandel und anthropogenem Treibhauseffekt sein, die alle einen großen politischen Handlungsdruck erzeugen (► Abschn. 15.5). Neben einem wissenschaftlichen Grundverständnis des jeweiligen Problems (z. B. Grundwissen über den Strahlungshaushalt der Erde) bedarf es des Wissens darüber, wie Beiträge und Stellungnahmen von Wissenschaftlerinnen und Wissenschaftlern in Medien und politischen Diskursen verarbeitet werden.[8] Da selbst solide wissenschaftliche Expertise in

13

---

5   Bourdieu (1975) .
6   Höttecke (2017) .
7   vgl. hierzu Hodson (2014) .
8   hierzu im Detail Höttecke und Allchin (2020) .

gesellschaftspolitischen Kontexten oft missachtet oder sogar stark diskreditiert wird, kann NOS-Wissen dabei helfen zu verstehen, wie in den Naturwissenschaften vertrauenswürdige und robuste Wissensgrundlagen gelegt werden.

Auch aus der Psychologie ergeben sich Anlässe zur Thematisierung von NOS. Das Forschungsfeld *epistemische Überzeugungen* befasst sich zunächst mit den Vorstellungen einer Person über ihr eigenes Wissen und dessen Zustandekommen.[9] Für den Physikunterricht ist die Unterscheidung wichtig, welche Vorstellungen ein Schüler oder eine Schülerin hat a) bezüglich des eigenen Wissens und Wissenserwerbs, b) bezüglich der Frage, wie man im (Physik-)Unterricht lernt oder c) wie die Physik als Forschungsdisziplin Wissen generiert. Diese drei Vorstellungsbereiche sind nicht deckungsgleich, können aber zusammenhängen.

- **Elementarisierungen von NOS**

Die Bandbreite an Bezugswissenschaften (u. a. Wissenschaftsgeschichte, -philosophie und -soziologie) und die Anzahl unterschiedlicher Positionen, die man dort bezüglich NOS jeweils findet, sind hoch. Das macht eine Elementarisierung nicht einfach. Lederman (2007) präsentiert eine viel zitierte Liste an NOS-Aspekten, die einen geeigneten curricularen Rahmen aufspannen sollen: Wissenschaftliches Wissen ist immer *vorläufig,* hat eine *empirische Basis,* ist in dem Sinne *subjektiv,* dass es z. B. von biografischen Momenten beeinflusst sein kann, ist *kreativ* und basiert auf *schlussfolgerndem Denken* und es ist immer *sozial* und *kulturell situiert.* Weiterhin sei bedeutsam, *Beobachtung und Schlussfolgern* sowie die Begriffe *Theorie und Gesetz* zu unterscheiden. Kritik[10] daran besteht darin, dass es sich bei dieser Liste um eine grobe Vereinfachung handele und sie kaum Auskunft darüber gebe, wie Wissenschaft betrieben und Wissen letztlich hergestellt, ausgehandelt, gerechtfertigt oder kommuniziert wird. Lehrkräfte sind überdies kaum in der Lage, entlang solcher Listen konkreten Unterricht zu gestalten.[11]

Erduran und Dagher (2014) unterscheiden die kognitiv-epistemische Praxen in den Naturwissenschaften (z. B. Modellieren, Erklären, Vorhersagen), die sie im Zentrum ihres Modells sehen. Zugleich betonen sie die Rolle von Zielen, Normen und Werten in den Naturwissenschaften. Ferner berücksichtigen sie naturwissenschaftliche Methoden bis hin zu konkreten, materiellen und instrumentellen Praktiken (z. B. eine Bakterienkultur anlegen, ein Oszilloskop kalibrieren). Ihr Modell umfasst auch soziale und institutionelle Dimensionen, die immer in gesellschaftliche, politische und ökonomische Systeme eingelassen sind, und gewinnt damit verglichen mit Ledermans Konzeption deutlich an Komplexität.

Elementarisierungen, die Schülerinnen und Schüler beispielsweise befähigen sollen, die Risiken von bildgebenden Verfahren zur Krebserkennung oder die Vertrauenswürdigkeit von Wissenschaftlerinnen und Wissenschaftlern im Diskurs über den anthropogenen Klimawandel einzuschätzen, beruhen auf der Analyse

---

9　Neumann und Kremer (2013) .

10　z. B. Allchin (2011), Matthews (2012), Hodson (2014) .

11　Allchin, Möller und Nielsen (2014) .

lebensweltlicher und gesellschaftlicher Anforderungssituationen. Für diese Beispiele umfasst eine Elementarisierung von NOS den Umgang mit Wahrscheinlichkeit und Risiko oder Einsichten in das Wesen wissenschaftlicher Kommunikation, Kritik und Kontrolle (z. B. über Peer-Review), aber auch mit den Medien,
die letztlich wissenschaftliche Befunde der Öffentlichkeit vermitteln.[12]

■ **Mögliche Zugänge**

Explizite Reflexion über NOS ist im Zusammenhang mit den jeweils behandelten Inhalten ein durchgehendes konzeptionelles Prinzip guten Physikunterrichts.
In ▶ Abschn. 13.3 wird gezeigt, wie man das u. a. in der Relativitätstheorie auf
Grundlage von Originaltexten realisieren kann. In ▶ Abschn. 13.4 wird gezeigt, wie mithilfe von Blackboxes oder Sinnestäuschungen die Theoriebeladenheit von Beobachtungen z. B. im Optikunterricht deutlich gemacht werden kann,
wenn damit die generalisierbare Frage verknüpft wird, was wir sicher wissen können. ▶ Abschn. 13.5 zeigt Umsetzungen der Konzeption des historisch orientierten Unterrichts mit szenischen Dialogen und historischen Fallstudien. Veranschaulicht wird dies anhand einer Fallstudie zur Entwicklung des Verständnisses von „Elektrizität". Forschend-entdeckender Unterricht (▶ Abschn. 13.6) hat
per se einen prozessbezogenen Charakter und bietet somit vielfältige Möglichkeiten, Wege der physikalischen Erkenntnisgewinnung zu reflektieren und das eigene
Vorgehen der Schülerinnen und Schüler mit dem Vorgehen in der Forschung zu
vergleichen. Beispiele kommen hier aus der Wärmelehre und der Elektrostatik.

In ◘ Tab. 13.1 sind die vorgestellten Konzeptionen in der Übersicht zusammengefasst.

13.2 Traditioneller Unterricht

13

Auch im traditionellen Physikunterricht, in dem es in der Regel gar nicht um Lernen über NOS zu gehen scheint, wird über NOS gelernt. Dieses Lernen findet implizit statt, ohne intendiert oder gar geplant zu sein. Vielmehr können durch tra-
dierte Inszenierungsmuster des Physikunterrichts bestimmte Vorstellungen von
Physik als Unterricht, aber auch Vorstellungen von Physik als wissenschaftlicher
Disziplin (versehentlich) verstärkt werden. Unterricht, der mit einem Demonstrationsexperiment beginnt, um dann von einer einzelnen Beobachtung auf einen allgemeinen Zusammenhang zu schließen, argumentiert im Kern empiristisch
(▶ Abschn. 13.1). Das Inszenierungsmuster mit einem Demonstrationsexperiment am Stundenanfang über die Ableitung eines physikalischen Gesetzes hin zu
Anwendungsbeispielen und Übungen transportiert implizit eine Reihe ungewoll-
ter und problematischer Botschaften:[13]

---

12 vgl. dazu die Ansätze von Allchin (2011) sowie Höttecke und Allchin (2020) .
13 Höttecke (2008) .

▣ Tab. 13.1 Vergleich unterschiedlicher Methoden und Konzeptionen für NOS

	Traditioneller Unterricht (▶ Abschn. 13.2)	Explizite Reflexion (Gedankenecke, Originaltexte) (▶ Abschn. 13.3)	Kontextunabhängige Methoden (Blackbox, Sinnestäuschungen) (▶ Abschn. 13.4)	Historisch orientierter Unterricht (▶ Abschn. 13.5)	Forschend-entdeckender Unterricht (▶ Abschn. 13.6)
Lehrerrolle	kein planvolles Berücksichtigen von NOS	wirft erkenntnistheoretische Fragen auf („Wie können wir uns sicher sein, dass …?")	schafft Möglichkeiten für herausfordernde, motivierende und Fragen aufwerfende Beobachtungen mit NOS-Potenzial	präsentiert historische Kontextinformation	unterstützt dabei, Fragen zu stellen, Untersuchungen zu planen und Phänomene systematisch zu untersuchen
Planung von NOS-Lernen	Lernen über NOS geschieht eher ungeplant und implizit	Impulse durch wissenschaftliche Originaltexte; NOS-Pinnwand	die Reflexionsfolie für NOS bilden eigene Beobachtungen, Manipulationen oder Handlungen	Lernen über NOS wird im Kontext historischer Begebenheiten und gegebenenfalls des eigenen Forschungshandelns der Schülerinnen und Schüler explizit reflektiert	Lernen über NOS wird im Kontext des eigenen Forschungshandelns der Schülerinnen und Schüler explizit reflektiert
Probleme	unabsichtliche, implizite Vermittlung von NOS	erfordert breites NOS-Kontextwissen der Lehrkraft	Reflexionspotenzial auf NOS-Aspekte begrenzt, große Distanz zu realer Forschung als Prozess	mangelndes Lehrerwissen über die historische Genese naturwissenschaftlichen Wissens; Gefahr snobistischer Haltung gegenüber älteren wissenschaftlichen Theorien	Einbettung in soziale, historische, gesellschaftliche Kontexte schwierig; Wandel und Entwicklung in der Wissenschaft können nur abstrakt diskutiert werden

(Fortsetzung)

□ Tab. 13.1 (Fortsetzung)

	Traditioneller Unterricht (▶ Abschn. 13.2)	Explizite Reflexion (Gedankenecke, Originaltexte) (▶ Abschn. 13.3)	Kontextunabhängige Methoden (Blackbox, Sinnestäuschungen) (▶ Abschn. 13.4)	Historisch orientierter Unterricht (▶ Abschn. 13.5)	Forschend-entdeckender Unterricht (▶ Abschn. 13.6)
Stärken	keine	integrierbar in alle Themengebiete der Physik	zeitsparend, spielerischer und herausfordernder Charakter	hohe Authentizität, historische, gesellschaftliche und soziale Eingebundenheit; lässt sich mit forschend-entdeckendem Lernen verbinden	Reflexion auf das Verhältnis von Wissen und Handeln leicht möglich (z. B. beim eigenen Experimentieren); motivierend

- Physik beginnt mit dem Beobachten und Experimentieren; daraus ergeben sich Gesetze, Modelle oder Erklärungen mehr oder weniger eindeutig; naiv-empiristische und naiv-realistische Vorstellungen von Physik werden gefördert. Zahlreiche physikalische Begriffe lassen sich aber rein empirisch gar nicht ableiten (z. B. elektrische Ladung, Trägheit), eine naiv-empiristische Position kommt dann in Erklärungsnöte.
- Experimente und Beobachtungen haben keine theoretischen Voraussetzungen; die Theoriebeladenheit aller Beobachtung wird nicht bemerkt; das Wesen des Beobachtens und die vielfältigen Verhältnisse von Theorie und Experiment werden nicht verstanden.
- Experimente macht man, um etwas auszuprobieren oder herauszufinden; diese Vorstellung findet man v. a. bei jüngeren Schülerinnen und Schülern.[14]
- Erklärungen und Experimente fügen sich widerspruchslos und mit inszenierter Leichtigkeit ineinander; dass man in der Wissenschaft komplexe Aushandlungsprozesse durchmacht, dass Wissen sich auch verändern und entwickeln kann, wird nicht nahegelegt.
- Erklärungen sind eindeutig, andere gibt es nicht. Dabei wird vom Einzelfall auf den allgemeinen Fall geschlossen, alternative logische Schlussweisen, die die Rolle theoretischer Voraussetzungen (Deduktion) oder kreativer Arbeitsweisen (Abduktion) betonen, bleiben unberücksichtigt.
- Forschung ist frei von Zwecken, sie dient nur sich selbst; weder der Zusammenhang von Forschung und Gesellschaft noch wie Wissenschaftlerinnen und Wissenschaftler motiviert werden, wird deutlich.

Lernen über NOS muss offenbar bewusst und explizit entlang seiner jeweiligen Elementarisierung geplant und gestaltet werden, um implizite problematische Botschaften über NOS zu vermeiden. Dies kann entlang von spezifischen Unterrichtskonzeptionen und ergänzend auch im eher traditionellen Unterricht mit kontextunabhängigen Methoden (▶ Abschn. 13.4). geschehen.

13.3 Explizite Reflexion – notwendige Bedingung des Lernens von NOS

Fachdidaktische Forschung zeigt, dass NOS im Unterricht ohne explizite Reflexion nicht einfach mitgelernt wird.[15] Man muss einen klaren Fokus auf diesen Lernaspekt legen und die Schülerinnen und Schüler müssen dies auch bemerken. Der Unterricht soll also absichtsvoll ins Stocken geraten, um irritierende Fragen und ihre Diskussion zuzulassen. Ein paar Beispiele[16]:

- Wie können wir uns sicher sein, dass …?
- Ließe die Beobachtung auch andere Schlüsse zu?

---

14 Höttecke (2001).
15 Khishfe und Abd-El-Khalick (2002); Clough (2006).
16 Die Fragen stammen von Höttecke und Barth (2011) sowie Höttecke und Henke (2010).

- Können wir uns sicher sein, dass das Gesetz immer und überall gilt?
- Was hat uns zu unserer Erkenntnis geführt, Nachdenken (Theoriebildung) oder Experimentieren (Empirie) oder beides?
- Was bedeutet eigentlich der Begriff Beobachtung/Theorie/Modell/Hypothese/Experiment/Bestätigung/Widerlegung ...?
- Wenn allen Wissenschaftlerinnen und Wissenschaftlern die gleichen Daten zur Verfügung stehen, kommen sie dann auch alle zu den gleichen Schlüssen?
- Könnte unsere Erkenntnis irgendwann als überholt angenommen werden – und wenn ja, wodurch?
- Wem nutzt dieses Wissen und warum hat man es überhaupt herausgefunden?
- Was treibt Wissenschaftlerinnen und Wissenschaftler zu ihrer Forschung an? Und wie wissen sie eigentlich, woran sie als Nächstes forschen sollen?

Solche offenen Diskussionsfragen bedürfen der Moderation durch Lehrkräfte und sollen eine kritisch-nachdenkliche Haltung gegenüber Naturwissenschaften fördern. NOS-Unterricht ist dialogisch und diskursiv angelegt und lässt Freiraum für Schülerideen.[17]

- **Explizite Reflexion bereits im Sachunterricht**

Am Beispiel der Integration von Phasen expliziter Reflexion im naturwissenschaftlichen Unterricht der Primarstufe sieht man, wie explizite Reflexion methodisch gestaltet und in den Unterrichtsgang integriert werden kann. Zwei Beispiele von Grygier et al. (2004) sollen das verdeutlichen. In der Unterrichtseinheit „Wie wir die Dinge sehen – Warum ist die Welt so bunt?" wird beispielsweise der Lichtweg von einer Lichtquelle über einen Gegenstand bis zum Auge experimentell untersucht. Die Reflexion betrifft dann die Arbeitsweise des Experimentierens in den Naturwissenschaften überhaupt und ergibt z. B., dass Experimente dem Prüfen von Vorstellungen und Vermutungen dienen und es nicht einfach nur darum geht, etwas herauszufinden. Explizit reflexiv verfährt der Unterricht auch dann, wenn die Einführung des Modells vom Lichtstrahl davon begleitet wird, über die Natur von Modellen nachzudenken. Hier ist der Begriff des „Gedankenmodells" hilfreich und von gegenständlichen Modellen (Flugzeugmodell) abgegrenzt. Die Schülerinnen und Schüler reflektieren darauf, dass die Vorstellung oder das Gedankenmodell, das man sich macht, wenn man sich z. B. das Schulgebäude mit geschlossenen Augen vorstellt, sich vom realen Gebäude unterscheidet. Der Modellbegriff lässt sich ferner durch Reflexionen auf Unterschiede und Gemeinsamkeiten zwischen geografischen Räumen und unterschiedlichen Landkarten dieser Räume besser verstehen. In der Unterrichtseinheit „Warum geht der Brotteig auf?" werden die Ursachen für die Gasbildung im Brotteig mittels eines selbst erstellten systematischen Versuchsplans experimentell untersucht. Die Kinder sollen damit an die Logik des kontrollierten Experimentierens herangeführt werden.

---

17 Bartholomew et al. (2004) .

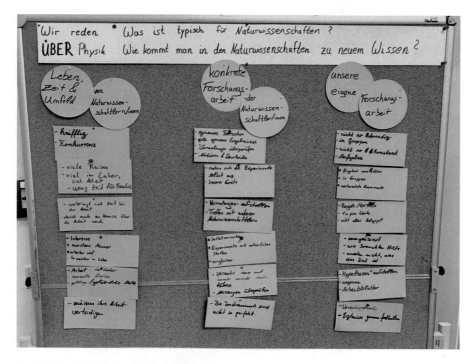

■ **Abb. 13.1**   Beispiel einer Gedankenecke

■ **Explizite Reflexion in der Gedankenecke**

Für konkrete Umsetzung expliziter Reflexion auf NOS wurde die Konzeption der „Gedankenecke" oder auch *reflection corner* entwickelt.[18] Damit wird ein besonderer Ort im Klassenzimmer oder Physikraum bezeichnet, wo im Verlauf eines Unterrichts immer wieder Einsichten über NOS bewusst gemacht, benannt und generalisiert werden. Praktischerweise befinden sich in der Gedankenecke eine kleine Wandtafel, ein Whiteboard oder eine Pinnwand (■ Abb. 13.1). Der Unterricht wird an geeigneten Stellen unterbrochen und die Schülerinnen und Schüler drehen sich um. So wird auch symbolisch deutlich, dass es nun um eine generalisierende Frage nach NOS geht, die im Unterrichtsverlauf immer wieder aufs Neue beantwortet werden kann. Die Frage sollte die ganze Unterrichtsreihe im Sinne eines *Advance Organizer* anleiten und strukturieren und bleibt während der ganzen Zeit sichtbar. Es handelt sich um übergreifende, generalisierende Reflexionsfragen, die sich in praktisch allen Themenbereichen des Physikunterrichts stellen. Sie könnten z. B. lauten:

— Wie arbeiten Naturwissenschaftlerinnen und Naturwissenschaftler?
— Wie kommt man in den Naturwissenschaften zu neuem Wissen?
— Was macht Erfolg in den Naturwissenschaften aus?
— Was ist typisch für die Naturwissenschaften?

---

18 Höttecke und Henke (2010); Höttecke und Barth (2011); Höttecke et al. (2012).

Je nach Vertrautheit der Schülerinnen und Schüler mit der Reflexion auf NOS und der Methode der Gedankenecke kann es sinnvoll sein, dass die Lehrkraft die Nachdenklichkeit der Lernenden durch weitere Impulse anregt. Es kann den Schülerinnen und Schülern nämlich schwerfallen, z. B. von den eigenen Handlungen beim Experimentieren auf das Experimentieren als naturwissenschaftlichen Erkenntnisprozess generell zu reflektieren. Sie unterscheiden auch oft zwischen dem Experimentieren in der Schule und dem Experimentieren der „echten" Naturwissenschaftlerinnen und -wissenschaftler und deuten das eigene Handeln – so falsch ist das dann übrigens gar nicht – als Lernhandeln im Umgang mit dem Experiment als Medium des Lernens. Lehrerimpulse für die Gedankenecke können anregen, das forschungsähnliche Handeln der Schülerinnen und Schüler auf seine Generalisierbarkeit für NOS hin zu befragen. Das Handeln der Schülerinnen und Schüler im Physikunterricht wird also zur Ressource der Reflexion auf NOS, was für forschend-entdeckenden Unterricht besonders bedeutsam ist (▶ Abschn. 13.6). Im Rahmen eines historisch orientierten Unterrichts (▶ Abschn. 13.5) betrachtet man zusätzlich das Forschungshandeln von Wissenschaftlerinnen und Wissenschaftlern der Vergangenheit oder der Gegenwart und die jeweiligen zeitgenössischen Forschungskontexte. Aus beiden Bereichen lassen sich weitere Lehrimpulse generieren, die das Nachdenken über NOS anregen können.

- **Explizite erkenntnistheoretische Reflexion anhand von Originaltexten**

Erkenntnistheoretische Fragen sollten nicht in separaten Unterrichtseinheiten behandelt werden, sondern im direkten inhaltlichen Zusammenhang mit physikalischen Inhalten. Im Physikunterricht der gymnasialen Oberstufe können für die explizite Diskussion wissenschafts- und erkenntnistheoretischer Fragen entsprechende Originaltexte herangezogen werden. Ein Beispiel ist die Thematisierung des hypothetisch-deduktiven Verfahrens im Anschluss an die Behandlung der Speziellen Relativitätstheorie (SRT).[19] Meyling schlägt für Leistungskurse u. a. einen Briefwechsel von Einstein und Solovine vor. Darin skizziert Einstein ein Schema für den Weg der wissenschaftlichen Erkenntnis (◼ Abb. 13.2):

- „Die E (Erlebnisse) sind uns gegeben.
- A sind die Axiome, aus denen wir Folgerungen ziehen. Psychologisch beruhen die A auf E. Es gibt aber keinen logischen Weg von den E zu A, sondern nur einen intuitiven (psychologischen) Zusammenhang, der immer „auf Widerruf" ist.
- Aus A werden *auf logischem Wege* Einzel-Aussagen S abgeleitet, welche Ableitungen den Anspruch auf Richtigkeit erheben können.
- Die S werden mit den E in Beziehung gebracht (Prüfung an der Erfahrung). Diese Prozedur gehört genau betrachtet ebenfalls der extra-logischen (intui-

---

19 Meyling (1990, S. 261 ff.); siehe auch Meyling und Niedderer (2002); die Texte entstanden im Zusammenhang mit der Dissertation von Meyling (1990).

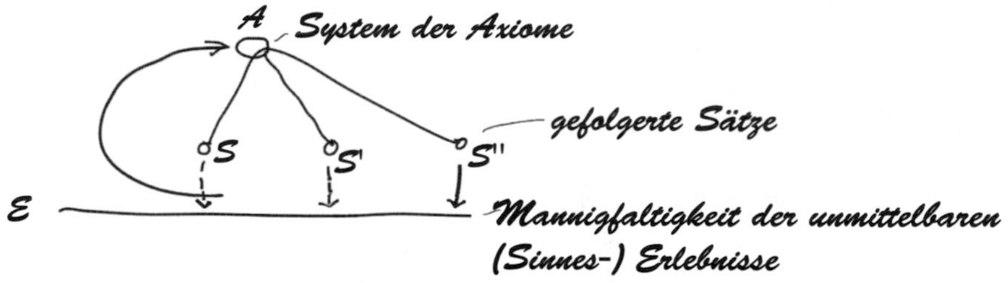

Abb. 13.2 Skizze von Einstein zum Weg der wissenschaftlichen Erkenntnis (nach Einstein 1956)

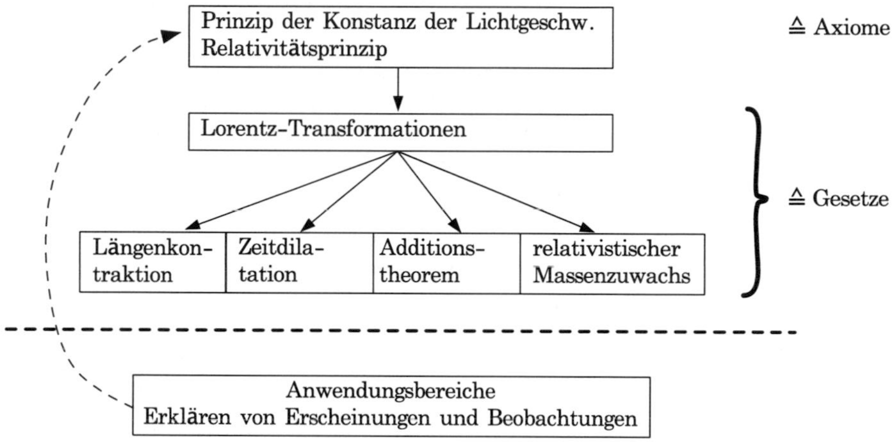

Abb. 13.3 Tafelbild zum Aufbau der speziellen Relativitätstheorie (nach Meyling 1990, S. 262)

tiven) Sphäre an, weil die Beziehungen der in den S auftretenden Begriffe zu den Erlebnissen E nicht logischer Natur sind."[20]

Die Schülerinnen und Schüler sollen am Ende der fachlichen Behandlung der SRT zunächst deren prinzipiellen Aufbau beschreiben. Der Lehrer hält das Ergebnis in einem Tafelbild fest. Abb. 13.3 zeigt das Ergebnis aus einer Erprobung. Die gestrichelte Linie darin trennt aus Sicht der Schülerinnen und Schüler zwischen der theoretischen Ebene und der Wirklichkeit. Über den Begriff der „Wirklichkeit" entspann sich eine intensive Diskussion.[21]

Im Anschluss erhalten die Schülerinnen und Schüler Einsteins Brief. Im Unterricht wird über die doppelte Funktion der „Erlebnisse" (Abb. 13.2) gesprochen – für die Prüfung der Sätze an der Erfahrung und als Inspiration für die Axiome. Schülerinnen und Schüler äußerten im konkreten Fall Vorbehalte gegenüber Spekulation oder Intuition als konstitutivem Teil des Erkenntnisprozesses, zumindest wenn es über die Anfangsphase der Theoriebildung hinausgehe. An-

20 zitiert nach Meyling (1990, S. 103 f.) auf Grundlage eines Faksimiles aus Einstein (1956), Hervorhebung im Original.
21 Meyling und Niedderer (2002, S. 465 f.); Meyling (1990, S. 262 ff.).

dere Schülerinnen und Schüler äußerten zumindest implizit positivistische Auffassungen. Meyling sieht es nicht als Aufgabe des Unterrichts an, die Lernenden zu einer bestimmten erkenntnistheoretischen Sicht zu führen, sondern ihnen unterschiedliche Auffassungen anzubieten und sie diese diskutieren zu lassen. Dies entspricht der in ▶ Abschn. 13.1 ausgeführten Pluralität der fachlichen Grundlagen für NOS. In einem expliziten wissenschafts- und erkenntnistheoretischen Physikunterricht müssten die Schülervorstellungen berücksichtigt und aufgegriffen werden, z. B. die Vorstellung, dass es sich bei einer „Theorie" um eine (noch) unbewiesene Annahme handele.[22]

Als weiteres Unterrichtsbeispiel berichtet Meyling über die Reflexion von Schülerinnen und Schüler auf ihren eigenen Erkenntnisweg, nachdem sie die Bewegung eines Federpendels untersucht hatten, das in einer vertikal-horizontalen Ebene schwingt.[23] Dazu wird ein Ablaufdiagramm an der Tafel skizziert, das u. a. „Beobachtung", „Hypothese" und „Theorie" enthält. Dem wird ein Schema aus der Literatur gegenübergestellt, in dem Vorerfahrungen und Vorwissen in einen zyklischen Prozess von Hypothesenbildung und Beobachtungen bzw. Experimenten eingehen, der zur Theorieentwicklung führt.[24] Ferner können Auszüge aus einem Bericht Heisenbergs über Gespräche mit Einstein besprochen werden, in denen Einstein auf den Zusammenhang von Beobachtung und Theorie eingeht.[25]

- **Empirische Ergebnisse**

Meyling hat Verläufe und die Wirkungen eines Oberstufenunterrichts, in dem an geeigneten Stellen über wissenschafts- und erkenntnistheoretische Fragen auf Basis von Texten reflektiert wurde, über zwei Jahre in einem Leistungskurs und in zwei Grundkursen (ebenfalls jeweils 2 Jahre) untersucht.[26] Explizite Reflexionen hatten einen Zeitanteil zwischen 7 % und 8 %. Nachgewiesen wurden Verschiebungen von der Vorstellung, dass Naturgesetze „entdeckt" werden, d. h. unabhängig von der menschlichen Erkenntnis vorliegen, und eine exakte Beschreibung der Natur liefern, hin zur Vorstellung der Naturgesetze als erhärteten Hypothesen. Aufgrund wissenschaftstheoretischer Reflexion wird der Erkenntnisweg deutlich komplexer beschrieben, z. B. wird dem Vorverständnis der Forschenden auch bei der Beobachtung viel mehr Gewicht beigemessen. Allerdings bleibt die Annahme erhalten, dass Gesetze im Wesentlichen aus Experimenten abgeleitet werden.

Auch zur expliziten Reflexion in der Primarstufe liegen Ergebnisse vor. In der Unterrichtsreihe „Warum geht der Brotteig auf?"[27] untersuchen Schülerinnen und Schüler der 4. Jahrgangsstufe die Ursachen für die Gasbildung in einem Brotteig. Momente expliziter Reflexion betonen insbesondere die Arbeitsweise des Experi-

22   Meyling (1993).
23   Meyling (1994), Meyling (1990, S. 249 ff.).
24   Schema nach von Falkenhausen (1985) wiedergegeben in Meyling (1994).
25   aus Heisenberg (1969).
26   Meyling (1990); kurz zusammengefasst in Meyling (1997).
27   ausführlich dargestellt in Grygier et al. (2004); zu den empirischen Befunden siehe Sodian et al. (2002).

mentierens, die Rolle von Evidenz und die Vorläufigkeit von Wissen in den Naturwissenschaften. In einem Kontrollgruppendesign zeigten sich in der Interventionsgruppe deutliche Lernzuwächse. Während im Vortest Wissenschaft im Sinne des Faktensammelns verstanden wurde, gaben die Kinder in der Interventionsgruppe in einem Nachtestinterview Antworten auf erhöhtem Niveau, was für die Kontrollgruppe nicht galt. Es zeigte sich ein beginnendes Verständnis von Wissenschaft im Sinne der Suche nach Erklärungen und Mechanismen. Lernzuwächse ergaben sich besonders in den Bereichen, die die Intervention auch adressiert hatte, nämlich dem Verständnis des Experimentierens und der Rolle von Hypothesen.

▪ **Unterrichtsmaterialien**

Meyling stellt in den ▸ *Materialien zum Buch* eine umfangreiche Sammlung von Texten mit Auszügen aus Originalarbeiten zur Wissenschafts- und Erkenntnistheorie zur Verfügung, u. a. von Born, Duhem, Einstein, Feyerabend, Hawking, Heisenberg, Mach, Newton, Planck, Popper und v. Weizsäcker (vgl. auch die Textsammlung von Pfister (2016).

Grygier, P., Günther, J. und Kircher, E. (Hrsg.) (2004). *Über Naturwissenschaften lernen. Vermittlung von Wissenschaftsverständnis in der Grundschule.* Baltmannsweiler: Schneider Verlag Hohengehren.
Die Unterrichtsreihen mit Elementen metatheoretischer Reflexion für die Grundschule werden hier ausführlich dokumentiert.

Die Methode der *reflection corner* (Gedankenecke) wird ausführlicher erläutert von Höttecke und Henke (2010), Höttecke und Barth (2011) oder Höttecke, Henke und Rieß (2012).

13.4 Kontextunabhängige Methoden zum Lernen von NOS

Methoden, die nicht an einen bestimmten fachlichen Inhalt oder Kontext gebunden sind, lassen sich auch in einen eher traditionellen Unterricht integrieren, der nicht auf das Lernen über NOS ausgerichtet ist. Es handelt sich dabei um Methoden, die Neugier wecken und Überraschung und Nachdenken auslösen, um geeignete Reflexionsanlässe für NOS zu schaffen.[28] Solche dekontextualisierten Methoden thematisieren Naturwissenschaften und NOS mittelbar. Kontextualisierte Methoden wie historisch orientierte Ansätze (▸ Abschn. 13.5), forschend-entdeckender Unterricht (▸ Abschn. 13.6) oder aktuelle Fallstudien über Naturwissenschaften thematisieren NOS dagegen unmittelbar und integrieren oft das Lernen über fachphysikalische Inhalte.[29] Der Vorteil kontextunabhängiger Methoden besteht darin, dass sie sich leicht und an geeigneter Stelle in den Unterricht integrieren lassen, selbst wenn dieser gar keinen NOS-Schwerpunkt setzt.

---

28 weitere Beispiele bei Lederman und Abd-el-Khalick (1998).
29 zur Unterscheidung kontextunabhängiger von kontextualisierten Methoden siehe Clough (2006).

- **Blackboxmethode**

Will man die experimentelle Seite wissenschaftlicher Erkenntnisprozesse im Unterricht stärker reflektieren, kann man die *Blackboxmethode* anwenden. Eine Blackbox ist ein abgeschlossenes physikalisches oder technisches System. Dessen innerer Aufbau ist und bleibt auch die ganze Zeit verborgen. Sollen Schülerinnen und Schüler durch gezielte Erkundung empirischer Regelmäßigkeiten ihr Innenleben erforschen, dann ähnelt die Aufgabe strukturell einem ungelösten wissenschaftlichen Problem. Werden die Blackboxes in geeigneter Weise untersucht, dann kann man Vermutungen oder sogar systematische Hypothesen über ihre innere Struktur aufstellen und prüfen. Dabei werden Parameter systematisch variiert, um schrittweise Regelhaftigkeiten zu entdecken, Schlussfolgerungen zu ziehen und immer bessere Modelle aufzustellen. Dieser Prozess kann im Hinblick darauf reflektiert werden, wie man in den Naturwissenschaften Probleme löst, Vermutungen und Hypothesen aufstellt oder Modelle entwickelt und prüft. Die Arbeiten mit Blackboxes kann zeigen, dass in der Physik oft Vermutungen nicht mit letzter Sicherheit geprüft werden können, dass es unterschiedliche Modelle (und Theorien) geben kann, die Beobachtungen ähnlich oder sogar gleich gut erklären und vorhersagen (Stichwort Vorläufigkeit und Unsicherheit des Wissens) oder dass unsere Erwartungen steuern, auf welche Ideen wir über das Innenleben einer Box kommen (Stichwort Paradigmen in der Wissenschaft). Unterschiede zwischen Unterricht und „echter" Forschung bestehen im Grad der Komplexität und Authentizität.

Günther (2008) gibt eine Reihe von unterschiedlich anspruchsvollen Blackboxes zu unterschiedlichen physikalischen Themenbereichen an. Mechanische Blackboxes (◗ Abb. 13.4) sind so konstruiert, dass eine Glasmurmel in der Box nur bestimmte Bewegungen ausführen kann. Das Innere der Box ist entsprechend konstruiert. Die Blackboxes werden in der Hand unterschiedlich bewegt und man

13

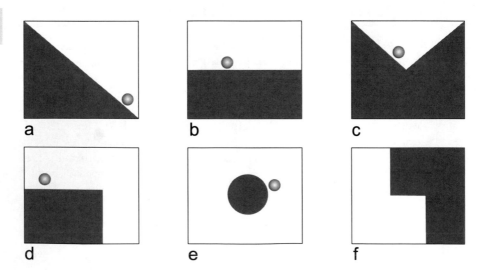

◗ **Abb. 13.4**   Beispiele mechanischer Blackboxes (nach Günther 2008)

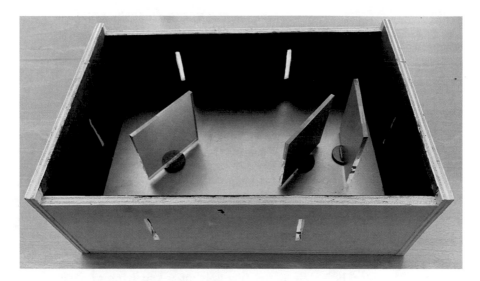

◘ Abb. 13.5 Beispiel einer optischen Blackbox (nach Woortmann und Höttecke 2010)

nimmt dabei unterschiedliche Geräusche wahr, die die Murmel verursacht. Es gibt einfache Blackboxes wie a) oder b), aber auch schwere wie e). Die Konstruktion der Blackboxes lässt auch Fragen offen, denn man kann in b) z. B. kaum klären, ob die Rollfläche der Murmel im oberen, mittleren oder unteren Bereich der Box angebracht ist. Wissenschaftliche Methoden haben ja auch ihre Grenzen.

Optische Blackboxes sind in ihrem Inneren schwarz gestrichen. Licht kann durch einige Öffnungen an der Seite ein- oder wieder austreten. Man kann auch mit einer Taschenlampe hineinleuchten oder einfach hineinschauen. Die Blackboxes lassen sich mit kleinen Spiegeln oder Prismen bestücken. Um die Konstruktion der Blackboxes leicht variieren zu können, kann man die optischen Elemente auf Magnetscheiben kleben. Der Boden der Box wird mit einer magnetischen Platte belegt, sodass die optischen Anordnungen leicht variiert werden können (◘ Abb. 13.5).[30]

Wenn die Blackboxes im DIN-A4-Format konstruiert sind, kann man Hypothesen über ihr Innenleben skizzieren, indem man Papierblätter direkt auf die Box legt. Empirische Befunde[31] zeigen, dass eine Box so konstruiert werden sollte, dass eine Lerngruppe ausreichend herausgefordert sein muss, damit auch tatsächlich Reflexionen auf NOS angeregt werden.

Ein Phasenmodell für den Umgang mit Blackboxes kann angelehnt an Günther (2008) folgendermaßen aussehen:

1. Die Blackboxes werden präsentiert und sollen Überraschung auslösen und zu Fragen anregen.

---

30 weitere Beispiele für BlackBlackboxes zur Optik in Friege und Rode (2015).
31 Woortmann (2009).

2. Die Blackboxes werden manipuliert, gegebenenfalls werden Messungen durchgeführt (z. B. bei elektrischen Blackboxes). Beobachtungen sollten möglichst exakt angestellt und gut dokumentiert werden. Die Unterscheidung von Beobachtung und Theorie bzw. Modell fällt Schülerinnen und Schülern hier oft noch schwer.

3. Es werden Hypothesen aufgestellt und festgehalten. Sie sollten mit den bisher gemachten Beobachtungen und Messungen im Einklang stehen. Es wird geklärt, welches Vorwissen bei der Formulierung der Hypothesen aktiviert wurde. Dadurch wird deutlich, dass man Hypothesen nicht einfach erraten kann. Besonders fruchtbar ist es, wenn in der Klasse unterschiedliche Hypothesen formuliert werden. Hier sollte auch deutlich werden, dass endgültige Beweise der Hypothesen nicht möglich sind. Vielmehr besteht der Erfolg darin, eine Hypothese mit Beobachtungen oder Messungen in Übereinstimmung zu bringen. Es soll deutlich werden, dass Hypothesen durch Beobachten und Messen überprüfbare Aussagen sind.

4. Der Vergleich von Hypothesen regt zur konkreten Modellbildung über das Innenleben der Blackboxes an. Gegebenenfalls muss klar herausgearbeitet werden, dass Modelle vage bleiben können oder dass unterschiedliche Modelle auch ohne Auflösung miteinander konkurrieren können.

5. Im Rahmen einer metatheoretischen Reflexion wird die Bedeutung von Vermutungen, Beobachtungen, Hypothesen, Modellen und Theorien geklärt. Es soll deutlich werden, dass die Blackboxes als Analogien naturwissenschaftlicher Probleme zu verstehen sind.

Man kann mit Blackboxes auch „Kongresse" veranstalten, auf denen Schülerinnen und Schüler debattiert und Evidenzen verglichen. Für Schülerinnen und Schüler mag es hier etwas unbefriedigend sein, aber es gibt gute Gründe dafür, die Blackboxes nicht zu öffnen. Denn wenn Physikerinnen und Physiker heute z. B. Modelle von Exoplaneten entwickeln, die viele Lichtjahre entfernt sind, dann prüfen sie ihre Hypothesen auch auf der Basis von Beobachtungen und Messungen (variable Sternenhelligkeit, spektroskopische Daten). Ihre Modelle lassen sich nicht validieren, indem man mal eben hinfliegt, also die Box öffnet. Falls man die Blackboxes am Ende dennoch öffnet, muss zuvor der Unterschied zur Situation in der Forschung explizit gemacht worden sein.

■ **Sinnestäuschungen**

Vexierbilder und optische Sinnestäuschungen geben Anlass, über die Möglichkeiten und Grenzen von Sinneswahrnehmungen beim wissenschaftlichen Beobachten zu reflektieren. Vexierbilder zeigen, dass Sinneswahrnehmungen in erheblichem Maße Konstruktionen unseres Gehirns sind (◻ Abb. 13.6). Sinnestäuschungen lassen an der Zuverlässigkeit von Sinnesdaten grundsätzlich zweifeln und werfen die Frage nach den empirischen Grundlagen der Naturwissenschaften auf. Empirische Daten können als unter bestimmten experimentellen Bedingungen erzeugte Informationen erkannt werden. Die Methode kann dazu anregen, über die Möglichkeiten und Grenzen alltäglicher und wissenschaftlicher Beobachtungen nachzudenken und zu diskutieren.

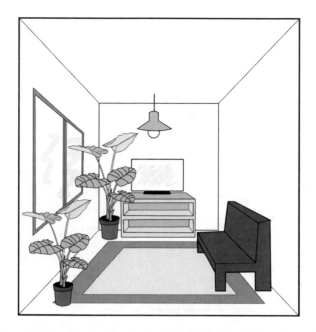

■ **Abb. 13.6** Sinnestäuschung: Die beiden Pflanzentöpfe sind im Bild exakt gleich groß, unsere Wahrnehmung suggeriert aber einen Unterschied (nach Grygier et al. 2004)

Grygier (2008) skizziert eine Unterrichtseinheit für die Primarstufe zur Frage der Zuverlässigkeit von Wahrnehmungen. Die Einheit lässt sich für untere Jahrgänge der Sekundarstufe I adaptieren. Der Unterricht beginnt am ersten Tag mit einer Irritation: Wir können nicht alles sehen, was ist. Die Schülerinnen und Schüler entwickeln selbst eine Reihe von Beispielen wie Luft, Schall- oder Funkwellen. Eine Lehrerdemonstration zeigt, dass das Licht eines Lasers im Raum erst sichtbar wird, wenn man im Raum Kreidestaub ausschüttelt. Metatheoretische Reflexionen führen zu einer ersten Einsicht der Begrenztheit unserer Wahrnehmung.

Am zweiten Tag wird deutlich, dass unsere Augen sich recht leicht täuschen lassen. Dies wird anhand einer Reihe von Beispielen erarbeitet: Wenn man lange in eine helle Lichtquelle geschaut hat, nimmt man danach eigenartige Flecken wahr. Betrachtet man starr ein Plakat mit einem knallroten Gespenst für etwa eine halbe Minute und schaut gleich danach auf eine weiße Fläche, dann „sieht" man das gleiche Gespenst in grün. Weitere Reflexionen bearbeiten, wie unzulänglich unsere Wahrnehmung sein kann.

Am dritten Tag werden unterschiedliche Schattenbilder demonstriert. Unklar ist der jeweilige Schattengeber, über den die Schülerinnen und Schüler spekulieren. Reflexionen können nun stärkeren Bezug zu den Naturwissenschaften nehmen, denn auch hier ist nicht immer ganz klar, welche Entitäten unter welchen Naturgesetzlichkeiten zu bestimmten Beobachtungen oder Messergebnissen führen.

▪ **Empirische Ergebnisse**

Empirische Ergebnisse zur Lernwirksamkeit kontextunabhängiger Methoden im Hinblick auf das Verständnis von Nature of Science liegen nicht vor.

▪ **Unterrichtsmaterialien**

Grygier, P. (2008). Wie zuverlässig ist unsere Wahrnehmung? Einführender Unterricht über die Natur der Naturwissenschaften. *Naturwissenschaften im Unterricht – Physik, 19* (Heft 103), S. 17–23.

Der Artikel skizziert eine Unterrichtseinheit zur Frage der Zuverlässigkeit von Wahrnehmungen.

Günther, J. (2008). Black-Boxes. Analogien zu Problemstellungen in der Naturwissenschaft. *Naturwissenschaften im Unterricht – Physik, 19*(103), S. 24–28.

Der Artikel erläutert an Beispielen, wie man mit Blackboxes über NOS lernen kann. Ein weiteres Beispiel wird in ▶ Abschn. 15.4 gezeigt.

13.5 NOS im historisch orientierten Unterricht

Anhand historischer Betrachtungen kann man nicht nur Fachinhalte aus ihren Entstehungszusammenhängen heraus tief verstehen, sondern auch über NOS lernen. Physik wird als Menschenwerk im Rahmen von historischen, gesellschaftlichen, kulturellen und politischen Verhältnissen einer jeweiligen Zeit verstehbar. Dies birgt immer die Gefahr der Geschichtsglättung oder -verdrehung, wenn im Unterricht Geschichte nur dazu verwendet werden sollte, um die Bedeutung des aktuellen Wissensstands zu belegen und zu untermauern. Die didaktische Funktion von Geschichte für den Physikunterricht wurde immer wieder als Abfolge großer Männer missverstanden, die man im Unterricht an geeigneter Stelle erwähnt, um Ehrfurcht auszulösen. Biografische Abrisse stehen in Schulbüchern oft in gesonderten Kästen und sind mit den fachlichen Unterrichtsinhalten kaum verbunden. Ihr Einsatz ist dann sinnvoll, wenn eine Forscherbiografie auch tatsächlich mit den jeweiligen fachlichen Lerninhalten in Beziehung gebracht werden kann. Biografische Daten können generelle Charakteristika der Naturwissenschaften verdeutlichen und historisches Bewusstsein über die Naturwissenschaften stärken. Sie sollten nicht einfach nur als vermeintlich motivierender Aufhänger für rein begriffs- und konzeptbezogenes Lernen eingesetzt werden.

▪ **Szenische Dialoge**

In *szenischen Dialogen* lässt man unterschiedliche Sichtweisen auf physikalische Probleme aus verschiedenen historischen Perspektiven aufeinanderprallen. Sie werden schriftlich in Form von Dramenpartituren dargeboten, können gelesen oder auch gespielt werden. Szenische Dialoge inszenieren wissenschaftliche Konflikte, geben den wissenschaftlichen Ideen und Zeitepochen ein menschliches

Antlitz und personifizieren wissenschaftliche Konflikte. Sie können anregen, über das Verhältnis von Theorie und Evidenz nachzudenken, und darstellen, dass Physik kulturell-historische Grundlagen besitzt.[32]

Höttecke et al. (2011) zeigen, wie man in einer Unterrichtseinheit zur Einführung des Trägheitskonzepts szenische Dialoge einsetzt, um zugleich Lernen über NOS zu ermöglichen. Der Unterricht wurde als historische Fallstudie konzipiert. Im Unterricht werden unterschiedliche Sichtweisen aus der Physikgeschichte auf das Problem der Bewegung anhand von Dialogen zwischen Aristoteles und Galilei inszeniert. Galilei entwickelt darin anhand eines Gedankenexperiments – eine ideale Kugel rollt auf einer ideal glatten horizontalen Oberfläche – das Konzept der Trägheit.[33] Die Dialoge können von den Schülerinnen und Schülern gelesen, vorgetragen oder auch inszeniert werden. Am Beginn der Unterrichtseinheit sollen die Schülerinnen und Schüler Bilder von unterschiedlichen Körpern (Steine, Sterne, Menschen, Tiere etc.), die in Bewegung sind, ordnen und klassifizieren. Dabei kommen sie der aristotelischen Sichtweise oft recht nahe, der die Bewegung lebender und nicht-lebender Objekte, natürlicher und unnatürlicher sowie irdischer und himmlischer Bewegungen kategorial unterschied. Die Sichtweise des Aristoteles wird im Fortgang des Unterrichts mittels der szenischen Dialoge vom Denken Galileis immer weiter herausgefordert. Die Schülerinnen und Schüler können entlang der Dialoge ihre eigenen Ideen zur Physik der Bewegungen thematisieren und dabei lernen, dass man auch in der Physik mehr als eine Sichtweise auf ein Problem entwickeln kann. Sie arbeiten aber auch ganz praktisch und untersuchen z. B. im Rahmen einer Wettbewerbssituation, wie man eine Kugel, die von einer Rampe hinabrollen soll, möglichst weit rollen lassen kann. Ein Reflexionsschwerpunkt kann auf die Rolle des Optimierens (am Beispiel des Schülerexperiments) und des Idealisierens (Galileis Gedankenexperiment) in den Naturwissenschaften liegen. Die Unterrichtserprobung konnte nämlich zeigen, dass das Gedankenexperiment von den Schülerinnen und Schülern ohne tiefergehende Reflexion nicht ohne Weiteres nachvollzogen wird. Die Idealisierung Galileis wird zwar der Sache nach verstanden, aber nicht geglaubt („Wenn der das wirklich ausprobiert hätte, dann hätte er doch sehen müssen …").

▪ **Vignetten**

Historische Vignetten und Storytelling sind dramatisierende Lehrer-Erzählungen über ausgewählte historische Episoden, um Aspekte der NOS zu thematisieren, historische Hintergrundinformationen zum fachlichen Lerninhalt zu geben und historisches Bewusstsein zu fördern. Sie können etwa eine Unterrichtsstunde in Anspruch nehmen, werden schriftlich oder auch von der Lehrkraft dargeboten. Eine der Physikstorys, die an der Universität Flensburg entwickelt wurden, rankt sich z. B. um die Entstehung von Rutherfords „Plumpudding"-Atommodell.[34] Vignetten zeichnen sich durch stilistische Elemente einer Erzählung aus

---

32 weitere Beispiele bei Leisen (1999, 2008) und Kasper (2008).
33 Höttecke et al. (2011).
34 ▶ https://www.uni-flensburg.de/storytelling/geschichten/themen/radioaktivitaet/rutherfords-atom/

und haben Einleitung, Höhe- oder Wendepunkt, einen Schluss und einen roten Faden und zeigen dazu einen reichhaltigen historischen Kontext. Sie dürfen dramatisch vorgetragen und an entscheidenden Stellen abgebrochen werden, um mit Aufgaben oder Lehrerfragen das zentrale Problem oder den entscheidenden wissenschaftlichen Konflikt zu pointieren. Schülerinnen und Schüler sollen dann zu eigenen Ideen angeregt werden, wie eine Lösung herbeigeführt werden könnte oder wie der historische Verlauf sich entwickelt haben könnte.[35]

- **Historische Fallstudien**

Fallstudien ähneln den Vignetten, sind aber umfangreicher entlang einer Geschichte konstruiert. Der Begriff der Fallstudie macht deutlich, dass die erzählte Geschichte exemplarischen Charakter hat. Ihr Fokus liegt weniger auf feststehenden Fachinhalten, sondern eher auf Physik als einem dynamischen, historischen Prozess. Fallstudien für den Physikunterricht sollten die historische Genese von Fachbegriffen und -konzepten mit umfassen. Wenn das der Fall ist, dann sollten die historischen Begriffe und Konzepte die Entwicklung von Schülervorstellungen hin zu fachlichen Vorstellungen unterstützen.

Historische Fallstudien müssen sich aber nicht unbedingt entlang zentraler fachlicher Begriffe und Konzepte entwickeln, sondern können NOS-Aspekte auch ganz ins Zentrum stellen. Eine Fallstudie über reisende Elektrisierer im 18. Jahrhundert thematisiert, wie sich die noch junge Naturwissenschaft professionalisiert und von „unwissenschaftlichen" Berufsfeldern wie Amateurwissenschaft und Schaustellerei abgrenzt. Die Fallstudie vermittelt Einblicke in die soziale Organisation von Wissenschaft (*scientific communities*, Zeitschriften, Peer-Review) und ihre Methoden zur Abgrenzung nach außen. Sie zeigt auch, dass das Konzept von Wissenschaft und Wissenschaftlichkeit nicht selbstverständlich ist, sondern sich immer durch Aushandlungs- und Abgrenzungsprozesse erneuern muss. Die Fallstudie ist auch ein Beispiel dafür, wie man von historischen Kontexten ausgehend Fragen an und über Wissenschaft heute stellen kann, hier die Frage nach der Abgrenzung zwischen Wissenschaft und Pseudowissenschaft.

Im Weiteren stellen wir einen Unterrichtsgang mit einer Fallstudie zur Elektrostatik vor.[36] Im 18. Jahrhundert untersuchte der französische Naturforscher Dufay elektrostatische Anziehungs- und Abstoßungseffekte. Fachlich bedeutsam ist seine Idee, dass es zwei Arten der Elektrizität gibt, dass man Elektrizität einem anderen Körper mitteilen kann und dass sich die Körper nach einer solchen Mitteilung gegenseitig abstoßen. Er schlägt die Regel bzw. das Gesetz vor, dass Körper, die die gleiche Art Elektrizität tragen, einander abstoßen; tragen sie unterschiedliche Elektrizitäten, ziehen sie einander an. Die Fallstudie unterstützt den Wissensaufbau über Eigenschaften der Elektrizität und insbesondere das Konzept zweier elektrischer Ladungsarten. Im Zentrum der NOS-Aspekte stehen die

---

35 zum Erzählen Kubli (1998).
36 ausführlich dargestellt in Henke und Höttecke (2011b).

explorative Experimentalstrategie und die Unterscheidung der Begriffe Gesetz und Theorie.

Der Unterricht beginnt mit einem knappen biografischen Abriss zur Person von Dufay. Die Elektrizitätsforschung der Zeit wird charakterisiert. Die Schülerinnen und Schüler werden im nächsten Schritt mit den Forschungsschwerpunkten Dufays bekannt gemacht:

- Welche Stoffe lassen sich elektrisieren? (Dufay verwendete insbesondere Glas, das er mit Seide rieb.)
- Welche Umstände beeinflussen Anziehung und Abstoßung elektrisierter Körper?

Die Strategie Dufays bestand in Hunderten von Experimenten mit systematischer Variation der experimentellen Parameter: die Art der Elektrifizierung der Körper (Reiben, Übertragen), der Grad der Elektrifizierung, die Größe der elektrifizierten Körper, ihr Material und die Beschaffenheit der Unterlage. Dabei geht es nicht um das Testen von Hypothesen, sondern darum, empirische Regelmäßigkeiten herauszuarbeiten.[37] Die Resultate blieben auch für ihn über lange Zeit verwirrend und fügten sich erst nach und nach in eine Gesetzmäßigkeit und eine neue theoretische Idee der Elektrizität.

Die Schülerinnen und Schüler werden anhand von Originaltexten Dufays über seine bedeutendsten Erkenntnisse informiert und angeregt, eigene Versuche anzustellen. Dabei geht es um zwei zentrale Erkenntnisse:

1. *Das A-M-A-Gesetz:* Bringt man elektrisierte Körper mit nicht-elektrisierten zusammen, beobachtet man erst *A*nziehung der Körper, bei Berührung der Körper erfolgt die *M*itteilung einer Menge Elektrizität. Danach beobachtet man *A*bstoßung der beiden elektrisierten Körper.
2. Theorie über die Beschaffenheit von Elektrizität: Es gibt zwei Arten von Elektrizität – eine, wie sie auf geriebenem Glas erscheint, und eine andere, wie sie auf geriebenem Harz erscheint. Dabei ziehen sich verschieden elektrisierte Körper an und stoßen sich gleich elektrisierte Körper ab.

Um Unterschiede zwischen naturwissenschaftlichen Experimentalstrategien zu erarbeiten, werden die Erfahrungen der Schülerinnen und Schüler mit dem eigenen Experimentieren aktualisiert und reflektiert. Leitfragen können sein:

- Wie unterscheiden sich eure Untersuchungen von denen Dufays?
- Wie ist Dufay zu seinen Ergebnissen gekommen? Ist das typisch für Naturwissenschaft? Kann man auch auf andere Weise zu naturwissenschaftlichem Wissen kommen?

Die Erkenntnisse, die Dufay und auch die Schülerinnen und Schüler im Verlauf der Untersuchungen gewinnen, bieten Gelegenheit, mit weitverbreiteten

---

37 Steinle (2004).

Missverständnissen über die Bedeutung der Konzepte „Gesetz" und „Theorie" als Arten von Wissen aufzuräumen. Mögliche Leitfragen lauten:

- Am Ende von Dufays Forschungen standen zwei Erkenntnisse: Das A-M-A-Gesetz und die Theorie der zwei Elektrizitätsarten. Wie unterscheiden sich die beiden Erkenntnisse?
- Es gibt verschiedene Arten von Wissen in den Naturwissenschaften. Zum Beispiel gibt es Gesetze und es gibt Theorien. Was stellst du dir unter den Begriffen vor? Welche Art von Wissen passt wohl am besten zur Forschung Dufays?

Die Ergebnisse können Grundlage eines Tafelbilds werden, in dem tabellarisch die Merkmale eines Gesetzes (z. B. *Wie* läuft etwas ab; „Wenn ... dann"-Form, Ergebnis *sorgfältigen* Suchens nach Regelmäßigkeiten) und einer Theorie (z. B. *Warum* läuft etwas so ab, „... passiert, weil ..."-Form, Ergebnis eines *kreativen* Schlusses) gegenübergestellt werden.

Historisch orientierte Fallstudien können auch kreative Schreibaufgaben oder Rollenspielelemente umfassen. Schülerinnen und Schüler können z. B. aufgefordert werden, die Unterschiede zwischen Gesetzen und Theorien in einem Brief an einen fiktiven Fragesteller zu erläutern und dabei auch auf die Alltagsbedeutungen dieser Begriffe einzugehen.

- **Empirische Ergebnisse**

Ergebnisse zu den Wirkungen historisch orientierten Unterrichts werden im Zusammenhang mit NOS im forschend-entdeckenden Unterricht weiter unten dargestellt (▶ Abschn. 13.6).

- **Unterrichtsmaterialien**

Materialien für den Unterricht finden sich in folgenden Fallstudien:

- In Heise und Höttecke (2012) wird die Idee des physikalischen Konzepts „Wirkungsgrad" entlang technik- und wirtschaftshistorischer Elemente verdeutlicht.
- Die Unterrichtseinheit in Henke und Höttecke (2011a) zeigt, dass Forschung im Bereich Elektrizität einmal mit der Frage nach der Natur der Erde zusammenhing, und wirft die Frage auf, was ein gutes Instrument in der Physik ausmacht.
- Zwei Fallstudien in Henke und Höttecke (2011b, 2013) zeigen, wie sich elektrische Leitung aus der Praxis des Experimentierens selbst ergibt und theoretische Überlegungen in der Forschung manchmal nachgeordnet sein können.
- Der Unterrichtsvorschlag in Höttecke et al. (2011) führt in das Trägheitskonzept ein und ermöglicht zugleich Lernen über NOS.

Weitere ausgearbeitete Fallstudien finden sich bei Heering (1997), Henke und Höttecke (2010), Höttecke und Henke (2012), Rieß et al. (2011).

▶ http://www.uni-flensburg.de/storytelling
Auf der Webseite stehen zahlreiche dokumentierte Storys und begleitende Materialien für Lehrkräfte zur Verfügung. Heering (2016) gibt weiterführende Informationen zu historischem Storytelling und Hinweise auf Materialien.

13.6 NOS im forschend-entdeckenden Unterricht

Ein forschend-entdeckendes Vorgehen im Unterricht zielt einerseits auf das Erlernen fachlicher Inhalte, mehr aber noch auf den Aufbau prozessbezogener Fähigkeiten (▶ Kap. 15; Kompetenzbereich Erkenntnisgewinnung). Inwieweit „Forschen" von Schülerinnen und Schülern epistemologisch mit dem Forschen in der Wissenschaft vergleichbar ist, soll hier nicht diskutiert werden. Gemeint ist, dass Schülerinnen und Schüler naturwissenschaftlich bearbeitbare Fragestellungen entwickeln, Versuchspläne entwerfen und umsetzen, Beobachtungs- bzw. Messdaten sammeln und interpretieren, kommunizieren, reflektieren und ihre Ergebnisse verteidigen, Hypothesen aufstellen, empirische Regelmäßigkeiten herausarbeiten sowie Modelle oder Hypothesen aufstellen und prüfen. Sie handeln also im weitesten Sinne wissenschaftsähnlich; man könnte sagen, sie simulieren Wissenschaft. Wird das Schülerhandeln unter einer NOS-Perspektive reflektiert, dann kann forschend-entdeckender Unterricht als Konzeption zum Lernen über NOS verstanden werden. Der Begriff des Entdeckens meint dann, dass durch wissenschaftsähnliches Forschungshandeln Schülerinnen und Schüler sich selbst Wissens- und Könnensbestände neu aneignen, selbst wenn sie bereits kanonisiert und in Lehrbüchern aufgeschrieben stehen.[38]

Die kognitionspsychologische Forschung weist deutlich auf die Gefahr einer Überforderung hin, wenn Freiheits- und Unsicherheitsgrade für Schülerinnen und Schüler zu groß sind und die fachliche Unterstützung durch die Lehrkraft nicht ausreicht.[39] Das Forschungshandeln der Schülerinnen und Schüler bedarf also der moderaten Lehrerunterstützung.

■ **Beispiel: Das hält doch kein Pinguin aus!**
Bell (2010) untersucht im naturwissenschaftlichen Unterricht mit einer Klasse der 6. Jahrgangsstufe Fragen im Schnittfeld zwischen Biologie und Physik. Viele Tierarten haben ein bestimmtes Aussehen, das mit dem Breitengrad, an dem sie leben, variiert. Zum Beispiel sind Pinguine nahe am Südpol größer als ihre nördlicheren Artverwandten. Diese sogenannte Bergmann'sche-Regel (ein üblicher Lehrplaninhalt in Biologie) erarbeiten die Schülerinnen und Schüler in einem breiten Kontext aus selbst gestellten Fragen. Ausgehend von einem Informationsinput

---

38 Höttecke (2010).
39 Kirschner et al. (2006).

der Lehrkraft über unterschiedliche Pinguinarten in verschiedenen geografischen Breiten werden Fragen notiert, u. a. warum Pinguine größer sind, wenn sie in kälteren Regionen leben. Die Klasse erarbeitet eine Reihe von Vermutungen wie z. B.: „Kleinere Pinguine haben eine dünnere Fettschicht, sind also schlechter gegen die Kälte geschützt.", „Wo es kälter ist, gibt es mehr Nahrung, die Pinguine können also größer werden.", „Ein kleiner Körper (ge-)friert schneller." oder „Es gibt im Süden längere Küstenlinien, somit mehr Nahrung, die Pinguine können also größer werden." Im Anschluss bearbeiten die Schülerinnen und Schüler alle ihre Vermutungen. Sie werden dabei durch Informationsinputs und Strukturierungshilfen unterstützt. Zum Beispiel planen und bauen die Schülerinnen und Schüler Quadermodelle unterschiedlich großer Pinguine und diskutieren das Verhältnis von Oberfläche und Volumen. Die Lehrkraft stellt nun eine Reihe von Materialien bereit, mit denen die Schülerinnen und Schüler Experimente planen und durchführen, um ihre Vermutungen empirisch zu prüfen. Anschließend tragen die Gruppen ihre Ergebnisse vor und stellen sie zur Diskussion. Die Lehrkraft unterstützt die Diskussion mit Vorgaben (erst Rückfragen stellen, dann Zustimmung und Kritik äußern, immer Bezug zum vorgetragenen Inhalt herstellen). Die Lehrkraft übernimmt auch Moderationsaufgaben, indem sie die Vorträge und Diskussionen zu zentralen Vermutungen verdichtet, um das Spektrum der Ergebnisse besser sichtbar zu machen.

Die Arbeit der Klasse bietet hier zahlreiche Reflexionsanlässe über NOS, z. B. darüber, was eine naturwissenschaftliche Frage ist und was nicht, mit welcher Art Wissen man in den Naturwissenschaften auch etwas erklären kann (Theorie des Wärmetransports) und welche Rolle Gesetze und Regeln (Bergmann'sche Regel) beim Untersuchen empirischer Regelmäßigkeiten überhaupt spielen. Es könnte reflektiert werden, warum man oft in Laboren arbeitet, denn Experimente zu Wärmeströmen bedürfen kontrollierter Bedingungen, die man in Laboren besser herstellen kann. Die Kommunikations- und Kritikphase gibt Anlass zur Reflexion auf die Rolle von Öffentlichkeit in der Wissenschaft und ihre Rolle bei der Qualitätssicherung.

■ Beispiel: Elektrostatik forschend-entdeckend erarbeiten

Henke (2016a; 2016b) beschreibt einen erprobten und physikalisches Forschen simulierenden Unterrichtsgang zur Elektrostatik in der 8. Jahrgangsstufe über acht Doppelstunden, der zahlreiche Ideen für explizite Reflexion auf NOS mit umfasst (▶ Abschn. 13.3, Gedankenecke). Hier wird betont, dass NOS-Themen, für die das Schülerhandeln selbst keinen unmittelbaren Reflexionsanlass bietet (z. B. die Organisation von Wissenschaften in Institutionen), auch als Informationsinput in die Klasse hineingegeben werden können. Die Unterrichtsreihe beginnt mit der Lehrerdemonstration eines irritierenden Phänomens, das zu weiteren Fragen Anlass gibt: Eine Magnetnadel lässt sich – wie die Schülerinnen und Schüler in der Regel bereits wissen – von einem anderen Magneten ablenken. Die Ablenkung gelingt aber auch mit elektrisch geladenen Objekten wie einem geriebenen Strohhalm. Dies wirft die Forschungsfrage nach den Unterschieden zwischen elektrischen und magnetischen Phänomenen auf. Die Lehrkraft erfragt und präsentiert mögliche Forschungsmotive zu diesem Phänomen (Wirtschaft voranbringen, etablierte Ideen hinterfragen, eigenes Ansehen stärken).

Anschließend planen die Schülerinnen und Schüler in „Forschungsgruppen" eigene Experimente. Ihr Vorgehen zur experimentellen Bestimmung der Unterschiede und Gemeinsamkeiten der Anziehungsphänomene dokumentieren sie in Labortagebüchern. Bezüglich der Wahl von Materialien und experimentellen Prozeduren genießen die Schülerinnen und Schüler zwar Freiheit, werden aber von der Lehrkraft durchgehend moderat angeleitet. Sie stellen lehrergeleitet Vermutungen auf, wählen Vermutungen aus, die man auch tatsächlich untersuchen kann, entwickeln experimentelle Tests (gegebenenfalls mit Hilfekarten) und führen Tests mit selbst gewähltem Material durch.

In Vorträgen und Demonstrationen präsentieren die Schülerinnen und Schüler dann ihre Arbeit und stellen sie öffentlich der Kritik. Dies wirft Reflexionsfragen nach der Nachvollziehbarkeit von Vorträgen vor „Fachkolleginnen und Fachkollegen" auf („Könntet ihr deren Forschung problemlos wiederholen?"). Verallgemeinert lauten die besprochenen Fragen: Wie wird Wissenschaft mitteilbar und überprüfbar? Was veranlasst solche Forschung überhaupt? Wer könnte daran Interesse haben? Welche Rolle spielt das wissenschaftliche Fragenstellen und welche Funktionen haben Protokolle, Labortagebücher oder Publikationen in der Wissenschaft? Die Forschungsgruppen reflektieren ihr eigenes Vorgehen und erarbeiten daran lehrerunterstützt, was sie für besonders typisch oder auch ungewöhnlich bei realer Forschung halten.

Die Lehrkraft greift geeignete Elemente der Reflexion auf und entwickelt sie im Unterrichtsgespräch im Hinblick auf die NOS-Lernziele:

- Anlässe für Forschung sind vielfältig, ebenso mögliche Einflüsse auf Forschung.
- Untersuchungen beginnen mit konkreten Fragestellungen.
- Vermutungen werden fragebasiert formuliert und zielgerichtet untersucht.
- Sowohl die Bestätigung als auch die Widerlegung einer Vermutung bedeuten Erkenntnisgewinn.
- Forschende dokumentieren den Untersuchungsprozess aus Transparenzgründen.
- Fachkollegen müssen fremde Untersuchungen potenziell replizieren können.
- Resultate solcher Forschung können altes Wissen infrage stellen.

▪ Empirische Ergebnisse zu historisch orientiertem und forschend-entdeckendem Unterricht

Henke (2016a; 2016b) hat in einer Vergleichsstudie NOS-Unterricht am Thema elektrostatische Phänomene in einer 8. Klasse eines Gymnasiums untersucht. Der Unterricht umfasste acht Wochen und wurde insgesamt 58 Schülerinnen und Schülern erteilt. Die Lernenden waren dabei entweder einer Forschung simulierenden (forschend-entdeckend) oder einer Forschung historisch nachvollziehenden (▶ Abschn. 13.5) Variante zugeteilt. In beiden Unterrichtsvarianten wurden explizite Reflexionen auf NOS mit der Methode Gedankenecke (▶ Abschn. 13.3) angeleitet. Vor und nach der jeweiligen Unterrichtseinheit wurden die Schülerinnen und Schüler interviewt.

Beide Unterrichtsvarianten erwiesen sich als förderlich für die Entwicklung angemessener NOS-Vorstellungen – mit unterschiedlichen Stärken und Schwächen. Das historische Vorgehen führte teilweise zu naivem geschichtsbezogenem Denken, wonach ältere Theorien überholt und prinzipiell minderwertig gegenüber der Gegenwart seien. Beim forschenden Unterricht fehlten andererseits konkrete Beispiele realer Forschungspraxis im Wandel. Wissenschaftlicher Wandel wurde daher von den Schülerinnen und Schülern zwar als etwas Abstraktes diskutiert und anerkannt, ihr Verständnis blieb aber im Sinne eines Anhäufens immer neuen Wissens kumulativ. Ein Nachvollzug historischer Forschungsepisoden in hypothetisch-deduktiver Logik kann naiv-verifikationistische Vorstellungen fördern. Wenn das im gewählten historischen Beispiel der Fall war, verallgemeinerten Schülerinnen und Schülern die Vorstellung, wünschenswerte Ergebnisse stünden vor dem Experimentieren immer schon fest, während unerwartete Befunde als Misslingen und Fehlschlag gedeutet werden. Beim forschenden Unterricht wird hingegen eher ergebnisoffen experimentiert, sodass die Rolle von Falsifikation in der Wissenschaft nicht so negativ gedeutet wurde.

Im historisch orientierten Unterricht wurden typische Forschungstechniken wie die Dokumentation von Experimentierpraxis in Laborprotokollen angemessen eingeschätzt und nachvollzogen. Ausgehend von den eigenen Erfahrungen mit Versuchsprotokollen im Unterricht können zunehmend realitätsangemessene wissenschaftsmethodische Vorstellungen entwickelt werden. In der forschenden Unterrichtsvariante dagegen wurde zwar das Führen von Labortagebüchern als forschungstypisch anerkannt, NOS-Vorstellungen blieben aber recht unterrichtsnah (Forscher schreiben Versuchsprotokolle), weil eine kontextuelle Einbindung der Schülerpraxis in reale Forschung fehlte.

- **Unterrichtsmaterialien**

    Bell, T. (2010). Das hält doch kein Pinguin aus! Forschendes Lernen zur Anpassung von Lebewesen an extreme Temperaturen. *Naturwissenschaften im Unterricht – Physik, 21*(119), S. 13–19.
    Es wird ein naturwissenschaftlicher Unterricht für die 6. Jahrgangstufe mit Fragen im Schnittfeld zwischen Biologie und Physik vorgestellt.

    Henke, A. (2016b). *Lehren und Lernen über die Natur der Naturwissenschaften – Potentiale historisch orientierten Physikunterrichts (Diss.).* Universität Hamburg.
    In dem hier vorgestellten Unterrichtsgang zur Elektrostatik in der 8. Jahrgangsstufe über acht Doppelstunden wird physikalisches Forschen simuliert. Er enthält zahlreiche Ideen für explizite Reflexion auf NOS.

13.7 Fazit

NOS-Unterricht ist für Lehrkräfte eine Herausforderung. Sie müssen über eigenes NOS-Wissen hinaus Fähigkeiten zur Anleitung und Moderation offener Unterrichtsphasen besitzen. Nicht über NOS zu unterrichten, ist aber keine Alternative, da man wie auch im herkömmlichen Unterricht (▶ Abschn. 13.2) – ob gewollt oder nicht – immer implizite Botschaften vermittelt.

In der fachlichen Klärung wurde gezeigt, dass NOS kein klar umrissenes und von einem breiten Konsens getragenes Thema des Physikunterrichts ist. Unterschiedliche Disziplinen von der Wissenschaftstheorie über die Wissenschaftsgeschichte bis zur Wissenschaftssoziologie setzen unterschiedliche Schwerpunkte, wie man NOS verstehen kann. Zugleich gibt es ein Spektrum unterschiedlicher Elementarisierungen in den naturwissenschaftlichen Fachdidaktiken. Konsens für das Lernen über NOS und auch im Rahmen anderer vorgestellter Konzeptionen einsetzbar ist die explizite Reflexion (▶ Abschn. 13.3). Hier ist auch die fachdidaktische Forschungslage recht klar und zeigt, dass NOS kaum einfach mitgelernt werden kann, ohne explizit thematisiert zu werden.

Kontextunabhängige Methoden (▶ Abschn. 13.4) wie die Blackboxmethode sind zeitsparende und spielerische Zugänge zu NOS mit herausforderndem Charakter. Ihr Reflexionspotenzial auf NOS-Aspekte, die von der jeweiligen Methode adressiert werden, ist allerdings begrenzt. Es besteht eine große Distanz zu realer Forschung als Prozess. Historisch orientierte Ansätze (▶ Abschn. 13.5) verfügen über eine hohe Authentizität. Sie binden physikalische Prozesse in historische, gesellschaftliche und soziale Abläufe ein und machen die menschliche Seite und Entwicklung von Naturwissenschaften erfahrbar. Zudem lassen sich historische Ansätze mit forschend-entdeckendem Lernen verbinden. Mangelndes Lehrerwissen über die geschichtlichen Zusammenhänge kann zum Problem werden. Geschichte kann als altbacken, fertig und abgeschlossen erscheinen und bei Schülerinnen und Schülern eigenes offenes Forschungshandeln behindern. Beim offenen Experimentieren wiederum können sie demotiviert werden, wenn sie davon ausgehen, dass die Geschichte schon über Richtig und Falsch entschieden habe. Wenn heute nicht mehr gültige Theorien behandelt werden, besteht die Gefahr einer snobistischen Haltung gegenüber der Geschichte („Die waren ja damals dumm!"). Anders ist das bei Fallstudien über aktuelle Forschung. Aktuell besteht z. B. eine nahezu vollständige wissenschaftliche Einigkeit über den anthropogenen Einfluss auf die Klimaentwicklung und dennoch berichten Medien immer wieder darüber, dass diese Frage politisch und gesellschaftlich umstritten sei. Eine NOS-Reflexion könnte anhand geeigneter Beispiele der Medienberichterstattung auf die Rolle von Vertrauen, Kontrolle und Kritik in der Wissenschaft reflektieren. Zugleich müsste eine Reflexion die kommunikative Nahtstelle zwischen Wissenschaft und Öffentlichkeit, d. h. die Medien, in den Blick nehmen (Höttecke und Allchin 2020). Durch die fachliche Komplexität der aktuellen Themen ist das Potenzial für variantenreiche Schüleraktivierung bei aktuellen Forschungsthemen allerdings eher gering und auf medial repräsentierbare NOS-Aspekte begrenzt.

Im forschend-entdeckenden Unterricht (▶ Abschn. 13.6) drängt sich die Thematisierung von NOS-Aspekten des Experimentierens geradezu auf. Eine Reflexion auf das Verhältnis von Wissen und Handeln ist leicht möglich und für Schülerinnen und Schüler motivierend. Dafür ist die Einbettung in soziale, historische und gesellschaftliche Kontexte schwierig. Wandel und Entwicklung in der Wissenschaft können nur abstrakt diskutiert werden. Beim offenen Experimentieren wird die epistemische Autorität der Lehrkraft aufgefordert, über Richtig oder Falsch zu urteilen, sodass das eigenen Forschungshandeln von den Schülerinnen und Schülern nicht mehr als offen wahrgenommen wird.

13.8 Übungen

- **Übung 13.1**

Sie wollen in ihrem Unterricht vermitteln, dass wissenschaftliche Erkenntnisse darauf beruhen, dass Wissenschaftlerinnen und Wissenschaftler ihre Ergebnisse untereinander kommunizieren, sich gegenseitig kritisieren und sich schließlich auf einen Konsens einigen. Beschreiben Sie jeweils bezogen auf einen konkreten physikalischen Inhalt eine mögliche Vorgehensweise in einer kontextunabhängigen (▶ Abschn. 13.4), historisch-orientierten (▶ Abschn. 13.5) und forschend-entdeckenden (▶ Abschn. 13.6) Konzeption. Berücksichtigen Sie dabei jeweils auch Elemente der expliziten Reflexion auf NOS (▶ Abschn. 13.3). Geben Sie an, welche Jahrgangsstufe Sie sich dabei vorstellen.

- **Übung 13.2**

Die Umsetzung von NOS-Konzeptionen erfordert von der Lehrkraft neben fachinhaltlichem Wissen auch NOS-Wissen, das in der Lehramtsausbildung in eher geringem Maße thematisiert wird. Vergleichen Sie den Einsatz von Blackboxes (▶ Abschn. 13.4), historischen Originaltexten (▶ Abschn. 13.3), historischen Fallstudien (▶ Abschn. 13.5) und forschend-entdeckendem Unterricht (▶ Abschn. 13.6) hinsichtlich der jeweils besonderen NOS-Anforderungen an die Lehrkraft: Über welches Wissen muss sie verfügen?

13

Literatur

Allchin, D. (2011). Evaluating knowledge of the nature of (whole) science. *Science Education, 95*(3), 518–542.

Allchin, D., Möller, H., & Nielsen, K. (2014). Complementary approaches to teaching nature of science: Integrating student inquiry, historical cases, and contemporary cases in classroom practice. *Science Education, 98*(3), 461–486.

Bartholomew, H., Osborne, J. F., & Ratcliffe, M. (2004). Teaching students ideas-about-science: Five dimensions of effective practice. *Science Education, 88,* 655–682.

Bell, T. (2010). Das hält doch kein Pinguin aus! Forschendes Lernen zur Anpassung von Lebewesen an extreme Temperaturen. *Naturwissenschaften im Unterricht – Physik, 21*(119), 13–19.

Bourdieu, P. (1975). The specificity of the scientific field and the social conditions of the progress of reason. *Social Science Information, 14*(6), 19–47.

Clough, M. P. (2006). Learners' responses to the demands of conceptual change: Considerations for effective nature of science instruction. *Science Education, 15,* 463–494.

Einstein, A. (1956). *Lettres à Maurice Solovine.* Paris: Gauthier-Villars.

Erduran, S., & Dagher, Z. R. (2014). *Reconceptualizing the nature of science for science education. Scientific knowledge, practices and other familiy categories.* Dordrecht: Springer.

Friege, G., & Rode, H. (2015). Optische Blackbox-Experimente im Anfangsunterricht Physik. *Praxis der Naturwissenschaften – Physik, 64*(5), 38–42.

Grygier, P. (2008). Wie zuverlässig ist unsere Wahrnehmung? Einführender Unterricht über die Natur der Naturwissenschaften. *Naturwissenschaften im Unterricht – Physik, 19*(103), 17–23.

Grygier, P., Günther, J., & Kircher, E. (Hrsg.). (2004). *Über Naturwissenschaften lernen. Vermittlung von Wissenschaftsverständnis in der Grundschule.* Baltmannsweiler: Schneider.

Günther, J. (2008). Black-Boxes. Analogien zu Problemstellungen in der Naturwissenschaft. *Naturwissenschaften im Unterricht – Physik, 19*(103), 24–28.

Heering, P. (1997). Durch Schläge zum Verstehen. In A. Dally, T. Nielsen & F. Rieß (Hrsg.), *Geschichte und Theorie der Naturwissenschaften im Unterricht. Ein Weg zur naturwissenschaftlich-technischen Alphabetisierung?* (S. 265–281). Loccum: Reihe Loccumer Protokolle 53/96.

Heering, P. (2016). Geschichten erzählen im naturwissenschaftlichen Unterricht. *MNU Journal, 3*(2016), 171–176.

Heise, F., & Höttecke, D. (unter Mitwirkung von A. Henke und F. Rieß) (2012). Von der Dampfmaschine zum Kreisprozess. Wirkungsgrade in technisch-wissenschaftlichen und ökonomischen Kontexten. *Naturwissenschaften im Unterricht – Physik, 23*(132), 35–38.

Heisenberg, W. (1969). *Der Teil und das Ganze.* München: Piper.

Henke, A. (2016a). Lernen über die Natur der Naturwissenschaften – Forschender und historisch orientierter Physikunterricht im Vergleich. *Zeitschrift für Didaktik der Naturwissenschaften, 22*(1), 123–145.

Henke, A. (2016b). *Lehren und Lernen über die Natur der Naturwissenschaften – Potentiale historisch orientierten Physikunterrichts.* Dissertation, Universität Hamburg, Fakultät für Erziehungswissenschaft.

Henke, A., & Höttecke, D. (2010). Ein Interview mit Berzelius – Eine Aufgabe zur Reflexion über die Natur der Naturwissenschaften. *Naturwissenschaften im Unterricht – Chemie,* Themenheft Natur der Naturwissenschaften, Heft 4+5, 73–75.

Henke, A., & Höttecke, D. (2011a). Elektrizität und ein Weltmodell. Mit Otto von Guericke über die Natur der Naturwissenschaften lernen. *Naturwissenschaften im Unterricht – Physik, 22*(126), 16–19.

Henke, A., & Höttecke, D. unter Mitwirkung von Rieß, F., Heise, F., Nienhausen, M., Mocha, C., Schütt, H., & Stephan, T. (2011b). Beschreiben und Erklären elektrischer Vorgänge. Die Fallstudie „Charles du Fay". *Naturwissenschaften im Unterricht – Physik, 22*(126), 20–24.

Henke, A., & Höttecke, D. (2013). Elektrische Leitung auf dem Holzweg. Die Fallstudie „Stephen Gray". *Naturwissenschaften im Unterricht Physik, 23*(133), 17–21.

Hentschel, K. (2015). Die allmähliche Herausbildung des Konzepts ‚Lichtquanten'. *Berichte zur Wissenschaftsgeschichte, 38*(2), 121–139.

Hodson, D. (2014). Nature of science in the science curriculum: Origin, development, implications and shifting emphases. In M. R. Matthews (Hrsg.), *International handbook of research in history, philosophy and science teaching* (S. 911–970). Dordrecht: Springer.

Hofheinz, V. (2008). *Erwerb von Wissen über die „Natur der Naturwissenschaften". Eine Fallstudie zum Potenzial impliziter Aneignungsprozesse in geöffneten Lehr-Lern-Arrangements am Beispiel von Chemieunterricht.* Dissertation, Universität Siegen. ► https://dspace.ub.uni-siegen.de/bitstream/ubsi/357/1/hofheinz.pdf

Höttecke, D. (2001). Die Vorstellungen von Schülern und Schülerinnen von der „Natur der Naturwissenschaften". *Zeitschrift für Didaktik der Naturwissenschaften, 7,* 7–23.

Höttecke, D. (2008). Was ist Naturwissenschaft? Physikunterricht über die Natur der Naturwissenschaften. *Naturwissenschaften im Unterricht Physik, 19*(103), 4–11.

Höttecke, D. (2010). Forschend-entdeckender Physikunterricht. Ein Überblick zu Hintergründen, Chancen und Umsetzungsmöglichkeiten entsprechender Unterrichtskonzeptionen. *Naturwissenschaften im Unterricht – Physik, 21*(119), 4–12.

Höttecke, D. (2017). Was ist Naturwissenschaft? In U. Gebhard, D. Höttecke, & M. Rehm (Hrsg.), *Pädagogik der Naturwissenschaften* (S. 7–31). Berlin: Springer VS.

Höttecke, D., & Allchin, D. (2020). Re-conceptualizing nature-of-science education in the age of social media. *Science Education, 104*, 641–666.

Höttecke, D., & Barth, M. (2011). Geschichte im Physikunterricht. Argumente, Methoden und Anregungen, um Wissenschaftsgeschichte in den Physikunterricht einzubeziehen. *Naturwissenschaften im Unterricht – Physik, 22*(126), 4–10.

Höttecke, D., & Henke, A. (2010). Über die Natur der Naturwissenschaften lehren und lernen – Geschichte und Philosophie im Chemieunterricht? *Naturwissenschaften im Unterricht – Chemie*, Themenheft Natur der Naturwissenschaften, (Heft 4+5), 2–7.

Höttecke, D., & Henke, A. (2012). Magnetische und elektrische Anziehungskräfte auf dem Prüfstand – die Fallstudie „William Gilbert". *Naturwissenschaften im Unterricht – Physik, 22*(127), 18–23.

Höttecke, D., Henke, A., & Rieß, F. unter Mitarbeit von Drüding, U., Heise, F., Launus, A., Mocha, C., Nienhausen, M., & Stephan, T. (2011). Was ist Bewegung? Eine historische Fallstudie zum Trägheitskonzept und zum Lernen über die Natur der Naturwissenschaften. *Naturwissenschaften im Unterricht Physik, 22*(126), 25–31.

Höttecke, D., Henke, A., & Rieß, F. (2012). Implementing history and philosophy in science teaching – Strategies, methods, results and experiences from the European Project HIPST. *Science & Education, 21*(9), 1233–1261.

Höttecke, D., & Hopf, M. (2018). Schülervorstellungen zur Natur der Naturwissenschaften. In H. Schecker, T. Wilhelm, M. Hopf, & R. Duit (Hrsg.), *Schülervorstellungen und Physikunterricht. Ein Lehrbuch für Studium, Referendariat und Unterrichtspraxis* (S. 271–288). Wiesbaden: Springer Spektrum.

Kasper, L. (2008). Lernen aus historischen „Irrtümern"? Die CD-ROM „Tafelrunde" – ein szenischer Dialog zum historischen Wechsel der Theorien des Erdmagnetismus. *Naturwissenschaften im Unterricht – Physik, 19*(103), 42–43.

Khishfe, R., & Abd-El-Khalick, F. (2002). Influence of explicit and reflective versus implicit inquiry-oriented instruction on sixth graders' views of nature of science. *Journal of Research in Science Teaching, 39*(7), 551–578.

Kirschner, P. A., Sweller, J., & Clark, R. E. (2006). Why minimal guidance during instruction does not work: An analysis of the failure of constructivist, discovery, problem-based, experiential, and inquiry-based teaching. *Educational Psychologist, 41*(2), 75–86.

Kubli, F. (1998). *Plädoyer für Erzählungen im Physikunterricht*. Köln: Aulis-Verlag Deubner.

Kuhn, T. S. (1973) (engl. Original 1962). *Die Struktur wissenschaftlicher Revolutionen*. Frankfurt a. M.: Suhrkamp.

Kuhn, T. S. (1992) (engl. Original 1974). Neue Überlegungen zum Begriff des Paradigma. In L. Krüger (Hrsg.), *T. S. Kuhn, Die Entstehung des Neuen. Studien zur Struktur der Wissenschaftsgeschichte* (S. 389–420). Frankfurt a. M.: Suhrkamp.

Lederman, N. G. (2007). Nature of science: Past, present, and future. In S. K. Abell & N. G. Lederman (Hrsg.), *Handbook of research on science education* (S. 831–879). Mahwah: Erlbaum.

Lederman, N. G., & Abd-El-Khalick, F. (1998). Avoiding de-natured science: Activities that promote understandings of the nature of science. In W. McComas (Hrsg.), *The nature of science in science education rationales and strategies* (S. 83–126). Dordrecht: Kluwer.

Leisen, J. (1999). Der Szenische Dialog. Ein unterrichtsmethodischer Vorschlag zu Physik und Philosophie. *Praxis der Naturwissenschaften – Physik, 48*(4), 35–37.

Leisen, J. (2008). Die Kopernikanische Wende. Mit szenischen Dialogen Entstehungs- und Durchsetzungsprozesse von Ideen darstellen. *Naturwissenschaften im Unterricht – Physik, 19*(103), 34–41.

Matthews, M. R. (2012). Changing the focus: From nature of science to features of science. In M. S. Khine (Hrsg.), *Advances in nature of science research* (S. 3–26). Dordrecht: Springer.

Meyling, H. (1990). *Wissenschaftstheorie im Physikunterricht der gymnasialen Oberstufe – Das wissenschaftstheoretische Vorverständnis und der Versuch seiner Veränderung durch wissenschaftstheoretischen Unterricht*. Dissertation, Universität Bremen, FB 1 Physik/Elektrotechnik.

Meyling, H. (1993). Zur Wissenschaftstheorie im Physikunterricht (Teil 1). *Physik und Didaktik, 3*, 213–217.

13

Meyling, H. (1994). Zur Wissenschaftstheorie im Physikunterricht (Teil 2). *Physik und Didaktik, 1,* 19–25.

Meyling, H. (1997). How to change students' conceptions of the epistemology of science. *Science & Education, 6,* 397–416.

Meyling, H., & Niedderer, H. (2002). Wissenschaftstheoretische Reflexion im Physikunterricht der Sek. II. *Der mathematische und naturwissenschaftliche Unterricht, 55*(8), 463–468.

Neumann, I., & Kremer, K. (2013). Nature of Science und epistemologische Überzeugungen – Ähnlichkeiten und Unterschiede. *Zeitschrift für Didaktik der Naturwissenschaften, 19,* 211–234.

Pfister, J. (Hrsg.). (2016). *Texte zur Wissenschaftstheorie.* Stuttgart: Reclam.

Rieß, F., Maiseyenka, V., & Gleine, K. (2011). Cool, ey. Lernen an Stationen zu Themen der Wärmelehre im Kontext der Entwicklung der Kühltechnik. *Naturwissenschaften im Unterricht – Physik, 22*(126), 11–15.

Sodian, B., Thoermer, C., Kircher, E., Grygier, P., & Günther, J. (2002). Vermittlung von Wissenschaftsverständnis in der Grundschule. In M. Prenzel & J. Doll (Hrsg.), *Bildungsqualität von Schule: Schulische und außerschulische Bedingungen mathematischer, naturwissenschaftlicher und überfachlicher Kompetenzen* (S. 192–206). 45. Beiheft der Zeitschrift für Pädagogik. Weinheim: Beltz.

Steinle, F. (2004). Exploratives Experimentieren. Charles Dufay und die Entdeckung der zwei Elektrizitäten. *Physik Journal, 3*(6), 47–52.

von Falkenhausen, E. (1985). *Wissenschaftspropädeutik im Biologieunterricht der gymnasialen Oberstufe.* Köln: Aulis.

Woortmann, H. (2009). *Die Rolle von Black-Box Experimenten für das Lernen über die Natur der Naturwissenschaften – Erprobung und Evaluation.* Universität Bremen, FB Physik/Elektrotechnnik: Schriftl. Hausarbeit zum 1. Staatsexamen.

Woortmann, H., & Höttecke, D. (2010). Optische Black-Boxes zur Reflexion auf die Natur der Naturwissenschaften. *Naturwissenschaften im Unterricht Physik, 21*(116), 51–52.

Unterrichtskonzeptionen für fächerübergreifenden naturwissenschaftlichen Unterricht

Peter Labudde und Horst Schecker

Inhaltsverzeichnis

© Springer-Verlag GmbH Deutschland, ein Teil von Springer Nature 2021
T. Wilhelm, H. Schecker, M. Hopf (Hrsg.), *Unterrichtskonzeptionen für den Physikunterricht*,
https://doi.org/10.1007/978-3-662-63053-2_14

14.1 Fachdidaktische Einordnung

Im vorliegenden Kapitel werden Unterrichtskonzeptionen für einen fächerübergreifenden naturwissenschaftlichen Unterricht vorgestellt. „Fächerübergreifend" wird dabei als Oberbegriff verstanden. Dies impliziert, dass es verschiedene Kategorien fächerübergreifenden Unterrichts gibt.[1] Wir orientieren uns bei der Struktur dieses Kapitels an einer Kategorisierung, bei der die Frage im Mittelpunkt steht, wie *die Inhalte vernetzt werden*. Eine andere Kategorisierung fächerübergreifenden Unterrichts ist auf der Ebene der Stundentafel möglich: Welche Fächer treten im Lehrplan bzw. in der *Stundentafel* auf? In den Beispielen der Abschnitte 14.3 bis 14.5 treten immer wieder Namen von Unterrichtsfächern wie „Naturwissenschaften" oder „Natur und Technik" auf. Aus diesem Grunde wird im Anschluss auch eine theoretische Basis zur Kategorisierung fächerübergreifenden Unterrichts in Bezug auf die Stundentafel gelegt.

- **Kategorisierung nach Inhalten**

Ausgangspunkt der inhaltlichen Charakterisierung fächerübergreifenden Unterrichts ist die Frage nach der Art und Weise, in der die Inhalte unterschiedlicher Fächer vernetzt werden: fachüberschreitend (▶ Abschn. 14.3), fächerverbindend (▶ Abschn. 14.4) oder fächerkoordinierend (▶ Abschn. 14.5). Drei Beispiele mögen diese Kategorien illustrieren:

- In der Akustik führt eine Physiklehrkraft physikalische Begriffe wie Frequenz, Schwingung, Schallwelle anhand von Musikinstrumenten ein. Sie überschreitet die engen Grenzen der Physik, wendet physikalische Begriffe in der Musik an und stellt Bezüge zu musikalischen Begriffen wie Lautstärke und Klangfarbe her (fachüberschreitender Unterricht).
- Eine Physiklehrerin spricht sich mit Kolleginnen und Kollegen aus anderen Fächern ab: In den kommenden zwei bis drei Wochen behandeln wir das Thema „Zeit". In der Physik (inklusive Astronomie) geht es u. a. um die Definition der Einheit Sekunde und die Festlegung eines Kalenders, im Sport um Messgenauigkeit, in Philosophie um die Lebenszeit, in Geschichte um „unsere Zeit" (fächerverbindender Unterricht).
- Eine Klasse erarbeitet während eines sich über mehrere Wochen erstreckenden Projekts konkrete Maßnahmen gegen den Klimawandel, bewertet die Maßnahmen und initiiert deren Umsetzung auf Ebene der eigenen Schule (fächerkoordinierender Unterricht).

Beim ersten Beispiel, Akustik anhand von Musikinstrumenten, handelt es sich um ein für den fachüberschreitenden Unterricht typisches Beispiel. Im Zentrum steht ein Fach, hier die Physik. Deren Grenzen werden überschritten, die Physik öffnet sich, bleibt aber der Bezugspunkt. Im Begriff „fachüberschreitend" steht daher auch „Fach" in der Einzahl und nicht wie bei den anderen Kategorien in

---

1 Labudde (2003, 2014b).

der Mehrzahl, wie bei „fächerverbindend" oder „fächerkoordinierend". Daher rührt auch der synonym gebrauchte Begriff „intradisziplinär". In der Alltagssprache wird oftmals von Anwendungen der Physik gesprochen, in der Fachdidaktik bestehen Bezüge zur Kontextorientierung. Da es um die Inhalte geht, müsste der Begriff streng genommen eigentlich „Fachinhalte überschreitend" lauten, im Unterschied zu „Fächerinhalte verbindend" und „Fächerinhalte koordinierend".

Im zweiten Beispiel wird *ein* Thema, hier der Begriff „Zeit", aus der Perspektive verschiedener Fächer beleuchtet bzw. erarbeitet. Die Verbindung zwischen den verschiedenen Fächern und damit zwischen den verschiedenen Perspektiven obliegt den einzelnen Schülerinnen und Schülern. Günstige Voraussetzungen für diese Verbindungen sind u. a. dann vorhanden, wenn die beteiligten Lehrkräfte das Thema in den gleichen Wochen erarbeiten, die Inhalte gegenseitig zumindest grob absprechen und im jeweils eigenen Unterricht Verbindungen zu den anderen Fächern herstellen (lassen). Andere synonyme Begriffe zu fächerverbindend sind „fächerverknüpfend" und „multidisziplinär".

Das dritte Beispiel fokussiert auf ein *Problem*: Welche konkreten Maßnahmen können wir gegen den Klimawandel ergreifen? Es bedarf mehrerer Fächer, u. a. Physik, Biologie, Psychologie, um dieses Problem anzugehen. Inhalte und Methoden der Fächer müssen dazu koordiniert werden. Das Ausgehen von einem Problem und das Erarbeiten von Lösungen sind die Hauptcharakteristika des fächerkoordinierenden Unterrichts. Darin unterscheidet sich diese Kategorie fächerübergreifenden Unterrichts vom fächerverbindenden Unterricht. Als synonyme Begriffe zu fächerkoordinierend werden manchmal auch „problembasiert" oder „interdisziplinär im engeren Sinn" verwendet. In vielen Fällen arbeiten Schülerinnen und Schüler im fächerkoordinierenden Unterricht projektartig; Projektunterricht ist allerdings weder eine notwendige noch eine hinreichende Bedingung für fächerkoordinierenden Unterricht.

Die drei Kategorien fachüberschreitend, fächerverbindend und fächerkoordinierend treten nicht immer in Reinform auf. Je nach Unterrichtsinhalten und -methoden gibt es Mischformen. Die ◘ Tab. 14.1 zeigt eine Übersicht über die drei Kategorien mit ihren Hauptmerkmalen und Verweisen auf Beispiele. Zur weiteren Begriffsklärung mögen folgende Hinweise dienen:

- Begriffe wie fächerübergreifend, fachüberschreitend, fächerverbindend und fächerkoordinierend sowie inter-, multi- oder transdisziplinär werden alles andere als eindeutig definiert. Will eine Gruppe von Lehrpersonen den fächerübergreifenden Unterricht ausbauen, wird dringend empfohlen, zuerst intern die Begrifflichkeiten zu klären.
- Der Begriff „transdisziplinär" wird in der Literatur häufig gebraucht, um Themen oder Probleme zu beschreiben, bei denen die Politik einbezogen wird.
- Wird Physik in einer Fremdsprache wie Englisch (Content and Language Integrated Learning; CLIL) unterrichtet, handelt es sich nicht um fächerübergreifenden, sondern um zweisprachigen bzw. Immersionsunterricht. Es gibt keinen fachinhaltlichen Bezug zu den Inhalten des Fremdsprachenunterrichts.

◘ **Tab. 14.1** Kategorisierung fächerübergreifenden Unterrichts auf der Ebene der Inhalte

Kategorie	Hauptmerkmal	Beispiele im vorliegenden und in anderen Kapiteln
Fachüberschreitend (intradisziplinär; Anwendungen eines Faches in anderen Fächern)	Von einem (Ausgangs-)Fach wird ein Bezug zu einem anderen Fach hergestellt. Die Grenzen des (Ausgangs-)Faches werden *überschritten*. Physik ⟶ Musik	▶ Abschn. 14.3 Elfmeterschießen ▶ Abschn. 6.6 Energie in sinnstiftenden Kontexten (Wetter) ▶ Abschn. 12.4 nicht-lineare Dynamik – Chaos ▶ Abschn. 13.5 historisch orientierter Unterricht
Fächerverbindend (fächerverknüpfend; multidisziplinär)	Konzepte oder Methoden, die mehreren Bereichen bzw. Fächern eigen sind, werden wechselseitig und systematisch miteinander *verbunden*. Physik ⟷ Sport	▶ Abschn. 13.6 Bergmann'sche Regel ▶ Abschn. 14.4.1 MINT als Unterrichtsfach ▶ Abschn. 14.4.2 Fächerverbindung in der gymnasialen Oberstufe ▶ Abschn. 15.5 Klimaproblematik
Fächerkoordinierend (interdisziplinär im engen Sinn; themenzentriert; problembasiert)	Im Mittelpunkt steht ein Problem. Unter Bezugnahme auf verschiedene Fächer werden Lösungen erarbeitet und eventuell auch initiiert, umgesetzt und evaluiert. Während des gesamten Prozesses kommt es zu einer *Koordination* der Inhalte verschiedener Fächer. **Ein Problem** — Physik, Psychologie, Biologie	▶ Abschn. 14.5.1 Energieversorgung ▶ Abschn. 14.5.2 Lärm und Gesundheit ▶ Abschn. 14.5.3 integrierte naturwissenschaftliche Grundbildung

■ **Kategorisierung nach Schulfächern**

Die Ausgangsfrage dieser zweiten Kategorisierung lautet: Welche Unterrichtsfächer werden in einem Lehrplan (Bildungsplan, Kerncurriculum) und damit in der Stundentafel aufgeführt? In der Oberstufe von Gymnasien des deutschen Sprachraums sind es bei den Naturwissenschaften die drei Einzelfächer Physik, Chemie und Biologie. Auch in den meisten Lehrplänen für die Sekundarstufe I sind es die drei genannten Fächer. Man spricht von gefächertem Unterricht (◘ Tab. 14.2).

In einigen Lehrplänen werden jedoch auch sogenannte Integrationsfächer aufgeführt, d. h., es werden mehrere Einzelfächer wie Physik, Chemie und Biologie

□ Tab. 14.2 Kategorisierung fächerübergreifenden Unterrichts auf der Ebene der Stundentafel

Kategorie	Beschreibung	Beispiele für die Umsetzung
Gefächert (Einzelfächer)	Physik, Biologie und Chemie werden je als Einzelfächer unterrichtet. Innerhalb dieser Einzelfächer kann es zu fachüberschreitendem Unterricht kommen, in besonderen Fällen auch in Absprache mit anderen Einzelfächern zu fächerverbindendem und fächerkoordinierendem Unterricht.	drei getrennte Fächer durchgehend oder in bestimmten Abschnitten der Sekundarstufe I (z. B. ab Klasse 7; davor integrierter Unterricht) Physik Chemie Biologie
Fächerergänzend	Fächerübergreifende Themen werden in einem eigenen Zeitgefäß – zusätzlich zu den naturwissenschaftlichen Einzelfächern oder zu einem Integrationsfach und diese komplementär ergänzend – unterrichtet: z. B. das Thema Sport und Physik während einer Blockwoche.	Blockwochen; Projekttage; Wahlpflichtkurse in der Sekundarstufe I; Projektphase im Rahmen der gymnasialen Oberstufe **Blockwoche** Physik Musik
Integriert (Integrationsfach)	Die Inhalte werden fächerübergreifend erarbeitet – mit gleichzeitiger integrierter Entwicklung zentraler fachspezifischer Begriffe (z. B. bei Energie oder Teilchen). Der integrierte Unterricht enthält sowohl fächerübergreifende als auch fachspezifische Phasen.	integrierter naturwissenschaftlicher Unterricht durchgehend in der Sekundarstufe oder bis zu einer bestimmten Klassenstufe **Naturwissenschaften** Physik Chemie Biologie

14

in einem Fach zusammengeführt (□ Tab. 14.2). Gewisse Unterrichtseinheiten eines Integrationsfachs können dabei durchaus nur die Inhalte eines Einzelfachs, z. B. der Physik, berücksichtigen. Als Beispiele seien genannt:

— das Fach „Naturwissenschaften" oder „Naturwissenschaftliches Arbeiten" im Anfangsunterricht der Sekundarstufe I (5./6. Schuljahr) mehrerer deutscher Bundesländer,

— das Fach „Naturwissenschaften" an Gesamtschulen in vielen deutschen Bundesländern,

- das Fach „Natur und Technik" in fast allen Schweizer Lehrplänen des 7. bis 9. Schuljahres,
- die sogenannten Schwerpunktfächer (vergleichbar mit Leistungskursen an deutschen Gymnasien) „Biologie und Chemie" (*ein* Unterrichtsfach) und „Anwendungen der Physik" an Schweizer Gymnasien während der letzten drei Jahre vor dem Abitur,
- ein breites Spektrum von Lehrplänen mit Integrationsfächern wie „Science" oder „Science–Technology–Society" außerhalb des deutschen Sprachraums.

Einige Lehrpläne oder Schulen führen weitere Angebote („Gefäße"[2]), in denen gezielt fächerübergreifend unterrichtet wird. Viele Schulen führen regelmäßig Blockwochen durch (auch als Projektwochen bezeichnet), in denen Themen wie „Physik und Musik", „Sport und Physik" oder „Klimawandel" angeboten werden (◘ Tab. 14.2). Auf der Ebene der Inhalte (◘ Tab. 14.1) handelt es sich je nach Unterrichtskonzept um fächerverbindenden oder fächerkoordinierenden Unterricht. Eine weitergehende Konzeption auf der Ebene der Stundentafel stellen spezielle Unterrichtsfächer dar. Der Kanton Basel-Stadt führt im Lehrplan des 8./9. Schuljahres neben dem obligatorischen Schulfach „Natur und Technik" einen Wahlpflichtbereich[3] auf, der u. a. die Fächer MINT (▶ Abschn. 14.4.1), Technisches Gestalten und LINGUA mit Latein umfasst.

▪ **Mögliche Zugänge**

◘ Tab. 14.3 charakterisiert die im weiteren Verlauf vorgestellten Unterrichtskonzeptionen nach ihren primären Zielen, ihrer Eignung für bestimmte Formen der Fächerstrukturen an einer Schule und den über Physik hinausgehenden Anteilen. Der konventionelle Unterricht (▶ Abschn. 14.2) konzentriert sich auf die physikalische Fachsystematik. An der Behandlung des Elfmeterschusses wird in ▶ Abschn. 14.3 die Umsetzung eines fachüberschreitenden Physikunterrichts veranschaulicht, in dem ein Kontext mehr ist als ein austauschbarer Anwendungsbezug für physikalisches Fachwissen. Es folgen zwei Konzeptionen für die Umsetzung fächerverbindenden Unterrichts in der gymnasialen Oberstufe. In ▶ Abschn. 14.4.1 erfolgt dies in einem eigenständigen Zusatzfach „MINT" (Mathematik, Informatik, Naturwissenschaften, Technik), inhaltlich erläutert am Thema „Strukturen" in der Natur. In ▶ Abschn. 14.4.2 beruht die Konzeption auf der engen Kooperation der bestehenden naturwissenschaftlichen Fächer und Lerngruppen. Das Beispiel zeigt, wie ein Sandentnahmesee fächerverbindend aus verschiedenen naturwissenschaftlichen Perspektiven in den Blick genommen werden kann. Fächerkoordinierender Unterricht wird an drei Beispielen veran-

---

2 Das Wort „Gefäß" ist in diesem Zusammenhang bisher nur in der Schweiz weit verbreitet. Der Begriff „(Zeit-) Gefäss" (Schweizer Schreibweise) umfasst Einzelstunden, Doppelstunden, Halbtage, Blockwochen.

3 ▶ https://www.edubs.ch/unterricht/lehrplan/volksschulen/stundentafel

◻ Tab. 14.3 Übersicht über die an Beispielen vorgestellten Unterrichtskonzeptionen

	Traditioneller Unterricht (▶ Abschn. 14.2)	Fachüberschreitender Unterricht (▶ Abschn. 14.3)	Fächerverbindender Unterricht (▶ Abschn. 14.4)	Fächerkoordinierender Unterricht (▶ Abschn. 14.5)
vorrangiges Ziel	strukturierter Aufbau fachsystematischen Wissens	Anwendung von Fachwissen verbunden mit einer erweiterten Erschließung des Kontexts	Erwerb fachlichen und fachmethodischen Wissens zur Bearbeitung fachübergreifender Fragen	Erwerb naturwissenschaftsmethodischer Fähigkeiten und von handlungsorientierter Bewertungskompetenz
geeignet für	gefächerten Unterricht	gefächerten Unterricht	Kooperation von Fächern; Integrationsfach Naturwissenschaften	Integrationsfach Naturwissenschaften
Anteil von Inhalten jenseits der physikalischen Fachsystematik	sehr gering	gering	gering bis mittel	mittel bis hoch

14

schaulicht, zunächst als Projekt in einem Integrationsfach Naturwissenschaft zum Thema „Erdöl – und in Zukunft?" (▶ Abschn. 14.5.1) und dann im Rahmen eines ergänzenden Wahlpflichtfachs über das Thema „Lärm und Gesundheit" (▶ Abschn. 14.5.2). Den Abschluss bildet eine umfangreiche Konzeption für integrierte naturwissenschaftliche Grundbildung, die für Gesamtschulen entwickelt wurde (▶ Abschn. 14.5.3). Themenbeispiel ist hier „Bauen und Wohnen".

14.2 Traditioneller Unterricht

- **Das Fach Physik**

Im deutschen Sprachraum lernt die Mehrzahl der Schülerinnen und Schüler Physik in einem eigenen Schulfach „Physik". Das Fach beginnt je nach Land, Bundesland und Schulart in der 5. bis 9. Jahrgangsstufe. Die Inhalte des Physikunterrichts sind an der Fachsystematik des universitären Bezugsfachs orientiert. Das gilt besonders für den Unterricht in der gymnasialen Oberstufe. Vergleicht man die Themenbereiche in Lehrplänen für Grund- und Leistungskurse mit dem traditionellen Kanon der Experimentalphysikvorlesungen des Physik-Bachelorstudiums, so zeigen sich große Ähnlichkeiten. In der Sekundarstufe I stellt sich die Situation etwas anders dar, besonders in den nicht-gymnasialen Schulen. Die Lehrpläne und die Lehrwerke haben seit den 2000er-Jahren zunehmend Anwendungskontexte aufgenommen und gleichzeitig die fachüberschreitende Perspektive (▶ Abschn. 14.1) im Physikunterricht ausgebaut. Nach wie vor dominiert jedoch die Fachsystematik: „Fachsystematischer Unterricht erweist sich, aller Kritik zum Trotz, als überaus robust. Er setzt weiterhin die Maßstäbe"[4].

Aufgebrochen wird die fachliche Orientierung durch lebensweltliche Bezüge bzw. durch Anwendungen in anderen Disziplinen wie Musik, z. B. im Rahmen des Physikunterrichts zur Akustik, oder zum Sport, z. B. im Rahmen von Kinematik oder Dynamik. Derartige Anwendungen sind jedoch in der Regel nur eine rudimentäre Form fachüberschreitenden Unterrichts (▶ Abschn. 14.3). Ein klassisches Beispiel ist die Korrektur von Fehlsichtigkeit im Themenbereich geometrische Optik. Anwendungen physikalischer Erkenntnisse in technischen oder lebensweltlichen Kontexten haben meist nur eine illustrierende Funktion, ohne dass Kontexte wie „Zukunft der Energieversorgung" in einer fächerverbindenden Perspektive wirklich zu einem inhaltlichen Schwerpunkt des Unterrichts werden.

- **Das Fach Naturwissenschaften**

Mehrere Bundesländer kennen im 5./6. Schuljahr und in nicht-gymnasialen Schulformen teilweise bis zur achten Jahrgangsstufe das Fach „Naturwissenschaften", „Naturwissenschaftliches Arbeiten" oder „Natur und Technik". Die Inhalte

---

4 Merzyn (2013, S. 266). Das Für und Wider fachsystematischen und fachübergreifenden Unterrichts soll hier nicht diskutiert werden. Wir verweisen dafür auf Merzyn (2013) und Labudde (2014b).

sind meist nach Oberthemen wie „Pflanzen und Tiere", „Körper–Gesundheit–Bewegung" oder „Sonne–Wetter–Jahreszeiten" geordnet. (Unter-)Themen lauten dann „Im Wechsel der Jahreszeiten" oder „Wetter und Wärme". Dem Thema „Wetter und Wärme" sind z. B. im Schulbuch Prisma Naturwissenschaften[5] 34 Seiten gewidmet. Die Inhalte stammen aus den Disziplinen Physik (z. B. Temperatur und Thermometer, Messgeräte der Wetterstation), Chemie (z. B. Aggregatzustände) und Geografie (z. B. Wetter und Klima, Wetterbericht und Wetterkarte). Es handelt sich um fächerverbindenden Unterricht, da Inhalte aus Physik, Chemie und Geografie vernetzt werden. So werden auf den „Geografieseiten" direkte Verbindungen zu den „Physikseiten" hergestellt, nicht nur inhaltlich, sondern zum Teil auch explizit mittels Querverweisen.

Ob ein solches Vernetzungspotenzial tatsächlich genutzt wird, hängt von der konkreten Umsetzung des Integrationsfachs „Naturwissenschaften" auf Ebene der einzelnen Schulen ab. Man findet dort häufig Umsetzungsformen, die konsekutiv bzw. epochenartig jeweils einen Physik-, Chemie- oder Biologieschwerpunkt haben und sich auf die jeweiligen fachbezogenen Aspekte eines eigentlich vernetzt zu behandelnden Themas beschränken. Dies entspricht dann eher der fächerüberschreitenden Konzeption fächerübergreifenden Unterrichts.

In fast allen Schweizer Kantonen werden seit mehr als 25 Jahren im 7. bis 9. Schuljahr die Fächer Physik, Biologie und Chemie nicht mehr als Einzelfächer unterrichtet. In der Stundentafel gibt es durchgehend ein einziges Fach. Je nach Kanton hieß das Fach seit seiner Einführung bis circa 2016 unterschiedlich, z. B. „Naturkunde" oder „Natur–Mensch–Mitwelt". Die Integrationsfächer umfassten je nach Kanton nicht nur Physik, Chemie und Biologie, sondern manchmal auch noch Geografie und Geschichte. Die kantonalen Lehrpläne aus den 1990er-Jahren wurden seit circa 2016 durch einen einheitlichen Deutschschweizer Lehrplan[6] abgelöst, in dem das Fach „Natur und Technik" heißt. Allen aufgeführten Fächern ist eigen, dass sie die Vernetzung von Fachinhalten fördern, den Lehrkräften gewisse inhaltliche Freiräume lassen und günstige Voraussetzungen für fächerkoordinierenden Unterricht bieten.

14

14.3 Fachüberschreitender Physikunterricht am Beispiel Elfmeterschuss

- **Grundkonzeption**

Wenn man aus dem Physikunterricht heraus Brücken zu anderen Sachbereichen schlägt und Querbezüge zu Inhalten anderer Fächer herstellt, werden oftmals Themen aus der aktuellen oder zukünftigen Lebenswelt der Schülerinnen und Schüler behandelt, z. B. Themen aus dem Sport, der Mobilität (Verkehrsmittel) oder der

---

5   PRISMA Naturwissenschaften 1. Differenzierende Ausgabe A. (2015, 1. Auflage). Stuttgart: Klett.

6   Lehrplan 21; ▶ https://v-fe.lehrplan.ch/

Energieversorgung. Fachüberschreitender Unterricht im Sinne der Grundkonzeption ist ein solcher Unterricht dann, wenn diese Themen nicht nur als illustrierende Anwendungen physikalischer Sachstrukturen dienen, sondern auch einen eigenen Stellenwert im Unterricht erlangen. Es geht um mehr als um motivierende Einstiege in eine Unterrichtsstunde; die Schülerinnen und Schüler sollen das Thema selbst wirklich besser verstehen. Will man z. B. die Anstrengung beim Radfahren aus einer physikalischen Perspektive heraus besser verstehen, sollten über die Betrachtungen von Leistung oder Drehmoment hinaus z. B. auch unterschiedliche Schaltungsarten mit ihren Übersetzungen oder die Frage, welche Kurbelgarnituren sich für Mountainbikes oder Rennräder eignen (und warum), besprochen werden.

Zwischen einem fachüberschreitenden Unterricht und einer ernsthaften Kontextorientierung[7] des Physikunterrichts gibt es große Überlappungen, z. B. in der Konzeption sinnstiftender Kontexte (► Abschn. 6.6). In beiden Konzeptionen spielen motivationale Aspekte ebenso eine Rolle wie persönliche oder gesellschaftliche Relevanz und die Überwindung „trägen", d. h. nicht auf Anwendungen transferierbaren formalen Wissens. Der Übergang zwischen Kontextorientierung und Fachüberschreitung ist fließend. Kontextorientierung wird zu fachüberschreitendem Unterricht, wenn es um mehr geht als um die Vermittlung physikalischer Inhalte *anhand* lebensweltlicher Beispiele. Experimente zur Bestimmung der Beschleunigung *am Beispiel* eines anfahrenden Fahrrads machen noch keinen fachüberschreitenden Unterricht aus. Gesellschaftliche oder technologische Makrokontexte, wie sie im STS- und SSI-Ansatz[8] verwendet werden, gehen hingegen über die Konzeption der Fachüberschreitung in ihrer thematischen Reichweite und ihren zeitlichen Auswirkungen auf die Unterrichtsgestaltung deutlich hinaus. Hier bestehen eher Bezüge zu fächerverbindendem oder fächerkoordinierendem Unterricht.

▪ Elfmeterschuss

Der Elfmeterschuss ist ein modellhaftes Beispiel für fachüberschreitenden Unterricht, das sich mit geringem Zeitaufwand von 40 bis 80 min, aber mit viel Gewinn bezüglich physikalischen, mathematischen und sportlichen Wissens realisieren lässt. Durch Alltagsbezug, Eigentätigkeit und überraschende Resultate erreicht man einen Großteil der Jugendlichen. Das im Folgenden beschriebene Beispiel lässt sich in eine größere Unterrichtseinheit „Physik und Fußball" oder „Physik und Sport" einbetten. Je nach Konzeption kann es sich dabei dann auch um einen fächerverbindenden oder fächerkoordinierenden Unterricht handeln.

Die Schülerinnen und Schüler sollen in zwei Versuchen a) die Flugzeit des Balles messen sowie die Geschwindigkeit des Fußballs berechnen und b) die Kraft bestimmen, die der Ball beim Aufprall auf den Torpfosten oder den Torhüter ausübt. Ein kurzer Text von Peter Handke aus dessen Buch „Die Angst des Tormanns beim Elfmeter"[9] mag als Einstieg in die Unterrichtseinheit dienen: „Der Tormann über-

---

7   Kuhn et al. (2010).
8   STS: Science Technology and Society (Aikenhead, 1994); SSI: Socio-Scientific Issues (Sadler und Zeidler, 2009).
9   Handke (1970, S. 104).

Flugzeit und Geschwindigkeit eines Fußballs beim Elfmeter

▶   **Material:**

Fußball, mindestens 3 Handys mit Stoppuhr, Messband von 10 oder 20 m Länge

▶   **Experiment**
Miss 11 m vor einer massiven, fensterlosen (!) Wand ab. Markiere diesen „Elfmeterpunkt".
Berechne aufgrund mehrerer Schüsse die mittlere Geschwindigkeit in m/s und km/h.

▶   **Zusatzfragen**

1. Wie viel Zeit bleibt zum Reagieren? Hat die Torhüterin bzw. der Torhüter damit überhaupt eine Chance den Elfmeter zu halten? Berücksichtige bei deinen Überlegungen die Reaktionszeit eines Menschen.

2. Gemäß dem Regelwerk des internationalen Fußballverbandes FIFA (Fédération Internationale de Football Association) sind es gar nicht genau 11 Meter, sondern 12 Yards.

    a) Wie viele Meter entsprechen 12 Yards?

    b) Warum bezieht man sich im Regelwerk der FIFA auf Yard und nicht auf Meter?

3. Messungen sind nie ganz genau. Welche Größe konntest du recht genau messen, welche andere hingegen nicht? Welchen Einfluss hat die Messunsicherheit auf die Berechnung der Ballgeschwindigkeit?

◻ **Abb. 14.1**   Arbeitsbogen zur Bestimmung Flugzeit und Geschwindigkeit eines Fußballs beim Elfmeter

legt, in welche Ecke der andere schießen wird. Wenn er den Schützen kennt, weiß er, welche Ecke er sich in der Regel aussucht. Möglicherweise rechnet aber auch der Elfmeterschütze damit, dass der Tormann sich das überlegt. Also überlegt sich der Tormann weiter, dass der Ball heute einmal in die andere Ecke kommt. Wie aber, wenn der Schütze noch immer mit dem Tormann mitdenkt und nun doch in die übliche Ecke schießen will? Und so weiter, und so weiter." Was löst die Angst des Tormanns bzw. der Torhüterin aus? Sie hat psychologische Gründe, die auf physikalischen Tatsachen beruhen. Mit dem Experiment[10] gemäß ◻ Abb. 14.1 klären die Schülerinnen und Schüler die physikalischen Fakten.

Typische Messwerte und Ergebnisse liegen für die Flugdauer zwischen 0,35 und 0,45 s, d. h. bei 24 bis 31 m/s bzw. 88 bis 112 km/h für das Tempo des Balles. Diese Werte erstaunen die meisten Teenager und erfüllen sie mit Stolz. Die Lehrperson sollte allerdings darauf achten, weniger sport- oder fußballbegeisterte Jugendliche nicht zu „verlieren".

In den Zusatzfragen wird die fachüberschreitende Konzeption der Unterrichtseinheit besonders deutlich; der Elfmeterschuss ist hier nicht einfach nur ein

14

---

10   Gekürzte Version aus Labudde (2014a, S. 6).

Anwendungsbeispiel für die Kinematik: 1) Die Reaktionszeit von 10- bis 30-Jährigen liegt bei ungefähr 0,15 s, d. h., es bleiben nur 0,25 s, um den Ball abzufangen. Dies ist viel zu wenig, um „re-agieren" zu können. Die Chance erhöht sich etwas, wenn direkt beim Abschuss in die vermutete Richtung gesprungen wird. Wie man zu dieser Vermutung kommt, beschreibt Handke sehr zutreffend in seinem Text. 2) a) Ein Yard ist 0,914 m, d. h., 12 Yards entsprechen 10,973 m. Die deutsche Bezeichnung Elfmeter ist daher nicht ganz korrekt, im Englischen und auch in manchen anderen Sprachen heißt es einfach „Penalty". b) England ist die Wiege des Fußballs, entsprechend wurde der Penaltypunkt von der FIFA auf 12 Yards festgelegt, der in England im Alltag immer noch recht üblichen Längeneinheit. c) Die Länge von 11 m lässt sich recht genau messen, die Zeit mit den verfügbaren Mitteln hingegen nicht. Das Experiment und seine Auswertung bieten die Chance über Messunsicherheiten (▶ Abschn. 15.7.3) und die Anzahl sinnvoller Stellen im Schlussresultat zu diskutieren.

Das obige Schülerexperiment benötigt für Einführung, Durchführung und Auswertung eine knappe Schulstunde. In einer zweiten Stunde ließe sich die Kraft beim Aufprall bestimmen. Diese kann man berechnen, wenn man zusätzlich zur bereits berechneten Geschwindigkeit des Balles noch dessen Masse sowie den Bremsweg bestimmt.[11] Während die Masse (410 bis 450 g) schnell gemessen ist, lässt sich der Bremsweg nur grob abschätzen. Das gelingt mit dem Satz des Pythagoras aus dem Durchmesser des Balles sowie dem Durchmesser des Abdrucks, den ein wuchtig geschossener, schmutziger Ball auf einer hellen Oberfläche bzw. ein nasser Ball auf einem Papierbogen hinterlässt.[12] Typische Resultate sind 22 cm Balldurchmesser und 12 bis 18 cm Durchmesser des Abdrucks. Die Messwerte führen zu einem Bremsweg von 2 bis 5 cm, einer Bremsbeschleunigung von 10.000 bis 25.000 m/s^2 und Bremskräften von 4.500 N bis 11.000 N.

Elfmeter haben im Fußball oftmals eine spielentscheidende Bedeutung. Treffer hängen dabei nicht allein von physikalischen Parametern ab. Dazu können in der Unterrichtseinheit „11 Fakten zum Elfmeter" aufgegriffen werden, die der Deutsche Fußballbund veröffentlicht hat[13]. Schüsse in das obere Tordrittel besitzen eine deutlich höhere Trefferchance als flache Schüsse. Insgesamt werden drei von vier Elfmetern verwandelt. Der Torwart kann durch hektisches Bewegen der Arme vor dem Schuss den Elfmeterschützen beeinflussen, sodass die Trefferquote sinkt. In der regulären Spielzeit sind die Schützen eher erfolgreich als beim Elfmeterschießen. Die Mannschaft, die beim Elfmeterschießen zuerst antritt, gewinnt mit einer Wahrscheinlichkeit von 60 %. Wenn man solche Aspekte im Physikunterricht einbezieht, wird aus dem Elfmeterschuss mehr als ein austauschbares Anwendungsbeispiel für mechanische Formeln.

---

11 Zimmermann und Wilhelm (2014) bestimmen die Kraft recht genau mittels der Kontaktzeit, die sie mit einer Hochgeschwindigkeitskamera erfassen.
12 Genaue Versuchsanleitung in Labudde (2014a).
13 Deutscher Fußballbund (o. J.); basierend auf der Dissertation „Sportphysiologische Einflussfaktoren der Leistung von Elfmeterschützen" (Froese 2012).

- **Unterrichtsmaterialien**

   Wilhelm, T. (2014). Physik und Fußball. In: *Praxis der Naturwissenschaften – Physik in der Schule, 1*(63). Hallbergmoos: Aulis Verlag.
Die oben aufgeführten Experimente sind in diesem Themenheft beschrieben. In dem Heft werden außerdem Unterrichtseinheiten zu folgenden Themen vorgestellt: Kräfte bei Kopfbällen, Wurfweiten beim Seiteneinwurf, Flugbahnen mit Luftreibung (z. B. bei Kurzpässen oder Torwartabstößen) und computergestützte Bewegungsanalysen.[14]

   Mathelitsch, L. und Thaller, S. (2008). *Sport und Physik* (Buch und 50 Arbeitsblätter). Köln: Aulis.
   Mathelitsch, L. und Thaller, S. (2015). *Physik des Sports.* Weinheim: Wiley–VCH.
Weitere vielfältige Ideen für einen Physikunterricht, der fachüberschreitend Themen aus dem Sport aufgreift, finden sich in diesen beiden Publikationen. Sie arbeiten zahlreiche Sportbeispiele für den Physikunterricht auf, u. a. Ballspiele, Leichtathletikdisziplinen, Turnen, Wassersport, Radsport und sommerliche und winterliche Alpinsportarten bis hin zu Frisbeespielen und Skateboardfahren.

- **Empirische Ergebnisse**

Die Unterrichtseinheit mit den zwei Experimenten zum Elfmeterschuss wurde mehrfach erprobt. Die große Mehrzahl der Schülerinnen und Schüler äußerte sich sehr positiv zur Unterrichtseinheit.[15] Sie betonten den Alltagsbezug bzw. die Verbindung zum Sport, die überraschenden Resultate („Ich habe gar nicht gewusst, dass ich den Ball mit so hoher Geschwindigkeit schießen kann", „Der Torhüter hat da ja wirklich kaum eine Chance") und den Gewinn für das eigene Elfmeterschießen („in Zukunft versuche ich in das obere Drittel zu schießen").

Diese individuellen Rückmeldungen vermögen die Resultate breit angelegter empirischer Studien zum fachüberschreitenden bzw. kontextorientieren Unterricht zu illustrieren. So fassen Bennett et al. (2007) die Resultate von 17 englischsprachigen Studien zusammen und kommen zum Schluss, dass ein kontextbasierter Unterricht zu einer positiveren Einstellung gegenüber dem naturwissenschaftlichen Unterricht und partiell auch zu den Naturwissenschaften allgemein führt als gefächerter Unterricht. Das gilt in besonderem Maße für Mädchen, sodass sich die Geschlechterdifferenz bei diesen Einstellungen verkleinert. Die Resultate wurden im deutschen Sprachraum unter anderem von Habig et al. (2018) für den Chemieunterricht bestätigt.

---

14 Für ausführliche zweidimensionale bzw. computergestützte Bewegungsanalysen sei auf das
▶ Kap. 3 „Kinematik" verwiesen, insbesondere auf ▶ Abschn. 3.3 „Zweidimensionale Bewegung von Anfang an" und ▶ Abschn. 3.4 „Computergestützte Bewegungsanalyse".
15 Schriftliche Befragungen durch Peter Labudde (unveröffentlicht).

14.4 Fächerverbindender Unterricht

Fächerverbindender Unterricht ist ein häufig praktizierter Typus fächerübergreifenden Unterrichts, sei es in Integrationsfächern (▶ Abschn. 14.1) wie Naturwissenschaften, Natur und Technik, Science–Technology–Society; sei es in sogenannten Block- oder Projektwochen oder sei es im normalen Physikunterricht – im letzteren Fall in enger Absprache und Verbindung mit einem anderen Fach (▶ Abschn. 14.4.2). So stammt denn auch hier das erste Beispiel aus einem Integrationsfach MINT, das zweite aus dem Fach Physik in Verbindung mit anderen Fächern.

14.4.1 MINT als Unterrichtsfach in der gymnasialen Oberstufe

Das Gymnasium Lerbermatt im Schweizer Kanton Bern zählt zu den Gymnasien, die gezielt MINT-Förderung betreiben (das Kürzel steht für „Mathematik, Informatik, Naturwissenschaften, Technik"). In der Schweiz wie auch in vielen anderen Staaten oder deutschen Bundesländern, haben Schulen die Möglichkeit, spezifische Angebote und Profile zu entwickeln. So bietet das Gymnasium Lerbermatt sogenannte MINT-Klassen an, deren Schülerinnen und Schüler während der letzten drei Schuljahre vor dem Abitur freiwillig und zusätzlich zu ihren normalen Fächern das Fach MINT besuchen. Das Fach umfasst je zwei Wochenstunden. Zudem absolvieren die Schülerinnen und Schüler zwei je einwöchige Betriebs- oder Forschungspraktika in der Industrie oder an einer Hochschule. 30 bis 45 Jugendliche, d. h. ungefähr 20 % eines Jahrgangs, entscheiden sich im Mittel für den MINT-Unterricht, sodass das Gymnasium je Jahrgang zwei MINT-Parallelklassen führt. Die MINT-Klasse gehört inzwischen zum festen Angebot des Gymnasiums Lerbermatt; 2020 ist der achte Jahrgang gestartet. Die Schweizerische Akademie der Naturwissenschaften würdigte das Engagement des Gymnasiums und honorierte sie mit dem Label „MINT-aktives Gymnasium".

- **Grundkonzeption**

Jedes der drei Schuljahre an der Schule steht unter einem anderen Motto. 10. Schuljahr: Think MINT – Denken in Netzwerken; 11. Schuljahr: Build MINT – Die Natur als Architektin, der Mensch als Modellierer; 12. Schuljahr: Enlighten MINT – Den Photonen auf der Spur. Die verantwortlichen Lehrkräfte mussten hinsichtlich Zielen und Inhalten ein neues Curriculum entwickeln, das über die Curricula der Grundlagen-, Ergänzungs- und Schwerpunktfächer[16] hinausgeht,

---

16 Grundlagen- und Schwerpunktfach entsprechen den deutschen Begriffen Grund- und Leistungskurs.

denn alle Jugendlichen der MINT-Klassen besuchen Mathematik, Biologie, Chemie und Physik gemäß dem nationalen und kantonalen Lehrplan. ◻ Tab. 14.4 enthält die Beschreibung des dreijährigen Curriculums, d. h. der Unterrichtsinhalte und -ziele, wie sie das Gymnasium den (zukünftigen) Schülerinnen und Schülern präsentiert und damit auch Werbung für die MINT-Klasse macht.

Die Initiative für das MINT-Angebot ging von Lehrkräften des Gymnasiums aus; die Schulleitung unterstütze sie von Anfang an, u. a. bei der aufwändigen Suche nach Finanzierungsmöglichkeiten. Die acht am MINT-Unterricht beteiligten Lehrkräfte, je zwei aus Physik, Chemie, Biologie und Mathematik/Informatik, entwickelten das Curriculum. Nach jedem Durchlauf überarbeiteten sie es aufgrund ihrer Erfahrungen, der Rückmeldungen der Jugendlichen und der Fremdevaluation der ersten drei Jahre.

Der Unterricht ist oft interdisziplinär, in den meisten Fällen fächerverbindend, d. h., es werden gezielt Bezüge zwischen mindestens zwei Fächern erarbeitet. Alle Inhalte liegen außerhalb der Schweizer Gymnasiallehrpläne. Dabei wird in jedem Jahr ein Schwerpunkt gesetzt, der jeweils in vier bis sechs sogenannte Pro-

◻ **Tab. 14.4** Übersicht über die MINT-Rahmenthemen des Gymnasiums Lerbermatt (gekürzt und geringfügig überarbeitet)

Jahrgangsstufe Thema	Fachinhalte und –ziele
10 Think MINT – Denken in Netzwerken	Wie denken wir? Wie gelingt es uns, Mona Lisa zu erkennen, Schach zu spielen oder zwei Zahlen zusammenzuzählen? Die Philosophie beschäftigt sich seit vielen Jahrhunderten mit der Frage, wie wir unsere Umwelt wahrnehmen, Probleme lösen, Entscheidungen fällen und handeln – eben „denken" Physikerinnen und Physiker, Ingenieurinnen und Ingenieure bauen Teile des Gehirns nach, um „smarte" Geräte zu konstruieren, wie etwa humanoide Roboter als Hilfe in pflegenden Berufen, selbststeuernde Autos, intelligente Prothesen zum Sehen, Hören oder Laufen sowie selbstständig handelnde interplanetare Sonden
11 Build MINT – Die Natur als Architektin, der Mensch als Modellierer	Warum besitzen Lebewesen und in der Natur vorkommende Dinge die Form, die sie haben? Und nach welchen Regeln wachsen diese Formen? Die komplexe Verästelung von Bäumen, Flüssen oder menschlichen Organen wie der Lunge lassen sich mit gewissen Regeln erstaunlich gut erklären, aber auch die gitterartige Anordnung von Atomen etwa in Lebensmitteln oder von Modulen im Gehirn. Wie der Grundbaustein und die Anordnungsregel im Detail aussehen, hängt dabei stark von dem ab, was wir untersuchen
12 Enlighten MINT – Den Photonen auf der Spur	Wir alle brauchen Licht, um zu sehen. Am Tag erhellt uns die Sonne den Raum, in der Nacht eine Kerze oder Lampe. Wie ein Wasserstrom oder ein elektrischer Strom besteht Licht aus kleinen Teilchen (den Photonen) Können wir also den Lichtstrom ebenfalls für weitere interessante Anwendungen nutzbar machen, so wie das für Wasser und Elektrizität möglich ist? Wir werden uns in diesem Jahr damit auseinandersetzen, wie Licht produziert, aber auch für die Datenübermittlung genutzt werden kann

14

jekte gegliedert ist. Die folgenden vier Projekttitel sind typisch: Wie erkenne ich die Mona Lisa? – Wie einfach kann ein Denkapparat sein? – Kosmische Strukturen – *Reach for the stars:* Wie empfangen wir Licht? Im Fach MINT werden keine Noten erteilt, d. h., es gibt weder schriftliche noch mündliche Prüfungen oder Arbeiten. Es sind vermutlich diese Rahmenbedingungen sowie die innovativen Unterrichtsinhalte, die zum Erfolg des Konzepts beitragen.

- **Unterrichtsbeispiel**

Im zweiten Jahr des MINT-Unterrichts geht es um „Build MINT – Die Natur als Architektin, der Mensch als Modellierer". Das Jahr umfasst neben den zwei schulexternen Praktika fünf Themen, von denen jedes projektartigen Unterricht, Exkursionen und Schülerversuche umfasst:

1. Flächendeckende Strukturen und 3D-Druck: Wie können Flächen strukturiert werden? (8 Doppelstunden, d. h. 8×90 Minuten)
2. Gitterstrukturen: Kristalle, räumliche Anordnung von Fettmolekülen, die gitterartige Struktur von Schokolade (5×90 Minuten)
3. Verzweigte Strukturen: Lindenmayersysteme oder warum es einfach ist, einen Wald zu erschaffen. (4×90 Minuten)
4. Kosmische Strukturen: Wie ist das Universum strukturiert und wie können wir das erkennen? (8×90 Minuten)
5. Dynamische Strukturen: Wie verändert sich mit der Zeit die Struktur von Tierpopulationen? (8×90 Minuten)

Das Jahreskonzept ist in hohem Maße fächerverbindend (◧ Tab. 14.1). Es geht stets um Strukturen, einen Begriff, der in den Projekttiteln überall an zweiter Stelle aufgeführt ist. Auf diese Strukturen weist nicht nur der Jahrestitel „Build MINT" hin, sondern auch der vielfältig interpretierbare Untertitel „Die Natur als Architektin – der Mensch als Modellierer".

In den fünf Projekten bearbeiten die Schülerinnen und Schüler Strukturen aus je verschiedenen fachlichen Perspektiven, wobei bewusst darauf geachtet wird, im Sinne des fachüberschreitenden und fächerverbindenden Unterrichts Bezüge zu anderen Perspektiven herzustellen. So geht es im ersten Projekt „Flächendeckende Strukturen" auf den ersten Blick um das mathematische Problem des Parkettierens, aber auch dort werden bereits am Anfang gezielt und ausführlich fachüberschreitende Bezüge zur Wabenstruktur von Bienenstöcken und zu Wandmustern in der islamischen Kunst hergestellt. Der Hauptteil der Unterrichtseinheit besteht dann in einem Projekt im eigentlichen Sinn: Die Schülerinnen und Schüler konstruieren am Computer ein 3D-Modell eines Objekts, das sich parkettieren lässt und später in Schokolade gegossen werden soll. Dazu entwickeln sie ein Negativ für eine Silikonform und drucken das Modell mit einem 3D-Drucker aus. Zu einem späteren Zeitpunkt werden die Silikonformen aus dem Negativmodell gegossen und in der Schokoladenproduktion, d. h. in der folgenden Unterrichtseinheit „Gitterstrukturen in Lebensmitteln" eingesetzt.

Im Projekt „Kosmische Strukturen" werden im ersten Teil vor allem physikalische und technische, teilweise auch geschichtliche Inhalte erarbeitet: Wer hat das Teleskop erfunden? Wie funktioniert es? Welche Hightechteleskope stehen der Wissenschaft heute zur Verfügung? Die Schülerinnen und Schüler erarbeiten sich Antworten auf diese Fragen und lernen zugleich, einfache Teleskope zu bedienen. Im zweiten Teil untersuchen die Klassen die großräumige Struktur des Weltalls, ausgehend vom Sonnensystem über die Milchstraße bis zu den Grenzen des bekannten Universums. Dabei stehen auch hier immer wieder Strukturen und deren Entwicklung im Zentrum. Zwei bis drei Exkursionen zu Sternwarten ergänzen den Unterricht im Schulzimmer und eröffnen neue Ein-, Aus- und Durchblicke.

- **Empirische Ergebnisse**

Das Konzept der MINT-Klasse wurde während der ersten drei Jahre, 2013 bis 2016 evaluiert.[17] Alle MINT-Klassen sowie eine Kontrollgruppe von mehreren Nicht-MINT-Klassen des gleichen Jahrgangs beantworteten einmal pro Jahr einen Fragebogen.[18] Die MINT-Schülerinnen und -Schüler zeichneten sich im Vergleich zur Kontrollgruppe – nicht ganz unerwartet – durch ein hohes Interesse und ein überdurchschnittliches Selbstkonzept bezüglich der Naturwissenschaften und Mathematik aus. Der Frauenanteil in den MINT-Klassen lag mit gut 40 % über den Werten der Schwerpunkt- und Ergänzungsfächer Physik, Chemie, Mathematik, Informatik, nicht aber über dem im Fach Biologie. Die Jugendlichen schätzten im MINT-Unterricht das sehr häufige praktische Arbeiten, sei es im Labor, im Feld oder mit dem Computer, die Anwendungs- und Problemorientierung, die Exkursionen in die Natur sowie in Forschungs- und Industriebetriebe und insbesondere den notenfreien Kontext. Von den oben erwähnten Projekten werden „Gitterstrukturen in Lebensmitteln (Schokoladenherstellung)" und „Kosmische Strukturen" sehr positiv beurteilt. Bemängelt wurden hingegen von vielen Jugendlichen ein Zuviel an Theorie bei einigen Themen, eine teilweise schlechte Zeitnutzung, einzelne Überschneidungen mit Inhalten des „normalen" Unterrichts und ein Zuwenig an technischen Themen.

- **Unterrichtsmaterialien**

  ▶ https://www.lerbermatt.ch/gym/bildungsgang/mint-klassen/transfermodule/?L=352

Die Website bietet Informationen zum Konzept der MINT-Klasse. Einige Unterrichtsmaterialien werden in den ▶ *Materialien zum Buch* zur Verfügung gestellt.

14.4.2 Fächerverbindender Unterricht in der gymnasialen Oberstufe

Die im Folgenden vorgestellte Konzeption bezieht sich – anders als bei der MINT-Klasse in ▶ Abschn. 14.4.1 – auf eine Fächerbindung im gefächerten Unterricht. Einen fächerübergreifenden Unterricht, der über eine Fachüberschrei-

---

17   Studie der Fachhochschule Nordwestschweiz (Finanzierung: Stiftung Metrohm, Herisau/ Schweiz).
18   Holmeier et al. (2016).

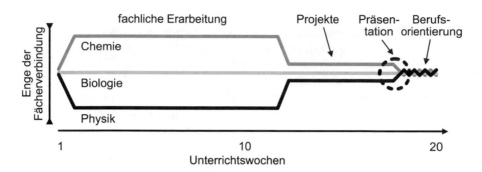

Abb. 14.2 Zeitstruktur des Themenhalbjahres „Klima der Erde"

tung (► Abschn. 14.3) hinausgeht und nicht nur fächerergänzend (■ Tab. 14.2) erteilt wird, findet man in der gymnasialen Oberstufe selten. Dies liegt sowohl an curricularen Vorgaben für die drei naturwissenschaftlichen Fächer im Hinblick auf die Abiturprüfung als auch an dem erforderlichen Abstimmungsaufwand zwischen den Lehrkräften für einen fächerverbindenden oder sogar fächerkoordinierenden Unterricht. Es war daher für die Entwicklung der hier dargestellten Unterrichtskonzeption eine unabdingbare Voraussetzung, dass die beteiligten Lehrpersonen aus den Fächern Physik, Biologie und Chemie sich als fächerübergreifendes Team verstanden und viel Zeit in die intensiv und teilweise kontrovers geführten Planungsrunden investiert haben. Die Konzeption wurde 1995 bis 1999 im Rahmen eines Modellversuchs an der gymnasialen Oberstufe eines Bremer Schulzentrums entwickelt und erprobt.

■ **Grundkonzeption**

Beim BINGO-Ansatz[19] geht es darum, Schülerinnen und Schüler mit jeweils spezifischer Fachexpertise zu gemeinsamen fächerübergreifenden Aktivitäten zusammenzubringen. Die Lehrkräfte vereinbaren für ein Halbjahr jeweils ein gemeinsames Rahmenthema, zu dem die beteiligten Fächer je spezifische inhaltliche Beiträge liefern. Die Inhalte des Fachunterrichts werden in gemeinsamen Planungsrunden aufeinander abgestimmt. Außer den auf das gemeinsame Rahmenthema bezogenen Inhalten werden jeweils auch weitere einzelfachliche Inhalte unterrichtet. Die Zeitstruktur des Halbjahres wird gemeinsam festgelegt. Sie umfasst (1) einen gemeinsamen Einstieg in das Rahmenthema, (2) vorbereitenden Fachunterricht als Hinführung auf ein (3) fächerverbindendes Vorhaben (z. B. Rollenspiel, Fallstudie, Science Museum) sowie (4) fachspezifische Ergänzungen. ■ Abb. 14.2 zeigt als Beispiel den Verlauf des Themenhalbjahres „Klima der Erde". Nach einem gemeinsamen Einstieg in die Klimaproblematik wurden

---

19 Das Akronym beruht auf dem Projektlangnamen „Berufsorientierung und Schlüsselprobleme im fachübergreifenden naturwissenschaftlichen Unterricht der gymnasialen Oberstufe"; Projektförderung durch die Bund-Länder-Kommission für Bildungsplanung und Forschungsförderung (1995 bis 1999).

in ca. zehn Wochen in den einzelnen Kursen fachliche Grundlagen erarbeitet und dann in eine fächerübergreifende Projektphase (naturwissenschaftliche Ausstellung zum Thema „Klima") mit schulinterner Präsentation eingebracht. Den Abschluss bilden berufsorientierende Inhalte.

Die Schülerinnen und Schüler kommen mindestens einmal pro Halbjahr kursübergreifend zu gemeinsamen projektartigen Aktivitäten zusammen. In diesen Abschnitten handelt es sich um einen fächerkoordinierenden Unterricht. Die Lehrkräfte wirken darauf hin, dass die Arbeitsgruppen möglichst fächerübergreifend zusammengesetzt sind. Soweit es stundenplantechnisch möglich ist, werden die Kurse zeitlich parallel unterrichtet, um den Austausch zwischen den Schülerinnen und Schüler aus den unterschiedlichen Fachkursen zu erleichtern. Anderenfalls werden für die gemeinsamen Aktivitäten auch Nachmittagstermine genutzt.

In die Leistungsbewertung gehen die Ergebnisse der projektartigen fächerverbindenden Aktivitäten mit ein. Dafür wird eine der sonst üblichen zwei Klausuren durch eine alternative Leistungserbringung ersetzt (z. B. Präsentation und Verteidigung eines Ausstellungsstands im Rahmen einer schulöffentlichen Ausstellung vor einer fächerübergreifend zusammengesetzten Lehrkräftejury).[20]

◨ Tab. 14.5 beschreibt einen Durchgang durch fünf Halbjahre der gymnasialen Oberstufe. An dieser Erprobung waren zwei Biologie-, zwei Chemie- und ein Physik-Grundkurs beteiligt (mit 126 Schülerinnen und Schülern und fünf Fachlehrkräften). Die Schülerinnen und Schüler belegten überwiegend nur eines der drei naturwissenschaftlichen Fächer. In anderen Schuljahren gab es begrenzte Kooperationen, z. B. zwischen einem Physik- und einem Chemiekurs, sowie Kooperationen über kürzere Zeiträume, z. B. zwei Halbjahre. Auch die Rahmenthemen und Formen der fächerverbindenden Aktivitäten wurden variiert.[21]

■ **Unterrichtsbeispiel „Ökologie eines Sandentnahmesees"**
Im ersten Halbjahr des in ◨ Tab. 14.5 gezeigten Gesamtverlaufs ging es um Untersuchungen an einem in der Nähe der Schule gelegenen ehemaligen Sandentnahmegeländes, das sich zu einem Biotop entwickelt hatte. Zum Einstieg wurde das Gelände mit allen fünf Kursen gemeinsam begangen, um den Kontextbezug herzustellen und im anschließenden Unterricht Fragestellungen für Untersuchungen zu entwickeln. Für die Physik war das z. B. die Frage nach dem Wasserdurchsatz durch Niederschlag, Zuflüsse und Abflussgräben. Im Fach Chemie stand die Untersuchung der Wasserqualität des Sees im Vordergrund und im Fach Biologie lag ein Schwerpunkt auf Artenbestimmungen. In allen drei Fächern spielten, wie im Lehrplan vorgesehen, Untersuchungs- und Messverfahren sowie die Dokumentation und Auswertung von Daten eine wichtige Rolle. Im Fach Physik wurden z. B. Wassertiefen und Wasserflächen vermessen und das Strömungs-

---

20 Wieland et al. (1997).
21 Detaildarstellungen und Materialen zu allen Halbjahren sind abrufbar unter ▶ https://aeccp.univie.ac.at/lehrer-innen/unterrichtskonzeptionen. Die Materialien umfassen auch Erläuterungen zur Leistungsbewertung und zur Gestaltung der Abiturprüfung.

◘ **Tab. 14.5**   Übersicht über die BINGO-Rahmenthemen

Halbjahr Thema	Fachinhalte der Vorbereitungsphase (Auswahl)	Fächerverbindende Arbeitsphase
11/1 Ökologie eines Sandentnahmesees	*Physik:* Kinematik (auch an Wasserströmungen); Kontinuitätsgleichung; Vermessungstechnik (Gelände, Gewässer); Dynamik *Biologie:* Artenbestimmung; Atmung; Photosynthese; Zellaufbau *Chemie:* Stofftrennverfahren und Analytik, chemische Bindung	Rollenspiel einer Bürgerversammlung zur Frage der Nutzung als Freizeitgelände (2 Wochen für Vorbereitung, Durchführung und Reflexion)
11/2 Klima der Erde	*Physik:* alternative Energiequellen; Generatortechnik; Erde als schwarzer Strahler *Biologie:* Klima und Ökosysteme; abiotische Umweltfaktoren *Chemie:* Gase; Treibhauseffekt; Ozonproblematik	Erarbeiten und Präsentation einer schulöffentlichen Ausstellung (5 Wochen); freie Gruppenbildung; Themenwahl aus Liste
12/1 Gentechnik	*Physik:* elektrisches Feld; Ionenleitung in Flüssigkeiten; Elektrophorese *Biologie:* Genetik; Fortpflanzung; Zellteilung; Molekulargenetik *Chemie:* Säure-Base-Theorie, Aminosäuren und Proteine	Erstellung eines kriminaltechnischen Gutachtens zu einem konstruierten Kriminalfall (6 Wochen); die Gruppen wurden von den Lehrkräften fächerübergreifend zusammengesetzt
12/2 Licht und Farbe	*Physik:* Wellenoptik; elektromagnetisches Spektrum; Lichtentstehung in der Atomhülle *Biologie:* Linsenaugen der Wirbeltiere; Evolutionsmechanismen *Chemie:* Pigmente; Fluoreszenz, Phosphoreszenz; UV-Absorption	Erstellung von Exponaten für ein schulöffentliches Science Museum (6 Wochen); freie Gruppenbildung mit fächerübergreifender Zusammensetzung; schülereigene Themenvorschläge
13/1 Medizin und naturwissenschaftlicher Fortschritt	*Physik:* elektrische Leitungsvorgänge im menschlichen Körper; bildgebende Verfahren; Strahlentherapie *Biologie:* Nervenzelle; Synapsen; vegetatives Nervensystem *Chemie:* Arzneimittel; Wirkstoffkonzentration; Schmerzempfindung	Erstellung eines Patientenratgebers (6 Wochen) freie Gruppenbildung; Vorgabe: fächerübergreifende Zusammensetzung Gruppenthema: begrenzte Auswahl aus Liste

geschwindigkeitsprofil in einem Abflussgraben bestimmt. Die Beschleunigung wurde zunächst betragsmäßig als Veränderung der Strömungsgeschwindigkeit bei verschiedenen Querschnittsflächen im Profil des Abflussgrabens eingeführt und anschließend anhand üblicher Fahrbahnexperimente im Physikraum vertieft und präzisiert. Eine Exkursion zu einem Katasteramt vermittelte den Schülerinnen und Schüler Einblicke in Berufsfelder im Vermessungswesen. Über ein schwarzes Brett wurden Fragen und Untersuchungsergebnisse zwischen den Fachkursen ausgetauscht. Von der Chemie wurden z. B. Angaben zu den Wassermengen im See angefordert.

Nach zwölf Wochen Fachunterricht wurde ein Rollenspiel zu der Frage durchgeführt, ob das Gelände zu einem Freizeitpark mit Badebetrieb umgewandelt werden kann bzw. soll.[22] Dazu kamen die Schülerinnen und Schüler aller Kurse zur Simulation einer Bürgeranhörung zusammen. Der Unterricht gewinnt hier über die Fächerverbindung hinaus einen fächerkoordinierenden Charakter (◘ Tab. 14.1). Die Vorbereitung erfolgte in fachspezifischen Expertengruppen z. B. zu Fragen der Wasserqualität (Eignung als Badesee) oder zu Auswirkungen auf die Tierwelt. In fächerübergreifenden Gruppen wurden Rollen als Bürgerinnen und Bürger vorbereitet, die Verkehrsprobleme in ihren anliegenden Straßen befürchten. In ihrem Eingangsstatement auf der „Bürgerversammlung" erklärten die Bewässerungsexperten auf dem Podium (Physiker) das Projekt für undurchführbar, weil für einen Badesee der Wasseraustausch ohne zusätzliche Pumpwerke nicht ausreiche. Die Chemieexpertinnen stuften die Wasserqualität als gut ein. Allerdings müsse man bei einem Badebetrieb mit Belastungen durch zusätzliche Stoffeinträge rechnen. Die Pflanzen- und Tierexpertinnen aus der Biologie berichteten, dass sie in dem Areal keine gefährdeten Arten gefunden hatten.

Recht schnell ergab sich eine kontrovers und teilweise polemisch geführte Diskussion, in der naturwissenschaftliche Argumente gegenüber Aspekten wie Freizeitgestaltung und Verkehrsanbindung zunehmend in den Hintergrund gerieten. Die Abstimmung am Ende ergab ein klares Votum *für* die Nutzung als Freizeitpark. Im nachfolgenden Unterricht wurde der Verlauf der Bürgerversammlung reflektiert und die Bedeutung naturwissenschaftlicher Kriterien in vergleichbaren politischen Entscheidungsprozessen hinterfragt. Nach der Begrifflichkeit heutiger Bildungsstandards wurden durch das Rollenspiel die Kompetenzbereiche Kommunikation (Vorbereitung von Statements, ▶ Abschn. 15.6.3) und Bewertung (Reflexion des Entscheidungsverlaufs, ▶ Abschn. 15.5) aufgegriffen. Wissenschaftskommunikation war bei den Ausstellungen und Exponaten zur Klimamathematik und zum Licht-und-Farbe-Museum sowie beim Patientenratgeber (◘ Tab. 14.5) ein Kriterium für die Leistungsbewertung. Die restlichen sechs Wochen des Halbjahrs waren fachspezifischen Inhalten außerhalb des Rahmenthemas gewidmet, um den Kernlehrplan erfüllen zu können.

■ **Empirische Ergebnisse**

Die BINGO-Konzeption wurde mittels teilnehmender Beobachtung an den Planungssitzungen des Lehrkräfteteams, Unterrichtsbeobachtungen, ein bis zwei schriftlichen Befragungen der Schülerinnen und Schüler pro Halbjahr sowie Abschlussinterviews formativ und summativ evaluiert.[23] Als Grundvoraussetzung für die Implementation der BINGO-Konzeption erwies sich die Bereitschaft der beteiligten Lehrpersonen, ihre bisherigen Kurskonzeptionen unter fächerverbin-

---

22 Schecker (1996).
23 Schecker und Winter (2000c, S. 77 ff.)

denden Gesichtspunkten grundlegend zu überdenken, d. h. bisherige Inhalte zumindest anders zu akzentuieren, neue Inhalte aufzunehmen und einige als bewährt wahrgenommene Inhalte zu streichen. Nicht alle Lehrkräfte an der Erprobungsschule sahen sich dazu in der Lage. Einige befürchteten zu große Abstriche an der Fachsystematik und zogen sich zurück. Im verbleibenden Team[24] stieg dafür die Berufszufriedenheit deutlich. Es gab durch die Fächerkooperation einen erheblich intensiveren Austausch über Unterrichtsinhalte und -methodik, gegenseitige fachliche Beratung, Hilfe bei Informations- und Materialbeschaffung sowie eine gemeinsame schulinterne Lehrerfortbildung.

Die Schülerinnen und Schülern schätzten – ebenso wie in den MINT-Klassen in ▶ Abschn. 14.4.1 – an der Konzeption besonders die Handlungsorientierung und die offenen, komplexen Lehr-Lern-Arrangements mit selbstorganisierter Gruppenarbeit. Mit gewissem Abstand folgte die Lebensweltorientierung. Gleichzeitig befürchteten sie eine schlechtere Vorbereitung auf Prüfungen, insbesondere im Abitur, obwohl die Aufgabenvorschläge von den einzelnen Schulen, d. h. von den sie unterrichtenden Lehrkräften, zur Genehmigung eingereicht werden würden (kein Zentralabitur). Das fächerübergreifende Arbeiten stellte für die Schülerinnen und Schüler keinen eigenständigen Wert dar. Es wurde von den Schülern mitgetragen, solange Handlungsorientierung und Offenheit des Unterrichts gewährleistet waren. Ihren eigenen Arbeitsaufwand schätzten die Schülerinnen und Schüler gegenüber sonstigen Grundkursen deutlich höher ein („stressig"). Auf die Frage, was sie einem Schüler, der für die Oberstufe zwischen einem BINGO-Kurs und einem konventionellen Grundkurs wählen könne, empfehlen würden, rieten dennoch 49 % zu BINGO-Kursen, 22 % zu konventionellen Kursen und 29 % wollten keinen Rat geben ($N = 76$ Befragungsteilnehmer).

- **Unterrichtsmaterialien**

Die BINGO-Materialien sind als ▶ *Materialien zum Buch* zugänglich[25]. Sie umfassen Erläuterungen der Konzeption und Unterrichtsmaterialien für die Halbjahre 11/1 bis 13/1. In Einzelpublikationen und Sachberichten werden die Konzeption, die Rahmenthemen und die Evaluation detailliert dargestellt: Wieland et al. (1997), Wieland und Winter (1997), Schecker und Winter (2000a, 2000b), Winter und Schecker (2001) und Schecker und Winter (1997, 1998, 2000c).

14.5 Fächerkoordinierender Unterricht

Beim fächerkoordinierenden Unterricht stehen Fragen bzw. Probleme im Zentrum, die zu beantworten bzw. zu lösen sind. Je nach Frage oder Problem entwickeln die Schülerinnen und Schüler eigene Ansätze, setzen diese um und evaluieren sie. In vielen Fällen arbeiten sie projektartig (◻ Tab. 14.1).

---

24 Zwei Kolleginnen und Kollegen mit Schwerpunkt Physik, zwei mit Chemie und drei mit Biologie; alle mit über 15 Jahren Berufserfahrung.

25 ▶ https://aeccp.univie.ac.at/lehrer-innen/unterrichtskonzeptionen

14.5.1 „Erdöl – und in Zukunft?"

Das folgende Beispiel ist in verschiedener Hinsicht exemplarisch: Die Unterrichtseinheit findet im normalen Naturwissenschaftsunterricht statt, d. h. weder in einer speziellen Blockwoche noch in einem Wahlfach. Es handelt sich im Hauptteil um eine Projektarbeit mit fächerkoordinierendem Charakter. Der Projektarbeit vorgelagert sind fachüberschreitende, fächerverbindende und zum Teil auch rein fachliche Unterrichtssequenzen.

- **Grundkonzeption**

Wagner und Stucki (2008) stellen in der von ihnen für das „normale"[26], obligatorische Schulfach „Natur und Technik" (7. bis 9. Schuljahr) entwickelten, erprobten und evaluierten Unterrichtseinheit die Frage „Womit kann Erdöl ersetzt werden?" ins Zentrum. Dabei setzen sie folgende Ziele:
  „Die Schülerinnen und Schüler sollen
- für die Energieproblematik lokal wie global sensibilisiert werden,
- Maßnahmen zum verringerten Energiebedarf kennenlernen und für den persönlichen Einsatz überdenken,
- sich exemplarisch mit Alternativen zu fossilen Brennstoffen auseinandersetzen,
- selbstständig mit Informationsbroschüren, Lehrtexten und Experimentieranleitungen arbeiten (Informationen sammeln, ordnen, auswerten und präsentieren),
- eine Gruppenpräsentation (Referat, Plakat und Demonstrationsexperiment) selbstständig entwickeln und der Klasse präsentieren."[27]

Die 20 bis 30 Schulstunden umfassende Unterrichtseinheit gliedert sich in vier Phasen: 1) Einstieg und persönliche Orientierung (u. a. Begriff Kilowattstunde, persönlicher Energiebedarf, Maßnahmen zu dessen Reduktion); 2) Erdöl, ein wichtiger Energie- und Rohstofflieferant; 3) Zusammenhänge entdecken – der Kohlenstoffkreislauf; 4) Projekt „Energie sparen – Erdöl ersetzen". Im Folgenden geht es ausschließlich um das Projekt in der vierten Phase.

- **Unterrichtsbeispiel**

Die vierte Phase umfasst zehn bis zwölf Schulstunden zu 45 Minuten. In den vorhergehenden Phasen wurde erarbeitet, dass Erdölvorkommen begrenzt sind und dass die Verbrennung von Erdölprodukten zu zusätzlichem CO_2 in der Atmosphäre führt. In der vierten Phase arbeiten die Schülerinnen und Schüler projekttartig. Eingeteilt in sechs thematische Gruppen sammeln sie jeweils Informatio-

---

26 „Normal" bedeutet, dass Schweizer Sekundarstufe-I-Lehrkräfte und ihre Schülerinnen und Schüler gar nichts anderes kennen als dieses Integrationsfach. Dass es Biologie, Chemie und Physik je als Einzelfächer gibt, wissen sie nur vom Hörensagen her, zum Beispiel aus der Sekundarstufe II und vom Ausland.

27 Wagner und Stucki (2008, S. 220).

nen, ordnen diese und werten sie aus. Jede Gruppe bereitet ein Poster und einen Vortrag vor. Posterausstellung und Vortragsreihe bilden die Basis für das gemeinsame Beantworten der Frage „Womit kann Erdöl ersetzt werden?" und damit den Schluss der Unterrichtseinheit. Die sechs Themen lauten Energiesparlampe, Kernenergie, Geothermie, Wärmepumpe, Solarenergie, Wasserstoff- und Brennstoffzelle. Aus allgemein- und fachdidaktischer Perspektive handelt es sich um projektartigen, arbeitsteiligen Gruppenunterricht.

Jede der sechs Gruppen erhält themenspezifische Informationen und Aufträge; die Gruppe Solarenergie z. B. Material (Solarzelle, Solarmotor, Modell Sonnenkollektor), Dokumentationen (diverse Infobroschüren, Schulbücher), Angaben zur Photovoltaikanlage auf dem Schulhausdach sowie verschiedene Links zu Informationen. Die Arbeitsaufträge beziehen sich u. a. auf Bau, Funktion und Einsatz von Solarzellen und Sonnenkollektoren; die Photovoltaikanlage auf dem Schulhausdach; die Arbeitsweise einer Ökostrombörse; den gegenwärtigen Anteil von Solarstrom an der Produktion elektrischer Energie in der Schweiz sowie die Schätzung des maximal möglichen Anteils; andere Nutzungen von Sonnenenergie sowie Vor- und Nachteile der Sonnenenergie.[28]

Die folgenden zwei Beispiele mögen die Spannbreite der Arbeitsaufträge zeigen:
1. Arbeitsaufträge zum Solarkocher
   - Bau des Modells eines Solarkochers: Klebe eine Schüssel mit Alufolie aus und glätte sie so lange, bis sie wie ein Spiegel aussieht. Halte ein Reagenzglas mit Wasser in den Brennpunkt und miss die Zeit, bis das Wasser kocht.
   - Bau eines professionellen Solarkochers: Auch in Mitteleuropa lässt sich mit Solaröfen oder -kochern richtig kochen. Recherchiere im Internet und baue einen Solarkocher, mit dem sich ein Eintopf kochen lässt.
   - Zusatzfragen: Notiere mindestens je drei Vor- und Nachteile von Solarkochern. In welchen Erdteilen und Ländern werden Solarkocher regelmäßig eingesetzt?
2. Arbeitsaufträge zur Solarenergie
   - Welches sind die größten Solarenergieanlagen in Deutschland?
   - Was kostet eine kWh Solarenergie?
   - Wie kannst du Solarenergie beziehen, ohne eine eigene Solaranlage zu besitzen?
   - Welche Erdöl- und Elektronikkonzerne zählen zu den wichtigsten Solarzellenherstellern?

Mit derartigen Fragen bzw. Aufträgen lassen sich die Gruppenarbeiten, in diesem Fall zur Solarenergie, vorstrukturieren. Aus fachdidaktischer Perspektive sind die Aufträge zunächst einmal rein fachlich sowie fachüberschreitend und fächerverbindend (Physik, Geografie, Wirtschaft, Werken). Erst das Zusammentragen und Verbinden der verschiedenen Gruppenarbeiten führt zum fächerkoordinierenden Unterricht und zum Beantworten der Frage „Erdöl – und in Zukunft?" bzw. zu Szenarien einer zukünftigen Energieversorgung und damit zu Antworten

---

28 Wagner und Stucki (2008, S. 230).

auf die hier im Mittelpunkt stehende Frage „Welche Energieträger können das Erdöl in Zukunft ersetzen?"

■ **Empirische Ergebnisse**

In ihrem Resümee nach der ersten Durchführung ihrer Unterrichtseinheit äußerten sich die beiden Lehrpersonen beeindruckt von der Klassendiskussion in einer der letzten Stunden, in der ein Blatt mit 30 Behauptungen zu den unterschiedlichen Erdölalternativen besprochen wurde. Die Mädchen und Jungen hätten sehr differenziert argumentiert. Die Diskussionen in der Klasse, aber auch in den Gruppen hätten einen hohen Stellenwert für den Vergleich und die Diskussion von Wahrnehmungen, Haltungen und Meinungen gehabt.[29] Die vierte Phase (Projekt) fanden die beiden Lehrpersonen am wichtigsten, gleichzeitig aber am aufwändigsten und am forderndsten. Sie waren froh, rund die Hälfte davon im Teamteaching bestreiten zu können. Die von ihnen zusammengestellten Kernaussagen zu jedem Thema gaben den Schülerinnen und Schülern einen guten Startpunkt, um rasch in ihr Thema einzutauchen. Die Motivation, das Engagement, die Qualität der Beiträge der Schülerinnen und Schüler und die Ergebnisse der Lernerfolgskontrollen entlohnten für den hohen Betreuungsaufwand für die sechs Gruppen.

■ **Unterrichtsmaterialien**

Bachmann, B., Wagner, U. und Wittwer, S. (2004). *Perspektive 21: Rohstoffe – Energie*. Bern: Schulbuchverlag Plus.
Hier finden sich die in der Unterrichtseinheit eingesetzten Arbeitsblätter sowie weitere Unterrichtsmaterialien. Wagner und Stucki (2008) geben einen ausführlichen Überblick über die Unterrichtseinheit. Die Autoren notieren die Ziele und die Ausgangslage, geben einen Überblick über die vier Phasen der Unterrichtseinheit und nennen die Themen der Projektarbeiten.
Mit der Einführung eines neuen Lehrplans in der Schweiz entstanden ab 2017 fünf sogenannte Studien- und Praxisbücher für das Fach „Lernwelten NMG" (Natur–Mensch–Gesellschaft)[30]. Zielpublikum sind Lehrkräfte des Kindergartens bis 2. Schuljahr (in der Schweiz als 1. Zyklus bezeichnet), 3. bis 6. Schuljahr (2. Zyklus) und 7. bis 9. Schuljahr (3. Zyklus).

14.5.2 Lärm und Gesundheit: Welchen Einfluss haben Lärmschutzwände?

Das hier vorgestellte Modul „Rund um den Lärm" mit Messkampagnen zur Erstellung von Lärmkarten ist ein mustergültiges Beispiel für fächerkoordinierenden Unterricht, wie er nicht nur im Wahlpflichtfach MINT der Kantone Basel-Stadt und -Landschaft, sondern auch anderswo im deutschen Sprachraum in anderen Fä-

---

29 Wagner und Stucki (2008, S. 232–233).
30 Kalcsics und Wilhelm (2017a, b, 2018) sowie Wilhelm und Kalcsics (2017a, b).

chern oder in Projekt- bzw. Abschlussarbeiten von Jugendlichen am Ende der Sekundarstufe I vorkommt. Modul und Projektarbeit weisen klare inhaltliche Schwerpunkte auf, sind aber – im Vergleich zu einem Schulfach Physik – deutlich weniger an der Fachsystematik orientiert. Es wird ein breites Spektrum von prozessbezogenen Kompetenzen (▶ Kap. 15) aufgegriffen.

▪ Grundkonzeption

In den Kantonen Basel-Stadt und Basel-Landschaft müssen die Schülerinnen und Schüler des 8. und 9. Schuljahres (evtl. 10. Schuljahr) aus einem Angebot von sieben je zweistündigen Wahlpflichtfächern zwei wählen.[31] Bei zwei Schuljahren, 40 Schulwochen und je zwei Stunden je Woche ergibt das knapp 160 Stunden zu 45 Minuten je Fach. Ungefähr 40 % der Schülerinnen und Schüler wählen das Wahlpflichtfach MINT. Es handelt sich um ein Fach *zusätzlich* zum für alle Jugendlichen obligatorischen Unterrichtsfach „Natur und Technik". Die Inhalte von MINT müssen daher andere sein als diejenigen von Natur und Technik. Der Lehrplan für MINT umfasst acht Module zu je circa 20 Stunden. Die Modultitel lauten u. a. „Rund um den Lärm", „Energie macht mobil", „Einblick in den Himmel" oder „Robotik". Jedes Modul besteht aus mehreren Einheiten und enthält jeweils eine kleine Projektarbeit.

▪ Unterrichtsbeispiel

Das Modul „Rund um den Lärm" umfasst die Teile 1) Einführung, 2) Projektarbeit, 3) Lärm und Gesundheit, 4) Lärmschutz, 5) Technologien und Berufe. Den Hauptteil des Unterrichts bildet die interdisziplinäre Projektarbeit, deren Fragestellung die Klasse bestimmt und die sie gemeinsam als Klasse durchführt. Als Vorbereitung auf das Projekt erarbeiten die Schülerinnen und Schüler in der Einführung die Begriffe Lärm, die Dezibel-Skala und Lärmgrenzwerte. Sie lernen dazu auch eine App zur Lärmmessung kennen, erproben sie und üben den Umgang mit der Webapplikation zur Kartierung der Messergebnisse. Nach dieser insgesamt vierstündigen Einführung folgt die Projektarbeit (5 bis 7 Stunden).

Die Fragestellung der Projektarbeit wählen die Schülerinnen und Schüler selbst; sie müssen sich also in der Klasse auf eine Frage einigen (◘ Abb. 14.3). In den meisten Fällen ist diese interdisziplinär, d. h., es müssen Kenntnisse (Inhalte) aus verschiedenen Fächern zusammengetragen bzw. verschiedene Perspektiven koordiniert werden, in diesem Modul aus Physik, Biologie, Medizin, Geografie und Psychologie. Typische Fragen lauten[32]:

— Welche Straßen sind eher laut oder eher ruhig? (Wie groß sind die Unterschiede?)
— Wie weit reduzieren Lärmschutzwände den Lärm? (Von welchen Faktoren hängt die Reduktion ab?)

---

31 Da im Kanton Basel-Stadt die zwei obligatorischen Kindergartenjahre mitgezählt werden, ist die Nummerierung der Schuljahre ungewohnt. Statt wie meist üblich vom 8./9. Schuljahr zu sprechen, heißt es in Basel-Stadt 10./11. Schuljahr. ▶ https://www.edubs.ch/unterricht/lehrplan/volksschulen/stundentafel.

32 ▶ https://www.edubs.ch/unterricht/faecher/mint/5-modul-rund-um-den-laerm

Arbeitsblatt 3: Eigenes Lärmmessprojekt

Ihr habt bisher erfahren, wie man mit der Online-App von www.fhnw.ch/laermapp und einer Lärmmess-App auf dem Smartphone eine Lärmkarte erstellen kann. Ihr habt dies im Umfeld eures Schulhauses (quasi als Test) einmal durchgeführt.

Es geht nun darum, als ganze Klasse ein etwas umfangreicheres Projekt zu **planen, durch-zuführen und auszuwerten**. Das vorliegende Arbeitsblatt dient euch als Planungshilfe.

1. Interessante Frage (Projektidee) finden

Überlegt euch, was in eurer Umgebung (Dorf, Quartier, kleine Stadt etc.) bezüglich Lärm interessant sein könnte.
Auftrag 1: Schreibt hier (wortwörtlich!) zwei Fragen auf, die ihr gerne untersuchen würdet.

1)
....
....

2)
....
....

Sind diese Fragen sinnvoll? Könnt ihr diese mit eurem Smartphone und www.fhnw.ch/laermapp überhaupt beantworten? Diese Klärung ist sehr wichtig. Nur wenn ihr euch das genau überlegt, kann das Projekt gelingen.
Diskutiert nun die Ideen in der Klasse. Wählt eine Frage aus. Die **definitive Frage** lautet:

....
....

2. Mess-Serie planen

14

Auftrag 2: Schreibt für die definitive Frage auf, welche Messungen man genau machen muss (überlegt euch, wer, wann, wo, wie viele Messungen vornehmen soll). Eventuell hilft euch bei der Planung auch der Kartenausschnitt auf der Rückseite. Ihr dürft da auch hineinzeichnen.

....
....
....

◻ **Abb. 14.3** Auftrag zur Planung und Durchführung der Projektarbeit

— Wo liegen die ruhigsten Orte in unserem Quartier/ unserem Dorf/unserer Stadt?
— Wie viel Lärm machen Baustellen?
— Wie nimmt die Lärmbelastung mit zunehmender Entfernung ab?

- Wie laut ist der Straßenlärm entlang einer Straße, direkt am Straßenrand und im Vergleich dazu im Inneren der anliegenden Häuser?
- Wie laut ist es entlang einer Bahnlinie an unterschiedlichen Stellen im Moment einer Zugdurchfahrt?
- Wie machen sich Unterschiede zwischen Tag und Nacht bemerkbar?

Die Schülerinnen und Schüler planen und unternehmen zwei bis drei Messkampagnen zur Erstellung von Lärmkarten und werten die Daten aus. Sie überprüfen die Zielerreichung (Beantwortung der Frage) und reflektieren ihre Ergebnisse. Dabei ist der Zugang zu einem Computerraum oder zu PCs/Laptops/Tablets in mehreren Phasen notwendig. Im Anschluss an die Messungen und an das Erstellen der Lärmkarte wird diese ausgewertet und interpretiert. Leitend ist dabei die von der Klasse gewählte Fragestellung.

Es folgen Unterrichtsabschnitte, in denen der fächerübergreifende Charakter des Unterrichts noch deutlicher wird:

- Lärm und Gesundheit (2 bis 4 Stunden): Rechercheauftrag zur Beantwortung wichtiger Leitfragen,
- Lärmschutz (2 bis 4 Stunden): Prinzipien und ihre technische Umsetzung,
- Technologien und Berufe (2 bis 4 Stunden): Geomatik (Vermessungswesen) und Informatik.

- **Empirische Ergebnisse**

Lehrplan und Module inklusive Arbeitsblätter wurden von einer Gruppe von Lehrkräften und Fachdidaktikerinnen und -didaktikern entwickelt, in Schulklassen getestet und überarbeitet. So setzten jeweils mehrere Lehrkräfte die Erstversion eines Moduls in ihren Klassen ein, nahmen Rückmeldungen der Schülerinnen und Schüler auf, diskutierten Rückmeldungen und Änderungsideen und überarbeiteten dann das Modul sowie die zugehörigen Arbeitsblätter.[33] Dass die im Wahlpflichtfach MINT vermittelten Inhalte, die interdisziplinäre Ausrichtung, das projektartige Arbeiten, die Förderung prozessbezogener Kompetenzen und die Alltags- bzw. Berufsnähe bei den Jugendlichen gut ankommen, zeigt der hohe Anteil eines Jahrgangs, ca. 40 %, der sich jedes Jahr für das Wahlpflichtfach MINT entscheidet. Ergebnisse aus Studien zu Lernwirkungen liegen nicht vor.

- **Unterrichtsmaterialien**
  ▶ https://www.edubs.ch/unterricht/faecher/mint

Unter diesem Link findet man acht ausgearbeitete Unterrichtsmodule für das Wahlpflichtfach MINT der Kantone Basel-Stadt und -Landschaft. Unter dem Punkt „5. Modul «Rund um den Lärm»" sind dort auch alle Materialien zu diesem Modul frei zugänglich. Ebenso finden sich hier unter „0.0 Übersicht Modul Rund um den Lärm.docx" in einer 23 Seiten umfassenden „Dokumentation für die Lehrperson" Informationen zu Ablauf, Gliederung, Fachinhalten, didaktischen Überlegungen, Lernschwierigkeiten und benötigter Infrastruktur.

---

33 Eine Studie dazu wurde nicht veröffentlicht; weitere Auskunft gibt Peter Labudde.

Niedderer et al. (1981). *IPN-Curriculum Physik. Schwingungen – Schall – Lärm. Schülerheft.* Stuttgart: Klett.

Institut für die Pädagogik der Naturwissenschaften (1982). *Schwingungen – Schall – Lärm. Eine fächerüberschreitende Unterrichtseinheit mit Schwerpunkt Physik und Anteilen aus Biologie, Technik und Politik. Didaktische Anleitungen.* Stuttgart: Klett.

Das IPN-Curriculum Physik (▶ Abschn. 1.3) stellt umfangreiche Unterrichtsmaterialien zum Thema „Schwingungen, Schall, Lärm" für einen fächerkoordinierten Unterricht in der Klassenstufe 7/8 zur Verfügung, in denen neben den physikalischen Grundlagen technische, biologische und gesellschaftlich-politische Fragen eine wichtige Rolle spielen. Die Materialien sind in weiten Teilen nach wie vor aktuell.[34]

14.5.3 Praxis integrierter naturwissenschaftlicher Grundbildung

Die Konzeption „Praxis integrierter naturwissenschaftlicher Grundbildung" (PING) geht auf die Einführung des Faches „Naturwissenschaften" zurück. Das Fach wurde in den 1970er-Jahren an Orientierungsstufen (Jahrgangsstufen 5/6) und vielen der neu gegründeten Gesamtschulen bis Jahrgangsstufe 8 oder sogar darüber hinaus eingeführt. Um eine didaktische Grundlage zu erarbeiten, bildete sich 1989 zunächst in Schleswig–Holstein eine Arbeitsgruppe aus Fachdidaktikern und Lehrkräften, die die PING-Konzeption und -Materialien entwickelte.[35] Von 1993 bis 1997 wurden die Arbeiten durch einen Modellversuch unter Beteiligung von drei Bundesländern gefördert. Weitere Bundesländer waren durch Kooperationen beteiligt. Praxis und Konzeption von PING haben insbesondere in Schulen in Schleswig–Holstein und auch in Rheinland-Pfalz dauerhaften Niederschlag gefunden. Die PING-Materialien werden durch das „Landesinstitut für Qualitätsentwicklung an Schulen Schleswig–Holstein" (IQSH) zur Verfügung gestellt. Sie sind voll kompatibel zu den inzwischen kompetenzorientiert formulierten Fachanforderungen für das Fach „Naturwissenschaften" in Gemeinschaftsschulen.

14

- **Grundkonzeption**

Als Leitthema formuliert die PING-Entwicklergruppe: „Wie können wir Menschen heute gemeinsam unser Verhältnis zur Natur menschengerecht und naturverträglich gestalten?"[36] Es wird ein bildungstheoretischer Ansatz verfolgt, der die Schülerinnen

---

34 Die Materialien zum IPN-Curriculum Physik sind auf Anfrage beim IPN erhältlich. Sie sollen dort möglichst über einen Open-Educational-Resources-Server verfügbar gemacht werden (Stand September 2021).

35 Wesentlich beteiligt war das Institut für die Pädagogik der Naturwissenschaften (IPN). Das Projekt PING war ein vom IPN-Curriculum Physik (▶ Abschn. 1.3) unabhängiges Vorhaben.

36 Projektkerngruppe „Praxis integrierter naturwissenschaftlicher Grundbildung" (1996, S. 7).

und Schüler über den Erwerb naturwissenschaftlichen Wissens an reflektierte persönliche Entscheidungen und die Mitwirkung an gesellschaftlichen Entwicklungen heranführt. PING will die Schülerinnen und Schüler anregen, nicht nur zukünftig, sondern unmittelbar ihre Lebenswelt mitzugestalten. Die Konzeption orientiert sich dafür u. a. an den naturwissenschaftsdidaktischen Prinzipien der Lebensweltorientierung, des jungen- und mädchengerechten Unterrichts und der Handlungsorientierung.[37]

Unterrichtet wird nach Rahmenthemen; für die Jahrgangsstufen 5/6 z. B. „Luft", „Sonne" und „Maschinen"; für die Jahrgangsstufen 7/8 z. B. „Bauen und Wohnen" und „Bewegen". Klassische Themeneinteilungen wie „Kraft, Arbeit, Energie" oder „Optik" gibt es in PING nicht. Der Unterricht ist konsequent auf eine integrierte Behandlung lebensweltlicher Themen ausgerichtet. Im Rahmenthema „Maschinen" lauten Einzelthemen z. B. „Ein Tag ohne Maschinen", „Wie ist ein Küchenmixer aufgebaut?", „Zum Verstehen: Modell für einen Elektromotor" oder „Wohin mit den demontierten Maschinen?". Zentrales Unterrichtsmaterial für die Einzelthemen sind Arbeitsbögen („Anregungsbögen"), anhand derer sich die Schülerinnen und Schüler interdisziplinär mit Sachverhalten auseinandersetzen sollen. Es wird viel Wert auf Aktivitäten zur Erkenntnisgewinnung gelegt: Fragen entwickeln, nachforschen (recherchieren, hinterfragen), entdecken (Beobachtungen systematisieren), untersuchen, experimentieren, herstellen und konstruieren, berechnen und diskutieren.

- **Unterrichtsbeispiel „Wir bauen und wohnen"**

Die Themenmappe „Wir bauen und wohnen"[38] für die Jahrgangsstufe 7/8 stellt 56 ausgearbeitete Anregungsbögen von „Im Sommer zu warm, im Winter zu kalt?" über „Heizen mit der Sonne" und „Welche Wand hält am besten?" bis hin zu „Elektrifizieren eines Modell-Hauses" zur Verfügung. Eines der vorgeschlagenen Unterrichtsthemen lautet „Angebote für eine Heizungsanlage: Was tun wir, um umweltgerecht zu heizen und uns dabei wohl zu fühlen?". Darauf abgestimmt müssen die zu verwendenden Anregungsbögen ausgewählt werden. Die Umsetzung in ◘ Tab. 14.6 sieht methodisch ein Rollenspiel zur Auswahl einer Heizungsanlage für die eigene Schule vor. ◘ Abb. 14.4 zeigt einen Auszug aus dem Anregungsbogen „Heizen mit Holz an unserer Schule?". PING-Unterricht ist erkennbar – und bewusst – nicht fachsystematisch aufgebaut, auch wenn das Energiekonzept bei der Auswahl einer Heizungsanlage angesprochen wird.

- **Empirische Ergebnisse**

Die PING-Materialien entstanden im kooperativen Verbund dezentraler Arbeitsgruppen und die PING-Konzeption wurde in Bundesländern unter unterschiedlichen Rahmenbedingungen erprobt. Es gibt daher keine zentralen Evaluations-

---

37 Nach den Kategorien der deutschen Bildungsstandards (KMK 2005) fällt dies in die Kompetenzbereiche „Erkenntnisgewinnung" und „Bewertung" (▶ Abschn. 15.1).

38 ▶ https://sinus-sh.lernnetz.de/sinus/materialien/naturwissenschaften/PING/MAPPEN78/Wir_bauen_und_wohnen.pdf

◻ **Tab. 14.6** Unterrichtsaufbau zum Thema „Angebote für eine Heizungsanlage: Was tun wir, um umweltgerecht zu heizen und uns dabei wohl zu fühlen?" (in Auszügen nach Projektkerngruppe „Praxis integrierter naturwissenschaftlicher Grundbildung", 2002, S. 6)

Phasen der Simulation	Fragen (Auswahl)	Anregungsbögen (Auswahl)
Einrichtungsphase	• Wie wirk(t)e das Heizen in der Schule auf uns und die Natur? • Was müssen wir (noch) wissen?	• Hauptsache, es ist warm in der Bude
Rezeptionsphase	• Mit welchem Ziel wird das Spiel gespielt? • Wie verteilen sich die Rollen? • Wie sollte in der Schule geheizt werden?	• Angebot der Firma TOP-Heizung
Interaktionsphase (Spielphase)	• Wie viel Wärmeenergie benötigt die Schule, wie viel benötigen wir? • Wie ist die Heizungsanlage in der Schule aufgebaut? • Welche Vor- und Nachteile haben die verschiedenen Energieträger? • Welche Heizungsanlagen könnten eingesetzt werden?	• Angebot der Firma TOP-Heizung • Heizungsanlage • Was bewirken Abgase? • Heizen mit Holz an unserer Schule? • Biogasheizung • Heizen mit der Sonne • Richtig heizen und lüften
Bewertungsphase	• Wie bewerten wir unsere Überlegungen? • Was haben wir gelernt?	• Test für Heizungsexperten

ergebnisse, wohl aber eine Reihe einzelner empirischer Studien.[39] Durchweg positive Wirkungen sind darin hinsichtlich einer besonderen Förderung des Interesses an Naturwissenschaften belegt – auch bei Mädchen.[40] Bezüglich des Fachwissenserwerbs sind die Ergebnisse heterogen. In Brandenburg wurden 24 Lehrkräfte in Jahrgangsstufe 7 zu den Fähigkeiten von Schülerinnen und Schülern befragt, die in Brandenburg in Jahrgangsstufe 5/6 nach PING unterrichtet worden waren. Die Lehrkräfte berichteten über „mittelmäßige bis gute" Fachkenntnisse für den gefächerten Unterricht in Jahrgangsstufe 7.[41] Obwohl das Entwickeln von Untersuchungsfragen bei PING eine wichtige Rolle spielt, wurden den Schülerinnen und Schüler hier jedoch nur mittelmäßige Fähigkeiten zugesprochen. In einer Vergleichsstudie in Schleswig–Holstein zwischen 112 ehemaligen PING-Schülern in Jahrgangsstufe 11 und ihren Nicht-PING-Peers ergaben sich beim Chemiefachwissen signifikante Vorteile für die konventionell unterrichteten Schülerinnen

14

---

39 Zusammengestellt in Bünder und Wimber (1997); Zusammenfassung in Reinhold und Bünder (2001, S. 348 ff.).
40 Z. B. Hansen und Klinger (1998).
41 Bieber (1999, S. 75).

Notiert
- wie die Verarbeitung des Feuerholzes funktioniert;
- wie sich die Heizungsanlage von einer Öl-, Gas- oder Kohleheizung unterscheidet;
- wie der Kohlenstoffdioxidkreislauf der Holzverbrennung sich von dem Kreislauf bei der Gas-, Öl- und Kohleverbrennung unterscheidet. Informiert euch dazu auf dem Bogen *„Baustoff Holz: Gut für die Umwelt? B"* über den Kohlenstoffdioxidkreislauf.

Überlegt, was in eurer Schule für und gegen eine Heizung mit Holz sprechen würde. Berücksichtigt dabei auch die entstehenden Abgase der in der Tabelle aufgeführten Brennstoffe.

Vergleich des Schadstoffausstoßes verschiedener Brennstoffe:

Luftschadstoff		Einheit	Heizöl	Erdgas	Steinkohle	Hackschnitzel
Kohlenstoffdioxid	CO_2	Gramm je Kilowattstunde	260	200	350	k.A.
Schwefeldioxid	SO_2	Gramm je Kilowattstunde	0,3 - 0,4	0,3 – 1,8	k.A.	k.A.
Stickstoffoxide	NO_x	Milligramm je Kilowattstunde	150 – 260	100 – 150	180 – 350	150 - 200

Einigt euch in der Gruppe, ob ihr ein Holzheizwerk in eurer Schule empfehlen würdet. Begründet eure Entscheidung.

Stellt eure Ergebnisse euren Mitschülerinnen und Mitschüler vor und vergleicht sie mit deren Ergebnissen.

☐ **Abb. 14.4**   Auszug aus dem Anregungsbogen „Heizen mit Holz an unserer Schule" (nach Projekt-kerngruppe „Praxis integrierter naturwissenschaftlicher Grundbildung", 2002, Anregungsbogen 2.18 B)

und Schüler.[42] Andere explorative Studien berichten über gleiche Fachleistungen in Physik.[43] Zum Erwerb naturwissenschaftlicher Arbeitsweisen und von Bewertungsfähigkeit – beides bei PING wichtiger als der Fachwissenserwerb – liegen keine systematischen Studien vor.

- **Unterrichtsmaterialien**
  ▶ https://sinus-sh.lernnetz.de/sinus/materialien/naturwissenschaften (Themen-mappen Naturwissenschaften 5–10).
Aus dem PING-Projekt ist eine große Zahl von Unterrichtsmaterialien hervor-gegangen. Die Materialien wurden in die Webseiten des SINUS-Projekts[44] in Schleswig–Holstein übernommen und sind über den Server des IQSH abrufbar.

---

42 Witte (1997) nach Reinhold und Bünder (2001, S. 349 f.).
43 Z. B. Mie (1999).
44 SINUS: Bezeichnung des ehemaligen Modellversuchsprogramms „Steigerung der Effizienz des mathematisch-naturwissenschaftlichen Unterrichts"; die Konzeption wird u. a. in Schleswig–Holstein fortgeführt (Stand April 2020).

Die Themen lauten:
- Doppeljahrgang 5/6: Wasser | Luft | Tiere | Sonne | Boden | Menschen | Pflanzen | Maschinen
- Doppeljahrgang 7/8: Orientieren | Kommunikation | Ernährung | Gesundheit | Bauen und Wohnen | Werkzeuge | Bewegen | Kleiden und Schmücken
- Doppeljahrgang 9/10: Lebensräume | Energie | Verkehrsmittel | Neue Stoffe

Jede Themenmappe enthält zahlreiche Arbeitsbögen für Schülerinnen und Schüler sowie Handreichungen für Lehrkräfte.

14.6 Fazit

Der Elfmeterschuss (▶ Abschn. 14.3) weckte nicht nur bei Schülerinnen und Schülern Interesse, sondern rief auch bei angehenden und amtierenden Lehrkräften Neugierde und Spaß sowie physikalische und physikdidaktische Diskussionen hervor. Warum? Der zeitliche und materielle Vorbereitungsaufwand ist ab der zweiten Durchführung klein, der Gewinn hinsichtlich des Verstehens in Physik, Mathematik und Fußball hingegen groß. Es sind oftmals derartige kleine, fachüberschreitende Beispiele, die den Jugendlichen Wege in die Physik öffnen.

MINT-Unterricht für die gymnasiale Oberstufe in Form eines eigenen Unterrichtsfachs oder eines Projektkurses (▶ Abschn. 14.4.1) eignet sich als fächerverbindende Ergänzung zum Unterricht in Physik, Mathematik, Chemie, Biologie und Informatik. Das Fach MINT kann einerseits einen Beitrag dazu leisten, das Fachwissen aus den Einzelfächern zu verbinden, andererseits kann es auf ein Hochschulstudium im MINT-Bereich oder in Medizin sowie generell auf interdisziplinäres Arbeiten vorbereiten (Förderung wissenschaftspropädeutischer Kompetenzen). Konzeption, Durchführung und Evaluation bedürfen allerdings erheblicher personeller und zeitlicher Ressourcen.

Die BINGO-Konzeption als enge Kooperation der regulären Fächer (▶ Abschn. 14.4.2) stieß bei Lehrerfortbildungsveranstaltungen auf großes Interesse, aber ebenso auf Skepsis bezüglich möglicher Probleme mit der Einhaltung der fachspezifischen Lehrpläne und wegen des hohen Planungs- und Abstimmungsaufwands. Dies ist eine realistische Einschätzung. Dem Entwicklungsteam standen im Rahmen des Modellversuchs in den ersten Jahren jeweils zwei bis vier Entlastungsstunden pro Lehrperson zur Verfügung. Eine umfassende Implementation an anderen Schulen erfordert für die notwendigen thematischen Anpassungen und die methodischen Umstellungen die Unterstützung der Schulleitung und die Bereitstellung von Ressourcen. Wenn dies nicht gegeben ist, sollte die BINGO-Konzeption zunächst in kleinerem Maßstab mit zwei Fächern über ein oder zwei Halbjahre z. B. in der Eingangsphase der gymnasialen Oberstufe realisiert werden.

Die Frage „Erdöl – und in Zukunft?" (▶ Abschn. 14.5.1) sowie das Thema „Lärm und Gesundheit" (▶ Abschn. 14.5.2) erfüllen in hohem Maße die Forderung nach mehr lebensweltlichem Bezug, *problem based learning* und Interdisziplinari-

14

tät im Unterricht. Sie dienen zudem auch dem Ziel einer Erziehung zur Mündigkeit (Bewertungskompetenz). Derartige fächerkoordinierende Unterrichtseinheiten setzen allerdings voraus, dass das notwendige Fachwissen entweder zuvor oder während der Einheit mit den Schülerinnen und Schülern erarbeitet wird. Die Durchführung der beiden exemplarischen Unterrichtseinheiten in ▶ Abschn. 14.5 erfordert in einem Integrationsfach „Naturwissenschaften" und bei entsprechender Ausbildung der Lehrpersonen keinen Zusatzaufwand im Vergleich zum Unterrichten des Einzelfachs Physik. Bei reinem Fachunterricht oder bei fehlender interdisziplinärer Ausbildung verlangen die Themen einzig beim ersten Mal einen zusätzlichen Aufwand sowie eine entsprechende Ausstattung (z. B. mit Schallpegelmessgeräten).

Die PING-Konzeption (▶ Abschn. 14.5.3) eignet sich für einen fächerübergreifenden Unterricht, der keine Physik-, Chemie- oder Biologie-Epochen vorsieht, sondern konsequent interdisziplinär angelegt ist und den Fokus auf naturwissenschaftliche Arbeitsweisen legt (Kompetenzbereich „Erkenntnisgewinnung"). Ein systematisch fachspezifischer Wissensaufbau lässt sich damit nicht realisieren. Nach PING wird in der Regel bis zur Klassenstufe 8 unterrichtet. Inwieweit dies für die Schülerinnen und Schüler möglicherweise Probleme beim Übergang in einen gefächerten Unterricht ab Klassenstufe 9 mit sich bringt, ist nach der Studienlage nicht eindeutig zu beantworten.

Die in diesem Kapitel aufgeführten Beispiele zeigen: Einige von ihnen lassen sich nur in einem Integrationsfach wie „Naturwissenschaften" oder MINT umsetzen, das nur in manchen Bildungssystemen bzw. Schulen den Normalfall darstellt. Andere bedürfen etwas zusätzlichen Aufwands, wie Absprachen zwischen zwei Fächern oder spezielle Zeitgefäße, etwa Blockwochen. Andere lassen sich auch ohne Mehraufwand im Fach Physik realisieren.

14.7 Übungen

- **Übung 14.1**

Die Abbildung stammt aus einem Schulbuch für das Fach Naturwissenschaften (© Ernst Klett Verlag GmbH)[45].

a. Welcher inhaltlichen Kategorie fächerübergreifenden Unterrichts würden Sie den Inhalt zuordnen? Erläutern Sie in einigen Sätzen, welche Merkmale für die von Ihnen gewählte Kategorie sprechen und grenzen Sie Ihre Wahl von den beiden anderen Kategorien ab!

b. Formulieren Sie zwei Aufgaben zum vorliegenden Seitenausschnitt. Notieren Sie jeweils die Aufgabe wortwörtlich, eine Antwort bzw. mögliche Antworten

---

45 *Prisma Naturwissenschaften 1, Ausgabe A, 7. Schuljahr* (Ernst Klett Verlag, 1. Auflage 2015, S. 137); mit freundlicher Genehmigung des Verlags.

in wenigen Stichworten sowie die Kategorie (□ Tab. 14.1), d. h., ob die Aufgabe rein fachlich, fachüberschreitend, fächerkoordinierend oder fächerverbindend ist.

Die Sonne – Motor für das Wetter

Die Sonne – Motor der „Wettermaschine"
Die Sonne liefert die Energie für die riesige „Wettermaschine". Die Sonne setzt große Mengen von Wasser und Luft in Bewegung. Durch die Wärme verdunstet Wasser am Erdboden. In der Höhe bilden sich Wolken, aus denen Niederschläge fallen können.
Auch der Wind ist eine Folge von unterschiedlicher Erwärmung auf der Erde. Der Wind transportiert in den Wolken ungeheure Mengen von Wasser rund um die Erde. Außerdem sorgt der Wind dafür, dass die großen Temperaturunterschiede auf der Erde etwas ausgeglichen werden.

Erneuerbare Energien
Die Windenergie und die Wasserenergie gehören zu den Energien, die immer wieder von der Sonne erneuert werden. Daher werden Windenergie und Wasserenergie auch als regenerative (erneuerbare) Energien bezeichnet. (► Energie, S. 378/379)

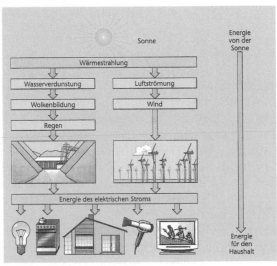

2 So wird die Energie der Sonne genutzt.

- **Übung 14.2**
Stellen Sie sich folgende Ausgangssituation vor: Sie planen Ihren Physikkurs für das zweite Halbjahr der Eingangsphase der gymnasialen Oberstufe (drei Unterrichtsstunden pro Woche). Im ersten Halbjahr wurde Mechanik unterrichtet. Eine Kollegin, die parallel einen Chemie-Grundkurs unterrichten wird, möchte das zweite Halbjahr zusammen mit Ihnen nach der BINGO-Konzeption (► Abschn. 14.4.2) gestalten. Als Rahmenthema haben Sie sich mit Ihrer Kollegin auf „Zukunft der Energieversorgung" geeinigt.
a. Füllen Sie zur Vorbereitung der nächsten gemeinsame Planungssitzung, zu der Sie sich mit Ihrer Kollegin treffen wollen, die folgende Tabelle aus (Spalten 1 bis 3).

Bezeichnung der Phase	Anzahl Wochen à 3 Stunden	Inhalte Physik	Inhalte Chemie
			(nicht ausfüllen)

b. Formulieren Sie eine Aufgabe für die Arbeitsphase am Ende des Halbjahres als „fächerkoordinierender Unterricht".

- **Übung 14.3**

Erstellen Sie ein Begriffsnetz, das mindestens folgende Begriffe enthält: fächerübergreifender Unterricht, fachüberschreitend, fächerergänzend, fächerkoordinierend, gefächert, fächerverbindend, integriert, BINGO, PING, „Energieversorgung" (Thema), „Elfmeterschuss" (Thema), MINT-Fach, Projektkurs.

Sie können zusätzliche Begriffe oder Themen hinzufügen. Erstellen Sie das Begriffsnetz als Mindmap, Conceptmap oder auch in einer Mischform (Begriffe als Knoten, Verbindungen als Pfeile oder Linien).

Literatur

Aikenhead, G. (1994). What is STS science teaching? In J. Solomon & G. Aikenhead (Hrsg.), *STS education: International perspectives in reform* (S. 47–59). New York: Teachers College Press.

Bennett, J., Lubben, F., & Hogarth, S. (2007). Bringing science to life: A synthesis of research evidence on the effects of context-based and STS approaches to science teaching. *Science Education, 91*(3), 347–370. ► https://doi.org/10.1002/sce.20186.

Bieber, G. (1999). *Praxis integrierter naturwissenschaftlicher Grundbildung (PING) im Unterricht an brandenburgischen Grundschulen – Erfahrungen und Ergebnisse aus dem BLK-Modellversuch.* LLF-Berichte 19/1999 (S. 53–81). Universität Potsdam: Interdisziplinäres Zentrum für Lern- und Lehrforschung.

Bünder, W., & Wimber, F. (1997). *BLK-Modellversuch: Praxis integrierter naturwissenschaftlicher Grundbildung (PING). Abschlussbericht.* Kiel: Institut für die Pädagogik der Naturwissenschaften.

Froese, G. (2012). *Sportpsychologische Einflussfaktoren der Leistung von Elfmeterschützen.* Hamburg: Dr. Kovač.

Deutscher Fußballbund (o. J.). 11 Fakten zum Elfmeter. ► https://www.dfb.de/news/detail/11-fakten-zum-elfmeter-80237/

Habig, S., van Vorst, H., & Sumfleth, E. (2018). Merkmale kontextualisierter Lernaufgaben und ihre Wirkung auf das situationale Interesse und die Lernleistung von Schülerinnen und Schülern. *Zeitschrift für Didaktik der Naturwissenschaften, 24*(1), 99–114.

Handke, P. (1970). *Die Angst des Tormanns beim Elfmeter* (Jubiläumsausgabe 2012 zum 70. Geburtstag von P. Handke). Berlin: Suhrkamp

Hansen, K.-H., & Klinger, U. (1998). *Interessenentwicklung und Methodenverständnis im Fach Naturwissenschaft. Ergebnisse der Evaluation des BLK-Modellversuchs PING in Rheinland-Pfalz.* Kiel: Institut für die Pädagogik der Naturwissenschaften.

Holmeier, M., Stotz, T., & Labudde, P. (2016). *Evaluation MINT-Klasse Gymnasium Köniz-Lerbermatt – Abschlussbericht.* Basel: Pädagogische Hochschule FHNW.

Kalcsics, K., & Wilhelm, M. (2017a). *Lernwelten Natur – Mensch – Gesellschaft Weiterbildung. Grundlagen und Planungsbeispiele. Praxisbuch 1. und 2. Zyklus.* Bern: Schulbuchverlag Plus.

Kalcsics, K., & Wilhelm, M. (2017b). *Lernwelten Natur – Mensch – Gesellschaft Weiterbildung. Studienbuch 1. und 2. Zyklus.* Bern: Schulbuchverlag Plus.

Kalcsics, K., & Wilhelm, M. (2018). *Lernwelten Natur – Mensch – Gesellschaft, Ausbildung. Fachdidaktische Grundlagen – filRouge.* Bern: Schulbuchverlag Plus.

KMK. Ständige Konferenz der Kultusminister der Länder in der Bundesrepublik Deutschland. (Hrsg.) (2005). *Bildungsstandards im Fach Physik für den Mittleren Schulabschluss.* München: Luchterhand.

Kuhn, J., Müller, A., Müller, W., & Vogt, P. (2010). Kontextorientierter Physikunterricht – Konzeptionen, Theorien und Forschung zu Motivation und Lernen. *Praxis der Naturwissenschaften – Physik in der Schule, 59*(5), 13–25.

Labudde, P. (2003). Fächer übergreifender Unterricht in und mit Physik: Eine zu wenig genutzte Chance. *Physik und Didaktik in Schule und Hochschule, 2,* 48–66.

Labudde, P. (2014a). Die Angst des Tormanns beim Elfmeter. *Praxis der Naturwissenschaften – Physik in der Schule, 63*(1), 5–8.

Labudde, P. (2014b). Fächerübergreifender naturwissenschaftlicher Unterricht – Mythen, Definitionen, Fakten. *Zeitschrift für Didaktik der Naturwissenschaften, 20*(1), 11–19.

Mathelitsch, L., & Thaller, S. (2008). *Sport und Physik* (Buch und 50 Arbeitsblätter). Köln: Aulis.

Mathelitsch, L., & Thaller, S. (2015). *Physik des Sports.* Weinheim: Wiley-VCH.

Merzyn, G. (2013). Fachsystematischer Unterricht. Eine umstrittene Konzeption. *Der mathematische und naturwissenschaftliche Unterricht, 66*(5), 265–269.

Mie, K. (1999). TIMSS-Test für PING-Schüler. In R. Brechel (Hrsg.), *Zur Didaktik der Physik und Chemie: Probleme und Perspektiven. Vorträge auf der Tagung für Didaktik der Physik/Chemie in Essen*, September 1998 (S. 135–137). Alsbach: Leuchtturm

Projektkerngruppe „Praxis integrierter naturwissenschaftlicher Grundbildung". (1996). *Was ist PING? Informationen zu Status, Konzeption, Entwicklung.* Kiel: Institut für die Pädagogik der Naturwissenschaften.

Projektkerngruppe „Praxis integrierter naturwissenschaftlicher Grundbildung". (Hrsg.). (2002). *Wir bauen und wohnen. Themenmappe für die Jahrgangsstufe 7/8.* Kiel: Arbeitskreis PING, Landesinstitut für Praxis und Theorie der Schule (IPTS). ▶ https://sinus-sh.lernnetz.de/sinus/materialien/naturwissenschaften/PING/MAPPEN78/Wir_bauen_und_wohnen.pdf

Reinhold, P., & Bünder, W. (2001). Stichwort: Fächerübergreifender Unterricht. *Zeitschrift für Erziehungswissenschaft, 4*(3), 333–357.

Sadler, T. D., & Zeidler, D. L. (2009). Scientific literacy, PISA, and socioscientific discourse: Assessment for progressive aims of science education. *Journal of Research in Science Teaching, 46*(8), 909–921.

Schecker, H. (1996). Rollenspiel im fachübergreifenden naturwissenschaftlichen Unterricht der Oberstufe. In H. Behrendt (Hrsg.), *Zur Didaktik der Physik und Chemie* (S. 158–160). Alsbach: Leuchtturm.

Schecker, H., & Winter, B. (Hrsg.). (1997). *Berufsorientierung und Schlüsselprobleme im fachübergreifenden naturwissenschaftlichen Unterricht der gymnasialen Oberstufe. 1. Sachbericht zum Modellversuch BINGO.* Bremen: Senator für Bildung, Wissenschaft, Kunst und Sport. (▶ *Materialien zum Buch*)

Schecker, H., & Winter, B. (Hrsg.). (1998). *Berufsorientierung und Schlüsselprobleme im fachübergreifenden naturwissenschaftlichen Unterricht der gymnasialen Oberstufe. 2. Sachbericht zum Modellversuch BINGO.* Bremen: Senator für Bildung, Wissenschaft, Kunst und Sport. (▶ *Materialien zum Buch*)

Schecker, H., & Winter, B. (2000a). Fächerverbindender Unterricht – Physik, Chemie und Biologie in der Oberstufe. *Plus Lucis, 8*(3), 21–25. ▶ http://www.pluslucis.org/ZeitschriftenArchiv/2000-3_PL.pdf.

Schecker, H., & Winter, B. (2000b). Fächerverbindender Unterricht in der gymnasialen Oberstufe. *Der mathematische und naturwissenschaftliche Unterricht, 53*(6), 333–339.

Schecker, H., & Winter, B. (Hrsg.). (2000c). *Berufsorientierung und Schlüsselprobleme im fachübergreifenden naturwissenschaftlichen Unterricht der gymnasialen Oberstufe. Abschlussbericht zum Modellversuch BINGO.* Universität Bremen: Fachbereich 1 Physik/Elektrotechnik. (▶ *Materialien zum Buch*)

Wagner, U., & Stucki, H. (2008). Erdöl – und in Zukunft? In P. Labudde (Hrsg.), *Naturwissenschaften vernetzen – Horizonte erweitern* (S. 220–233). Seelze-Velber: Kallmeyer.

Wieland, C., & Winter, B. (1997). Modellversuch BINGO: Fächerverbindendes Arbeiten in der gymnasialen Oberstufe. *Biologie in der Schule, 46* (Sonderheft „Fächübergreifender Unterricht – Beispiele zum ganzheitlichen Naturverständnis") (S. 48–55).

Wieland, C., Winter, B., Hübner, H., Spichal, C.-O., Clausen, C., Koschorreck, M., Roschke, A., & Schecker, H. (1997). Mord in Alabama – Anregung zur Beurteilung von Gruppenarbeit in der Sekundarstufe II. *Unterricht Biologie, 21,* 48–51.

Wilhelm, T. (2014). Physik und Fußball (Themenheft). *Praxis der Naturwissenschaften – Physik in der Schule, 63*(1).

14

Wilhelm, M., & Kalcsics, K. (2017a). *Lernwelten Natur – Mensch – Gesellschaft Ausbildung. Studienbuch 3. Zyklus.* Bern: Schulbuchverlag Plus.

Wilhelm, M., & Kalcsics, K. (2017b). *Lernwelten Natur – Mensch – Gesellschaft Weiterbildung. Grundlagen und Planungsbeispiele. Praxisbuch 3. Zyklus.* Bern: Schulbuchverlag Plus.

Winter, B., & Schecker, H. (2001). Fächerverbindende Projektarbeit im Physikunterricht der gymnasialen Oberstufe am Beispiel des Themas „Licht und Farbe". *Der mathematische und naturwissenschaftliche Unterricht, 54*(2), 88–96.

Witte, C. (1997). *Auswirkungen von Chemieunterricht und integriertem naturwissenschaftlichen Unterricht (PING) auf den Chemieunterricht in der gymnasialen Oberstufe. Schriftliche Hausarbeit zur Erlangung des 1. Staatsexamen für das Lehramt an Gymnasien.* Kiel: Institut für die Pädagogik der Naturwissenschaften.

Zimmermann, F., & Wilhelm, T. (2014). Fußball im Physikunterricht – gemessen mit dem Computer. *Praxis der Naturwissenschaften – Physik in der Schule, 63*(1), 9–17.

Unterrichtskonzeptionen für die Förderung prozessbezogener Kompetenzen

Horst Schecker und Dietmar Höttecke

Inhaltsverzeichnis

© Springer-Verlag GmbH Deutschland, ein Teil von Springer Nature 2021
T. Wilhelm, H. Schecker, M. Hopf (Hrsg.), *Unterrichtskonzeptionen für den Physikunterricht*,
https://doi.org/10.1007/978-3-662-63053-2_15

15.1　Fachdidaktische Einordnung

- **Prozessbezogene Kompetenzbereiche**

Prozessbezogene Kompetenzen beziehen sich auf die Fähigkeiten von Schülerinnen und Schülern, naturwissenschaftlich zu arbeiten und zu argumentieren sowie naturwissenschaftliches Wissen bei der Abwägung von Entscheidungen heranzuziehen. Das entspricht für Deutschland den drei Kompetenzbereichen Erkenntnisgewinnung, Kommunikation und Bewertung in den Bildungsstandards Physik für den Mittleren Bildungsabschluss.[1] In Lehrplänen der Bundesländer bilden diese drei Bereiche die „prozessbezogene" Dimension.[2] Der Kompetenzbereich Fachwissen (Sachkompetenz) wird davon als die „inhaltliche" bzw. „konzeptbezogene" Dimension abgegrenzt.

In Zielbeschreibungen von Lehrplänen wurden das Verständnis naturwissenschaftlicher Prozesse und die Entwicklung entsprechender Fähigkeiten schon immer den inhaltsbezogenen Fähigkeiten an die Seite gestellt. Prozedurales Wissen trägt wesentlich zur Legitimation von Physik als allgemeinbildendes Fach bei. Auch die US-amerikanischen „Next Generation Science Standards" weisen „Scientific and Engineering Practices" als eine der drei Dimensionen naturwissenschaftlicher Bildung aus (neben fachübergreifendem und fachspezifischem Konzeptverständnis).[3]

Handelt es sich bei der Abgrenzung prozessbezogener Kompetenzen von inhaltsbezogenen um eine künstliche Trennung? Können prozessbezogene Kompetenzen inhaltsübergreifend oder sogar inhaltsunabhängig gefördert werden? In welchem Umfang soll Physikunterricht sich prozessbezogenen Kompetenzen im Vergleich zu inhaltsbezogenen Kompetenzen widmen? Unabhängig von der fachdidaktischen Diskussion über diese Fragen[4] besteht Konsens darüber, dass Physikunterricht nicht in ein Kästchendenken nach einem Muster verfallen darf, als gehe es in der einen Woche um Methoden zum Auswerten von Messdaten (Erkenntnisgewinnung) und in der anderen um das Ohm'sche Gesetz (Fachwissen). Leisen (2004, S. 157) sieht im Hinblick auf Abituraufgaben die Funktion der Unterscheidung von Kompetenzbereichen in der Schaffung analytischer Klarheit; es gehe nicht um eine Segmentierung des Physikunterrichts: „Die Kompetenzbereiche sind ein Instrument der Analyse und dürfen in der Anwendung auf Prüfungsaufgaben nicht isoliert von Inhalten gesehen werden." Das gilt in gleicher Weise für die Berücksichtigung prozessbezogener Kompetenzen bei der Gestaltung von Unterrichtskonzeptionen. Dennoch kann eine Unterrichtseinheit durchaus – in Verbindung mit geeigneten Inhalten – den Fokus auf die Förderung prozessbezogener Kompetenzen legen. Nach einer kurzen Erläuterung der drei prozessbezo-

---

1　KMK (2005).

2　z. B. Niedersächsisches Kultusministerium (2015); Ministerium für Schule und Weiterbildung des Landes Nordrhein-Westfalen (2008).

3　▶ https://www.nextgenscience.org; die Rahmenkonzeption beruht auf einer Expertise des National Research Council. Committee on a Conceptual Framework for New K-12 Science Education Standards (2012).

4　Leisen (2011a), Schecker und Wiesner (2013).

genen Kompetenzbereiche stellen wir in diesem Kapitel einige Konzeptionen dafür vor.

- **Erkenntnisgewinnung, Fachmethoden**

Der Kompetenzbereich Erkenntnisgewinnung bezieht sich auf das naturwissenschaftliche Denken. Als wesentliche Fähigkeiten sind in den deutschen Bildungsstandards für den Mittleren Schulabschluss der Umgang mit Modellen, das Experimentieren und das Mathematisieren ausgewiesen. Es geht bei „Erkenntnisgewinnung" nicht um fachinhaltliche Erkenntnisse, sondern um die *methodischen Fähigkeiten für das Gewinnen* physikalischer Erkenntnisse. In den EPA lautete die treffende Bezeichnung daher „Fachmethoden".

Experimentelle Fähigkeiten im engeren Sinne umfassen das Planen, Durchführen und Auswerten von Versuchen. In einem weiteren Verständnis kommen die Formulierung einer Fragestellung, das Bilden von Hypothesen sowie die Diskussion der Versuchsergebnisse in Hinblick auf die Fragestellung hinzu.[5] Zur *Modellkompetenz* gehören sowohl die Fähigkeit, auf einer Metaebene über Eigenschaften, Zwecke und Grenzen von Modellen zu reflektieren, als auch die Fähigkeit, Modelle zielbezogen auszuwählen, anzuwenden oder sogar selbst zu entwickeln.[6] Im Physikunterricht spielen theoretische Modelle (insbesondere mathematische Modelle) und grafische Repräsentationen eines Sachverhalts eine besondere Rolle.

Die Bedeutung der Mathematik als Sprache in der Physik rechtfertigt das Hervorheben des *Mathematisierens* bei der Methodenkompetenz. Die EPA[7] fordern Fähigkeiten für das Gewinnen von mathematischen Abhängigkeiten aus Messdaten und das Herleiten mathematischer Beschreibungen von physikalischen Sachverhalten. Gleiches gilt in abgeschwächter Form („einfache Formen der Mathematisierung") für die Sekundarstufe-I-Standards.[8] Die deutschen Standards im Fach Physik für die Allgemeine Hochschulreife führen „Mathematisieren und Vorhersagen" als eines von vier Basiskonzepten.[9]

Die Oberstufenstandards nennen unter „Erkenntnisgewinnungskompetenz" zudem den Teilbereich „Merkmale wissenschaftlicher Aussagen und Methoden charakterisieren und reflektieren". Darauf bezogene Unterrichtskonzeptionen, die sich dem Verständnis der Natur der Naturwissenschaften (*Nature of Science*) widmen, werden in ▶ Kap. 13 vorgestellt.

15

- **Kommunikation**

„In Physik und über Physik kommunizieren", so beschreiben die EPA diesen Kompetenzbereich. Schülerinnen und Schüler sollen Fähigkeiten erwerben, physikalische Sachverhalte sachgerecht und adressatengemäß zu präsentieren und

---

5   Gut-Glanzmann und Mayer (2018).
6   Krüger et al. (2018).
7   Einheitliche Prüfungsanforderungen in der Abiturprüfung Physik (EPA; KMK 2004, S. 15 f.).
8   KMK (2005, S. 11).
9   KMK (2020, S. 19).

diskursiv zu argumentieren. Bei der Sachgerechtheit spielt das Fachwissen die zentrale Rolle, um z. B. zu entscheiden, welche Elementarisierungen eines Sachverhalts fachlich vertretbar sind. Im Hinblick auf die Adressaten muss in einer Kommunikationssituation entschieden werden, welcher von mehreren möglichen Erklärungsansätzen der angemessenste ist, welche fachliche Breite und Tiefe sinnvoll sind (z. B. in welchem Maße die Fachsprache und Mathematisierungen zu verwenden sind) und welche Hilfsmittel (z. B. Skizzen, Abbildungen) verwendet werden sollen. Zudem müssen geeignete Beispiele und Analogien ausgewählt werden.[10] Diese Entscheidungen sind in einem Fachgespräch anders zu treffen als in einem Science Slam.

Die Bildungsstandards zählen auch den Bereich der Recherche nach wissenschaftlichen Informationen zum Kompetenzbereich Kommunikation. Im Kontext veränderter Mediennutzung – Stichwort Internetrecherche – gewinnt die kriterienengeleitete Einschätzung der Seriosität und fachlichen Belastbarkeit von Quellen zunehmende Bedeutung.

- **Reflexion über Physik, Bewertung**

Die EPA nennen als vierten Kompetenzbereich „Reflexion: Über die Bezüge der Physik reflektieren". Für den Mittleren Bildungsabschluss heißt dieser Bereich „Bewertung". Es geht um die Fähigkeit zur Darstellung von Beziehungen zwischen Physik und Technik, aber auch um die Reflexion von Bezügen zu gesellschaftlichen Themen sowie von historischen und gesellschaftlichen Einflüssen auf die Entwicklung der Physik. Die Schülerinnen und Schüler sollen in der Lage sein, zu physikalisch-technischen und gesellschaftlichen Entscheidungen persönlich, sachbezogen und kritikoffen Stellung zu beziehen.[11] Sie sollen dafür ihr physikalisches Wissen nutzen, sich aber gleichzeitig bewusst sein, dass es neben der naturwissenschaftlichen Perspektive weitere Bewertungsgrundlagen gibt – z. B. politische, ökonomische oder ästhetische –, die zur Entscheidungsfindung beitragen. Die Oberstufenstandards nennen die drei Fähigkeiten „Sachverhalte und Informationen multiperspektivisch beurteilen", „kriteriengeleitet Meinungen bilden" und „Entscheidungen treffen und Entscheidungsprozesse und Folgen reflektieren"[12].

- **Mögliche Zugänge**

In diesem Kapitel werden Unterrichtskonzeptionen zu allen drei prozessbezogenen Kompetenzbereichen vorgestellt (◘ Tab. 15.1). Zum naturwissenschaftlichen Denken (Erkenntnisgewinnung) gehört ein Verständnis von Begriffen wie Variable, Hypothese oder Korrelation. Das Curriculum in ▶ Abschn. 15.3 führt diese Konzepte systematisch ein. In ▶ Abschn. 15.4 wird gezeigt, wie das Verständnis des Teilchenmodells durch Reflexion *über* Modelle gefördert wird. Anhand des Themas „Klimawandel" wird in ▶ Abschn. 15.5 die Bewertungskompe-

---

10 Kulgemeyer (2010).
11 KMK (2004, S. 7).
12 KMK (2020).

◻ Tab. 15.1 Übersicht über die vorgestellten Unterrichtskonzeptionen

	Kompetenzbereich (Schwerpunkt)	Klassenstufe	Umfang
Traditioneller Unterricht ▶ Abschn. 15.2	Fachwissen (geringe explizite Anteile prozessbezogener Kompetenzen)	5–13	
Naturwissenschaftliches Denken ▶ Abschn. 15.3	Erkenntnisgewinnung: Grundkonzepte naturwissenschaftlichen Denkens (Variable, Wert, Korrelation etc.)	5–7	30 Lektionen à 60 Min. (über zwei Schuljahre)
Modellverständnis ▶ Abschn. 15.4	Erkenntnisgewinnung: Wissen über Merkmale naturwissenschaftlicher Modelle	9/10	12 Std.
Umweltbezogenes Bewerten ▶ Abschn. 15.5	Bewertung: Abwägung naturwissenschaftlicher, ökonomischer, politischer und weiterer Aspekte	8–10	4 bis 6 Std.
Konzept-Cartoons ▶ Abschn. 15.6.1	Kommunikation: physikalisch argumentieren	5–10	variabel
Erklärketten ▶ Abschn. 15.6.2	Kommunikation: Hilfsmittel für sachgerechtes Erklären	9–13	variabel Training: 1 Std.
Erklär-Rollenspiele ▶ Abschn. 15.6.3	Kommunikation: Schülerinnen und Schüler erklären sich gegenseitig Sachverhalte	9–13	variabel Einführung: 1 Std.
Variablenkontrolle ▶ Abschn. 15.7.1	Erkenntnisgewinnung: Experimente planen	Sek. I	variabel
Modellorientiertes Experimentieren ▶ Abschn. 15.7.2	Erkenntnisgewinnung: Verdeutlichung der fachmethodischen Schwerpunkte eines Experiments, Checklisten für das Vorgehen beim Experimentieren	7–13	variabel Training: 5 bis 8 Doppelstunden
Umgang mit Messunsicherheit ▶ Abschn. 15.7.3	Erkenntnisgewinnung: Daten aus Experimenten auswerten	Sek. I	variabel

15

tenz in das Zentrum des Physikunterrichts gestellt. In einem Rollenspiel wird die Frage diskutiert, ob es Sinn macht, frisches Obst per Flugzeug zu importieren. Dem Kompetenzbereich Kommunikation widmen sich die drei folgenden Unterrichtskonzeptionen: In ▶ Abschn. 15.6.1 wird das physikalische Argumentieren mithilfe von Cartoons angeregt, die unterschiedliche Beschreibungen eines Phänomens präsentieren. Die Formulierung physikalischer Erklärungen in Form von Wenn-dann-Aussagen wird in ▶ Abschn. 15.6.2 durch Vorgabe von Erklärketten unterstützt. Während hier die fachinhaltlichen Aspekte im Vordergrund stehen, geht es in ▶ Abschn. 15.6.3 um das Üben einer adressatengemäßen Kommunikation physikalischer Sachverhalte in Erklär-Rollenspielen. ▶ Abschn. 15.7.1 präsentiert Trainingseinheiten für das Erlernen der Variablenkontrolle beim Experimentieren. ▶ Abschn. 15.7.2 zeigt, wie man durch die Verwendung grafischer

Raster veranschaulichen kann, um welche Teilfähigkeiten es bei einem bestimmten Experiment unter fachmethodischen Aspekten primär geht (z. B. Hypothesen aufstellen oder Messdaten aufbereiten). In ▶ Abschn. 15.7.3 wird schließlich der Umgang mit Messunsicherheiten gemäß neuen internationalen Vorgaben thematisiert.

15.2 Traditioneller Unterricht

▪ **Glaube an einen Kompetenzerwerb durch Handeln**

„Haben wir das nicht schon immer gemacht?" lautet eine der Fragen, die Leisen (2011b, S. 4) aus Gesprächen in Lehrerzimmern zu den prozessbezogenen Kompetenzen anführt. Natürlich wurde im Physikunterricht auch vor den Bildungsstandards experimentiert, mit Modellen gearbeitet und über Physik kommuniziert. Hinter der Frage steht die Annahme, Schülerinnen und Schüler würden experimentelle Kompetenz bereits dadurch erwerben, dass sie experimentelle Handlungen durchführen. Im Unterricht wird jedoch selten systematisch besprochen, wie man beim eigenständigen Planen und Aufbauen von Versuchen vorgeht oder welchen Sinn die genaue Dokumentation von Versuchsdurchführung und Messdaten hat. Die Schülerinnen und Schüler bauen auf und dokumentieren, weil die meist kleinschrittig formulierte Versuchsanleitung das so vorsieht – grundsätzliche methodische Aspekte werden dabei kaum aufgegriffen.[13]

Im Physikunterricht werden die Lernenden häufig angehalten, Ergebnisse zu präsentieren oder Sachverhalte zu erklären. Die Rückmeldungen durch die Lehrkraft konzentrieren sich dann auf die fachliche Korrektheit; nur selten wird besprochen, ob die gewählte Darstellungsform der Sache und dem Vorwissen der Mitschüler angemessen war. Zur Förderung von Kommunikationskompetenz gehört mehr als die Vorgabe, die Lösung einer Physikaufgabe schriftlich auszuformulieren. Schülerinnen und Schüler lernen das Erklären nicht einfach dadurch, *dass* sie erklären. Vielmehr muss im Anschluss im Unterricht *über* die Angemessenheit der Inhalte und Formen der präsentierten Erklärungen gesprochen werden. Für prozessbezogene Fähigkeiten gilt ganz generell: Das reine Handeln reicht für einen Kompetenzerwerb nicht aus. Empirische Studien zum expliziten versus impliziten Kompetenzerwerb zeigen tendenziell höhere Lernwirkungen einer direkten Thematisierung im Unterricht (Metakognition).[14]

▪ **Dominanz der Fachwissensinhalte**

Fragt man Lehrkräfte nach der Bedeutung von Bewertungskompetenz im Physikunterricht, wird häufig die Fähigkeit zur Beurteilung der physikalischen *Kor-*

---

13 Das Gutachten zur Vorbereitung des SINUS-Programms geht auf diese Problematik ein (Baumert et al. 1997; Punkt 7.6).
14 Vorholzer (2016) belegt Vorteile expliziten Unterrichts für das Erlernen von Experimentierfähigkeiten; Metastudien zeigen jedoch keine eindeutigen Vorteile der expliziten Behandlung prozeduraler Regeln im Unterricht (z. B. zur Variablenkontrollstrategie Schwichow et al. 2016).

rektheit einer Aussage genannt. Ein rein innerfachliches Abwägen gehört jedoch zur Sachkompetenz. Bewerten im Sinne der Bildungsstandards meint die Fähigkeit zur reflektierten Entscheidungsfindung unter Abwägung fachlicher und außerfachlicher Gesichtspunkte. Das Einbeziehen außerphysikalischer Aspekte stößt bei vielen Physiklehrkräften auf Skepsis; es herrscht die Meinung, das solle man besser z. B. dem Politikunterricht überlassen.[15] Zudem sind Physiklehrkräften Unterrichtsmethoden wie Plan- und Rollenspiele, die sie bei der Förderung von Kommunikations- und Bewertungskompetenz sinnvoll einsetzen könnten, aus ihrer Ausbildung oft nur wenig vertraut.

„Werden jetzt nur noch Kompetenzen unterrichtet?" lautet eine weitere Lehrerfrage, die Leisen (2011b, S. 4) anführt. Hier hilft der Hinweis, dass im Physikunterricht – wie in ▶ Abschn. 15.1 ausgeführt – Fachwissen im Zusammenhang mit prozessbezogenen Kompetenzen immer eine gewichtige Rolle spielt (und spielen soll) und die Unterscheidung der Kompetenzbereiche in erster Linie eine *analytische* Funktion hat. Hinter der Frage steht die Befürchtung, dass die Einbeziehung prozessbezogener Kompetenzen zu sehr zulasten des Umgangs mit Fachwissen gehe. Diese Befürchtung ist nachvollziehbar, da weder die Bildungsstandards noch die Lehrpläne auf Länderebene eine relative Gewichtung der Unterrichtsanteile für prozessbezogene im Vergleich zu inhaltsbezogenen Kompetenzen vornehmen. In der vorherrschenden Unterrichtspraxis werden prozessbezogene Kompetenzen als Teil der physikalischen Bildung unterbewertet. Daher dienen Experimente – Schülerexperimente ebenso wie Demonstrationsexperimente – ganz überwiegend zur Verdeutlichung fachinhaltlicher Zusammenhänge und selten dazu, fachmethodische Fähigkeiten des Experimentierens zu fördern.[16] Gleichzeitig überschätzen Lehrkräfte die Lernwirkungen eines dominant fachinhaltlich orientierten Physikunterrichts auf das physikalische Verständnis.[17]

15.3 Naturwissenschaftliches Denken

In den 1980er- und 1990er-Jahren entwickelte eine Arbeitsgruppe um Adey, Shayer und Yates ein Curriculum, das Grundfähigkeiten des naturwissenschaftlichen Denkens fördert: „Thinking Science"[18]. Es ist auch unter dem Namen „Cognitive Acceleration through Science Education (CASE)" bekannt. In 30 Lektionen à 60 Minuten befassen sich die Schülerinnen und Schüler mit[19]:

---

15 Mrochen und Höttecke (2012) haben eine Typologie der Einstellungen und Vorstellungen von Lehrkräften zum Kompetenzbereich „Bewerten" erarbeitet.
16 Abrahams und Millar (2008).
17 Wilhelm (2008).
18 Adey et al. (2001, 3. Ausg.); deutsche Übersetzung der ersten Ausgabe: Adey et al. (1996, herausgegeben und übersetzt von H. A. Mund); Überblick in Adey (1999).
19 Adey et al. (1996, S. 8).

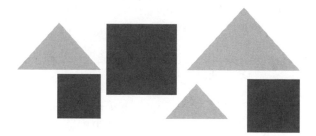

☐ **Abb. 15.1** Zu einer Aufgabe in der CASE-Lektion 1 „Was variiert?" (nach Adey et al. 2001, S. 17 ff.)

— Variablen: unabhängige („Eingabevariable"), abhängige („Ergebnisvariable"), zusammengesetzte,
— fairem Vergleichen und Testen (Variablenkontrolle und Ausschluss irrelevanter Variablen),
— Beziehungen zwischen Variablen,
— Verhältnis und Proportionalität,
— Kompensation und Gleichgewicht,
— Wahrscheinlichkeit und Korrelation,
— Gebrauch formaler abstrakter Modelle für Vorhersagen und Erklärungen.

CASE soll die Schülerinnen und Schüler durch gezielte Trainingsmaßnahmen an formal-operationales Denken heranführen – und zwar deutlich früher, als das im Rahmen der kognitiven Entwicklung von Kindern und Jugendlichen sonst erfolgt; daher stammt der Begriff „acceleration" (Beschleunigung der kognitiven Entwicklung). Bezugspunkt ist Piagets Entwicklungspsychologie[20]. Die Schülerinnen und Schüler können dann z. B. den Ausgang von Experimenten aufgrund eines gedanklichen Operierens mit formalen Modellen (Prinzipien, Gesetzen) vorhersagen und vorab überlegen, welche Variablen bei einem Experiment einzubeziehen bzw. zu kontrollieren sind. Sie erwerben damit wichtige Grundlagen für das naturwissenschaftliche Arbeiten. Das Curriculum ist für 11- bis 14-jährige Schülerinnen und Schüler vorgesehen und erstreckt sich über zwei Jahre.

▪ Naturwissenschaftliche Denkwerkzeuge

☐ Abb. 15.1 zeigt eine Lernaufgabe, sie stammt aus der ersten CASE-Lektion „Was variiert?". Die Lehrkraft bringt Quadrate und Dreiecke als Pappstücke unterschiedlicher Größe, Form und Farbe mit. Die Schülerinnen und Schüler arbeiten in Gruppen und sollen nach Überlegungen auf ihrem Protokollbogen festhalten:

---

20 Kubli (1981).

- Was variiert? (Variablen: Form, Farbe, Größe)
- Welche Werte haben die Variablen? (Dreieck, Quadrat; schwarz, grau; klein, mittel, groß)
- Gibt es eine Beziehung zwischen den Variablen? (Die schwarzen Pappen sind Quadrate, die grauen Dreiecke)

Im Anschluss sollen die Schülerinnen und Schüler in ihren Gruppen überlegen und vorhersagen, welche Farbe die nächste Pappe haben wird, wenn es sich um ein Quadrat handelt. Es schließen sich weitere Aufgaben zum Erkennen von Variablen, deren Werten und Beziehungen an. Die Schülerinnen und Schüler erhalten ein Arbeitsblatt, das auch Konstellationen zeigt, bei denen man keine eindeutige Beziehung zwischen den Variablen herstellen kann.

Die Konzepte Variable, Wert und Beziehung werden in den Folgelektionen weiter ausgeschärft. CASE führt die für formal-operationales Denken erforderlichen Werkzeuge in einem systematischen Unterrichtsgang ein und übt entsprechende Denkschemata. In Lektion 28 geht es beispielsweise um das Gleichgewicht (◘ Abb. 15.2). Für die Frage, ob ein kleiner Pkw einen großen Lkw einen Berg hochziehen kann, müssen die Schülerinnen und Schüler die vier Variablen Fahrbahnneigung links/rechts und Fahrzeugmasse links/rechts identifizieren. Zunächst wird mit zwei gleichen Fahrzeugmodellen gearbeitet und es werden nur die Neigungswinkel variiert. In der vierten Aufgabe werden auch die Fahrzeuge variiert. In der Gruppenarbeit sollen so viele Kombinationen von Massen und Neigungen wie möglich ermittelt werden, in denen jeweils Gleichgewicht herrscht. In der Besprechung im Plenum geht es nicht um die Formulierung einer quantitativen Beziehung, sondern um Aussagen zum Gleichgewicht wie „Masse mal Neigung links ist ungefähr so wie Masse mal Neigung rechts".

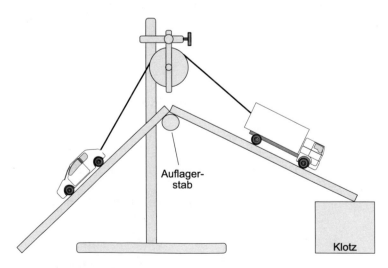

◘ Abb. 15.2   CASE-Aufgabe zum Konzept „Gleichgewicht" (nach Adey et al. 2001, S. 189)

- **Unterrichtsaufbau**

Basierend auf umfangreichen Erprobungen gibt es bei CASE für jede Lektion Lehrerhandreichungen mit detailliert ausgearbeiteten Durchführungsplänen, Erläuterungen zu den Experimenten sowie Arbeitsbögen für die Schülergruppen. Die Lehrkräfte werden darauf hingewiesen, dass Phasen, in denen Hypothesen über den Ausgang von Experimenten entwickelt werden oder in denen die Schülerinnen und Schüler auf ihre Vorgehensweise zurückblicken sollen, eine große Bedeutung für den Lernerfolg haben und diesen Unterrichtsabschnitten viel Zeit zuzumessen ist. CASE folgt dezidiert dem Ansatz der *expliziten* Behandlung prozessbezogener Kompetenzen.

Eine idealtypische CASE-Lektion umfasst

1. im Plenum: Vorbereitung und Hinführung auf das Thema (Worauf können wir bereits zurückgreifen?), Formulierung von Erwartungen und Hypothesen (auch mit Aktivierung von Schülervorstellungen),
2. schüleraktive Arbeitsphasen (möglichst mit überraschenden Effekten, um kognitive Konflikte auszulösen),
3. gemeinsame Rückschau auf die Erwartungen und Reflexion des Vorgehens bei der Lösung der Aufgaben (Metakognition; wo lagen die Schwierigkeiten, welche Herangehensweise war hilfreich?),
4. Transfer auf weitere Beispiele und Bezüge zum regulären naturwissenschaftlichen Unterricht.

- **Eigenständiges Unterrichtsprogramm**

In der CASE-Konzeption werden zwar physikalische und chemische Sachverhalte aufgegriffen, die auch im normalen Unterricht behandelt werden, aber es geht nicht um das Hebelgesetz (beim Thema „Gleichgewicht") oder das Hooke'sche Gesetz (beim Thema „Proportionalität"), sondern um die dahinterstehenden Grundschemata naturwissenschaftlichen Denkens. Im Fachunterricht soll auf die im CASE-Unterricht erarbeiteten Denkwerkzeuge zurückgegriffen werden. CASE bildet ein in sich stimmiges Curriculum, das eigenständig und zusammenhängend unterrichtet werden soll, nicht etwa auszugsweise eingestreut in den regulären Unterricht. Nur dann entfaltet es seine volle Lernwirkung.

Der Charakter des eigenständigen Unterrichtsprogramms erschwert die Implementation von CASE. Die 30 Lektionen benötigen je eine Unterrichtsstunde (60 Minuten) vierzehntägig über zwei Schuljahre. Dieses Volumen muss bei gleichbleibender Regelstundenzahl für die drei Naturwissenschaften aus der Stundentafel der Fächer Physik, Chemie und Biologie (oder des Faches Naturwissenschaften) erbracht werden. Für eine Implementation von CASE spricht, dass die Förderung prozessbezogener Kompetenzen zu den originären Zielen des naturwissenschaftlichen Unterrichts gehört (▶ Abschn. 15.1) und CASE wichtige Beiträge zur naturwissenschaftlichen Bildung leistet.

Lehrkräfte, die CASE unterrichten, müssen sich auf diesen besonderen Ansatz einstellen. CASE-Unterricht unterscheidet sich methodisch von der sonst üblichen Unterrichtsgestaltung:

- Im Vordergrund stehen Denkwerkzeuge für die Naturwissenschaften, nicht die naturwissenschaftlichen Inhalte.
- Metakognition spielt eine sehr wichtige Rolle, d. h. das Sprechen über die Vorgehensweise bei der Aufgabenlösung und die verwendeten Werkzeuge.
- Die Lehrkraft soll die Hinführungs- und Reflexionsphasen klar anleiten, muss aber in den Schüleraktivitätsphasen viel Freiraum ohne steuernde Eingriffe geben.

Dafür sind eine intensive Einführung und eine Implementationsbegleitung unabdingbar. Eine alleinige Bereitstellung der Materialien reicht nicht aus. Naturwissenschaftslehrkräfte an Schulen in Großbritannien, die in den 1990er-Jahren in hoher Zahl CASE eingeführt haben, durchliefen daher begleitend zur erstmaligen Durchführung ein Lehrerfortbildungsprogramm. Solche langfristigen systematischen Fortbildungsprogramme sind in Deutschland eher unüblich.[21]

An einer Bremer Schule wurde die Implementation von CASE über drei Jahre wissenschaftlich begleitet. Die Lehrkräfte adaptierten 13 CASE-Lektionen für ihren Unterricht, teilweise mit inhaltlichen Überarbeitungen der Materialien. Der Abschlussbericht bringt den großen Aufwand für die Unterrichtsentwicklung und die erforderliche Umorientierung zum Ausdruck: „Die geschilderte Gewichtung der naturwissenschaftlichen Arbeitsweisen erforderte eine erhebliche Umgewöhnung im unterrichtlichen Planungsprozess, der bei allen beteiligten Kolleginnen und Kollegen einen Paradigmenwechsel zur Folge hatte. Der Rückfall in altes inhaltszentriertes Denken, das NW-Methoden nicht explizit einbezieht, geschah häufig."[22]

- **Empirische Ergebnisse**

Bei einer konsequenten Implementation des CASE-Curriculums sind deutliche Lerneffekte empirisch belegt. Das gilt zunächst für einen signifikanten Zuwachs der kognitiven Leistungsfähigkeit mit großen bis sehr großen Effektstärken.[23] Schülerleistungsdaten aus zentralen Prüfungen ermöglichten in Großbritannien darüber hinaus einen Vergleich der fachlichen Lernleistungen von sechs CASE-Schulen (Versuchsgruppe) mit 15 Schulen ohne CASE-Unterricht (Kontrollgruppe). Verglichen wurden die Leistungen in den Fächern Naturwissenschaften (Science), Mathematik und Englisch jeweils zwischen dem Ende des 6. Jahrgang (Alter ca. 11 Jahre, Übergang in die Sekundarstufe I in Großbritannien) und am Ende des 9. Jahrgangs (ein Jahr nach dem CASE-Unterricht). Der relative Zuwachs war in allen CASE-Schulen in Naturwissenschaft und Mathematik höher als in den Vergleichsschulen, und zwar auch bei CASE-Schulen, deren Schülerschaft sogar eher unterdurchschnittliche Eingangsfähigkeiten mitbrachten. Positive Langzeitwirkungen ließen sich auch noch in den Prüfungsleistungen von 16-Jährigen nachweisen.[24]

---

21 mit Ausnahmen, wie z. B. dem SINUS-Programm (Lindner 2008).
22 Bartel et al. (2005, S. 26); siehe auch Hauk (2001).
23 Adey (1999, S. 19).
24 Adey (1999, S. 20 ff.); detailliertere Analysen in Adey (2005).

- **Unterrichtsmaterialien**

Adey, P. S., Shayer, M. und Yates, C. (1996). *Naturwissenschaftlich denken. Curriculum-Material zur Beschleunigung der kognitiven Entwicklung durch naturwissenschaftlichen Unterricht* (Übers. H. A. Mund). Aachen: Verlag der Augustinus Buchhandlung. ▶ *Materialien zum Buch*
Die CASE-Materialien aus den 1990er-Jahren, siehe Adey et al. (2001) und Adey (2003, CD-ROM), liegen in dieser deutschen Übersetzung vor. Sie sind nach wie vor für einen systematischen Unterrichtsgang zur Förderung naturwissenschaftlichen Denkens geeignet.[25]
Auf der Website ▶ http://community.letsthink.org.uk werden die CASE-Konzeption und die CASE-Materialien in der englischen Originalfassung vorgestellt. Einige Lektionen sind dort für einen Download verfügbar. Die Materialien werden in England unter dem Namen „Let's Think" weiterentwickelt.[26]

15.4 Modellverständnis

- **Unterricht über Modelle**

Modelle spielen eine zentrale Rolle für physikalische Beschreibungen und Erklärungen – vom Modell des Lichtstrahls bis zum quantenphysikalischen Atommodell. Der Physikunterricht ist fast durchgängig ein Unterricht *mit* Modellen. Mikelskis-Seifert (2002) hat eine Unterrichtskonzeption entwickelt, in der die Einführung des Teilchenmodells mit einem Unterricht *über* Modelle verzahnt ist. Ihre These lautet, dass Modellbildung in der Schule notwendigerweise mit expliziter metakonzeptueller Reflexion im Unterricht verbunden sein muss, um physikalische Modelle inhaltlich wirklich verstehen zu können.[27]

Als erkenntnistheoretische Position wird der hypothetische Realismus zugrunde gelegt, nach dem eine physische Welt unabhängig von unserem Denken existiert (Realismus), deren Strukturen über gedankliche Konstrukte (hypothetisch) erschlossen werden können, d. h. durch Modellbildung. Im Unterricht wird dementsprechend deutlich zwischen einer Erfahrungswelt und einer Modellwelt unterschieden. Die Schülerinnen und Schüler sollen lernen, dass

- „physikalische Modelle vom Menschen geschaffen werden,
  - wenn die Grenzen der direkten Wahrnehmung erreicht sind,
  - um (in ihrer Gänze) nicht beobachtbare Mechanismen/Objekte zu erklären, vorherzusagen und zu veranschaulichen;
- zur Modellentwicklung Spekulation, Intuition, Annahmen und Abstraktionen notwendig sind;
- Modelle zweckmäßig sind und nicht richtig oder falsch;

---

25 Oliver et al. (2012).
26 Let's think forum; ▶ https://www.letsthink.org.uk/resources/lets-think-science-2/
27 Mikelskis-Seifert (2002, S. 11 ff.).

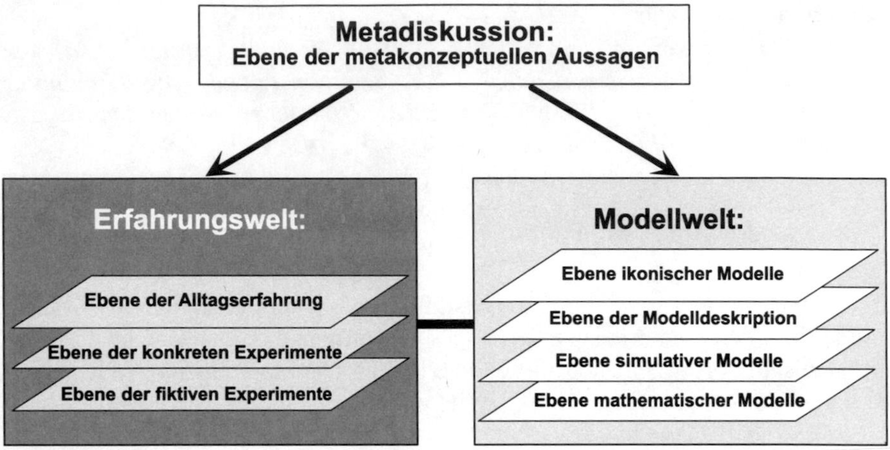

◘ Abb. 15.3 Repräsentationsebenen (nach Mikelskis-Seifert 2006, S. 180) der Erfahrungswelt und der Modellwelt

- physikalische Modelle hypothetisch und vorläufig sind;
- Modelle sich in der Community durchsetzen müssen."[28]

Um die Lernziele zu erreichen, sollen im Unterricht durch metakonzeptuelle Reflexion die Erfahrungs- und die Modellwelt gegenübergestellt und die Merkmale der Modellwelt herausgearbeitet werden. Planungsgrundlage des Unterrichts – nicht jedoch Unterrichtsinhalt – ist das in ◘ Abb. 15.3 gezeigte System unterschiedlicher Ebenen für die Repräsentation naturwissenschaftlicher Sachverhalte mit einer Trennung zwischen Erfahrungswelt und Modellwelt.

Das Zugrundelegen des hypothetischen Realismus knüpft an dem verbreiteten Wunsch von Schülerinnen und Schüler an zu erfahren, wie die von ihnen als existent angenommene Welt „tatsächlich" sei – ohne jedoch einen naiven Realismus („Man muss nur genau hinschauen, dann erkennt man ihre wahren Strukturen") zu fördern.

■ **Unterricht über das Teilchenmodell**

Die Unterrichtseinheit von Mikelskis-Seifert und Fischler erstreckt sich über zwölf Stunden.[29] Durch metakonzeptuelle Reflexion soll ein physikalisches Verständnis des Teilchenmodells erreicht werden, in dem typische Schülervorstellungen überwunden werden – z. B. die Annahme, Atome *seien* kleine Kügelchen (Gleichsetzung von Modell und Realität) oder man könne Eigenschaften wie

28 Leisner-Bodenthin (2006, S. 94).
29 Wir orientieren uns an Mikelskis-Seifert (2002, S. 280–317), Mikelskis-Seifert und Fischler (2003a) und Mikelskis-Seifert (2010). Der Unterrichtsverlauf wird in den Veröffentlichungen leicht unterschiedlich dargestellt.

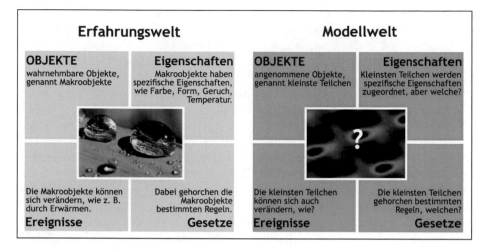

● **Abb. 15.4**   Im Unterricht verwendetes Poster zu den Unterschieden zwischen Erfahrungswelt und Modellwelt (nach Mikelskis-Seifert 2010)

Farbe oder Geruch eines Stoffes (Erfahrungswelt) auf die Teilchen eines Körpers (Modellwelt) übertragen.[30]

Die Entwickler bezeichnen ihre Konzeption als geführtes entdeckendes Lernen. In einer Hinführungsphase, die der eigentlichen Unterrichtseinheit vorgelagert ist, bauen die Schülerinnen und Schüler Anschauungsmodelle ihrer Wahl, z. B. ein Modell des Sonnensystems. Daran werden grundlegende Merkmale von Modellen erarbeitet (Stichworte: Ersatzobjekt, Vereinfachung, Modellfunktion).

Als Übergang in die Mikrowelt erkunden und beschreiben die Schülerinnen und Schüler am Beginn der Unterrichtseinheit eine Zusammenstellung verschiedener Gegenstände (Stein, Holzkugel, Styroporplatte, Reagenzglas mit Sand, Reagenzglas mit Wasser, geschwärztes Reagenzglas mit unbekannter Füllung). Bei dem Stein, den man in die Hand nehmen kann, fällt ihnen das Erkunden leicht; bei dem geschwärzten Reagenzglas mit Stopfen hören sie beim Schütteln zwar Geräusche, können aber nur Vermutungen darüber anstellen, was sich im Glas befindet. An diesem Beispiel wird die Unterscheidung zwischen der Welt der direkten Erfahrungen und einer Modellwelt für nicht direkt zugängliche Phänomene besprochen. Die prinzipielle Unterscheidung wird mittels eines Posters veranschaulicht (● Abb. 15.4). Die Lernenden erkunden weitere Blackboxes (▶ Abschn. 13.3) z. B. durch Schütteln oder Ertasten. Daran wird verdeutlicht, dass man viele Phänomene nicht unmittelbar erkennen und beschreiben kann. Aussagen über die mögliche innere Struktur von Blackboxes beruhen immer auf hypothetischen Annahmen.

---

30   Fischler und Schecker (2018).

Ein Demonstrationsexperiment zur Brown'schen Molekularbewegung mit verdünnter Milch unter mikroskopischer Vergrößerung soll zu der Einsicht führen, dass die Zick-Zack-Bewegung der Fetttröpfchen mit dem vorhandenen Wissen nicht erklärt werden kann und beim Übergang in die Mikrowelt ein Modell entwickelt werden muss. Der Hauptabschnitt der Unterrichtseinheit ist durch Schülerexperimente und Reflexionsanlässe zur Modellierung geprägt (z. B. ◘ Abb. 15.5). In insgesamt zehn Stunden geht es um Dichte, Temperatur, Kräfte zwischen Teilchen, Volumenänderung von Flüssigkeiten bei Erwärmung, Diffusion, Lösevorgänge und Kristallisation sowie Verdunsten und Verdampfen. Die Schülerinnen und Schüler führen dazu an Lernstationen Experimente nach Arbeitsblättern durch. Wichtiger Bestandteil der Kleingruppenarbeit sind Diskussionen über Modellierungsfragen: Welche Annahmen über die kleinsten Teilchen sind sinnvoll und begründbar, um die Beobachtungen zu erklären? Die Lernenden sollen sich dabei an der eingeführten grundlegenden Differenzierung zwischen Erfahrungswelt und Modellwelt orientieren (◘ Abb. 15.4). Aus fachdidaktischer Perspektive durchlaufen die Schülerinnen und Schüler dabei unterschiedliche Repräsentationsebenen (◘ Abb. 15.3). Die Ergebnisse der Experimente und der Modellierungsüberlegungen (dazu gehören auch grafische Visualisierungen

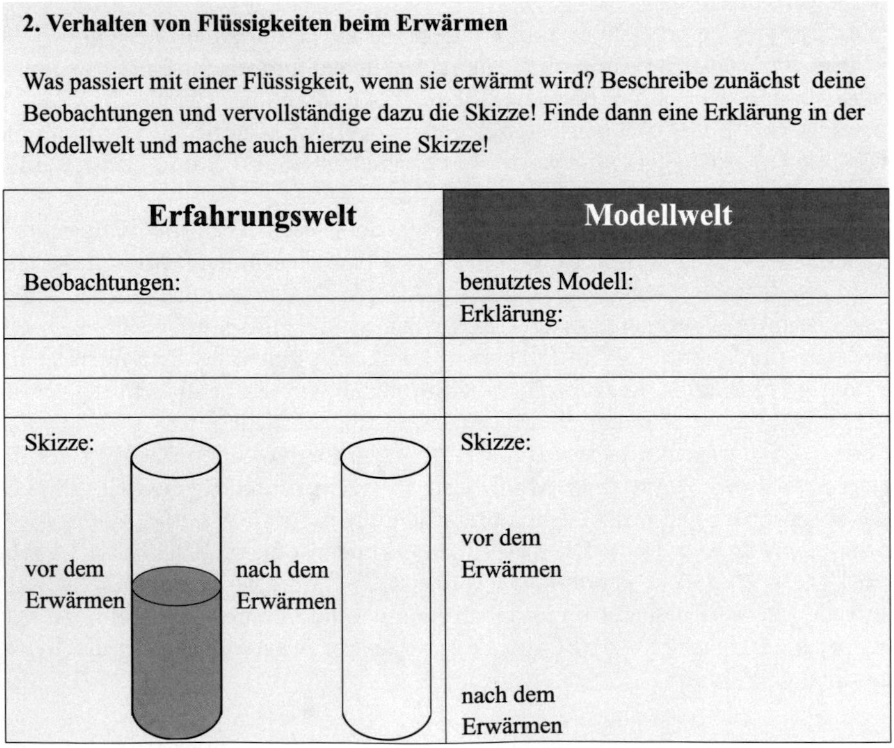

2. Verhalten von Flüssigkeiten beim Erwärmen

Was passiert mit einer Flüssigkeit, wenn sie erwärmt wird? Beschreibe zunächst deine Beobachtungen und vervollständige dazu die Skizze! Finde dann eine Erklärung in der Modellwelt und mache auch hierzu eine Skizze!

Erfahrungswelt	Modellwelt
Beobachtungen:	benutztes Modell:
	Erklärung:
Skizze: vor dem Erwärmen nach dem Erwärmen	Skizze: vor dem Erwärmen nach dem Erwärmen

◘ **Abb. 15.5** Arbeitsbogen zur Ausdehnung von Flüssigkeiten bei Erwärmung (nach Leisner 2005, Anhang S. VI)

von Teilchenkonfigurationen) werden im Plenum präsentiert und besprochen. Grundaussagen über den Teilchenaufbau von festen Körpern, Gasen und Flüssigkeiten werden festgehalten: Existenz stoffspezifischer „kleinster Teilchen" mit Masse, „Nichts" zwischen den Teilchen, ständige Bewegung, zwischen Teilchen wirkende Kräfte.

In der abschließenden Reflexionsstunde wird aus metakonzeptueller Perspektive darüber gesprochen, auf welchem Wege das Teilchenmodell im Unterricht erarbeitet wurde. Das Modell wird anschließend für die Beschreibung der Aggregatzustände angewandt. Zur Vertiefung des Verständnisses von Modellen in der Physik zeigt die Lehrkraft rastertunnelmikroskopische Bilder von Festkörperoberflächen und erläutert ihr prinzipielles Zustandekommen. Die Bilder sollen die Schülerinnen und Schüler dazu anregen, nochmals über ihre Vorstellungen zum Teilchenbegriff und dessen Modellcharakter zu diskutieren.

- **Empirische Ergebnisse**

Die Unterrichtskonzeption wurde in acht Wahlpflichtkursen der Klassen 9 und 10 an brandenburgischen Gymnasien erprobt und evaluiert.[31] 120 Schülerinnen und Schüler nahmen vor und nach der zwölfstündigen Unterrichtsreihe an einem Test des Teilchen- und des Modellverständnisses teil. Drei Monate später wurden Langzeitwirkungen erhoben. Es wurde überprüft, ob die Schülerinnen und Schüler zwischen der makroskopischen und mikroskopischen Ebene unterscheiden, indem sie darauf verzichten, den kleinsten Teilchen ähnliche Eigenschaften wie den aus ihnen bestehenden makroskopischen Körpern zuzuordnen. Inhaltlich sollten sie angemessen mit Teilchenabständen, Teilchenbewegungen und Kräften zwischen Teilchen umgehen können. Der Test beinhaltete überwiegend Aufgaben im Multiple-Choice-Antwortformat, z. B. zur Einschätzung der Aussagen „Kupfer ist rot. Ein einzelnes Kupferteilchen ist nicht rot" (Skala „Verzicht auf Übertragung makroskopischer Attribute") oder „Das Teilchenmodell lässt sich eindeutig aus Experimenten ableiten." (Skala „Modellverständnis"). Die Schüler sollten zudem ein Concept Map mit Teilchenbegriffen erstellen.

In allen sieben betrachteten Verstehensaspekten ergaben sich signifikante Lerneffekte. Die höchsten Zuwächse ergaben sich in der Skala „Modellverständnis" mit einer Effektstärke von 1,2 Standardabweichungen zwischen Vor- und Nachtest. Die Zuwächse in den sechs fachinhaltlichen Skalen (z. B. zu Teilchenbewegung oder Kräften zwischen Teilchen) waren mit 0,4 bis 0,6 geringer. Drei Monate nach Ende der Unterrichtseinheit waren die Lerneffekt weitgehend stabil.

- **Unterrichtsmaterialien**

Mikelskis-Seifert, S. (2002). *Die Entwicklung von Metakonzepten zur Teilchenvorstellung bei Schülern – Untersuchung eines Unterrichts über Modelle mithilfe eines Systems multipler Repräsentationsebenen (Diss.)*. Berlin: Logos.

---

31 Mikelskis-Seifert und Fischler (2003b).

Im Anhang I der Dissertation von Mikelskis-Seifert ist eine Lehrerhandreichung zur Unterrichtseinheit über das Teilchenmodell abgedruckt.

Die Arbeitsblätter und Experimentieranleitungen zur Konzeption sind in den ▶ *Materialien zum Buch* abrufbar[32].

Das Themenheft „Teilchen" der Zeitschrift Naturwissenschaften im Unterricht Physik (1997, Heft 41) stellt Experimente[33] vor, die in der Unterrichtskonzeption eingesetzt werden (Lichtfeldt und Peuckert 1997; Fischler und Rothenhagen 1997).

15.5 Umweltbezogenes Bewerten

Auch 15 Jahre nach Inkraftsetzung der Bildungsstandards (KMK 2005) gibt es aus dem deutschsprachigen Raum erst wenige konkret ausgearbeitete und evaluierte Unterrichtseinheiten für die Förderung von Bewertungsfähigkeit im Physikunterricht. Für den Biologie- und den Chemieunterricht liegen deutlich mehr ausgearbeitete Unterrichtseinheiten vor.[34] In der Physik sind besonders die Arbeiten von Mikelskis (Kernkraftwerke), Knittel (Photovoltaik) und Höttecke (Treibhauseffekt) zu nennen[35]. In den Konzeptionen zur Photovoltaik und zum Treibhauseffekt wird eine längere fachinhaltliche Vorbereitungsphase mit einer mehrstündigen Phase verbunden, in der das Bewerten im jeweiligen Themenbereich im Vordergrund steht.

Die Konzeption von Höttecke und Mitarbeitenden zur Physik entstand im Rahmen des fächerübergreifenden Unterrichtsentwicklungsprojekts „Klimawandel vor Gericht" gemeinsam mit Arbeitsgruppen aus den Fächern Biologie, Chemie und Politik. Die Kooperation mit dem Fach Politik ist nicht etwa arbeitsteilig zu verstehen – im Sinne von „in den naturwissenschaftlichen Fächern werden die fachlichen Grundlagen erarbeitet, das Bewerten erfolgt im Politikunterricht" – sondern *integrativ*. Die Unterrichtseinheiten umfassen jeweils sowohl fachliche Grundlagen als auch das Bewerten. Sie lassen sich im Einzelfach durchführen, aber natürlich auch fächerverbindend (◨ Tab 14.1 in ▶ Abschn. 14.1).

▪ Umweltbezogene Bewertungskompetenz

Unter umweltbezogene Bewertungskompetenz verstehen Eilks et al. (2011a, S. 8) „die Fähigkeit und die Bereitschaft, naturwissenschaftliche *Sachurteile,* sozial geteilte Werte, Normen und Interessen systematisch aufeinander zu beziehen, um ei-

15

---

32 ▶ https://aeccp.univie.ac.at/lehrer-innen/unterrichtskonzeptionen
33 Der Versuch zur Diffusion von Bromdampf in Luft sollte aus Sicherheitsgründen durch ein entsprechendes Video ersetzt werden.
34 Für den Chemieunterricht sind insbesondere Arbeiten aus der Gruppe von Eilks zu nennen (z. B. Marks und Eilks 2009).
35 Mikelskis (1997, 1980), Knittel und Mikelskis-Seifert (2011), Knittel (2013), Eiks et al. (2011a, 2011b, 2011c).

gene *Urteile und Handlungen* argumentativ rechtfertigen zu können und fremde Urteile und Handlungen nachzuvollziehen und in ihrer Interesse-Bedingtheit zu erkennen" (unsere Hervorhebungen). Dementsprechend ist die Vermittlung von Sachwissen über den natürlichen und anthropogenen Treibhauseffekt mit einem Rollenspiel zu der Frage verbunden, ob ein Transport von frischem Obst und Gemüse per Flugzeug untersagt werden sollte.

- **Lernzirkel zum Treibhauseffekt**

Die Schülerinnen und Schüler (Zielgruppe Ende Sekundarstufe I) erarbeiten sich die fachlichen Grundlagen zum Treibhauseffekt in einem Lernzirkel, der phänomen- und handlungsorientiert aufgebaut ist. Es gibt fünf Kernstationen: 1) Reflexion und Absorption von Sonnenlicht durch den Erdboden, 2) Wärmestrahlung, 3) Treibhausgas CO_2, 4) Absorption und Re-Emission von Wärmestrahlung in der Atmosphäre, 5) Absorption von Wärmestrahlung im Erdboden. An allen Stationen führen die Schülerinnen und Schüler messende Versuche durch bzw. beschreiben Beobachtungen. In einem Übersichtsposter, das den Einstieg in die Unterrichtseinheit unterstützt (◘ Abb. 15.6), wird gezeigt, wie die fünf Stationen im Prozessverlauf den Treibhauseffekt und den Anstieg der Oberflächentemperatur der Erde verständlich machen. Zwei weitere Stationen befassen sich mit dem Anstieg des Meeresspiegels durch die Wärmeausdehnung des Wassers und schmelzendes Eis. Eine weitere Vertiefungsstation veranschaulicht im Analogieversuch das Fließgleichgewicht von absorbierter und emittierter Strahlung.

◘ **Abb. 15.6** Übersichtsposter zum Treibhauseffekt (mit Hinweisen auf die Lernstationen; nach Eilks et al. 2011c, CD-ROM-Beilage)

Für die Arbeit an den Stationen sind insgesamt zwei bis drei Unterrichtsstunden vorgesehen. Weitere zwei bis drei Stunden sind erforderlich, um in das Thema Treibhauseffekt einzuführen, die Ergebnisse zu besprechen und an Beispielen zu veranschaulichen, wie der Mensch zum (erhöhten) Eintrag von CO_2 in die Atmosphäre beiträgt.

- **Rollenspiel Flugobst**

Für die Bewertungssequenz schlägt die Arbeitsgruppe um Höttecke ein Rollenspiel vor: In einer Sondersitzung der Europäischen Kommission soll eine Empfehlung erarbeitet werden, ob – ähnlich dem Verbot von Glühlampen – der Transport von frischem Obst und Gemüse per Flugzeug verboten werden soll. Als Vorbereitung auf die Einnahme der Rollen wird eine Übung zur Einordnung von Argumenten nach den Kategorien Sachwissen, Normen und Werte sowie Interessen durchgeführt (◻ Abb. 15.7).

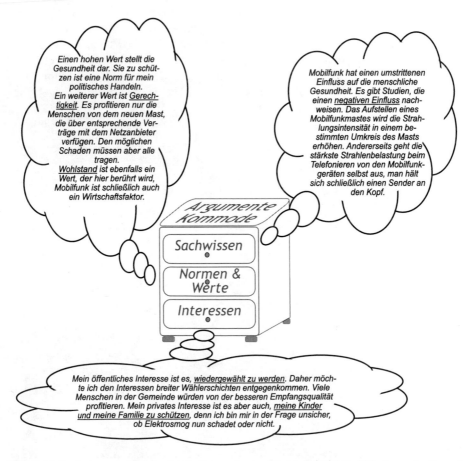

◻ **Abb. 15.7** Argumente-Kommode; die Kategorien werden am Beispiel Mobilfunk aus der Perspektive eines politischen Entscheidungsträgers veranschaulicht (nach Eilks et al. 2011c, S. 134)

Für die zu spielende Sitzung gibt es Karten mit Rollenbeschreibungen, Hintergrundinformationen zur vertretenen Institution und Stichpunkten zu möglichen Argumentationsweisen in der Sitzung[36]:

Sitzungsleitung:
– Mitglieder der Europäischen Kommission: Befragung der eingeladenen Fachleute; Diskussion und Entscheidung über die Empfehlung am Ende der Sitzung.

Eingeladene Expertinnen und Experten (Auswahl):
– Verbraucherzentrale Bundesverband: ökologische Folgen von Flugobst sollten für den Verbraucher kenntlich gemacht werden; Frische ist im Verbraucherinteresse.
– Potsdam-Institut für Klimafolgenforschung: Flugobst steht dem 2-Grad-Ziel der Erderwärmung entgegen; Erzeugerländer werden wegen ihrer geografischen Lage besonders unter dem Klimawandel leiden.
– Flughafenbetreiber: technische Maßnahmen der CO_2-Reduzierung beim Flughafenbetrieb; zunehmender Flugverkehr als Folge einer politisch gewollten Liberalisierung der Märkte.
– Umweltschutzorganisation: Transport mit Schiffen statt mit Flugzeugen; Ausgleich der klimaschädigenden Wirkungen durch Aufpreis auf Flugobst für Ökoprojekte.
– Südafrikanische Agrargenossenschaft: Export von Flugobst ist wichtiger Wirtschaftsfaktor; politische Destabilisierung bei Einschränkungen; Maßnahmen gegen den Klimawandel sollten in den Industrieländern getroffen werden.

Darüber hinaus sollen Schülerinnen und Schüler als Journalisten von drei Tages- bzw. Wochenzeitungen kritisch nach- und hinterfragen und die Expertinnen und Experten aus der Reserve locken. Je nach Klassengröße muss für die zu vergebenden Rollen eine Auswahl getroffen werden. Für die Vorbereitung in rollenspezifischen Kleingruppen und die Durchführung des Rollenspiels sind ca. zwei Unterrichtsstunden zu veranschlagen.

■ **Explizite Reflexion**
Wie stets bei prozessbezogenen Kompetenzen reicht das reine Tun nicht für den Kompetenzerwerb aus. Es muss eine explizite Reflexion des eigenen Rollenverhaltens, des Diskussionsverlaufs sowie der Überzeugungskraft der vorgetragenen Argumente hinzukommen (▶ Abschn. 13.3). Ein wichtiger Aspekt ist die Verknüpfung von Sachargumenten mit dahinterstehenden Werten, Normen und Interessen. Als Anstoß für eine solche Reflexionsphase enthält das Materialpaket zwei Fragebögen, die von einer Rollen-Kleingruppe gemeinsam ausgefüllt werden sol-

---

36 Materialien zu allen Rollen in Eilks et al. (2011c, S. 175–193); Kurzdarstellung in Höttecke und Hartmann-Mrochen (2013).

len (Beispielitem: „Welche drei Argumente der von euch beobachteten Gruppe waren am stärksten? Warum?").

In der Reflexion kann auf das Methodenwerkzeug „Argumente-Kommode" (◉ Abb. 15.7) zurückgegriffen werden, das schon in der Vorbereitung des Rollenspiels zum Einsatz kommen sollte: Die Schülerinnen und Schüler ordnen Argumente danach ein, ob darin Sachwissen, Werte und Normen oder Interessen im Vordergrund stehen. Die Kategorien werden einführend an Beispielen veranschaulicht.

Zu den mit Schülerinnen und Schülern zu erarbeitenden und an der Tafel zu sichernden Ergebnissen der expliziten Reflexion gehören bei einem optimalen Verlauf u. a.,

— dass Urteile bzw. Argumente aus der Verbindung einer Werthaltung mit einer Sachaussage bestehen,
— dass es bei Sachaussagen darauf ankommt, die Glaubwürdigkeit der Quelle einzuschätzen, und
— dass einzelne Werthaltungen für verschiedene Menschen unterschiedlich wichtig sind.[37]

■ **Empirische Ergebnisse**

Die Argumentationsweisen der Schülerinnen und Schüler in vier Rollenspielen wurden auf Basis von Videomitschnitten untersucht[38] (u. a. „Flugobst" sowie „Fleischproduktion" und „Klimagase"). Im Fach Physik stammten 80 der 535 im Rollenspiel „Flugobst" kodierten Argumente aus Naturwissenschaft und Technik. Die Mehrzahl der Argumente kam aus Alltag, Politik oder Gesellschaft. Da im Rollenspiel Institutionen mit naturwissenschaftlichem Bezug in der Minderheit waren, kann der geringe Anteil von 17 % naturwissenschaftlich-technischen Argumenten kaum überraschen (in Biologie 15 %, in Chemie 29 %). Problematischer ist die Feststellung, dass der Treibhauseffekt „in Rollenspielen im Fach Physik kaum zur Sprache (kam), obwohl er auch hier zuvor zentraler Unterrichtsinhalt war"[39]. Naturwissenschaftliche Sachurteile spielen somit eine untergeordnete Rolle in den von Schülerinnen und Schülern vorgenommenen Bewertungen. Dies entspricht der internationalen Befundlage, wonach Schülerinnen und Schüler naturwissenschaftshaltige gesellschaftliche Problemstellungen eher als moralische statt als wissenschaftliche Probleme rahmen[40]. Die Verwendung wissenschaftlichen Wissens beim Argumentieren in solchen Kontexten muss vermutlich ebenfalls explizit gelernt werden.

■ **Unterrichtsmaterialien**

Eilks, I., Feierabend, T., Hößle, C., Höttecke, D., Menthe, J., Mrochen, M. und Oelgeklaus, H. (2011c). *Der Klimawandel vor Gericht*. Köln: Aulis.

---

37 nach Höttecke und Menthe in Eilks et al. (2011c, S. 237).
38 Belova et al. (2014).
39 Belova et al. (2014, S. 44).
40 Sadler und Donelly (2006).

In dem Band wird die didaktische und methodische Konzeption der Unterrichtseinheit zum Treibhauseffekt vorgestellt und in Unterrichtssequenzen für den Physik-, Chemie-, Biologie- und Politikunterricht konkretisiert. Die Arbeitsblätter sind als Kopiervorlagen abgedruckt. Der Band enthält weitere Vorschläge und Materialien zur Gestaltung der Bewertungssequenz, die für den Physikunterricht genutzt werden können, z. B. mittels der Erstellung eines Beitrags zur Erderwärmung für eine fiktive Nachrichtensendung im Fernsehen („Journalistenmethode"). Für die Einstiegssequenz findet man Vorschläge und Materialien, z. B. für eine fokussierte Internetrecherche zum Thema „Klimawandel".[41]

Höttecke, D., Maiseyenka, V., Rethfeld, J. und Mrochen, M. (2009). Den Treibhauseffekt verstehen. *Unterricht Physik,* 111/112, S. 24–37.
Hier wird der fachliche Lernzirkel zum Klimawandelt dargestellt. Eilks et al. (2011c, S. 86 ff.) enthält die Musterlösungen.

Knittel, C. B. (2013). *Eine Feldstudie zur Untersuchung der Förderung von Bewertungskompetenz – am Beispiel der Photovoltaik (Diss.).* Freiburg: Pädagogische Hochschule.
Die Dissertation enthält eine Unterrichtseinheit zur Photovoltaik mit allen Materialien.

15.6 Argumentieren und Erklären

Neben dem Erwerb der physikalischen Fachsprache und dem Umgang mit fachtypischen Darstellungsformen gehören das Erklären und das Argumentieren zu den fachkommunikativen Fähigkeiten. Schülerinnen und Schüler müssen z. B. physikalische Sachverhalte anderen erklären, wenn sie bei einem Gruppenpuzzle[42] aus einer Expertengruppe in ihre Stammgruppe zurückkehren. Beim physikalischen Argumentieren geht es darum, jemanden von der Richtigkeit eines physikalischen Gedankengangs oder von der Stimmigkeit einer Interpretation experimenteller Daten zu *überzeugen;* der Adressat soll die Schlussfolgerungen akzeptieren. Beim Erklären soll ein fachlich akzeptierter Sachverhalt erläutert werden; der Adressat soll den Sachverhalt besser *verstehen.*[43] Argumentieren und Erklären gehen im Unterricht oftmals ineinander über. Bei den folgenden drei Konzeptionen zur Förderung kommunikativer Fähigkeiten bei Lernenden handelt es sich nicht um geschlossene Unterrichtskonzeptionen, sondern um breit einsetzbare Methodenwerkzeuge.

---

41 Als Einstieg eignet sich auch eine Pressemitteilung der DPG (Deutsche Physikalische Gesellschaft, 13. 6. 2019).
42 „Expertenkongress" bei Leisen (2005).
43 Fleischhauer (2013, S. 9 ff.) diskutiert eingehend Abgrenzungen zwischen Argumentieren und Erklären.

Die Hauptsache ist, dass es im Raum hell ist. Der Raum muss mit Licht erfüllt sein.

Laura

Um den Stuhl zu sehen, muss ich ihn direkt anschauen, quasi mit den Augen abtasten.

Erik

Wenn ich den Stuhl sehen will, kommt es nur darauf an, dass Licht von ihm in mein Auge fällt.

Marcel

Doch, der Stuhl strahlt ab. Von der Oberfläche eines beleuchteten Gegenstands lösen sich kleine Lichtteilchen ab, die sich im Auge zu einem Bild zusammensetzen.

Der Stuhl ist doch keine Kerze. Er kann kein Licht in dein Auge senden.

Peter

Eva

◻ Abb. 15.8   Konzept-Cartoon am Beispiel des Sehvorgangs

15.6.1 Konzept-Cartoons als Argumentationsanlässe

Eine Argumentation ist dadurch gekennzeichnet, dass „in einem inhaltsbezogenen Diskurs miteinander ausgehandelt wird, warum eine bestimmte Behauptung Gültigkeit hat, aber auch, was die Gültigkeit einer Behauptung möglicherweise einschränkt und welche alternativen Behauptungen aufgestellt werden können" (Aufschnaiter und Prechtl 2018, S. 88). Um Schülerinnen und Schüler an das diskursive Argumentieren heranzuführen, haben Kraus und von Aufschnaiter das Methodenwerkzeug der Konzept-Cartoons für den deutschen Sprachraum erschlossen.[44] Konzept-Cartoons schaffen Anlässe für sachbezogene Argumentationen, indem sie unterschiedliche – möglichst kontroverse – Beschreibungen und Erklärungen eines physikalischen Sachverhalts bildlich präsentieren (◻ Abb. 15.8). Es eignen sich dafür besonders Aussagen, denen typische Schülervorstellungen zugrunde liegen.

Die Texte in den Sprechblasen können die physikalisch angemessene Beschreibung bzw. Erklärung mit umfassen, wenn diese nicht zu offensichtlich erkennbar ist. Wichtig ist eine möglichst breite Bereitstellung unterschiedlicher fachlicher Perspektiven. Statt einfach nur die richtige Aussage zu finden, sollen die Lernenden die im Cartoon gemachten Aussagen mit ihren eigenen Überlegungen abgleichen und dabei durch die Konfrontation mit unterschiedlichen Beschreibungen bzw. Erklärungen eines Phänomens ins Nachdenken kommen. Die Argumentationssituation lässt sich im Klassengespräch ebenso herstellen wie in einer Kleingruppe. Die Sprech-

44 Kraus und Aufschnaiter (2005); Kraus (2008b, 2008c, 2017).

blasen liefern Ausgangspunkte und Bausteine für eigene Argumentationen. Diese sprachlichen Angebote sollen die Barriere senken, sich an einer Diskussion zu beteiligen.

Kraus (2008b, S. 9) weist darauf hin, dass Konzept-Cartoons Argumentationsfähigkeit zunächst einmal nur *fordern* und dass die *Förderung* kommunikativer Kompetenz darüber hinausgehen müsse, Schülerinnen und Schüler einfach einmal kommunizieren zu lassen. Er empfiehlt, möglichst in Kooperation mit der Deutschlehrkraft Elemente von Erörterungen und Argumentationen explizit zu behandeln. Dazu zählen u. a. die Unterscheidung von Behauptung und Begründung sowie die verschiedenen Möglichkeiten, Begründungen anzugeben (Fakten, Grundsätze, Beispiele, Erläuterungen).

■ **Empirische Ergebnisse**

Quantitative empirische Studien zeigen unterschiedliche Ergebnisse bezüglich der Wirkungen eines expliziten Trainings zur Struktur eines wissenschaftlichen Arguments (als eine mit *Daten* oder theoretischen *Belegen begründete Behauptung*[45]) auf den Erwerb von Argumentationsschemata. Lenker (2018) fand keinen Effekt eines Trainings (Konzept-Cartoons wurden dabei für die Messung von Argumentationskompetenz verwendet). Bei Webb et al. (2008) deutet sich eine Verbesserung des Argumentationsniveaus bei Einsatz von Konzept-Cartoons an. In qualitativen Studien und Erfahrungsberichten von Lehrkräften zum Einsatz von Konzept-Cartoons werden positive Effekte auf die Interaktion von Schülerinnen und Schülern bei Gruppendiskussionen (Fokussierung, Ergebnisorientierung) herausgestellt – sowohl mit als auch ohne explizite Anleitung (z. B. Keogh und Naylor 1999; Chin und Teou 2009).

■ **Unterrichtsmaterialien**

Kraus, M. E. (2008c). Cartoons und Teilargumentationen zur Mechanik. *Unterricht Physik, 19*(107), S. 10–40.
Der Aufsatz enthält als Kopiervorlagen 15 Cartoons, die typische Lernschwierigkeiten in der Mechanik aufgreifen, z. B. die Vorstellung einer gespeicherten „Bewegungskraft", die im Flug auf einen Golfball wirkt. Nähere Erläuterungen zu den Cartoons stehen in Kraus (2008a). Es handelt sich um eine deutsche Adaption von Materialien aus Naylor und Keogh (2000).

Kraus, M. E. (2017). Concept Cartoons. Schülervorstellungen zu elektrischen Stromkreisen im Unterricht. *Unterricht Physik, 28*(157), S. 20–23.
Gezeigt werden zwei Cartoons zu Themen des Unterrichts in der Jahrgangsstufe 7/8.

---

[45] Eine vertiefte Erörterung der Struktur von Argumentationen findet sich bei Aufschnaiter und Prechtl (2018).

15.6.2 Sachgerechtes Strukturieren mit Erklärketten

Wenn Schülerinnen und Schüler physikalische Sachverhalte erklären, werden Schlussfolgerungen oder Behauptungen häufig nicht explizit begründet, d. h., es fehlen Rückbezüge auf physikalische Prinzipien. Um Schülerinnen und Schüler beim sachgerechten Erklären zu unterstützen, haben Tschentscher und Berger (2016) das Methodenwerkzeug der *Erklärkette* entwickelt.[46] Die Grundstruktur einer Erklärkette lautet „Wenn …, dann …, weil …". Diese lineare Form eignet sich besonders für kausale Zusammenhänge. Eine elementare Erklärkette verknüpft zwei Aussagen mit einer Begründung. Ein Beispiel ist die Beschreibung eines Fallschirmsprungs: „Wenn der Springer das Flugzeug verlassen hat, erreicht er eine konstante Fallgeschwindigkeit, weil die Luftreibungskraft zunimmt." Mehrere solcher Elemente können zu längeren Erklärketten verknüpft werden oder eine einfache Kette kann aufgeschlüsselt werden[47]: „Wenn der Springer das Flugzeug verlassen hat, nimmt seine Fallgeschwindigkeit zu, weil die Erdanziehungskraft wirkt. Wenn die Fallgeschwindigkeit zunimmt, steigt die Luftreibungskraft, weil diese Kraft von der Geschwindigkeit abhängt. Wenn die Luftreibungskraft so groß geworden ist wie die Erdanziehungskraft, ist die resultierende Kraft auf den Springer null, weil die beiden Einzelkräfte entgegengesetzt wirken. Wenn die resultierende Kraft null ist, fällt der Springer mit konstanter Geschwindigkeit, weil keine Beschleunigung mehr erfolgt."

Berger und Tschentscher haben eine Trainingsstunde für die Arbeit mit Erklärketten entwickelt und erprobt. Das Prinzip wird an einem Alltagsbeispiel eingeführt: „Wenn ich heute nach draußen gehe, dann nehme ich einen Regenschirm mit, weil es regnet." Es wird mit den Schülerinnen und Schülern erarbeitet, dass zu einer Erklärung immer die Angabe der Gründe („weil") zählt, warum man zu einer bestimmten Schlussfolgerung („dann") kommt. Dieser Aspekt wird durch ein Raster für Erklärketten grafisch hervorgehoben (Abb. 15.9). Im nächsten Schritt wird den Schülerinnen und Schülern verdeutlicht, dass Erklärungen oft-

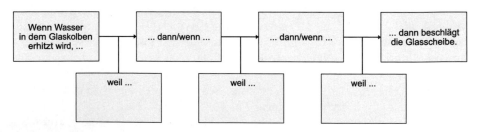

 Abb. 15.9   Raster für eine Erklärkette (nach Tschentscher und Berger 2016, S. 21)

15

---

46 Tschentscher und Berger bezeichnen Erklärketten als Spezialfall des Toulminschemas für Argumentationen (zu Toulmin siehe Aufschnaiter und Prechtl 2018, S. 92 f.).
47 Es wird hier nur die vertikale Komponente der Bewegung betrachtet. Die Reißleine ist noch nicht gezogen.

mals aus einer Kette solcher Elemente zusammengesetzt sind („… Wenn ich einen Regenschirm mitnehme, dann komme ich trocken ans Ziel, weil der Regenschirm mich vor dem Regen schützt."). Als Vorteile der Verwendung von Erklärketten wird herausgearbeitet, dass Schülerinnen und Schüler durch sie angeleitet werden, vollständige Erklärungen zu formulieren und sie dafür eine Strukturierungshilfe erhalten (wenn – dann – weil).

Im zweiten Teil der Trainingsstunde bekommen die Schülerinnen und Schüler ein Arbeitsblatt zu einem Versuch aus der Wärmelehre: In einem Glaskolben wird Wasser erhitzt und der entstehende Dampf über einen Schlauch auf eine Glasplatte gelenkt. Die Schülerinnen und Schüler sollen mithilfe des erlernten Schemas erklären, warum die Glasplatte beschlägt. Fachwissen aus der Wärmelehre wird vorausgesetzt. Das Training dauert mit der Einführung und ersten Anwendung von Erklärketten einschließlich der Besprechung der Schülerlösungen eine Unterrichtsstunde.

Erklärketten können anschließend im Unterricht zu vielen physikalischen Themengebieten eingesetzt werden, z. B. im Themengebiet elektromagnetische Induktion.[48]

- **Empirische Ergebnisse**

Helms (2016) hat in Physikgrundkursen der gymnasialen Oberstufe untersucht, wie sich die Arbeit mit Erklärketten auf die Qualität von Erklärungen exemplarisch im Themenbereich Elektrodynamik auswirkt. Die Versuchsgruppe erhielt das oben beschriebene Training. Es schloss sich eine Unterrichtseinheit mit den Themen magnetischer Fluss, Induktion und Wechselstromgenerator an. In der Versuchsgruppe (sieben Kurse) wurde dabei mit Erklärketten gearbeitet (strukturelle Erklärhilfe, ◘ Abb. 15.9). In der Vergleichsgruppe ohne Erklärtraining (sieben Kurse) wurde der inhaltliche Hinweis gegeben, dass in Erklärungen die Begriffe magnetischer Fluss, Änderung, elektrisches Feld und Elektronenverschiebung vorkommen sollten (begriffliche Erklärhilfe). Am Ende der Unterrichtseinheit sollten die Schülerinnen und Schüler sich in einem Gruppenpuzzle mit Lernstationen u. a. die Funktionsweisen eines ABS-Sensors und eines Ladegeräts für elektrische Zahnbürsten erarbeiten. Es zeigten sich deutliche Vorteile der Versuchsgruppe mit hohen Effektstärken bei der Vollständigkeit und inhaltlichen Qualität von Aussagen und Begründungen in den Erklärungen.

- **Unterrichtsmaterialien**

  ▶ https://www.physikdidaktik.uni-osnabrueck.de/material_und_angebote/angebote_fuer_lehrerinnen/materialien_der_arbeitsgruppe_physikdidaktik/erklaertraining.html

---

48 Helms (2016); eine der exemplarischen Lernaufgaben zu den Bildungsstandards für die Allgemeine Hochschulreife für Physik (KMK 2020) zum Kompetenzbereich Kommunikation basiert auf Erklärketten („Argumentationsketten") zur Induktion, ▶ https://www.iqb.hu-berlin.de/appsrc/taskpool/data/taskpools/getTaskFile?id=p03^induktion^f4476.

Auf dieser Website stehen Materialien zur Einführung der Erklärketten als Methodenwerkzeug im Unterricht bereit (siehe auch Tschentscher und Berger 2016).

15.6.3 Adressatengemäßes Erklären als Rollenspiel

Erklärungen und Argumentationen haben eine sachbezogene und eine adressatenbezogene Dimension: Man muss sich überlegen, *was* in die Argumentation bzw. Erklärung einbezogen werden soll und an *wen* sich die Ausführungen richten – insbesondere was der Adressat bereits über den Sachverhalt weiß oder denkt. Sachbezogen (Was) ist zu entscheiden, welche Darstellungen eines Sachverhalts möglich und fachlich tragfähig sind. Hier ist das Fachwissen des Erklärenden gefordert. Zur Gestaltung von Erklärungen (Wie) und als Hilfsmittel bei Argumentationen dienen die Sprache (z. B. die Abwägung zwischen fachsprachlichen und alltagssprachlichen Anteilen einer Erklärung), mathematische Darstellungen (z. B. Gleichungen, Tabellen und Diagramme) und bildhafte Darstellungen (z. B. Fotos, Skizzen, Symbole, Concept Maps).

Kulgemeyer (2011b) hat eine Unterrichtskonzeption für die Förderung adressatengerechten Kommunizierens entwickelt.[49] Schülerinnen und Schüler sollen in einem Rollenspiel üben, wie man einem Gegenüber einen physikalischen Sachverhalt erklärt und sich dabei auf dessen Verständnishorizont einstellt (*Wen*). Der Unterricht hat folgende Phasen:
- Vorbereitungsphase (für Erklärende und Adressaten), ca. zehn Minuten, in Kleingruppen;
- Rollenspiele (jeweils ca. zehn Minuten, d. h. zwei bis drei in einer Stunde); Erklärender und Adressat sitzen sich in einer Dialogsituation gegenüber; die übrige Lerngruppe beobachtet die Erklärung und macht sich anhand einer Kriterienliste Notizen;
- Reflexionsphase, in der die Erklärungen anhand der Kriterienliste besprochen werden.

Damit sie den Fokus auf das *Wie* des Erklärens legen können, werden die Erklärenden auf der fachlichen Ebene entlastet. Sie erhalten für ihre Vorbereitung Informationskarten zu den fachlichen Hintergründen ihres Erklärthemas (z. B. „Wie funktioniert ein Flüssigkeitsthermometer"[50]), um ihr Wissen aus einer vorhergehenden Unterrichtseinheit zu reaktivieren. Außerdem enthalten sie Erklärhilfen, die sie in die Erklärphase mitnehmen dürfen. Die Erklärer müssen daraus eine adressatengemäße Auswahl treffen, denn die Erklärhilfen werden auf unterschiedlichen Abstraktionsniveaus angeboten (z. B. bildhafte Darstellungen, schematische Zeichnungen, Diagramme, physikalische Größengleichungen). ◘ Abb. 15.10 zeigt Beispiele zum Thema „Flüssigkeitsthermometer".

---

49 Die Konzeption basiert auf einem Modell von Kulgemeyer (2010), das ursprünglich für die Analyse der Kommunikationskompetenz von Physik-Lehramtsstudierenden gedacht war.
50 Kulgemeyer (2011b).

Erklärungshilfe 2

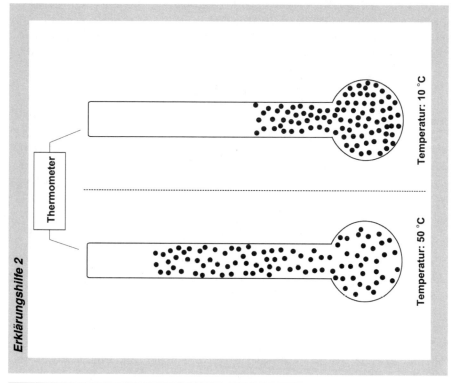

Thermometer

Temperatur: 50 °C

Temperatur: 10 °C

Erklärungshilfe 1

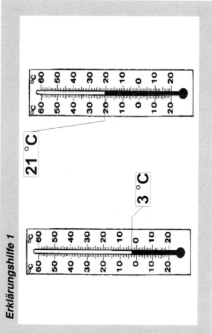

21 °C

3 °C

Erklärungshilfe 3

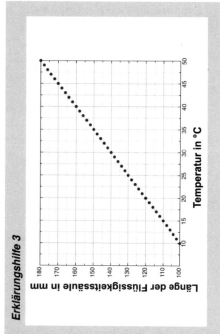

Länge der Flüssigkeitssäule in mm

Temperatur in °C

⬛ Abb. 15.10 Erklärhilfen zum Thema Flüssigkeitsthermometer (nach Kulgemeyer, 2011b, S. 72)

Während ein Teil der Klasse oder des Kurses sich auf das Erklären vorbereitet, üben andere Schülerinnen und Schüler ihre Rolle als Adressaten ein, z. B. als jemand, der in der entsprechenden Unterrichtsstunde gefehlt hat und nun Nachhilfe bekommen möchte. Die Adressaten erhalten eine Liste möglicher Impulse und Fragen, mit denen sie die Erklärenden herausfordern können, z. B. „Deine Erklärung ist mir noch zu kompliziert." oder „Kannst du mir ein Beispiel geben?".

Danach setzt sich jeweils ein Paar von Erklärer und Adressat in der Mitte des Unterrichtsraums oder vor der Tafel gegenüber und der Dialog beginnt. Die anderen Schülerinnen und Schüler sitzen um sie herum und verfolgen die Erklärung. Die Beobachtenden haben vorher einen Bogen mit Merkmalen guten Erklärens erhalten (z. B. „Fragt er nach, welches Vorwissen in dem Bereich besteht?"; „Kann er zwischen Fach- und Alltagssprache wechseln?"). Nach diesen Kriterien wird in der abschließenden Reflexionsphase die Güte der Erklärung ausführlich besprochen.

Alternativ kann das Rollenspiel auch in Partnerarbeit mit wechselnden Rollen von Erklärer und Adressat durchgeführt werden. Die Reflexion erfolgt dann ebenfalls in Partnerarbeit. Wenn die Möglichkeit besteht, Schülerinnen und Schüler aus einer darunterliegenden Klassenstufe einzuladen, wird aus dem Rollenspiel eine reale Erklärsituation und es ist keine Vorbereitung für Adressaten notwendig.

- **Empirische Ergebnisse**

Kulgemeyer (2011a) hat die Unterrichtskonzeption in einem Kurs der Einführungsphase in die gymnasiale Oberstufe erprobt. In eine achtstündige Unterrichtseinheit zum Thema „Energie" waren zwei Rollenspiele eingebettet. Zu erklären waren die Begriffe „Energieformen" und „Energieentwertung". Es zeigte sich, dass in den Reflexionsphasen tatsächlich – im Sinne der Förderung prozessbezogener Kompetenzen – die Art der Erklärung im Zentrum stand und nicht der fachliche Inhalt. Ein vorher und nachher eingesetzter schriftlicher Test zur Erklärfähigkeit ergab einen hochsignifikanten Zuwachs von 55 % auf 72 % der erreichbaren Punkte.

- **Unterrichtsmaterialien**
  ▶ https://physikdidaktik.com/materialien-zur-foerderung-von-kommunikationskompetenz
  Die Website enthält eine Materialsammlung zur Förderung und Diagnostik von physikalischer Kommunikationskompetenz.

15.7 Experimentieren

Physikdidaktische Modelle gliedern experimentelle Fähigkeiten in der Regel nach den drei Bereichen Planung, Durchführung und Auswertung.[51] Dabei wird überwiegend an quantitative Experimente mit einer Spezifizierung der zu messenden Größen und deren Einteilung nach abhängigen und unabhängigen Variablen

---

51 z. B. Schreiber et al. (2014).

gedacht. Gut, Metzger, Hild und Tardent (2014) nennen diese eingeschränkte Sicht auf das Experimentieren „skalenbasiertes Messen" in Abgrenzung zum „fragegeleiteten Untersuchen". Sie ergänzen für die Vielfalt experimenteller Untersuchungen in der Schule die Kategorien „effektbasiertes Vergleichen" und „kategoriengeleitetes Beobachten". Die im Folgenden vorgestellten Unterrichtskonzeptionen beziehen sich auf die quantitative Perspektive des Experimentierens.

15.7.1 Variablen kontrollieren

Ein wichtiger Punkt bei der Planung eines quantitativen Experiments ist die Frage, welche physikalischen Größen zu messen bzw. zu kontrollieren sind (▶ Abschn. 15.3). Schwichow et al. (2015) gehen davon aus, dass Schülerinnen und Schüler bei herkömmlichen Schülerexperimenten durch die Versuchsanleitung oder die Vorgabe einer begrenzten Materialauswahl kaum angeregt werden, selbst Versuchsvariablen auszuwählen oder kontrollierte Versuchsbedingungen zu schaffen. Wenn das Experiment primär zur Vermittlung von Fachwissen dient, ist das auch sinnvoll. Geht es aber um den Erwerb fachmethodischer Fähigkeiten, müssen die Vorgaben offener sein und das Materialangebot breiter. Gleichzeitig sollen die damit variierbaren Versuchsdurchführungen jeweils zu möglichst eindeutigen Ergebnissen führen, damit die Schülerinnen und Schüler von fachinhaltlichen Überlegungen entlastet sind und sich auf die methodische Versuchsplanung konzentrieren können. Klassische Beispiele, die diese Bedingungen erfüllen, sind das Fadenpendel, das Federpendel, der Auftrieb in Flüssigkeiten und die Leitfähigkeit von Metallen.

■ **Trainingseinheiten zur Variablenkontrollstrategie**

Schwichow[52] stellt Trainingseinheiten vor, die im Elektrizitätsunterricht der Sekundarstufe eingesetzt werden können. Zur Förderung der Variablenkontrollstrategie anhand von Untersuchungen zur elektrischen Leitfähigkeit wird ein Geräteset mit zwölf Konstantan- und Eisendrähten verwendet (jeweils drei Längen und zwei Querschnitte). Es wird vorausgesetzt, dass die Schülerinnen und Schüler aus dem vorhergehenden Unterricht mit Stromstärke- und Spannungsmessungen vertraut sind und den Begriff des elektrischen Widerstands kennen. Am Beginn der Doppelstunde wird im Unterrichtsgespräch (ca. 20 Min.) herausgearbeitet, dass ein Experiment nur dann aussagekräftig sein kann, wenn die dabei auftretenden Variablen kontrolliert werden. Als Anstoß kann die Lehrkraft unter der Fragestellung, welche Kugel höher springt, einen Tischtennisball und eine Eisenkugel fallen lassen – allerdings auf zwei unterschiedlich weiche Unterlagen.[53] Im Anschluss führen die Schülerinnen und Schüler in Kleingruppen Experimente zur Abhängigkeit des Widerstands vom Durchmesser, der Länge und vom Material

---

52 Schwichow (2015, S. 105 ff. und S. 198 ff.); ▶ http://www.scientific-reasoning.com.
53 Schwichow (2015, S. 88); ein ähnliches Beispiel wird in der CASE-Konzeption (▶ Abschn. 15.3) unter dem Thema „fairer Test" behandelt.

der Drähte aus dem Geräteset durch. Die Arbeitsblätter enthalten Schaltskizzen und vorbereitete Protokollfelder sowie Hinweise zum experimentellen Vorgehen, jedoch keine Hinweise darauf, welche Drähte jeweils verwendet werden sollen. Am Ende steht die Frage „Warum könnt ihr euch ganz sicher sein, dass ihr etwas über den Einfluss der Leiterlänge (des Durchmessers, des Leitermaterials) auf den Widerstand von Leitern herausgefunden habt?"

Eine andere Trainingseinheit beginnt damit, dass die Schülerinnen und Schüler nach einer Einführung in die Anziehungskraft von Elektromagneten einen Versuchsaufbau anschauen, der dafür gedacht sein soll, die Abhängigkeit der Kraft von der Windungszahl der verwendeten Spulen zu untersuchen. Sie sollen erkennen, dass der Versuch ungeeignet ist, weil mehrere Variablen gleichzeitig geändert werden (Windungszahl und anliegende Spannung). Die Schülerinnen und Schüler sollen dann ein aussagekräftiges Experiment planen und mit dem veränderten Versuchsaufbau Messungen durchführen und auswerten.

▪ **Empirische Ergebnisse**

Die Trainingseinheit Leitfähigkeit wurde mit 46 Schülerinnen und Schülern aus zwei achten Gymnasialklassen erprobt. Ca. 80 % der in den Gruppen durchgeführten Experimente waren konform mit der Variablenkontrolle. Ein Viertel der Schülerinnen und Schüler gingen bei der auf den Arbeitsblättern gestellten Reflexionsfrage auch auf die Kontrolle der jeweils anderen Variablen ein. Es hatte sich bei ihnen offenbar implizites strategisches Wissen entwickelt. Der Zusammenhang zwischen eigenem experimentellem Handeln und dem Bewusstsein über die Bedeutung der Variablenkontrolle muss daher durch explizite Behandlung im Unterricht erst hergestellt werden.[54] Schwichow und Nehring (2018) weisen empirisch die große Bedeutung des Fachwissens für die Ausprägung der Variablenkontrollstrategie nach.

▪ **Unterrichtsmaterialien**

▶ http://www.scientific-reasoning.com

Schwichow stellt auf dieser Website schriftliches Trainingsmaterial zur Variablenkontrolle bereit. Weiteres Unterrichtsmaterial zum Thema Auftrieb gibt es in der Onlinebeilage zu Stender (2017) und zum Thema Wärmewirkung des elektrischen Stroms in Czekalla (2017).

15

15.7.2 Modellorientiert experimentieren

Experimentieren im Physikunterricht erstreckt sich von der Formulierung von Fragestellungen und Hypothesen über das Entwickeln einer Versuchsanordnung,

---

54 Das gilt in beiden Richtungen: In einer Studie von Kalthoff (2019, S. 72) zeigte sich nur ein niedriger bis mittlerer Zusammenhang zwischen einem schriftlichen Test mit Schwerpunkt Variablenkontrolle und der tatsächlichen Beachtung in einem Test mit einem Realexperiment.

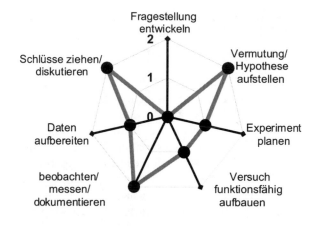

2: Schwerpunkt   1: bedeutsam   0: weniger wichtig

◘ Abb. 15.11 Einstufungsraster zu den Teilkompetenzen bei experimentellen Untersuchungen. Veranschaulicht ist eine Untersuchung, bei der die Fragestellung und der Versuchsaufbau gegeben sind; die Schülerinnen und Schüler sollen Hypothesen formulieren sowie Daten erheben, aufbereiten und Schlüsse daraus ziehen. Ein Beispiel wäre die Untersuchung der Abhängigkeit der Zentripetalkraft von der Winkelgeschwindigkeit bei einer Kreisbewegung

das Messen und Dokumentieren bis zur Verarbeitung der Rohdaten und Interpretation von Ergebnissen. Konkrete Experimente fokussieren in der Regel auf bestimmte Ausschnitte daraus. Nawrath et al. (2011) stellen ein praxisbezogenes Modell vor, das Lehrkräften und Lernenden den jeweiligen Fokus und die damit verbundene Förderung von Teilfähigkeiten bewusst machen soll (◘ Abb. 15.11). Darin werden sieben Teilbereiche experimenteller Kompetenz für die Unterrichtsplanung unterrichtsnah beschrieben. Das Modell entstand in einem mehrjährigen Unterrichtsentwicklungsprojekt mit Hamburger Lehrkräften.[55] Für die Leistungsdiagnose werden Schülerfähigkeiten auf drei Stufen differenziert. Bei der Fähigkeit zum Planen von Experimenten lautet z. B. die mittlere Stufe: „Versuchsplan mit erkennbarem Zusammenhang zur Aufgabenstellung, aber ungenaue Beschreibung des Vorgehens (Aufbau und/oder Durchführung in Teilen unvollständig beschrieben) oder nicht realisierbar".

An einer Hamburger Schule wurde das Modell im Rahmen der Fachkonferenzarbeit genutzt, um die im Unterrichtsthema „Bewegung" vorgesehenen Schülerexperimente (8. Jahrgangsstufe) einzuordnen.[56] Alle 16 Experimente beinhalteten beobachten/messen/dokumentieren, nur fünfmal spielte die Planung eines Experiments eine Rolle, die Entwicklung einer eigenen Fragestellung dagegen nie. Das gab dem Fachkollegium einen Anstoß, um über die Fachwissensaspekte hin-

55 Schecker et al. (2013).
56 Oetinger (2013).

aus die fachmethodischen Kompetenzen stärker mit zu bedenken, die mit dem jeweiligen Experiment gefördert werden können.

- **Orientierung für Lernende**

Das Modell dient dazu, Schülerinnen und Schülern den Schwerpunkt des Experiments zu verdeutlichen, das sie gerade bearbeiten. Das Raster soll mit dem Profil des gerade bearbeiteten Experiments auf Arbeitsblättern mit abgedruckt werden. Es hat auch eine Feedbackfunktion für die Schülerinnen und Schüler, die ihnen zeigt, was sie schon gut können und wo sie noch Fähigkeiten ausbauen müssen. Für die Lernenden werden die sieben Teilbereiche des Experimentierens schülergemäß beschrieben. So lautet die Erläuterung zu ‚Versuch funktionsfähig aufbauen': „Du sollst eine Versuchsanordnung nach vorgegebener Anleitung oder nach deinem eigenen Versuchsplan selbst aufbauen. Oft klappt beim Aufbauen des Versuchs nicht gleich alles so wie geplant. Man muss Fehler finden oder den zunächst geplanten Aufbau etwas abwandeln."[57] In mehreren Teilbereichen des Experimentierens können sich die Schülerinnen und Schüler an Checklisten orientieren, die themenübergreifend verwendbar sind. ◘ Abb. 15.12 zeigt einen Auszug aus der Checkliste zum systematischen Aufbauen von Versuchen.

Die Checklisten sollen jeweils an ausgewählten Experimenten im Unterricht eingeführt und dann von den Schülerinnen und Schülern bei nachfolgenden Experimenten wieder herangezogen werden. Für die Einführung wurden kurze Unterrichtseinheiten (je 1 Doppelstunde) entwickelt.

- **Empirische Ergebnisse**

In einer Feldstudie wurde im Längsschnitt über zwölf Monate in den Klassenstufen 7/8 untersucht, wie sich ein modellbasierter Unterricht auf experimentelle Fähigkeiten auswirkt.[58] Lehrkräfte an zwei Hamburger Schulen führten in diesem Zeitraum in fünf Klassen drei explizite Unterrichtseinheiten zum Aufbauen, Beobachten/Messen/Dokumentieren und Datenaufbereiten durch. Auch die weiteren experimentellen Unterrichtsanteile waren in diesen Klassen modellorientiert gestaltet. Mit den Schülerinnen und Schülern wurden die fachmethodischen Schwerpunkte der Experimente besprochen und die Schülerleistungen anhand des Modells rückgemeldet. Als Kontrollgruppe dienten vier Klassen an zwei Schulen, die im gleichen Zeitraum nach demselben Bildungsplan ohne explizite Fördereinheiten unterrichtet wurden. In beiden Gruppen war der Unterricht zu 50 % bis 70 % experimentell geprägt (Informationsbasis Lehrerinterviews).

---

57 Nawrath et al. (2013, S. 14).
58 Maiseyenka (2014); Zusammenfassung in Maiseyenka et al. (2016, S. 146 ff.).

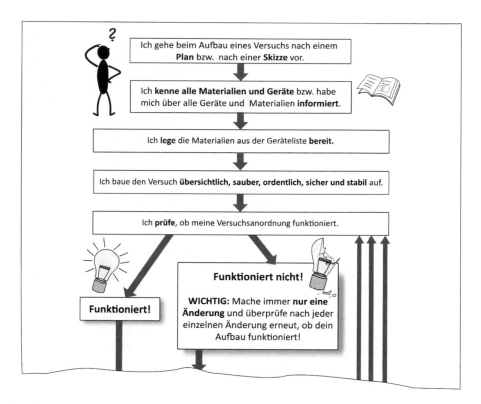

Ich gehe beim Aufbau eines Versuchs nach einem **Plan** bzw. nach einer **Skizze** vor.

Ich **kenne alle Materialien und Geräte** bzw. habe mich über alle Geräte und Materialien **informiert**.

Ich **lege** die Materialien aus der Geräteliste **bereit**.

Ich baue den Versuch **übersichtlich, sauber, ordentlich, sicher und stabil** auf.

Ich **prüfe**, ob meine Versuchsanordnung funktioniert.

Funktioniert!

Funktioniert nicht!

WICHTIG: Mache immer **nur eine Änderung** und überprüfe nach jeder einzelnen Änderung erneut, ob dein Aufbau funktioniert!

◨ **Abb. 15.12**   Auszug aus der Checkliste zum Aufbauen von Versuchsanordnungen (nach einer Abbildung in Tomczyszyn et al. 2012)

Die experimentellen Fähigkeiten der Schülerinnen und Schüler wurden am Beginn und am Ende des Untersuchungszeitraums jeweils mit zwei Experimenten getestet (z. B. ein Versuch zur Abhängigkeit der Auflösungszeit von Brausetabletten von der Wassertemperatur). Bewertungsgrundlage waren die Protokolle der in Einzelarbeit durchgeführten Experimente. In allen drei geförderten Bereichen (messen, dokumentieren, Daten aufbereiten) zeigte sich ein signifikant größerer Fähigkeitszuwachs in der Versuchsgruppe als in der Vergleichsgruppe. Die beiden Gruppen unterschieden sich in ihren experimentellen Fähigkeiten deutlich.

- **Unterrichtsmaterialien**

In den ▶ *Materialien zum Buch* finden sich Lernarrangements mit Experimenten, Aufgabenstellungen und Checklisten für folgende Teilbereiche: Versuche funktionsfähig aufbauen; messen, beobachten und dokumentieren; Diagramme erstellen; lineare und nichtlineare Zusammenhänge zwischen physikalischen Größen auswerten. Bei Schecker et al. (2013) finden sich weitere Beispiele aus den Unterrichtserprobungen.

15.7.3 Mit Messunsicherheiten umgehen

Zu den Standardexperimenten im Physikunterricht zählt die Bestimmung des Ortsfaktors g, z. B. mittels Zeit- und Längenmessungen bei Pendelschwingungen. Heinicke (2014) beschreibt eine typische Situation, in der Schülerinnen und Schüler Abweichungen ihres Messergebnisses von „9,81" als „Fehler" bezeichnen. Hieran wie an vielen anderen Beispielen zeigt sich die Wichtigkeit eines angemessenen Verständnisses von Messunsicherheiten. Ohne ein qualitatives Grundverständnis bleiben Fehler(fortpflanzungs)rechnungen reine Formalismen. Heinicke (2011) plädiert dafür, das international im *Guide to the Expression of Uncertainty in Measurement* (GUM)[59] festgelegte Verständnis des Begriffs der Messunsicherheit auch im Unterricht zu verwenden. Traditionell als systematische und zufällige Fehler unterschiedene Rahmenbedingungen einer Messung werden im GUM-Konzept zur *Messunsicherheit* zusammengeführt als „dem Messergebnis zugeordneter Parameter, der die Streuung der Werte kennzeichnet, die vernünftiger Weise dem Messergebnis zugeordnet werden können"[60]. Messunsicherheit lässt sich statistisch aus Daten von Mehrfachmessungen berechnen oder aus anderen vorliegenden Informationen (z. B. über die Genauigkeitsklasse eines Messinstruments) abschätzen. Von der Mess*unsicherheit* muss die Mess*abweichung* als Differenz zwischen Messergebnis (Bestwert) und einem Referenzwert (z. B. einem Literaturwert) unterschieden werden (im obigen Beispiel zwischen der gemessenen Beschleunigung und dem tabellierten Wert des Ortsfaktors).

Hellwig et al. (2017) haben auf Grundlage des GUM eine Konzeption entwickelt, wie man Messunsicherheiten im Unterricht thematisieren kann. Grundlage ist ein sachstrukturell vereinfachtes Modell des Konzepts Messunsicherheit für Schülerinnen und Schüler der Sekundarstufe I.[61] Das Modell geht auf folgende Fragen ein:

- Woher kommen Messunsicherheiten und worin unterscheiden sich Messunsicherheit und Messabweichung? (Umwelteinflüsse, Messgeräte, Messanzeigen, Abweichungen von Referenzwerten)
- Wie beeinflussen Messunsicherheiten eine Messung und ihr Ergebnis? (Ziele von Messungen, Notwendigkeit der Angabe von Unsicherheiten im Messergebnis)
- Wie erfasst man Messunsicherheiten? (Messwiederholungen, Auswertung von Informationen zu Rahmenbedingungen einer Messung, resultierende Unsicherheit bei Zusammensetzung aus mehreren Komponenten einer Messung)
- Welche Bedeutung haben Messunsicherheiten für die Aussagekraft eines Messergebnisses? (Vergleich unterschiedlicher Messergebnisse, Vergleich mit Referenzwerten, „Ausreißer" in Messreihen, Linearisierungen)

---

59 International Organization of Standardization (2008).
60 GUM, zitiert nach Heinicke et al. (2010).
61 Hellwig (2012).

Die Entwicklergruppe empfiehlt, einzelne Elemente des Modells jeweils im Zusammenhang mit geeigneten Experimenten zu den behandelten fachlichen Themen im Unterricht zu besprechen. Es wurden daher keine geschlossenen Unterrichtseinheiten zum Umgang mit Messunsicherheit entwickelt, sondern exemplarische Lernumgebungen[62], die sich in bestimmte thematische Zusammenhänge integrieren lassen. Beim Thema Dichte kann z. B. bei Untersuchungen zu der Frage, woraus eine 1-Cent-Münze besteht, erarbeitet werden, warum es Sinn macht, anstelle von nur einer Münze einen ganzen Münzstapel zu verwenden. Am Thema 100-m-Sprint (Kinematik) können verschiedene Messverfahren hinsichtlich der Unsicherheiten der Messgeräte verglichen und die relative Bedeutung einzelner Unsicherheitskomponenten auf die Gesamtunsicherheit besprochen werden.

- **Empirische Ergebnisse**
Studien zur Lernwirksamkeit liegen noch nicht vor.

- **Unterrichtsmaterialien**
Hellwig, J., Schulz, J. und Priemer, B. (2017). Messunsicherheiten im Unterricht thematisieren – ausgewählte Beispiele für die Praxis. *Praxis der Naturwissenschaften – Physik, 66*(2), S. 16–22.
In dem Zeitschriftenbeitrag wird anhand der Bestimmung der Dichte einer 1-Cent-Münze die resultierende Messunsicherheit quantitativ behandelt. Am Kontext des 100-m-Sprints werden systematische Abweichungen (Laufzeit des akustischen Signals) und zufällige Abweichungen (Messunsicherheit bei der Bestimmung der Reaktionszeit) thematisiert. Einen „Werkzeugkasten" für den Umgang mit Messunsicherheiten und Aufgabenstellungen für Schüler präsentieren Hellwig und Heinicke (2020).

15.8 **Fazit**

Die Kategorie der prozessbezogenen Kompetenzen umfasst alle diejenigen physikbezogenen Fähigkeiten, bei denen es nicht vorrangig um die Nutzung von inhaltsbezogenem Fachwissen geht. Die vorgestellten Unterrichtskonzeptionen zeigen exemplarisch für Ausschnitte aus diesem breiten Feld, wie man prozessbezogene Fähigkeiten fördern kann. Die Konzeptionen gehen davon aus, dass man diese Fähigkeiten zwar nicht an beliebigen Fachinhalten, aber doch ohne Bindung an *bestimmte* Fachwissensinhalte vermitteln und erwerben kann. Es stellt sich allerdings die Frage, ob sich fachmethodische und kommunikative Fähigkeiten oder auch Bewertungsfähigkeit sinnvoll im Fähigkeitsprofil der Schü-

---

62 Hellwig et al. (2017).

lerinnen und Schüler von inhaltsbezogenen Fähigkeiten unterscheiden lassen. Dazu sind weitere Untersuchungen erforderlich. Schwichow und Nehring (2018, S. 229) fanden in einer empirischen Studie, dass der entscheidende Faktor bei der Fähigkeit zur Anwendung der Variablenkontrollstrategie (VKS) das Fachwissen ist: „In aller Vorsicht gesprochen, könnte eine Förderung der VKS durch eine starke Fokussierung auf ein fachliches Verständnis möglich sein." Die Konzeption zur Förderung des Modellverständnisses (▶ Abschn. 15.4) kann man sowohl als einen Unterricht über Modelle (Erkenntnisgewinnung) *anhand* des Teilchenmodells umsetzen als auch als einen Unterricht über das Teilchenmodell (Fachwissen) *mithilfe* metakonzeptueller Anteile.

Die Förderung von Bewertungs- und Urteilsfähigkeit zählt zum Bildungsauftrag der Schule, um die Schülerinnen und Schüler auf die Teilhabe an gesellschaftlichen Entscheidungsprozessen vorzubereiten. Auch der Physikunterricht ist hier in der Pflicht. Bei der Konzeption zum umweltbezogenen Bewerten (▶ Abschn. 15.5) stellt sich dennoch die Frage, welche Bedeutung der fachliche Teil zum Treibhauseffekt für die eigentliche Bewertungssequenz hat. Im Rollenspiel „Flugobst" kommt physikalisches Wissen über den Treibhauseffekt allenfalls als Hintergrundwissen zum Tragen.

Prozessbezogene Fähigkeiten – naturwissenschaftliches Denken, Modellverständnis, Experimentieren, physikalisches Argumentieren, Bewerten – müssen immer wieder im Unterricht thematisiert werden. Die Wirkung des CASE-Curriculums zum naturwissenschaftlichen Denken (▶ Abschn. 15.3) entfaltet sich nur bei einer konsequenten Umsetzung der Gesamtkonzeption über zwei Jahre. Optimal wäre ein CASE-Angebot im Rahmen eines Wahlpflichtbereichs in der Sekundarstufe I zusätzlich zum Regelunterricht in den Naturwissenschaften.

In mehreren der vorgestellten Projekte wird die Bedeutung langfristiger Lehrerfortbildung für eine erfolgreiche Implementation der Konzeptionen hervorgehoben. Das ist bei der prozessbezogenen Unterrichtsgestaltung noch wichtiger als bei der Einführung neuer fachinhaltlicher Konzeptionen, denn diese Fokusverlagerung erfordert von Lehrkräften gewisse Abstriche vom Fokus auf die Fachinhalte im traditionellen Unterricht.

15.9 Übungen

■ Übung 15.1

Die Abbildung zeigt eine Aufgabe, die einem Aufgabenbeispiel aus den nationalen Bildungsstandards Physik für den Mittleren Schulabschluss nachempfunden ist. Ordnen Sie die beiden Teilaufgaben den Kompetenzbereichen der Bildungsstandards zu – jeweils mit kurzer Begründung! (Sie brauchen die Aufgabe nicht fachlich zu lösen, um die Übung bearbeiten zu können.)

Aufgabenbeispiel: Sonnenlicht

Die Sonne ist für das irdische Leben unverzichtbar. Allerdings wird auch sehr häufig vor Gefahren der Sonnenstrahlung gewarnt. Dabei wird auf verschiedene Anteile der Sonnenstrahlung, deren Eigenschaften und Wirkungen Bezug genommen.

1. Nennen Sie die verschiedenen Anteile des Sonnenlichts. Wonach unterscheidet man diese?
2. Geldscheine werden mithilfe von ultraviolettem Licht auf Echtheit geprüft. Beschreiben Sie eine Möglichkeit für den Nachweis des UV-Anteils in der Sonnenstrahlung mithilfe eines Geldscheins.

- **Übung 15.2**

Die explizite Einbeziehung prozessbezogener Kompetenzen in den Physikunterricht hat je nach Reichweite der verwendeten Konzeption unterschiedliche Folgen für die Verwendung der insgesamt verfügbaren Unterrichtszeit. Bringen Sie die folgenden Konzeptionen in eine aufsteigende Reihenfolge, die angibt, wie stark das jeweilige Konzept Veränderungen des traditionellen Unterrichts (▶ Abschn. 15.2) erfordert:

— Förderung naturwissenschaftlichen Denkens nach CASE (▶ Abschn. 15.3),
— Förderung von Bewertungskompetenz (▶ Abschn. 15.5),
— Unterricht über den Umgang mit Messunsicherheiten (▶ Abschn. 15.7.3).

Erläutern Sie Ihre Reihenfolge in einem kurzen Text.

- **Übung 15.3**

An einer Lernstation zur geometrischen Optik (Klasse 7) wird eine Kiste mit Experimentiermaterialien bereitgestellt, z. B. Sammellinsen mit $f = 50\,\text{mm}$ und $f = 200\,\text{mm}$ Brennweite, eine Zerstreuungslinse, eine Taschenlampe, eine optische Bank mit Reitern, ein Schirm, ein Maßstab, eine Experimentierleuchte und ein LED-Leuchtstab. Die Schülerinnen und Schüler sind mit den Materialien vertraut.

Die Aufgabe an der Lernstation lautet:

„Ihr sollt folgende Behauptung überprüfen: ‚Das scharfe Bild eines Gegenstands, der zwischen der einfachen und doppelten Brennweite vor einer Sammellinse steht, ist größer als der Gegenstand selbst.'

— Welche Größen müsst ihr messen, um diese Behauptung zu überprüfen? Bereitet für die Messwerte eine Tabelle vor.

- Zeichnet eine Versuchsskizze mit den Materialien und dem Aufbau, die ihr verwenden wollt.
- Beschreibt in Stichworten eure geplante Vorgehensweise.
- Baut den Versuch auf und führt die Messungen durch.
- Belegen eure Messungen die Behauptung? Wie sicher könnt ihr sein, dass euer Ergebnis allgemein gilt?"

Veranschaulichen Sie das Profil der Aufgabe im folgenden Raster (▶ Abschn. 15.7.2). Diskutieren Sie anhand des erstellen Profils, inwieweit diese Aufgabe einen prozessbezogenen oder einen inhaltsbezogenen Schwerpunkt hat.

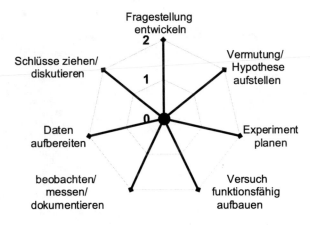

2: Schwerpunkt   1: bedeutsam   0: weniger wichtig

Literatur

Abrahams, I., & Millar, R. (2008). Does practical work really work? A study of the effectiveness of practical work as a teaching and learning method in school science. *International Journal of Science Education, 30*(14), 1945–1969.

Adey, P. S. (1999). *The science of thinking, and science for thinking: A description of cognitive acceleration throuhg sciende education (CASE)*. Geneva: UNESCO International Bureau of Edcuation.

Adey, P. S. (2003). *Thinking science – Professional edition CD-ROM.* Oxford: Oxford University Press.

Adey, P. S. (2005). Issues arising from the long-term evaluation of cognitive acceleration programs. *Research in Science Education, 35*(1), 3–22.

Adey, P. S., Shayer, M. & Yates, C. (1996). *Naturwissenschaftlich denken. Curriculum-Material zur Beschleunigung der kognitiven Entwicklung durch naturwissenschaftlichen Unterricht* (Übers. H. A. Mund). Aachen: Verlag der Augustinus Buchhandlung.

Adey, P. S., Shayer, M., & Yates, C. (2001). *Thinking science: Student and teachers' materials for the CASE intervention.* London: Nelson Thornes.

Aufschnaiter, Cv., & Prechtl, H. (2018). Argumentieren im naturwissenschaftlichen Unterricht. In D. Krüger, I. Parchmann, & H. Schecker (Hrsg.), *Theorien in der naturwissenschaftsdidaktischen Forschung* (S. 87–104). Berlin: Springer.

Bartel, I., Block, S., Böcker-Praetzelt, R., Dudeck, W.-G., Golsch-Bauer, U., Gröning, A., & Hauk, C. (2005). *„Naturwissenschaftlich Denken". Ein Programm zur Förderung von fächerübergreifenden* *und Kontinutitätschaffenden naturwissenschaftlichen Denk- und Arbeitsweisen in den naturwissenschaftlichen Fächern der Sekundarstufe I.* Bremen: Landesinstitut für Schule. ► https://www.lis.bremen.de/sixcms/media.php/13/SBF-Projekt+152-Naturwissenschaftlich-Denken.pdf

Baumert, J., Bayrhuber, H., Brackhahn, B., Demuth, R., Durner, H., Fischer, H. E., ... Terhart, E. (1997). *Gutachten zur Vorbereitung des Programms „Steigerung der Effizienz des mathematisch-naturwissenschaftlichen Unterrichts".* Bonn: Bund-Länder-Kommission für Bildungsplanung und Forschungsförderung (BLK).

Belova, N., Feierabend, T., & Eilks, I. (2014). Rollenspiele im naturwissenschaftlichen Unterricht. *Der mathematische und naturwissenschaftliche Unterricht, 67*(1), 42–48.

Chin, C., & Teou, L. Y. (2009). Using concept cartoons in formative assessment: Scaffolding students' argumentation. *International Journal of Science Education, 31*(10), 1307–1332. ► https://doi.org/10.1080/09500690801953179.

Czekalla, M. (2017). Die Wärmewirkung des elektrischen Stroms. Eine Möglichkeit zur Thematisierung der Variablenkontrolle beim Thema „Elektrische Stromkreise" im Anfangsunterricht. *Naturwissenschaften im Unterricht. Physik, 28*(157), 46–50.

Deutsche Physikalische Gesellschaft. *DPG erneuert Warnung vor den gravierenden Folgen durch den menschengemachten Klimawandel* (Pressemitteilung vom 13.6.2019). ► https://www.dpg-physik.de/veroeffentlichungen/aktuell/2019/dpg-erneuert-warnung-vor-den-gravierenden-folgen-durch-den-menschengemachten-klimawandel

Eilks, I., Feierabend, T., Hößle, C., Höttecke, D., Menthe, J., Mrochen, M., & Oelgeklaus, H. (2011a). Bewerten Lernen und der Klimawandel in vier Fächern – Einblicke in das Projekt „Der Klimawandel vor Gericht" (Teil 1). *Der mathematische und naturwissenschaftliche Unterricht, 64*(1), 7–11.

Eilks, I., Feierabend, T., Hößle, C., Höttecke, D., Menthe, J., Mrochen, M., & Oelgeklaus, H. (2011b). Bewerten Lernen und der Klimawandel in vier Fächern – Einblicke in das Projekt „Der Klimawandel vor Gericht" (Teil 2). *Der mathematische und naturwissenschaftliche Unterricht, 64*(2), 72–78.

Eilks, I., Feierabend, T., Hößle, C., Höttecke, D., Menthe, J., Mrochen, M., & Oelgeklaus, H. (2011c). *Der Klimawandel vor Gericht.* Köln: Aulis.

Fischler, H., & Rothenhagen, A. (1997). Experimente zum Teilchenmodell. *Naturwissenschaften im Unterricht – Physik, 8*(41), 27–33.

Fischler, H., & Schecker, H. (2018). Schülervorstellungen zu Teilchen und Wärme. In H. Schecker, T. Wilhelm, M. Hopf, & R. Duit (Hrsg.), *Schülervorstellungen und Physikunterricht* (S. 115–138). Berlin: Springer.

Fleischhauer, J. (2013). *Wissenschaftliches Argumentieren und Entwicklung von Konzepten beim Lernen von Physik.* Berlin: Logos.

Gut, C., Metzger, S., Hild, P., & Tardent, J. (2014). Problemtypenbasierte Modellierung und Messung experimenteller Kompetenzen von 12- bis 15-jährigen Jugendlichen. *PhyDid B – Didaktik der Physik – Beiträge zur DPG-Frühjahrstagung.* ► http://phydid.physik.fu-berlin.de/index.php/phydid-b/article/view/532

Gut-Glanzmann, C., & Mayer, J. (2018). Experimentelle Kompetenz. In D. Krüger, H. Schecker, & I. Parchmann (Hrsg.), *Theorien in der naturwissenschaftsdidaktischen Forschung* (S. 121–139). Berlin: Springer.

Hauk, C. (2001). Verändertes Lehren und Lernen im naturwissenschaftlichen Unterricht auf Grundlage des Interventionscurriculums „Naturwissenschaftlich Denken". *Deutsche Physikalische Gesellschaft, Fachverband Didaktik der Physik, Vorträge auf der Frühjahrstagung Bremen 2001.*

Heinicke, S. (2011). *Aus Fehlern wird man klug. Eine genetisch-didaktische Rekonstruktion des „Messfehlers".* Dissertation, Universität Oldenburg.

Heinicke, S. (2014). Experimentieren geht nicht ohne (Mess-)Unsicherheiten. *Unterricht Physik, 25*(144), 29–31.

Heinicke, S., Glomski, J., Priemer, B., & Rieß, F. (2010). Aus Fehlern wird man klug. Über die Relevanz eines adäquaten Verständnisses von „Messfehlern". *Praxis der Naturwissenschaften – Physik in der Schule, 59*(5), 26–33.

Hellwig, J. (2012). *Messunsicherheiten verstehen. Entwicklung eines normativen Sachstrukturmodells am Beispiel des Unterrichtsfaches Physik.* Dissertation, Ruhr-Universität Bochum: Fakultät für Physik und Astronomie.

Hellwig, J., & Heinicke, S. (2020). Messfehler – wann, warum und wie? *Naturwissenschaften im Unterricht – Physik, 31*(177/178), 28–32.

Hellwig, J., Schulz, J., & Priemer, B. (2017). Messunsicherheiten im Unterricht thematisieren – ausgewählte Beispiele für die Praxis. *Praxis der Naturwissenschaften – Physik, 66*(2), 16–22.

Helms. C. (2016). *Entwicklung und Evaluation eines Trainings zur Verbesserung der Erklärqualität von Schülerinnen und Schülern im Gruppenpuzzle.* Dissertation, Universität Osnabrück: Fachbereich Physik.

Höttecke, D., & Hartmann-Mrochen, M. (2013). „Flugobst" unter der Lupe. Mit einem Planspiel urteilen und entscheiden lernen. *Unterricht Physik, 23*(134), 27–33.

Joint Committee for Guides in Metrology. (2008). *Guide to the Expression of Uncertainty in Measurement (GUM).* Genf: International Organization for Standardization.

Kalthoff, B. (2019). *Explizit oder implizit? Untersuchung der Lernwirksamkeit verschiedener fachmethodischer Instruktionen im Hinblick auf fachmethodische und fachinhaltliche Fähigkeiten von Sachunterrichtsstudieren.* Dissertation, Universität Duisburg-Essen: Fakultät für Physik.

Keogh, B., & Naylor, S. (1999). Concept cartoons, teaching and learning in science: An evaluation. *International Journal of Science Education, 21*(4), 431–446. ► https://doi.org/10.1080/095006999290642.

KMK. Ständige Konferenz der Kultusminister der Länder in der Bundesrepublik Deutschland. (Hrsg.). (2004). *Einheitliche Prüfungsanforderungen in der Abiturprüfung Physik (EPA). Beschluss der Kultusministerkonferenz vom 1. 12. 1989 i. d. F. vom 5.2. 2004.* München: Luchterhand.

KMK. Ständige Konferenz der Kultusminister der Länder in der Bundesrepublik Deutschland. (Hrsg.). (2005). *Bildungsstandards im Fach Physik für den Mittleren Schulabschluss.* München: Luchterhand.

KMK. Ständige Konferenz der Kultusminister der Länder in der Bundesrepublik Deutschland. (Hrsg.). (2020). *Bildungsstandards im Fach Physik für die Allgemeine Hochschulreife (Beschluss der Kultusministerkonferenz vom 18. 06. 2020).* Berlin: Sekretariat der Kultusministerkonferenz. ► https://www.kmk.org/fileadmin/Dateien/veroeffentlichungen_beschluesse/2020/2020_06_18-BildungsstandardsAHR_Physik.pdf

Knittel, C. B. (2013). *Eine Feldstudie zur Untersuchung der Förderung von Bewertungskompetenz – am Beispiel der Photovoltaik.* Dissertation, Pädagogische Hochschule Freiburg.

Knittel, C. B., & Mikelskis-Seifert, S. (2011). Erhebung von Bewertungskompetenz mittels Fragebogen?! *PhyDid B – Didaktik der Physik – Beiträge zur DPG-Frühjahrstagung.* ► http://www.phydid.de/index.php/phydid-b/article/view/246

Kraus, M. E. (2008a). Argumentationsanlässe für den Mechanikunterricht. Kommunikation fördern durch Cartoons und Teilargumentationen. *Unterricht Physik, 19*(107), 4–7.

Kraus, M. E. (2008b). Argumentationsanlässe im Unterricht. Hinweise und Anregungen zum Einsatz von Cartoons und Teilargumentationen. *Unterricht Physik, 19*(107), 8–10.

Kraus, M. E. (2008c). Cartoons und Teilargumentationen zur Mechanik. *Unterricht Physik, 19*(107), 10–40.

Kraus, M. E. (2017). Concept Cartoons. Schülervorstellungen zu elektrischen Stromkreisen im Unterricht. *Unterricht Physik, 28*(157), 20–23.

Kraus, M. E., & Aufschnaiter, Cv. (2005). Physikalisch argumentieren lernen. Methoden zur Förderung physikalischer Kompetenz. *Unterricht Physik, 16*(87), 33–37.

Krüger, D., Kauertz, A., & Upmeier zu Belzen, A. (2018). Modelle und das Modellieren in den Naturwissenschaften. In D. Krüger, H. Schecker, & I. Parchmann (Hrsg.), *Theorien in der naturwissenschaftsdidaktischen Forschung* (S. 141–157). Berlin: Springer.

Kubli, F. (1981). *Piaget und Naturwissenschaftsdidaktik: Konsequenzen aus den erkenntnispsychologischen Untersuchungen.* Köln: Aulis.

Kulgemeyer, C. (2010). Physikalische Kommunikationskompetenz überprüfen. Orientierung und Beispielaufgaben zur Beurteilung von Kommunikationskompetenz auf der Basis eines Modells physikalischer Kommunikation. *Naturwissenschaften im Unterricht – Physik, 21*(116), 9–13.

15

Kulgemeyer, C. (2011a). *Förderung von Kommunikationskompetenz in der Physik. Implementation von Ergebnissen aus fachdidaktischer Grundlagenforschung im Unterrichtsalltag (2. Staatsexamensarbeit)*. Bremen: Landesinstitut für Schule. ▶ https://physikdidaktik.com/wp-content/uploads/2019/06/examensarbeit_christoph_kulgemeyer.pdf

Kulgemeyer, C. (2011b). Physik erklären als Rollenspiel. Adressatengemäßes Kommunizieren fördern und diagnostizieren. *Unterricht Physik, 123/124*, 70–74.

Leisen, J. (2004). Einheitliche Prüfungsanforderungen Physik. *Der mathematische und naturwissenschaftliche Unterricht, 67*(3), 155–159.

Leisen, J. (2005). Bildungsstandards Physik: der Kompetenzbereich „Kommunikation" – Kommunikativer Physikunterricht und dafür geeignete Methoden-Werkzeuge. *Unterricht Physik, 16*(87), 16–20.

Leisen, J. (2011a). Kompetenzorientiert unterrichten – Fragen und Antworten zu kompetenzorientiertem Unterricht und einem entsprechenden Lehr-Lern-Modell. *Unterricht Physik, 22*(123/124), 4–10.

Leisen, J. (2011b). Kompetenzorientiert unterrichten mit dem Lehr-Lern-Modell. *Naturwissenschaften im Unterricht – Physik, 22*(123/124), 4–10.

Leisner, A. (2005). *Entwicklung von Modellkompetenz im Physikunterricht: eine Evaluationsstudie in der Sekundarstufe I*. Berlin: Logos.

Leisner-Bodenthin, A. (2006). Zur Entwicklung von Modellkompetenz im Physikunterricht. *Zeitschrift für Didaktik der Naturwissenschaften, 12*, 91–109.

Lenker, M. K. (2018). *Förderung der naturwissenschaftlichen Argumentationsfähigkeit und des situationalen Interesses unter Berücksichtigung individueller und instruktionaler Faktoren*. Dissertation, Technische Universität München: TUM School of Education.

Lichtfeldt, M., & Peuckert, J. (1997). Die Behandlung der Dichte im Unterricht. *Naturwissenschaften im Unterricht – Physik, 8*(41), 22–26.

Lindner, M. (2008). Lehrerfortbildung heute – Sind Lehrkräfte fortbildungsresistent? *Der mathematische und naturwissenschaftliche Unterricht, 61*(3), 164–172.

Maiseyenka, V. (2014). *Modellbasiertes Experimentieren im Unterricht – Praxistauglichkeit und Lernwirkungen*. Dissertation, Berlin: Logos.

Maiseyenka, V., Schecker, H., Nawrath, D., Wollenschläger, M., & Harms, U. (2016). Unterricht in den Naturwissenschaften. In U. Harms, B. Schroeter, & B. Klüh (Hrsg.), *Die Entwicklung kompetenzorientierten Unterrichts in Zusammenarbeit von Forschung und Schulpraxis – komdif und der Hamburger Schulversuch alles»könner* (S. 149–184). Münster: Waxmann.

Marks, R., & Eilks, I. (2009). Promoting scientific literacy using a socio-critical and problem-oriented approach in chemistry education: concept, examples, experiences. *International Journal of Environmental and Science Education, 4*(3), 231–245.

Mikelskis, H. F. (1977). Das Thema „Kernkraftwerke" im Physikunterricht. *physica didactica, 4*, 45–60.

Mikelskis, H. F., & Lauterbach, R. (1980). *Energieversorgung durch Kernkraftwerke. IPN Curriculum Physik für das 9. und 10. Schuljahr* (Band 2). Stuttgart: Klett.

Mikelskis-Seifert, S. (2002). *Die Entwicklung von Metakonzepten zur Teilchenvorstellung bei Schülern – Untersuchung eines Unterrichts über Modelle mithilfe eines Systems multipler Repräsentationsebenen*. Dissertation, Berlin: Logos.

Mikelskis-Seifert, S. (2006). Lernen über Modelle: Entwicklung und Evaluation einer Konzeption für die Einführung des Teilchenmodells. In H. Fischler & C. S. Reiners (Hrsg.), *Die Teilchenstruktur der Materie im Physik- und Chemieunterricht* (S. 165–198). Berlin: Logos.

Mikelskis-Seifert, S. (2010). Modelle – Schlüsselbegriff für Forschungs- und Lernprozesse in der Physik. *Phydid B – Didaktik der Physik. Beiträge zur DPG-Frühjahrstagung*. ▶ http://www.phydid.de/index.php/phydid-b/article/view/154/281

Mikelskis-Seifert, S., & Fischler, H. (2003a). Die Bedeutung des Denkens in Modellen bei der Entwicklung von Teilchenvorstellungen – Stand der Forschung und Entwurf einer Unterrichtskonzeption. *Zeitschrift für Didaktik der Naturwissenschaften, 9*, 75–88.

Mikelskis-Seifert, S., & Fischler, H. (2003b). Die Bedeutung des Denkens in Modellen bei der Entwicklung von Teilchenvorstellungen: Empirische Untersuchung zur Wirksamkeit der Unterrichtskonzeption. *Zeitschrift für Didaktik der Naturwissenschaften, 9*, 89–103.

Ministerium für Schule und Weiterbildung des Landes Nordrhein-Westfalen. (Hrsg.). (2008). *Kernlehrplan für das Gymnasium – Sekundarstufe I in Nordrhein-Westfalen. Physik*. Frechen: Ritterbach.

Mrochen, M., & Höttecke, D. (2012). Einstellungen und Vorstellungen von Lehrpersonen zum Kompetenzbereich Bewertung der Nationalen Bildungsstandards. *Zeitschrift für interpretative Schul- und Unterrichtsforschung, 1*(1), 113–145. ▶ https://www.pedocs.de/volltexte/2018/15881/pdf/ZISU_2012_1_Mrochen_Hoettecke_Einstellungen_und_Vorstellungen.pdf

National Research Council. Committee on a Conceptual Framework for New K-12 Science Education Standards. (2012). *A Framework for K-12 Science Education: Practices, Crosscutting Concepts, and Core Ideas*. Washington, DC: The National Academies Press.

Nawrath, D., Maiseyenka, V., & Schecker, H. (2011). Experimentelle Kompetenz – Ein Modell für die Unterrichtspraxis. *Praxis der Naturwissenschaften – Physik in der Schule, 60*(6), 42–48.

Nawrath, D., Schecker, H., & Maiseyenka, V. (2013). Experimentierfähigkeit. In H. Schecker, D. Nawrath, H. Elvers, J. Borgstädt, S. Einfeldt, & V. Maiseyenka (Hrsg.), *Modelle und Lernarrangements für die Förderung naturwissenschaftlicher Kompetenzen* (S. 8–18). Hamburg: Landesinstitut für Lehrerbildung und Schulentwicklung.

Naylor, S., & Keogh, B. (2000). *Concept Cartoons in Science Education (2 Bände mit CD-ROM)*. Sandbach: Millgate House.

Niedersächsisches Kultusministerium. (Hrsg.). (2015). *Kerncurriculum für das Gymnasium, Schuljahrgänge 5–10. Naturwissenschaften*. Hannover: Niedersächsisches Kultusministerium.

Oetinger, B. (2013). Förderung der Experimentierkompetenz im integrierten Naturwissenschaftsunterricht im Jahrgang 8, Unterrichtseinheit „Bewegung". In H. Schecker, D. Nawrath, H. Elvers, J. Borgstädt, S. Einfeldt, & V. Maiseyenka (Hrsg.), *Modelle und Lernarrangements für die Förderung naturwissenschaftlicher Kompetenzen* (S. 81–88). Hamburg: Landesinstitut für Lehrerbildung und Schulentwicklung.

Oliver, M., Venville, G., & Adey, P. S. (2012). Effects of a cognitive acceleration programme in a low socioeconomic high school in regional Australia. *International Journal of Science Education, 34*(9), 1393–1410. ▶ https://doi.org/10.1080/09500693.2012.673241.

Sadler, T. D., & Donelly, L. A. (2006). Socioscientific argumentation: The effects of content knowledge and morality. *International Journal of Science Education, 28*(12), 1463–1488.

Schecker, H., Nawrath, D., Elvers, H., Borgstädt, J., Einfeldt, S., & Maiseyenka, V. (Hrsg.). (2013). *Modelle und Lernarrangements für die Förderung naturwissenschaftlicher Kompetenzen*. Hamburg: Landesinstitut für Lehrerbildung und Schulentwicklung.

Schecker, H., & Wiesner, H. (2013). Die Bildungsstandards Physik. Eine Zwischenbilanz nach neun Jahren. *Praxis der Naturwissenschaften – Physik in der Schule, 62*(5), 11–17.

Schreiber, N., Theyßen, H., & Schecker, H. (2014). Diagnostik experimenteller Kompetenz: Modell, Testverfahren und Analysemethoden. In D. Fischer, C. Hößle, S. Jahnke-Klein, H. Kiper, M. Komorek, J. Michaelis, V. Niesel, & J. Sjuts (Hrsg.), *Diagnostik für lernwirksamen Unterricht* (S. 201–214). Hohengehren: Schneider.

Schwichow, M. (2015). *Förderung der Variablen-Kontroll-Strategie im Physikunterricht*. Dissertation, Universität Kiel: Mathematisch-naturwissenschaftliche Fakultät.

Schwichow, M., Christoph, S., & Härtig, H. (2015). Förderung der Variablen-Kontroll-Strategie im Physikunterricht (online-Beilage). *Der mathematische und naturwissenschaftliche Unterricht, 68*(6), 346–350.

Schwichow, M., Croker, S., Zimmerman, C., Höffler, T., & Härtig, H. (2016). Teaching the control-of-variables strategy: A meta-analysis. *Developmental Review, 39*, 37–63. ▶ https://doi.org/10.1016/j.dr.2015.12.001.

Schwichow, M., & Nehring, A. (2018). Variablenkontrolle beim Experimentieren in Biologie, Chemie und Physik: Höhere Kompetenzausprägungen bei der Anwendung der Variablenkontrollstrategie durch höheres Fachwissen? Empirische Belege aus zwei Studien. *Zeitschrift für Didaktik der Naturwissenschaften, 24*(1), 217–233. ▶ https://doi.org/10.1007/s40573-018-0085-8.

Stender, A. (2017). Der Fall Nereus und die Auftriebskraft: Eine Lernumgebung zum forschend-entdeckenden Lernen mit Fokus auf der Förderung der Variablenkontrollstrategie. *MNU Journal, 70*(2), 102–105.

Tomczyszyn, E., Nawrath, D., & Maiseyenka, V. (2012). Lernarrangements zur Förderung experimenteller Kompetenzen. *Praxis der Naturwissenschaften Physik in der Schule, 61*(5), 44–48.

15

Tschentscher, C., & Berger, R. (2016). Wie kann man gute Erklärungen mit Lernenden trainieren? Ein Blick auf das sachgerechte Erklären. *Unterricht Physik, 27*(152), 16–21.

Vorholzer, A. (2016). *Wie lassen sich Kompetenzen des experimentellen Denkens und Arbeitens fördern? Eine empirische Untersuchung der Wirkung eines expliziten und eines impliziten Instruktionsansatzes.* Dissertation, Berlin: Logos.

Webb, P., Williams, Y., & Meiring, L. (2008). Concept cartoons and writing frames: Developing argumentation in South African science classrooms? *African Journal of Research in Mathematics, Science and Technology Education, 12*(1), 5–17. ► https://doi.org/10.1080/10288457.2008.10740625.

Wilhelm, T. (2008). Vorstellungen von Lehrern über Schülervorstellungen. In D. Höttecke (Hrsg.), *Kompetenzen, Kompetenzmodelle, Kompetenzentwicklung, Jahrestagung der GDCP in Essen 2007* (S. 44–46). Münster: Lit.

Lösungen der Übungsaufgaben

Thomas Wilhelm, Horst Schecker und Martin Hopf

Inhaltsverzeichnis

© Springer-Verlag GmbH Deutschland, ein Teil von Springer Nature 2021
T. Wilhelm, H. Schecker, M. Hopf (Hrsg.), *Unterrichtskonzeptionen für den Physikunterricht*,
https://doi.org/10.1007/978-3-662-63053-2_16

Fast alle Kapitel des Buches enthalten Übungsaufgaben zu den Unterrichtskonzeptionen. Wir stellen im Folgenden Lösungsskizzen zu den Übungsaufgaben vor. Die Bezeichnung „Skizzen" bringt zum Ausdruck, dass die Antworten ausführlicher sein können und dass es nicht immer eine einzig mögliche oder eindeutig richtige Bearbeitung gibt. Die Übungen sollen zum Nachdenken über die jeweiligen Kapitelinhalte anregen. In physikdidaktischen Lehrveranstaltungen bieten die Aufgaben Anlässe, ausgewählte Unterrichtskonzeptionen nochmals zu vertiefen.

16.1 Geometrische Optik (▶ Abschn. 2.7)

- **Übung 2.1**

Traditioneller Unterricht: Das Reflexionsgesetz wird in einer strahlengeometrischen Konstruktion angewendet, ebenso der Merksatz, dass das Spiegelbild gleich weit hinter der Spiegeloberfläche ist wie der Gegenstand davor.

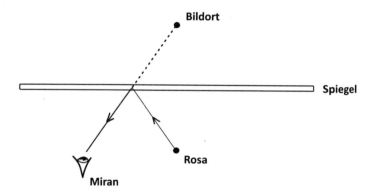

Frankfurt/Grazer-Konzeption: Es wird eine Konstruktion mit Lichtkegeln umgesetzt. Neben dem Reflexionsgesetz kommt das Sender-Strahlungs-Empfänger-Konzept zur Anwendung: Für die visuelle Wahrnehmung von Rosa (Sender) muss Licht von ihr ins Auge von Miran (Empfänger) fallen. Unser visuelles System nimmt Gegenstände in der Richtung wahr, aus der Licht in die Augen trifft. Dort, wo sich die geradlinigen, rückwärtigen Verlängerungen der Randstrahlen des empfangenen Lichtbündels treffen, ist der Bildort.

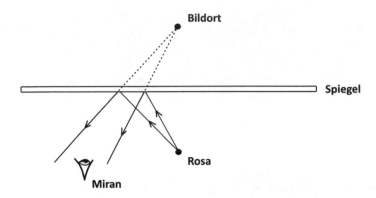

Phänomenologische Optik: Der Bildort des Spiegelbilds wird über den Vergleich der Tastwelt mit der Spiegelwelt und das daraus abgeleitete 1. Spiegelgesetz des Lehrgangs ermittelt: Das Spiegelbild erscheint so weit hinter dem Spiegel, wie der wirkliche Gegenstand vor dem Spiegel ist. Sie stehen einander senkrecht gegenüber.

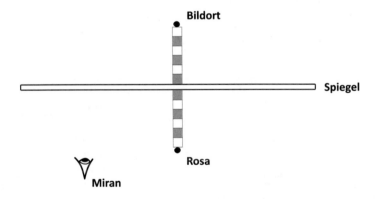

Lichtwegsoptik: Der Lichtweg zwischen Rosa und Miran wird als der kürzestmögliche Lichtweg über den Spiegel ermittelt.

- **Übung 2.2**

Traditioneller Unterricht: Bildentstehung mit Linsen wird durch strahlengeometrische Konstruktion basierend auf drei ausgezeichneten Strahlen (Parallel-, Brennpunkt- und Mittelpunktstrahl) vermittelt.

Frankfurt/Grazer-Konzeption: Bildentstehung mit Linsen wird durch das Leuchtfleck-zu-Bildfleck-Abbildungsschema vermittelt.

16

Lichtwegsoptik: Bildentstehung mit Linsen wird durch das Fermatprinzip vermittelt: Alle Wege zwischen Gegenstandspunkt und Bildpunkt haben gleiche optische Weglängen.

▪ **Übung 2.3**

Traditioneller Unterricht: a) Hauptstrahlenkonstruktion.

Frankfurt/Grazer-Konzeption: b) blauer Himmel, c) Sichtbarkeit im Straßenverkehr.

Phänomenologische Optik: d) Doppelschatten.

16.2 Kinematik (▶ Abschn. 3.7)

▪ **Übung 3.1**

Traditioneller Unterricht: Weg, Geschwindigkeit, Beschleunigung.

Frankfurt/Münchener-Konzeption: Tempo, Richtung, Geschwindigkeit, Zusatzgeschwindigkeit.

Würzburger Konzeption: Ort, Geschwindigkeit, Beschleunigung.

Bremer Konzeption: Ort, Weg, Geschwindigkeit, Tempo.

▪ **Übung 3.2**

Traditioneller Unterricht: Unter der Annahme eines gleichmäßigen Schnellerwerdens ergibt sich im t-s-Diagramm der Graph einer quadratischen Funktion für den zurückgelegten Weg $s = \frac{1}{2}a \cdot t^2$ und im t-v-Diagramm eine lineare Zunahme der Geschwindigkeit gemäß $v = a \cdot t$.

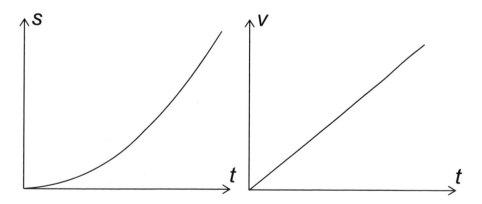

Frankfurt/Münchener-Konzeption: Am Stroboskopbild sieht man qualitativ, wie der Körper schneller wird. Ein Vergleich von $\vec{v}_A$ und $\vec{v}_E$ ergibt die Zusatzgeschwindigkeit $\Delta\vec{v}$ für das gesamte Zeitintervall:

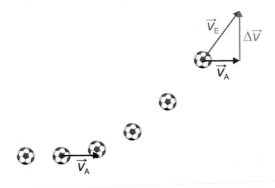

Würzburger Konzeption: Die Betrachtung der Ortsvektoren $\vec{x}$ sowie der Ortsänderungsvektoren $\Delta\vec{x}$ führt zu den Geschwindigkeitsvektoren $\vec{v}$. Die Betrachtung der Geschwindigkeitsänderungsvektoren $\Delta\vec{v}$ führt zu den Beschleunigungsvektoren $\vec{a}$:

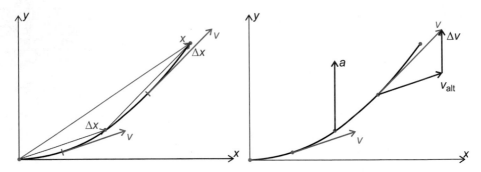

Bremer Konzeption: Ort $\vec{r}$, Geschwindigkeit $\vec{v}$ und Beschleunigung $\vec{a}$ werden durch Spaltenvektoren beschrieben:

$$\vec{r}(t) = \begin{pmatrix} v_{0x} \cdot t \\ \frac{1}{2}a_{0y} \cdot t^2 \\ 0 \end{pmatrix}, \vec{v}(t) = \begin{pmatrix} v_{0x} \\ a_{0y} \cdot t \\ 0 \end{pmatrix}, \vec{a}(t) = \begin{pmatrix} 0 \\ a_{0y} \\ 0 \end{pmatrix}.$$

16

■ **Übung 3.3**

Traditioneller Unterricht: Da der Körper langsamer wird, handelt es sich um eine konstante negative Beschleunigung.

Frankfurt/Münchener-Konzeption: Der Körper bekommt ständig Zusatzgeschwindigkeiten $\Delta \vec{v}$, die nach rechts gerichtet sind. Für ein Zeitintervall Δt kann man die Pfeile wie folgt zeichnen:

Würzburger Konzeption: Der Körper hat eine Beschleunigung nach rechts. Wenn die x-Achse nach rechts gerichtet ist, ist das eine positive Beschleunigung.

$$\vec{a}\,(t) = \begin{pmatrix} a_{0x} \\ 0 \\ 0 \end{pmatrix}$$

Bremer Konzeption: Die Beschleunigung $\vec{a}$ wird durch den Spaltenvektor beschrieben. Da die x-Achse nach rechts zeigt, ist die x-Komponente der Geschwindigkeit negativ und die x-Komponente der Beschleunigung positiv.

16.3 Dynamik (▶ Abschn. 4.7)

- **Übung 4.1**

Traditioneller Unterricht: Eine konstante, positive Kraft bewirkt für 3 s eine konstante, positive Beschleunigung. Danach bleibt die Geschwindigkeit aufgrund des Trägheitssatzes konstant.

Karlsruher Physikkurs: Für 3 s fließt Impuls auf den Körper auf. Danach ist der Impuls des Körpers konstant.

Frankfurt/Münchener-Konzeption: Für $\Delta t = 3$ s wirkt eine Kraft, die eine Zusatzgeschwindigkeit bewirkt. Danach wirkt keine Kraft mehr und der Körper behält seine Geschwindigkeit bei.

Würzburger Konzeption: Die Summe aller wirkenden Kräfte ist 3 s lang nach rechts gerichtet und bewirkt eine Beschleunigung nach rechts. Danach ist die Summe aller wirkenden Kräfte null, sodass die Geschwindigkeit konstant bleibt.

- **Übung 4.2**

Traditioneller Unterricht: Gemäß $F = m \cdot a$ ergibt sich eine Beschleunigung von $a = 2\,\mathrm{m/s^2}$. Gemäß $v = v_0 + at$ ergibt sich $v = 8\,\mathrm{m/s}$.

Karlsruher Physikkurs: Die Impulsstromstärke von 20 Hy/s führt mit $p = F \cdot t$ zu einer Impulsänderung von 60 Hy, sodass der Körper danach einen Impuls von 80 Hy hat und sich mit einer Geschwindigkeit von $v = 8\,\mathrm{m/s}$ ($v = p/m$) bewegt.

Frankfurt/Münchener-Konzeption: Gemäß $\vec{F} \cdot \Delta t = m \cdot \Delta \vec{v}$ ergibt sich eine Zusatzgeschwindigkeit von $\Delta v = 6$ m/s und eine Endgeschwindigkeit von $v_E = 8$ m/s.

Würzburger Konzeption: Gemäß $\vec{a} = \sum \vec{F} / m_{ges}$ ergibt sich eine Beschleunigung von $a = 2$ m/s^2. Gemäß $v = v_0 + at$ ergibt sich $v = 8$ m/s.

- **Übung 4.3**

Traditioneller Unterricht: Die resultierende Kraft ist null. Deshalb bewegt sich der Fallschirmspringer nach dem Trägheitssatz mit konstanter Geschwindigkeit.

Karlsruher Physikkurs: Ein Fallschirmspringer befindet sich in einem Fließgleichgewicht: Er bekommt ständig vor der Erde positiven Impuls, aber die Stärke des Impulsstroms, der in die Luft abfließt, ist genauso groß.

Frankfurt/Münchener-Konzeption: Es wirken mit der Gravitationskraft und der Reibungskraft der Luft zwei gleich große Kräfte, die resultierende Kraft ist null. Deshalb erhält der Fallschirmspringer keine Zusatzgeschwindigkeit.

Würzburger Konzeption: Die Summe aller wirkenden Kräfte ist null, deshalb ist auch die Beschleunigung gemäß $\vec{a} = \sum \vec{F} / m$ null, sodass die Geschwindigkeit konstant bleibt.

16.4 Numerische Physik (▸ Abschn. 5.7)

- **Übung 5.1**

Excel: In der Spalte der Geschwindigkeit steht in jeder Zeile eine Formel für die Berechnung der neuen Geschwindigkeit. So steht z. B. im Feld G10 die Gleichung „=G9+F10*dt", die für $v_{neu} := v_{alt} + a_{neu} \cdot \Delta t$ steht.

Dynasys: Es gibt ein Rechteck für die Zustandsgröße *v*. Ein Doppelpfeil, der auf dieses Rechteck zeigt, steht für die zeitliche Änderung dieser Zustandsgröße. Ein „Ventil" am Pfeil regelt die Intensität der Änderung und steht für die Beschleunigung.

Newton-II: Der Anwender muss dazu nichts eingeben. Im Eingabebereich steht aber $v' = a$.

- **Übung 5.2**

Excel: Im oberen Bereich des Tabellenblatts wird eine weitere Konstante *k* eingeführt (über „Namen definieren"). Der Grundaufbau des Tabellenblatts bleibt gleich. Es wird eine weitere Spalte mit dem Bezeichner „F_Luft" eingeführt. Als Startwert für F_Luft wird „0" eingetragen (bei einem Startwert von $v = 0$ m/s) In der zweiten Berechnungszeile wird F_Luft gemäß $-k \cdot v \cdot abs(v)$ mittels des jeweiligen Werts der Geschwindigkeit aus der vorhergehenden „*v*"-Zelle berechnet. Für die Berechnung von F_ges wird F_Luft hinzuaddiert. Die neuen Formeln für F_Luft und F_ges werden in alle darunterliegenden Zeilen kopiert.

16

⊿	A	B	C	D	E	F	G	H
1	**Konstanten:**							
2	dt	0,01	s					
3	m	0,055	kg					
4	g	-9,81	m/s²					
5	D	2,83	N/m					
6	k	0,08	kg/m					
7								
8	**Berechnung:**							
9	t	F_G	F_Feder	F_Luft	F_ges	a	v	y
10	0	=m*g	0	0	=B10+C10+D10	=E10/m	0	0
11	=A10+dt	=m*g	=-D*H10	=-k*G10*ABS(G10)	=B11+C11+D11	=E11/m	=G10+F11*dt	=H10+G11*dt
12	=A11+dt	=m*g	=-D*H11	=-k*G11*ABS(G11)	=B12+C12+D12	=E12/m	=G11+F12*dt	=H11+G12*dt
13	=A12+dt	=m*g	=-D*H12	=-k*G12*ABS(G12)	=B13+C13+D13	=E13/m	=G12+F13*dt	=H12+G13*dt
14	=A13+dt	=m*g	=-D*H13	=-k*G13*ABS(G13)	=B14+C14+D14	=E14/m	=G13+F14*dt	=H13+G14*dt
15	=A14+dt	=m*g	=-D*H14	=-k*G14*ABS(G14)	=B15+C15+D15	=E15/m	=G14+F15*dt	=H14+G15*dt
16	=A15+dt	=m*g	=-D*H15	=-k*G15*ABS(G15)	=B16+C16+D16	=E16/m	=G15+F16*dt	=H15+G16*dt
17	=A16+dt	=m*g	=-D*H16	=-k*G16*ABS(G16)	=B17+C17+D17	=E17/m	=G16+F17*dt	=H16+G17*dt
18	=A17+dt	=m*g	=-D*H17	=-k*G17*ABS(G17)	=B18+C18+D18	=E18/m	=G17+F18*dt	=H17+G18*dt
19	=A18+dt	=m*g	=-D*H18	=-k*G18*ABS(G18)	=B19+C19+D19	=E19/m	=G18+F19*dt	=H18+G19*dt
20	=A19+dt	=m*g	=-D*H19	=-k*G19*ABS(G19)	=B20+C20+D20	=E20/m	=G19+F20*dt	=H19+G20*dt
21	=A20+dt	=m*g	=-D*H20	=-k*G20*ABS(G20)	=B21+C21+D21	=E21/m	=G20+F21*dt	=H20+G21*dt
22	=A21+dt	=m*g	=-D*H21	=-k*G21*ABS(G21)	=B22+C22+D22	=E22/m	=G21+F22*dt	=H21+G22*dt
23	=A22+dt	=m*g	=-D*H22	=-k*G22*ABS(G22)	=B23+C23+D23	=E23/m	=G22+F23*dt	=H22+G23*dt
24	=A23+dt	=m*g	=-D*H23	=-k*G23*ABS(G23)	=B24+C24+D24	=E24/m	=G23+F24*dt	=H23+G24*dt

Dynasys: Die Newton'sche Grundstruktur (Kraft → Beschleunigung → Geschwindigkeit → Ort) bleibt unverändert. Im unteren Bereich des Modells werden *F_Luft* und *k* als weitere Einflussgrößen (Kreise) eingebaut. Von „k" und „Geschwindigkeit" werden Pfeile auf „F_Luft" gezogen. In einem Dialogfenster wird „F_Luft" gemäß $-k \cdot v \cdot abs(v)$ festgelegt. Von „F_Luft" zieht man einen Pfeil auf „F_ges" und ändert für die resultierende Kraft die Berechnungsformel.

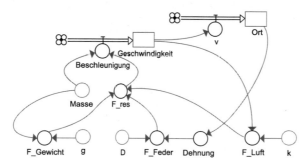

Newton-II: Unter „Definitionen" wird eine weitere Kraft $F_{\text{Luft}} = -k \cdot v \cdot abs(v)$ eingefügt und bei *Fges* als weiterer Summand angefügt. Unter „Weitere Definitionen" wird die Konstante *k* hinzugefügt und ihr Wert angegeben. Alles Weitere bleibt unverändert.

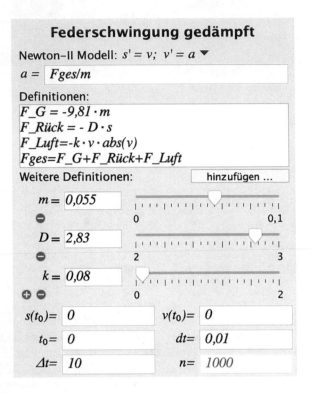

Federberschwingung gedämpft

Newton–II Modell: $s' = v;\ v' = a$ ▼

$a =$ | Fges/m

Definitionen:
$F\_G = -9{,}81 \cdot m$
$F\_Rück = - D \cdot s$
$F\_Luft = -k \cdot v \cdot abs(v)$
$Fges = F\_G + F\_Rück + F\_Luft$

Weitere Definitionen: hinzufügen …

$m =$ 0,055   0 ————————— 0,1

$D =$ 2,83   2 ————————— 3

$k =$ 0,08   0 ————————— 2

$s(t_0) =$ 0 $v(t_0) =$ 0

$t_0 =$ 0 $dt =$ 0,01

$\Delta t =$ 10 $n =$ 1000

- ### Übung 5.3

Excel: Es gibt eine Tabelle voller Zahlen und Liniendiagramme.

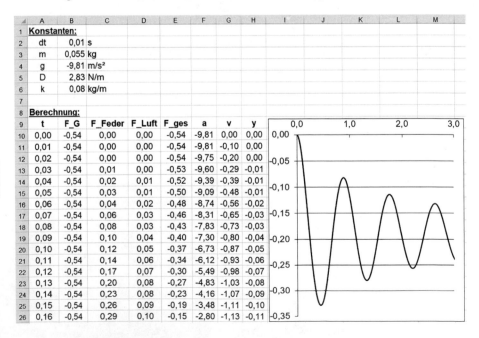

	A	B	C	D	E	F	G	H	I	J	K	L	M
1	**Konstanten:**												
2	dt	0,01	s										
3	m	0,055	kg										
4	g	-9,81	m/s²										
5	D	2,83	N/m										
6	k	0,08	kg/m										
7													
8	**Berechnung:**												
9	t	F_G	F_Feder	F_Luft	F_ges	a	v	y		0,0	1,0	2,0	3,0
10	0,00	-0,54	0,00	0,00	-0,54	-9,81	0,00	0,00	0,00				
11	0,01	-0,54	0,00	0,00	-0,54	-9,81	-0,10	0,00					
12	0,02	-0,54	0,00	0,00	-0,54	-9,75	-0,20	0,00	-0,05				
13	0,03	-0,54	0,01	0,00	-0,53	-9,60	-0,29	-0,01					
14	0,04	-0,54	0,02	0,01	-0,52	-9,39	-0,39	-0,01	-0,10				
15	0,05	-0,54	0,03	0,01	-0,50	-9,09	-0,48	-0,01					
16	0,06	-0,54	0,04	0,02	-0,48	-8,74	-0,56	-0,02					
17	0,07	-0,54	0,06	0,03	-0,46	-8,31	-0,65	-0,03	-0,15				
18	0,08	-0,54	0,08	0,03	-0,43	-7,83	-0,73	-0,03					
19	0,09	-0,54	0,10	0,04	-0,40	-7,30	-0,80	-0,04	-0,20				
20	0,10	-0,54	0,12	0,05	-0,37	-6,73	-0,87	-0,05					
21	0,11	-0,54	0,14	0,06	-0,34	-6,12	-0,93	-0,06	-0,25				
22	0,12	-0,54	0,17	0,07	-0,30	-5,49	-0,98	-0,07					
23	0,13	-0,54	0,20	0,08	-0,27	-4,83	-1,03	-0,08					
24	0,14	-0,54	0,23	0,08	-0,23	-4,16	-1,07	-0,09	-0,30				
25	0,15	-0,54	0,26	0,09	-0,19	-3,48	-1,11	-0,10					
26	0,16	-0,54	0,29	0,10	-0,15	-2,80	-1,13	-0,11	-0,35				

16

VPython: Es gibt eine 3D-Animation und Liniendiagramme für die berechneten Größen.

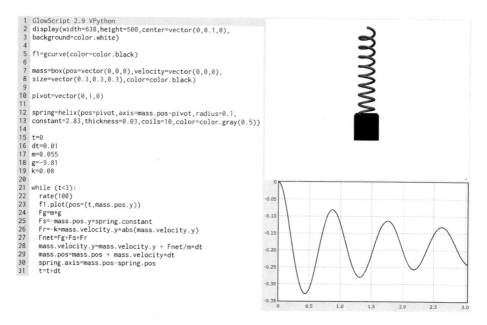

```
1  GlowScript 2.9 VPython
2  display(width=638,height=500,center=vector(0,0.1,0),
3  background=color.white)
4
5  f1=gcurve(color=color.black)
6
7  mass=box(pos=vector(0,0,0),velocity=vector(0,0,0),
8  size=vector(0.3,0.3,0.3),color=color.black)
9
10 pivot=vector(0,1,0)
11
12 spring=helix(pos=pivot,axis=mass.pos-pivot,radius=0.1,
13 constant=2.83,thickness=0.03,coils=10,color=color.gray(0.5))
14
15 t=0
16 dt=0.01
17 m=0.055
18 g=-9.81
19 k=0.08
20
21 while (t<3):
22     rate(100)
23     f1.plot(pos=(t,mass.pos.y))
24     Fg=m*g
25     Fs=-mass.pos.y*spring.constant
26     Fr=-k*mass.velocity.y*abs(mass.velocity.y)
27     Fnet=Fg+Fs+Fr
28     mass.velocity.y=mass.velocity.y + Fnet/m*dt
29     mass.pos=mass.pos + mass.velocity*dt
30     spring.axis=mass.pos-spring.pos
31     t=t+dt
```

Tracker: Es gibt ein Video mit eingeblendeten Ortsmarken und Liniendiagramme für die berechneten Größen.

Newton-II: Es gibt ein Liniendiagramm für eine berechnete Größe mit eingeblendeten Messwerten.

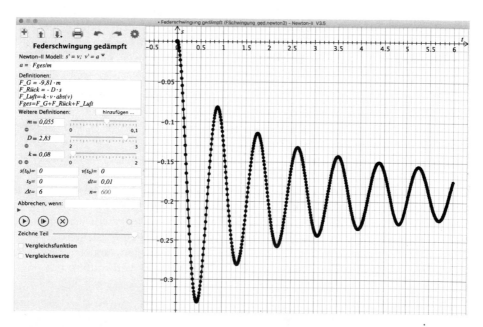

16.5   Energie und Wärme (▶ Abschn. 6.8)

- **Übung 6.1**

A. *Karlsruher Physikkurs* (▶ Abschn. 6.4): Hier gibt es keine unterschiedlichen Flüsse von mechanischer, elektrischer usw. Energie, sondern nur Flüsse von Energie. Zur Kennzeichnung der Prozesse werden die Flüsse durch unterschiedliche mit dem jeweiligen Energiefluss verbundene *Energieträger* im Diagramm mit veranschaulicht.

B. *Muckenfuß-Konzeption* (▶ Abschn. 6.6): Auch hier wird Energie als universelle, fließende Größe visualisiert, jedoch wird zusätzlich zwischen Energieformen unterschieden, die ineinander umgewandelt werden.

C. *Traditioneller Unterricht* (▶ Abschn. 6.2): Hier wird nur selten zwischen einem übergeordneten Energiefluss und den jeweiligen Energieträgern unterschieden. Dafür werden die unterschiedlichen Energieformen hervorgehoben, die ineinander umgewandelt werden.

- **Übung 6.2**

1. *Karlsruher Physikkurs* (KPK, Energie und Entropie als mengenartige Größen, ▶ Abschn. 6.4): Der Begriff Wärme wird im KPK anders als in der Physik sonst üblich verwendet. Im KPK greift der Begriff das Wärmeverständnis aus dem Alltag auf, d. h. eines in Körpern gespeicherten „Etwas" mit Mengencharakter. Dies ist an die Entropie deutlich besser anschlussfähig als an die Energie.

2. *Münchener Konzeption* (Energie vor Arbeit, ▶ Abschn. 6.5): In dieser Konzeption werden die beiden Wege für die Änderung der inneren Energie eines Systems hervorgehoben: thermisch und mechanisch (mit den zugehörigen Prozessgrößen Wärme und Arbeit). Es wird betont, dass es sich bei Wärme nicht um eine Speicherform der Energie handelt. Aussage 2) passt aber auch zum traditionellen Unterricht (▶ Abschn. 6.2).

3. Konzeption von *Schlichting und Backhaus* (Energieentwertung, ▶ Abschn. 6.3): Diese Konzeption legt Wert auf die Feststellung, dass für den Antrieb eines dissipativen, z. B. reibungsbehafteten Vorgangs, nicht nur *Energie* erforderlich ist, sondern ganz wesentlich die *Entwertung* von Energie. Ein Beispiel ist das Schieben einer Kiste über den Boden. Hier wird der Vorgang aufrechterhalten, weil wertvolle chemische Energie (mit der Nahrung aufgenommen) auf mechanischem Wege in weniger wertvolle thermische Energie (des Bodens und der Kiste) gewandelt wird.

16

- **Übung 6.3**

In der Konzeption „Energieentwertung" (▶ Abschn. 6.3) spielen messende Experimente keine große Rolle. Im Vordergrund stehen theoretische Argumentationen in Verbindung mit Gedankenexperimenten bzw. gedanklich vorgestellten Experimenten, deren Ausgang man sich aufgrund von Alltagserfahrungen vorstellen kann.

Auch in der Konzeption „Energie und Entropie als mengenartige Größen" (▶ Abschn. 6.4) dominieren theoretische Überlegungen in Verbindung mit mental vorgestellten Situationen.

In der Konzeption „Energie vor Arbeit" (▶ Abschn. 6.5) spielen Experimente eine wichtige Rolle. Die zentrale Idee zur Umwandlung von mechanischer Energie in innere Energie wird anhand eines messenden Versuchs entwickelt (◻ Abb. 6.6).

Noch stärker auf Experimente setzt die Konzeption „Energie in sinnstiftenden Kontexten" (▶ Abschn. 6.6). Schülerinnen und Schüler machen in Experimenten wie dem Heben schwerer Gegenstände körperliche Erfahrungen, die zum Grundverständnis von Energie und Leistung führen sollen.

16.6 Mechanik der Gase und Flüssigkeiten (▶ Abschn. 7.7)

- **Übung 7.1**

Im *traditionellen Unterricht* wird der Hauptfokus auf die Erarbeitung der Formel für den Zusammenhang zwischen Druck und Kraft gelegt; sie definiert, was unter Druck verstanden werden soll. Eventuell wird sie anhand von Beispielen mit festen Körpern eingeführt und erst später auf den Druck in Flüssigkeiten oder Gasen verallgemeinert.

In der Unterrichtskonzeption *„Druck als Zustandsgröße"* kommt diese Formel erst ganz am Ende, nachdem die Lernenden verstanden haben, dass Druck eine Eigenschaft eines Fluids ist. Die Druckformel ist nur die Messvorschrift für den Druck, aber keine Definition dessen, was Druck ist.

- **Übung 7.2**

In der *Klasse(n)kiste* wird der Auftrieb mit der Verdrängung in Zusammenhang gebracht: Je mehr Flüssigkeit ein Körper verdrängt, desto größer ist der Auftrieb. In *SUPRA* wird der Auftrieb aus dem Unterschied abgeleitet, mit dem das Wasser von oben bzw. von unten gegen einen Gegenstand drückt.

- **Übung 7.3**

Nach *Weltner* beschleunigt eine Tragfläche die anströmende Luft aufgrund von deren innerer Reibung nach unten. Deswegen bewirkt die Luft eine Kraft auf die Tragfläche. Die Drücke ergeben sich als Folge so, dass sie mit der Auftriebskraft zusammenpassen.

Wodzinski argumentiert, dass sich ein komplexes Strömungsbild um eine Tragfläche ergibt. Aus dem Strömungsbild können die Druckverhältnisse abgelesen werden. Diese erklären die Auftriebskraft.

16.7 Elektrische Stromkreise (▶ Abschn. 8.8)

- **Übung 8.1**

Traditioneller Unterricht: Antrieb des Stroms oder Arbeitsfähigkeit pro Ladung oder Wasserdruckunterschied.

Karlsruher Physikkurs: Potenzialunterschied in Anlehnung an Druckunterschiede in Hydraulikkreisläufen.

Bremer Wasseranalogie: Wasserdruckunterschied.

IPN-Curriculum: Druckunterschied in einem ebenen, geschlossenen Wasserkreislauf (zusätzlich visualisiert durch eine Höhendarstellung).

Weingarten-Konzeption: Größe des Energiestroms bei einem Elektronenstrom von 1 A (quantitativ), d. h. $U = P/I$.

Münchener Stäbchenmodell: Wasserdruckunterschied bzw. Höhenunterschied im Stäbchenmodell.

Frankfurter Elektronengasmodell: Luftdruckunterschied bzw. elektrischer Druckunterschied.

- **Übung 8.2**

Traditioneller Unterricht: Oftmals Fokus auf quantitative Zusammenhänge, insbesondere anhand des Ohm'schen Gesetzes: Einfluss des Widerstands auf die Stromstärke, Berechnung von Ersatzwiderständen bei Parallel- und Reihenschaltungen.

Karlsruher Physikkurs: Anwenden des übergeordneten Strom-Antrieb-Widerstand-Konzepts auf elektrische Stromkreise durch Einführung der Spannung als Potenzialdifferenz.

Bremer Wasseranalogie: Verständnis für einfache Stromkreise durch viele vorbereitende Schülerexperimente mit ebenen, geschlossenen Wasserkreisläufen.

IPN-Curriculum: Stromkreis als Energieübertragungssystem, Systemcharakter von Stromkreisen.

Weingarten-Konzeption: Stromkreise als alltägliche Systeme zur Energieübertragung, Energieübertragung physiologisch erfahrbar machen, Fokus auf den Energie- statt den Ladungsstrom.

Münchener Stäbchenmodell: besseres konzeptionelles Verständnis für die Grundgrößen und ihrer wechselseitigen Beziehungen in einfachen Stromkreisen, Fehlvorstellungen entgegenwirken.

16

Frankfurter Elektronengasmodell: Qualitatives Verständnis für die elektrische Spannung als Differenzgröße, Zusammenhang Stromstärke–Spannung, Fehlvorstellungen entgegenwirken.

- **Übung 8.3**

Traditioneller Unterricht: Verwendung einer passenden Analogie, z. B. der Fahrradkettenanalogie.

Karlsruher Physikkurs: Vergleich des elektrischen Stromkreises mit einem bereits mit Hydrauliköl gefüllten Hydraulikstromkreises; der Stromkreis ist bereits „mit Elektrizität" gefüllt.

Bremer Wasseranalogie: Vergleich des elektrischen Stromkreises mit einem bereits mit Wasser gefüllten ebenen, geschlossenen Wasserkreislauf und explizite Betrachtung des Systemcharakters von Wasserstromkreisen (z. B. Einfluss einer Widerstandsänderung auf den Wasserdruck im gesamten Wasserstromkreis).

IPN-Curriculum: Durch Vergleich mit einer Fahrradkette bzw. einem „steifen Ring" wird von Beginn an verdeutlicht, dass die „Elektroteilchen" einen zusammenhängenden Ring bilden bzw. der Stromkreis ein zusammenhängendes System darstellt.

Weingarten-Konzeption: Das Systemdenken wird explizit gefördert, indem der elektrische Stromkreis mit einem umlaufenden Keilriemen bzw. „elektrischen Riemen" verglichen wird und in diesem Kontext u. a. auch die geringe mittlere Driftgeschwindigkeit der Elektronen thematisiert wird.

Münchener Stäbchenmodell: Verwendung des Hilfsmittels der Farbkodierung, d. h. der farblich gleichen Markierung von Leiterabschnitten gleichen Potenzials, sowie Nachbauen von Schaltungen mithilfe des Stäbchenmodells; anfänglich wird zudem die Fahrradkettenanalogie eingesetzt.

Frankfurter Elektronengasmodell: Zu Beginn wird das Systemdenken gezielt über einen Vergleich des elektrischen Stromkreises mit einer Fahrradkette bzw. einem „starren Elektronenring" gefördert. Im weiteren Verlauf werden typische Schülervorstellungen wie das sequenzielle und lokale Denken explizit thematisiert und entkräftet.

- **Übung 8.4**

Traditioneller Unterricht: a) Da der traditionelle Unterricht in der Regel auf eine Einführung des Potenzialbegriffs verzichtet, ist die Spannung am Schalter nur schwer erklärbar. b) Die oftmals verwendete Wasseranalogie (bzw. auch die Fahrradkettenanalogie) kann der Stromverbrauchsvorstellung entgegenwirken, sofern der Unterricht ein qualitatives (statt nur quantitatives) Verständnis anstrebt.

Karlsruher Physikkurs: a) Im KPK wird das elektrische Potenzial nicht nur explizit eingeführt, sondern es werden auch Leiterabschnitte gleichen Potenzials farblich markiert. Dementsprechend ermöglicht der KPK es den Lernenden zu erkennen, dass an einem Schalter eine Potenzialdifferenz anliegt. b) Die Stromverbrauchsvorstellung wird im KPK nicht direkt angesprochen, sondern es wird schlicht mitgeteilt, dass die Elektrizität „schon von Natur aus" in den Drähten ist. Dass der Strom nicht verbraucht wird, soll durch Analogie zu einem Hydraulikstromkreis verdeutlicht werden.

Bremer Wasseranalogie: a) Durch die Veranschaulichung des Wasserdrucks über die Steighöhe des Wassers in Röhren kann im Wassermodell veranschaulicht werden, dass an einem offenen Schalter die volle Spannung anliegt. b) Ähnlich wie beim KPK soll auch hier mit der Wasserkreislaufanalogie der Stromverbrauchsvorstellung entgegengewirkt werden, wobei sich das Verständnis des Wasserkreislaufs selbst als schwierig erwiesen hat.

IPN-Curriculum: a) Die Spannung an einem offenen Schalter kann im Wasserkreislaufmodell über die Steighöhe des Wassers in Rohren veranschaulicht werden. b) Der Stromverbrauchsvorstellung wird zu Beginn durch die Gegenüberstellung der Funktionsweise verschiedener Energieübertragungssysteme begegnet sowie später durch die Verwendung des Bilds vom „steifen Elektronenring".

Weingarten-Konzeption: a) Da die Spannung in dieser Konzeption nicht als Differenzgröße eingeführt wird, werden Lernende nur bedingt darauf vorbereitet zu erkennen, dass an einem offenen Schalter eine Spannung anliegt. b) Der Stromverbrauchsvorstellung wird in der Konzeption zu Beginn durch die Analogie des Keilriemens begegnet und später durch die Vermittlung einer mikroskopischen Modellvorstellung der Leitungsvorgänge.

Münchener Stäbchenmodell: a) Mithilfe des Stäbchenmodells lässt sich die an einem Schalter anliegende Spannung gut veranschaulichen. b) Der Stromverbrauchsvorstellung wird in der Konzeption gezielt mithilfe der magnetischen Wirkung des elektrischen Stroms auf eine Kompassnadel begegnet. Dieses Vorgehen hat sich in Studien als lernwirksam erwiesen.

Frankfurter Elektronengasmodell: a) Über die Vorstellung des elektrischen Drucks in Kombination mit der Farbkodierung können Lernende leicht erkennen, dass an einem offenen Schalter eine Spannung anliegt. b) Der Stromverbrauchsvorstellung wird zu Beginn mithilfe der Fahrradkettenanalogie bzw. des „starren Elektronenrings" begegnet. Im weiteren Verlauf wird diese Vorstellung in Aufgaben gezielt thematisiert, um sie zu entkräften.

16.8 Magnetismus (▶ Abschn. 9.7)

- **Übung 9.1**

Beide Konzeptionen verwenden als Modellvorstellung Elementarmagnete: Man stellt sich vor, dass ein Magnet aus vielen (sehr) kleinen Magneten aufgebaut ist. Diese Modellvorstellung kann das Magnetisieren und das Entstehen zweier neuer Magnete beim Teilen eines magnetisierten Eisendrahtstücks richtig vorhersagen. Die beiden Konzeptionen unterscheiden sich in der Art der Visualisierung. Im *Spiralcurriculum* werden kleine Stabmagnete gezeichnet. Dabei werden zwei Arten der Anordnung vorgestellt und das als Anlass zum Nachdenken über den Modellcharakter genommen. Die *Eisen-Magnet-Modell-Konzeption* visualisiert die Elementarmagnete als Pfeile – und zwar ohne farbliche Kennzeichnung. Darüber hinaus wird in dieser Konzeption nicht von Elementarmagneten, sondern von „Magnetchen" gesprochen.

16

- **Übung 9.2**

Im *Spiralcurriculum Magnetismus* werden mit dem „Schiebebrettversuch" (❑ Abb. 9.2) zwei Magnete paarweise verglichen, die fest eingebaut sind. Dabei wird geschaut, welcher Magnet als erster eine Unterlegscheibe anzieht.

In der *Eisen-Magnet-Modell-Konzeption* wird ein Ringmagnet auf einer Holzstange verwendet, an den von unten der zu prüfende Magnet herangeführt wird (❑ Abb. 9.6). Der Vergleich erfolgt über das Messen des sich dann einstellenden Abstands. Bei dieser Anordnung wird auch die Durchführung eines fairen Experiments thematisiert.

- **Übung 9.3**

Es werden nicht nur der Ferromagnetismus, sondern auch Dia- und Paramagnetismus vergleichend betrachtet. Diese Vergleiche beziehen sich sowohl auf die Phänomen- als auch auf die Theorieebene (in zwei Ausprägungen auf unterschiedlichen Längenskalen).

16.9 Felder (▶ Abschn. 10.9)

- **Übung 10.1**

Die Themen, die in der Unterrichtskonzeption *Einführung über dynamische Felder* vorkommen, werden in ähnlicher Form auch im *traditionellen Unterricht* behandelt. Hier wie dort kommt das Dezimeterwellengerät zum Einsatz, auch in den Erläuterungen zu Feldern oder zum Zusammenspiel zwischen Feldern und Ladungen sind beide Ansätze ähnlich. Der wesentliche Unterschied besteht darin, dass Aschauer die Reihenfolge der Elemente umkehrt. Er beginnt mit dem komplexesten Phänomen, der Abstrahlung und dem Empfang elektromagnetischer Wellen. Daran werden alle anderen Aspekte erläutert. Im traditionellen Unterricht geht man hingegen davon aus, dass man die einfacheren Dinge verstanden haben müsse, um das komplexere Phänomen zu verstehen. Wie die Untersuchungsergebnisse von Aschauer andeuten, ist das nicht unbedingt richtig.

- **Übung 10.2**

Die zeitliche Änderung des magnetischen Flusses als Ursache von elektromagnetischer Induktion wird auf das Abzählen von Feldlinien (als Maß des magnetischen Flusses) von Zeitpunkt zu Zeitpunkt zurückgeführt. Dieser qualitative Ansatz wird im Vergleich zu vielen traditionellen Unterrichtskonzepten intensiv genutzt, um so das einheitliche Grundprinzip ohne Formeln sichtbar zu machen und auch schwächeren Schülerinnen und Schülern ein Verständnis zu ermöglichen. Die übliche quantitative Analyse über das Induktionsgesetz ist eine mögliche Erweiterung des Feldlinienkonzepts der elektromagnetischen Induktion.

- **Übung 10.3**

Ein wesentlicher Vorteil des *Zeigerkonzepts* ist seine Leistungsfähigkeit zur Beschreibung von Schwingungen und Wellen in ganz unterschiedlichen Gebieten der Physik ohne großen mathematischen Formalismus. Diese reichen von mechanischen Wellen über elektromagnetische Wellen bis hin zu den Wellenfunktionen der Quantenphysik. Aus wissenschaftstheoretischer Perspektive kann damit der Charakter einer leistungsfähigen Theorie illustriert werden. Aus unterrichtspraktischer Sicht kann dies Zeit ersparen, da der grundlegende Formalismus nicht jedes Mal neu erlernt werden muss.

Die Zeigerdarstellung erscheint allerdings abstrakter als die Überlagerung von Wellen mit ihren „Bäuchen". Abgesehen davon, dass sich beide Darstellungen ergänzen können, mag ein höherer Abstraktheitsgrad insbesondere in der Quantenphysik vorteilhaft sein, um ungünstigen Vorstellungen über den Charakter von Wahrscheinlichkeitswellen keinen Vorschub zu leisten.

- **Übung 10.4**
Die Energie spielt in den meisten Unterrichtskonzeptionen des Kapitels keine Rolle, es werden Felder (bzw. Wellen) ohne Bezug zur Energie unterrichtet. In der Unterrichtskonzeption *Feldenergie* hingegen spielt Energie die zentrale Rolle. Energetische Überlegungen dienen hier zur Deutung wesentlicher Phänomene von Feldern und Wellen.

16.10 Quantenphysik (▶ Abschn. 11.9)

- **Übung 11.1**
Der Einstieg mit Photonen erfolgt im traditionellen Unterricht, in der Bremer Konzeption, bei milq und im Zeigerformalismus. Mit Elektronen beginnen die Berliner Konzeption und milq10.

Die Begründung für einen Einstieg mit Elektronen wurde in der Berliner Konzeption gegeben: die Orientierung an Schülervorstellungen. Schülerinnen und Schüler akzeptieren die Teilchenvorstellung von Licht bereitwillig und benutzen sie neben der Wellenvorstellung. Die Wellenvorstellung für Elektronen wird dagegen weniger bereitwillig akzeptiert und der erwünschte kognitive Konflikt, der zum Nachdenken über neue Erklärungsansätze führt, tritt eher auf. Der Nachteil dieser Vorgehensweise liegt darin, dass dann keine theoretischen oder heuristischen Argumente für eine begründete Hypothesenbildung zum Wellenverhalten von Elektronen zur Verfügung stehen. Es muss rein induktiv aus dem Experiment heraus argumentiert werden, was in wissenschaftstheoretischer Hinsicht bedenklich ist und auch nicht dem historischen Entdeckungszusammenhang entspricht.

- **Übung 11.2**
Traditioneller Unterricht: Aufgrund des Welle-Teilchen-Dualismus haben Elektronen genau wie Photonen auch Welleneigenschaften und können deshalb interferieren.

Berliner Konzeption: Ein mechanistisches Teilchenmodell erklärt das Phänomen nicht, ein Ensemble von Elektronen ergibt statistisch die beobachteten Phänomene.

milq: Weder ein reines Wellenmodell noch ein reines Teilchenmodell beschreiben das Verhalten der Elektronen. Elektronen werden durch eine Wellenfunktion $\psi(x)$ beschrieben, die die Wahrscheinlichkeit bestimmt, ein Quantenobjekt im Intervall Δx um den Ort x nachzuweisen.

Quantenphysik mit Zeigern: Es liegen mehrere unterschiedliche, aber ununterscheidbare Wege vor, weshalb das Superpositionsprinzip gilt. Die Wahrscheinlichkeit für den Auftreffort lässt sich wie in der klassischen Wellenoptik berechnen.

- **Übung 11.3**

Gebundene Systeme: Hier ist die Bremer Konzeption geeignet, wo schwerpunktmäßig die Zustände von Atomen modelliert werden.

Freie Quantenobjekte: Bei milq und milq10 liegt der Schwerpunkt auf der Untersuchung freier Quantenobjekte. Auch der Zeigerformalismus betrachtet freie Systeme, weil die Behandlung von gebundenen Systemen schwierig ist.

Berliner Konzeption: Sie behandelt sowohl freie als auch gebundene Systeme.

16.11 Fortgeschrittene Themen der Schulphysik (▶ Abschn. 12.6)

- **Übung 12.1**

Beim Bierschaum wird (fachlich nicht richtig) unterstellt, dass die einzelnen Bläschen unabhängig voneinander zufällig nach einer gewissen Zeit zerfallen, wobei es angeblich nur einen Zerfallsmechanismus gäbe. Die einzelnen Zerfälle sind aber nicht beobachtbar, nur das Gesamtergebnis.

Bei Würfeln bzw. Reißzwecken werden nach jedem Wurf bestimmte beteiligte Objekte aussortiert, um den Zerfall der Objekte zu verdeutlichen. Allerdings braucht man sehr viele davon.

Bei Würfeln bzw. Reißzwecken steht die Anzahl der Würfe für die vergangene Zeit, was das Analogieverständnis erschwert. Bei den Springblobbs hat man dagegen tatsächlich eine zeitabhängige Verteilung. Hier ist es aber noch schwieriger, viele Versuche gleichzeitig zu starten. Ein Vorteil der Reißzweckenwürfe gegenüber Münzwürfen liegt zudem darin, dass sich keine Gleichverteilung der möglichen Ausgänge ergibt.

- **Übung 12.2**

Traditioneller Unterricht: Diese Übersicht ist der Kern des traditionellen Unterrichts. Die einzelnen Teilchen werden vorgestellt und es wird eventuell noch diskutiert, wie sie sich zu neuen Teilchen zusammensetzen.

Ladungen, Wechselwirkungen und Teilchen: Diese Übersicht kommt erst ganz am Ende der Konzeption vor, nachdem die zugrunde liegenden Aspekte von Wechselwirkungen, Ladungen und Teilchen erklärt wurden.

Elementarteilchen im Anfangsunterricht: Die Übersicht kommt nicht vor. Es geht um die Einführung von Elementarteilchen allgemein und nicht um die Unterscheidung verschiedener Arten. Von Elementarteilchen werden die Teilchen-Systeme, z. B. ein Proton, unterschieden.

- **Übung 12.3**

Gemeinsamkeiten: Beide Konzeptionen konzentrieren sich auf die qualitativen Grundideen der nicht-linearen Dynamik und vermeiden weitgehend mathematische Formalisierungen. In beiden Konzeptionen spielt angeleitete Schülergruppenarbeit eine wichtige Rolle.

Unterschiede: Die Konzeption für die gymnasiale Oberstufe ist thematisch und zeitlich deutlich umfangreicher. Strukturbildung und Fraktale sind zusätzlich aufgenommen. Anders als in Klasse 10 sind einige Gruppenarbeitsphasen arbeitsteilig angelegt, um ein breiteres Anwendungsspektrum abzudecken.

16.12 Nature of Science (▶ Abschn. 13.8)

- **Übung 13.1**

Im Folgenden werden exemplarische Lösungen aus einer Vielzahl von Lösungsoptionen beschrieben.

Kontextunabhängige Methoden: Das Lernziel, über Nature of Science (NOS) zu lernen, wird klargemacht. Blackboxes werden so konstruiert, dass die Beobachtungen unterschiedliche Hypothesen unterstützen. Die Schülerinnen und Schüler arbeiten mit den Blackboxes, stellen Hypothesen über das Innenleben der Blackboxes auf und prüfen die Hypothesen. Im Plenum wird deutlich, dass es unterschiedliche Hypothesen gibt. Kleingruppen, die unterschiedliche Hypothesen vertreten, stellen sich ihr Vorgehen und ihre Ergebnisse nun wechselseitig im Detail vor. Die jeweils andere Gruppe erstellt ein stichwortartiges Peer-Review-Gutachten der Arbeit der anderen. Im Abschlussplenum berichten die Gruppen über ihre Arbeit, über das empfangene Peer-Review-Gutachten, wie sie das Gutachten einschätzen und ob Einigkeit hergestellt werden konnte. Im Rahmen expliziter Reflexion wird das gesamte Schülerhandeln abschließend im Hinblick auf Ähnlichkeiten und Unterschiede zur „echten" Naturwissenschaft diskutiert. Die Lehrkraft gibt gegebenenfalls Zusatzinformationen über die Rolle von Aushandlung, Peer-Review und Konsensbildung in der Wissenschaft. Das Beispiel lässt sich in unterschiedlichen Jahrgängen der Sekundarstufe I einsetzen.

Historisch orientierter Unterricht: Schülerinnen und Schüler einer 9. Klasse lernen über Modelle der Elektrizität. Die Lehrkraft hebt hervor, dass es auch um NOS-Lernen gehen soll und gibt dann historische Hintergrundinformationen über den Theorienstreit über die Natur der Elektrizität des 18. und 19. Jahrhunderts. Die Schülerinnen und Schüler dürfen sich entweder der Gruppe der Ein-Fluidum- oder derjenigen der Zwei-Fluida-Theorie zuordnen. In den Gruppen befassen sie sich mit „ihrer" Theorie und verfassen ein kurzes „Paper", in dem sie ein bekanntes elektrostatisches Phänomen (z. B. Abstoßung zweier Körper) mit ihrer Theorie erklären. Die Papers werden ausgetauscht, die jeweils andere Gruppe schreibt eine Peer-Review-Abhandlung, die sie an die andere Gruppe zurückschickt. Jede Gruppe hat die Gelegenheit, ihr Paper nun zu überarbeiten und in einem abschließenden Rollenspiel auf einer wissenschaftlichen Tagung zu präsentieren. Die Schlussphase dient der expliziten Reflexion der Rolle von Experimentieren, der Gruppenbildung, dem Schreiben und Kommunizieren, dem Kritisieren und Veröffentlichen sowie dem Austausch von Dissens und Konsens über Modelle und Theorien.

Forschend-entdeckendes Lernen: Schülerinnen und Schüler einer 8. Jahrgangsstufe sollen in „Forscherteams" arbeiten, um zu beschreiben, wie es dazu kommt, dass man mit einer Lochkamera das Bild eines Gegenstands erzeugen kann. Die Lehrkraft erläutert, dass Theorien Beobachtungen (z. B. Lochkamerabild) erklären können sollen, indem eine Beobachtung aus übergeordneten und allgemeinen Aussagen (Was wissen wir schon alles über Licht?) vorhergesagt wird. Theorieelemente sind z. B.: Gegenstände als Sender von Licht, geradlinige Ausbreitung von Licht, Blockieren (Kamerawand) oder Ermöglichen (Loch) von Lichtwegen. In einer anschließenden Plenumsphase präsentieren und erläutern die Gruppen ihre Ergebnisse. Es ist mit unterschiedlich elaborierten und eventuell kontroversen Lösungen zu rechnen. Bevor die Kontroverse mithilfe der Lehrkraft fachlich geklärt wird, stoppt der Unterricht für eine explizite Reflexion auf NOS (z. B. Gedankenecke). Das Schülerhandeln (Forschungsfrage stellen, Experimentieren, Planen, eventuell Revision und Umplanen, Kommunizieren, Kritisieren, Aushandeln) wird zur Folie für die Frage nach dem Forschungshandeln in der „echten" Naturwissenschaft.

- **Übung 13.2**

Die Arbeit mit *Blackboxes* soll die Schülerinnen und Schüler an die grundlegende Erkenntnis heranführen, dass es zum Vorgehen in der Physik gehört, begründete Vermutungen (Modelle, Theorien) zu entwickeln und anhand von gezielt zu gewinnenden Erfahrungen (Manipulationen an Blackboxes) zu überprüfen. Die Lehrkraft benötigt dafür grundlegendes Wissen über physikalische Erkenntnisgewinnung, v. a. über das Wechselspiel von Theorie und Erfahrung, jedoch kein spezielles Wissen über bestimmte erkenntnistheoretische Positionen oder vertieftes Wissen über die Entstehungszusammenhänge bestimmter physikalischer Konzepte oder Theorien.

Beim Einsatz *historischer Originaltexte* muss die Lehrkraft auch das wissenschaftliche Umfeld der verwendeten Texte kennen, also über Wissen zur historischen Genese der Dokumente, zu ihrem erkenntnistheoretischen Hintergrund und zu den historisch-kulturellen Rahmenbedingungen verfügen. Sonst bleibt es im Unterricht bei oberflächlicher Textrezeption mit der Gefahr der Überhöhung großer Forscherpersönlichkeiten.

Ähnliches gilt für *historische Fallstudien.* Anders als das meist bei historischen Originaltexten der Fall ist, sind historische Fallstudien allerdings in der Regel besser fachdidaktisch aufbereitet, sodass die Lehrkraft sich an vorbereiteten Unterrichtsmaterialien orientieren kann.

Die Gestaltung *forschend-entdeckenden Unterrichts* erscheint zunächst als eine primär unterrichtsmethodische Aufgabe für die Lehrkraft. Die NOS-

Herausforderungen dürfen jedoch nicht unterschätzt werden. Die Lehrkraft muss in der Lage sein, neben den inhaltlichen Ergebnissen auch forschungsmethodische und -soziologische Aspekte im Unterricht explizit anzusprechen. Dafür ist es hilfreich, wenn die Lehrkraft in ihrem Studium selbst Erfahrungen in physikfachlichen Forschungsgruppen gewonnen und reflektiert hat, um vor diesem Hintergrund mit den Schülerinnen und Schülern deren Vorgehen mit einem – idealtypischen – Arbeitsprozess zu vergleichen, wie er am Ende von ▶ Abschn. 13.5 beschrieben wird.

16.13 Fächerübergreifender naturwissenschaftlicher Unterricht (▶ Abschn. 14.7)

- **Übung 14.1**
a. Der erste Teil „Die Sonne – Motor der Wettermaschine" verweist auf fächerverbindenden Unterricht von Physik und Geografie: Es werden sowohl im Fließtext als auch im Diagramm physikalische und geografische Begriffe miteinander verbunden. Im zweiten Teil „Erneuerbare Energien" hingegen geht es mehrheitlich um rein fachliche Inhalte. Es handelt sich bei beiden Teilen auf keinen Fall um fächerkoordinierenden Unterricht, weil nicht *ein* Problem oder *eine* zentrale Frage im Mittelpunkt steht.
b. Drei Beispiele *möglicher* Aufgaben:
   - *Aufgabe:* Was bedeutet der Begriff regenerative Energie? – *Antwort:* erneuerbare Energie; die Energie wird aus Energieträgern gewonnen, die in großen Mengen immer wieder neu zur Verfügung stehen, z. B. Wind oder Solarstrahlung. – Kategorie: rein fachlich.
   - *Aufgabe:* Wie hoch ist der Anteil erneuerbarer Energien im Schulhaus und wie ließe er sich erhöhen? – *Antwort:* je nach Schulhaus unterschiedlich (Anmerkung: Das Heizen bedarf der meisten Energie. Öl-, Kohle oder Gasheizungen ließen sich durch Holzschnitzelheizungen ersetzen bzw. Wärmepumpen ergänzen.) – Kategorie: fächerverbindend.
   - *Aufgabe:* Recherchiere, wie sich bei uns in Mitteleuropa die Temperaturen meistens verändern, wenn der Wind aus Norden, Westen oder Süden weht.
   - *Antwort:* tiefe Temperaturen bei Nordwind, mittlere bei Westwind, hohe bei Südwind. – Kategorie: fachüberschreitend von der Physik zur Geografie. (Anmerkung: Diese Aufgabe entstammt dem Schulbuch, dem die Abbildung entnommen ist.)

- **Übung 14.2**
a. Nach der BINGO-Konzeption kommen die beiden Kurse in der Einstiegsphase sowie im letzten Drittel eines Halbjahres zu einer gemeinsamen fächerkoordinierten Aktivität zusammen. In der folgenden exemplarischen Lösung ist das die Gestaltung der Wissenschaftsseite einer lokalen Tageszeitung zur Frage: „Kohleausstieg 2025?".
   - Phase 1 (3 Wochen) – Einstiegsphase: Vorbereitung, Durchführung und Auswertung einer Exkursion zu einem Kohlekraftwerk (Physik- und Chemiekurs gemeinsam)

16

- Phase 2 (10 Wochen) – fachliche Grundlagen – Energiekonzept, insbesondere Energieumwandlung, Energieentwertung, Wirkungsgrad, Energieflussdiagramme; Wärmekraftmaschinen; Technik von Kohlekraftwerken und Windgeneratoren
- Phase 3 (4 Wochen) – fächerkoordinierende Aktivität: Erstellung der Wissenschaftsseite
- Phase 4 (4 Wochen): fachliche Ergänzungen noch fehlender Lehrplaninhalte
b. Entwerfen Sie Texte und Abbildungen für eine Wissenschaftsdoppelseite in der lokalen Tageszeitung zum Thema „Warum gehen die Kohlekraftwerke vom Netz?". In den Beiträgen sollen mindestens folgende Themen behandelt werden:
- CO_2-Emissionen eines Kohlekraftwerks,
- Wirkungsgrade von thermischen Kraftwerken und Windenergieanlagen (Stand und Optimierungsmöglichkeiten),
- städtische Versorgung mit elektrischer Energie (Bedarf, Energiemix, Herkunft),
- CO_2-Speicherung in unterirdischen Lagerstätten.

- **Übung 14.3**

Die Abbildung zeigt eine mögliche Lösung. Als zusätzliche Begriffe wurden „Inhalte" und „Stundentafel" hinzugefügt. Damit wird zwischen den beiden zentralen Blickrichtungen auf fächerübergreifenden Unterricht unterschieden. Damit lässt sich zeigen, dass es z. B. möglich ist, einen fächerkoordinierenden Unterricht (Inhalte) sowohl als integrierten Unterricht (bei PING) oder mit Elementen eines gefächerten Unterrichts (bei BINGO) zu gestalten (Stundentafel).

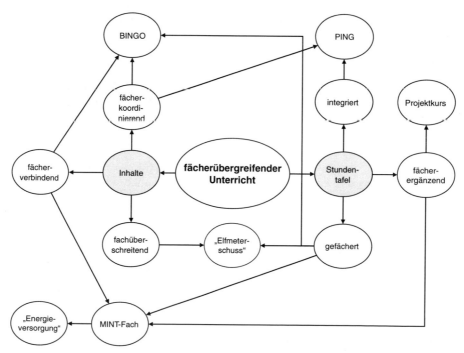

16.14 Prozessbezogene Kompetenzen (▶ Abschn. 15.9)

- **Übung 15.1**

Teilaufgabe 1 fällt in den Kompetenzbereich Fachwissen. Für die Antwort muss man die physikalischen Konzepte Wellenlänge und/oder Frequenz und/oder Energie kennen und nutzen.

Teilaufgabe 2 fordert im Schwerpunkt fachmethodisches Wissen (Kompetenzbereich Erkenntnisgewinnung): Es muss eine Versuchsanordnung und -durchführung beschrieben werden, in der die fluoreszierenden Fasern eines Geldscheins für den Nachweis des UV-Anteils im Sonnenlicht verwendet wird („Experiment planen" im Einstufungsraster gemäß ◨ Abb. 15.11).

- **Übung 15.2**

Die Konzeption für die Förderung des Umgangs mit Messunsicherheiten (▶ Abschn. 15.7.3) sieht keine geschlossenen eigenen Unterrichtseinheiten vor, sondern empfiehlt, jeweils bestimmte Aspekte des Gesamtmodells in Verbindung mit gerade inhaltlich besprochenen Themen aufzugreifen. Es ist keine strukturelle Umgestaltung des Unterrichts erforderlich, wohl aber mehr Zeit im Rahmen der Auswertung von Experimenten, um Messunsicherheiten explizit zu thematisieren. Dadurch erhöht sich der prozessbezogene Anteil des Unterrichts insgesamt.

Die Konzeption zur Förderung von Bewertungsfähigkeit (▶ Abschn. 15.5) sieht eigenständige Unterrichtsabschnitte vor, die im traditionellen Unterricht sonst nicht vorgesehen sind. Die Behandlung fachinhaltlicher Themen, wie Klima und Atmosphäre, wird um problembezogene Sichtweisen aus Disziplinen außerhalb der Naturwissenschaften erweitert. Dafür werden Methoden verwendet, die im Physikunterricht sonst kaum vorkommen, z. B. das Rollenspiel. Dafür sind jeweils einige Unterrichtsstunden (inklusive Vor- und Nachbereitung) zu veranschlagen.

Die weitreichendsten Konsequenzen sind mit der CASE-Konzeption (▶ Abschn. 15.3) verbunden. Sie erfordert über zwei Jahre vierzehntäglich eine Stunde Unterrichtszeit. Wenn dieses Zeitbudget nicht aus einem variablen Stundentopf an der Schule zusätzlich zur Verfügung gestellt wird, geht dies zu Lasten des regulären Unterrichts der naturwissenschaftlichen Fächer. Weitergehende inhaltliche Konsequenzen für den traditionellen Unterricht sind nicht zwingend. Er profitiert von den fachmethodischen Fähigkeiten, die die Schülerinnen und Schüler im CASE-Unterricht erwerben.

16

- **Übung 15.3**

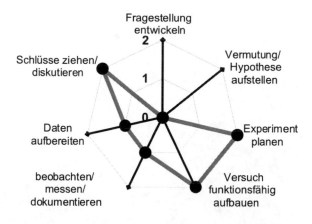

2: Schwerpunkt   1: bedeutsam   0: weniger wichtig

Die Aufgabe hat einen klar prozessbezogenen Schwerpunkt (Erkenntnisgewinnung/ Fachmethoden): Die Schülerinnen und Schüler sollen die Dokumentation von Messergebnissen üben und dafür eine geeignete Tabelle selbst entwerfen. Der Versuchsaufbau ist selbst zu entwickeln und umzusetzen. Ein weiterer Schwerpunkt ist die Diskussion der Messergebnisse, einschließlich einer Stellungnahme zur Allgemeingültigkeit des Befunds. Das Experiment ist nicht primär Medium zur Vermittlung von Fachwissen, sondern vielmehr ein Lerngegenstand für die Entwicklung fachmethodischer Fähigkeiten.

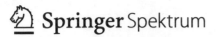

Printed in the United States
by Baker & Taylor Publisher Services